FUORI COLLANA

IL MONDO D'ACQUA

ALLA SCOPERTA DELLA VITA ATTRAVERSO IL MARE

Å så svinger vi på seidelen igjen – hei skål!
Per Solo e Loy

L'ALTRO IERI

Berlino

L'altro ieri.

Che cos'è successo l'altro ieri?

Tre uomini in un bar. Berlino, Radisson Hotel, alle quattro del mattino. È trascorso un anno esatto da quando quei tre erano seduti là. Eppure mi sembra di aver partecipato a quella conversazione soltanto due giorni fa.

«Le tue ricerche per *Il quinto giorno**... Dimmi, sei riuscito a sfruttarle tutte?» chiede Hannes.

Hannes è il direttore della rivista scientifica *PM*. Un uomo con un bicchiere in mano e con una proposta.

«Solo in parte», rispondo. «Un 10, 20 per cento.»

«Un 80 per cento di sapere improduttivo, dunque. Peccato. Non avresti voglia di scrivere per noi? Nulla d'impegnativo. Dovresti soltanto dare un'occhiata ai tuoi appunti e buttar giù qualcosa di carino sul mare.»

Anch'io ho un bicchiere in mano. In genere, gli uomini che brindano sono inclini alla generosità.

«Certo. Ma su quale argomento? La tecnologia subacquea? Le centrali idroelettriche? Le correnti marine? Le onde giganti? Le barriere coralline? L'evoluzione, la nascita della vita, i microrganismi, la varietà cambriana delle specie o, meglio ancora, gli squali?»

«Sì, esatto. Proprio su quello.»

«Su quello cosa?»

Hannes esita. «Magari potresti non limitarti a un unico articolo e scriverne una serie. Tre o quattro puntate.»

Ci penso su. «D'accordo», dico infine. «Perché no?»

«Equivale a un manoscritto di 50-60 cartelle», interviene

* Frank Schätzing, *Il quinto giorno* Milano, Nord, 2005. (*N.d.T.*)

Helge, sorseggiando il suo vodka martini con espressione assorta. È l'editore di Kiepenheuer & Witsch; è stato lui a pubblicare *Il quinto giorno.* « Be', è un bel mucchietto di carta. Chissà se basta per un libro. » Si comporta come se dovesse rifletterci, dormirci sopra. Ma io lo conosco, è un mio amico. Un seme piantato nel campo della sua immaginazione fa sbocciare i fiori più belli. « Sarebbe una specie di accompagnamento al *Quinto giorno...* »

« Eh, sì, qualcosa del genere. »

« Un volumetto, agile e maneggevole. »

« Già, per rispondere alle domande che mi pongono così spesso. Fino a che punto *Il quinto giorno* è vero? Qual è il confine tra la realtà e la fantasia? Potrei dare finalmente qualche risposta. E fare in modo che sia sul mercato per la prossima Fiera del libro di Lipsia. »

« Sai quando si terrà la Fiera di Lipsia? Tra un anno. »

« Ma è soltanto un volumetto! Al massimo saranno 150 pagine. Nessun problema. »

Beviamo ancora qualcosa. La vodka è straordinaria. Contiene cereali, alcol e una buona dose di soluzioni. Stanotte i problemi non esistono. Hannes giudica l'idea buona, Helge la giudica buona, io la giudico buona. Così abbozzo un sommario su sottobicchieri e tovagliolini.

Il sommario diventa lungo.

E poi diventa ancora più lungo.

In realtà, bisognerebbe chiarire com'è iniziata la vita nel mare. Come ha continuato a svilupparsi, come gli organismi unicellulari si sono tramutati in organismi pluricellulari e come questi ultimi sono diventati gli esseri viventi di oggi. Quindi si potrebbe...

No, sbagliato. Prima bisognerebbe spiegare com'è arrivata l'acqua sulla Terra. Poi sarebbe necessario descrivere la comparsa del nostro pianeta e spiegare la vita, il suo divenire e la sua azione, l'influenza reciproca tra evoluzione e ambiente e via discorrendo, dai tempi remoti fino ai giorni nostri. La prima parte sarebbe ambientata nel passato, la seconda nel presente e la terza nel futuro. Naturalmente sarebbe importante tratteggiare il panorama più completo possibile dell'attuale vita nel mare e districare i complessi legami di dipendenza che già in un'unica goccia d'acqua...

Giusto. Bisogna esaminare con attenzione l'acqua, in sé e per sé. E le correnti marine. L'alta e la bassa marea, che grazie all'influsso della Luna...

Interessante. Come sarebbe la Terra se non ci fosse la Luna? Con molta probabilità, il nostro pianeta avrebbe un'atmosfera diversa, perché...

Parola chiave: atmosfera. Devo assolutamente inserire un capitolo sui microrganismi capaci di liberare ossigeno, che tramite la luce del Sole...

Sole. Spazio. Galassie. Gli oceani esistono anche sugli altri pianeti? La vita potrebbe essersi sviluppata anche lì. L'esistenza extraterrestre, che ricorda le creature del Cambriano e...

Il Cambriano! Un capitolo sul Cambriano non può mancare. All'epoca esistevano veri e propri mostri. L'*Anomalocaris*, per esempio, l'omologo cambriano dello squalo bianco...

Ah, sì, gli squali...

«Ma questo non è un volumetto», osserva Helge, asciutto. «È un'epopea!»

«Non importa. Voglio scriverlo.»

«Sei sicuro? Parliamo di un anno. La Fiera del libro è praticamente dopodomani.»

«Ma lui ha già fatto le ricerche necessarie», replica Hannes, tranquillo.

«Infatti. Ce la posso fare. Voglio scriverlo. Dopodomani non è poi così vicino. Comincio già domani.»

Siamo tutti soddisfatti.

«Be', allora, alla salute!»

Brindare equivale a suggellare l'accordo. Quasi come firmare un contratto. Così, l'altro ieri, ho fatto una promessa che si può fare soltanto in un bar alle quattro del mattino.

L'altro ieri.

Che cos'è successo l'altro ieri?

Il Big Bang!

L'altro ieri, circa 13 miliardi e 700.000 anni fa, l'universo si è creato da un puntino. O almeno così vuol farci credere. Si è espanso e ha generato la Terra su cui viviamo. Secondo i criteri cosmici, questo fatto è accaduto ieri e condiziona la nostra esistenza attuale come se si fosse appena verificato. L'umanità ha lanciato il suo *Cogito ergo sum* nel mondo meno di un secondo fa.

Dodici mesi or sono - che mi sembrano due giorni e una mezza eternità nel contempo - ho scritto la prima frase del prossimo capitolo.

Le 150 pagine previste all'inizio sono diventate oltre 500: una cronaca del mare e delle nostre origini. È la storia che ho sempre desiderato raccontare, a me stesso e agli altri. Comprende vari capitoli, eppure sono riuscito a usare soltanto una minuscola parte delle mie ricerche fatte per *Il quinto giorno*. Questa storia inizia 13 miliardi e 700.000 anni fa, quando lo spazio-tempo e la materia si sono dilatati all'improvviso, già saturi dei principali componenti dei soli, dei pianeti e degli oceani futuri. Inizia in un bar di Berlino. Inizia adesso che avete cominciato a leggerla. Inizia sempre da capo e ogni volta è un po' diversa. Alcune teorie si confutano a vicenda, altre si fondono, i dati e i fatti vengono spostati come i giocatori in una partita. A ogni nuova scoperta ci domandiamo con insistenza ancor maggiore da dove veniamo, che cosa ci aspetta, come dobbiamo agire. Nella testa di un individuo, i Big Bang si susseguono senza sosta, gli universi d'idee si allargano e producono stelle, pianeti, galassie e vita. Adattiamo senza tregua lo stato delle nostre conoscenze alle opzioni del nostro comportamento; vogliamo comprendere, classificare, dedurre, trovare noi stessi o, almeno, il manuale d'istruzioni per il pianeta Terra, qualcosa che ci indichi come trattare questa nostra patria così poco conosciuta, una patria immersa in gran parte nell'oscurità e negli abissi, fino a 11 chilometri sotto la superficie dell'acqua.

No, questo libro non vuole essere il *non plus ultra* della conoscenza, che non può esistere e non esisterà mai. Ho cercato invece di ricapitolare quasi tutte le storie raccontate finora a proposito dei mari e del nostro ruolo sulla Terra e di farlo in un modo che sia valido per il tempo in cui viviamo. A scuola, abbiamo imparato che il sapere degli insegnanti è un sapere assoluto. Ma la scienza *non può* essere assoluta. È l'arte dell'approssimazione. Non definisce, bensì delimita. Non traccia linee di demarcazione, crea sfumature. Non conosce dogmi, bensì sviluppi. Non può verificare nulla, ma soltanto delineare il quadro più chiaro possibile attraverso l'eliminazione delle variabili. A rigor di logica, persino le leggi della natura sono ipotesi. Se la mela cade sul pavimento ogni volta che la lasciamo andare, le affermazioni assolute si moltiplicano. Le leggi scaturiscono, insomma, soltanto da serie di esperimenti identici, che fino a oggi hanno dato il medesimo risultato.

No, qui non troverete la verità assoluta, ma una storia molto probabile, l'essenza provvisoria delle ricerche internazionali. Per esempio, nessuna delle date indicate sull'asse temporale geologico nell'appendice di questo libro pretende di essere assoluta. Navigando in Internet, vi accorgerete che l'inizio dell'era terrestre varia e che ogni tanto compaiono addirittura nuovi periodi, com'è accaduto di recente con l'Ediacarano. Non cercate dati definitivi, perché i vostri sforzi sarebbero vani. La scala si modifica a ogni nuova scoperta. La tabella delle epoche geologiche contenuta nell'appendice rispecchia la classificazione su cui oggi concordano quasi tutti gli esperti. Forse avete seguito la discussione sul *Tyrannosaurus rex*. L'immagine di questo dinosauro cambia di mese in mese. Da pigro necrofago è diventato un corridore veloce e un cacciatore instancabile; alcuni studiosi lo hanno persino considerato un erbivoro.

Spesso si afferma che Internet rende la gente stupida, perché tutti sostengono qualcosa di diverso sullo stesso argomento. Non è affatto vero. In realtà, tutti dicevano qualcosa di diverso già prima di Internet, però a scuola non l'avevamo capito. Non avevamo la possibilità di confrontarci; c'era soltanto una persona di riferimento che proclamava verità sacre. Oggi possiamo paragonare la varie opinioni e farci un'idea. Possiamo capire come nasce la conoscenza attraverso l'approssimazione e la sintesi.

Lo sfondo su cui si svolge la nostra storia ha senza dubbio alcuni elementi d'incertezza.

Ma è proprio questa la ragione per cui essa è così magnifica. Gli impressionisti hanno dipinto alcuni dei quadri più vividi di tutti i tempi. I motivi di Claude Monet, Alfred Sisley,

Camille Pissarro o Auguste Renoir si precisano grazie alla fantasia dell'osservatore, non in virtù dell'accuratezza della pennellata. La moderna spiegazione del mondo somiglia a quei quadri, in cui nulla è immobile; anzi, al contrario, tutto pare in movimento. Molti ne sono disorientati, ma io lo trovo incoraggiante. Non credete sia molto più avvincente partecipare al processo della scoperta piuttosto che accontentarsi di fatti indeformabili come barre d'acciaio? Il movimento racchiude la trasformazione, che racchiude l'opportunità, che racchiude l'indeterminatezza, che racchiude la verità futura. Tutte le nostre conoscenze sull'aspetto e sul comportamento di specie estinte da tempo, sugli eventi naturali, sui rapporti di causalità nella natura, sul nostro ruolo e sull'avvenire della nostra specie vivono, respirano e si evolvono; ogni tanto cambiano pelle, crescono, attraversano vari stadi della metamorfosi, si delineano con maggiore precisione. Tutti sono invitati a prendere parte a questo processo... e a plasmarlo. Con le loro idee, la loro curiosità, la loro apertura mentale.

Questo non è soltanto un saggio. E non è nemmeno un manifesto. Non vuole diffondere nessun messaggio. È piuttosto un thriller, perché la storia della Terra è un racconto appassionante e costellato di sorprese e colpi di scena. In questo racconto, non c'è nulla di davvero complicato e non c'è nemmeno nulla di noioso. Certi avrebbero preferito che fosse complicato e noioso. Tutti noi conosciamo personaggi così. Le loro firme abbelliscono le nostre pagelle, insieme coi nomi di quelli che restavano seduti nel banco ad ascoltare persino dopo il suono della campanella.

In realtà, questo libro si prefigge un unico obiettivo: divertire e invogliare a divertirsi di più. Leggetelo come volete. Saltando qua e là, oppure procedendo con ordine. Quasi ogni capitolo è indipendente dall'altro.

Vi proporrei tuttavia di viaggiare a ritroso con me, avvicinandovi il più possibile al punto zero, per poi lasciarvi guidare dal tempo. Quando attraverseremo i bassifondi fisici e chimici (avverrà nel capitolo dedicato alla «borsetta dell'evoluzione»), potrete chiudere gli occhi in tutta tranquillità e schiacciare un pisolino, oppure telefonare ai vostri amici. Alcune escursioni saranno inevitabili, ma forse le indagini di questo genere v'incuriosiscono. Per esempio, che aspetto poteva avere una protocellula 3 miliardi e mezzo di anni fa? Se comunque avete l'impressione d'incontrare troppi ioni, isotopi, macromolecole, zuccheri e grassi, acidi e basi, staccate semplicemente la spina. Vi sveglierò io quando arriveranno le storie davvero affascinanti. Nessuno vi giudicherà. Stiamo per intraprendere un viaggio e i viaggi devono essere rilassanti.

Ogni tanto v'imbatterete in cose che verranno spiegate in dettaglio soltanto in un secondo momento. Talvolta incapperete in un concetto già chiarito e vi domanderete: « Accidenti, che cos'era? » Non sfogliate le pagine all'indietro, ma in avanti. Il glossario dovrebbe fornirvi tutte le informazioni necessarie. Forse conoscete certi argomenti molto meglio di me e quindi disponete di dati che non esistevano ancora quando ho scritto questo libro. In tal caso, non preoccupatevi. Anche i libri vivono. Cercherò di aggiornare *Il mondo d'acqua* di edizione in edizione, in modo che chiunque possa leggerlo ad alta voce senza timore.

L'altro ieri.

Che cos'è successo l'altro ieri?

Giusto. Il Big Bang.

Non ne sappiamo granché. Anzi sappiamo soltanto che, molto probabilmente, è accaduto. Esistono modelli assai interessanti dei primi 2 secondi successivi all'esplosione. Quel momento, la nascita dell'universo (la cosiddetta « singolarità »), resta tuttavia inspiegabile nel quadro delle leggi fisiche note. Per ora, nessuno sa dire cosa sia accaduto l'altro ieri, subito dopo l'espansione dello spazio, del tempo e della materia, né perché sia accaduto. O, almeno, io non ne ho la più pallida idea.

Ma posso raccontarvi che cos'è successo ieri.

FRANK SCHÄTZING,
marzo 2006

IERI

La stagione delle piogge

L'evoluzione doveva essere molto soddisfatta. Così soddisfatta da farsi un bel sonnellino durato 3 miliardi di anni.

Forse ha anche ammirato la sua opera con orgoglio, senza sentirsi chiamata a fare nulla di più nobile. Certo, quel sacco membranoso con una supermolecola nel nucleo era un'impresa di cui andare molto fieri. Ma com'è stato possibile che, per 3 miliardi e mezzo di anni, non ci siano stati che organismi unicellulari? E che dire di almeno una forma di vita più complessa? Di zampe, denti e occhi o almeno di qualcosa di strisciante con un davanti e un didietro distinguibili? Perché mai l'evoluzione ha aspettato tanto prima di procedere nell'esperimento della vita, decidendo poi di progettare in tutta fretta organismi sempre più complessi, come se si fosse ricordata all'improvviso di essere in ritardo sui tempi di consegna? Ecco qui la bolla dell'ordine: c'è scritto che, per l'inizio del Cambriano, dovevo ricevere un *Tyrannosaurus rex*. Come? Sono arrivati soltanto le cozze e le lumache? Si sbrighi!

Nella storia della vita non ci sono committenti. Tuttavia possiamo anche capovolgere la nostra domanda. Perché l'evoluzione ha prodotto forme di vita più complesse? La natura non presenta infatti nessuna tendenza alla complessità nel senso di un progresso riconoscibile, anche se ci piacerebbe crederlo e se alcuni elementi potrebbero dare quest'impressione. D'accordo, gli esseri umani sono più intelligenti degli organismi unicellulari, però sono anche molto più delicati. Non appena fa un po' troppo freddo o un po' troppo caldo, oppure le quotazioni in Borsa subiscono un crollo inatteso, questa pesante complessità c'indebolisce sul piano fisico e su quello mentale. I batteri sono sopravvissuti alle eruzioni vulcaniche e alle cadute di meteoriti; tollerano temperature estreme, si sentono a loro agio nelle caldissime sorgenti sottomarine come pure nell'Antartide, all'interno delle rocce o sul panino che mangiate a pranzo e, in genere, hanno meno grattacapi degli uomini. Sono il prodotto finale perfetto, insomma. Eppure l'evoluzione deve aver avuto i suoi buoni motivi per mettere in moto uno sviluppo al termine del quale conglomerati di cellule scrivono libri destinati ad altri conglomerati di cellule.

Per capire, è meglio interpretare l'evoluzione per quello che è: un'ingegnosa vittima delle circostanze, molto lontana dalla creazione di esseri dotati di zampe, chele, occhi peduncolati o cravatte di Armani. Nulla da obiettare sul fatto che la produzione di cellule pronte per la costruzione in serie sia stata un capolavoro creativo. Ma ciò che l'evoluzione ha fatto finora è la conseguenza di condizioni prestabilite, dettate da un pianeta inizialmente capriccioso come una stella del cinema, dal suo essere prima imprevedibile e distruttivo, poi nuovamente un modello di sollecitudine. Talvolta il pianeta ha chiesto alla vita soluzioni che l'hanno mutato profondamente, senza mai suscitare dubbi sulla sua autorità. A richiedere l'intervento dell'evoluzione sono sempre stati gli influssi climatici, geologici e cosmici ed è questo il motivo per cui essa è riuscita a generare organismi unicellulari per circa 3 miliardi di anni, meritandosi dunque un'ammirazione sconfinata. La giovane Terra, infatti, aveva escogitato tutti i trucchi possibili e immaginabili per sbarazzarsi della vita appena germogliata; oltretutto una cellula non vale l'altra e poi c'è la questione della velocità temporale e del tessuto delle causalità e infine...

Rallentiamo.

Per la prima volta torniamo indietro, molto indietro, ancora prima del Big Bang. Che cosa vedete? Niente? Giusto. Primo, perché non c'è ancora nessun universo. Secondo, perché questa circostanza comporta la fine immediata della vostra esistenza. L'essere umano non si misura soltanto in base all'altezza, alla larghezza e alla lunghezza. Come tutta la materia, è fatto anche di durata. Tuttavia prima del Big Bang il tempo non esisteva o, meglio, non era ancora sgusciato fuori. E, senza tempo, non può esserci un viaggiatore del tempo.

Poi, all'improvviso, circa 13 miliardi e 700.000 anni fa, è successo qualcosa di così inconcepibile da lasciare basito persino Stephen Hawking: lo spazio e il tempo si sono espansi dal nulla e si sono rapidamente allargati. Sono accadute così tante cose e con una tale velocità che i primi 3 secondi di vita del giovane universo riempiono, da soli, libri interi. Attenzione, però: da qui a credere che, all'epoca, sia capitato qualcos'altro ce ne passa. Abbiamo tutti i motivi per supporre che il tempo scorresse molto più in fretta di oggi. Immaginate di accelerare un film. L'azione non è diversa, eppure tutto procede a una velocità triplicata rispetto a quella originale. Questo ritmo accelerato è paragonabile a una velocità temporale più elevata, ma non è detto che ciò sia una fonte di stress per i personaggi del film. Anzi per loro è tutto normale. Se guardassero noi spettatori (ammesso che fossero consapevoli della loro esistenza filmica), avrebbero l'impressione che nel nostro mondo tutto accada tre volte più lentamente rispetto al loro. Il tempo è un fenomeno relativo e sottoposto a vari influssi: la gravitazione può allungarlo o comprimerlo, piegarlo e ricondurlo a se stesso. Anche oggi il tempo scorre a ritmi differenti nelle singole regioni dell'universo. Gli abitanti di diversi fusi orari cosmici percepiscono il loro tempo come assoluto, mentre un osservatore neutrale noterebbe profonde differenze.

Il fatto che un processo appaia lento o veloce, o che un periodo sembri infinito o brevissimo, dipende dunque soltanto dalla prospettiva dell'osservatore, cioè da chi è in grado di misurare il tempo. Dato che gli osservatori neutrali sono tuttora entità appartenenti alla matematica superiore, dobbiamo accontentarci di noi stessi e constatare che, rispetto a una vita umana, 3 miliardi di anni sono un periodo maledettamente lungo. Se invece non c'è nessuno che può misurare il tempo, concetti come «lento» o «veloce» sono superflui. La durata diventa irrilevante. 3 secondi o 3 miliardi di anni non fanno la minima differenza. Il tempo non si misura in unità, bensì in base alla quantità degli avvenimenti. Un effetto che, del resto, possiamo osservare anche su noi stessi. In occasioni molto noiose – il discorso di circostanza di un neosuocero o la risposta di un politico a una domanda formulata con chiarezza –, 10 minuti ci sembrano una tortura. Una serata romantica, invece, finisce in un lampo. Da questo punto di vista, 3 miliardi di anni di sviluppo cellulare sono forse una manciata d'istanti, mentre i 3 secondi in cui si sono creati i presupposti fondamentali per tutto l'universo sono un'eternità. Sarebbe assurdo parlare di un sonnellino dell'evoluzione soltanto perché gran parte della storia terrestre è limitata ai batteri. No, è dipeso unicamente dalle circostanze.

Torniamo al Big Bang. Lo spazio e il tempo continuano a espandersi e l'universo si raffredda. Anche il raffreddamento è un concetto relativo. A 5000 °C fa ancora caldissimo: a questa temperatura, gli elettroni schizzano a destra e a manca come forsennati, eppure in modo sufficientemente lento da soccombere al potere di forze di attrazione di segno positivo. Ciascun elettrone comincia così a orbitare intorno a un unico protone: nasce l'atomo d'idrogeno.

In precedenza, l'universo era molto compatto e omogeneo. Poi la materia diventa trasparente, permettendo alla luce di diffondersi, indisturbata. E c'è dell'altro: da quando i fotoni e le particelle di luce riescono a insinuarsi tra le particelle solide, non devono più urtarle e separarle di continuo. Per la prima volta, la materia può appallottolarsi in strutture durevoli. L'idrogeno genera nuvole che diventano sempre più grandi e massicce, fino a crollare sotto il loro stesso peso. Compaiono le stelle, fornaci nelle quali prevale una pressione enorme, tanto che l'idrogeno al loro interno si fonde, trasformandosi in elio. Tre di questi nuclei di elio collidono e formano il carbonio. Il nucleo del carbonio assorbe altro elio e diventa ossigeno. I componenti essenziali dell'universo attuale sono quindi riuniti e lo spazio s'illumina.

A causa del progressivo raffreddamento, ampie parti del cosmo si trasformano in deserti desolati. Nello spazio interstellare s'incrociano tanto vuoto e pochi atomi liberi. Ciò che s'incontra viene subito diviso dall'energia della luce ultravioletta emessa dalle stelle. Nelle nuvole di gas, succede l'opposto. Le particelle di materia sono così stipate che la luce, ultravioletta o di altro tipo, non riesce a penetrare. Ecco perché le nubi sono scure e gelide (–240 °C). In ogni caso, si tratta di un ambiente abbastanza freddo per la formazione delle molecole e abbastanza compatto perché si generino le stelle.

I neonati sono imprevedibili. Così, a causa della loro forza di attrazione, molti giovani astri si scagliano di continuo gli uni contro gli altri finché la loro massa non riesce più a condensarsi. E allora non rimane che esplodere. Le esplosioni proiettano una massa di gas stellare caldissimo verso il cosmo e, al suo centro, verso le pigre nuvole d'idrogeno che risalgono ancora all'epoca del Big Bang e accolgono con gratitudine gli elementi più pesanti delle stelle morte. In miliardi di galassie embrionali, l'idrogeno incontra per la prima volta l'ossigeno. Le due sostanze si uniscono finché, sulla superficie dei granelli di polvere congelati, non si formano molecole di un tipo completamente nuovo.

L'acqua.

9 miliardi di anni volano via. Nascono le stelle e compaiono galassie che iniziano a girare come ruote cosmiche. Non essendo che una mescolanza disordinata, la nursery del giovane universo lascia parecchio a desiderare. Anche la nostra Via Lattea si accapiglia per ottenere i posti migliori, entrando in collisione con altre galassie, mettendosi comoda e poi buscandole. Uno dei numerosi scontri produce infine una nebulosa oscura, ricca di materia. Forse vi ha contribuito l'esplosione di una stella vicina; in ogni modo, la nube collassa e accende una nuova fornace: al suo centro, c'è il nostro Sole. Ciò che sfugge alla fusione, in prevalenza gas mescolato a polvere, prende a mulinare intorno al nuovo nucleo rovente. È la forza centrifuga di questa rotazione a impedire alla miscela di gas e materia di essere ingoiata dal giovane astro. Invece il miscuglio si allontana, formando una gigantesca lastra di granelli di roccia e ghiaccio.

Una lastra con un asse.

L'asse solare.

Nella turbinante nebbia solare, si muove anche l'acqua ghiacciata, che non riesce tuttavia a rimanere tale vicino all'asse, dove la temperatura raggiunge i 1200 °C. Il liquido insomma resiste soltanto all'interno dei granelli di roccia, evaporando invece sulla superficie. L'anello interno che circonda il Sole è sassoso e, pian piano, le pietre si uniscono, pezzetto dopo pezzetto, iniziando da minuscole particelle di polvere che si urtano e rimangono attaccate le une alle altre. Alcuni fulmini guizzano nel miscuglio di polvere vorticante. La materia si appallottola in ammassi sempre più grandi: nascono miliardi di rocce, grosse come asteroidi, ciascuna delle quali tende verso le altre.

Se dovessimo scrivere l'ultima canzone d'amore della Storia, dovremmo dedicarla alla gravitazione. Un magnetismo unico! Un milione di anni dopo la nascita della nostra stella, trenta piccoli pianeti nascono dalla polvere vicina all'asse; sono i favoriti del Sole, e gli girano intorno in orbite concentriche, contendendosi uno spazio angusto. Ovviamente s'intralciano a vicenda. Abbandonano le loro traiettorie, si muovono gli uni verso gli altri seguendo percorsi ellittici e si scontrano a decine di migliaia di chilometri orari. Solo i più grandi resistono alla collisione, incorporando i più piccoli. La situazione resta invariata per 100 milioni di anni, poi l'anello interno registra quattro vincitori provvisori. Tre si accontentano delle province meno ambite - due delle quali sono molto vicine al Sole -, mentre l'ultima è lontana, in quarta posizione. Quattro concorrenti principali in gara per un futuro riservato a un unico trionfatore. Al terzo pianeta. Alla nostra Terra.

All'inizio, è un vero inferno. I piccoli corpi che le si sfracellano contro le permettono di crescere senza sosta. Si tiene stretto persino il vapore acqueo condensato che fuoriesce dal loro interno, avvolgendoselo intorno come un mantello. Nello stadio embrionale, la sua massa ammonta già a un terzo del peso attuale... Ma perché tutti quei corpi celesti volano qua e là? Si presentano rivali sempre nuovi (altra massa, altra acqua) e poi ne arriva uno che è troppo grande per essere semplicemente spazzato via.

Cade Theia, un corpo celeste delle dimensioni di Marte. I suoi frammenti schizzano nello spazio. Per ventiquattro ore si forma intorno al pianeta un anello di detriti simile a quelli di Saturno. Quasi tutti i pezzi precipitano poi sulla giovane Terra, unendosi a quest'ultima e aggiungendo nuova massa al pianeta. Altri si uniscono nel campo gravitazionale, costituendo la Luna. Tramite il disordine nel cosmo siamo così giunti al nostro satellite.

Poteva essere la fine. Invece è un inizio.

Dopo lo scontro con Theia, il nostro pianeta si stabilizza, più grande e massiccio che mai. Dovranno tuttavia passare altri 500 milioni di anni prima che la sfera infuocata su cui oggi viviamo così bene si copra di una crosta più o meno stabile. Un bombardamento incessante di proiettili cosmici impedisce qualsiasi unione delle molecole organiche, regalando però alla Terra la sua struttura interna. Elementi di diverso peso raggiungono la sua superficie con gli asteroidi e i meteoriti, il ferro si raccoglie nel nucleo terrestre per via della gravità, e compaiono strati di materia più leggera che avviluppano il nucleo. Enormi quantità di gas (anidride carbonica, azoto, ammoniaca, metano, ma soprattutto vapore acqueo) si fanno strada tra la poltiglia rovente.

Nuova acqua giunge dagli abissi dello spazio.

Sgorga dagli strati esterni, dove una nuvola sferica di granelli, frammenti e particelle di materia circonda l'intero sistema solare come una scorza. Mentre, nell'anello interno, la concorrenza infuriava, anche lì, lontano dal calore solare, si erano formati alcuni pianeti, la cui costruzione aveva lasciato grossi frantumi, composti in parti uguali di roccia e ghiaccio: le comete. Queste ultime sfrecciano poco distante dalla Terra e sostituiscono l'acqua perduta durante la collisione con Theia. L'involucro di vapore si condensa di nuovo, fino a stendersi sopra il pianeta come una coperta. Più quest'ultima è compatta e meno il calore delle esplosioni costanti riesce a fuoriuscire. Il pianeta cuoce al suo interno. La superficie comincia a fondersi, finché un'accecante lava rossa non riveste ogni cosa. La temperatura raggiunge i 1260 °C, mentre la pressione dell'aria tocca le 100 atmosfere. Due oceani coprono il pianeta: uno di vapore acqueo e, più giù, uno di pietra liquida, che assorbe lentamente il vapore. I pezzi di roccia che cadono non aggiungono nuovo vapore acqueo all'involucro, perché la lava li inghiotte subito.

Poi i proiettili diminuiscono.

Un tempo, subito dopo la sua nascita, la Terra possedeva un'atmosfera sottile, ma all'epoca il pianeta era più piccolo e più leggero. La sua gravitazione non bastava a difendere l'involucro di gas dall'effetto delle tempeste solari prolungate. La giovane atmosfera era così instabile che, alla fine, la collisione da cui era derivata la Luna l'aveva scagliata nel cosmo. Adesso le cose vanno meglio. Il pianeta si è appesantito, il che impedisce al nuovo mantello di vapore rovente di volatilizzarsi nello spazio. Oltretutto, dato che la grandinata di meteoriti è cessata, si forma una crosta solida e inizia a fare più freddo. E questo scatena un fenomeno fino ad allora sconosciuto.

Comincia a piovere.

A essere sinceri, non si può semplicemente dire che piove.

Diluvia proprio.

Nessuna emittente televisiva oserebbe trasmettere un simile bollettino meteorologico. Quella pioggia ha una temperatura di 300 °C, la temperatura cui l'acqua si condensa quando la pressione corrisponde a 100 atmosfere. Continua a piovere per millenni, un vero e proprio tempaccio da cani. Tutta l'acqua dell'atmosfera si riversa sulla Terra. Un miliardo e mezzo di milioni di tonnellate. Dopo la prima grande precipitazione, la Terra si raffredda, si formano le nuvole, cade altra pioggia. E poi ancora nuvole. E pioggia. Nuvole. Pioggia. Giorno dopo giorno, anno dopo anno.

Per milioni di anni.

L'acqua, bisogna precisarlo, è un ammasso di molecole, stipate manco fossero sotto il palco a un concerto di Robbie Williams. In realtà, è nata soltanto perché il caso ha voluto che all'ossigeno mancassero due elettroni. Dopo essere arrivato nelle nubi primigenie, quell'elemento è dunque andato alla ricerca di due atomi d'idrogeno, generando una molecola bifronte: un lato con una carica positiva, l'altro con una carica negativa. Una molecola d'acqua, insomma, le cui coppie di protoni e neutroni tendono ad attirare le loro controparti in altre molecole d'acqua e a costruire ponti, molto più deboli dei collegamenti tra gli atomi all'interno di una molecola. Il calore intenso può distruggerli. In condizioni temperate, però, consentono rapporti fugaci con altre molecole d'acqua, a mo' di toccata e fuga. Molti miliardi di contatti al secondo, uno scambio incessante di partner molecolari. Non si può parlare di ordine, ma se non altro si osserva una coesione: l'acqua liquida.

Giacché all'epoca non esistono ancora montagne degne di nota e la Terra ricorda la Luna, costellata com'è di crateri, l'intero pianeta rimane nascosto sotto uno strato uniforme d'acqua finché non spuntano le vette dei vulcani più alti. Le precipitazioni, inoltre, lavano via l'anidride carbonica dall'atmosfera e il composto reagisce con la lava solidificata, liberando i minerali a essa legati. Ecco come il sale è arrivato nel mare. Quando avevo sei anni, mio padre aveva cercato di convincermi che era tutta colpa di un marinaio, il quale aveva fatto cadere in acqua lo spargisale con cui voleva insaporire un uovo. Neppure allora me l'ero bevuta; tuttavia, se hai soltanto sei anni, ti è difficile confutare scientificamente quello che ti viene raccontato.

Nasce un oceano primigenio, privo di vita.

Nessuno vorrebbe farci il bagno. Bollente e profondo in media 3 chilometri e mezzo, è una pellicola sottilissima rispetto al raggio del pianeta, che misura pur sempre 6500 chilometri. L'acqua deriva dai corpi celesti dell'anello interno e dalle comete, giunte dalle remote regioni gelide. L'età e l'origine dei due tipi d'acqua sono diverse. Alcune molecole hanno visto la luce ancor prima del sistema solare, da qualche parte nello spazio interstellare, poi, tramutate in granelli di ghiaccio, hanno vagato nelle zone esterne della nebbia solare prima di arrivare sulla Terra. Ma, qualunque cosa siano state e quale che sia la loro origine, adesso si mescolano tutte.

Una pioggia torrenziale.

L'erosione corrode i fianchi dei vulcani e l'acqua piovana si arricchisce così di minerali, che si depositano nei fondali marini. Continua ad arrivare nuovo materiale e la crosta terrestre, ancora sottile, a causa dei movimenti tettonici sprofonda e si fonde. Parte della massa fusa risale verso la superficie, senza però riuscire a emergere, creando così nuovi corpi rocciosi compatti a costituire un materiale che avrebbe mutato radicalmente il volto del mondo. Compare il granito, più leggero del basalto, ma di una durezza estrema. Si costituiscono interi ammassi di quella nuova roccia, alcuni delle dimensioni della Svizzera, altri non più grandi di un parco giochi per bambini. Dapprima ancora all'interno della crosta terrestre, poi, obbedendo alle leggi della spinta ascensionale, si dirigono verso la superficie, semplicemente perché sono più leggere delle rocce che costituiscono il fondo marino.

Termina così l'era dell'oceano primigenio e inizia un nuovo ciclo di erosione e formazione delle terre, che si protrae per milioni di anni. Strati di sedimenti dello spessore di chilometri si depositano sul basalto dei fondi marini, nei quali cominciano a intrudersi ammassi rocciosi granitici. Prendono quindi avvio processi dinamici che si replicanno all'infinito: la crosta oceanica, ancora sottile, continua a rompersi, una nuova massa fusa si unisce ai sedimenti e le zolle di granito seguitano a crescere, fino a ostacolarsi a vicenda. Dato che nessuna indietreggia, le zolle oceaniche le spingono le une verso le altre durante i loro lenti vagabondaggi, compattandole in un'unica, enorme massa di terra all'altezza dell'equatore. A quel primo supercontinente, chiamato Kenorland, ne seguirono altri nel corso dei milioni di anni successivi. Non sono infatti ancora comparse tutte le terre che oggi danno al nostro pianeta il suo volto. 2 miliardi e mezzo di anni fa, Kenorland comprende essenzialmente l'odierno Nordamerica e l'Australia, oltre ad alcune parti dell'Africa e a un'Europa ancora poco riconoscibile. Privo di vita, roccioso, desertico e attraversato da accecanti correnti di magma, il primo continente nella storia del mondo ha esteticamente ben poco da offrire.

Tuttavia, negli abissi dell'oceano, qualcosa si muove.

Le molecole si distendono e si allargano, annusandosi e facendo amicizia. Con la comparsa delle prime schegge di Kenorland, avvenuta 4 miliardi di anni or sono, la natura trova una nuova collaboratrice, che ha aspettato con pazienza la conclusione della fitta grandinata di detriti proveniente dal cosmo. Nel Selvaggio West dell'epoca si spara ancora molto e gli asteroidi precipitano in mare e sulle isole, alcune minuscole, altre delle dimensioni di Maiorca o della Sicilia. Pare comunque che la Terra sia uscita dai difficili anni della pubertà. La sua nuova collaboratrice si guarda intorno con aria indagatrice, piena di dinamismo. Dopo essersi convinta che nulla può più ostacolare la creazione della vita, si mette al lavoro. Si chiama Miss Evoluzione e ha in mente un paio d'idee geniali.

E, come tutte le donne eleganti, porta con sé una borsetta.

Terra in vista

Vi piacerebbe sbirciare in quella borsetta? Nessun problema. Prima, però, dobbiamo osservare con un po' più di attenzione la struttura del pianeta, perché ciò che tiene insieme la cara, vecchia Terra è anche ciò che la spacca. Non potremmo intraprendere un viaggio attraverso le epoche geologiche e la vita non sarebbe mai comparsa se la natura non avesse messo in pratica sul nostro pianeta uno dei suoi brevetti più importanti: la tettonica a zolle.

Se, da bambini, avete letto Giulio Verne, forse lo avrete seguito con passione fino al centro della Terra. Nella vita reale, il viaggio sarebbe assai meno romantico. Un veicolo capace di condurci nel cuore del pianeta dovrebbe resistere al caldo estremo e disporre di un impianto di condizionamento molto efficace. Oltretutto non si potrebbe certo parlare di una gita turistica... Nel libro di Verne, i ricercatori s'imbattono in grotte labirintiche, in oceani sotterranei e in curiosi funghi giganti. Nel film, compaiono anche animali primitivi di ogni genere, finché un'eruzione non scaglia di nuovo la squadra di esploratori in superficie, lungo il camino di un vulcano, ed essa ricade in mare indenne... Vediamo un po' se qualcuno riuscirà a eguagliare la fantasia del nostro autore francese. In realtà, noi non usciremmo in quel modo e non potremmo nemmeno entrare con tanta facilità. Dovremmo invece aprirci un varco attraverso la litosfera, la rigida crosta terrestre, con una supertrivella, e il caldo diventerebbe insopportabile intorno ai 70-100 chilometri di profondità.

Le zolle marine e continentali della crosta terrestre sono paragonabili a isole che vagano su un oceano molto particolare. L'astenosfera, spessa fino a 200 chilometri, è uno strato denso e relativamente fluido di roccia incandescente che striscia con una lentezza esasperante. I frammenti di crosta terrestre vi galleggiano sopra, come sulla melassa, seguendo la velocità della corrente. Ammettendo che il nostro veicolo possa resistere ai 1200-1550 °C di un simile forno, potremmo attraversare l'astenosfera, ma poi ci aspetterebbe il mantello terrestre e dunque un caldo ancora più intenso. Spesso 2860 chilometri e più compatto dell'astenosfera, anche questo strato si sposta di pochi centimetri l'anno. Però a mettere a dura prova la nostra trivella non sarebbero soltanto le temperature, ma anche una pressione elevatissima. Tuttavia noi, essendo coraggiosi, non ci lasciamo intimorire e superiamo anche questo ostacolo, circondati dal rosso monotono della lava. Raggiungiamo così una zona più luminosa, il nucleo esterno. Finora abbiamo viaggiato attraverso la roccia, ma adesso giungiamo nel regno del metallo liquido, per lo più ferro con un po' di nickel. Mi sa che ormai avete già tirato fuori un fazzolettino rinfrescante. Una spietata temperatura sui 4000 °C ci attende infatti per i prossimi 2250 chilometri. Fiduciosi, premiamo sull'acceleratore... e andiamo a sbattere contro qualcosa di solido.

Chi abita quaggiù?

Nessuno. È stato il nucleo interno ad arrestare il nostro viaggio. Metallico come quello esterno, però duro. Qui prevalgono condizioni di pressione che non ci consentono di procedere oltre. Per dirigerci verso il punto descritto da Verne, dovremmo azionare di nuovo la trivella e percorrere altri 610 chilometri, ma è meglio risparmiarci la fatica. La pressione al centro del nucleo incandescente ammonta a 3600 kilobar, un'informazione sicuramente interessante sul piano geologico, ma che, per un turista, è più noiosa di un tour notturno in una zona industriale. Perciò facciamo dietro front e torniamo a casa. Qualcosa, almeno, l'abbiamo capito: la Terra è in parte liquida, il suo interno è caldissimo, in costante movimento e sottoposto a condizioni di pressione micidiali. È un inferno che ribolle al rallentatore. Noi viviamo sulla superficie di quell'inferno, ed esistiamo soltanto perché la crosta sottile non è del tutto compatta, ma suddivisa in frammenti che vagano sul denso oceano dell'astenosfera.

Che cosa accadrebbe se la Terra non fosse così piena di crepe? Immaginate di mettere a bollire un uovo. Subito comincia un balletto di forze: i gas vogliono fuoriuscire, la materia si paralizza ed effetti verticali e orizzontali mettono a dura prova il guscio. Se non forate l'uovo prima di farlo scivolare nell'acqua, c'è il rischio che scoppi. Se, al contrario, lo bucate, potrà rilasciare vapore e rassodarsi entro pochi minuti, raggiungendo una condizione di nuova stabilità. Con la Terra succede più o meno la stessa cosa... però noi non la possiamo sgusciare e affettare, come faremmo con un uovo, perché sotto il guscio i processi dinamici continuano, in una lotta permanente dell'interno contro l'esterno. Una crosta tutta intera dovrebbe essere flessibile come la gomma per resistere a simili condizioni. La litosfera *è* rigida, perciò la natura ha fatto bene a suddividerla in zolle che si allontanano e si avvicinano, sovrapponendosi, alzandosi, abbassandosi e compensando la pressione dell'interno.

Oggi la teoria della tettonica a zolle è universalmente accettata, eccezion fatta per certe zone del Midwest americano, dove si vorrebbe mandare al rogo Charles Darwin. Negli anni '60, però, neppure tutti i geologi erano ancora convinti della mobilità delle zolle. Fu all'inizio del XX secolo che uno studioso tedesco dimostrò come questo puzzle si fosse creato per merito della natura. Nel 1910, Alfred Wegener realizzò un planisfero, ricavandone l'impressione che, in qualche modo, l'Africa e il Sudamerica combaciassero. In seguito, sottopose tutte le isole e tutti i continenti a un esame più attento, giungendo alla conclusione di avere davanti a sé le parti di un unico, enorme continente, frantumatosi in un'epoca remota. Più o meno nello stesso periodo, i paleontologi fecero una scoperta straordinaria: su entrambe le sponde degli oceani, i fossili delle forme di vita più antiche presentavano tratti identici. Com'era possibile che un animale africano fosse vissuto anche in Sudamerica? Come c'era arrivato? Con le spore delle piante non era difficile: era stato il vento a trasportarle oltre il mare. Ma un'ipotesi del genere era assai meno probabile se si pensava ai coccodrilli e agli scorpioni. Per Wegener, quella era la dimostrazione inconfutabile che, un tempo, era esistito un continente gigantesco, un'unica massa di terra coesa su cui la vita aveva potuto diffondersi in ogni direzione. Aveva battezzato quel continente «Tutta Terra» e, poiché gli scienziati devono piegarsi all'arcano obbligo di esprimere qualsiasi cosa in greco o in latino, ne era derivato il nome «Pangea» (*pan* significa «tutta» e *gea* «terra»).

È inevitabile che i visionari siano derisi. Sebbene non avesse suscitato che manifestazioni di disprezzo per la sua teoria, Wegener riuscì a sopportare ogni sberleffo. A dire il vero, alcuni cartografi rinascimentali dalla vista acuta avevano già riscontrato qualcosa di analogo... In generale, però, gli esperti rimasero sulle posizioni delineate dal geologo austriaco Eduard Suess, la cui «teoria della contrazione» era molto popolare in quegli anni. A detta di Suess, la Terra in passato era più calda e quindi più voluminosa. Poi, nel corso di miliardi di anni, aveva irradiato parte del suo calore, raffreddandosi e restringendosi come una mela raggrinzita. Così erano nate le montagne. Intere regioni si erano ripiegate verso l'interno e l'acqua aveva preso a scorrere in nuovi bacini, formando inoltre gli oceani. Invece Wegener sosteneva che una mela raggrinzita non poteva presentare strutture continentali. Un pianeta che avesse emanato uniformemente calore si sarebbe ristretto altrettanto uniformemente, diventando sì rugoso, ma non pieno di tacche e gobbe. Oltretutto, com'era stato dimostrato, il granito era più leggero della roccia marina, e quindi i continenti non potevano inabissarsi, come affermava la teoria della contrazione; sarebbero piuttosto rimasti a galleggiare in superficie, indistruttibili e inaffondabili.

Nel 1915, Wegener pubblicò *La formazione dei continenti e degli oceani,* in cui illustrava la sua teoria. Com'era prevedibile, quel libro suscitò accese discussioni. Suess dichiarò una vera e propria guerra contro lo studioso, che, a suo parere, nessun geologo rispettabile poteva prendere sul serio. In fondo, quell'Alfred Wegener era un semplice astronomo e meteorologo, dunque che ne sapeva di geologia? Il paladino delle grinze non riuscì tuttavia a fermare la marcia trionfale della tettonica a zolle, benché Wegener non ne trasse un gran vantaggio. Per colpa della temperatura rigida, e forse di un infarto, lo scienziato infatti si spense in Groenlandia nel 1930, uno o due giorni dopo il suo cinquantesimo compleanno. Scompariva così un ricercatore coraggioso e lungimirante, che però non era mai riuscito a corroborare la sua teoria con argomentazioni plausibili: una volta sosteneva che il Sole e la Luna strattonavano le masse di terra; la volta dopo vaneggiava di un'infausta «fuga» dai Poli, a causa della quale le terre tendevano ciclicamente verso l'equatore. Una cosa però è certa: se il padre della tettonica a zolle avesse avuto a disposizione i dati di misurazione di un satellite per eseguire qualche osservazione a lungo termine della superficie terrestre, i grinzosi discepoli di Suess si sarebbero raggrinziti ancora di più. Grazie a quelle misurazioni, noi infatti sappiamo che i continenti si spostano ogni anno di 3-5 centimetri. Wegener invece non aveva potuto opporsi a chi lo prendeva in giro, definendolo un narratore di fiabe. Forse, pensando a Sharazad e ai fratelli Grimm, si sarà consolato con l'idea che pure i narratori di fiabe possono diventare personaggi di fama mondiale.

Wegener non sapeva granché dell'interno della Terra, altrimenti avrebbe capito che il movimento delle placche è imputabile alle correnti di convezione del mantello terrestre, dove la roccia liquida viene rimescolata senza tregua e riscaldata a diverse temperature. Più essa è calda e più diventa leggera e, come sappiamo, ciò che è leggero tende a salire. Poiché il dislivello va colmato, la roccia più fredda affonda, consentendo la prosecuzione del ciclo delle correnti. La massa fusa in salita si apre un varco all'interno della roccia fratturata, fino a raggiungere il fondale oceanico. Il risultato sono gole della lunghezza di migliaia di chilometri, zone di uscita per la lava, che si solidifica nelle gelide acque profonde, aggiungendo massa al fondo marino e frantumandolo a poco a poco. Con l'andar del tempo, su entrambi i lati di questi assi di divaricazione, si sono quindi innalzate montagne e dorsali oceaniche e, poiché la lava ha continuato ad affluire, anche il fondo marino ha cominciato a muoversi, rompendosi lentamente. A tutt'oggi non è cambiato nulla. A mano a mano che si allontana dalle gole, il fondale si raffredda, diventando più solido e più piatto. Poi, molti milioni di anni dopo, cozza contro la terraferma. Il che ci porta a una domanda importante.

Che ce ne facciamo?

Se il fondo strisciasse costantemente fuori dal mare, potremmo risparmiarci la costruzione delle città costiere. Ora tuttavia sappiamo che i continenti sono più leggeri del fondo marino (nel complesso, il loro peso ammonta allo 0,4 per cento della massa terrestre complessiva). La pesante crosta oceanica s'infila quindi sotto la placca continentale, s'insinua nel mantello terrestre e si fonde, dando luogo a un fenomeno chiamato subduzione. A riprova di ciò, i nuclei continentali hanno 3 miliardi e mezzo di anni, mentre il più antico fondale marino intatto ha soltanto 200 milioni di anni. Su, niente paura, andate pure alle Canarie! A differenza dei continenti, le isole fanno parte del fondo marino e vengono trascinate da quest'ultimo. Tra qualche milione di anni, Lanzarote e Fuerteventura slitteranno verso il Marocco e si sbricioleranno contro la costa del Sahara occidentale.

Ma non è detto che tutti i margini continentali siano zone di subduzione. La geologia preferisce parlare di margini attivi e passivi. È lecito immaginare che un simile continente si trovi in una situazione di grande difficoltà. Prendiamo, per esempio, l'America, circondata dall'Atlantico a est e dal Pacifico a ovest, due oceani in cui il fondo marino è coinvolto in intensi movimenti tettonici. In altre parole, l'America è sottoposta a pressione su entrambi i lati. Ebbene: i margini continentali attivi fanno parte di zolle che tendono le une verso le altre, mentre i margini passivi sono quelli in cui due zolle si allontanano. In quei punti, i continenti si protendono nel mare come tavole piatte, legandosi ai sedimenti e contribuendo alla formazione di nuove terre, mentre l'enorme pressione dall'altra parte incurva le coste come bastioni, generando fosse sottomarine e catene vulcaniche e provocando violente scosse. Quando le zone attive si ancorano alle montagne sottomarine collocate sotto lo zoccolo continentale e poi si staccano, sono attraversate da tremiti costanti. Allora può accadere che enormi pezzi del fondo marino si separino, emergendo o inabissandosi. È questo il fenomeno che, alla fine del 2004, ha causato lo tsunami nell'Asia sudorientale.

Nel nostro esempio, il continente americano o, per essere più precisi, la zolla di cui fa parte viene spinta verso ovest e, nel Pacifico, entra in collisione con un'altra zolla, diretta invece verso est. Questo braccio di ferro procura non pochi grattacapi agli americani. Non a caso gli abitanti della costa occidentale aspettano il *Big One*, il terremoto di tutti i terremoti, sotto la cui violenza collasserebbero città come San Francisco, Los Angeles o Vancouver, per essere spazzate via subito dopo da un'onda gigante. Quasi l'intero Pacifico è attorniato da margini continentali attivi e tutte le regioni confinanti vengono considerate zone sismiche.

Conosciamo complessivamente sette zolle grandi e una molteplicità di zolle piccole, che, nelle rappresentazioni grafiche, conferiscono alla Terra l'aspetto di una palla di Natale incrinata. Ecco perché, di recente, un prestigioso giornale si è posto una domanda inquietante: il nostro pianeta è forse sul punto di esplodere? In prima pagina, c'era la Terra, coperta da una ragnatela di margini tettonici. E sembra davvero che voglia saltare in aria al primo sussulto sismico. State tranquilli. Sono proprio quelle crepe a garantire una relativa calma. Il fatto che la Terra tremi quando le placche cozzano tra loro è il minore dei mali, quasi un evento di routine, in campo geologico. Altrimenti il nostro pianeta sarebbe esploso da tempo.

Fra l'altro, la rivoluzione tettonica è anche esteticamente vantaggiosa, perché a volte determina, lungo i condotti di alcuni vulcani continentali, la risalita di xenoliti (blocchi di rocce estranee inseriti in altri tipi di rocce) provenienti da oltre 200 chilometri di profondità. Marilyn Monroe adorava questo tipo di xenoliti. Non che ne avesse mai sentito parlare, intendiamoci. In compenso, sapeva cosa se ne poteva ricavare e l'ha cantato con entusiasmo: i diamanti.

Naturalmente la tettonica non produce soltanto nuove costellazioni di continenti; durante il movimento della crosta terrestre si hanno anche la nascita e la scomparsa dei mari. In fondo all'oceano, le zolle immense si allontanano e, lungo gli assi di divaricazione, proliferano dorsali alte fino a 3000 metri e lunghe in tutto 60.000 chilometri: si tratta della catena montuosa più imponente del mondo. Con ogni riorganizzazione geologica, le correnti marine cambiano, modificando anche le condizioni di vita nell'acqua e sulla terraferma. Il mare esercita infatti un notevole effetto anche sul clima... ma questo è un argomento che approfondiremo più avanti.

Adesso potete sbirciare nella borsetta dell'evoluzione.

È piena di vita.

La borsetta dell'evoluzione

Non sono certamente poche le teorie su come si sia sviluppata la vita dopo che gli organismi unicellulari hanno ottenuto la sovranità sul mare. I biologi evolutivi e i genetisti molecolari possono offrire tesi plausibili sul perché gli organismi pluricellulari siano comparsi, sul perché, all'inizio del Paleozoico, alcune creature si siano armate di denti, chele e corazze e sul perché tutti dovremmo conservare nel nostro album di famiglia un'immagine dell'*Haikouella*, un precursore dei vertebrati che scorrazzava nei bassifondi del Cambriano. Sarebbe come avere la foto di un antenato, anche se, in tal caso, l'antenato somiglierebbe un po' a una salsiccia.

Le cose si complicano se ci si pone la domanda dell'uovo e della gallina. In altre parole, che cos'è arrivato per primo, il metabolismo o la cellula? Com'è possibile che le cellule siano nate se non esisteva il metabolismo? E come può esistere il metabolismo senza cellula? Dove si trova il punto esatto oltre il quale la materia inorganica è diventata organica e la materia organica è diventata animata? Da quand'è stato possibile affermare: «Ora esiste la vita»?

C'è stata una cesura netta?

Per moltissime religioni, la risposta è chiara e univoca: uno o più esseri superiori hanno animato la materia inerte, memorizzandovi una sorta di software chiamato anima; da quel momento, la creatura si è allungata e allargata, cominciando poi a venerare il Signore. In effetti, l'idea è allettante. A chi verrebbe in mente di vantarsi dicendo: «Discendo dai batteri» o: «Il mio antenato è una salsiccia»? Ma c'è un problema: se l'evoluzione ha avuto luogo in maniera fluida e dunque non è stata suddivisa in capitoli, anche tra l'uomo e l'animale non esistono differenze significative, come invece ci piacerebbe credere. Gli uomini non sarebbero allora il prodotto finale della creazione, ma tutt'al più uno stadio intermedio, una delle tante varianti nel catalogo della vita. Esseri dotati di straordinarie capacità cognitive, certo, però, sul piano genetico, soltanto estremità temporanee di una catena che si estende per 4 miliardi di anni nel passato e serpeggia verso un futuro incerto.

Ammesso che la teoria del software di Dio sia vera, dobbiamo comunque chiederci se « vita » sia sinonimo di « anima », e se anche gli animali abbiano un'anima. Di conseguenza, infatti, dovremmo affermare che la vita sia stata « aggiunta » sotto forma di anima alla materia inerte affinché quest'ultima non continuasse a essere un ammasso inutile. Una scimmia nella giungla vive, respira e si gratta; quindi anch'essa dev'essere stata animata da Dio. Obiezione degli esponenti di varie religioni: i requisiti indispensabili dell'anima sono la coscienza, la sensibilità etica e la capacità di distinguere il bene dal male, quindi l'anima della scimmia non è in nessun modo paragonabile a quella dell'uomo. D'altro canto, sempre secondo loro, non c'è dubbio sul fatto che solo l'alito di Dio ha infuso la vita nella scimmia, sebbene l'animale non sappia apprezzare questo dono e preferisca divorare banane piuttosto che dire « grazie ». Per farla breve, l'opinione di tutti i teologi con cui ho parlato è unanime: le scimmie possiedono un'anima, che però non è immortale. Lo stesso vale per i barboncini, i criceti, le aringhe, i parassiti e tutto ciò che striscia, vola e non appartiene al genere *Homo*. Insomma: mi sa che in paradiso non incontreremo zecche, zanzare e scorpioni.

Ci sono tuttavia due nodi da sciogliere. Anzitutto, analizzando l'evoluzione umana, si nota che i nostri progenitori diventano sempre più scimmieschi a mano a mano che noi arretriamo nel tempo. Non esiste un punto chiaro in cui l'uomo è diventato uomo. Gli antropologi hanno cercato per decenni il famoso *missing link*, l'« anello mancante », l'avo comune definitivo dell'essere umano e delle scimmie antropomorfe. Oggi lo scimpanzé viene considerato il nostro parente più prossimo, motivo per cui ci piace infilargli i pantaloni e mettergli in testa ridicoli cappelli. Dal punto di vista genetico, l'uomo e lo scimpanzé sono identici al 98,7 per cento. Si riteneva logico che, nella notte dei tempi, un antenato comune vagasse per le foreste strascicando i piedi; secondo i calcoli dei biologi molecolari, quel progenitore era vissuto circa 6 milioni di anni fa. Poco dopo - o almeno così si credeva - aveva avuto luogo la divisione tra gli scimpanzé e i cosiddetti « ominidi », creature dalle fattezze umane e quindi detentrici di un'anima immortale. In sostanza, si partiva dal presupposto di uno sviluppo lineare, paragonabile alle serie delle automobili.

Ma l'uomo non è una Mercedes Classe S, e gli studiosi non hanno mai trovato tracce di un prototipo comune. Nel 1994, in Etiopia, sono stati rinvenuti i resti (risalenti a 4 milioni e 400.000 anni fa) di un nostro avo, battezzato *Ardipithecus ramidus* e subito spacciato con entusiasmo per il *missing link*. Ma non lo era, come non lo era neppure l'*Ardipithecus ramidus kadabba,* i cui denti e le cui ossa sono stati dissepolti quattro anni dopo e risalgono ad almeno 5 milioni e 800.000 anni fa. Nemmeno l'*Orrorin tugenensis,* scoperto in Kenya nel 2000, ha potuto fregiarsi dell'onore di aver dato origine agli scimpanzé e agli uomini dei periodi successivi. C'è poi stato il *Sahelanthropus tchadensis,* per ora il più antico fornitore di ossa della storia, proveniente dalla regione centroafricana del Ciad e, a quanto sembra, capace di camminare eretto già 6 milioni e mezzo di anni fa. Ebbene: è impossibile stabilire con esattezza se tutti questi signori somigliassero più all'uomo o alla scimmia. Per certo sappiamo solo che non esiste un unico progenitore comune. Lo sviluppo degli ominidi, il passaggio dagli esseri scimmieschi agli esseri umani, avvenne in maniera fluida, in momenti diversi e in posti diversi. L'Africa è senza dubbio il luogo di nascita dell'umanità, ma ospitava molto più di una semplice culla.

Gli ominidi produssero a loro volta specie come l'*Australopithecus* e il *Paranthropus.* A un certo punto, il genere *Homo* ha sollevato il suo cranio arrotondato e ha iniziato a gironzolare per la storia del mondo nei panni di *Homo rudolfensis, Homo habilis, Homo erectus* e *Homo sapiens neanderthalensis.* C'è anche un certo *Homo sapiens sapiens,* che, per puro caso, è riuscito a resistere fino a oggi e che, com'è stato dimostrato, è l'unico ominide che dissotterra i propri avi a scopo di studio. Tra l'uomo e la scimmia non è dunque rintracciabile una cesura netta né uno sviluppo lineare. Ecco come Friedemann Schrenk, un ricercatore di Francoforte, riassume la faccenda: «Nelle molte centinaia di milioni di anni dell'evoluzione biologica, non c'è mai stata un'unica radice per una nuova linea di sviluppo, bensì sempre diverse varianti geografiche. Perché l'evoluzione dell'uomo dovrebbe essere diversa?»

Oggi la teoria predominante è la seguente: tra gli 8 e i 6 milioni di anni fa, il clima africano subisce uno sconvolgimento che porta alla scomparsa delle foreste pluviali tropicali. Immense pianure si trasformano in steppe. Fino ad allora, le scimmie si sono spostate di albero in albero, appendendosi alle fronde. Alcune hanno già acquisito la capacità di correre in posizione eretta lungo i rami, attività in cui se la cavano piuttosto bene. Quando la mancanza di alberi le costringe a rinunciare a quella tecnica, il loro talento particolare le aiuta a sopravvivere. Al suolo, i predatori in avvicinamento s'individuano tanto più rapidamente quanto più si riesce a guardare lontano. Così, da allora in avanti, le scimmie hanno camminato sulle zampe posteriori, tenendo le mani libere per altre occupazioni, come l'impiego di utensili.

È stato allora che l'uomo è diventato uomo? È stato Dio a regalarci l'ascia? Mi spiace deludervi: anche gli scimpanzé forano il terreno con dei bastoncini alla ricerca d'insetti prelibati. L'impiego degli utensili non è iniziato all'improvviso; si è perfezionato pian piano, stimolando l'attività cerebrale. Le scimmie in grado di camminare erette sono diventate, per forza di cose, più intelligenti. Nel corso dei milioni di anni successivi, varianti sempre nuove di ominidi hanno popolato l'Africa, spaccandosi la testa a vicenda, oppure accoppiandosi e sviluppando qualcosa di simile alla cultura. Alcune specie sono sparite, mentre altre si sono adattate alle mutevoli condizioni ambientali, diventando più creative e più simili all'uomo. La deambulazione eretta è stata adottata più volte, come sono state reintrodotte l'ascia e la ruota. Trovandosi di fronte a un'inattesa molteplicità, l'antropologia moderna ha dovuto rinunciare alla classica immagine dell'albero genealogico. Semmai si può parlare di un cespuglio dai rami aggrovigliati, in cui i confini tra uomo e animale spariscono definitivamente.

E adesso chi riceve l'anima immortale?

Il confine tra animato e inanimato è assurdo al pari di quello tra uomo e animale. Anche la cellula ha un'anima? Perché no? Il disegno di Dio dovrebbe prevedere una piccola anima unicellulare. Ma nemmeno la cellula è caduta dal cielo; deriva piuttosto da una metamorfosi lunga e avventurosa, durante la quale ha attraversato diversi stadi. Se volessimo essere così coerenti da credere all'anima come ingrediente astrale, anche la singola molecola dovrebbe possederne una e meritarsi l'accesso al paradiso delle particelle (sempre che abbia tenuto un comportamento onesto). Eppure quasi tutte le religioni hanno qualche difficoltà ad accettare un simile ragionamento.

Che cos'è dunque la vita? I biologi evoluzionisti non sarebbero gli unici a stappare bottiglie di champagne se trovassero una risposta adeguata a questa domanda. A mio avviso, non esiste quesito più appassionante. È un interrogativo che ci pone di fronte ai fenomeni del piccolissimo e del grandissimo, dell'inizio e della fine nonché dell'infinito. Se accantoniamo le scale con cui siamo abituati a scandire il tempo e lo spazio, scopriamo un universo che non evidenzia bruschi cambiamenti di condizione né una catena causa-effetto, ma soltanto un tessuto di causalità pressoché inestricabile... un cosmo in cui tutto scorre. E ciò ha un peso determinante nella valutazione di ciò che vive e di ciò che merita di essere vissuto. Senza contare che, per esempio, rimette al loro posto i cartesiani, cioè i seguaci del grande razionalista René Descartes – *alias* Cartesio –, per i quali gli animali dovevano essere considerati alla stregua di macchine. Cartesio aveva infatti tracciato un chiaro confine tra uomo e animale, affermando che le creature non umane erano prive di pensiero e sensibilità. Un approccio che filosofi come Georg Wilhelm Friedrich Hegel non avevano esitato a adottare, giacché, secondo Hegel, l'animale era, in generale, un oggetto da sfruttare. Con gli anni, la concezione cartesiana era degenerata in un cinismo antropocentrico bello e buono. Ciò che quel filosofo aveva affermato sulla spinta di una convinzione interiore è servito ai suoi epigoni come argomentazione per mettere da parte qualsiasi posizione morale sugli esperimenti sugli animali e sull'allevamento di massa.

Ciò dimostra che l'approccio puramente naturalistico ci aiuta solo in parte nella creazione di modelli etici. In esso, scienziati e teologi non ci vedono un manuale d'istruzioni del comportamento etico. Senza parlare del fatto che la scala etica sulla quale noi tariamo ciò che è accettabile sul piano morale varia da individuo a individuo.

Se non altro, possiamo stabilire il momento a partire dal quale è possibile *documentare* la vita sulla Terra. I fossili delle prime strutture viventi risalgono a 4 miliardi, 3 miliardi e mezzo, di anni fa. Lo sappiamo grazie ai ritrovamenti di alcuni organismi unicellulari, i primissimi esseri viventi, che si sono conservati sotto forma d'impronte nella roccia. Ma quei reperti non ci permettono di stabilire con precisione quand'è cominciato il vero sviluppo della vita. Un simile inizio, infatti, può essere individuato solo mediante una scala che prevede cesure dove, in realtà, non ne esistono. Sembra inoltre che le prime forme di vita si siano evolute le une indipendentemente dalle altre, forse molti milioni di volte. È quasi impossibile descrivere i processi anteriori alla scoperta della membrana cellulare. Insomma brancoliamo nel buio ma, in questo caso, ci troviamo sulla buona strada, perché gli abissi marini sono immersi nell'oscurità. Laddove le circostanze hanno consentito relativamente presto l'unione di molecole complesse, si osserva uno degli scenari più probabili che spiegano come la materia animata sia venuta al mondo.

La vita è il risultato di una serie di alleanze; tuttavia i composti chimici non nascono se le delicate strutture molecolari si separano in continuazione. E, 4 miliardi di anni fa, la Terra non è un posto ideale per mettersi comodi. Magari due elementi - per esempio il carbonio e l'idrogeno - s'innamorano, mettendosi a fluttuare nell'oceano, che vanta una profondità media di 10 chilometri e un'estensione pari al pianeta intero. Poi arriva un asteroide, sfreccia accanto ai due e mette bruscamente fine alla loro felicità, scagliando Romeo e Giulietta in direzioni opposte. La Terra è una pentola in cui cadono di continuo nuovi ingredienti. Fiumi di lava portano l'acqua a ebollizione, enormi lampi squarciano l'atmosfera e le storie d'amore non durano a lungo.

Le condizioni non sono migliori nemmeno negli abissi, dove le zolle oceaniche si allontanano sotto la pressione del magma in salita. Allorché il magma si raffredda, formando strutture porose e simili a cuscini, l'acqua filtra verso l'interno della Terra, incontrando il magma rovente. Poi inizia a bollire, schizzando ancora verso l'alto e uscendo dal fondo marino appena creato sotto forma di un geyser gorgogliante, capace di raggiungere una temperatura di 400 °C. Da quella cantina torrida fuoriescono gas e minerali di ogni tipo, tra cui idrogeno, ammoniaca, acido solfidrico e via discorrendo. Nelle acque aperte, queste sostanze reagiscono coi metalli disciolti come il rame, il ferro, lo zinco e il nickel, generando composti di metallo-zolfo. Accadono così due cose: anzitutto, l'acqua che fuoriesce si tinge di nero. I geologi marini hanno esaminato più volte quelle sorgenti, filmandole con l'aiuto di potenti fari; in effetti, si vede un turbolento brodo nero e fuligginoso che schizza verso l'alto. In secondo luogo, i composti pesanti ricadono al suolo dopo un breve volo ad alta quota, depositandosi e costruendo, intorno ai punti d'uscita, camini che possono raggiungere i 50 metri d'altezza. Queste sorgenti si chiamano *black smokers*, «fumatori neri», cioè camini idrotermali.

Giacché il ciclo dell'acqua che sale e scende si ripete senza sosta, nemmeno in futuro sarà possibile imporre il divieto assoluto di fumare negli abissi marini... Oggi, inoltre, biotopi complessi scorrazzano su e giù per i camini, ma, nell'Adeano, non c'è nulla che striscia, sussulta o nuota.

Non ancora, almeno. Sul bordo esterno dei camini si depositano infatti bolle microscopiche di solfuro di ferro.

E quelle sì che hanno qualità nascoste!

All'epoca, l'acqua circostante ha forse una temperatura intorno ai 20-30 °C. All'interno delle bollicine, in uno spazio molto angusto, il liquido bolle a 100 °C ed è zeppo di sostanze chimiche, trasportate lì dall'esplosione dell'acqua caldissima. Come accade nelle discoteche, si attacca discorso e ci si piace, mentre il piccolo rifugio impedisce al mare d'interrompere uno splendido flirt. Si celebrano matrimoni chimici e stavolta i rapporti durano. L'interno delle bollicine è carico di energia, il che favorisce l'unione clandestina delle molecole. L'idrogeno e il carbonio, gli innamorati infelici, possono finalmente fondersi tra loro e, *dulcis in fundo*, compaiono i primi composti a base di carbonio, senza i quali le creature terrestri sarebbero impensabili.

Miss Evoluzione, la nostra zelante collaboratrice, si mette all'opera. Con lo zolfo, l'ossigeno, l'idrogeno, il carbonio e il fosforo prepara un acido acetico attivato, che, a sua volta, mette in moto il ciclo dell'acido citrico. Quest'ultimo è forse il ciclo metabolico più significativo, perché responsabile della produzione d'importanti componenti legati alla vita. L'azoto e l'acido acetico producono invece aminoacidi. Se non avete dormito durante le lezioni di biologia, probabilmente avete fatto un piccolo sussulto. « Aminoacidi? Questo nome non mi è nuovo... » Giusto, i componenti della vita cominciano a prendere forma. Gli aminoacidi si legano tra loro e assumono il nome di peptidi, che si trasformano a loro volta in proteine a catena lunga.

Ah, le proteine! Si può già parlare di vita? Difficile dirlo. Si tratta senza dubbio di composti organici che contengono carboidrati di ogni tipo, quindi tutti gli ingredienti indispensabili. Però continuiamo a guardare un mattoncino e non il risultato complessivo, che è maggiore della somma delle parti. Miss Evoluzione ha ancora un po' di lavoro da sbrigare.

E com'è operosa! Sotto la sua direzione, le fabbriche biologiche nelle bollicine raggiungono la massima produttività. La molteplicità delle nuove sostanze è quasi inimmaginabile. Tra gli altri, si formano quattro composti di azoto e carbonio ad anello, basi dell'acido nucleico che si chiamano adenina, guanina, citosina e uracile e che sono destinate a fare molta strada. A questo scopo, hanno bisogno di altri due amici: il ribosio, che è uno zucchero, e l'acido fosforico. Tutte queste sostanze si uniscono in un'unica molecola lunghissima e famosissima, l'acido ribonucleico. In breve: RNA.

Questo nuovo acido non aumenta soltanto la reattività reciproca degli aminoacidi, ma è anche in grado di riprodursi. Per farlo, ha bisogno dell'aiuto di proteine particolari, gli enzimi, che riesce a produrre da solo. Nasce così nuovo RNA, che a sua volta genera proteine. Il ciclo si mette in moto. Intanto l'adenina, la guanina, la citosina e l'uracile hanno imparato a parlare. Il loro è un linguaggio silenzioso o, meglio, un codice. Tre basi si uniscono sempre a formare una lettera che assegna un aminoacido a una proteina, così che gli aminoacidi abbiano una sequenza definita. In una costellazione diversa, le basi costituiscono una lettera diversa e gli aminoacidi si raggruppano ancora una volta nella sequenza corrispondente.

A causa delle mutazioni costanti, l'efficienza delle proteine aumenta. Miss Evoluzione è nel suo elemento e ogni sua iniziativa obbedisce a uno spietato principio di selezione. Per esempio, le proteine devono dare un contributo notevole alla riproduzione dell'RNA, altrimenti vengono cancellate dal programma. Chi meglio si adatta ha l'opportunità di restare in corsa; gli altri scompaiono nel bidone della spazzatura storica. Nell'oceano primigenio, aperto e agitato, era ancora in pieno svolgimento una grande festa caotica; persino nelle confortevoli bollicine di solfuro di ferro tutti parlavano con tutti. Ma adesso arriva l'ordine. Basta con la vita dissoluta. Vogliamo diventare pesci, uccelli ed esseri umani. Un po' di disciplina, per favore!

L'uracile si prende un giorno di vacanza. Magari ha dormito troppo, oppure ha marinato la scuola. Sia quello che sia, la timina, un componente base dalla struttura analoga, prende il suo posto. Nel contempo, lo zucchero ribosio piange la morte di un atomo di ossigeno. Sciocchezze, potremmo pensare. Ma il risultato è una nuova molecola, incredibilmente stabile e dal nome così lungo - acido desossiribonucleico - che quasi nessuno riesce a pronunciarlo. E infatti oggi ne usiamo la forma abbreviata: DNA.

Il DNA rappresenta un'autentica rivoluzione. Eppure deve sacrificare un paio di sue caratteristiche. Come memoria del codice genetico è imbattibile, però è costretto a rinunciare alla funzione della catalisi e dunque non può tradurre da solo il suo codice in proteine. Ha quindi bisogno dell'RNA, che diventa un valido aiuto per il suo fratello maggiore e lo accompagnerà nel suo cammino verso una vita sempre più complessa.

Ah, giusto, la vita! Si può finalmente parlare di vita?

Evidentemente sì. La vita è comparsa a un certo punto di

questa descrizione, tra le righe, tra le lettere. Possiamo addirittura annunciare la nascita di una cellula, anche se ancora priva di membrana. Ma i contenuti ci sono tutti e ci è dato persino di riconoscere un primo metabolismo. Ci troviamo ancora ai piedi dei camini idrotermali, i giganteschi spruzzatori d'acqua calda da cui è iniziato tutto. La miscela bollente di sostanze chimiche seguita a fuoriuscire, fornendo energia agli esseri nelle bollicine. Grazie ai pori, il nutrimento attraversa l'involucro di solfuro di ferro e si trasforma in proteine e zuccheri. Ciò che resta inutilizzato viene espulso. L'evoluzione ha dunque inventato l'evacuazione come risultato di una sana digestione.

Con coraggio, alcune delle nuove supermolecole si apprestano ad abbandonare le loro bollicine e ad andarsene in giro per il mondo. Molte di loro fanno una brutta fine, perché vengono trasportate in mare aperto; alcune invece occupano minuscoli pori nelle pareti dei camini. Queste protocellule, come le chiameremo d'ora in poi, cominciano a moltiplicarsi. A seconda della loro destinazione, le condizioni sono migliori o peggiori, fa più caldo o più freddo, l'ambiente è più o meno alcalino. Non importa. Cosa ci ha insegnato Miss Evoluzione? Che gli opportunisti vivono più a lungo. Dunque ci si adatta e la molteplicità di varianti della protovita aumenta.

Scendiamo in uno di questi camini, un colosso alto 56 metri, da cui sgorgano vorticanti nubi nere. Nelle pareti esterne è cresciuta un'autentica popolazione di protocellule, una Shanghai del remoto Adeano. Nascono nuovi composti del carbonio, l'RNA muta; bastano poche lettere per scrivere la Storia. In questo preciso istante, nella 76.452ª bollicina da sinistra, due molecole a catena si preparano a compiere un'impresa immane. Entrambe si guardano intorno, esitando, come se temessero di correre il rischio di formare un composto. Ma tutto ciò accelererebbe notevolmente lo sviluppo della vita, vero? Quindi perché no? Dopotutto chi non risica non rosica. Forza, dunque. Stiamo a vedere che cosa succede...

Crash. Una vibrazione attraversa il camino. Un boato riecheggia. Nelle pareti si aprono delle crepe e l'altopiano di magma, col suo panorama di canne fumarie, si mette a tremare. Le scosse s'intensificano. Alcuni pezzi si staccano dalla sommità del camino e cadono, frantumandosi sullo zoccolo e distruggendo in pochi secondi interi quartieri della città di bollicine. Lungo la parete si spalanca all'improvviso una fessura lunga un metro. Poi, senza preavviso, i dintorni si ribellano, dando il colpo di grazia alla piccola Shanghai. Il camino comincia a sgretolarsi, sbriciolandosi sotto la pressione dell'enorme bolla di gas che ha innescato il terremoto. Piovono grosse macerie, spaccando la base. Insomma tutto collassa, quasi fosse la torre di Babele. Quando le scosse finiscono, della promettente metropoli di camini rimane solo un mucchio di rovine. Tutte le bollicine sono andate distrutte e i loro occupanti sono stati trascinati via dalla corrente. Privati del loro involucro protettivo, i componenti della protocellula si diffondono nell'oceano primigenio. Anche i componenti della cellula che è appena stata teatro d'innovazioni rivoluzionarie si disperdono. Non sapremo mai che cosa sarebbe potuto derivare dall'unione delle due molecole a catena. Gli involucri di solfuro di ferro non fungevano soltanto da catalizzatori del loro sviluppo, ma componevano anche il corpo degli esseri della protovita, le cui interiora si sono smarrite per sempre nell'acqua del mare. In questa parte dell'oceano, la natura ha trionfato sulla vita.

Tuttavia non c'è motivo di preoccuparsi. Simili disastri sono all'ordine del giorno. Però mettono Miss Evoluzione davanti a problemi insuperabili. Come qualsiasi signora risoluta che ama fare le cose per bene, la nostra amica è assai seccata di dover ricominciare tutto da capo in continuazione. Finché le protocellule erano imprigionate nei loro involucri di solfuro di ferro, non c'era da aspettarsi nessun progresso degno di nota nello sviluppo della vita. Prima o poi l'afflusso di calore nei singoli camini si sarebbe esaurito, oppure essi sarebbero rimasti vittime di un terremoto. Se c'è il pericolo di una catastrofe, oggi possiamo pensare di evacuare una città, ma l'idea che le protocellule abbandonassero in buon ordine la loro metropoli era assai improbabile. Nessuna avrebbe avuto il tempo d'infilare in valigia le sue quattro basi per poi spostarsi verso l'entroterra. E, con l'arrivo del terremoto, nessuna sarebbe rotolata via con calma, perché tutte quelle cellule erano cresciute insieme con la loro città.

In quella situazione disperata, Miss Evoluzione si è ricordata della sua borsetta.

Ammettiamolo: la borsetta è una delle grandi conquiste della nostra civiltà. Mi spingerei a considerarla un vero e proprio strumento del progresso, nonché una prova inoppugnabile della superiorità del sesso femminile. Chiunque abbia esaminato con attenzione il contenuto di una borsetta non potrà che darmi ragione. Nella borsetta, le donne conservano la parte essenziale del loro io, il codice della loro personalità, se volete. Avete notato cosa succede quando, al ristorante, le donne si allontanano per andare alla toilette? Al loro ritorno, sembrano aver subito una trasformazione strabiliante e appaiono quasi rigenerate. Invece noi uomini torniamo al tavolo con lo stesso aspetto con cui ci eravamo alzati. Il segreto sta in quell'accozzaglia di oggetti tipica delle borsette. Nelle tasche dei pantaloni maschili ci sono i soldi, le sigarette e le chiavi dell'auto. Le donne invece possono indossare vestiti attillati senza ritrovarsi sprovviste del necessario nel momento del bisogno. Un appuntamento da segnare? Ecco che, come per magia, compare un'agenda. Monete, bigliettini, tessere magnetiche, foto di famiglia? Tutto finisce dentro un portafoglio voluminoso. Pettine, profumo, eyeliner, rossetto, lacca per capelli e smalto per unghie sono le armi cosmetiche utilizzate nella lotta per accaparrarsi i maritini influenti, mentre le bombolette di gas lacrimogeno servono per allontanare i seccatori pericolosi. Lenti a contatto e occhiali da vista dividono lo scomparto laterale con un bel libro. Orecchini e mazzi di chiavi convivono coi salvaslip e con un collant di scorta, alcuni blister di aspirina e la famosa pillola. E non dimentichiamo il telefonino, quel bozzo così caratteristico nelle giacche degli uomini. Per le donne, è tutto diverso. La loro superiorità si afferma con prepotenza se scoppia un incendio, se un'onda c'investe o se siamo costretti a passare una notte fuori casa. Perché la loro borsetta è quella da cui Mary Poppins estrae un attaccapanni, in modo che i bei vestiti non si sgualciscano.

Se eliminassimo la borsetta, le donne tornerebbero subito

indietro di alcuni stadi evolutivi, finendo nella stessa zona attualmente occupata dagli uomini. Tutto ciò è evidente quando il contenuto di una borsetta «esplode». In quell'istante, la proprietaria non è più ciò che era e il suo ordine interiore si sparpaglia sul marciapiede, scompare in un rigagnolo o viene schiacciato da un'auto. La serata è andata a monte. «Chi sono?» si legge sul volto della signora. «Sono ancora un essere umano? Sono ancora viva? No, sono una donna senza borsetta, valgo meno di una protocellula. Il mio camino idrotermale è crollato, catapultandomi nella non-esistenza, nell'Adeano.»

Miss Evoluzione intuisce che le numerose supermolecole e i vari composti organici all'interno dell'involucro di solfuro di ferro hanno bisogno di qualcosa che li tenga insieme, sebbene debbano abbandonare la loro patria, il camino vulcanico. Ordina pertanto ad alcune protocellule di produrre una sorta di grasso che si depositi intorno al cuore della cellula, come un mantello elastico. Compare una doppia membrana, capace di offrire uno stretto passaggio a determinate molecole, respingendo però l'acqua. Un involucro minuscolo, in grado di evadere dalla prigionia del camino e di vagare in mare aperto, sempre munito di tutto l'occorrente per la conservazione di una cellula vitale. L'invenzione del mantello cellulare consente alla vita di espandersi e di farlo in pace, senza finire dilaniata dalla violenta lotta degli elementi. Nasce così il componente fondamentale di tutti gli esseri complessi, un sacchettino pieno d'informazioni genetiche, una borsa comodissima. La borsetta dell'evoluzione. La cellula completa.

Quel sacco membranoso si sviluppa più volte, con risultati differenti. Si formano cellule chiamate «eubatteri». Pur superando molte prove, si rivelano meno resistenti di un'altra variante, i cosiddetti «archeobatteri», circondati da membrane robuste che, grazie alla loro struttura, possono resistere a temperature estreme e a elevate concentrazioni di acidi. A rigor di termini, gli archeobatteri non sono batteri, perché hanno un metabolismo diverso dagli eubatteri, motivo per cui la loro denominazione scientifica corretta è *Archaea*.

Gli eubatteri e gli archeobatteri fondano la famiglia dei procarioti. Poiché la parola greca *karyon* significa «nocciolo», un procariota è una cellula anteriore all'invenzione del nucleo cellulare, che all'epoca non esiste ancora. La borsetta continua a contenere oggetti alla rinfusa, ma questo fatto non ha nessuna importanza. L'essenziale è che gli eubatteri e gli archeobatteri possono espandersi indisturbati e iniziare la loro marcia trionfale. Gli archeobatteri - meno sensibili - si distribuiscono quasi ovunque, moltiplicandosi a un ritmo straordinario e invadendo sorgenti caldissime, coste vulcaniche e salatissimi mari poco profondi. Gli eubatteri si dimostrano più schizzinosi, sebbene anch'essi abbiano raggiunto un'elevata densità di popolazione. Di lì a poco, la Terra inizia così a brulicare di procarioti, tanto che possiamo parlare senz'altro della prima esplosione demografica.

La teoria qui esposta sulla nascita della vita è stata enunciata da Michael Russell dello Scottish Environmental Research Centre di Glasgow e da William Martin dell'Heinrich-Heine Universität di Düsseldorf ed è, fino a oggi, quella ritenuta più plausibile. Non è cosa da poco. Negli ultimi decenni, la scienza ha continuato a ideare nuovi modelli per spiegare come si sia sviluppata la cellula, ma nessuno è riuscito a fornire una descrizione così precisa e coerente.

Fra le teorie più popolari c'è quella sulla panspermia. Suppongo sia la tesi preferita di Erich von Däniken,* il quale afferma che la vita deriva dallo spazio, in cui vagavano resistenti spore batteriche, giunte poi sulla Terra protette dal ghiaccio dei meteoriti. Gli appassionati di tutto ciò che è extraterrestre saranno lieti di sapere che simili spore sono state descritte scientificamente. Forse la teoria della panspermia è fondata, ma purtroppo non spiega come siano nati i batteri. Magari esistevano (ed esistono) camini idrotermali anche sugli altri pianeti.

Per certo sappiamo che, nei primi 500 milioni di anni della sua esistenza, la Terra è stata bombardata senza sosta, anche da comete la cui coda consisteva di microscopiche particelle di polvere ricche di sostanze organiche, di composti del carbo-

* Scrittore svizzero che ha sostenuto nei suoi libri l'influenza di civiltà extraterrestri su quella umana, fin dalle epoche preistoriche. (*N.d.T.*)

nio e dell'idrogeno, di basi contenenti azoto, aminoacidi, ossigeno, formaldeide e acido cianidrico. Quando la grandinata di proiettili è cessata, alcune comete, anziché precipitare in mare, le sono passate accanto, sfiorando il pianeta con la loro coda. Miliardi di milioni di tonnellate di sostanze chimiche si sono così disciolte nel mare. Dal cosmo sono quindi piovute cose molto utili, benché sembri improbabile che vi siano anche composti organici complessi.

In questo contesto, si sente citare spessissimo il concetto di «brodo primordiale». Dietro questa espressione si nasconde un esperimento condotto dal chimico Stanley Miller nel 1953. Seguiamo il suo ragionamento. L'acqua del mare è evaporata ed è ricaduta sulla Terra sotto forma di pioggia, seguendo il ciclo già noto. Ogni volta che le molecole d'acqua si volatilizzano, il vapore acqueo puro si solleva, lasciando nel mare gli elementi disciolti. Quel ciclo si è ripetuto tante e tante volte, per centinaia di milioni di anni. Le tempeste hanno rimescolato la superficie, creando una gigantesca area di contatto coi gas dell'atmosfera primigenia, cioè col carbonio, con l'idrogeno, con l'ossigeno e con l'azoto. In tal modo, la varietà delle sostanze disciolte nell'acqua è aumentata, favorendo la comparsa spontanea di alcune molecole organiche. L'acqua insomma si è rivelata un solvente universale. Sono nati migliaia di composti diversi, alimentati dal calore proveniente dall'interno del pianeta, dalle scariche elettriche dei temporali sulla superficie del mare e dai raggi ultravioletti del Sole. La loro quantità e la loro molteplicità sono cresciute senza tregua, trasformando il brodo primordiale nella sala giochi dell'evoluzione.

Miller era convinto che i temporali primigeni avessero svolto un ruolo chiave. Per corroborare la sua teoria, aveva fatto bollire una miscela di acqua, metano, ammoniaca e idrogeno in un'ampolla, all'interno della quale alcuni elettrodi producevano fulmini artificiali. Non a caso, quella miscela ricordava il materiale espulso dalle sorgenti idrotermali. I fulmini fornivano elevate quantità di energia e inducevano le sostanze a reagire tra loro. Così, nel giro di pochi giorni, erano comparsi degli aminoacidi. Miller aveva calcato le orme del dottor Frankenstein, creando i mattoni della vita. Non era tuttavia riuscito a spiegare come quegli elementi, all'interno di un oceano turbolento, si fossero riuniti in comunità stabili e in molecole superiori. Era infatti partito dal presupposto che tali unioni avessero visto la luce in acque tranquille, come gli stagni, le pozzanghere e le insenature protette, però quell'ipotesi non convinceva neanche lui.

Un'altra teoria colloca la nascita della vita nel ghiaccio marino, le cui minuscole cavità, unite a un clima adeguato, avrebbero consentito la formazione delle protocellule. Ma ciò sposterebbe quel momento molto indietro nel tempo, perché 3 miliardi e 700.000 anni fa non c'era nessuna traccia di ghiaccio sulla Terra. Altre tesi individuano la culla della vita nei laghi d'acqua dolce, mentre altre si dimenticano completamente dell'acqua e affermano piuttosto che la vita è nata nell'argilla o all'interno delle rocce cristalline. Forse tutte queste versioni contengono un briciolo di verità. Una cosa è certa: le circostanze che hanno favorito la creazione di una protocellula devono raggiungere e superare un certo grado di probabilità. E tutto ciò fra le doglie del parto di un nuovo pianeta. L'astronomo Fred Hoyle si chiede, indispettito, per quanto tempo un tornado dovrebbe soffiare su un mucchio di automobili rottamate prima di costruire casualmente una Rolls-Royce. L'inglese W.H. Thorpe, zoologo ed esperto di evoluzione, aggiunge che la probabilità dello sviluppo della vita è tanto elevata quanto la probabilità che una scimmia riproduca un'opera di William Shakespeare battendo sui tasti di una macchina per scrivere. In entrambi gli esempi, il caso svolge senz'altro un ruolo importante.

D'altro canto, è lecito domandarsi se il caso esista o se tutto ciò che può accadere accade, per forza di cose, quando si esegue un'adeguata serie di esperimenti. Il fatto che due abitanti di Colonia s'incontrino a Colonia è molto probabile. È possibile pure che s'incontrino al Polo sud, però è meno probabile.

Ci siamo chiesti se 3 miliardi di anni siano un periodo lungo. Possiamo anche chiederci se 300.000 miliardi di esperimenti siano un numero adeguatamente elevato perché venga raggiunto un certo risultato. Forse gli uomini penseranno di sì. Miss Evoluzione replicherebbe: « Questo non è ancora niente. Aspettate che ci prenda la mano! » La nascita della vita è dunque qualcosa di molto probabile o di molto improbabile? Torneremo sull'argomento alla fine del libro, quando partiremo alla volta dell'oceano inesplorato al di là del nostro sistema solare. Per ora restiamo in acque nazionali.

Una cellula fa carriera

Se portiamo due conigli su un pianeta ignoto, e fino a quel momento privo di conigli, può succedere che all'improvviso ci siano molti conigli, capaci di generare conigli a loro volta. Agli australiani fischieranno le orecchie...* Il sesso per i conigli è un processo molto rapido. Si dice che, quando un coniglio maschio monta una coniglietta, sussurri alla sua amata: «Niente paura, non fa male. Vero, che non fa male?» Finisce tutto in un baleno. La riproduzione procede con estrema efficienza e la brevità del piacere è compensata dal numero di discendenti. I conigli non perdono tempo coi preliminari, non la tirano per le lunghe e se ne infischiano della sigaretta, dopo. Devono ottenere il massimo, perché il coniglio non vuole estinguersi, pur figurando sul menù di diversi predatori. La sua strategia consiste quindi nell'affermarsi attraverso la quantità. I roditori si sono così conquistati un posto stabile nell'evoluzione senza fermarsi a riflettere su spirali, pillole e profilattici.

Evidentemente la riproduzione non esiste per divertimento. Potremmo dunque accusare Miss Evoluzione di ritrosia, ma si tratterebbe di un'accusa infondata. Oggi non saremmo arrivati a questo punto se i giovani organismi unicellulari avessero chiesto la mano del clone-figlia ai padri unicellulari. I primi esseri viventi dotati di metabolismo comparsi sul nostro pianeta non fanno sesso. Persino i primi approcci sarebbe-

* Nel 1859, Thomas Austin, un contadino inglese che risiedeva in Australia, liberò nella sua proprietà due dozzine di conigli importati dall'Europa. Senza la selezione operata dai loro predatori naturali, i conigli si moltiplicarono, invadendo l'intero continente e rovinando pascoli e raccolti. Oggigiorno si stima che i conigli australiani siano circa 100 milioni. (*N.d.T.*)

ro stati troppo complicati: «Non sei il mio tipo...» «Ho mal di testa!» «Gli ospiti arrivano tra dieci minuti...» «Non qui, tesoro...» Come sarebbe possibile, di grazia, riprodursi in simili condizioni nell'oceano selvaggio?

Gli archeobatteri e gli eubatteri trovano un altro modo: si dividono. Una cellula ne genera altre due, identiche alla madre. In questa prospettiva, il DNA è immortale, perché produce sosia che producono altri sosia che producono altri sosia: cellule figlie che possiedono le medesime proprietà chimiche di quelle da cui derivano. Ecco perché i chimici parlano anche di una molecola che ha sconfitto il tempo. Una simile divisione richiede dai 20 ai 30 minuti. Pertanto la popolazione degli organismi unicellulari raddoppia a ogni ciclo. Insomma avviene più o meno ciò che è poi capitato in Australia con l'invasione dei conigli.

Il mondo cambia.

All'epoca, alcuni archeobatteri cominciano a espellere metano come prodotto escretivo del loro metabolismo. Il metano è un gas serra, dunque, se raggiunge l'atmosfera, favorisce il riscaldamento terrestre. L'atmosfera primigenia lo assorbe e lo conserva. Oggi il metano atmosferico si decompone nel giro di 10 anni mediante l'ossigeno libero, che però, a quei tempi, non esiste ancora. Le molecole di metano, che possono sopravvivere anche per 10.000 anni, s'impongono con una miscela composta prevalentemente da azoto, vapore acqueo e anidride carbonica. Risultato? La Terra, appena raffreddata, ricomincia a scaldarsi. Stavolta non nasce un forno, bensì un clima in cui la vita può prosperare come non mai. Il Sole non splende così intensamente come fa oggi. A partire da una certa quantità, inoltre, il metano esercita persino un effetto raffreddante, perché le sue molecole si fondono in catene, generando una foschia che attenua l'irradiazione solare.

In ogni modo, le cellule primitive prosperano magnificamente e forniscono energia ad altre cellule, che trovano il modo di gustare i loro scarti e i loro avanzi. Alcuni procarioti continuano a vivere sul fondo marino, ma non dipendono più dalle sorgenti idrotermali; infatti moltissimi altri popolano gli strati vicini alla superficie. Intorno alle isole vulcaniche ci sono sorgenti ricche di zolfo. Molti procarioti ne digeriscono le sostanze alcaline, ma altri scoprono una nuova fonte di energia molto più ricca, che emana luce e calore dal centro del sistema solare.

E siamo al secondo capolavoro di Miss Evoluzione: la fotosintesi.

Senza questo processo, non potremmo respirare e non esisterebbero le arie operistiche o le canzoni come *The Air That I Breathe*. Finché il mare ha continuato a stendersi sopra un lago di basalto infuocato come un involucro gorgogliante, l'atmosfera è rimasta satura di anidride carbonica, un gas in grado d'intrappolare il calore. Le successive piogge prolungate hanno in gran parte trasportato l'anidride carbonica fino all'oceano, dove essa si è sedimentata sul fondo marino sotto forma di carbonato di calcio. Ciò che i vulcani hanno sputato fuori per milioni di anni (ferro, magnesio e vari composti del silicio, per esempio) si raccoglie nel mare. L'azoto atmosferico viene per lo più conservato. Nessun essere umano sarebbe sopravvissuto in quell'atmosfera primigenia, che ricorda tanto le attuali condizioni su Venere. Tuttavia, circa 2 miliardi e mezzo di anni fa, ha luogo una rapida trasformazione dei mari, un cambiamento che avrebbe riguardato l'intero pianeta, modificandolo. Ne sono responsabili i minuscoli cianobatteri, i quali escogitano uno stratagemma geniale, che avrebbe suscitato l'invidia di un hippy: vivere di aria e di amore.

Si nutrono di luce.

Di per sé, la luce non è semplicemente chiarore. Essa comprende fotoni e cioè particelle prive di massa e ricchissime di energia che ci raggiungono in varie forme d'onda. *Dovranno pur servire a qualcosa!* pensa quindi la nostra smaliziata Miss Evoluzione. Ecco il suo ragionamento: se i fotoni incontrano una membrana specializzata all'interno di un cianobatterio, l'energia può essere imprigionata e conservata. Tale processo prende il nome di «reazione alla luce». Immagazzinando la luce solare, la membrana assume in pratica la funzione di un accumulatore. Nella seconda fase, e cioè nel corso della reazione al buio, tale energia viene chimicamente trasformata per ricavare dall'acqua e dall'anidride carbonica una certa quantità di zuccheri, ossia di carboidrati, che servono da nutrimento per il batterio. La sintesi è dunque terminata.

Fin qui, tutto bene.

Ciò che sembra semplice si rivela invece un processo complicato, durante il quale hanno luogo diverse riorganizzazioni molecolari, tra cui la scissione dell'acqua (il batterio vuole sostituire i due elettroni che se la sono svignata durante la reazione alla luce, perciò li cerca e li trova nell'abbondantissima H_2O. Per separarli, deve tuttavia spaccare la molecola d'acqua in idrogeno e ossigeno).

Finora l'ossigeno ha rivestito soltanto ruoli secondari all'interno dei legami chimici, completando i composti dell'anidride carbonica ed essendo presente nell'acqua. Adesso, per la prima volta, è libero. All'inizio, forma nuovi composti con lo zolfo e col ferro che sono schizzati fuori dalle zone abissali del giovane oceano e che ora si ossidano per via di quell'unione. Così il ferro non riesce più a separarsi e si fonde in lunghe catene di molecole, che crollano sotto il loro stesso peso e si depositano negli abissi. Gran parte degli attuali giacimenti di ferro ha origine in questo periodo.

I cianobatteri si rivelano i conigli dei tempi antichi. Soprattutto nelle acque poco profonde e illuminate dal Sole, producono così tanto ossigeno libero che grandi quantità di quell'elemento non riescono più a legarsi in acqua e devono salire nell'atmosfera, sotto forma di gas. All'improvviso, l'intera superficie del pianeta si ossida. Anche questo processo è testimoniato dai minerali e in particolare dall'ematite rossa, grazie alla quale deduciamo che, all'epoca, la Terra si è arrugginita come una vecchia automobile.

Ma non è questo il vero problema.

Fermi tutti. L'ossigeno è *un problema*?

Ma certo. I cianobatteri sono interessati soltanto all'idrogeno; dell'ossigeno non sanno cosa farsene. Dunque sciò, pussa via. Sono davvero dei brutti ceffi, peccatori ambientali lontani da qualsiasi pentimento e diffusori di veleni. Sono altresì privi di scrupoli e pensano soltanto al loro gretto appetito. Quello che i cianobatteri gettano via con tanta noncuranza si dimostra infatti letale per la maggior parte degli altri organismi.

Forse Miss Evoluzione non ha previsto le conseguenze dell'invenzione della membrana cellulare e della fotosintesi. La prima grande estinzione delle specie è imputabile alla sua fissa per le novità. Bisogna tuttavia aggiungere che la nostra signorina non è molto compassionevole e che il suo dispiacere è di breve durata. Non si fa una frittata senza rompere le uova. Anziché lamentarsi, Miss Evoluzione scorge la possibilità di condurre la vita lungo strade totalmente nuove. Dopotutto è da un po' che si domanda cosa ne sarebbe stato degli eucarioti.

Degli euca... cosa?

Rinfreschiamoci la memoria: gli eubatteri e gli archeobatteri non possiedono il nucleo, motivo per cui sono chiamati «procarioti». Hanno costituito le prime popolazioni da cui sono derivate tutte le varianti cellulari successive, ciascuna adattata al proprio ambiente. Tra loro figurano anche quei cianobatteri che appestano l'aria con l'ossigeno in maniera tanto sconsiderata.

Più di 2 miliardi di anni fa, un paio di procarioti megalomani hanno probabilmente deciso di non voler avere più nulla a che fare coi loro simili. Sono cresciuti. Quindi sono cresciuti ancora e poi ancora e poi ancora. Diventati molto più voluminosi dei loro colleghi, quei giganti si ritrovano con una fame da lupi. Hanno già modificato la loro membrana cellulare, ma, essendo i *parvenu* del mare, non possono accontentarsi di averne soltanto una e devono procurarsene una seconda. Da allora in avanti, la membrana interna avrebbe protetto il loro genoma, mentre quella esterna sarebbe stata una sorta di stomaco in cui i procarioti abitavano e che poi rovesciavano di colpo su qualunque cosa avesse la sfortuna di trovarsi nelle vicinanze. Molti batteri vengono dunque ingoiati in un sol boccone da questi cacciatori, le cui dimensioni superano le loro di circa 10.000 volte. Nulla sfugge a simili ghiottoni, che i libri di testo chiamano «eucarioti» e definiscono i progenitori dei tre grandi regni cui appartengono gli animali, i vegetali e i funghi.

E gli uomini?

Sorry! Sono elencati tra gli animali.

In greco, *eu* significa «buono». Come oggi esistono persone buone, all'epoca esistevano cellule buone, ossia cellule dotate di un nucleo, che aveva visto la luce soltanto grazie alla membrana interna. Là dentro si trova, tutta raggomitolata, la supermolecola con le informazioni genetiche, il DNA suddiviso in cromosomi destinati a trasportare il patrimonio genetico fino alla membrana esterna. Ma gli eucarioti devono pagare un alto prezzo per la loro voracità, la loro crescita smodata e la seconda membrana cellulare: la rinuncia alla fotosintesi, un processo che, all'epoca, va di gran moda. Gruppi di giovani e ambiziosi cianobatteri, trendy ed eleganti, attraversano infatti le acque poco profonde, danno feste orientate alla riproduzione sotto i raggi del Sole e si circondano di ossigeno. Ma pian piano i giganti capiscono di essersi persi qualcosa e iniziano a temere di estinguersi. Quindi modificano le loro abitudini, incorporando i piccoli batteri capaci di respirare la luce solare. E, anziché scomporli, propongono loro un accordo: protetti dalla membrana cellulare esterna degli eucarioti, i microrganismi possono divorare tutto ciò di cui i giganti fanno razzia. In cambio, mettono i loro ospiti in condizione di venire a patti con l'odioso ossigeno e di utilizzare a loro volta l'energia solare.

È in questo momento che s'inventa la convivenza o, in termini scientifici, l'endosimbiosi. La comune n. 1, per così dire.

Tuttavia, nella famiglia degli eucarioti, non si perde tempo in chiacchiere e discussioni. Dopotutto, i cianobatteri, giovani cellule rabbiose che si sarebbero poi mutate in cloroplasti, vogliono cambiare il mondo. Oggi, i cloroplasti sono i catalizzatori della fotosintesi nelle piante verdi. Immagazzinano la luce mediante il pigmento colorato, la clorofilla, grazie alla quale trasmettono la loro carica alle membrane specializzate nella fotosintesi. Così ha luogo la già citata trasformazione in zucchero, che la pianta usa, per esempio, per crescere. Ciò che la pianta non utilizza direttamente si accumula nei suoi tessuti sotto forma di amido, che viene convertito in zucchero quando la luce solare diminuisce. L'arte di trasformare la luce in energia vitale può dunque essere esercitata, in una certa misura, anche durante la notte, con la reazione al buio.

In quell'epoca, fa la sua comparsa l'antenata di tutte le successive piante verdi acquatiche e terrestri, l'alga verde, la cui comparsa mette in moto un nuovo ciclo. Per la crescita sempre più rapida della specie viene liberata una quantità sempre maggiore di ossigeno. La produzione e il consumo si sono equilibrati soltanto 350 milioni di anni fa. Da allora, l'ossigeno corrisponde, con lievi oscillazioni, a un quinto scarso della nostra atmosfera. Dobbiamo dunque ringraziare di cuore i cianobatteri, perché siamo loro debitori di quel 21 per cento di sostanza indispensabile alla vita.

E la fotosintesi ci ha regalato anche qualcos'altro: la protezione da un Sole non troppo gentile, la cui radiazione distruttiva aveva sottoposto la giovane Terra a un autentico bombardamento, rendendo praticamente impossibile lo sviluppo della vita sulla terraferma. Questa è un'altra delle ragioni per cui la storia della vita è necessariamente la storia dei mari, poiché la vita è potuta nascere solo negli abissi oceanici. Però, quando l'ossigeno è riuscito a raggiungere l'atmosfera, la radiazione UV del Sole si è dimostrata in grado di dissolverlo. Così si è formato l'ozono, quel mantello protettivo che, nel frattempo, purtroppo, si è bucato a causa dell'incuria.

Il sesso

Let's talk about sex, baby...

Ho già accennato al fatto che, in un primo tempo, Miss Evoluzione non ha un'alta opinione del sesso. Le sembra più sensato che le cellule raddoppino il loro patrimonio genetico e si dividano. All'epoca, conduce molti esperimenti, da cui nascono tutte le possibili varianti del genoma: alcune robuste e progredite, altre destinate all'oblio. Che una cellula tenace, perfettamente adattata alle condizioni di vita prevalenti, riproduca con esattezza il proprio materiale genetico può soltanto essere vantaggioso.

Ma la scissione cellulare presenta anche degli svantaggi. La velocità della divisione, per esempio. Il processo è davvero *troppo* rapido. Forse conoscete la leggenda dei chicchi di riso. Talvolta viene ambientata in Cina, talatra in India, giacché entrambe le culture rivendicano l'invenzione degli scacchi. Se seguiamo la versione indiana, facciamo la conoscenza di re Sher Khan, uno scacchista appassionato che non vedeva l'ora d'incontrare l'ideatore del gioco. Il suo esercito rastrellò il Paese e, alla fine, rintracciò un vecchio di nome Buddhiram, un maestro di matematica. Condotto davanti al sovrano, l'uomo fu accolto con grandi onori e Sher Khan, deciso a concedergli qualsiasi cosa per ringraziarlo del piacere che il suo gioco geniale gli procurava, gli disse che poteva scegliersi una ricompensa. Una qualsiasi.

L'anziano maestro chiese tempo per riflettere. L'indomani, spiegò al re che lui era un uomo semplice e dunque un po' di riso sarebbe stato più che sufficiente. Per la precisione, 1 chicco di riso sul primo riquadro della scacchiera, 2 chicchi sul secondo, 4 sul terzo, 8 sul quarto, 16 sul quinto e così via. Ogni casella insomma avrebbe dovuto contenerne il doppio della precedente.

Sher Khan s'infuriò. Quella ricompensa era indegna di un monarca. Buddhiram aveva offeso la sua generosità, ma una promessa era una promessa, perciò assecondò il desiderio del vecchio e fece raddoppiare ogni giorno il numero di chicchi. Annoiato e di malumore, seguì il giochetto. Sul decimo riquadro si raccolsero 512 chicchi di riso, che sarebbero bastati tutt'al più per una cena leggera. La dodicesima casella ospitò 2048 chicchi. Ancora una volta niente di straordinario. Sher Khan non si preoccupò nemmeno dopo due settimane. Sì, c'erano 8192 chicchi sul quattordicesimo riquadro, e allora? Ma cominciò a stupirsi quando il suo tesoriere sommò i chicchi ammucchiati fino a quel momento, scoprendo che erano 15.359. Il re non se l'era aspettato. Sembrava proprio che Buddhiram sarebbe tornato a casa con un sacco di riso bello pesante.

D'altronde, c'erano cose più importanti cui pensare, per esempio gli affari di Stato o le concubine. Così Sher Khan si dimenticò della faccenda per qualche tempo.

La memoria gli tornò di colpo quando, il sessantaquattresimo giorno, il tesoriere entrò di soppiatto nella sala del trono e farfugliò che sarebbe stato impossibile pagare la ricompensa. Il sovrano scosse il capo, incredulo. Non aveva mai avuto debiti con nessuno in vita sua, e poi si trattava solo di un sacco di riso, no? Be', d'accordo, forse di un paio di sacchi. Una bazzecola. Qual era il problema?

Scoppiando a piangere, il tesoriere fece chiamare il matematico di corte, il quale spiegò a Sher Khan che una scacchiera aveva 64 caselle e che, continuando a raddoppiare, si aveva a che fare con un esponente. Purtroppo era emerso che gli esponenti avevano la tendenza a sfuggire a ogni controllo. Già al ventunesimo giorno, il sovrano aveva contratto un debito di un milione di chicchi, e non erano arrivati neppure a metà dei riquadri.

Sher Khan si sentì mancare. A poco a poco capì di essersi cacciato in un bel guaio. Cominciò a rifare i conti, ma il calcolo superava le sue capacità. Che il vecchio l'avesse ingannato? «Faremo nondimeno ciò che è in nostro potere», dichiarò con voce ferma.

Il matematico scosse la testa. «Non è in vostro potere, signore. Non ci sono abbastanza chicchi di riso in tutto il regno. Se volete mantenere la parola data, dovete acquistare tutte le terre del mondo e tramutarle in risaie, prosciugare i mari e gli oceani e sciogliere tutto il ghiaccio del Nord. Soltanto se farete coltivare tutte quelle terre a riso, riuscirete a soddisfare la richiesta di Buddhiram. Forse.»

«E quanti chicchi sarebbero?» domandò Sher Khan, inquieto.

«18.446.744.073.709.551.615», risnose l'altro. «E voi, con tutto il rispetto, siete a secco.»

Ecco un esempio per farvi capire meglio. 100 grammi di riso corrispondono a circa 400 chicchi. La ricompensa di Buddhiram equivaleva a 461.168.601.843 tonnellate, quasi all'80 per cento dell'attuale produzione mondiale annua.

Tra le caratteristiche meno piacevoli delle monarchie assolute si annovera la possibilità, da parte dei sovrani, di far decapitare i loro sudditi. In quel caso, Sher Khan avrebbe fatto meglio a porre un'alternativa: il riso o la scure? Il vecchio avrebbe senz'altro rinunciato a quegli stupidi chicchi a favore della sua testa intelligente. In ogni caso, le sue motivazioni continuano a essere misteriose. Che cosa intendeva fare con tanto riso, che prima o poi sarebbe andato a male? Dabbenaggine bell'e buona sul piano economico, ma logica impressionante su quello aritmetico. 64 riquadri su una scacchiera, partendo da un unico chicco di riso, si erano rivelati sufficienti per rovinare un impero, a capo del quale c'era, per sua stessa ammissione, un imbecille.

Allo stesso modo, un'associazione di conigli allupati ha quasi rischiato di mandare in rovina l'Australia. Il regno degli organismi unicellulari tramonterebbe rapidamente se le scissioni incessanti consentissero un aumento incontrollato della loro biomassa. Considerando 64 cicli, un unico organismo unicellulare produrrebbe un miliardo di cloni in meno di due giorni. E i cloni genererebbero a loro volta un miliardo di miliardi di discendenti in altri due giorni. Gli organismi unicellulari sono piccoli, ma non *così* piccoli. Qualcuno ha calcolato che la loro proliferazione illimitata avrebbe letteralmente ricoperto la Terra nel giro di pochi giorni. Senza lasciare neppure un centimetro libero. La creazione primordiale si sarebbe soffocata con le sue mani.

Ma, in quel periodo, i vulcani continuano a eruttare e gli asteroidi a cadere e invenzioni ingegnose come l'ossigeno fanno subito la pelle al 90 per cento di tutti gli esseri viventi. Avvenimenti che si sono svolti nel corso di milioni di anni, certo. Però c'è bisogno di una regolata.

Miss Evoluzione decide che non tutte le cellule sarebbero state uguali e che quindi non avrebbero potuto sopravvivere ovunque. Quella misura risolve il problema almeno in parte, salvando la Terra dal collasso, ma non dal sovraffollamento. Che l'idea della borsetta non sia poi stata così geniale? È spaventoso pensare che le borsette – e il loro relativo contenuto – possano raddoppiare ogni mezz'ora. Ogni festa terminerebbe in un baleno. Le borsette invaderebbero il buffet, bloccando l'accesso alla toilette, e quantità inimmaginabili di eyeliner e rossetti si accatasterebbero sulle nostre città. Magari avremmo un'atmosfera diversa, assai profumata, ma solo gente come Karl Lagerfeld potrebbe respirare.

Occorre fare un passo in più e impedire alle cellule di dividersi, pensa Miss Evoluzione. Ma poi come si moltiplicherebbero? Esiste una soluzione intermedia? Forse si può permettere loro di continuare a scindersi, costringendole però nel contempo a specializzarsi o, meglio ancora, a incontrarsi per generare dei discendenti. Sì, perfetto. Tipi di cellule altamente specializzate che devono fissare un appuntamento per riprodursi. Solo quel contatto consente una nuova scissione.

Ma quale delle due cellule deve dividersi?

Mmmh... Questo non è ancora chiaro. La tattica dell'appuntamento rallenta la scissione sfrenata, ma resta il problema che, alla fine, ne derivano altri cloni identici. L'idea dei due sessi sembra tuttavia molto promettente.

Trovato!

L'unione di un sesso fecondativo e di un sesso ricevente sfocerebbe in un mix genetico. Nascerebbe un nuovo individuo autonomo – un bambino – e mamma e papà continuerebbero a esistere. Il bimbo avrebbe i geni di entrambi i genitori, ma sarebbe più della loro semplice somma. I genitori annunciano dunque con orgoglio la nascita di una cellula sana... o qualcosa del genere. Per raggiungere quell'obiettivo, inoltre, non bisogna gettare via il principio della scissione, anzi. È sufficiente sbarazzarsi degli organismi unicellulari.

Servono infatti organismi pluricellulari.

Possiamo solo formulare ipotesi su come Miss Evoluzione abbia avuto il suo terzo colpo di genio. Con molta probabilità, esistevano cellule capaci di raddoppiare il loro patrimonio genetico mediante la scissione, solo che le due figlie non si staccavano più completamente l'una dall'altra, restando invece unite come gemelle siamesi. Nasce così un essere autonomo, un organismo bicellulare, che, possedendo un materiale genetico in duplice copia, è meno soggetto alle mutazioni. L'organismo bicellulare genera un organismo quadricellulare e quest'ultimo un organismo ottocellulare. Quel fenomeno poteva continuare all'infinito, ma l'evoluzione aveva in mente qualcos'altro: la specializzazione. La nostra signorina fa quindi in modo che solo alcune cellule siano in grado di riprodursi, modificando a tal scopo il processo di scissione, che fino ad allora aveva prodotto cloni identici. Ne cancella la simmetria. Le cellule figlie adesso hanno il medesimo codice genetico, ma sono diverse. Con l'andar del tempo, tale processo sfocia in una gerarchia di lavoro. Ormai possono moltiplicarsi soltanto le cellule più grandi, da cui escono cellule germinali che possiedono una semplice serie di geni e che si formano per meiosi. Compaiono due tipi di cellule germinali: le cellule uovo, gigantesche ma saldamente ancorate all'interno dell'organismo portatore, e gli spermatozoi, unità più piccole e velocissime, capaci di abbandonare l'organismo portatore e di fecondare le cellule uovo.

Circa un miliardo e mezzo di anni fa è iniziata la battaglia tra i sessi e, con essa, la storia dell'associazione delle cellule che non sanno parcheggiare in retromarcia e di quelle che non sanno ascoltare. La rivoluzione sessuale ha avuto luogo nel Proterozoico, non a Woodstock.

Il principio della fecondazione bisessuale non è però totalmente nuovo. Qualcosa di analogo al sesso già esisteva nel regno dei batteri, che non conoscevano la distinzione tra i due generi, ma avevano trovato il modo di scambiarsi le informazioni genetiche. Si servivano di estremità, simili a dita – ma cave –, collocate sul loro involucro esterno, con cui effettuavano il trasferimento genetico. Penetravano all'improvviso nell'involucro del loro dirimpettaio e v'impiantavano i loro geni. Il tutto non era finalizzato tanto al divertimento quanto al miscuglio genetico, con lo scopo di creare uno spettro di varianti più ampio.

La scissione cellulare, insomma, è peggiore della riproduzione tra consanguinei in un villaggio alpino. I cloni sono identici e morirebbero tutti se, d'un tratto, le condizioni ambientali cambiassero a loro sfavore. Il grande avvelenamento da ossigeno di 2 miliardi e mezzo di anni fa è un esempio lampante di come la vita sia scampata per un pelo a un disastro totale. Se la Terra ospita forme di vita superiori dipende dal fatto che già allora non tutte le cellule erano uguali. Al contrario, ne erano comparsi diversi tipi, alcuni dei quali sono sopravvissuti alla catastrofe. Quindi il miscuglio genetico non può che essere vantaggioso: gli organismi si sviluppano gli uni dagli altri, nascono specie nuove e lo spettro dell'adattamento si allarga. Tra parentesi, i batteri praticano tuttora il «protosesso» mediante il «protopene», ma con un risultato sgradevole. Acquistano infatti l'immunità dagli antibiotici con cui noi cerchiamo di contrastarli. Su questo fronte, gli uomini conducono una battaglia incessante.

I biologi evolutivi parlano di «corsa della Regina Rossa».

In *Attraverso lo specchio* di Lewis Carroll, il seguito di *Alice nel Paese delle meraviglie*, la protagonista s'imbatte nella Regina Rossa, un'ambigua figura degli scacchi, che governa il suo regno con l'aiuto di poteri oscuri. Laggiù sembra che le leggi del tempo e dello spazio non siano più in vigore, perché, quando la sovrana esorta Alice ad accompagnarla in una corsa, nessuna delle due riesce ad avanzare. La Regina Rossa corre come il vento. Alice cerca d'imitarla, ma tutt'intorno nulla cambia posizione.

Forse tutte le cose si muovono con noi, pensa la bambina, disperata, prima di lasciarsi cadere nell'erba, ansimando. «Ma, nel nostro Paese, generalmente, si arriva altrove... dopo che si è corso tanto tempo come abbiamo fatto noi», dice poi alla Regina Rossa, fermatasi anche lei a riprendere fiato.

«Che razza di Paese!» replica l'altra, scuotendo la testa. «Invece qui, per quanto si corra, si rimane sempre allo stesso punto. Se si vuole andare da un'altra parte, bisogna correre con una velocità almeno doppia della nostra.»

La teoria della Regina Rossa descrive con semplicità sconcertante uno dei principi più complessi dell'evoluzione: chi si ferma è perduto. Pur avendo descritto con precisione i principi evolutivi della selezione e dell'adattamento, Charles Darwin ha sempre trascurato questo aspetto, partendo dal presupposto che, alla fine, i rapporti di forza tra le specie si sarebbero stabilizzati. In realtà, sembra proprio che il tanto sbandierato equilibrio della natura sia una mera illusione. La natura non è mai in equilibrio, anzi una concorrenza accanita imperversa su tutti i fronti. Per quanto una specie si adatti alla sua nicchia ecologica, deve tenere gli occhi ben aperti, perché anche i suoi nemici sono maestri dell'adattamento. E chi ha successo deve temere per la propria sopravvivenza, perché il numero dei suoi rivali aumenta in maniera incessante. Ma, siccome altri tentano di abbassare quel numero con ogni sorta di meschino trucchetto, nessuno ottiene mai un vantaggio decisivo. Questo vale sia per la battaglia tra le specie sia per la gara tra l'evoluzione e le condizioni avverse della natura. La vita è stata possibile perché ha reagito alle circostanze predominanti, occupando i camini idrotermali e poi staccandosene. Quindi ha imparato a trasformare la luce solare in energia e, già che c'era, ha modificato l'atmosfera, ossia una delle condizioni sfavorevoli alle quali stava per soccombere, mentre l'evoluzione, a sua volta, cercava nuove strade.

L'uno è in vantaggio finché l'altro non lo raggiunge e si prepara a sorpassarlo. La disponibilità alla mutazione degli agenti patogeni dimostra che la medicina e la farmacologia saranno le eterne seconde nella corsa contro la Regina Rossa. Nessun essere vivente del pianeta sfugge a questo inseguimento sfiancante e, tutto sommato, può ritenersi soddisfatto se riesce a mantenere la sua posizione.

Il vincitore provvisorio della gara è quello che riesce a adeguarsi meglio ai suoi avversari. Ma l'universo brulica di Regine Rosse. Quasi tutti gli avvenimenti che richiedono una forma di adattamento accadono senza preavviso. Lasciando da parte il fatto che dobbiamo la vita al rilascio di ossigeno, nessuno aveva rivelato ai batteri che, dal punto di vista di quasi tutti gli esseri viventi, quella era un'idea balorda. Se avessero la possibilità di esprimersi sulla propria estinzione, diverse specie ne canterebbero quattro all'evoluzione, accusandola di errori madornali. Miss Evoluzione è tuttavia molto lontana dal commettere errori, come pure dal fare qualcosa di definitivamente giusto.

Non si può neppure parlare di vicoli ciechi dell'evoluzione. Dipende tutto dal punto di vista. Le specie si estinguono, d'accordo, ma la durata della loro vita è davvero importante? Ha qualche rilevanza che i dinosauri siano sopravvissuti per 65 milioni di anni mentre l'*Homo sapiens neanderthalensis* abbia tirato le cuoia dopo 100.000 anni? Non è molto più importante che entrambi siano comparsi e che abbiano avuto l'opportunità di condizionare, per qualche tempo, l'andamento del mondo? Un giorno lontano, la Terra sarà inghiottita dal Sole, che, in fondo, è un'altra, corpulenta Regina Rossa. A quel punto, la natura inanimata avrà trionfato. Oppure no. Può anche darsi che, per allora, avremo imparato a sfruttare la navigazione interstellare, ci saremo cercati qualche nicchia in altre galassie, ci saremo impossessati di pianeti sconosciuti e ci saremo azzuffati con le Regine Rosse di quei mondi, mettendole in seria difficoltà. Infatti, sia detto per inciso, anche noi siamo Regine Rosse.

In ogni caso, le specie avrebbero resistito alla corsa del Proterozoico solo sviluppando la maggiore diversità genetica possibile e questo ci fa finalmente capire il significato del sesso. D'accordo, è faticoso, spesso frustrante, talvolta brutale, e ci obbliga a investire tempo, energie e cene costose, però come meccanismo di miscelazione dei geni è imbattibile. A differenza di quanto accade nella scissione cellulare, i difetti del materiale genetico non vengono trasmessi in toto, bensì selezionati continuamente nel mix. Il profilo genetico e molecolare cambia di generazione in generazione. Più questo fenomeno è rapido e coerente, e più i parassiti e gli agenti patogeni hanno difficoltà ad annientare un individuo o un'intera popolazione. Il sesso mira alla diversificazione, a uno sfruttamento più efficiente delle risorse ambientali, poiché gli individui non devono combattere tutti per le medesime nicchie, bensì seguire ambizioni diverse. Proprio perché non tutti hanno lo stesso aspetto, si può perdere la testa per i begli occhi azzurri dell'uno e trovare insulsi quelli marroni dell'altro, o viceversa.

Oggi, il 99,9 per cento di tutti gli esseri non vegetali pratica il sesso. Ci potremmo domandare perché le donne non si comportino come gli afidi, che ingravidano se stessi. Potrebbero anche dividersi come il rotifero che, 40 milioni di anni fa, se la cavava brillantemente anche senza sesso (o almeno così sostiene lui). D'altro canto, nessun rotifero è mai stato Mister Universo né è mai apparso sulla copertina di *Playboy*. Ammettiamolo: il sesso ha molti pregi e, senza di esso, la nostra vita sarebbe davvero triste. Le alternative sono la riproduzione unisessuale e asessuale, che però non sono molto eccitanti. Il loro risultato è sotto gli occhi di tutti: essere identici significa che prima o poi, durante la gara con la Regina Rossa, si resta senza « fiato genetico ». Ecco perché l'evoluzione ha creato due sessi che mescolano di continuo i loro geni e trasmettono le rispettive caratteristiche per combinarle in qualcosa di nuovo e migliore; ecco perché esistono anche uomini che non sanno parcheggiare in retromarcia e donne che non sanno ascoltare.

Dopo essere entrati in simbiosi coi batteri, gli eucarioti si rivelano un gruppo progredito e degno di aiutare l'organismo pluricellulare a montare in groppa alla Storia. I batteri nei loro corpi si tramutano in mitocondri, cioè in fabbriche chimiche che funzionano tuttora nelle cellule degli animali, dei vegetali e dei funghi e che trasformano l'ossigeno, gli zuccheri e i grassi in energia.

Molti degli organismi unicellulari dell'epoca possiedono una straordinaria mobilità. Alcuni si sono costruiti al loro interno una sorta di scheletro proteico e riescono a muoversi autonomamente mediante la contrazione. È questa la funzione di due proteine – l'actina e la miosina – rintracciabili in forma analoga nella massa muscolare umana. Altri hanno flagelli che ruotano come minuscole eliche. L'evoluzione prova vari sistemi di propulsione che saranno poi utili anche e soprattutto agli organismi pluricellulari. La loro comparsa è ormai imminente.

Come sono, questi organismi?

Non molto graziosi, temo. Probabilmente piuttosto allungati. Vagano per il mare come colonie di eucarioti, il che garantisce loro parecchi vantaggi. Anzitutto le dimensioni li proteggono dai predatori che non intendono rovinare il loro stomaco microbico con bocconi giganteschi. In secondo luogo, le associazioni avanzano più in fretta, soprattutto perché, insieme, dispongono di un maggior numero di flagelli. Col tempo, quelle colonie cedono il passo a esseri autonomi e sempre più complessi che si fecondano a vicenda e allevano le nuove generazioni all'interno del loro corpo.

Si è ormai configurata una situazione totalmente nuova: le cellule uovo fecondate si dividono più lentamente degli organismi unicellulari liberi (nell'uomo, la scissione della cellula uovo richiede circa 16 ore). Tuttavia l'essenziale è che le cellule figlie si differenzino le une dalle altre. Ecco il grande segreto degli organismi pluricellulari: non sono semplici conglomerati di microbi, ma hanno cellule capaci di suddividersi il lavoro nell'organismo in via di sviluppo. Dopo poche scissioni, un embrione dispone già di vari tipi di cellule, che hanno il medesimo codice genetico nel nucleo ma lo usano in maniera differente, attivando e disattivando determinate regioni del loro DNA. Un embrione umano di cinque mesi possiede fino a 200 tipi diversi di cellule, la cui finalità è prestabilita: alcune formeranno gli occhi, altre le mani, altre ancora le ossa o i globuli rossi e via discorrendo. Lo stesso elemento fondamentale si trasforma in diversi tipi di tessuto.

Gli organismi pluricellulari con cellule specializzate sono il motivo per cui la vita sulla Terra non si è soffocata con le proprie mani. Le cellule del corpo di un organismo adulto perdono infatti la loro capacità di dare vita a un altro organismo. Possono assumere forme eleganti e svolgere funzioni complesse, ma la riproduzione resta una prerogativa delle cellule uovo, le uniche ad avere un potenziale genetico completo. Col sesso, però, anche la morte naturale fa la sua comparsa nel mondo. Fino a questo momento le cellule sono state praticamente immortali, eccezion fatta per le stragi causate dagli agenti esterni. Adesso le cellule cominciano a invecchiare e a morire, il che, a un certo punto, costringe l'organismo a dare forfait. Nell'oceano primigenio era esistito qualcosa di simile all'immortalità; la durata di vita limitata diventa ora l'ancora di salvezza che Miss Evoluzione lancia per salvare il pianeta dal sovraffollamento. Il prezzo da pagare per un posto nell'universo, per respirare, mangiare, fare sesso e condurre un'esistenza abbastanza piacevole è abbandonare la Terra dopo un po' di tempo. Alcune tartarughe raggiungono l'età di 200 anni, mentre l'effimera, un piccolo insetto alato, non si chiama così per caso. Eppure entrambe sono ben lontane dal lagnarsi per la durata della loro vita. L'unico a lamentarsi è l'*Homo sapiens sapiens,* il cui apparato intellettuale borbotta senza tregua, rimuginando sul «problema». A dirla tutta, l'anelito dell'immortalità è un desiderio abbastanza stupido. La nostra vita lavorativa si prolungherebbe notevolmente e, alla fine, ci ritroveremmo a essere pensionati in eterno. Secondo calcoli statistici, un individuo che guida per mezz'ora al giorno per recarsi al lavoro trascorre complessivamente davanti a un semaforo rosso ben sei mesi della sua vita. Dovrebbe bastarci. Inoltre, prima o poi, avremmo visto tutti i film e, al massimo dopo 1000 anni, finiremmo in prigione per aver ucciso il nostro partner perché russava.

Tutti per uno. Tante cellule, un corpo. Sesso e morte. Miss Evoluzione non si è affatto limitata a contemplare la sua opera per 3 miliardi di anni, bensì ha fatto qualcosa di veramente grande. Anche se, per il momento, in piccolo: i primi organismi pluricellulari sono davvero minuscoli. Inoltre la loro esistenza è appesa a un filo. Infatti, proprio mentre stanno per mettere radici, viene diffuso un terribile bollettino meteo.

Palle di neve e materassini gonfiabili

Quando lo sviluppo degli eucarioti si conclude - circa un miliardo e 400.000 anni fa -, non ci sono ancora molte terre visibili. Ciò che spunta dal mare rappresenta un 5 per cento scarso della superficie terrestre e la maggior parte dei frammenti continentali appena formati è nascosta sotto acque poco profonde, giacché, all'epoca, gli oceani hanno una profondità media inferiore a quella odierna. La Storia ha visto apparire e scomparire il primo supercontinente, Kenorland. Più di un miliardo di anni fa, nuove immense masse di terra sbucano dal mare. Il loro sviluppo richiede 200 milioni di anni e, al termine di questo processo, la materia prima che costituisce la fisionomia della Madre Terra è ormai quasi pronta. Però tutto continua a essere molto diverso da oggi. Il nuovo supercontinente prende il nome di Rodinia, ma si frantuma anch'esso, in un momento in cui la Terra è in letargo. Circa 100 milioni di anni prima, infatti, è accaduto qualcosa d'insolito, qualcosa che avrebbe avuto un'influenza decisiva sullo sviluppo della vita.

Ha iniziato a fare freddo.

In sé, le glaciazioni non sono affatto insolite. Tornano da sempre a funestarci con la regolarità delle visite di una suocera, si danno delle arie per qualche tempo e poi si dileguano. Secondo le conoscenze attuali, la glaciazione più antica risale a più di 2 miliardi e 300.000 anni fa. Per essere precisi, bisognerebbe parlare di «epoche glaciali», ossia di periodi durante i quali vari cicli di formazione del ghiaccio si sono succeduti a breve distanza. Se il bollettino meteorologico dice: «Troppo freddo per questa stagione», non prendetevela a male. Viviamo infatti tra due glaciazioni, sebbene oggi il riscaldamento globale vada molto di moda e George W. Bush faccia il possibile per relegare i cappotti nell'armadio della Storia. In realtà, dall'ultimo periodo interglaciale sono trascorsi 10.000 o 11.000

anni, un battito di ciglia in termini geologici. Comunque la prossima violenta ondata di freddo è alle porte. Gli esperti non concordano sul momento esatto in cui arriverà, ma, secondo le previsioni, potrebbe iniziare entro un arco di tempo compreso tra i 5000 e i 15.000 anni. E, per quanto possa sembrare paradossale, l'Effetto serra potrebbe addirittura accelerarla.

Bisogna inoltre tenere presente che la Corrente del Golfo, grazie alla quale noi europei ce ne stiamo al calduccio, non scorre, bensì viene attirata da una pompa gigantesca. L'acqua calda è più leggera di quella fredda, dunque galleggia. Verso nord, diventa tuttavia molto più fredda. L'acqua calda della Corrente del Golfo si raffredda e, per via del suo stesso peso, sprofonda con una serie di cascate davanti alla Groenlandia, raggiungendo una profondità di 3 chilometri e sfiorando il fondo del bacino groenlandese. Da lì, torna verso sud sotto forma d'acqua profonda. Ma c'è un altro motivo per cui l'acqua precipita: il suo contenuto di sale. L'acqua salata pesa più di quella dolce. Se la Terra si riscalderà notevolmente, le masse di ghiaccio dell'Artico cominceranno a sciogliersi. E gli iceberg sono fatti d'acqua dolce. La massa fusa addolcirebbe e diluirebbe l'acqua salata del Nord, che quindi diventerebbe più leggera, non potrebbe più scendere in profondità e non riuscirebbe più a produrre nessun risucchio. Fine della Corrente del Golfo.

La Terra è già rabbrividita per almeno sei epoche glaciali (esclusa quella attuale). Ma ciò che è accaduto verso la fine del Proterozoico è senza precedenti. Oggi ne troviamo qualche traccia negli immensi strati di detriti che le masse di ghiaccio hanno staccato e si sono trascinate appresso. Quei sedimenti, che in alcuni punti dell'Australia raggiungono i 6000 metri di spessore, prendono il nome di «tilliti». Verso la metà del secolo scorso, gli studiosi hanno scoperto in tutto il mondo tilliti che risalivano al medesimo periodo, tra gli 800 e i 600 milioni di anni fa, il che li ha autorizzati a supporre che, all'epoca, il pianeta fosse in gran parte ghiacciato. Però, analizzando altri depositi di tilliti in regioni diverse, gli esperti sono arrivati a un risultato inquietante: evidentemente il ghiaccio aveva coperto *per intero* il pianeta, non soltanto alcune zone. La Terra si era tramutata in un'enorme palla di neve bianca che scintillava nel cosmo.

All'inizio, nessuno voleva crederci. L'ipotesi della palla di neve sembrava troppo improbabile, benché confermata dai risultati di tutte le ricerche. Nessuno riusciva a immaginare che cosa potesse aver provocato un simile inverno globale. Alla fine, i calcoli hanno indicato che nulla può fermare il congelamento completo della Terra non appena il ghiaccio del Nord e del Sud avanza oltre il 30° di latitudine. I campi ghiacciati polari riflettono la luce solare e riverberano gran parte del calore nel cosmo. In altre parole, maggiore è la quantità di luce che viene riflessa e più la Terra si raffredda. Da un certo punto in avanti, il processo di raffreddamento è inarrestabile. Non è dunque impossibile che il nostro pianeta azzurro sia stato completamente bianco per qualche tempo. Ma, ammettendo che sia vero, come ha fatto a scongelarsi di nuovo?

Sono tuttora in atto accese discussioni che cercano di stabilire se la cosiddetta «glaciazione di Varanger» abbia davvero interessato tutto il pianeta oppure abbia risparmiato qualche posticino qui e là. I difensori della palla di neve totale affermano che l'anidride carbonica atmosferica era senz'altro in grado d'invertire il processo e di scongelare una Terra completamente ghiacciata. Dalla corazza di ghiaccio spuntavano infatti alcuni alti vulcani che soffiavano nell'atmosfera grandi quantità di CO_2. Di solito, l'anidride carbonica si lega al calcio, liberato dalla roccia corrosa dalle intemperie e trasportato fino al mare dai fiumi, e si tramuta in calcare. I continenti – e quindi anche il calcio – erano tuttavia coperti di ghiaccio. L'anidride carbonica aveva dunque continuato ad accumularsi nell'atmosfera: dopo alcuni milioni di anni, aveva raggiunto una concentrazione pari a 350 volte quella attuale, riscaldando così tanto la Terra che le masse di ghiaccio all'altezza dell'equatore avevano ricominciato a fondersi, scatenando un nuovo ciclo di reazioni a cascata. Le prime distese d'acqua erano evaporate e il mantello di anidride carbonica e vapore acqueo aveva causato un aumento delle temperature. Quando il ghiaccio era arretrato dalle masse di terra, aveva lasciato detriti così ricchi di calcio che quest'ultimo aveva reagito con l'anidride carbonica sovrabbondante, sottraendola all'atmosfera e formando gli immensi depositi di pietra calcarea che oggi ci forniscono qualche chiarimento sugli eventi di allora.

I detrattori di questa teoria sostengono che un congelamento completo avrebbe annientato qualsiasi forma di vita. La quantità di anidride carbonica necessaria per dare il via al disgelo non avrebbe inoltre potuto raggiungere l'atmosfera così rapidamente. Quel processo avrebbe richiesto da 30 a 40 milioni di anni, un arco di tempo durante il quale anche l'ultimo organismo pluricellulare sarebbe morto assiderato.

Ma la discussione non si ferma qui. I difensori ribattono che occorre aggiungere all'anidride carbonica il vapore acqueo sollevatosi dalle regioni scongelate. All'interno di questa specie di serra, la temperatura avrebbe potuto tranquillamente toccare i 50 °C in un periodo relativamente breve, rimuovendo pertanto qualsiasi ostacolo a un ulteriore disgelo. Altri dubitano che il riscaldamento sia imputabile soltanto al miscuglio di vapore acqueo e di anidride carbonica vulcanica e preferiscono attribuire al metano la responsabilità del maggiore contenuto di carbonio. In effetti, durante la glaciazione di Varanger, nei sedimenti degli oceani dovevano essersi depositati enormi giacimenti di idrati di metano, che poi si erano sciolti, tramutando abbastanza rapidamente la Terra in un'incubatrice.

I detrattori non contestano questo fatto, ma aggiungono che, vicino all'equatore, di certo era rimasta una stretta cintura libera dai ghiacci, sufficiente per consentire ad alcuni organismi di continuare a eseguire la fotosintesi. E questa è una tesi condivisa dalla maggioranza degli studiosi. È anche pensabile che, durante la glaciazione, la vita si sia ritirata nel luogo da cui era venuta, ossia nei camini idrotermali sul fondo del mare. Dopotutto laggiù non si stava poi così male. Il paleontologo Bernd-Dietrich Erdtmann, di cui parleremo più avanti, trae affascinanti conclusioni da questa supposizione. Da allora, l'evoluzione aveva tuttavia fatto passi da gigante, e la fotosintesi si era rivelata un'invenzione ingegnosa. Gli eucarioti dovevano la vita soltanto alla tolleranza all'ossigeno dei loro mitocondri. Anche i primi organismi pluricellulari dipendevano pertanto dalla luce solare, cioè dalle zone libere dai ghiacci.

Ormai nessuno dubita più che la Terra sia stata una palla di neve, nella sua totalità o al 90 per cento. Ciò ci spinge ancora una volta a domandarci come sia potuto accadere. Ecco alcune teorie.

All'epoca, il Sole era più debole e la sua irradiazione aveva un'intensità inferiore di circa il 6 per cento rispetto a quella odierna. Benissimo, ma era così anche prima della glaciazione globale. Perciò un pianeta non si congela come se niente fosse.

Oppure: una nuvola interstellare di polvere si era infilata tra il Sole e la Terra, inghiottendo luce e calore.

Oppure: il vulcanismo era aumentato e aveva oscurato il mondo.

Oppure: la colpa era dei continenti, che, come tutti sanno, non riescono a stare fermi e amano andarsene a zonzo senza sosta. Dopo che tutta la terraferma si è appallottolata vicino all'equatore, le correnti marine hanno iniziato ad assorbire meno calore, un fenomeno cessato solo quando Rodinia ha cominciato a spezzettarsi.

E così via. Forse si era anche inclinato l'asse terrestre. Alla fine, quando non c'è altro da fare, scomodiamo i superfurfanti del cosmo, accusando i proiettili cosmici di aver causato scompiglio e inflitto sofferenze premature alla vita più di quanto non avessero già fatto in passato. Tutto è pensabile e magari tutto ha contribuito alla grande glaciazione. Come sempre, l'unica cosa certa è che i figli di Miss Evoluzione l'hanno scampata per un pelo. Gli eucarioti e la fotosintesi se la sono vista brutta e, se la sua forza non fosse stata così potente, io e voi, nella migliore delle ipotesi, vivremmo ancora lungo i camini vulcanici.

Tuttavia, 600 milioni di anni fa, anche la glaciazione di Varanger termina, cedendo il passo a un'epoca che fino a poco tempo fa era ancora avvolta da tenebre misteriose.

Benvenuti nel giardino dell'Eden, nell'Ediacarano.

Qui li incontriamo di nuovo, i nostri amici appartenenti alla nidiata di marmocchi di Miss Evoluzione. Gli oceani sono inondati di luce solare che rischiara i fondali dei mari poco profondi. Ferve un'intensa attività. Evidentemente numerosi esseri viventi sono sopravvissuti all'ondata di gelo. Gli *Ar-*

chaea, i batteri e gli eucarioti si strofinano gli occhi, si scrollano via il freddo dalla membrana cellulare e riflettono sul da farsi. Il fondo marino è ricoperto da un viscido strato di cianobatteri e, sotto la superficie dell'acqua, sono stipate alghe rosse simili a capelli. Alcuni cianobatteri bentonici si sono messi a loro agio sulla costa, costruendo autentiche metropoli che si possono visitare ancora oggi: le stromatoliti, larghe colonne di calcio in strati ondulati che diventano più alte col passare del tempo. Intere colonie di cianobatteri, note anche come «feltri batterici», trasformano inoltre la luce solare e i materiali in sospensione, espellendo carbonati che si depositano più in basso. Ogni strato di calcare aggiunge un nuovo piano. Stromatocity si amplia e lì sopra vivono i costruttori, impegnati nella fotosintesi e nell'alacre produzione di calcare.

Poiché i primi esempi di urbanistica preistorica si osservano già 3 miliardi e mezzo di anni fa, le stromatoliti si possono annoverare fra le strutture più antiche mai erette dagli esseri viventi. Non da ultimo, le città calcaree, o i loro costruttori, provocano un drastico aumento della quantità di ossigeno nell'atmosfera. Pompei è sparita e anche Venezia scomparirà, ma le stromatoliti esistono ancora oggi, per esempio a Shark Bay, nell'Australia occidentale. Ah, quei cianobatteri sì che sapevano costruire! Nel frattempo, l'UNESCO ha dichiarato le città calcaree patrimonio culturale dell'umanità, cosa che farebbe senza dubbio piacere ai suddetti cianobatteri se solo gliene fregasse un po' di più.

Dopo la glaciazione di Varanger, Miss Evoluzione si mette al lavoro di buona lena. I precursori dei suoi regni futuri (animali, piante e funghi) sono riuniti, e i funghi hanno già dichiarato la loro indipendenza dall'Unione Eucariotica, mentre gli altri non sanno ancora se vogliono diventare piante o animali. Che siano già animali? Oppure vegetali? O qualcos'altro?

In realtà, la nuova era geologica dell'Ediacarano è stata scoperta solo pochi anni fa. Fino ad allora, gli ultimi 55 milioni di anni del Precambriano erano una scatola nera in cui non si vedeva nulla che potesse spiegare il brusco passaggio alla complessa molteplicità delle forme di vita del Cambriano. Secondo la cronologia ufficiale, quest'ultimo inizia con un clamoroso avvenimento evolutivo verificatosi 542 milioni di anni fa, quando sbuca dal nulla una molteplicità di esseri viventi altamente organizzati, muniti di zampe, occhi, chele, corazze, branchie, pinne, interiora e un appetito incontrollabile per il loro vicino di casa. Che cos'ha provocato la comparsa della società moderna? Come si concilia quell'apparizione a sorpresa col principio dello sviluppo ininterrotto? È come se umanoidi pelosi camminassero goffamente nella giungla grugnendo e agitando le clave... e d'un tratto si mettessero a fare ciao ciao con la manina dai finestrini di un aereo e, col volto ben rasato, dicessero cose intelligenti del tipo: «*Cogito ergo sum*» o: «$E=mc^2$». Qualcosa *deve* aver causato quella transizione, un regno scomparso capace di gettare un ponte tra gli organismi unicellulari e un mondo animale che ha sfornato oltre cento diversi progetti di costruzione nel giro di pochi milioni di anni.

Purtroppo i fossili non sono molto affidabili. I componenti duri si conservano benissimo nei sedimenti, ma quelli teneri vengono divorati in un batter d'occhio da orde di batteri predatori e scompaiono. Tenete conto che, fino al Cambriano, gli organismi pluricellulari sono mollaccioni al 100 per cento. Ci sono tuttavia alcune eccezioni. Fortunatamente per la scienza, talvolta la buona sorte ha dato una mano a quei rammolliti, motivo per cui ne conosciamo anche le parti più delicate.

Ecco cos'è successo. Quando la glaciazione di Varanger si è conclusa, le piogge persistenti hanno lavato via l'anidride carbonica dall'atmosfera, riducendo i continenti in un deserto fangoso. Immense valanghe hanno continuato a staccarsi dalla terraferma e a precipitare nel mare di piattaforma poco profondo. Chiunque abbia avuto la sfortuna di trovarsi lì, è stato in un sol colpo seppellito e conservato, protetto dai batteri e dai necrofagi. I successivi fossili di granchio dimostrano che alcuni animali hanno tentato di sfuggire alle slavine prima di soffocare. Altri sono morti durante la muta o il sesso, altri ancora mentre stanno mangiando o durante un bel sonnellino pomeridiano. Questo elevato tasso di mortalità non può far altro che rallegrare i paleontologi. Grazie a quella conservazione lampo, ci è pervenuto un tessuto molle che ora consente agli esperti di fare affermazioni precise su una biologia creduta scomparsa.

I fossili marini sono fondamentalmente rari. Chi vive nell'oceano non riceve una degna sepoltura, bensì rende l'ultimo respiro sul fondo marino. Durante i loro vagabondaggi, le zolle oceaniche s'infilano sotto le zolle continentali, inabissandosi nell'astenosfera e dissolvendosi in cimiteri che vanno così perduti per sempre. Solo di rado il fondo marino si aggancia al margine continentale in modo da corrugarsi e da unirsi alla terraferma, ma, in quelle poche occasioni, il risultato è interessante. È così che sono nate le Alpi e le Montagne Rocciose ed è per questo motivo che c'imbattiamo in resti di abitanti marini defunti da tempo in regioni difficilmente esplorabili con pinne e maschera da sub.

Uno dei luoghi della grande ecatombe si trova proprio dove meno ce l'aspettiamo, ossia tra le Flinders Mountains dell'Australia meridionale. Già all'inizio del XX secolo, alcuni geologi tedeschi avevano girovagato tra le colline di Ediacara - che si trovano in quella zona - senza capire che cosa avevano di fronte. Era stato l'australiano Reginald Sprigg a rendersi conto della vera ricchezza di quel posto. A un certo punto, Sprigg era incappato in impronte pietrificate di creature amorfe nei sedimenti che un tempo costituivano il fondo dei mari poco profondi. Avendo fino a 600 milioni di anni, le rocce della formazione di Ediacara parlano dell'epoca in cui il riscaldamento della Terra si è riacceso. In realtà, Sprigg aveva un compito del tutto diverso da portare a termine, ossia l'esplorazione di vecchie miniere di piombo: era infatti un geologo minerario, diretto in luoghi in cui i paleontologi si avventuravano di rado. Eppure aveva occhio per i fossili. I reperti da lui rinvenuti ricordano piume, foglie e piccole frittate, tutte prive di corazza e altri componenti duri, ma appartenenti senza dubbio agli organismi pluricellulari o, in gergo, ai vendobionti. È come se le meduse e i coralli, insieme con gli altri celenterati, ci mandassero una cartolina dal passato. Eppure nulla di quello che viveva in quel periodo è simile a ciò che sarebbe comparso in seguito. E allora: cosa sarebbe emerso in seguito? Una specie di UFO?

Negli anni seguenti a quella scoperta si era accesa una vivace discussione per stabilire la natura dei fossili riportati alla luce. Nel frattempo, gli studiosi avevano individuato altri luoghi di ritrovamento - da Terranova all'Inghilterra, passando per la Russia - e molti organismi avevano avuto un nome. La *Dickinsonia*: un disco galleggiante privo appunto di qualsiasi somiglianza con ciò che oggi vive e respira. Il *Charniodiscus*: una specie di foglia che poggia su qualcosa di simile al bulbo di un tulipano, forse un piede con cui si ancorava saldamente al fondo. I mawsoniti: potevano viaggiare come mongolfiere fluttuanti o tetti di giostre sopra i boschi di *Charniodiscus*, svolazzando nella corrente e mescolandosi alla *Kimberella*, dotata di una lunga proboscide flessibile e di un morbido guscio posteriore che sembrava il precursore di una corazza. A seconda del temperamento, qualcuno ritiene che la *Kimberella* somigli anche a una gelatina di frutta masticata. L'aspetto irritante dei fossili di Ediacara è il fatto che sono spesso incastrati in sedimenti a grana grossa, il che impedisce di esaminarli con accuratezza, ma permette alla fantasia di sbizzarrirsi. Che cos'erano, per esempio, lo *Pteridinium* e il *Charnia wardi*, entrambi lunghi 2 metri? Resti di graziose piante da appartamento? Alcuni rilievi venati fanno pensare a qualcosa di simile a una felce, con una sorta di disco attaccato al fondo (*pteridinium* significa «felce contorta»). Se non altro, questi due organismi ricordano qualcosa. Non si può affermare lo stesso di altri esseri di quel periodo oscuro. Erano vermi o bastoncini di pesce? Alcuni dei reperti conservati nella quarzite marrone della Namibia non ci rivelano nemmeno se erano vegetali o animali, oppure nessuno dei due.

Il geologo tedesco Adolf Seilacher è uno degli spiriti combattivi che scorgono nella fauna di Ediacara qualcosa di completamente autonomo. Alla fine degli anni '90, questo docente di paleontologia dell'Eberhard Karls Universität di Tubinga, che ha insegnato anche a Yale e nel 1992 ha ricevuto il prestigioso premio Crafoord dell'Accademia svedese, ha anticipato gli inizi della vita animale di almeno un miliardo di anni. Seilacher non mette in discussione l'esistenza di animali primitivi come spugne e molluschi durante il Precambriano, ma considera gran parte dei bizzarri esseri di Ediacara un delirio dell'evoluzione, cioè organismi unicellulari giganteschi, alcuni più alti di un uomo, appiattiti, molli e capaci di ricavare ossigeno dal mare grazie all'estesa superficie del loro corpo. Secondo lo scienziato, erano dotati di camere trapuntate piene d'acqua, mancavano di organi interni ed esterni e non c'erano tracce nemmeno di una bocca, di un intestino e di un ano. Più Seilacher analizzava quegli esseri curiosi e più essi gli rammentavano qualcosa, finché lui non aveva avuto un'intuizione: materassini gonfiabili. Miss Evoluzione aveva inventato il materassino gonfiabile. Solo che, a differenza del letto di gomma ora disponibile in commercio, il suo era vivo.

Naturalmente i granchi, i pesci, gli uccelli e gli altri animali non derivano da materassini gonfiabili e nessuno ha mai visto un essere umano munito di valvola di gonfiaggio. Ma, per Seilacher, tutto era chiaro. Miss Evoluzione aveva sperimentato qualcosa di diverso, una strada alternativa nella nascita della vita. Ecco perché lo studioso aveva annunciato l'epoca dei vendobionti, una quarta categoria da collocarsi accanto ai funghi, ai vegetali e agli animali, poi scomparsa come tutti gli altri presunti regni eterni.

Ma gli avversari di Seilacher avevano subito bollato le sue idee come troppo arzigogolate. Negli anni '60, qualcuno aveva infatti rinvenuto tra i fossili di Ediacara anche alcuni aghi simili a scheletri, reperti che ricordavano le attuali spugne. Inoltre la *Kimberella* era senza dubbio un precursore delle chiocciole, dotata di un guscio tenero, ma sicuramente ottima col burro alle erbe. La giostra galleggiante era stata classificata come antenata delle meduse, mentre i bastoncini di pesce erano stati associati a vermi primitivi. Alcuni affermavano persino di aver individuato i primi abbozzi di anellidi e di artropodi, come pure i progenitori degli echinodermi e, stando a quanto si diceva, la *Spriggina* (che, nella roccia, fa pensare all'impronta di uno pneumatico col berretto) era un semplice anellide.

Sciocchezze, aveva ribattuto Seilacher. I vendobionti erano una cosa a sé stante. «Gli organismi pluricellulari si svilupparono alla loro ombra – come, molto più tardi, i mammiferi si svilupparono all'ombra dei grandi rettili – e attesero il loro momento. Gli esseri di Ediacara sono troppo remoti per rappresentare i precursori degli animali moderni», aveva dichiarato. La Regina Rossa aggiungerebbe: «Chi si ferma è già perduto». Com'è evidente, a un certo punto i vendobionti si sono fermati e hanno dovuto abbandonare il campo da gioco. Forse soltanto perché erano troppo bonari. Basta coi rammolliti!

Ma chi ha ragione?

Gettiamo ancora un'occhiata nel mare primitivo. In alcune zone, il livello è piuttosto basso. Durante il riscaldamento, la superficie marina era salita in tutto il mondo e aveva invaso le piatte regioni costiere, generando mari poco profondi, estesi e discretamente temperati. Un giardino dell'Eden in cui non ci sono guerre né tumulti e non ci si pensa neppure, a rosicchiare il vicino. Mangiare o essere mangiati? Come, scusi? Chi farebbe una cosa simile, mangiarsi a vicenda? No, i materassini gonfiabili non ne hanno mai sentito parlare. Hanno tutte le dimensioni e oscillano placidamente al ritmo di chissà quale melodia; si abbraccerebbero volentieri, se solo avessero le braccia. Sopra i corpi dei dischi galleggianti guizzano macchie di luce solare. Una scena idilliaca. Quelle creature fluttuano per la loro strada senza malizia e senza cattive intenzioni. Ciò che vive direttamente sul fondo si è ancorato per non scivolare via, perché il fondale marino è sdrucciolevole a causa dei feltri batterici. Spessi diversi millimetri e del tutto indisturbati, sottraggono sostanze nutritive al sedimento: cianobatteri, alghe e funghi in allegra simbiosi, che si regalano dolcetti e si vogliono bene. Commovente, vero? È così che il geologo americano Mark McMenamin descrive la situazione nel suo libro *The Garden of Ediacara* [Il giardino di Ediacara]. Gli esseri viventi altamente organizzati di quel periodo sono l'incarnazione della pace. Almeno finché, circa 545 milioni di anni fa, un esercito di sciamannati non fa loro la pelle.

E di cosa vivono questi coraggiosi pacifisti senza bocca e senza gola? Come Seilacher, McMenamin è convinto che la vita complessa si sia sviluppata due volte e ipotizza che l'acqua impetuosa contenesse nutrimento sufficiente. Inoltre, secondo lui, le comunità di microbi espellevano la loro parte di sostanze utilizzabili e la digestione avveniva tramite il rivestimento esterno. Gli organismi potevano anche spostarsi, ripiegando verso l'esterno l'involucro del loro corpo. Se Seilacher e McMenamin avessero ragione, l'Ediacarano sarebbe stato davvero un periodo di vita alternativa. Se fosse durato, forse oggi la Terra sarebbe abitata da intelligenti organismi unicellulari macroscopici e le creazioni di Armani non verrebbero indossate da modelle, bensì da materassini gonfiabili. Una situazione simile avrebbe senz'altro dei vantaggi (basterebbe sgonfiare chi si comporta in modo sfacciato), ma chi scuote con tanto vigore la teoria dell'evoluzione si fa necessariamente dei nemici.

Gli oppositori dei materassini rimproverano infatti a Seilacher di non aver guardato con sufficiente attenzione. Il semplice fatto che i rammolliti imprigionati nel quarzo grezzo forniscano un quadro poco chiaro non ci autorizza a evocare E.T. Possedevano piccoli tentacoli, gonadi, branchie, teste e intestini. Se quel signore si fosse pulito gli occhiali anziché dire stupidaggini, avrebbe capito che si trattava di animali. Che cos'altro potevano essere?

La questione è senza dubbio affascinante. Forse Seilacher ha dovuto abituarsi all'idea di trovarsi di fronte agli antenati delle generazioni successive. Gli esseri di Ediacara, che hanno condiviso per lungo tempo il medesimo spazio vitale delle creature cambriane, sono forse i precursori degli anellidi, delle meduse e dei coralli. La vita animale è esistita parallelamente alla fauna di Ediacara, forse addirittura prima, come ha dimostrato lo stesso Seilacher. Nella formazione di Doushantuo, nella Cina meridionale, alcuni ricercatori hanno inoltre trovato tracce di embrioni animali del Precambriano, minuscole palline di cellule azzurrognole e grigio chiaro, in parte in diversi stadi di scissione e forse sulla buona strada per diventare cnidari. Che senso avrebbe avuto lo sviluppo contemporaneo di una vita del tutto estranea e autonoma? A ciò si aggiunge che gli organismi unicellulari giganteschi non sono poi così bizzarri come sostiene Seilacher. Per esempio, la *Xenophyophoria,* una specie degli abissi marini, è un rappresentante contemporaneo di quei giganti cellulari, munita di vari nuclei e di un citoscheletro per una postura quasi eretta. In termini di dimensioni, non ha nulla da invidiare agli esseri di Ediacara e, per inciso, presenta le medesime caratteristiche degli animali primigeni di Seilacher.

Oggi i sostenitori della teoria secondo cui i presunti materassini gonfiabili sono semplici animali credono di essere in ascesa. La maggiore o minore fondatezza della loro ipotesi riguarda un altro quesito, non meno controverso: è avvenuta un'esplosione cambriana oppure no?

Frattanto, Adolf Seilacher ha ammesso la possibilità che alcuni di quei curiosi organismi fossero davvero i precursori delle spugne. A prescindere da questo, lui e McMenamin rappresentano un'inflessibile minoranza di ricercatori che restano fedeli alla teoria di uno sviluppo alternativo della vita. Seilacher ha anche spiegato perché quegli esseri siano spariti dalla faccia della Terra e, tra l'altro, lo ha fatto con una tesi accettata dai suoi detrattori: i rammolliti sono stati divorati, l'uno dopo l'altro. Cosa che dispiace moltissimo a McMenamin. «È stata cancellata una forma d'intelligenza che era molto, molto diversa dalla vita attuale», dice. «Gli esseri di Ediacara sono un secondo esperimento della vita. Quelle forme aumentano notevolmente la possibilità dell'esistenza di organismi intelligenti anche su altri pianeti.»

Oppure no. Si può essere intelligenti quanto si vuole, ma, se si è anche pacifici, si viene divorati. La Regina Rossa è davvero spietata.

Nel maggio del 2004, l'Ediacarano è entrato di prepotenza nella scala ufficiale delle ere geologiche. Ora designa gli avvenimenti compresi tra 600 milioni di anni fa e l'inizio del Cambriano, 545 milioni di anni fa. Indica inoltre la fine del Proterozoico, la terza fase del Precambriano (le prime due sono l'Adeano e l'Archeano). Occorre tuttavia chiedersi se il concetto di Proterozoico sia fondato. Il nome significa infatti «epoca precedente gli animali», un'idea che non è più sostenibile da tempo, perché gli animali esistevano già da un pezzo.

Resta infine un altro problema. Se le creature di Seilacher non hanno davvero nulla a che spartire con gli animali successivi, dobbiamo domandarci come abbiano fatto questi ultimi a svilupparsi di colpo. Miss Evoluzione, infatti, sa e sapeva fare molte cose, ma la magia non è nelle sue corde. Ecco perché molti geologi e paleontologi pensano che abbia innescato una bomba biologica e parlano di «esplosione cambriana». Però molti altri studiosi sono di diverso parere.

Chi l'avrebbe mai detto, eh?

All'armi!

In realtà, la giornata era iniziata benissimo.

Il sole splendente era sorto sulla laguna, riscaldando l'acqua sino in fondo. Per settimane, masse di nuvole gonfie avevano rovesciato una pioggia incessante, intorbidendo il piccolo mare poco profondo. Gli occhi del trilobita avevano percepito un intenso chiarore che sfolgorava sulla sabbia ruvida, rifratto centinaia di volte dalle onde. Per essere una creatura succeduta ai « mollaccioni » senza estremità e senza organi solo pochi milioni di anni prima, ci vede molto bene. Ciascuno dei suoi occhi a forma di torre è formato da 500 lenti singole che si sfiorano e gli garantiscono una visione d'insieme. Altri esemplari della sua specie non hanno occhi così belli. Alcuni, per esempio, hanno lenti molto distanziate. Come possono distinguere un'immagine in modo decente? Altri perdono gli occhi dopo un po' oppure strisciano alla cieca attraverso il Cambriano superiore.

Ma il piccolo trilobita è di tutt'altro stampo. Si è appena tolto i vecchi gusci e adesso se ne va a zonzo con un involucro nuovo di zecca. La sua corazza brilla sotto la luce solare, ma non si è ancora del tutto indurita... Un buon motivo per rimanere al riparo dalle pietre, se ti consideri un trilobita saggio.

Ma la luce l'ha attirato fuori. Sotto la corazza ovale, con la robusta testa armata di aculei, le sue quindici paia di zampe dotate di branchie gli permettono di spostarsi velocemente tra i fluttuanti fili di alghe. Dovrebbe essere orgoglioso di saper muovere tutte quelle zampette con una coordinazione tanto perfetta, ma l'orgoglio non è nella sua natura. La sua vita è caratterizzata da sensazioni confuse: nella migliore delle ipotesi, qualcosa di simile al benessere, spesso timore e quasi sempre fame. E la fame supera il timore. Non si mangia abbastanza, su questo non ci piove. E qualcosa dice al piccolo trilobita che, quel giorno, lo aspetta un vero banchetto.

Le sue antenne tastano il terreno, captando le lievissime differenze di pressione prodotte dalla corrente impetuosa e dagli esseri viventi che passano lì accanto. La sua appendice caudale divisa in due trema di eccitazione. I sensori del gusto sui suoi piedini seguono una traccia che preannuncia un bocconcino prelibato. Poco distante, qualcosa di allungato giace inerte tra la sabbia. Il trilobita esita, quindi si lancia verso quel punto, sopraffatto dal profumo. È un mezzo verme; qualcun altro ha già gustato l'altra metà. Una carogna delle più squisite. Non che il trilobita rifugga la caccia, ma non è poi malaccio evitare i lunghissimi agguati. Quante volte ha dovuto accontentarsi di filtrare la sabbia! No, adesso è arrivato il momento di godersi un pasto prima che a qualcuno venga l'idea di reclamare la sua parte.

Nell'istante in cui il piccolo trilobita si prepara per il suo banchetto, il cielo si oscura. Dall'alto scende qualcosa di enorme, di così grande da occupare quasi tutto il suo campo visivo. Due spinosi organi prensili scattano nella sua direzione. Il trilobita non spreca nemmeno un attimo a riflettere, cosa di cui, del resto, non è neppure capace. I suoi geni sanno che cosa fare. In una frazione di secondo, prima che gli artigli lo afferrino, lui si appallottola. I numerosi segmenti del suo corpo con le tacche e i solchi dalle corrispondenze perfette si chiudono ermeticamente. Quando le pinze lo agguantano, si è ormai trasformato in una palla immangiabile, costellata di aculei. Solo gli occhi rimangono visibili, ma ciò che scorgono non fa presagire nulla di buono.

Qualunque cosa lo tenga stretto è tanto affamato quanto la sua preda.

Il trilobita sta rischiando grosso. Peccato che la corazza non si sia ancora indurita del tutto. Maledetto verme, che l'aveva indotto a dimenticare la prudenza! Si sente sollevare, quindi una gigantesca bocca rotonda, munita di denti aguzzi, si apre sopra di lui. Più in là si spalanca il foro in cui sarebbe terminata la sua vita, una misera esistenza fatta di tempeste, eruzioni vulcaniche e ricerca di cibo. Le antenne, le zampette delicate e i begli occhi sarebbero stati triturati e non ne sarebbe rimasto più nulla, nemmeno il ricordo.

Non può, non deve accadere. Bisogna mettere in atto il piano B, altrimenti il tardo Cambriano avrebbe ben presto avuto un trilobita in meno.

Poco prima che i denti appuntiti lo dilanino, il trilobita si srotola, allungandosi con la velocità del fulmine, e le zanne gli scivolano addosso. Non sembra che il mostro abbia previsto tanta resistenza. Forse l'ha anche afferrato sommariamente... fatto sta che il trilobita sguscia via dalle sue grinfie, cade tra la sabbia e corre via a perdifiato. Più in alto, il suo avversario si volta con un energico colpo di coda, si abbassa e si lancia all'inseguimento. Un bello stress per il trilobita e a quell'ora del mattino, poi! E pensare che era cominciato tutto così bene: la muta senza difficoltà, la passeggiata sotto il sole, il regalo inatteso del verme... È forse finito in un meccanismo di macinazione che rompe persino le corazze dei trilobiti? Le prospettive sono tutt'altro che rosee.

Il mostro fa scattare gli artigli.

Ma il destino è clemente. L'ora del piccolo trilobita non è ancora suonata. All'ultimo momento, s'infila sotto una pietra piatta e coperta di batteri. La lava solidificata ha creato un sistema di grotte e corridoi porosi in cui un aggressore di quelle dimensioni non può entrare. E infatti il mostro si solleva per non schiantarsi contro la roccia. Il vermetto è perduto, ma la vita è salva.

Questa è la versione per famiglie di una scena che, di solito, terminava con la preda nella bocca del predatore. L'essere munito di denti era infatti il nemico più temibile che imperversasse nei mari nel Cambriano, e i trilobiti non avevano un piano A, né tantomeno un piano B. Se il nostro amico fosse stato più grande e avesse avuto una corazza più dura, forse il suo avversario avrebbe deciso di non rompersi le otturazioni provando a masticarlo. Sia come sia, una cosa è certa: conosceremmo un minor numero di questi drammi se il cavallo di Charles Doolittle Walcott non si fosse fermato all'improvviso nell'agosto 1909.

Nato nel 1850 a New York Mills, nello Stato di New York,

Walcott aveva dimostrato fin da bambino un profondo interesse per i fossili. Pur non potendo vantare un'istruzione superiore, nel corso della sua vita diresse tre delle più significative istituzioni scientifiche del Paese (la Smithsonian Institution, lo U.S. Geological Survey e la National Academy of Sciences), e alcuni presidenti americani cercarono di guadagnarsi la sua amicizia. Indifferente a tanta popolarità, il cavallo aveva buoni motivi per non voler proseguire la sua strada in quell'agosto 1909. In groppa gli sedeva Walcott e, più avanti, c'era un mucchio di pietre, il risultato di uno smottamento. Lo studioso aveva organizzato una spedizione con la sua famiglia e i suoi amici per raccogliere fossili nelle Montagne Rocciose canadesi. Pioveva e faceva freddo, il lavoro ad alta quota aveva stremato la squadra e Walcott non era più un giovanotto (aveva quasi sessant'anni). Tuttavia il coraggioso geologo smontò da cavallo e si apprestò a sgomberare il Burgess Pass. Ma, in quel preciso momento, il suo sguardo si posò su una scheggia di scisto.

Ne fu subito colpito.

Nel punto in cui la lastra si era spaccata, giaceva raggomitolato un granchietto dall'aspetto molto strano. A dire il vero, non era esattamente raggomitolato; era piuttosto pietrificato e non somigliava a un granchio, o almeno non a uno di quelli che condiamo con la maionese e due spruzzatine di limone. Quell'esemplare aveva corna enormi, piegate all'indietro e dotate di quattro estremità; inoltre, ai lati del corpo, suddiviso in più segmenti, spuntavano zampette esili, in parte munite di branchie. Walcott chiamò l'animaletto *Marella splendens*, ossia «marella la splendida». Stupito, continuò a frugare tra i sassi. La moglie, il figlio e i suoi amici, costretti alla ricerca, scoprirono i resti di migliaia di creature, alcune perfettamente conservate come la *Marella splendens*, altre ridotte a frammenti. I reperti erano bizzarri: antenne, aculei, chele, occhi composti, parti di corazze, segmenti di zampe e cose che, a prima vista, sembravano non appartenere a nessuna specie animale.

«Abbiamo trovato un nutrito gruppo di crostacei fillopodi», annotò Walcott nel suo diario, il 31 agosto 1909. Non avrebbe mai voluto abbandonare quel luogo di scoperta, ma dovette arrendersi alle condizioni meteorologiche sempre più ostili. Solo nell'estate 1910 tornò dal suo Burgess Shale, lo «scisto di Burgess», collocato sopra il punto su cui si era abbattuta la frana. Grazie alle sue ricerche, riuscì a dimostrare che gli strati scistosi risalivano a 495-545 milioni di anni prima e dunque al Cambriano, un periodo d'inondazioni globali, durante le quali la vita era possibile soltanto nel mare. Già nel 1876, quando aveva documentato l'appartenenza dei trilobiti alla classe degli artropodi, Walcott aveva avuto un successo folgorante. Gli anni successivi avrebbero accresciuto notevolmente la sua fama. Fino al 1924, lui e i suoi collaboratori raccolsero infatti oltre 65.000 fossili, descrivendo più di 100 specie.

Lo scisto di Burgess è ancora oggi uno dei luoghi di ritrovamento più significativi per i reperti cambriani, situato in una posizione isolata nello Yoho National Park (Columbia Britannica) e fiancheggiato da imponenti cime montuose. Nel frattempo, l'UNESCO ha deciso di tutelare la regione, cui hanno accesso soltanto i ricercatori. Il centro abitato più vicino sorge a dodici chilometri di distanza e lì sono conservati non soltanto i gusci duri degli organismi, ma anche le loro parti molli. Evidentemente erano rimaste sepolte sotto valanghe di fango, come i materassini gonfiabili dell'Ediacarano. Il team di Walcott s'imbatté in esseri che ricordavano vermi e meduse, dissotterrò tentacoli e intestini che rivelavano cosa aveva mangiato il loro proprietario prima della sua morte improvvisa e rinvenne involucri simili a pellicce e ogni genere di poltiglia gelatinosa. Gli animali avevano vissuto in un mare temperato e poco profondo all'altezza dell'equatore, vicino a una gigantesca scogliera. Gli smottamenti dovevano averli spinti oltre l'orlo e sepolti accanto al bordo inferiore del dirupo. Intorno ad alcuni fossili spiccavano macchie nerastre, come se i liquidi fisiologici fossero fuoriusciti sotto la pressione elevata.

A quanto pareva, dopo 3 miliardi e mezzo di anni di organismi unicellulari e organismi pluricellulari primitivi, la vita era esplosa in termini sia di complessità sia di molteplicità delle specie. In un batter d'occhio (geologicamente parlando, pochi milioni di anni), aveva dunque preso il sopravvento una fauna nuova e molto sviluppata.

Non sapendo nulla dell'Ediacarano, Walcott non dovette scegliere tra animali e materassini gonfiabili, né intromettersi nella ben nota discussione di cui siete stati testimoni nel capitolo precedente. Com'è ovvio, si domandò che cosa avesse cambiato il mondo in tempi così brevi da indurre intere schiere di guerrieri con denti, aculei e corazze a popolare gli oceani all'improvviso. Dapprima si accinse ad assegnare gli esseri recuperati dalle lastre scistose al celebre regno animale. Il suo grande merito consiste soprattutto nell'aver riconosciuto il significato della fauna cambriana. I suoi reperti rappresentavano quasi tutti i progetti di costruzione degli esseri viventi moderni del nostro pianeta, anche se le forme facevano pensare più che altro agli alieni. Walcott trovò un posto nel catalogo dell'evoluzione per quasi tutte quelle bizzarre creature. Ebbe qualche dubbio soltanto riguardo ad alcuni resti, oppure ne diede semplicemente un'interpretazione sbagliata. Per esempio, trascurò uno degli esseri più affascinanti quando, come racconta nel suo diario, analizzò una lastra scistosa con un guazzabuglio di organismi noti e meno noti.

A prima vista, pareva che due gamberetti si fossero incontrati per fare due chiacchiere con una frittata oblunga e un anello simile a una medusa. Tutti i pezzi erano vicini, così vicini da suggerire una forma assurda. Ma, a un esame più attento, i gamberetti si rivelarono molto curiosi, perché non presentavano tracce d'interiora. L'anello pareva composto di segmenti dentellati e la frittata ricordava un cetriolo di mare srotolato. Alla fine, Walcott capitolò davanti a quel caos. Il paleontologo britannico Harry Whittington svelò il segreto della lastra scistosa solo cinquant'anni dopo, quando, seguendo un'ispirazione, non partì dal presupposto di avere davanti quattro animali, bensì un'unica creatura. Confrontò i resti con altri ritrovamenti e ricostruì un mostro. La frittata faceva parte di un corpo allungato con segmenti simili ad ali e una coda robusta. Ciò che Walcott aveva scambiato per gamberetti si rivelò essere un apparato prensile, due artigli segmentati più volte con lati interni dentellati. Non si poteva parlare neppure di una medusa. Si trattava piuttosto di una bocca rotonda circondata da denti affilati come coltelli, attraverso i quali il gigante infilava la preda tramite gli artigli. L'*Anomalocaris canadensis*, così battezzato da Whittington, misurava già da piccolo una trentina di centimetri, ma poteva superare i 2 metri: un vero colosso per un'epoca in cui 10 o 20 centimetri erano una statura considerevole. L'*Anomalocaris* divorava tutto ciò che non strisciasse sotto una pietra, in particolare i trilobiti. L'avrete già intuito: è lui il mostro che ha rovinato la giornata al piccolo trilobita all'inizio del capitolo.

Se il giardino di Ediacara era pacifico, alla vigilia del Cambriano la vita muta radicalmente. Si arma. Il nuovo motto è: mangiare o essere mangiati. Da quel momento in poi, l'esistenza si svolge all'insegna di una spietata corsa agli armamenti. Esseri come l'*Anomalocaris*, l'*Opabinia* e l'*Odontogriphus* non si corazzano soltanto contro eventuali aggressori, ma sviluppano a loro volta armi temibili. Il nuovo principio (se non mi mangi tu, ti mangio io) rimane in vigore anche dopo la scomparsa del mondo animale cambriano o il suo sviluppo successivo.

Non tutti gli esseri cambriani sono predatori, ma quasi tutti sono cavalieri, ossia strizzati in armature più o meno stabili. Osservando un vivace borgo di quei tempi, avremmo l'impressione di guardare le acque di un pianeta lontano. Laggiù qualcosa scivola sulla sabbia con movimenti ondulatori; è una specie d'incrocio tra un Intercity e un aspirapolvere, e il tubo flessibile che spunta dalla testa tondeggiante termina in una pinza dentellata che susciterebbe l'invidia di qualsiasi cassetta degli attrezzi. Proprio sopra l'attaccatura del tubo, cinque occhi peduncolati guardano in tutte le direzioni. Nel 1972, l'*Opabinia* venne ricostruito completamente per la prima volta e presentato durante un congresso scientifico, tra le fragorose risate degli astanti. Uno dei biologi presenti arrivò a dire che l'evoluzione, quando aveva creato l'*Opabinia*, era sotto l'effetto di sostanze stupefacenti. Ormai conosciamo meglio Miss Evoluzione e sappiamo che, oltre a non fare uso di droghe, ha sempre la situazione sotto controllo. Probabilmente voleva bene all'*Opabinia* come una chioccia vuol bene ai suoi pulcini. In altre parole, quando il piccolo aspiratore ingordo divenne inutile, il suo nome fu cancellato dalla lista senza rimpianti. Dobbiamo esserne contenti, anche perché è improbabile che una qualsiasi mutua accetti di pagare occhiali per cinque occhi.

Tra i cacciatori di granchi planctonici figura l'*Odontogriphus,* una suola da scarpe galleggiante con una bocca incurvata in un arco molto femminile, munita di denti rigidi e appuntiti, e con due cavità simili a occhi sul lato inferiore. Questo essere non ha molto altro da offrire, a parte l'appetito incontrollato con cui insegue le sue prede. Spugne a forma di coppa con aculei lunghissimi spuntano dal fango e i tentacoli della *Xianguangia,* un'antenata dell'anemone di mare, ondeggiano nell'alta marea. Là in mezzo vagabonda un tipo davvero originale, a forma di verme, ma capace di spostarsi su una buona dozzina di zampe gommose. La parte anteriore probabilmente è quella che lo trascina e la prima coppia di zampe si solleva in una proboscide guizzante. Sebbene l'animale non abbia gli occhi, si sente continuamente osservato perché, su entrambi i lati del tronco, presenta singolari strutture tonde, forse muscoli, forse scleriti simili a scudi (non lo sappiamo ancora con certezza). La strada del *Mycrodictyon* incrocia quella della *Maotianshania,* un verme minuscolo che sta alle calcagna della *Marella splendens* e che ha le corna sulle zampe. Questo granchietto primitivo sa infatti nuotare molto bene, una caratteristica che desta l'interesse della *Vetulicola,* un sottomarino con la coda a forma di pagaia che viene classificato tra i primi placodermi. Le *Eldoniae,* simili a paracaduti, passano lì accanto con movimenti aggraziati, togliendo la visuale a un *Anomalocaris* in avvicinamento, che si è appena chiesto se gustarsi una *Marella* o una *Vetulicola.* All'improvviso le perde di vista entrambe, ma in compenso lo sguardo dei suoi occhi peduncolati si posa su una *Wiwaxia,* una collinetta squamata con lunghe spade piegate verso l'alto che striscia tra i sedimenti come una lumaca e ha la bocca sotto la pancia. *Chissà se è possibile rompere quella noce munita di aculei,* si chiede il cacciatore. Poi decide di fare un tentativo, cosa che mette in fuga la più singolare di tutte le creature cambriane: l'*Hallucigenia,* un essere che pare uscito da un quadro di Salvador Dalí. Questo serpente su trampoli flessibili, con aculei dorsali lunghi quanto le zampe, ha spinto per anni i paleontologi sull'orlo della follia, tanto era facile confonderne il lato superiore con quello inferiore. Ovunque gironzolano i *Boidi* corazzati, mentre i *Lobopodi* si aggirano tra gli anemoni, attaccandosi a spugne come la *Quadrolaminiella* con le loro zampette munite di artigli e triturandone il rivestimento esterno coi loro robusti dentini.

Un incubo? Macché. Né più né meno ciò che si vede oggi. Solo un po' diverso.

Ai biologi dell'evoluzione interessa soprattutto capire perché, all'inizio del Cambriano, la nostra Miss Evoluzione abbia introdotto, come per capriccio, due novità rivoluzionarie: la corazza e la simmetria bilaterale. Fino ad allora, gli organismi pluricellulari erano stati molli e simili a larve, raramente più di un paio di migliaia di cellule legate tra loro. Alcuni tuttavia sembrano acquisire la capacità di assegnare compiti speciali ai propri geni, il che permette loro di diventare più grandi e di sviluppare organi con funzioni definite. La struttura simmetrica, comune a tutti gli organismi pluricellulari successivi, è comparsa perché ogni animale, nuotante o strisciante, dotato di occhi, bocca e ano, dipende dalla stabilità motoria. Soltanto dell'*haggis* scozzese si dice che le zampe anteriori e posteriori sinistre siano più corte delle destre, e questo perché, in tal modo, l'animale trova più facilmente un appoggio sui ripidi versanti delle Highlands. I camerieri scozzesi raccontano volentieri come si cattura il timido *haggis*. Ci vogliono tre uomini: uno che gli si avvicini da dietro e lo spaventi tanto da indurlo a scappare; un altro che arrivi dalla direzione opposta urlando e agitando le braccia perché l'*haggis* s'impaurisca ancora di più, perda l'equilibrio (grazie alla particolarità della sua corporatura) e rotoli a valle e infine un terzo che lo raccolga. Ignari del fatto che le fette grigio-marrone sul loro piatto provengono da uno stomaco di pecora riempito di cipolle, interiora e farina d'avena, i turisti restano atterriti di fronte a questo fatto curioso e desiderano tornare in fretta alle loro pecore simmetriche. La simmetria bilaterale è dunque vantaggiosa, motivo per cui gli animali del Cambriano prendono il nome di «bilateri».

È più difficile stabilire da dove sono arrivate le corazze. Non è che i rammolliti di allora hanno scoperto un'armeria e si sono lanciati in conversazioni del tipo:

«Ehi, tu! Guarda che le pinze le prendo io».

«Ah, sì? Allora io m'infilo quella corazza.»

«Tanto non ti servirà a niente. Guarda che bei denti! Li userò per spaccare la tua stupida corazza.»

«Be', non ci riuscirai, perché prima t'infilzerò col mio aculeo.»

E così via.

Forse la risposta è racchiusa nella glaciazione di Varanger. Nel corso di milioni di anni, le masse di ghiaccio erranti hanno raschiato via tonnellate di detriti dai continenti, trasportandole nel mare. Così, 600 milioni di anni fa, il fondo dell'oceano probabilmente era disseminato di tilliti glaciali. Ancora oggi, gli iceberg portano di continuo sedimenti sul fondo del mare antartico. Lo stesso è accaduto durante la glaciazione di Varanger. Come abbiamo visto, la teoria della palla di neve si deve ai ritrovamenti di reperti che, verso la fine del Proterozoico, coprivano il fondale marino, giungendo poi sulla terraferma durante i movimenti delle zolle. All'epoca, col pianeta rivestito quasi completamente di ghiaccio, la superficie del mare congelata fino a 1500 metri di profondità e nonostante l'assenza di ghiacci in alcune zone della fascia equatoriale, gran parte della vita ha dovuto decidere se estinguersi o escogitare qualcosa.

Insieme con lo scisto di Burgess, la Cina è l'Eldorado dei geologi e dei paleontologi. Sulla piattaforma del Fiume Azzurro (o, più precisamente, del Chang Jiang, conosciuto anche come Yangtze), si trovano lumache primordiali e polipi primitivi, ma soprattutto molti rappresentanti degli artropodi, granchi, scorpioni di mare, antenati dell'astice e granchi a ferro di cavallo. È possibile derivare quasi tutti gli insetti attuali dai fossili del Chang Jiang. Anche l'*Anomalocaris,* l'*Opabinia,* la *Wiwaxia* e fino a 15.000 diverse specie di trilobiti sono immortalati nella roccia. La piattaforma dello Yangtze, che occupa ampie zone della Cina centrale e meridionale, è il luogo di ritrovamento più ambito per i fossili cambriani e precambriani, perché un tempo alcune sue parti costituivano il fondale oceanico. E, come se non bastasse, essendo a grana molto fine, i sedimenti locali permettono di riconoscere i dettagli più minuti.

Da anni, anche il paleontologo tedesco Bernd-Dietrich Erdtmann dell'Institut für Angewandte Geowissenschaften (Istituto di geoscienze applicate) di Berlino conduce le sue ricerche in quella regione e ritiene che, durante la glaciazione, una parte della vita si sia ritirata nelle sorgenti idrotermali, un fenomeno che tuttavia non segna un regresso. Gli organismi avrebbero semplicemente mutato il loro metabolismo. Laggiù c'era nutrimento a sufficienza e faceva un bel calduccio. Ma la vita nell'oscurità era più difficile che sulla superficie delle lagune inondate dal sole. I camini idrotermali non riscaldavano in eterno: non appena se ne spegneva uno, si era costretti a traslocare, senza mappe o sistemi di navigazione negli abissi tenebrosi. E, anche se si aveva la fortuna di trovare una nuova patria, altri emigrati l'avevano sicuramente già occupata. All'improvviso quindi iniziò una battaglia per le risorse e gli spazi vitali, una battaglia cui, fino ad allora, nessuno era abituato.

In realtà, quello che sembra il preludio della scomparsa definitiva accelerò lo sviluppo delle specie, afferma Erdtmann. Soltanto i più forti sopravvivono... ma che cos'è la forza se non la capacità di reinventarsi in continuazione? Dato che i mollaccioni non sanno prendersi per la gola a vicenda, i superstiti della glaciazione di Varanger sviluppano denti, mascelle ed esoscheletri nonché zampe, antenne, organi prensili, pinne cornee e alcuni persino occhi. Un paio di fotoni si fanno strada fino alle sorgenti calde oppure la lava rovente rischiara il fondo del mare. Tutto ciò che un essere possiede in più rispetto al suo vicino può essere soltanto vantaggioso. La lotta per la sopravvivenza è una novità, perciò la vita non può che affrettarsi a compiere un enorme balzo in avanti. Oltretutto le corazze proteggono dalle condizioni inospitali di un pianeta ancora lontano dall'essere tranquillo; violente tempeste agitano il mare e il vulcanismo regna ovunque.

Nello scisto nero della piattaforma dello Yangtze, Erdtmann e il suo collega, il dottor Michael Steiner, esaminando i resti di camini idrotermali, si sono imbattuti sia nei precursori dei trilobiti sia in feltri batterici e in molluschi primitivi. Nella stessa regione, gli scienziati cinesi hanno rinvenuto minuscoli embrioni a forma di spirale appartenenti a polipi che, da adulti, forse avevano abitato in tubi dal guscio duro. Nella formazione di Doushantuo, un altro team di ricerca cinese e americano ha scoperto esseri con corpi bilaterali vissuti almeno 50 milioni di anni prima dell'esplosione cambriana. La *Vemanimalcula*, il «piccolo animaletto primaverile», avrebbe sviluppato una gola e cavità simmetriche su entrambi i lati degli organi digestivi, già verso la fine della glaciazione di Varanger, e forse persino un abbozzo di occhi. Vicino alle sorgenti calde, continua Erdtmann, si sono organizzate intere comunità di vita e di lotta da cui è derivata la successiva esplosione cambriana delle specie, sempre ammesso che ci sia stata.

I detrattori di questa teoria continuano a ribadire che già prima della comparsa dei gusci duri esistevano organismi pluricellulari complessi di cui non ci è pervenuto nulla, perché essi sono stati vittime dell'appetito degli onnipresenti batteri. Si può dunque sostenere che Miss Evoluzione non abbia innescato nessuna bomba, limitandosi invece a disegnare una collezione d'involucri rigidi per vestire i suoi metazoi nudi? Sembra improbabile, tanto più che ora sappiamo come i mollaccioni sappiano imporsi molto bene in determinate circostanze. Ma i sostenitori dell'esplosione cambriana hanno un'altra freccia al loro arco. Nell'Australia meridionale si trova un cratere di 590 milioni di anni e con un diametro di 90 chilometri. La caduta di un meteorite potrebbe aver annientato la maggior parte della vita unicellulare, facendo così spazio per l'evoluzione di esseri viventi più complessi. Tuttavia è un'ipotesi molto discutibile.

Forse il motivo per il repentino sviluppo dei gusci duri è racchiuso in un rapido aumento del calcio. Il Tommotiano, il primo periodo del Cambriano, ci ha lasciato la cosiddetta *small shelly fauna*, comprendente i primi minuscoli animali dotati di corazza, tra cui anche i precursori dei molluschi. Dal punto di vista cronologico, questa tesi avvalora la teoria dello scienziato Tim Lowenstein, della New York State University, che ha analizzato gocce d'acqua marina ricavate da cristalli di sale risalenti a 544 milioni di anni fa, confrontandole poi con campioni più recenti. Nel corso di nemmeno 30 milioni di anni, il contenuto di calcio degli oceani triplica. La ragione è ovvia: dopo la fine della glaciazione mondiale, le masse di terra cominciano a erodersi ed enormi quantità di sedimenti ricchi di calcio finiscono in acqua. Inoltre, a causa del disgelo ormai iniziato, la superficie del mare si alza, trasformando intere regioni in mari poco profondi. Il carbonato di calcio è un importante componente dei gusci duri. Prima della glaciazione di Varanger, la quantità disponibile era insufficiente per il riarmo generale. Ora, soprattutto a causa delle mutate condizioni di vita, alcune specie animali lo assorbono molto volentieri e lo tramutano in corazze dure, mentre altre, in particolare gli organismi unicellulari, muoiono per via della maggiore concentrazione di quella sostanza. Così si spiega anche l'estinzione di alcune specie, forse necessaria per lasciare spazio alla nuova fauna.

Se i primi esoscheletri servivano soltanto come protezione dalle forze della natura, ben presto cominciano le grandi zuffe a colpi di aculei. Prende il via una corsa la cui velocità non è affatto sorprendente, come si è a lungo ritenuto. Pensiamo alla relatività del tempo. La nostra concezione personale degli intervalli temporali è irrilevante, perché si basa su una scala che livella ogni cosa. Abbiamo così l'impressione che gli avvenimenti collocati in una sequenza di periodi di uguale lunghezza siano talvolta troppi e talaltra troppo pochi. Ma è vero il contrario. Gli avvenimenti comprimono e dilatano il tempo. Le condizioni ambientali della giovane Terra non richiedevano la complessità, i corpi bilaterali, i gusci duri e un'elevata biodiversità. Per 3 miliardi di anni, era dunque stato possibile rinunciare allegramente a quegli elementi. Quando s'impone la necessità dell'innovazione, si mette in moto uno sviluppo tipico delle spinte al rinnovamento. All'improvviso, il progresso non segue più un andamento lineare, bensì esponenziale, per non dire esplosivo.

Questo fenomeno si osserva anche nella storia dell'umanità. Se calcolate per quanto tempo i nostri antenati sono andati a piedi, otterrete un risultato di almeno un milione di anni. Almeno per migliaia di anni si sono invece spostati a cavallo o su carri trainati da cavalli. Poi qualcuno ha inventato il motore a benzina e d'un tratto lo sviluppo è accelerato. Nel 1690, il francese Denis Papin costruì il prototipo della macchina a vapore ad alta pressione, che Thomas Newcomen perfezionò nel 1712. Già pochi decenni più tardi, nel 1765, James Watt migliorò il principio della macchina a vapore in maniera così decisiva da inaugurare la Rivoluzione Industriale. Meno di un secolo dopo, nel 1860, il belga Etienne Lenoir riuscì ad avviare il primo motore a gas. Subito dopo, un certo Nikolaus August Otto di Colonia fondò la DEUTZ AG e, nel 1876, partecipò con Gottlieb Daimler e Wilhelm Maybach alla costruzione del motore a scoppio, che, di lì a dieci anni, Daimler utilizzò per la prima volta come sistema di propulsione per veicoli. L'automobile ha solo 120 anni, ma i progressi in questo breve arco di tempo sono numerosi: la Formula 1, l'Airbus, lo Space Shuttle...

Possiamo condurre esperimenti intellettuali analoghi con la storia della trasmissione delle notizie, a partire da Fidippide (il primo maratoneta, che percorse circa 40 chilometri per portare ad Atene la notizia della vittoria sui persiani) fino al World Wide Web. Oppure ripensate alla legge di Moore, che descrive il ritmo di sviluppo della tecnologia informatica, affermando che il numero di transistor all'interno di un circuito logico integrato, e dunque anche le prestazioni dei processori, raddoppiano ogni diciotto mesi, almeno finché gli strati d'isolamento dei transistor sono spessi solo pochi atomi. Si suppone che lo sviluppo seguirà un altro andamento, forse sino al computer quantistico e sarà un altro esponente a determinare il progresso tecnologico.

Gli esseri che tra qualche centinaio di milioni di anni studieranno la nostra storia considereranno sicuramente l'introduzione di Internet un'esplosione tecnologica e si domanderanno come sia stato possibile compiere un balzo in avanti così significativo in un periodo tanto breve dopo oltre 6 milioni di anni di sviluppo. Lo stesso vale per l'esplosione cambriana. All'epoca, non contano tanto gli intervalli di tempo quanto le mutate condizioni ambientali e gli esponenti che ne derivano. La corsa agli armamenti della fauna cambriana si svolge con la medesima costanza e rapidità del riarmo atomico nella seconda metà del XX secolo. Non dimentichiamolo: chi si ferma è perduto.

È stato dimostrato che tutte le moderne specie animali e i relativi sottogruppi entrano sulla scena del mondo col Cambriano e che tutti i progetti di costruzione per gli esseri futuri vedono la luce in quel periodo. Sapete una cosa? Ognuno di noi *dovrebbe* conservare un'immagine dell'*Haikouella* nel suo album di famiglia. Verso la metà degli anni '90, alcuni scienziati cinesi scoprirono i resti di quell'animaletto simile a una salsiccia nel Chang Jiang e trovarono qualcosa che ricordava la nervatura delle foglie e che, evidentemente, aveva sostenuto il corpo della creatura dall'interno. Il primo endoscheletro. I miomeri, segmenti simili a muscoli, erano allineati l'uno dietro l'altro e formavano una *chorda dorsalis* centrale, il primo abbozzo di colonna vertebrale. L'animale possedeva anche una pinna dorsale che spuntava dalla *chorda,* sei paia di branchie sottilissime, un cuore, un'aorta e persino un cervello di dimensioni considerevoli rispetto al corpo minuto. Esteriormente somigliava a un anfiosso che filtrava il plancton dell'acqua con la sua bocca rotonda.

Riuscite a immaginarlo? Potete tagliarvene una fettina. È l'antenato di tutti noi. Anche il vostro.

Da allora in poi, la nostra zelante Miss Evoluzione non ha più chiuso occhio e si è sfiancata a forza di straordinari. Ancora oggi sgobba come una forsennata, senza mai fermarsi. Speriamo che non le venga in mente di utilizzare tutte le ferie accumulate in un colpo solo.

Un freddo infernale

La vita è vanitosa e traditrice. Oh, sì, vuole essere scoperta, ma nel contempo le piace fare la misteriosa. Per esempio, le opinioni riguardo al momento esatto del primo approdo sono discordanti. Una cosa è certa: siamo costretti ad anticipare continuamente il giorno in cui qualcosa di vivo è strisciato sulla costa. Per la colonizzazione dei continenti, avvenuta nel Siluriano circa 440 milioni di anni fa, occorse molto tempo, ma la geologia e la paleontologia seguono le regole di una caccia al tesoro. Lo *status quo* va verificato a ogni nuovo indizio, e spesso perde validità all'improvviso. Suo malgrado, la scienza ha dovuto accettare che ogni nuovo ritrovamento di fossili possa far crollare anche il più solido edificio di dati. Nemmeno questo libro pretende di contenere la verità assoluta, proponendosi piuttosto come un'istantanea del 2006.

Abbiamo detto che nel Cambriano ci sono alcune importanti invenzioni, tra cui le zampe e gli occhi. Già nell'Ediacarano esistevano forme di vita che si trascinavano sul fondo del mare con escrescenze simili a monconi e presentavano cellule fotosensibili. La comparsa dei gusci duri viene accompagnata dalla formazione di apparati di locomozione più complessi e composti da vari elementi. Le zampe si rivelano particolarmente versatili. Si possono usare per inseguire il pranzo, oppure per fuggire, se si rischia di diventare il pranzo di qualcun altro. Servono anche per sfuggire agli influssi ambientali ostili. Il cacciatore o il fuggiasco hanno quasi sempre poco tempo, perciò è consigliabile avere il maggior numero di zampe possibile. Ecco perché i trilobiti arrivano fino a 15 paia di quelle comode appendici, mentre altri esseri ne possiedono un numero ancora maggiore.

Sta di fatto che chi è munito di zampe se ne va a zonzo. Occupiamoci del Canada, per esempio. Dato che questo nostro interesse si concentra su circa 500 milioni di anni fa, è ovvio che il Canada non è ancora il Canada, bensì la spiaggia sabbiosa di un oceano anonimo; poco distante dal lago Ontario, troviamo però le orme di alcuni escursionisti terrestri, immortalate nell'arenaria. Si sono conservate così bene che probabilmente riusciremo a stabilire a chi appartengono. Qui, i granchi primordiali, i cosiddetti « euticarcinoidi », abbandonano il loro elemento. Quanto all'aspetto, questi piccoli pionieri sembrano onischi con la coda e con un paio di zampe in più. Evidentemente un'intera schiera di loro rappresentanti ha lasciato l'acqua in fretta e furia. Visto che il mare ospita cacciatori in abbondanza, è possibilissimo che la conquista della terraferma non sia avvenuta in maniera del tutto volontaria, tanto più che sulla costa non c'è molto da vedere. In compenso, il litorale offre protezione dagli esseri che non amano le gite in campagna. I ricercatori hanno appurato che quelle escursioni all'asciutto iniziano già oltre 540 milioni di anni fa. I resti di antichissime piante terrestri risalgono al tardo Ordoviciano, sebbene non si sappia ancora con esattezza se fossero muschi o piante vascolari. I golfisti non sarebbero stati molto contenti di quella vegetazione, che probabilmente era limitata a qualche roccia vicino alla riva, rivestita da un delicato strato verde e marrone. Pare tuttavia che durante l'Ordoviciano sia iniziata la marcia trionfale delle crittogame.

Dopo essere stata così industriosa durante il Cambriano, Miss Evoluzione si appresta a perfezionare la sua opera. L'Ordoviciano inizia 495 milioni di anni fa. È interessante analizzare le informazioni disponibili sul clima di quel periodo. In due articoli pubblicati da prestigiose riviste scientifiche ho trovato le seguenti affermazioni, diametralmente opposte, ma entrambe corrette: « L'Ordoviciano fu una delle ere geologiche più fredde » e: « Il clima era torrido in tutto il mondo e forse quella fu l'epoca climatica più calda del nostro pianeta ». Nei 52 milioni di anni precedenti l'inizio del Siluriano, 443 milioni di anni fa, il caldo sulla Terra raggiunge livelli mai più riscontrabili nei periodi successivi. Verso la fine dell'Ordoviciano, il clima umido tropicale subisce un cambiamento repentino, ridiventando gelido. Quando gli « ecoromantici » parlano di «equilibrio della natura», farebbero bene a dare un'occhiata alla scala delle epoche geologiche e alle relative situazioni meteorologiche generali. La natura è tutto fuorché equilibrata. Passa da un estremo all'altro e, com'è già accaduto in passato, anche stavolta l'ondata di gelo provoca l'estinzione di numerose specie.

Durante il periodo caldo, la vita ha continuato a svilupparsi rapidamente. Spugne, cnidari, meduse, vermi, brachiopodi, echinodermi, anfiossi e granchi hanno prosperato. Sono stati testati nuovi progetti di costruzione che forse hanno condotto all'avvenimento più importante dell'Ordoviciano appena nato, ossia la conquista dell'oceano aperto.

Fermi tutti. Ma non era già abitato da tempo? Se la vita è iniziata nel mare, perché essa non ha invaso tutte le acque invece che quasi solo unicamente le fasce costiere e i mari poco profondi?

Semplice. Supponiamo che vogliate pranzare fuori casa. Se siete alla ricerca di un buon ristorante, probabilmente gironzolerete per il centro città, oppure raggiungerete un paese vicino, ma non vi metterete in viaggio per il Sahara o per i ghiacciai continentali antartici. Lo stesso vale per la transizione all'Ordoviciano. Le scogliere vicine alla costa e i camini vulcanici offrono alla fauna primitiva un eccellente servizio gastronomico: perché dunque spingersi in mare aperto? Ciò che i microbi riescono a digerire si trova in abbondanza sui pendii continentali, popolati dai batteri. Interi prati di batteri servono da nutrimento agli animali terrestri, che vengono a loro volta divorati da altri animali. I biotopi somigliano a metropoli: dispongono d'infrastrutture, hanno panetterie, macellerie, edifici residenziali e persino un centro benessere. Ancora oggi molti abitanti del mare fanno visita alle scogliere per lasciarsi viziare da speciali pesci pulitori, tra cui ci sono addirittura piccoli dentisti che dimostrano più impegno dei loro colleghi umani, perché, sott'acqua, l'odontoiatra perfetto lavora nella bocca del paziente rosicchiando via parassiti e fastidiosi resti di cibo. Proprio come gli abitanti di Colonia, Parigi e Los Angeles non vagano senza meta per il Paese, i biotopi non cambiano sede. Sarebbero stupidi a non rimanere in un luogo in cui si vive così bene. Solo quando un biotopo crolla, a causa degli influssi esterni, i sopravvissuti se ne cercano uno nuovo.

All'epoca, nell'oceano aperto, non c'è nulla da mangiare, perché la catena alimentare non ha conosciuto lo sviluppo necessario. Nuvole di alghe rosse, verdi e marroni galleggiano attraverso gli strati vicini alla superficie, quelli cioè raggiunti dall'energia solare, e i batteri fluttuano liberi, lasciandosi trascinare dalla corrente. Che utilità possono avere per un trilobita o per uno scorpione di mare, che preferiscono sentire la terraferma sotto le zampette? Probabilmente l'oceano aperto sarebbe rimasto un deserto se alcuni graptoliti non avessero avvertito un prurito al sedere.

I graptoliti? E cosa sono?

Sono animali che ricordano i moderni polipi del corallo. Hanno trascorso la maggior parte del loro sviluppo sedentario uniti in colonie e raccolti in piccoli tubi residenziali, peraltro il loro unico elemento a noi pervenuto. Nella roccia, i graptoliti si presentano come lettere, caratteristica che ha conferito loro questo nome («scrittura di pietra»). All'inizio dell'Ordoviciano, alcuni cominciano a staccarsi dal substrato solido e a spingersi in mare aperto, dove iniziano ben presto a moltiplicarsi. Evidentemente vivono benissimo di alghe e di organismi unicellulari, che filtrano dall'acqua mediante minuscole estremità, pur rimanendo loro stessi un plancton primordiale. Oltre ad avventurarsi in uno spazio vitale totalmente nuovo, aprono il deserto oceanico anche a esseri viventi più grandi che si cibano di plancton, da cui dipende tutta la vita in alto mare. Senza di esso, non è infatti pensabile nessun complesso intreccio alimentare. Per le balene, per esempio, il plancton è come le patatine, anche se molto più sano.

Nell'Ordoviciano compaiono i primi lamellibranchi, da non confondere coi brachiopodi, che sembrano lamellibranchi, ma non lo sono. Se capitate sulle spiagge del mare del Nord, lo potete verificare di persona. Se unite due normali portiere per auto, ottenete un lamellibranco, con la cerniera in posizione laterale. Un brachiopode è invece qualcosa di simile a una Mercedes Benz 300 SL dei mari. La sua cerniera si trova in alto, vicino al capo, dotato di guscio. La differenza più evidente dei brachiopodi rispetto ai lamellibranchi è tuttavia il loro piede carnoso, con cui si ancorano al fondo marino o a una scogliera. Lo stendono con coraggio verso l'esterno, mentre i lamellibranchi tengono tutto sotto chiave.

Nell'Ordoviciano fanno la loro grande comparsa anche i coralli, che costruiscono enormi scogliere in cui s'insediano complesse comunità di esseri viventi. I pesci sono una presenza sempre più frequente, sebbene non abbiano ancora le mascelle (ragione per cui hanno preso il nome di « agnati »). Restano vicino al fondo e guizzano timidamente nel fango, senza avere la più pallida idea del ruolo che i loro discendenti muniti di mascelle avrebbero svolto. Forse soffrono anche di un complesso d'inferiorità nei confronti dei giganti che, passando sopra di loro, agitano i tentacoli attaccati alla testa e lo fanno con aria condiscendente. Questi cefalopodi sono i re segreti dell'Ordoviciano, temuti come tutti i monarchi. E naturalmente, come tutti i monarchi, avevano una corona, fatta di tentacoli lunghi fino a 8 metri. Di loro non ci è rimasto altro. Le insegne regali hanno l'abitudine di sopravvivere ai loro possessori.

Quando gli studiosi hanno rinvenuto quei tubi di calcare pietrificati, non sapevano come interpretarli. Soltanto col passare degli anni è emerso che quegli involucri appuntiti e lunghi diversi metri avevano ospitato delle seppie. Immaginate un calamaro o un polpo che, sopra i suoi occhi enormi, porta un curioso berretto da omino Playmobil, deformato nel senso della lunghezza. Sembra strano, ma gli omini Playmobil paleozoici sono giganteschi ed estremamente voraci. In questo caso, Miss Evoluzione si è lasciata senz'altro entusiasmare dall'*haute couture* e non ha voluto che i modelli di berretto a più tentacoli scomparissero. Oggi la seppia si presenta agli appuntamenti a capo scoperto. Poi c'è il nautilo, uno dei più noti fossili viventi. Ma di questo contemporaneo non proprio moderno parleremo più avanti.

Dopo i turbolenti anni del Cambriano, le cose potevano tranquillamente continuare così.

Durante la transizione dall'Ordoviciano al Siluriano, tuttavia, ha luogo un'altra estinzione di massa, perché i termosifoni si spengono. Circa 440 milioni di anni fa, due terzi della fauna muoiono a causa del freddo. Ormai gli esseri viventi dovevano essere abituati alle glaciazioni, senza contare che erano molto più sviluppati dei piccoli rammolliti cui il ghiaccio di Varanger aveva congelato il buonumore. Allora come mai quell'epoca glaciale è stata così devastante da condurre alla seconda moria più grave nella storia della Terra?

Deve esserci stato dell'altro, ha pensato l'astronomo Adrian Melott dell'University of Kansas, perplesso per il fatto che, dopo milioni di anni di caldo tropicale, i ghiacciai avessero all'improvviso ripreso il sopravvento. Secondo le spiegazioni più accreditate, la colpa è di un meteorite cattivo. Un asteroide o un meteorite del diametro di 10 o 12 chilometri libera un'energia corrispondente a circa 10 miliardi delle bombe cadute su Hiroshima, sollevando un'immensa quantità di polvere, quanto basta per infittire la cappa di smog sopra il globo terrestre al punto che la luce del Sole non riesce più ad attraversarla per un anno. E, mentre la polvere si deposita, formando uno strato dello spessore di vari centimetri, le temperature diminuiscono drasticamente e gran parte della flora e della fauna si estingue.

Però Melott non riusciva a spiegare perché la morte avesse colpito solo gli esseri viventi che popolavano gli strati d'acqua vicini alla superficie, per esempio i trilobiti, cui era toccata una sorte particolarmente tragica. Le creature che scorrazzavano più in profondità, invece, ne erano uscite per lo più indenni. Esaminando alcuni resti di trilobiti risalenti all'epoca della transizione, Melott e il suo team hanno fatto una scoperta inquietante. Forse la causa della loro scomparsa non andava ricercata sulla Terra. Il colpevole era un mostro arrivato dal cosmo.

La vita era caduta vittima di una supernova.

Se vogliamo capire meglio, dobbiamo abbandonare la Terra e intraprendere un viaggio nello spazio.

Una stella rimane stabile finché la pressione prodotta dal reattore a fusione al suo interno non ne compensa la gravitazione. In altre parole, l'astro dovrebbe crollare sotto il suo stesso peso, ma ciò non avviene finché esso continua a emanare energia verso l'esterno. Quando la stella muore, attraversa vari processi, durante i quali perde il combustibile. Di conseguenza, si gonfia e si tramuta in una gigante rossa, finché la forza di gravità non ha la meglio e l'astro viene praticamente risucchiato in se stesso. Il nucleo collassa e il mantello esterno vola via a causa di una violenta deflagrazione. Osservando queste supernove appartenenti al lontano passato coi nostri telescopi, non abbiamo tanto l'impressione di un'esplosione quanto della nascita di una nuova stella: da qui il concetto di «nova». La luminosità aumenta improvvisamente di un miliardo di volte ed enormi quantità di raggi gamma si propagano nel cosmo, per lo più lungo l'asse di rotazione. Mentre il centro della stella continua ad autoimplodere, le radiazioni e le particelle vengono scagliate lontano nello spazio.

Un simile lampo di raggi gamma sarebbe bastato per distruggere lo strato di ozono del nostro pianeta nel giro di pochi minuti, soprattutto se la Terra fosse stata parallela all'asse dell'astro morente e quest'ultimo fosse stato abbastanza vicino. D'un tratto, la superficie terrestre sarebbe stata esposta a una radiazione UV pari a cinquanta volte quella precedente. L'acqua protegge dalle radiazioni cosmiche, ma solo a partire da una certa profondità. Ciò spiegherebbe il massacro negli strati superiori e anche l'assenza quasi totale di danni più in basso. Una supernova avrebbe inoltre contribuito alla formazione di una cappa di smog, con conseguente diminuzione repentina delle temperature. E le temperature diminuirono davvero. L'epoca glaciale che inaugurò il Siluriano, la prossima tappa del nostro viaggio, durò mezzo milione di anni.

Per molto tempo, gli scienziati non hanno dato credito all'ipotesi del lampo di raggi gamma. Oggi sappiamo che l'esplosione di una supernova a una distanza abbastanza ravvicinata equivale a una scossa elettrica mortale. Al momento, non siamo esposti a simili minacce, ma una nana bianca lontana 150 anni luce ci crea qualche preoccupazione. L'HR 8210 potrebbe scoppiare entro breve con un lampo del tipo appena descritto e 150 anni luce sono dietro l'angolo. Non per questo dobbiamo cominciare subito a costruire città sottomarine; un «tra poco» geologico abbraccia infatti alcune centinaia di milioni di anni. Senza contare che l'universo continua a espandersi. Se la situazione è questa, forse abbiamo messo una distanza di sicurezza sufficiente tra noi e la fionda di raggi gamma.

Non vi meraviglierà scoprire che la teoria di Melott è molto controversa. Le supernove si lasciano dietro nuvole di polvere cosmica o buchi neri che non sono però riconducibili al periodo in questione. D'altro canto, sostiene Melott, da allora è trascorso così tanto tempo che la Via Lattea ha ruotato due volte su se stessa. Chi vuole, può ancora trovare le tracce di questo processo.

La storia degli oceani è dunque anche la storia dello spazio. *Hishuk ish ts'awalk,* dicono gli indiani del Canada occidentale, cioè «Tutto è uno». Senza *outer space,* niente *inner space.* Lo spazio ha contribuito a dare alla Terra il suo aspetto attuale e continua a interferire.

Danno i numeri, questi geologi!

Ah, se gli antichi celti l'avessero immaginato! Ecco qui un'altra denominazione geologica inconsapevolmente ispirata da loro. Se l'Ordoviciano trae il suo nome dai bellicosi ordovici, originari del Galles, il Siluriano deve il suo alla coraggiosa tribù dei siluri. È lecito chiederci: «Come fanno i geologi a inventare simili nomi?» Perché il Cambriano, un periodo di almeno 50 milioni di anni, si riferisce alla Cambria, la denominazione romana del Galles settentrionale? Forse perché le montagne cambriane sono comparse in quell'epoca?

Bisogna dare un nome a un bambino e tale nome talvolta ha persino un senso. Carbonifero, per esempio, un periodo su cui torneremo più avanti e il cui nome si riferisce alla formazione di estesi giacimenti di carbon fossile in tutto il mondo. Questo sì che è un fatto importante. Il Devoniano, collocato tra il Siluriano e il Carbonifero, prende nome dalla contea inglese del Devonshire, che è senza dubbio molto suggestiva. Senza offendere gli stimati abitanti di quell'area, mi permetto di chiedere: cosa diavolo c'entra l'epoca dei pesci con la cosiddetta «English Riviera», con le torte alla panna zeppe di colesterolo e coi Dartmoor pony? Ci stupiremmo se, un giorno, una ventina di milioni di annetti insignificanti ricevesse il nome di un piccolo villaggio gallico e se quest'ultimo opponesse un'ostinata resistenza? Come commenterebbe Obelix la proclamazione dell'Asterixiano? I geologi danno forse i numeri?

In realtà, non è poi così semplice riunire epoche ed esseri viventi sotto nomi più o meno idonei agli scopi scientifici. Per esempio, i fossili delle colline di Ediacara hanno fornito informazioni totalmente nuove sulla vita nel tardo Precambriano, consentendo finalmente di colmare un'enorme lacuna. Naturalmente l'oggetto delle ricerche avrebbe richiesto di annunciare la scoperta del «periodo delle uova molli» o dei «tubi col becco», ma simili denominazioni suonano abbastanza sciocche persino in latino e, soprattutto, non avrebbero rispecchiato le circostanze. La fauna di Ediacara era formata in parte dai sinistri materassini gonfiabili di Adolf Seilacher, ma non solo; c'erano pure *Archaea*, organismi pluricellulari primitivi e batteri di ogni tipo. Anche le particolarità climatiche, le eruzioni vulcaniche, le cadute dei meteoriti, i vagabondaggi continentali e la composizione dell'atmosfera potrebbero essere riferimenti idonei. A cos'è bene ispirarsi per le denominazioni? A tutto? Impossibile. Allora è meglio scegliere il nome di nostra suocera o della nostra amata.

Il problema dei nomi indica un fondamentale punto debole degli assi temporali geologici. Questi ultimi distorcono la nostra visione del mondo, mostrandoci soltanto le novità di ciascun periodo. Il resto sembra sparire, cancellato dal progresso. Dopo gli organismi unicellulari, compaiono gli organismi pluricellulari. Nel frattempo, spuntano fuori i materassini, che si sgonfiano all'inizio del Cambriano, cedendo il posto all'impero dei gusci duri. All'improvviso, ogni essere vivente si munisce di corazze, artigli, chele e denti. Quasi tutti i panorami dell'evoluzione svaniscono con l'approdo dei primi animali marini sulla terraferma e, oltretutto, offrono uno scorcio oceanico solo di tanto in tanto. Gli stupidi rimasti in acqua smettono di svolgere un ruolo al più tardi quando i dinosauri cominciano a camminare pesantemente sul suolo terrestre. Questa situazione continua fino alla comparsa dell'uomo, che consideriamo così progredito da eclissare tutte le altre forme di vita.

Un grosso punto debole della geologia è il fatto di non essere riuscita, fino a oggi, a rappresentare la vita come un tutt'uno e a definire il significato delle singole specie nella loro contemporaneità, limitandosi a mostrarci una successione. Un'era segue l'altra. Ci entusiasmiamo tanto davanti al buffo animale grassoccio soprannominato *Ichthyostega*, uno dei primi anfibi a mettere piede sulla terraferma, 365 milioni di anni fa, da non notare gli eventi significativi verificatisi sott'acqua nello stesso periodo. Per esempio, sono pochissime le scale geologiche che citano un'epoca degli insetti. In genere, questi ultimi passano inosservati fra i trilobiti, i protopesci, le prime piante terrestri e i rettili primitivi. Quando l'*Ichthyostega* arriva all'asciutto, il nostro pianeta già brulica di ragni, scorpioni e millepiedi, ma, chissà perché, Mr Anfibius sembra più vicino all'uomo dell'artropode.

Gli insetti non ottengono giustizia neppure quando imparano a volare, perché a questo punto si fanno avanti felci, rettili simili a mammiferi e un paio di roditori velocissimi. È certamente difficile mettere in relazione le creature dell'intero spettro della vita in tutte le epoche, ma varrebbe la pena di tentare, altrimenti gli uomini non capiranno mai quale posto occupano di fatto nel catalogo della vita e non sapranno mai che, fin dall'Archeano, viviamo nell'era dei batteri. Questi dominano il mondo, seguiti dalle formiche, dalle termiti e dalle cavallette migratrici. Noi uomini siamo soltanto una variante all'interno di una molteplicità immensa, una specie così miope da riconoscere soltanto gli esseri grandi e complessi e soltanto ciò che è palesemente efficace. Una concezione sbagliata che porta a conclusioni pericolose.

Da questo punto di vista, sembra sensato assegnare a un periodo il nome del piccolo regno gallese tra Monmouth, Brecon e Glamorgan, dove i siluri opposero un'accanita resistenza ai romani nel 48 d.C. Non siamo poi così lontani dal minuscolo villaggio gallico. Sir Roderick Murchison, presidente della Geological Society di Londra, ha chiamato così il Siluriano dopo aver utilizzato alcune formazioni rocciose della regione originaria dei siluri per descrivere il periodo in questione. Speriamo che ciò torni a onore dei celti e ci aiuti a comprendere meglio la geologia.

Rituffiamoci nel passato. Dopo la fine dell'epoca glaciale, c'è un lungo periodo di bel tempo. Il livello del mare è salito di nuovo, inondando alcune parti delle zolle continentali. Il Siluriano si caratterizza per la comparsa di estese barriere coralline negli enormi mari poco profondi, soprattutto nell'area dell'attuale Nordamerica e di quella che per noi è l'Europa settentrionale. In queste due zone, ma anche in Australia, continuiamo a trovare ampi depositi salini risalenti all'era in cui le maree si sono ritirate. I mari di piattaforma illuminati dal sole sono un ideale luogo di nascita per la vita, anche per quella terrestre. Sappiamo con una certa sicurezza che le alghe, le felci primordiali e persino i primi funghi spuntano sugli altipiani umidi e lungo le zone costiere. Probabilmente, là in mezzo, si aggirano piccoli granchi che, coi loro occhi composti, faranno poi carriera come ragni, zecche, coleotteri, scarafaggi e via discorrendo. Non respirano tramite le branchie, bensì mediante la trachea, composta da tubicini ramificati pieni d'aria grazie ai quali quegli esseri hanno potuto lasciare l'acqua. Il loro robusto esoscheletro li sostiene contro la forza di gravità, molto più sensibile sulla terraferma che in mare.

Per quanto tutto ciò sia degno di nota, sott'acqua continuavano a verificarsi fatti strabilianti. La vita deve però riguadagnare un po' di terreno. Miss Evoluzione indossa una cuffietta da infermiera e ricomincia a imboccare la fauna decimata. I coralli, gli architetti dei mari, progettano nuove costruzioni, molto bitorzolute, ma non meno resistenti delle colonie di briozoi e brachiopodi, anch'esse falciate dalla catastrofe. I crinoidi e le stelle di mare ricominciano gradualmente a popolare le scogliere. Insomma tutto ciò che si è salvato dall'estinzione esce a controllare se il pericolo è passato.

Ed *è* passato. In più, un nuovo strato di ozono filtra la micidiale dose di UV dei raggi solari provenienti dall'atmosfera, permettendo una vivace rinascita. Il Siluriano è un periodo di guarigione. I graptoliti riconquistano l'alto mare e sviluppano tutte le varianti possibili e immaginabili, mentre i trilobiti riprendono a moltiplicarsi, anche se non raggiungono la varietà di specie che aveva caratterizzato i milioni di anni precedenti il lampo cosmico. Anche gli abbozzi di nautilo, i cefalopodi coi lunghi cappelli arrotolati, sono stati sterminati quasi tutti dalle conseguenze della supernova. Ora gruppi più numerosi di quelle creature ricominciano a sfrecciare tra la superficie e gli strati più profondi, sospinti da appendici posteriori simili a razzi. Sono altresì dotati di mascelle somiglianti a becchi di pappagallo, capaci di spaccare qualunque cosa osi sottovalutare la lunghezza delle loro estremità. Fino a nuovo ordine, si conquistano il titolo di «terrore dei mari».

Sulla terraferma, però, qualcun altro contende loro quella cattiva fama.

Nel Siluriano si sviluppano artropodi detti « gigantostraci », i più grandi dei quali sono gli euripteridi. Immaginate di prendere uno scorpione e di schiacciarlo come fosse il pedale dell'acceleratore con l'aiuto di un mattarello e avrete un'idea della loro forma: un pedale dell'acceleratore con un'estremità appuntita. Ma gli scorpioni hanno otto minuscoli occhietti puntiformi che proprio non vi piacciono, così, al loro posto, innestate due occhi più grandi sulla testa larga e tondeggiante, un'operazione che conferirà alla creatura l'aspetto di un'auto sportiva ultrapiatta. In compenso, rimpicciolite le chele e spostate le zampe in avanti, in modo che l'animale sia sproporzionato nonché costretto a trascinarsi dietro la maggior parte del suo corpo come fosse uno strascico nuziale. Ovviamente non vi susciterà nessuna compassione, anzi! Ma, se poi, a destra e a sinistra, aggiungete dei prolungamenti segmentati e simili a boomerang, vedrete che in fin dei conti quel mostriciattolo riuscirà a piacervi. Dato poi che è lungo 10 centimetri, potete decidere di renderlo un po' più imponente, moltiplicandone le dimensioni. Che cosa fa quell'ingrato? Cerca di mordervi, ovvio! Dopo averlo rifinito, non esitate dunque a gettarlo nelle acque siluriane e ad aizzarlo contro la fauna locale, che, com'è prevedibile, si arrabbia moltissimo. Ma tra voi e l'inevitabile massacro ci sono circa 440 milioni di anni, sufficienti a proteggervi da quell'ira incontrollabile.

Gli euripteridi sono disponibili nelle taglie S, M, L e XL, e i più lunghi misurano 2 metri. In seguito, la Terra non ha mai ospitato artropodi più grandi di quelli siluriani. È assai probabile che questi enormi cacciatori possano sopravvivere per qualche tempo fuori dall'acqua, ma state tranquilli: non sono abbastanza veloci da inseguire un gruppo di viaggiatori del tempo ficcanaso attraverso le paludi primordiali. A causa del loro aspetto fisico vengono anche chiamati « scorpioni di mare » e, in effetti, gli euripteridi sono parenti stretti dei moderni ragni e scorpioni. Gli agnati che pasteggiano tra i sedimenti non sono al sicuro dalle loro chele affilate, perciò Miss Evoluzione regala loro una solida corazza per la testa e il petto. Insieme coi molluschi, coi granchietti e con gli altri esseri striscianti, gli agnati sono tuttavia il piatto preferito di questi esseri giganteschi, e talvolta un euripteride arriva perfino a mangiare un autentico playboy.

I rubacuori più famosi si chiamano Giacomo Casanova, Gunther Sachs e Hugh Hefner. Il dongiovanni del Siluriano ha un nome meno altisonante, ma batte letteralmente i signori sopracitati di diverse lunghezze. Il *Colymbosathon ecplecticos* è un ostracode, un piccolo crostaceo munito di occhi, branchie e zampette, la cui caratteristica più sorprendente è un pene che, oltre a essere il più antico mai giunto a noi, è anche il più lungo rispetto alle dimensioni corporee.

Il *Colymbosathon ecplecticos,* il cui nome significa «nuotatore sensazionale dal grande pene», è velocissimo. Scivola sopra il fondo marino a una profondità di 150-200 metri, catturando piccoli animali e cercando carogne. Il numero delle sue conquiste femminili è sconosciuto, ma è risaputo che un bravo amante non si riconosce dalle dimensioni del suo migliore amico. E infatti si è estinto, questo piccolo millantatore.

Ben gli sta.

Pesce fresco

Chi si reca a Francoforte e va a visitare il Naturmuseum Senckenberg,* arriva in una sala in cui si trovano dinosauri, mammut e cetacei. Esemplari di tutte le dimensioni, conservati e riprodotti, sono appesi con gli occhi sbarrati nel nulla delle teche, come se non avessero capito bene come sono arrivati lì. Quella collezione squamosa è perfetta per fare colpo, ma qualcosa di grande e oscuro le ruba la scena, attirando come per magia lo sguardo dell'osservatore.

Un enorme cranio, che sembra intagliato nel granito, troneggia su una pedana al centro della stanza. A un esame più accurato, la presunta scultura si rivela essere un patchwork di piastre color ardesia. Si ha l'impressione che persino i piccoli occhi posizionati anteriormente avessero un'iride corazzata, perché s'inseriscono nella massa del cranio come lenti a contatto primitive. La creatura aveva pochi denti, ma così grandi da riempire completamente la bocca spalancata. Chi si fosse divertito a infilare la testa fra quelle zanne lunghe 50 centimetri, doveva tener conto che un movimento di quelle mascelle sarebbe stato sufficiente a decapitarlo. Il visitatore curioso rabbrividisce, contento di essere nato in un periodo successivo, e si domanda a chi appartengano quelle fauci. Sono forse di Fafner, lo squamoso avversario di Sigfrido? Quell'affare potrebbe anche essere il Basilisco di *Harry Potter e la camera dei segreti,* un serpente sovradimensionato e di pessimo umore alla ricerca di colui che ne ha provocato l'estinzione. Oppure siamo capitati tra gli arredi di scena di George Lucas? Possibile. Ma tutto fa pensare che si tratti di un pesce, ossia di

* Si tratta del più grande museo tedesco di storia naturale e ospita la più vasta collezione di dinosauri in Europa. (*N.d.T.*)

un essere che potrebbe guardare i nuotatori dal basso, con occhi bramosi.

Un salto nel tempo: Devoniano, 390 milioni di anni fa, primo pomeriggio. Sulla costa meridionale dell'oceano Varisico cade una pioggerella. Il sole fa capolino di tanto in tanto, tingendo il mare di un azzurro carico. Temperature subtropicali, nessun moto ondoso degno di nota. Il vento soffia piano. Dopo che il continente equatoriale del Laurasia e quello meridionale del Gondwana, formato dall'Africa, dal Sudamerica, dall'Australia e dall'Antartide, hanno iniziato ad avvicinarsi, il piccolo oceano è diventato sempre più angusto. Scomparirà entro breve. Alcune isole si staccano a causa di violenti terremoti e di eruzioni vulcaniche, spuntano le prime montagne, compaiono valli e mari interni. Tutta la terraferma tende a consolidarsi, circondandosi di un mare caldo e sterminato. Pangea, il gigantesco continente di Alfred Wegener, va incontro alla sua nascita.

Da quando i primi muschi e le prime alghe hanno messo piede sulla riva rocciosa, sono successe molte cose. Con l'invenzione dei semi, le piante si sono liberate definitivamente della loro condizione di creature costiere e la vegetazione ha conquistato una rappresentanza territoriale anche nell'entroterra. Muschi, equiseti, felci primordiali, aghifoglie primitive e alcune spermatofite più sviluppate occupano estese regioni paludose. Anche i primi alberi si protendono verso l'alto, come se volessero testare il gigantismo che è stato loro promesso. Verso la fine del Devoniano si trasformeranno in fitti boschi di felci alte fino a 30 metri. Tantissimi insetti privi di ali strisciano, scivolano e zampettano tra la vegetazione lussureggiante, che li protegge e li nutre. Il Devoniano è un paradiso per i paleobotanici e un inferno per gli aracnofobici, perché anche i ragni si sviluppano a pieno ritmo, strappando agli uomini esclamazioni di disgusto.

Oggi pomeriggio, lo squalo *Cladoselache* nuota appena sotto la superficie dell'acqua. Lungo ben 2 metri, sembra arrivato direttamente dal XXI secolo. I primi squali, ancora di piccole dimensioni e dotati di pinne pettorali costellate di aculei, sono comparsi già nel Siluriano, e il più antico esemplare completo giunto fino a noi risale a 409 milioni di anni fa. Con la sua lunghezza compresa tra i 50 e i 70 centimetri, il *Doliodus problematicus* era sicuramente meno problematico di quanto il suo nome induca a pensare. La pelle e i denti pietrificati di altri squali risalgono a 50 milioni di anni prima e forse questa grande famiglia di animali è ancora più antica. Costituisce uno dei tre principali gruppi ittici del Devoniano, che viene considerato il periodo di massima fioritura dei pesci cartilaginei, dei teleostei e dei placodermi.

Sembra che gli squali abbiano deciso quasi subito d'irritare i collezionisti di fossili, lasciandosi dietro soltanto i denti. Lo scheletro cartilagineo si sbriciola rapidamente sotto l'assalto di vermi, batteri e granchi; l'acqua fa il resto. Il nostro squalo del Devoniano centrale somiglia già molto agli esemplari che conosciamo oggi. Il suo apparato sensoriale percepisce gli odori più lievi e le più leggere variazioni di pressione: una capacità che lo aiuta a fiutare le prede e a proteggersi dai cacciatori in avvicinamento. Naturalmente ha fame (in questo libro, tutti hanno fame). Si profilano all'orizzonte le strutture frastagliate di una scogliera che offre un'ottima cucina casalinga: piccole razze, dipnoi e crossopterigi. Più giù, gira un banco di seppie a forma di giavellotto, con tanto di cappello appuntito. Potrebbero andare bene anche quelle, ma quella sostanza acquosa, gommosa e piena di tentacoli non fa per lui. È ancora un tempo di vacche grasse e lui non vuole accontentarsi di quella poltiglia. Sul bordo della scogliera, dove le madrepore sono meno fitte, ci sarà sicuramente qualcosa che piace a uno squalo devoniano.

Infatti, all'ombra di una gorgonia, si muove qualcosa di piccolo, dotato di coda e pinne. Lo spuntino ideale.

Lo squalo si avvia in quella direzione.

Oppss...

Mettiamola così: se, quel mattino, il *Cladoselache* avesse optato per un piatto vegetariano, forse potremmo continuare a raccontare la sua storia, conoscere i suoi figli, vederlo diventare vecchio e tremolante, o sentirgli raccontare ai pro-pro-pro-pro-nipoti che nel Devoniano tutto andava molto meglio. Ma quello squalo non proverà mai le gioie della paternità. Perché lì c'è qualcosa ad aspettarlo, qualcosa di così silenzioso e immobile che nemmeno le sue cellule sensibili alla pressione riescono a percepire. Il nemico si lancia in avanti con un unico colpo della coda poderosa. Lo squalo reagisce subito, cercando di distanziare l'aggressore sbucato dal nulla, e si scaglia verso l'alto, ruotando di 180°. Ma anche il cacciatore sa muoversi bene. Un'onda d'urto spinge lo squalo contro il banco corallino, e lì il corpo colossale lo sfiora e gli taglia la strada. In preda al panico, il pesce comincia a vorticare, tentando di sfuggire alla trappola. Troppo tardi. Un cranio corazzato e tondeggiante gli si spalanca davanti, e il risucchio dell'acqua lo attira inesorabilmente tra quelle zanne enormi. Poi le mascelle si richiudono, stritolandolo, frantumando il suo scheletro cartilagineo e triturandolo. La tragedia si conclude. Sua Spaventosità ha mangiato.

«La specialità di oggi era squalo fresco e tenero.»

«Grazie, era squisito. Il conto, per favore.»

Torniamo al Naturmuseum Senckenberg.

L'affare corazzato è davvero il cranio di un pesce, il maggiore vertebrato della sua epoca e dunque una creatura interessante da diversi punti di vista. Quella belva feroce è infatti un ottimo esempio di convergenza, termine che designa l'abitudine della nostra Miss Evoluzione di reinventare più volte la stessa cosa o, per essere più precisi, di ottenere il medesimo effetto con mezzi diversi. In realtà, i denti di quell'essere somigliano piuttosto a placche corazzate che fungono da incisivi e molari.

Per inciso, nemmeno gli squali hanno denti simili ai nostri. L'evoluzione ha dato loro una pelle ruvida come carta vetrata perché ricoperta da minuscole piastrine a forma di denti, le cosiddette «scaglie placoidi», che si modificano a mano a mano che ci si avvicina alla mascella e formano, all'interno della bocca, il famoso arco dentario, costituito in genere da più file di denti, di cui solo la prima è funzionale. Le serie successive avanzano progressivamente, via via che quella esterna si usura o si rompe. A un esame più attento, si nota che i denti hanno la medesima struttura delle scaglie corporee, una caratteristica che trasforma la dentatura dello squalo in un «prolungamento» della sua pelle... il che è poco consolante se il contatto ravvicinato con quell'animale vi è costato un arto. E ciò dimostra in maniera sorprendente che l'evoluzione non ha in serbo soluzioni standard, bensì è sempre in piena forma creativa se occorre sfruttare al massimo quello che già esiste. Ha reinventato più volte anche l'occhio, sempre deputato a elaborare i segnali ottici, ma completamente diverso nelle sue strutture. Quelli della balena, per esempio, sono simili ai nostri. Gli occhi composti degli insetti o quelli puntiformi dei ragni e degli scorpioni sono invece molto differenti da quelli umani. Si tratta di sistemi convergenti che non sono derivati gli uni dagli altri, ma nati in maniera autonoma. Di recente, tuttavia, gli studiosi hanno ripreso la ricerca di un gene comune alla base di tutti i progetti di costruzione. Il Pax-6, che forse l'evoluzione ha utilizzato come elemento fondamentale per la creazione di tutti gli occhi, ha un'aria sospetta. In questo ambito, gli esperti non ci vedono ancora chiaro.

Nel caso del mostro esposto al Naturmuseum Senckenberg, Miss Evoluzione ha deciso di ricavare i suoi dentini da ciò che caratterizzava e proteggeva la creatura, ossia dalla corazza. Quel gigante è un *Dunkleosteus,* nome scelto dal paleontologo americano David Dunkle, che dissotterrò le placche craniche e le battezzò *Dunkle's bones,* cioè «ossa di Dunkle». Un bel doppio senso, dato che gli scavi gli avevano causato qualche dolore articolare.

Il *Dunkleosteus* appartiene ai placodermi, il secondo gruppo di pesci del Devoniano. All'epoca, gli incontri con quell'essere avevano sempre un finale tragico, come potrebbero testimoniare anche gli squali più grandi, se potessero mettersi in contatto con noi dall'aldilà. Quel gigante corazzato non si nutriva soltanto di squali, ma anche d'imponenti cefalopodi. Un nautiloide, per esempio, era tutt'altro che indifeso, ma essere imponenti aiutava poco contro un predatore lungo 10 metri e dotato del morso di un'escavatrice. Le creste ossee del cacciatore erano affilate come scuri e la protezione della testa e del petto scoraggiava qualsiasi contrattacco, mentre la coda scoperta e muscolosa garantiva la spinta necessaria per le tanto temute aggressioni a sorpresa. Un'articolazione flessibile tra il cranio e la nuca consentiva a quel Robocop preistorico di spalancare tanto le mascelle da non doversi preoccupare troppo di masticare.

Viene però da domandarci cosa ci faccia un essere simile in un museo e perché non abbia continuato a seminare il terrore nei nostri mari.

Semplice. Alla fine, gli squali avevano trionfato sul loro peggior nemico. Per quanto il *Dunkleosteus* fosse sviluppato (i pesci erano, in generale, gli esseri viventi più progrediti del Devoniano), la sua straordinaria configurazione fisica aveva contemporaneamente suggellato il suo destino. Dovendo ingaggiare una guerra lampo, non era altrettanto bravo negli inseguimenti. Privo di pinna caudale biforcuta e per giunta appesantito dalla corazza, non era un nuotatore resistente. Al contrario, gli squali si dimostrarono più agili e rapidi, perché escogitarono tecniche più intelligenti e, con l'andare del tempo, finirono per rubare il bottino a quei giganti maldestri.

Ma un terzo gruppo s'immischia in questa lotta incessante. Nel Devoniano, infatti, i precursori dei teleostei si sviluppano in tutte le direzioni possibili e immaginabili. Ci sono actinopterigi, dipnoi e crossopterigi che danno il via alla transizione da pesci ad anfibi. Le loro quattro pinne pettorali e ventrali sostenute da ossa sono perfette per fungere da zampe. Proprio come i placodermi, gli scienziati li hanno considerati estinti per lungo tempo, finché, nel 1938, in Madagascar, non sono incappati nei loro discendenti e il crossopterigio ha potuto festeggiare la sua riscoperta.

I pesci devoniani, piccoli e grandi, si specializzano. Alcuni popolano le scogliere, altri scavano tra i sedimenti alla ricerca di vermi e molluschi, altri imparano a nuotare velocemente e altri ancora puntano sulla tenacia. In termini biblici, il Devoniano è il quinto giorno della creazione, l'epoca dei pesci, durante la quale vengono gettate le basi per il sushi, gli sgombri affumicati e le aringhe con la salsa di pomodoro.

Naturalmente il *Dunkleosteus* avrebbe avuto qualcosa da insegnare ai cuochi svedesi, ma alla fine del Devoniano scocca la sua ora e quella di gran parte dei placodermi. Questi ultimi, infatti, non sono cresciuti tutti a dismisura. Se un piccolo placoderma è lungo 10 centimetri, la corazza non gli serve granché per difendersi dalle chele degli euripteridi. Ci sono eserciti di granchi e scorpioni di mare, oltre ad ammoniti, a belemniti, stromatoporidi, coralli, crinoidi, stelle di mare, trilobiti, lamellibranchi, brachiopodi, gasteropodi, batteri, archeobatteri e alghe. Cacciatori e cacciati gareggiano contro la Regina Rossa. Se l'uno perfeziona le sue armi, l'altro migliora la sua protezione. I crinoidi si armano di tentacoli velenosissimi, i pesci affilano i denti e gli artropodi le chele. La corsa agli armamenti è generale. La vita prospera in maniera inimmaginabile, estendendosi all'oceano aperto e alle coste, finché, un bel giorno, Mr Anfibius non esce barcollando sulla terraferma, attirato dalle numerose porzioni di proteine che strisciano tra la vegetazione, e dà il via allo sviluppo di rettili e mammiferi. È un autentico tetrapode, che usa quattro zampe munite di vere ossa per non essere costretto a trascinare la pancia sul terreno.

Che cosa l'ha indotto a dire addio al suo elemento originario? La vita gli è forse sembrata troppo rischiosa accanto al *Dunkleosteus* e ai suoi compagni? L'acqua delle lagune in cui ha condotto la sua prima esistenza tra aria e acqua è forse evaporata? Negli ambienti degli anfibi circola forse la voce che i pesci arenati siano più facili da divorare di quelli mobili? Gli insetti l'hanno forse ingolosito? Oppure è corretta la teoria secondo cui un bagno di sole di tanto in tanto lubrifica gli arti e consente battute di caccia più proficue, grazie all'aumento della temperatura corporea? Tutto può essere. Di certo, sappiamo che Mr Anfibius si reca sulla terraferma per un motivo così semplice da essere affascinante.

Perché ne è in grado.

Ehi, Mr Anfibius! Tutto chiaro fin qui? Rivolgetegli un ultimo cenno di saluto. Più tardi torneremo a immergere la testa sott'acqua e in seguito vedremo che fine ha fatto. Niente paura: se la caverà brillantemente.

L'uscita di scena

La storia della vita è una cronaca di morte, un fatto che possiamo giudicare positivo o negativo. La domanda che ci poniamo sempre è: la morte si colloca alla fine o all'inizio della vita? Miss Evoluzione c'insegna che entrambe le teorie sono fondate. Viviamo serenamente nell'illusione di non morire davvero, bensì di fare soltanto spazio a qualcosa di nuovo. Quando cala il sipario, occorre uscire di scena. Anche altri vogliono recitare, per esempio i nostri figli, i nostri nipoti o gli esseri viventi a noi sconosciuti, che non potrebbero nascere se ci ostinassimo a occupare il palcoscenico.

Il Devoniano termina circa 350 milioni di anni fa con un ammortizzatore sensibilissimo di cui cade vittima metà di tutti gli organismi marini, una cifra che comprende i due terzi nelle regioni tropicali. Le vittime più numerose sono i placodermi, che spariscono del tutto. Altri si tengono in equilibrio sul filo del rasoio. La catastrofe ordoviciana ha già decimato notevolmente i brachiopodi, che però sono tornati con caparbietà al loro posto... soltanto per esserne strappati di nuovo. Le madrepore, le costruttrici delle scogliere, sfuggono per un pelo all'annientamento totale e i graptoliti si estinguono. Anche le ammoniti devono sacrificare delle vittime e gli agnati (i pesci senza mascelle) vengono cancellati dal programma con l'eccezione di due modelli (i loro discendenti sono oggi le lamprede e le missine). Non sappiamo con esattezza cosa abbia interrotto la festa devoniana. È stato appurato che, all'epoca, ampie zone del Gondwana ghiacciarono e alcuni elementi ci spingono a cercare il colpevole nello spazio. Evidentemente un meteorite aveva colpito la Terra. Di nuovo!

Eppure si stavano preparando eventi molto più gravi.

Come ho già accennato, il periodo conclusosi 290 milioni di anni fa prende il nome di Carbonifero per via della comparsa dei primi giacimenti di carbon fossile. Due avvenimenti essenziali contraddistinguono questa fase geologica e il successivo Permiano.

Da una parte, le masse di terra si uniscono nel supercontinente Pangea, circondato dalla Panthalassa, un unico, sterminato oceano. Soltanto a est, l'oceano Tetide, un enorme mare circondato da gruppi di isole, s'inserisce come un cuneo nel supercontinente. Quel braccio di ferro geologico viene considerato, tra le altre cose, il momento della nascita dell'arcipelago giapponese, delle montagne antartiche e degli Urali. A nord, si formano mari interni e regioni lacustri, anche se, in compenso, evaporano le acque che l'accorpamento continentale ha separato dal mare aperto. Mentre ampie zone del Pangea meridionale si coprono di ghiacciai, zone asciutte e desertiche compaiono a ovest, soprattutto nell'Europa centrale e nel Nordamerica. Le catene montuose più antiche si erodono e spariscono. Dalle paludi e dagli acquitrini intorno all'equatore spuntano foreste pluviali alte fino a 40 metri: felci, conifere, prime aghifoglie e licopodi, ma soprattutto lepidodendri e sigillarie, cui dobbiamo la maggior parte dei giacimenti di carbone. In queste aree calde e umide, la vegetazione conosce una crescita che sembra addirittura surreale. Le piante da fiore non esistono e gli uccelli non cinguettano tra i rami, ma gli insetti si rifanno vivi. La terraferma si tinge di verde. La formazione dei ghiacciai a sud abbassa il livello del mare, e molti mari tropicali poco profondi si ritirano, lasciando immensi deserti salati. I campi ghiacciati soccombono al nuovo, graduale aumento delle temperature solo verso la fine del Carbonifero, permettendo all'acqua di alzarsi temporaneamente.

Il secondo avvenimento degno di nota riguarda il contenuto di ossigeno, che raggiunge il 35 per cento, probabilmente in conseguenza all'enorme crescita delle piante. Anche tutto il resto cresce. Credetemi: una passeggiata tra i boschi del Carbonifero non sarebbe stata affatto piacevole. Vi sareste imbattuti in millepiedi lunghi 2 metri e avreste dovuto schivare libellule con un'apertura alare di 70 centimetri. Gli strilli acuti che avreste lanciato di fronte a ragni grandi quanto cinghiali sarebbero riecheggiati ovunque. Questo fenomeno, noto come

« gigantismo », si ripresenterà anche dopo, quando i rettili non riusciranno a correre nonostante i loro sforzi. L'aumento dell'ossigeno ha comunque anche un vantaggio: adesso l'aria garantisce un metabolismo migliore. Si avvera un sogno, il sogno del volo o, meglio, l'incubo del volo. Ripeto: ci sono libellule da 70 centimetri...

Nel mare dominano le ammoniti, le antenate delle nostre seppie, e i lamellibranchi si mettono comodi ovunque. Le spugne e le alghe calcaree costruiscono scogliere con alacrità, e nascono nuove specie, ma, soprattutto, i pesci cartilaginei, i teleostei e altri organismi riescono a insediarsi nelle acque dolci. Nei fiumi nuotano ronchi spinosi che rendono sconsigliabili le gite in barca. I pesci, in particolare, conoscono una serie di miglioramenti che si protraggono fino al Permiano, il periodo precedente il Mesozoico, il Medioevo della Terra, che comincia circa 250 milioni di anni fa e successivo al Paleozoico, l'antichità del nostro pianeta, il quale durò 300 milioni di anni scarsi, ebbe un inizio fulmineo con l'esplosione cambriana e si concluse in modo altrettanto memorabile.

Il terrore finisce.

Dopo il Carbonifero, le cose non sono andate poi così male. Le ammoniti hanno raggiunto dimensioni considerevoli e si sono impossessate dell'oceano Tetide e delle coste di Pangea. I brachiopodi hanno imitato le madrepore, imponendosi come architetti di eleganti strutture bulbose. Ovunque regna un'atmosfera da « blocchi di partenza ». Persino gli organismi cellulari non si sono più accontentati della loro misera crescita e si sono tramutati in grandi foraminiferi da 5 centimetri. Tutto è cresciuto, cresciuto, cresciuto. Forse, se la crescita fosse continuata, oggi le strade sarebbero intasate da millepiedi a due piani, impegnati ad accompagnare i pendolari in ufficio, e l'alta società s'incontrerebbe per qualche cavalcata in groppa alle tarantole. La sera, dovremmo portare a spasso l'acaro domestico e andremmo a Maiorca a bordo di libellule grandi come jet, che non richiederebbero una pista di rullaggio perché sarebbero in grado di decollare e atterrare verticalmente. Moscerini delle dimensioni di astori proverebbero soltanto disprezzo per gli insetticidi, ma, in compenso, le agenzie di viaggio più intraprendenti organizzerebbero safari per abbattere le zanzare con fucili di grosso calibro. I cacciatori non appenderebbero ai muri corna di cervo, ma antenne e occhi composti; utilizzeremmo gli astici per i lavori di demolizione e cacceremmo le aringhe con gli arpioni.

Il gigantismo tuttavia finisce all'improvviso. Stavolta la responsabile è la Siberia... un luogo che non è comunque consigliabile dal punto di vista climatico.

La Siberia, 250 milioni di anni fa, si estende nel nord-est di Pangea. All'epoca, il vulcanismo s'insedia in quella regione come un gruppo terroristico e il sottosuolo ribolle e gorgoglia da tempo. Sembra di essere a Mordor, il regno di Sauron, nel *Signore degli anelli*. Sentendosi trattato ingiustamente, il misterioso padrone dei vulcani s'infuria. Perché mai quella stupida vita scorrazza nelle foreste pluviali? Perché nel mare? Perché quasi ovunque, tranne che nelle sue terre? Gli sputafuoco siberiani non sono forse alla loro altezza? Nessuno vuole avere a che fare con loro? Bene, si capovolga la situazione: d'ora in poi, nessuno *potrà* avere a che fare con loro. Ah, ah, ah!

All'inizio del 2006, il paleontologo Peter Ward dell'University of Washington ha preso in esame alcune rocce in Sudafrica e in Cina. Le prime appartenevano alla terraferma del Permiano, le seconde erano rimaste sott'acqua. Il contenuto di ossigeno, che aveva conosciuto un aumento temporaneo, sembra essere calato altrettanto drasticamente alla fine del Paleozoico. Sul continente australiano, un team di ricercatori della University of Technology di Perth è giunto a conclusioni analoghe. Oggi, la quantità di ossigeno della nostra atmosfera ammonta al 21 per cento, ma all'epoca era passata dal 35 al 16 per cento, fenomeno cui si era aggiunto un caldo insopportabile nella fascia tropicale. Evidentemente il livello del mare si era abbassato a causa delle glaciazioni polari. Il materiale organico che si era raccolto nei mari poco profondi e che adesso era chiaramente visibile aveva formato composti chimici con l'atmosfera, inghiottendone l'ossigeno. Il clima era precipitato nell'ebbrezza degli estremi.

Di chi era la colpa? Del vulcanismo siberiano.

Secondo Peter Ward, era scoppiato un inferno che aveva

provocato profondi mutamenti climatici. Inoltre, per via dell'accorpamento delle masse di terra, le correnti marine avevano cominciato a seguire altre rotte, contribuendo così al collasso. Nell'arco di 10 milioni di anni, la varietà delle specie si era ridotta, prima in modo graduale, poi rapidamente, mentre gli ecosistemi indeboliti rovinavano su se stessi.

La Siberia come Stato canaglia del Permiano? Questa teoria non lascia quasi più dubbi. Restano da spiegare le conseguenze delle eruzioni. Per Ward, è tutto chiaro: particelle di cenere e aerosol di zolfo velano l'atmosfera, comincia a fare più freddo, compaiono i ghiacciai, il livello del mare scende e l'effetto da lui ipotizzato inizia a prodursi. Ma è possibile che la furia vulcanica in una parte relativamente limitata della Terra scateni un simile Armageddon? Naturalmente, risponde Ward, e la sua tesi è sostenuta da altri ricercatori. Secondo il paleobotanico Henk Visscher dell'Università di Utrecht, le esplosioni avevano distrutto alcune parti dello strato di ozono, il cui danneggiamento aveva già provocato pianto e stridor di denti. Gli studiosi di Perth costruiscono invece un'altra catena di causalità: insieme con le collisioni continentali, il vulcanismo avrebbe invertito le correnti marine, favorendo la comparsa di consorzi di batteri in grado di ridurre lo zolfo. Le loro escrezioni sarebbero finite nell'acqua e nell'atmosfera, avvelenando quasi tutti gli organismi esistenti, che non sarebbero riusciti a adattarsi alle nuove condizioni.

Nell'attuale Siberia, ci sono strati di rocce vulcaniche, risalenti a circa 250 milioni di anni, fa che ricoprono ampie pianure. Ciò significa che la regione deve essere stata sommersa da un autentico mare di lava. Dunque l'ipotesi che i gas così liberati abbiano influito sull'intero pianeta nell'arco di vari milioni di anni non suona affatto assurda. La Terra è un sistema d'interazioni reciproche. Ciò che accade di qua ha effetti su ciò che accade di là e viceversa. Le stime riguardanti il grado di decimazione della vita sono discordi, ma comunque drammatiche. Alcune parlano del 95 per cento di tutte le specie animali e vegetali, altre indicano che si è salvato un quarto dei vertebrati terrestri e forse addirittura il 70 per cento dei rettili. In definitiva, pare che si sia estinto tra il 90 e il 95 per cento degli organismi acquatici, tra cui la metà di tutti gli invertebrati marini, tre quarti degli anfibi e quasi tutti i rettili. Secondo gli scettici, una simile catastrofe non può essere dipesa dal semplice vulcanismo; deve necessariamente essere entrato in gioco un altro fattore. Magari la simpatica meteora della porta accanto? Non sarebbe stata la prima volta.

Fino a pochi anni fa, gli esperti erano convinti che un corpo celeste del diametro compreso tra i 6 e i 12 chilometri fosse precipitato in mare e avesse fuso il fondale oceanico, liberando enormi nuvole di zolfo e saturando l'acqua di anidride carbonica letale. In effetti, alcuni sedimenti del Permiano esaminati in Ungheria, Giappone e Cina presentano notevoli quantità di isotopi dello zolfo e dello stronzio. La teoria del meteorite è avvalorata anche dai cosiddetti «buckminsterfullereni», molecole di carbonio sferiche risalenti all'epoca della grande estinzione, che immagazzinarono singolari composti gassosi introvabili nell'atmosfera terrestre. Devono pertanto essere arrivati dallo spazio, proprio come alcuni metalli che si sono depositati nell'Antartide 250 milioni di anni fa e che, in genere, sono rintracciabili nei meteoriti. Dopo l'impatto, ci sono stati terremoti ed eruzioni vulcaniche e una pioggia acida è cominciata a cadere sul nostro pianeta, distruggendo buona parte della vegetazione e quasi tutta la vita nell'oceano.

Oppure il meteorite è precipitato sulla terraferma? Ma quel periodo non ci ha lasciato crateri di dimensioni corrispondenti; inoltre la vita continentale sarebbe stata coinvolta molto più pesantemente di quanto sia accaduto in realtà.

Anche Gregory Pyskin della Northwestern University e Gregory Ratallack dell'University of Oregon ritengono possibile una caduta in mare e hanno elaborato una loro versione dei fatti. A loro avviso, il malfattore è stato il metano. Secondo Pyskin, il meteorite avrebbe provocato una reazione a catena durante la quale enormi quantità di metano hanno invaso l'atmosfera. «I mari potrebbero tranquillamente aver accumulato il metano corrispondente alla forza esplosiva delle armi nucleari esistenti sulla Terra moltiplicate per diecimila. Ciò avrebbe causato una moria d'immense proporzioni.»

Per Pyskin, non è necessario neppure un asteroide particolarmente grande. Gli idrati di metano, per esempio, si possono destabilizzare con mezzi modesti. D'accordo sulla Siberia, ma soltanto l'interazione con una simile granata cosmica avrebbe potuto condurre al disastro. Una tesi condivisa da scienziati di tutto il mondo, secondo i quali c'erano già state fasi di vulcanismo marcato senza che ciò fosse sfociato nell'estinzione improvvisa del 90 per cento della creazione. Come molti dei dibattiti sulla storia del nostro pianeta, anche questo continua, tra alti e bassi. Per esempio, secondo il paleontologo zurighese Wolfgang Schbatz, dell'Eidgenössische Technische Hochschule, la carenza di ossigeno non ha nulla a che vedere con la strage delle specie; a suo parere, infatti, il Permiano non avrebbe contato così tanti animali a sangue caldo con un elevato fabbisogno di ossigeno.

Probabilmente le trionfatrici del più grave massacro della storia sono state le piante terrestri, che se la sono cavata con poco: i loro rami e i loro germogli hanno continuato a spuntare, protendendosi timidamente verso il Mesozoico, la grande epoca delle creature terrestri.

Così il mare era diventato un luogo di vita fra tanti.

Benvenuti a Jurassic Park

Che cosa sarebbe un mondo senza trilobiti? si chiesero forse i trilobiti altamente sviluppati coi loro formidabili occhi composti.

E la catastrofe rispose: *Sarebbe un mondo senza trilobiti.* Tutto qui. Benché quelle creature l'avessero fatta in barba all'estinzione diverse volte, alla fine del Permiano scomparvero definitivamente, per la gioia dei collezionisti di fossili, che oggi s'imbattono ovunque nei loro resti. Forse è una cosa che ci addolora, ferendo la nostra vanità, ma la Terra è del tutto indifferente a chi vive sulla sua superficie, che si tratti di trilobiti o di uomini. La natura è senza cuore, un'amministratrice del possibile in armonia solo con se stessa. Miss Evoluzione, l'inventrice geniale da cui ci piacerebbe ricevere un amore materno, lo sa benissimo. Fa di tutto per garantire la sopravvivenza di una specie, ma, quando non c'è più niente da fare, si volta dall'altra parte e consente l'estinzione.

Per lei, persino il più grave massacro della storia non è stato tanto fastidioso quanto stimolante. Si ritrova con parecchio da fare, e si concentra soprattutto sugli esseri terrestri, che, dopo la formazione di Pangea, vagano in tutti i punti cardinali e desiderano adattarsi a vari spazi vitali. Nel Triassico, il periodo conclusosi circa 200 milioni di anni fa, Mr Anfibius ha già subito cambiamenti straordinari. Non ha più bisogno di fiumi, laghi e stagni per moltiplicarsi. È diventato un vero ragazzo di campagna, generando terapsidi simili a mammiferi e arcosauri.

Gli arcosauri avevano dominato a lungo, raggiungendo dimensioni considerevoli e, in alcuni casi, tramutandosi addirittura in animali a sangue caldo. Erano senza dubbio i principi ereditari dell'evoluzione. In altre circostanze, forse si sarebbero trasformati in autentici mammiferi, mentre gli arcosauri avrebbero continuato a condurre la loro schizzinosa vita di ladri di uova. Ma adesso gli arcosauri navigano in cattive acque. Indeboliti dalla grande moria, non chiedono più neppure il diritto di soggiorno. Gli arcosauri, rettili appartenenti a un'altra linea evolutiva, presentano invece un progetto di eleganza rivoluzionaria.

«Dunque: abbiamo deciso di diventare dinosauri, ossia 'sauri spaventosi', un nome davvero stupido, ma chi se ne frega. L'essenziale è eliminare quei maledetti anfibi reazionari e il fascismo oceanico, la deposizione delle uova in acqua e tutte le altre scemenze. Gli arcosauri possiamo scordarceli. Volevano diventare mammiferi e alcuni avevano già il pelo. Puah! Noi invece promuoviamo l'indipendenza dall'acqua e dichiariamo la lotta di classe all'imperialismo dei mammiferi. L'unico mammifero buono è un mammifero morto! Lunga vita alla rivoluzione!»

Avrete già notato che, in termini geologici, gli arcosauri sono adolescenti, motivo per cui il loro modo di esprimersi sembra poco strutturato. Sono giovani rettili arrabbiati, insomma, con la testa piena d'ideali.

«Pensavamo inoltre d'iniziare modestamente, occupando le posizioni strategiche con rapidità ed elasticità e introducendo la rivoluzione nel sistema dal basso. L'importante è riconfigurare la società anche dal punto di vista visivo. Le zampe, per esempio. Con quattro trampoli spessi e corti ci si stanca e s'inciampa di continuo. Una situazione insostenibile. Mr Anfibius, il nostro bisnonno... È stato quel vecchio pesce a uscire dal mare, dove tutto funzionava meglio. Ma bando alla nostalgia. Se dobbiamo correre velocemente, raddrizziamoci e, d'ora in poi, muoviamoci sulle zampe posteriori. Alcuni di noi, intendo. Altri vogliono continuare a ciabattare a quattro zampe. D'accordo, ognuno faccia pure come crede, ma la parola d'ordine è: 'Camminare eretti, restare eretti!' Quanto alla crescita, siamo molto flessibili. Certi resteranno piccoli, altri diventeranno giganteschi e un paio, il mosasauro e l'ittiosauro, intendono tornare nel mare e portare la rivoluzione anche laggiù.»

Avete appena assistito all'organizzazione di una guerriglia giurassica. Dentature spaventose proiettano le loro ombre. Nessuno può più sentirsi al sicuro.

«Passiamo al cibo. Pensiamo che i quadrupedi possano mangiare le piante, e i bipedi la carne, cioè i quadrupedi. Per il momento, almeno, poi si potrà anche cambiare. Ciascuno è una possibile preda, non ci sono trattamenti di favore. In un modo o nell'altro, diventeremo la forza dominante del pianeta e, tra circa 150 milioni di anni, ci trasformeremo in sauridi bipedi e intelligentissimi che costruiranno città e piloteranno navicelle spaziali. Allora, che ne dite? Ehi, di' qualcosa, vecchio mio! Qui si sta facendo la storia.»

L'idea sembra buona, così buona che i primi ittiosauri cacciano nei mari già all'inizio del Triassico. L'elemento degno di nota è che, dopo essere passata dal mare alla terraferma, la vita torna a spostarsi dalla terraferma al mare. Nulla dimostra infatti che l'esistenza sul suolo sia preferibile a quella in acqua. Si tratta piuttosto di sfruttare le possibilità esistenti, per esempio liberare gli animali, le piante e i funghi dalla loro dipendenza dall'acqua e adattarli alla vita all'asciutto, ma anche mutare le creature terrestri in creature acquatiche.

I ricercatori disseppellirono i primi scheletri di ittiosauro oltre 200 anni fa e li scambiarono per resti di pesci giganteschi. All'epoca, non sapevano ancora dell'esistenza dei dinosauri e non ebbero l'idea di cercare gli antenati di quelle enormi creature acquatiche sulla terraferma. Ma quegli esseri non sembravano neppure veri pesci, perché avevano occhi troppo grandi e una colonna vertebrale troppo massiccia. Un pesce non ha bisogno di una colonna vertebrale così robusta, perciò a chi o a cosa appartenevano quei reperti? Anche i denti appuntiti e regolari ricordavano più che altro i coccodrilli. La situazione si chiarì solo nel 1824, quando William Buckland, un geologo di Oxford, descrisse scientificamente il primo dinosauro, il *Megalosaurus*. I presunti pesci erano rettili. Ma com'erano arrivati in acqua? Si erano sviluppati parallelamente ai pesci? Nel corso degli anni, si era delineato un quadro opposto, secondo cui i rettili erano derivati dai pesci. Se così fosse stato, avrebbero tuttavia dovuto trasferirsi sulla terraferma. Perché ora tornavano ad assumere le sembianze di pesci?

Oggi conosciamo così tante specie di ittiosauri risalenti a tutti i periodi del Mesozoico che possiamo rispondere alla domanda. Questi esseri occupano le nicchie liberate dai grandi predatori marini. Due dei fossili più antichi, l'*Utatsusaurus* e il *Chaohusaurus*, sono molto più slanciati degli esemplari più moderni e mostrano ancora una netta somiglianza con le lucertole, solo che hanno le pinne al posto delle zampe. Proprio come le estremità dei crossopterigi si erano munite di mani e piedi ossei per sostenere i loro proprietari sulla terraferma, quelle ossa scompaiono di nuovo nell'acqua. In compenso, le vertebre dorsali si accorciano e si tramutano in dischi alti e corti. L'*Utatsusaurus* non ha la fortuna di sviluppare una colonna vertebrale del nuovo tipo. Si stravacca nelle acque poco profonde e compie i movimenti serpentini che le lunghe vertebre della sua spina dorsale gli consentono. Gli ittiosauri più recenti sfrecciano invece con l'eleganza dei nostri delfini, tanto da farci credere di essere molto più flessibili delle lucertole nuotanti. In realtà, è vero il contrario.

Ed è questo fattore - l'immobilità - a trasformarsi in un vantaggio per quei colossi.

I movimenti serpentini affaticano il corpo e richiedono moltissima energia, senza per questo permettere all'animale di avanzare velocemente. Le vertebre corte e spesse irrigidiscono il tronco dell'ittiosauro, e dunque sono sufficienti pochi colpi della pinna caudale per catapultarlo in avanti ad alta velocità, mentre le pinne anteriori fungono da dispositivo di guida. Poiché nessuno ama inseguire per ore la sua cena, e quest'ultima non è sempre disponibile a essere mangiata, tale modalità di spostamento rapida e poco faticosa è fondamentale per la sopravvivenza dei rettili marini. Ecco perché Miss Evoluzione dedica molto amore alla pinna caudale, conferendole la tipica forma ergonomica a falce (che la rende simile a quella degli squali, più evoluta) e aggiungendo anche una pinna dorsale appuntita.

Da lontano, gli ittiosauri somigliano a Flipper, l'esuberante delfino amico di tutti i bambini, solo che la loro pinna caudale è verticale. Nessuno avrebbe tuttavia permesso al proprio figlio d'immergersi nelle acque popolate da quegli esseri. L'esemplare più grande che ci è pervenuto, scoperto nel 1991 nella Columbia Britannica, misura 23 metri e avrebbe tranquillamente divorato un pargoletto per dessert. Ma esistono anche esemplari più maneggevoli. Tutti hanno la medesima forma idrodinamica e, dopo i lavori di restauro, non sono più in grado di fare visita ai loro nonni sulla terraferma. Perciò non possono più deporre le uova e lasciarle covare dal sole, ragione per cui mettono al mondo una prole viva, che sguazza già nel ventre materno.

Nessun rettile si è più adattato al mondo sottomarino con la stessa abilità degli ittiosauri. In sostanza, la loro esistenza è uguale a quella dei pesci, ma con una differenza fondamentale: gli ittiosauri hanno i polmoni. A inventare la frase: « Vado a prendere una boccata d'aria » non sono state le balene (che sono venute dopo), bensì i rettili marini, che vivono tra due mondi estremi: da una parte, sono legati alla superficie; dall'altra, trovano i loro alimenti preferiti, le ammoniti e le belemniti, nelle profondità oceaniche. Proprio come le balene, gli ittiosauri amano i cefalopodi, gentaglia sensibile alla luce che alloggia per lo più negli strati d'acqua inferiori, e probabilmente non disdegnano nemmeno le meduse. Il motivo per cui queste ex creature terrestri siano affamate di sostanze gelatinose e mollicce resterà per sempre un mistero per i gourmet, ma la risposta è semplicissima. Al contrario dei pesci, loro devono bere acqua dolce. Ma come trovarla in mare? L'astuto Mr Anfibius sa badare a se stesso. Le seppie e le meduse sono composte in massima parte d'acqua, in particolare d'acqua meno salata di quella marina e dunque, mangiandole, si riesce anche a bere. Alla salute! E buon appetito!

Nel tardo Giurassico, l'*Ophthalmosaurus*, un ittiosauro che pesa circa una tonnellata, si tuffa fino a 1500 metri di profondità, dove i suoi giganteschi occhi, sensibilissimi alla luce, si rivelano molto utili. Ma divora anche gli animali che si dondolano sulle onde, del tutto inconsapevoli. A chi giudica strana questa scena, ricordo che gli squali bianchi si comportano nello stesso modo coi pennuti sconsiderati. Ci sono splendidi documentari in cui si vede un uccello intento a fare scherzi a un grosso squalo bianco, che sbuca fuori all'improvviso e cerca di addentare la preda, la quale, all'ultimo momento, si allontana svolazzando e posandosi nuovamente sull'acqua. Poi, quando il pesce fa un altro tentativo, il volatile si esibisce nel medesimo giochetto. Gli uccelli marini devono aver fatto ammattire in questo modo parecchi squali, ma simili prove di coraggio sono di certo costate la vita ad alcuni di loro.

Il Triassico, il Giurassico e il Cretaceo vengono considerati i periodi dei dinosauri, un totale di 183 milioni di anni durante i quali gli ittiosauri, i pliosauri e i plesiosauri si sono contesi la fama di dominatori dei mari. Ma i veri sovrani regnano nell'ombra. Ci troviamo ancora nell'epoca dei batteri e nemmeno loro sono al sicuro da ogni pericolo. Se mai c'è qualcuno che comanda, questo qualcuno è la natura con le sue perfide sorpresine. E una di esse risale a 181 milioni di anni fa.

Diamo un'occhiata alla regione tedesca di Baden-Württemberg.

Siamo nel Giurassico, l'era conclusasi 142 milioni di anni fa. Il Ländle* si trova sott'acqua, coperto da un caldo mare di piattaforma della profondità media di 100 metri. Nessuna traccia delle tipiche casette e degli squisiti *Spätzle*,** ma, in compenso, vediamo sfrecciare i corpi argentei degli actinopterigi inseguiti da una decina di ittiosauri. Un po' più in là, un centinaio di pesci si è riunito al riparo di una scogliera e rosicchia un tappeto di batteri che ricopre le elaborate barriere calcaree punteggiate dal sole. Anche lì si aggira un gruppo di ittiosauri, ma questi ultimi hanno appena divorato un nutrito contingente di belemniti a 60 metri di profondità e non hanno voglia di sbocconcellare altre prelibatezze. Diversi squali si tengono a rispettosa distanza e sembrano nervosi e perplessi. A un certo punto, uno si lancia verso una razza che gli è passata accanto tutta tranquilla e che ora invece cerca di darsela a gambe. Lo squalo è più veloce, ma, all'ultimo momento, il suo interesse scema. Che fortuna! La razza raggiunge il fondo marino, dove infiniti banchi di lamellibranchi hanno occupato le strutture della scogliera. Qui granchi di

* *Ländle*, cioè « piccola terra », è il nomignolo con cui gli abitanti chiamano questa zona. (*N.d.T.*)

** Una specie di gnocchi, fatti però senza patate e con un impasto di farina, uova, sale e acqua. (*N.d.T.*)

tutte le specie e dimensioni si aggirano tra i gusci, tentando d'infilare le chele in quelli che osano aprirsi. Un autentico Paese della cuccagna. Certo, il mare tra le isole che poi si stringeranno nell'Unione Europea nasconde alcune insidie, ma offre qualcosa a tutti. Le correnti trasportano le sostanze nutritive e le nuvole di plancton galleggiano sotto la luce del sole e negli strati più profondi. Insomma non si vive poi così male nel Baden-Württemberg.

Andiamo 700 chilometri più a est, nell'oceano Tetide, stessa epoca. Qui le condizioni sono diverse. In questo periodo, il precursore del nostro Mediterraneo ha ancora le dimensioni di un oceano. Le zolle terrestri hanno ricominciato a muoversi. Pangea inizia a disgregarsi e la parte orientale del Gondwana si stacca, rivelandosi già molto simile alla futura Africa. A nord, il Laurasia si separa dalla massa e si sbriciola lungo i bordi. Appaiono molti piccoli mari, compreso quello che copre il Ländle, tutti collegati in qualche modo con l'oceano Tetide.

Laggiù, nelle buie zone abissali, a una profondità di migliaia di metri, si sono accumulate enormi quantità di una sostanza biancastra, tenuta in equilibrio dalla bassa temperatura dell'acqua (4 °C) e da un'immensa pressione: gli idrati di metano, un gas biogenico intrappolato in cristalli di ghiaccio e compresso fino alla 164ª parte di se stesso. Assistiamo alla disgregazione di questo curioso materiale, anche se non conosciamo con esattezza il motivo. Forse un maremoto, oppure uno slittamento dello zoccolo continentale poco distante, provocato dalle attività tettoniche del continente in via di sfaldamento. Magari lo smottamento di masse di terra ha condotto al trasferimento d'acque profonde e più calde verso l'oceano Tetide. Sia come sia, gli idrati si decompongono improvvisamente su un'ampia superficie. Anziché fondersi, si gonfiano fino a raggiungere 164 volte il loro volume. Gigantesche bolle di gas spaccano il fondo marino, saturando l'acqua di acido solfidrico e tendendo a salire in superficie. La nube tossica inghiotte tutto l'ossigeno circostante, invadendo l'intera colonna d'acqua e facendo ribollire gli strati superficiali. Una parte di quella miscela puzzolente raggiunge l'atmosfera, ma una parte ancora più abbondante si distribuisce nel mare, per poi essere trascinata via dalla corrente e trasportata fino al groviglio di isole e mari poco profondi.

La nube tossica filtra nel Ländle.

Gli effetti sono devastanti.

Assistiamo alla morte dei pesci, le cui branchie sono impegnate a pompare mentre loro cercano di ricavare dall'acqua l'ossigeno che ormai non esiste più. Nel giro di poco tempo, innumerevoli cadaveri si ritrovano a galleggiare nel mare subtropicale, che si è tramutato da paradiso in trappola mortale. La nube continua a espandersi. Ogni forma di vita si spegne. Gli ittiosauri, meno dipendenti dei pesci dall'acqua ricca di ossigeno, affiorano in superficie alla ricerca di aria fresca, ma la rovina li aspetta anche lì. I rettili si fanno prendere dal panico, perché sulla superficie dell'acqua fluttua una spessa cappa letale. I musi appuntiti degli animali continuano a perforare le onde e le loro mascelle si aprono nel tentativo d'inspirare aria, ma non c'è più aria, solo un cocktail chimico altamente tossico. E così soffoca anche la maggior parte degli ittiosauri, mentre i sopravvissuti muoiono di fame perché non è rimasto nulla da mangiare.

Il Baden-Württemberg ha cessato di esistere.

Nel 2002, il team di Michael Montenari, un paleontologo di Tubinga, si è imbattuto per caso in un vasto cimitero di circa 40 chilometri quadrati all'interno di quella regione. I fossili degli ittiosauri erano così numerosi che, in un primo momento, gli studiosi hanno stentato a crederci. Gli elefanti e alcune balene avevano cercato un posto in cui andare a morire e i resti a forma di siluro delle belemniti primordiali si ammucchiavano a migliaia nelle fosse. Le correnti li avevano trasportati fin lì da ogni dove e l'acqua li aveva girati e rigirati così a lungo che i loro spigoli aguzzi si erano smussati. Ma le ossa sottili e fragilissime degli ittiosauri non presentavano una simile levigatura; inoltre gli animali antichi si mescolavano a quelli recenti. Tutto faceva pensare che fossero stati sorpresi da qualcosa, qualcosa che li aveva uccisi in breve tempo.

Tuttavia non ci risulta che 181 milioni di anni fa si sia verificata un'estinzione generale. L'ultima grande moria aveva avuto luogo durante il passaggio dal Triassico al Giurassico, 206 milioni di anni fa. Pur non essendo stata disastrosa come la strage alla fine del Permiano, era costata la vita a quasi tutti i rettili simili a mammiferi e a metà degli organismi marini, tra cui le ammoniti, i lamellibranchi, le chiocciole e diverse specie del plancton. Si erano estinti anche i placodonti, rettili che somigliano alle tartarughe. Sulla terraferma, gli ultimi, squamosi terapsidi e arcosauri erano stati messi in ginocchio e persino i dinosauri se l'erano vista brutta, anche se poi si erano salvati per il rotto della cuffia. Sembrava che un altro meteorite avesse colpito il mare, ma, anche stavolta, non si erano formati crateri d'impatto. Però il fondale marino non ha mai più di 200 milioni di anni, perché viene inghiottito e sostituito di continuo.

Alla fine, Montenari è arrivato a dimostrare che 181 milioni di anni fa si è verificato uno tsunami così violento che nessun maremoto avrebbe potuto produrlo. Uno strato di fango spesso fino a 30 centimetri e costellato di resti di esseri viventi, individuato dal paleontologo in Svevia e nelle isole britanniche, testimonia la comparsa di quell'ondata mostruosa. Soltanto l'impatto di un oggetto molto grande crea un muro d'acqua così colossale. Tutto indica che il ceffone celeste si sia abbattuto a ovest dell'Irlanda e abbia scatenato maremoti di magnitudo 20, inconcepibili per la sopravvivenza. Le onde, alte centinaia di metri, avevano fatto vorticare l'intera colonna d'acqua, capovolgendola.

Ma torniamo alla morte improvvisa degli ittiosauri. Alla fine, grazie ad analisi mineralogiche, Montenari è riuscito a dimostrare che la colpa è da attribuire a una fuga di metano. Con tutto il dispiacere che possiamo provare per i pesci e i loro cacciatori, questa scoperta è davvero raccapricciante anche da un altro punto di vista. I *methane blowouts* non spiegherebbero soltanto i misteriosi avvenimenti accaduti nel Triangolo delle Bermuda, ma potrebbero svelare il destino di tutti noi. Potremmo morire proprio come gli abitanti di quell'idilliaco mare poco profondo e forse in un futuro non troppo lontano.

Ma che cosa sarebbe la vita se non superasse anche simili intermezzi? D'accordo, magari prima o poi ci estingueremo. Miss Evoluzione non può rimanere a corto di successori. In ogni modo, Mr Anfibius si rivela indistruttibile anche quando la fine del Triassico registra la scomparsa di quasi tutti gli anfibi. La sua eredità avrebbe inaugurato l'epoca che Michael Crichton ha fatto rivivere nel suo magnifico thriller *Jurassic Park*. Mr Anfibius gironzola tuttora per la storia mondiale. Entrambe le linee evolutive degli anfibi e dei rettili hanno avuto delle linee di successo che hanno portato alle salamandre, ai serpenti, agli alligatori, ai varani e alle tartarughe terrestri.

Elvis è immortale. James Dean è immortale. Jim Morrison e Jimi Hendrix sono immortali. E chi se ne frega? Mr Anfibius li batte tutti.

I sottomarini davanti al Gondwana

«*Donnerkeil!*» Così deve avere esclamato un paleontologo tedesco imbattendosi nei resti degli scheletri di belemniti. Da allora, i suoi colleghi tedeschi indicano i fossili delle belemniti appunto come ha fatto lui, ossia col termine *Donnerkeil*, «tuoni e fulmini». Ma torniamo a noi. Tanto per rinfrescarvi la memoria, sia le belemniti sia le ammoniti sono molluschi cefalopodi, come le moderne seppie. La differenza è la seguente: le ammoniti hanno numerosi tentacoli e un contratto immobiliare che si sono meritate costruendo graziose case di proprietà, involucri calcarei arrotolati come i gusci delle chiocciole e quasi sempre di grande valore decorativo. Gli animali vivono in questi alloggi a spirale: gli occhi e i tentacoli spuntano dal davanti, mentre il sedere se ne resta al calduccio.

Invece le belemniti sono tipe slanciate, simili agli attuali calamari e con un numero di tentacoli più limitato rispetto a quello delle ammoniti. Si trascinano dietro forse 6, 8 o 10 tentacoli e, sopra i loro grandi occhi fissi, il corpo sembra indifeso. Ma chi le addenta, credendo che siano delle gelatine, deve prendere subito appuntamento dal dentista. Le belemniti infatti hanno uno scheletro interno, un tubo a forma di cartuccia, duro come il legno, peraltro l'unico elemento a noi pervenuto di quei gommosi animali giurassici.

Le ammoniti e le belemniti rendono molto felici i geologi, che le ritrovano in enormi quantità. In particolare, la presenza abbondante delle ammoniti ha conferito a questi esseri lo status di fossili guida. Grazie ai loro gusci, infatti, è possibile determinare l'età delle rocce e stabilire relazioni tra varie parti del mondo. Nel Giurassico, queste costruttrici di casette raggiungono una varietà di specie pressoché illimitata, capace di adattarsi a qualunque biotopo si trovi sott'acqua. Se aveste fatto qualche immersione subacquea nell'oceano Tetide, le avreste incontrate quasi a ogni passo. Avreste osservato ammoniti di tutte le forme e le dimensioni, almeno finché un elasmosauro, che passava di lì per caso, non vi avesse inghiottito in un sol boccone. Ma per i viaggiatori del tempo tali avventure non hanno conseguenze mortali, perciò possiamo esplorare senza timore gli abissi giurassici e persino fare qualche visita. Sarete ospiti di un'ammonite. Non è quello che avete sempre sognato?

Accomodatevi, allora.

La casa di un'ammonite è costruita con estrema raffinatezza. In sostanza, l'animale vive soltanto nell'atrio. O, meglio, in un ampio salotto, e comunque solo nella prima stanza aperta sul lato anteriore, dove può ritirarsi completamente in caso di necessità. Là dietro si estende o si attorciglia il fragmocono, la parte preponderante della struttura, suddivisa in varie camere, attraversata dai vasi sanguigni e piena di gas che danno la spinta al guscio.

Per evitare di lanciarsi di continuo verso l'alto, le ammoniti sono in grado di allagare parzialmente le camere per tenersi in equilibrio finché non riescono a fluttuare. Naturalmente, quando acciuffano una preda, diventano più pesanti, perciò soffiano fuori un po' d'acqua e risalgono. In caso tutto ciò vi suoni familiare, avete ragione: sì, è proprio così che funzionano i sottomarini. Le ammoniti sono i sottomarini del Mesozoico. Possono modificare leggermente il rapporto tra gas e acqua nel fragmocono a seconda della profondità e delle variazioni di peso. La suddivisione in vari setti chiusi ha anche un altro vantaggio. Gli squali, gli ittiosauri e gli altri predatori hanno l'abitudine di rosicchiare qualsiasi cosa riescano ad afferrare con le loro mascelle. Talvolta alcune parti del guscio si frantumano e l'animale si alleggerisce, ma il sistema di propulsione rimane intatto. Questo è un vantaggio soprattutto per le ammoniti di piccole dimensioni, che trovano il nutrimento vicino al fondo del mare e possono finire tra le chele di un granchio affamato. Nel Giurassico, infatti, i granchi conoscono un vero boom. Proprio come le ammoniti, producono di continuo nuove specie che sanno pizzicare e mordere con decisione.

E come si riproducono i sottomarini? Wolfgang Petersen* lo sa? Giulio Verne lo sapeva?

La biologia ci viene in aiuto. Col sesso, naturalmente. Col sesso fra sottomarini.

E qui apriamo una parentesi su pratiche del tutto inedite. Nel Giurassico superiore, se accompagnassimo un'ammonite femmina a un appuntamento galante, proveremmo un certo smarrimento, perché non troveremmo nessuno ad aspettarla. Forse il maschio è in ritardo? A un esame più attento, però, noteremmo che l'accoppiamento si sta verificando, solo che la signora se la sta spassando con un nanerottolo. La scienza parla di dimorfismo sessuale. Il maschio come elemento determinante della riproduzione è regredito ed è molto più piccolo della femmina, per non dire minuscolo. I consorti di certi cefalopodi femmina emancipati hanno dimensioni corrispondenti addirittura a un ventesimo del corpo della loro partner. Nel caso di alcune odierne rane pescatrici, il piccoletto si attacca all'amata o, meglio, alla sua regione genitale sino a fondersi con lei e persino a farsi carico della sua circolazione sanguigna. Come ricompensa per il suo affetto, la femmina lo sostenta e lo porta con sé ovunque, anche perché non ha scelta.

Forse gli uomini dovrebbero essere un po' più scrocconi?

Andiamoci piano. Il paragone è azzardato, perché gli esseri viventi sono molto diversi. Oppure voi, stimate lettrici, riuscite a immaginare un'ardente notte d'amore con un tipo che vi arriva al malleolo? L'evoluzione rimpicciolisce sempre il maschio se questo deve assolvere a un'unica funzione, cioè fecondare la femmina. Non si assume compiti educativi, non va a caccia, non è disponibile per giocare a carte o per le discussioni da salotto. Si limita a donare il suo seme. Il piccoletto non può fare nient'altro, ma ciò è sufficiente per meritarsi un sostentamento indeterminato sul sedere della signora.

Le ammoniti sono state uno dei tanti dominatori dei mari

* Regista tedesco, autore di *U-Boot 96* (1981), in cui si raccontano le vicissitudini di un sottomarino tedesco durante la seconda guerra mondiale. La caratteristica del film è di essere ambientato interamente all'interno del sottomarino. (*N.d.T.*)

semplicemente perché sono state numerose. Anche il plancton e gli organismi unicellulari hanno conquistato un ruolo decisivo, ma solo per via della loro quantità. Nel corso di milioni di anni, gli aggressivi predatori alti fino a 2 metri che sono prevalsi nell'albero genealogico delle ammoniti si sono trasformati in più maneggevoli planctofagi e, verso la fine del Cretaceo, sono morti appunto per la carenza di plancton, diventato scarsissimo in tutto il mondo. Tuttavia nel Giurassico sono stati loro a determinare la situazione nei mari. Squadre di sottomarini davanti al Laurasia, al Gondwana e al Pangea orientale. E oggi possiamo farci un'idea del loro aspetto, perché ci hanno lasciato un discendente, il già citato nautilo.

Da questo punto di vista, le belemniti sono più progredite. Se si è costretti a trascinarsi sempre dietro la casa, non si è particolarmente elastici. Così traslocano all'esterno, il che permette loro di acquisire una corporatura idrodinamica e un paio di pinne aggiuntive, di muoversi grazie alla propulsione a razzo e di acciuffare persino le prede più veloci. In corrispondenza dell'attaccatura dei tentacoli, si aprono due mascelle cornee che sono tuttora una caratteristica tipica di tutti i cefalopodi. Già nei libri di Giulio Verne, questo cosiddetto « rostro » cerca di addentare i poveri marinai e frantuma lamellibranchi e granchi corazzati. Le belemniti sono dunque poco digeribili, cosa che comunque non impedisce ai grandi ittiosauri di divorarle. I fossili sono dei chiacchieroni, perciò sappiamo che gli ittiosauri si comportano come ci comporteremmo noi se inghiottissimo ostriche tutte intere e rigettassimo i gusci in un secondo momento. Ciò che lo stomaco non riesce a digerire (in questo caso gli scheletri delle belemniti) viene risputato in mare.

In effetti la seppia cruda ha un sapore schifoso.

Troppi re

Chi sono allora le signore dei mari? Le ammoniti o le belemniti?

Be', chiunque mangi tanto. E anche chiunque venga mangiato tanto.

Circa 145 milioni di anni or sono inizia il Cretaceo, l'ultimo dei tre capitoli che compongono la storia dei dinosauri. Termina 65 milioni di anni fa con una svolta drammatica, senza la quale lo straordinario sviluppo dei mammiferi non avrebbe avuto luogo. I mammiferi cominciano a gareggiare coi rettili per conquistare i posti migliori, anche se all'inizio sono soltanto piccoli ficcanaso, grandi quanto ratti o barboncini e sempre attenti a non dare nell'occhio. I laboriosi rettili, invece, hanno prodotto versioni sempre nuove di se stessi, imparando a volare, ignorandosi a vicenda, strappando le prime piante da fiore e facendo qualche bagno per smaltire i pasti abbondanti. Gli ittiosauri hanno conquistato il monopolio sul pesce e sulle creature scivolose per un periodo abbastanza lungo, ma già nel Giurassico si sono messi in lizza con alcuni concorrenti usciti dalle loro stesse file. I notosauri, per esempio, hanno preso il largo per rubare agli ittiosauri gli ultimi esemplari delle ammoniti in via di estinzione, mentre il plesiosauro e l'elasmosauro si sono messi comodi. Ma nel Cretaceo lo spazio comincia a scarseggiare.

Immaginate di tornare a 100 milioni di anni fa e di trovarvi a bordo della Stazione Spaziale Internazionale di quell'epoca. Se giraste intorno alla Terra, notereste con stupore che la posizione dei continenti corrisponde in gran parte a quella attuale. L'Atlantico si è ampliato nella misura in cui il Nordamerica e il Sudamerica si sono allontanati. Il Nordamerica e l'Europa sono ancora uniti per un lembo, mentre l'oceano Tetide ha cambiato forma, arrivando a separare le isole europee dall'Africa. L'attuale Mediterraneo è dunque un misero resto del gigantesco mare tropicale in cui, nel Cretaceo, forse viveva la maggiore varietà di specie.

Sulla terraferma, compaiono intrecci alimentari del tutto inediti, perché la marcia trionfale delle piante da fiore produce insetti volanti e nuovi uccelli, le cui uova istigano il piccolo, vorace popolo dei mammiferi a compiere furti audaci. Possiamo tranquillamente dire che Miss Evoluzione si sta sbizzarrendo! Le specie si sviluppano quasi dal giorno alla notte, occupando ogni possibile nicchia ecologica. Sauropodi quadrupedi come l'apatosauro e il brachiosauro tendono il collo verso le foglie delicate, facendolo sporgere sopra le cime degli alberi giganteschi. Inghiottire quindi diventa un'operazione molto impegnativa, perché il cibo deve percorrere un bel tratto. I bipedi si concentrano sui denti, attribuendo invece scarso valore alle estremità anteriori, che regrediscono. Nel *Tyrannosaurus rex* le estremità si rimpiccioliscono tanto che quel poveretto non può neppure fregarsi le mani per la gioia di avere sdraiati davanti a sé alcuni appetitosi erbivori appena morti. In compenso, la sua testa ha le dimensioni di un'utilitaria, col vano motore costellato di zanne a forma di pugnali.

I litigi fra rettili sono così frequenti che alcuni esemplari non tollerano più tutto quello stress e si rifugiano in mare, sviluppando originalissime strategie per adattarsi alla vita nell'acqua. Mentre gli ittiosauri si erano fatti carico quasi completamente del progetto di costruzione dei pesci, i notosauri insistono sulle loro origini, dicendo basta alla stupida pinna caudale e sostenendo che un vero rettile ha la coda appuntita. Okay, le zampe possono andare, ma niente pinne, per favore. Magari una via di mezzo... un arto a forma di pagaia, ecco. Quattro lunghe pagaie carnose che funzionino come pinne, ma che servano anche per strisciare sulla terraferma e deporvi le uova. Quanto alla testa, qualcosa di idrodinamico, ma non troppo: il rettile deve essere sempre riconoscibile.

Questa è la lista dei desideri presentata a Miss Evoluzione, che non trova nulla da obiettare e che, da allora, produce con alacrità notosauri, tra cui pliosauri. I nuovi predatori sfrecciano nel mare come gli ittiosauri, ma muovono le loro quattro pagaie come ali di uccello, in volo sott'acqua. Questi arti consentono un efficacissimo nuoto planato anche a riposo, mostrando una sorprendente somiglianza con le ali degli aerei moderni. Ai pliosauri, l'evoluzione ha regalato un'ossatura molto stabile, irrigidita da muscoli sviluppati a regola d'arte per offrire sostegno alle loro possenti estremità. Il prezzo da pagare per quel vantaggio è la già citata schiena rigida, che gli animali compensano con l'eleganza. Nel corso di milioni di anni, il collo si accorcia, le mascelle diventano più grandi, le velocità raggiunte diventano quasi incredibili e loro imparano a mordere con un vigore tale che nemmeno gli squali e gli ittiosauri più imponenti riescono a contrastarli.

Un ittiosauro lungo 3 metri che si crogiola al sole nelle acque superficiali all'inizio del Cretaceo farebbe però meglio a lanciare di tanto in tanto un'occhiata verso gli abissi. Talvolta, da lì sotto, emerge qualcosa di scuro e massiccio, che si lancia verso l'alto con un movimento fulmineo per un morso di prova. Oggi, a un esame superficiale, scambieremmo l'aggressore per una balena, ma, in realtà, il *Liopleurodon* è il più grande pliosauro di tutti i tempi. I suoi denti incutono timore addirittura al precursore dello squalo bianco, che popola i mari nel medesimo periodo e da cui il *Liopleurodon* copia la tattica di caccia. O forse viceversa. In ogni modo, entrambi amano gli attacchi a sorpresa: sbucare fuori dal nulla, dare un piccolo morso d'assaggio, tornare a immergersi rapidamente, aspettare che la vittima resti senza forze, riaffiorare e poi finirla.

Nel Cretaceo inferiore, il *Liopleurodon* si estingue, ma solo per essere sostituito dal *Brachauchenius*, un mostro lungo 11 metri e simile a un coccodrillo che semina il terrore nei mari insieme col *Kronosaurus*, una creatura altrettanto imponente. I due si dividono il lavoro. Il *Brachauchenius* infuria lungo le coste del Nordamerica, mentre il *Kronosaurus* offre i suoi servigi di ghiottone in Australia. Il suo cranio lungo quasi 3 metri è in grado di contenere quasi qualsiasi cosa. Non c'è carapace di tartaruga che non si spacchi sotto i suoi denti o guscio di ammonite che resista alla sua furia. Nel Cretaceo, le temperature sono risalite, le masse d'acqua hanno allagato le coste australiane e i mari poco profondi offrono a immensi banchi di pesci spazio sufficiente per una diffusione illimitata. Il *Kronosaurus* dà del filo da torcere non solo agli ittiosauri, cui ruba le prede e la vita, ma anche ai pliosauri più piccoli, che dunque riparano nei mari poco profondi. Questo è un altro elemento che induce gli ittiosauri a dichiarare lo stato d'emergenza. E, come se non bastasse, sono pure costretti ad avere a che fare coi plesiosauri, i parenti dei pliosauri. Uno di loro si può vedere ancora oggi in qualche fotografia molto sfocata. Se il mostro di Loch Ness esiste davvero e se vogliamo credere alle descrizioni più diffuse, si tratterebbe infatti di un plesiosauro felice come una pasqua, che, svegliandosi un bel mattino, ha chiesto: «Dove sono finiti gli altri?» per poi scoprire che si erano estinti tutti.

A differenza dei pliosauri, dotati di un collo relativamente corto e simili a coccodrilli, alcuni plesiosauri somigliano a un incrocio tra un'oca selvatica e una foca. Il corpo è tondeggiante come un arrosto natalizio e termina con una coda corta e appuntita o, meglio, con un codino. Il *Cryptoclidus*, per esempio, presenta arti a forma di pagaia che, quando l'animale avanza nuotando col collo teso, gli conferiscono un dondolio simile a quello delle oche. Se vedessimo uno stormo di *Cryptoclidus* a 200 metri sopra la città, potremmo scambiarli per uccelli migratori molto grandi e provvisti di ali quadruplicate. Sopra le scapole, c'è il collo lungo e flessibile, mentre la testa è piccola. Il *Cryptoclidus* si accontenta di pesciolini e crostacei, che filtra dall'acqua attraverso denti curvi e molto ravvicinati.

Si direbbe che il Mark Spitz* del Cretaceo sia il *Dolichorhynchops*. Sulla terraferma, è uno zoticone traballante, con un muso appuntito, abituato a lanciare urla; ma sott'acqua è un siluro capace di avventurarsi a notevoli profondità e d'inseguire i calamari giganti.

L'essere più bizzarro che avreste potuto incontrare nel Cretaceo superiore è tuttavia l'elasmosauro, il cui nome allude già in qualche modo alla sua elasticità. Verso la metà del XIX seco-

* Nuotatore americano che detiene ancora oggi il record del maggior numero di medaglie d'oro vinte in una sola edizione delle Olimpiadi (Monaco, 1972). (*N.d.T.*)

lo, il paleontologo inglese Dean Conybeare affermò che gli elasmosauri somigliavano a «serpenti infilati nel corpo di una tartaruga». In realtà, nessuno augurerebbe un torcicollo a uno di quegli esseri, perché il collo è senza dubbio la loro parte più lunga. Se uno di loro venisse a trovarvi a casa, la minuscola testa da rettile, costellata di denti, sarebbe la prima cosa a spuntare dalla porta, seguita da un collo pressoché infinito, lungo 8 metri. Poi, dopo esservi rassegnati all'idea di avere come ospite una specie di cobra, vedreste sopraggiungere un corpo tondeggiante, lungo 6 metri, una sorta di soluzione di ripiego adottata in un secondo momento. Dovreste offrire parecchio pesce al vostro amico, ma potreste distribuirlo nella stanza, perché il collo da serpente guizzerebbe ovunque con movimenti circolari, raggiungendo notevoli distanze. Secondo i paleontologi, a causa della sua conformazione particolare, l'elasmosauro non aveva molta voglia d'immergersi in profondità, preferendo restare in superficie e tenere la testa sopra l'acqua per poi tuffarsi rapidamente in caso di bisogno. Anche questo animale viene annoverato tra i dominatori dell'epoca.

Un'epoca in cui tutti sono re dei mari e ognuno vuole essere il più grande. Conosciamo soltanto tre famiglie di elasmosauri, lunghe fino a 25 metri. Poi, alla fine del Cretaceo, come se non ci fossero abbastanza giganti, compare un perfido essere: il mosasauro. Mettiamo le cose in chiaro una volta per tutte: il nome non l'ho inventato io, ve lo giuro. Non ho ancora capito perché i rettili non possano chiamarsi semplicemente Gabriele, Carla o Pinco Pallino. Torniamo qui sulla difficoltà della denominazione corretta con cui ci siamo già scontrati, parlando dei nomi delle ere geologiche. Finora gli studiosi hanno usato per lo più il latino; se scoprite una nuova specie e vi chiamate, chessò, Garibaldi, probabilmente il genere sarebbe battezzato *Garibaldisaurus*. Per tradizione, la Cina non dà tanta importanza al latino, ragion per cui, dal punto di vista linguistico, tutto ciò che gli scavi sulla piattaforma dello Yangtze riportano alla luce viene attribuito al Celeste Impero. L'*Haikouella,* la nostra antenata simile a una salsiccia, è stata rinvenuta nei pressi di Haikou. Consideriamoci dunque fortunati che non l'abbiano disseppellita vicino a Popocatepetl o a Castrop-Rauxel.

Naturalmente anche il mosasauro deve il proprio nome al luogo del suo ritrovamento. Recuperato per la prima volta nel 1770 poco lontano da Maastricht, questo essere lungo fino a 15 metri e dotato di un cranio da alligatore è dunque un *maas-sauro*. All'inizio, i ricercatori pensarono di essere incappati nei resti di un coccodrillo gigantesco, ma le estremità non avvaloravano quella teoria; inoltre, l'animale era troppo lungo, una sorta di serpente marino. Oggi sappiamo che i mosasauri sono parenti dei serpenti e dei varani e che rovinarono definitivamente la festa agli ittiosauri, motivo per cui questi ultimi decisero di scomparire dalla scena dell'evoluzione. Sott'acqua, i mosasauri dovevano sembrare molto eleganti, pur non dimenticando mai di dover prestare molta attenzione ai gigantosauri in avvicinamento. Furono gli ultimi grandi predatori marini nel regno dei rettili, veri giganti, dopo i quali non sembrava potesse esistere altro di così speciale.

Ma qualcosa arrivò. E arrivò dall'alto.

La causa dell'estinzione dei dinosauri è l'argomento discusso dai paleontologi con maggiore veemenza. Bisogna anzitutto dire che già il punto di partenza è sbagliato: oltre ai dinosauri, infatti, morirono anche altre specie animali, per non parlare poi della decimazione della flora. 65 milioni di anni fa si concluse un'epoca che, con sconfinata arroganza, abbiamo a lungo considerato un esperimento fallito della nostra stimata Miss Evoluzione. I dinosauri sarebbero stati troppo grassi, pesanti, noiosi e goffi... insomma antiquati e poco gradevoli. Ecco perché dovettero scomparire. Solo negli ultimi anni, gli scienziati hanno cominciato a capire che quelle creature condizionarono a lungo la storia della Terra. Un regno di almeno 180 milioni di anni esclude l'ipotesi di un errore evolutivo. I paleontologi sostengono che i rettili seppero imporsi sia in acqua sia sulla terraferma e che, se le cose non fossero finite così male, sarebbero stati in grado di produrre un genere paragonabile a noi esseri umani. Sauropodi intelligenti che, un giorno, avrebbero posato una zampa posteriore sulla polvere lunare, esclamando: « È un piccolo passo per un sauro, ma un passo da gigante per la saurità ».

Non sappiamo ancora che cosa abbia posto fine in modo

così brusco a un'era caratterizzata da successi tanto straordinari.

All'inizio del XIX secolo, quando il barone George Cuvier, uno scienziato francese, scoprì i primi segni inequivocabili di un'estinzione di massa dei dinosauri, si dichiarò convinto che si trattava di un processo voluto da Dio. A suo avviso, il Signore ritirava periodicamente i modelli dal mercato e li sostituiva con nuove varianti, che poi costringevano un intero ambiente a cambiare orientamento, un po' come fa oggi Bill Gates. A questo scopo, pensava Cuvier, Dio continuava a infliggere grandi catastrofi al creato, una delle quali, il Diluvio universale, aveva lavato via anche l'*Homo sapiens sapiens*.

Come abbiamo visto, è vero il contrario. Le specie si estinguono perché non si adattano al mutamento delle condizioni e fanno spazio a nuovi esseri capaci di fronteggiarle. Talvolta accade che siano le specie a modificare il loro ambiente, come nel caso dei batteri produttori di ossigeno. Un fattore condiziona l'altro. Abbiamo già sottolineato che la morte è sempre anche un inizio e un pianeta dove i continenti si spostano, dove il clima è soggetto a brusche variazioni (con un repertorio che comprende ogni sfumatura, dal caldo subtropicale alla glaciazione completa) e dove, per giunta, i vulcani sono attivi impone all'evoluzione continui ripensamenti. Anche noi dovremo escogitare qualcosa al momento giusto, perché ciò che l'uno ha prodotto mediante il rilascio di ossigeno può accadere anche all'altro con una liberazione eccessiva di CO_2.

A prima vista, il mondo del Cretaceo sembra un giardino dell'Eden. Un tepore gradevole, un enorme numero di specie, una vegetazione dallo sviluppo velocissimo. Le ammoniti fanno a gara nel decorare le loro casette a spirale, e si potrebbe tranquillamente parlare di una certa decadenza del gusto. Per il terrore di tutti i futuri scolari, in questo periodo compaiono gli antenati dei gessetti. Tutta colpa del plancton. I gusci calcarei degli organismi unicellulari morti precipitano in grandi quantità sul fondo del mare, dove formano uno strato compatto. A rigor di logica, quindi, oggi spalmiamo gli appartamenti del plancton sulle lavagne delle nostre scuole (ma non ditelo ai bambini).

A un esame più attento, il Cretaceo non sembra affatto così ospitale. Pangea si è frantumato e il Gondwana è in via di disfacimento. L'India si sposta verso nord, il Sudamerica si allontana verso ovest, l'Australia e il continente antartico si sfaldano. Le correnti marine devono seguire nuovi percorsi, mentre il livello del mare sale in tutto il mondo, allagando vaste porzioni di terra. Le Montagne Rocciose si riuniscono in un'unica catena e spuntano le Ande. L'Africa preme contro l'Europa, comprimendo l'oceano Tetide, il che rende ancor più invitante il precursore del Mediterraneo, perché in tal modo la vita non deve più percorrere un lungo tratto per andare da costa a costa. Questa rivoluzione tettonica provoca però un notevole scompiglio geologico; se pensiamo che gli spostamenti sono proseguiti per milioni di anni, ci sembra quasi un miracolo che i dinosauri abbiano resistito per tanto tempo.

Occorre smentire un'altra convinzione. Se diciamo che i dinosauri sono sopravvissuti per 180 milioni di anni, pare quasi che ogni loro specie abbia raggiunto tale veneranda età. In realtà, il Mesozoico è come un vasto campo su cui tutte le specie giocano per pochi milioni di anni prima di essere relegate in panchina. Un *Lystrosaurus* dell'inizio del Triassico, un quadrupede simile a un mammifero, non ha molto in comune con l'immenso *Carnosaurus*, un bipede del Cretaceo superiore. Parlare di «epoca dei dinosauri» non è dunque del tutto corretto. Bisogna fare un po' di fatica e controllare anche l'apparato radicale, vicino al terreno, dove circolano piccoli mammiferi dal naso appuntito. Lo spazio aereo apparteneva ai rettili volanti, ma numerosi uccelli volteggiano sopra le foreste già alla fine del Mesozoico. Se, all'epoca, aveste voluto costruire un'arca, sareste stati obbligati a costruirne subito altre tre soltanto per gli insetti. Poi gli squali vi avrebbero fatto notare che c'erano anche loro. Crostacei, brachiopodi e lamellibranchi, ammoniti, belemniti e foraminiferi... tutti avrebbero insistito a buon diritto per vedersi attribuire almeno la stessa importanza data ai rettili. «Come sarebbe a dire: 'epoca dei dinosauri'?» avrebbero protestato. «C'è bisogno di estinguersi per diventare famosi? Che cos'è, di grazia, un unico brachiosauro in confronto a 55 miliardi di pulci?»

Torniamo così all'estinzione e ad alcune insensatezze che riguardano la famigerata scomparsa dei dinosauri.

Per capire meglio l'accaduto, addentriamoci tra la vegetazione. Immaginate una vespa, un ragno, un'ape, cinque o sei afidi e due mosche di diversa grandezza tranquillamente riuniti intorno a un tavolo da giardino di un centimetro quadrato. Il vostro acchiappamosche si abbatte sul punto in cui è seduta quell'allegra brigata, spiaccicandola senza pietà. Visto che muoiono tutti sul colpo, possiamo parlare di una piccola strage e la causa è chiara: si sono trovati nel posto sbagliato al momento sbagliato e voi avete spappolato l'illustre compagnia.

Tuttavia vi meravigliereste molto se la mosca più grande morisse e la più piccola sopravvivesse. Se gli afidi andassero al Creatore, ma il ragno si comportasse come se non fosse successo niente. Se l'ape si trasformasse in poltiglia, ma la vespa chiedesse con candore: «Cos'è successo?» Ma è proprio così che si presenta il famoso passaggio dal Cretaceo al Terziario, l'estinzione al limite tra i due periodi. Gli esseri che vivono sulla terraferma e sono più lunghi di un metro e mezzo si dirigono verso i pascoli celesti, proprio come il 95 per cento del plancton. I lamellibranchi e i brachiopodi vengono quasi sterminati. I rettili volanti perdono per sempre la licenza di volo ma, per quanto possa sembrare strano, gli uccelli ne escono pressoché indenni. Mentre tutti i rettili marini tirano le cuoia, i coccodrilli d'acqua dolce e le grandi testuggini sopravvivono. Anche gli squali rimangono per la maggior parte illesi, mentre la catastrofe annienta le ultimissime ammoniti e belemniti. Pare che la moria segua una sorta di principio di Cenerentola: «Le buone nel pentolino, le cattive nel gozzino». Il mondo vegetale se la cava davvero a buon mercato, perdendo per qualche tempo alcune scorte di piante da fiore, ma acquisendo una quantità ancor più incredibile di felci.

Che cos'ha prodotto questi effetti?

Per quanto riguarda i dinosauri, gli storici dell'evoluzione hanno creduto a lungo che quegli animali fossero scomparsi a causa dei loro gusti decadenti, un po' come l'antica Roma. Uno sfoggio eccessivo di scudi, corna, aculei e corazze e dunque continue ernie al disco e regressione del cervello fino alla debolezza mentale, quasi al punto di non riuscire più a camminare diritti. Non è vero. Verso la fine del Cretaceo vivono i troodontidi, i dinosauri col maggior volume cerebrale mai esistiti. Anche le varie corazzature hanno un senso. Altri ricercatori hanno imputato la regressione delle nuove generazioni ai disturbi ormonali delle femmine, mentre altri vogliono credere che Godzilla & Co. siano morti di stipsi a causa della scomparsa delle piante oleifere. Un'altra teoria tira in ballo i parassiti e le epidemie. Queste ultime saranno anche esistite, ma quale superepidemia avrebbe potuto sterminare tutte le diversissime specie di dinosauri? Non tutti gli uccelli vengono contagiati dall'aviaria e, quando la peste ha imperversato tra gli uomini, ha risparmiato gli scimpanzé, i nostri cugini.

Per qualche tempo, è circolata la voce che piccoli mammiferi avessero mangiato le uova dei dinosauri. Possibile. Ma allora dobbiamo domandarci perché non abbiano cominciato prima e perché non siano scoppiati dopo aver divorato tante uova. Anche oggi, il merlo non si estingue perché lo scoiattolo ama fare una colazione abbondante. Ci resta solo da incolpare i carnivori di aver esagerato, inghiottendo, invece della cotoletta, tutto il macellaio. Ma nemmeno il *Tyrannosaurus rex*, una vera macchina di morte, è così idiota da esaurire tutte le sue risorse. Non può farlo, neppure volendo. Altrettanto raccapricciante è l'idea di una tremenda invasione di bruchi che, mangiando tutte le foglie, provocano la morte degli erbivori e dunque anche dei carnivori. Certo, i bruchi possono dare sui nervi, ma divorare le foglie di un intero pianeta?

Se escludiamo le cause biologiche, entrano in gioco i fattori climatici. Sempre ammesso che, verso la fine del Mesozoico, il contenuto di ossigeno atmosferico sia diminuito e quello di anidride carbonica aumentato, i piccoli mammiferi e gli uccelli se la caverebbero, mentre gli enormi dinosauri morirebbero per mancanza di ossigeno. Questo quadro ci ricorda l'Effetto serra e infatti molti scienziati ipotizzano un'intensificazione del vulcanismo globale nel Cretaceo superiore. La Siberia ha già fatto parlare male di sé, no? I vulcani potevano riscaldare il clima e soffiare cloro nell'atmosfera tramite vie traverse di natura chimica, distruggendo così lo strato di ozono.

Un attimo... L'ozono? Anche questo ci suona familiare. La volta precedente, la colpa era stata di una supernova. Ora è forse esplosa un'altra stella, le cui onde distruttive ci hanno raggiunto 65 milioni di anni fa? La radiazione UV ha accecato tutti i dinosauri, come sostengono un paio di studiosi e, dato che non esistono ancora i cani-guida, gli animali hanno attraversato la strada col rosso e poi...?

Scherzi a parte, gli scienziati hanno preso in considerazione anche questa ipotesi. Finché qualcuno non si è domandato com'era possibile che un ittiosauro venisse accecato dalla luce del sole negli abissi crepuscolari del mare.

Avete tre possibilità per indovinare che cosa entra in scena adesso.

Negli anni '50, l'americano Harold Urey, vincitore del premio Nobel, propose uno scenario: un meteorite delle dimensioni della cometa di Halley, un masso del diametro compreso tra i 10 e i 15 chilometri, era precipitato in mare o sulla terraferma e aveva scatenato un vero inferno, con violenti terremoti e onde di marea alte come montagne, al quale era seguita una sorta d'inverno nucleare. Nel 1980, *Science* pubblicò l'articolo di un altro vincitore del premio Nobel che condivideva la tesi di Urey. Nelle rocce risalenti alla fase di passaggio dal Cretaceo al Terziario, il fisico Luis Alvarez aveva scoperto elevatissime concentrazioni di iridio, che solitamente si trovano soltanto nei meteoriti. Quello strato di iridio si estendeva su tutto il pianeta. Alvarez ipotizzò pertanto la caduta di un corpo celeste lungo 10 chilometri e individuò persino il punto d'impatto. Da allora, si discute con passione di questo meteorite o, meglio, delle sue conseguenze. Vi risparmio il dibattito per intero, ma voglio darvi un'idea della foga con cui la scienza piroetta intorno alla lapide dell'estinzione e quindi vi farò un riassunto delle teorie pubblicate su questo argomento negli ultimi cinque anni.

Un momento, però. Prima di tuffarci nella cronologia della ricerca, c'è un'ultima comunicazione: ai marsupiali sta molto a cuore annunciare di aver popolato il Gondwana già 70 milioni di anni fa. Alla faccia dell'epoca dei dinosauri!

Ma adesso sbrighiamoci!

Il fiasco nel fiasco

Nel periodo in cui si sono formati i pianeti, buona parte del loro materiale costruttivo rimase inutilizzata e fu catapultata dalle forze gravitazionali verso la fascia esterna del sistema solare. Da allora, miliardi di corpi minuscoli e giganteschi, fatti di polvere, roccia e ghiaccio fluttuano nel buio e nel freddo eterni, formando una sorta di guscio che avvolge completamente la nostra galassia. Nel 1950, la nuvola di Oort prese il suo nome dall'astronomo olandese Jan Hendrik Oort, che individuò il luogo di nascita delle cosiddette «comete di lungo periodo», ossia ricorrenti. I frammenti hanno continuato a scontrarsi all'interno della nuvola, influenzati dalla forza di attrazione degli astri vicini, anche nell'epoca in cui la Terra tremava sotto i passi dei dinosauri. Si erano verificate delle collisioni, alcuni massi erano stati scagliati lontano dall'accorpamento e avevano intrapreso il loro viaggio periodico attraverso il nostro sistema solare. Più di 65 milioni di anni fa, circa un anno luce e mezzo al di là di Giove, uno di quei blocchi si era staccato e si era diretto verso la Terra; anziché deviare al momento giusto, aveva investito il litorale della penisola messicana dello Yucatán a una velocità di oltre 25 chilometri al secondo.

Yucatán, primavera 2000. Alcuni scienziati esaminano il cratere di Chicxulub, del diametro di 200 chilometri, identificato come punto d'impatto del meteorite. Insolite strutture anulari nella zona circostante fanno pensare a un'onda d'urto così grande che i sedimenti tutt'intorno di certo si sono tramutati per breve tempo in una massa quasi liquida di particelle rocciose, un mare granuloso che ha trasportato verso l'esterno l'onda. Gareth Collins dell'Huxley School of Environment, Earth Sciences and Engineering dell'Imperial College di Londra ha dimostrato questo effetto con una simulazione al computer, descrivendo con molta chiarezza le particolarità paesaggistiche dell'area d'impatto, con le sue elevazioni e le sue strutture anulari. Tuttavia, sostiene Collins, quell'evento non sarebbe bastato, da solo, a provocare una strage di massa; i mutamenti climatici e un intenso vulcanismo avevano sicuramente avviato la fine dei dinosauri già da tempo.

Yucatán, 2001. La fauna e la flora sono state avvelenate; ecco perché la vita si è spenta. Un meteorite è precipitato sul Messico, ma, avendo un diametro di 10 chilometri, è troppo piccolo per sollevare polvere sufficiente a scatenare un inverno nucleare. Però, a causa dell'evaporazione, i carbonati e i solfati hanno raggiunto l'atmosfera, dove si sono legati con l'acqua, producendo acido solforico altamente tossico. Le piante e gli animali sono stati esposti per anni a quella pioggia acida, col ben noto e tragico esito.

Yucatán, 2001, qualche mese dopo. No, è stata tutta colpa del meteorite. In un brevissimo arco di tempo, compreso tra 8000 e 12.000 anni, si è verificata la seconda moria delle specie nella storia della Terra. È stata dimostrata anche la presenza di un vulcanismo marcato, ma nell'arco di almeno mezzo milione di anni. In qualche modo, la vita si è salvata, però si è poi dovuta arrendere di fronte all'impatto del gigantesco meteorite.

California, 2001, qualche altro mese dopo. Gli astronomi dell'University of California studiano gli ultimi 100 milioni di anni del nostro sistema planetario e incappano in anomalie nelle orbite. All'epoca, anche la Terra ha deviato dalla sua traiettoria. I pianeti in fuga, che ruotano intorno al Sole a velocità diverse e che di tanto in tanto si sfiorano, hanno disturbato l'equilibrio gravitazionale della nuvola di Oort. Il meteorite o l'asteroide fatale (su questo punto, gli studiosi non sono concordi) ha dunque invertito la rotta, cozzando contro la Terra. La domanda dell'uovo e della gallina rimane senza risposta. La Terra ha mutato orbita a causa dell'impatto oppure l'impatto è dipeso dal mutamento dell'orbita?

Fine 2001. Il meteorite, che ha senz'altro un diametro superiore a 10 chilometri, ha sfondato la crosta terrestre, portando a ebollizione la zona circostante. Le rocce contenenti carbonati e solfati sono evaporate, mescolandosi con l'acqua e producendo la pioggia letale. Grandi quantità di polvere hanno inoltre raggiunto l'atmosfera e oscurato il pianeta per anni. La combinazione di precipitazioni tossiche e inverno nucleare ha poi dato il colpo di grazia alla vita.

2002. Kevin Pope, che ha svolto un ruolo determinante nella scoperta del cratere di Chicxulub, corregge la teoria dell'oscuramento. Per schermare la luce solare in tutto il mondo e dunque per interrompere la fotosintesi, il meteorite doveva essere in grado di liberare una quantità di polvere assai maggiore di quella che ha prodotto in realtà. L'impatto ha tuttavia innescato un incendio globale che ha bruciato le foreste. Per via delle fiamme, enormi nuvole di fuliggine hanno raggiunto l'atmosfera, lasciando il pianeta al buio.

2002, quasi nello stesso momento. I biologi e i paleontologi ritengono che oltre due terzi di tutte le specie d'insetti altamente sviluppati siano morti in seguito all'impatto. La catena alimentare è crollata. È invece sopravvissuto un gran numero di artropodi meno specializzati. Per certo, sappiamo che l'ecosistema non è morto lentamente, bensì nell'arco di un breve periodo.

2002, qualche mese dopo. No, il meteorite non è stato l'unica causa dell'estinzione, perché quest'ultima era iniziata 7 milioni di anni prima, quando la temperatura media sulla Terra era scesa da 25 °C a 15 °C. Erano stati soprattutto i rettili a non gradire il freddo e il meteorite si era limitato a sferrare loro il colpo mortale.

2002, qualche altro mese dopo. Nel Daniel Durda Southwest Research Institute dell'University of California, anche David King si siede al computer e simula alcuni scenari. Anzitutto calcola gli effetti che potrebbe avere l'impatto di un corpo celeste lungo 10 chilometri. Il risultato è inquietante. L'energia liberata corrisponde a 10 miliardi di volte quella prodotta dalle due bombe atomiche cadute su Hiroshima e Nagasaki. I detriti in fiamme, scagliati nell'atmosfera, sono precipitati di nuovo sulla Terra durante i giorni successivi, dando fuoco a vaste porzioni di foresta equatoriale e coinvolgendo anche l'India e il Nordamerica. Ciò che non è tornato sulla Terra si è unito in nuvole di particelle nell'atmosfera, provocando un aumento delle temperature e creando un Effetto serra che ha indotto le fiamme a divorare altre vaste regioni. King aggiunge l'effetto della rotazione terrestre e arriva al risultato che, nel giro di pochi giorni, l'incendio ha immesso nell'atmosfera enormi quantità di anidride carbonica, le quali, insieme col vapore acqueo e con le rocce decomposte contenenti carbonati e solfati, ha avviato un drastico mutamento climatico, responsabile della morte di tutto ciò che non era ancora morto.

Ancora 2002, cratere Boltysh, Ucraina. Questa cavità del diametro di 24 chilometri è nota da tempo, anche se gli studiosi non sono concordi sul periodo della sua comparsa. Quasi tutti ritenevano che avesse 70 milioni di anni, ma le nuove scoperte inducono a credere che l'impatto che lo ha creato possa essersi verificato anche più tardi, per esempio all'epoca di quello di Chicxulub. «La grande moria della flora e della fauna è davvero imputabile a un unico supermeteorite? E perché non a un'intera flotta di meteoriti?» si domandano gli scienziati, avanzando l'ipotesi che alcuni di quei corpi celesti siano finiti anche in mare. Una teoria affascinante, perché spiegherebbe come un intero pianeta si sia spopolato in brevissimo tempo. Il bombardamento ha riguardato tutta la Terra. D'altro canto, poiché non tutti i meteoriti hanno le stesse dimensioni, anche gli effetti sono stati diversi, fatto che, a sua volta, chiarirebbe perché certe specie sono state annientate, mentre altre sono rimaste miracolosamente illese.

2003. Lo studio del cratere di Chicxulub continua. Gli esperti riesaminano le riprese effettuate dalla navicella spaziale *Endeavour* nel 2000. I dati radar rivelano la struttura e la conformazione della cavità. Si moltiplicano le opinioni secondo cui l'impatto nello Yucatán è stato l'unico responsabile dell'estinzione.

2003, qualche mese dopo. Peter Wilf, della Pennsylvania State University, smentisce la teoria secondo cui un cambiamento climatico graduale avrebbe messo i rettili a dura prova già molto prima dell'impatto. I cambiamenti climatici hanno caratterizzato tutte le epoche e alcuni sono stati addirittura più drastici di quello in oggetto. Wilf e il suo team esaminano fossili vegetali del tardo Cretaceo e rilevano tutt'al più modeste oscillazioni. Un milione di anni prima dell'impatto, i dinosauri vivevano ancora in un clima caldo, perfetto per le loro esigenze.

Metà del 2003. Tutte stupidaggini! La caduta di un meteorite nello Yucatán non può essere stata l'unica causa della moria globale, assicura Chris-Hollis, dell'Institute of Geological and Nuclear Sciences della Nuova Zelanda. Le temperature infatti erano scese già molto prima. Come prova, il team di Hollis adduce il fatto che, nel Cretaceo, la Nuova Zelanda era più vicina all'Antartide di circa 1500 chilometri. In realtà, sull'isola, la strage delle specie è stata contenuta. Secondo Hollis, gli abitanti della Nuova Zelanda erano più abituati alle basse temperature e alla scarsità di luce sin dall'inizio, mentre le specie equatoriali conoscevano soltanto l'amato Sole. Lo scienziato ammette tuttavia che, poco prima dell'impatto, le temperature erano risalite: forse, senza il meteorite, i dinosauri se la sarebbero cavata.

2003, qualche mese dopo. Alcuni ricercatori determinano l'età del meteorite di Chicxulub mediante le particelle di sedimenti extraterrestri rinvenute nel cratere. Il corpo celeste è un vero e proprio Matusalemme di oltre 4 miliardi di anni, affermano, un testimone oculare della nascita del nostro pianeta. Ma non sanno dire con esattezza quando abbia colpito lo Yucatán e quali effetti abbia avuto.

2004, Tunisia. Studiando alcuni fossili, il ricercatore Simone Galeotti dell'Università di Urbino dimostra che l'impatto ha scatenato un inverno globale e che la Terra è rimasta immersa in un'oscurità totale per un arco di tempo compreso tra i 5 e i 10 anni. Poi erano seguiti 2000 anni di freddo polare, una condizione in cui erano riusciti a sopravvivere soltanto piccoli esseri viventi con un modesto fabbisogno energetico.

2005. Come spesso accade, il mondo scientifico si spacca in due: i catastrofisti e i gradualisti. Come suggerisce il nome, i primi sostengono che un evento singolare abbia, per così dire, spento la luce ai dinosauri da un momento all'altro, mentre per i secondi questa teoria è troppo semplicistica. Nel suo libro *I dinosauri,* David Norman, un paleontologo di Oxford, parla di un « declino a rate ». I gradualisti attribuiscono un importante significato a un mutamento climatico globale verificatosi immediatamente prima del passaggio dal Cretaceo al Terziario, dichiarando che un simile episodio potrebbe spiegare contemporaneamente due fenomeni: il tramonto dei dinosauri (temperature troppo basse) e la marcia trionfale dei mammiferi (temperature assolutamente giuste). Anche la comparsa di una nuova vegetazione conferma la tesi dei gradualisti, che tuttavia non sono concordi sulla causa delle oscillazioni climatiche. Sappiamo con una certa sicurezza che, verso la fine del Cretaceo, ampi tratti di mare si ritirano e il vulcanismo aumenta. La terraferma si sposta e le correnti marine mutano, processi che, a loro volta, possono influire sugli aspetti meteorologici, per esempio sull'intensità dei temporali. Forse il clima è stato sottoposto a notevoli variazioni. Dove, in passato, prevaleva un clima unitario subtropicale, compaiono improvvisamente le stagioni e dunque una situazione meteorologica che i sauri freddolosi non riescono a tollerare.

Gran parte degli studiosi concorda sull'ipotesi che un meteorite sia caduto sulla Terra e abbia ricevuto un'accoglienza poco entusiastica.

Non sapremo mai con certezza se sia stato l'unico responsabile della moria delle specie, oppure se si sia limitato a peggiorare le cose quando tutto era già stato raso al suolo. Il problema dell'universo è che esso non consente l'elaborazione di chiari modelli causa-effetto. Nell'intreccio delle dipendenze, l'indagine sull'effettivo elemento scatenante diventa obsoleta, perciò gli avvenimenti sulla Terra non sono facili da prevedere né da controllare, anche se ci piacerebbe tanto che lo fossero. Ma l'estinzione alla fine del Cretaceo c'interessa soprattutto perché presenta numerosi paralleli con possibili scenari del nostro avvenire: vorremmo sapere che cos'è accaduto allora per prepararci meglio alle disgrazie future. Tuttavia la scienza è l'arte dell'approssimazione. Non permettete dunque a nessuno di raccontarvi delle frottole e diffidate dei dogmi. L'uomo è un osservatore attento, ma il suo punto di vista è inevitabilmente soggettivo. Illustri studiosi dubitano che riusciremo mai a verificare qualcosa. Che cos'è una prova se non la somma di esperienze uguali che conducono a un risultato accettato da tutti? Non potremo mai condurre serie di esperimenti in numero sufficiente a dimostrare davvero qualcosa, perché la serie di quegli esperimenti dovrebbe essere teoricamente infinita.

Però la situazione non è tragica come sembra. Riusciamo infatti a smentire molto bene le teorie mediante le osservazioni empiriche. L'arte di raccogliere informazioni consiste nel distruggerle, come c'insegna lo scultore macedone che doveva ricavare un leone da un blocco di marmo. Anziché cercare subito di dare forma all'animale, scartò semplicemente tutto ciò che non gli somigliava. Una differenza sottile, ma essenziale nel modo di procedere. Il risultato assume contorni più nitidi soltanto dopo l'eliminazione delle variabili.

Anche l'evoluzione si comporta così. Fino a un certo stadio dello sviluppo, il feto non possiede mani, bensì appendici simili a pagaie. Poi entra in gioco il principio della cosiddetta «morte cellulare programmata». Le cellule vengono distrutte in modo mirato cosicché alcune parti delle pagaie si dividono. Miss Evoluzione non crea dunque propriamente le dita, bensì elimina il tessuto cellulare affinché restino *soltanto* le dita. La scienza indaga sugli avvenimenti remoti applicando un criterio analogo, ossia scartando ciò che non può assolutamente essere successo. Riesce così a formulare ipotesi sorprendenti e a stabilirne il grado di probabilità, anche se non avrà mai certezze matematiche.

Si tratta soltanto di un fiasco nel fiasco.

Oggi, balena

Che cosa indica il melodioso canto delle megattere? Che cosa rivela il sorriso enigmatico dei delfini? Quali notizie inviano le sapienti orche attraverso il mare? Quale saggezza primitiva nasconde il cranio di una balenottera azzurra lunga 33 metri? Che cosa ci raccontano i misteriosi mammiferi marini?

Dicono: «*Bau!*»

Il loro messaggio è il seguente: «Ero un cane». O qualcosa che somigliava a un cane e un po' anche agli attuali bovini. «Ero un cane grifone artiodattilo, un *parvenu* dell'evoluzione, un mammifero che ha osato uscire dall'ombra della Storia dopo che Jurassic Park aveva chiuso i battenti per mancanza di protagonisti. Non avevo legami con nessun essere extraterrestre, non intendevo guarire i bambini autistici né fare il pagliaccio nelle serie televisive e non credevo che qualcuno avrebbe riflettuto sui miei rochi latrati. Chi, intenerito da Willy, l'orca del film *Free Willy – Un amico da salvare*, si fosse tuffato nel passato per ammirare le fiere orche nel loro habitat naturale, avrebbe incontrato soltanto me. Esistevo già e mi avvoltolavo nelle acque poco profonde del Pakistan, nei fiumi e negli stagni, cacciando piccoli animali e cercando di adattare il mio udito alla trasmissione delle onde acustiche, un'impresa maledettamente difficile. A essere sincero, ci sentivo malissimo sott'acqua e non ci sentivo molto bene nemmeno fuori dall'acqua, ma ciò che captavo era sufficiente per non starmene lì come un perfetto idiota; altrimenti, non avrei neppure ottenuto il lavoro.

«Quale lavoro? Be', quello di diventare cetaceo. Un animale da compagnia esposto di continuo al rischio dello sterminio, una via di mezzo tra il sushi e l'oggetto di culto. Piacere, Pachiceto, cetaceo primitivo.

«*Bau!*»

Naturalmente non è possibile ricondurre con certezza la nascita di tutti i cetacei al pachiceto, proprio come la diffusione dei rettili non si deve soltanto all'allegro Mr Anfibius che, un giorno, ha raggiunto la riva con la sua andatura barcollante. Nel diario dell'evoluzione, alla voce «mammiferi marini», compare tuttavia una prima annotazione che descrive un piccolo mammifero terrestre il cui orecchio (ancora munito di padiglione auricolare) inizia pian piano a adattarsi alle condizioni della vita sott'acqua. Il pachiceto possiede un orecchio interno pieno di liquido e un timpano oltre il quale l'orecchio esterno se ne sta all'asciutto, perciò dispone di un tipico apparato uditivo da creatura terrestre. Se l'acqua entra nel canale uditivo esterno, preme contro il tamburo e lo tende per impedirgli di trasmettere le onde sonore all'interno. Ma il pachiceto ha imparato a percepire i rumori sott'acqua attraverso le ossa del cranio. Una tipica soluzione di ripiego. In realtà, questo poveretto sa fare un po' di tutto, ma non fa niente davvero bene. Capta le onde subacquee, ma a fatica, e fuori dall'acqua sente in prevalenza le frequenze basse. Nuota discretamente, strisciando attraverso paludi e foci fluviali alla ricerca di nutrimento, ma non è un corridore molto abile. Con tutta la buona volontà, non si può parlare di cetaceo nemmeno osservandone l'aspetto esterno. Abbiamo piuttosto l'impressione che il lupo di Cappuccetto Rosso ci mandi i suoi saluti dopo essersi fatto una bella doccia col tubo per innaffiare il giardino.

Un'occhiata dentro il muso allungato rivela tuttavia denti con una disposizione già simile a quella degli attuali odontoceti e la coda, lunga come quella di un ratto, promette almeno vagamente di trasformarsi, un giorno, in una pinna caudale.

È impossibile stabilire con certezza assoluta quand'è vissuto il pachiceto. Con molta probabilità, si è sviluppato tra i 52 e i 48 milioni di anni fa. Come sempre, il mondo è in movimento. L'Australia si accomiata una volta per tutte dall'Antartide e cerca acque più calde. L'India cozza contro l'Asia, una collisione che genera l'altopiano tibetano. L'oceano Tetide si restringe sempre di più, tramutandosi in una fila di mari poco profondi e di bacini chiusi in cui, ogni tanto, si avventura qualche creatura terrestre. Alcuni di quegli animali amano mangiare il pesce.

Oggi, i biologi molecolari e i morfologi litigano per stabilire con chi sono imparentati i cetacei. I secondi indicano come antenati i mesonichidi, un gruppo di ungulati estinti, mentre i primi riconoscono autentici zii e zie negli ippopotami contemporanei. Alcune ossa rinvenute di recente in Pakistan sembrano dar ragione ai biologi molecolari. Per certo sappiamo che nemmeno i cetacei primitivi sono nati da un unico ceppo, bensì hanno conosciuto più sviluppi paralleli.

Il fossile più antico da cui traiamo queste conclusioni è un frammento di mandibola, il cui proprietario è vissuto 53 milioni e mezzo di anni fa nell'Himalaya meridionale, fatto che ha conferito a quella creatura il nome impronunciabile di *Himalayacetus subathuensis* (i morti non possono difendersi). Ma non tutti gli studiosi ritengono che il cetaceo himalayano della formazione di Subathu sia davvero l'antenato di tutti i cetacei e appartenga alla famiglia del pachiceto.

Anche l'*Ambulocetus* giudicherebbe con scetticismo la sua denominazione (« balena che cammina »). Probabilmente compare solo mezzo milione di anni dopo il pachiceto, ma non ne è un discendente diretto, bensì un cugino. Coi suoi 4 metri di lunghezza, fa senza dubbio bella figura. Il suo aspetto esteriore non ricorda tanto un lupo quanto Falcor, il Fortunadrago, dopo una tosatura completa. Se non avete letto *La storia infinita* di Michael Ende, immaginate un incrocio tra una lontra e un coccodrillo. L'animale nuota come una lontra e, in modo simile a un coccodrillo, si ripara dalla calura subtropicale restando disteso sulle rive di un lago o in acque poco profonde, in modo che spuntino fuori soltanto gli occhi, molto rialzati. È forse questo uno dei motivi che spiegano il passaggio di alcune creature dalla terra all'acqua, che, oltre a garantire un menù più vario, offre anche nuove opportunità di mimetizzazione.

Per essere potenziali vittime dell'*Ambulocetus*, avreste dovuto avvicinarvi parecchio alle sue acque. Le sue zampe, troppo lunghe e palmate, non sono adatte agli inseguimenti. Ecco perché conduce una vita contemplativa, in paziente attesa.

Aspetta voi.

Siete arrivati ieri con un gruppo di viaggiatori del tempo e avete appena raggiunto questo lago. Grossi insetti strisciano sopra l'acqua liscia, alcuni ronzano, altri canticchiano in modo stridulo. Nella boscaglia poco distante, un ragno operoso è impegnato a impacchettare tra i suoi fili una rana imprudente. Gli uccelli canori organizzano uno splendido concerto tra gli alberi. Un paio di piccole antilopi gironzolano, dimenticando l'attacco del *Gastornis*, un enorme uccello corridore, il cui becco a forma di scure ha appena spezzato la spina dorsale a una delle loro amiche. Tutti si danno un gran daffare; solo l'*Ambulocetus* sta in agguato, immobile, nascosto per metà nell'acqua e per metà tra le alte canne della riva. Un sottile velo di nebbia aleggia sopra il lago e il tanfo della vegetazione putrefatta riempie l'aria. Avete un caldo terribile. La vostra spedizione ha camminato per tutta la mattina e, a poco a poco, la vostra attenzione ha un calo. Non vedete l'*Ambulocetus*.

E neppure lui vi vede.

Siete ancora troppo lontani. Ma, in compenso, vi sente, benché abbiate fatto il possibile per non essere rumorosi. Con la mandibola appoggiata al terreno, l'animale registra anche la minima scossa. Per lui, i vostri passi riecheggiano, come se steste ballando la polka, cantando a squarciagola. Il colore marrone del suo pelo corto da lontra si confonde col fango, tanto che non vi accorgete della sua presenza nemmeno quando siete lì lì per inciampare su di lui. Il naso scuro e munito di vibrisse si muove, aspirando il vostro odore. Ancora un metro e sarete abbastanza vicini perché lui si catapulti in avanti con un salto poderoso, vi afferri e vi trascini nel lago, dove vi terrà sott'acqua finché non smetterete di agitarvi. Quindi, per divorarvi, vi riporterà all'asciutto. Deve queste belle maniere al mammifero terrestre che è in lui.

Ma nel preciso momento in cui i suoi muscoli si tendono e l'animale raccoglie le forze per il grande balzo, il capo della spedizione vi chiama per la pausa caffè.

Accettate l'invito con gratitudine, arrancando nella direzione opposta, senza rendervi conto che un frustratissimo *Ambulocetus* si lancia in avanti e sbatte il mento nel fango, proprio tra le vostre orme. Quando vi voltate di nuovo, è già sparito nel lago con una rapida rotazione del corpo, tornando subito a immergersi. Se poteste vederlo nuotare, seguendo i movimenti ondulatori del suo tronco, vi stupireste di tanta eleganza. Il suo stile vi rammenterebbe senza dubbio quello di una balena. Invece state sorseggiando un caffè. Il caffè non fa benissimo, ma stavolta vi ha impedito di fare una brutta fine.

Ogni anno, nel *bush* australiano, i coccodrilli catturano e uccidono parecchi uomini in maniera pressoché identica. In Africa, gli animali intenti ad abbeverarsi vengono aggrediti all'improvviso e trascinati sotto la superficie. Un documentario particolarmente interessante mostra tuttavia che qualcosa può andare storto per il predatore. Difficilmente la giraffa dimenticherà il giorno in cui, dopo aver piegato il lungo collo e accostato le labbra all'acqua, due robuste mascelle le si sono chiuse intorno alla testa. Ma, come rivelano le immagini, quella volta il coccodrillo ha preso una bella cantonata. Perché la giraffa atterrita si è rialzata di scatto, tirando fuori dall'acqua lo stupido coccodrillo e scagliandolo in cima a un albero. Quindi la giraffa se l'è cavata con un po' di sangue dal naso, mentre il coccodrillo è rimasto bloccato tra i rami, costretto a chiedersi come tornare nel lago. Piccolo quiz: i coccodrilli possono volare? Risposta: in linea di massima, sì.

Avete notato com'è rigogliosa la natura di 50 milioni di anni fa? Che cos'è successo dopo la devastante caduta della cometa? Semplice. Ciò che succede sempre: la vita riprende.

Dopo il disastro, Miss Evoluzione inizia a lavorare al Terziario, l'età moderna della Terra. Forse, per qualche tempo, si sarà domandata se valesse la pena di far riacquistare le forze ai dinosauri, ma, se avesse deciso di sì, avrebbe dovuto reinventarli. Si sono salvati varani, lucertole, un paio di piccoli rettili e anche alcuni coccodrilli. Devono bastarle. Dopotutto le urla incessanti del T-Rex affamato e dei suoi compagni le hanno dato parecchio sui nervi. I mammiferi sembrano molto più educati e non sono così grandi da essere poco maneggevoli. Inoltre saltano fuori parecchi lavori di giardinaggio. Miss Evoluzione si rimbocca le maniche. Un milione di anni dopo la caduta della cometa, ha rimboschito la foresta pluviale equatoriale in alcuni punti, rendendola più lussureggiante e più ricca che mai di specie. In altre regioni della Terra, la convalescenza dura un po' più a lungo, ma anche lì ricominciano a spuntare felci, conifere e piante da fiore. Queste ultime, che sembrano quasi aver aspettato il loro debutto in società, si sviluppano in tutto il loro splendore: frutta e ortaggi prosperano ovunque. A questo punto, la vita non può far altro che guarire. All'inizio dell'Eocene, l'epoca compresa tra 55 e 34 milioni di anni fa, gli artiodattili e i perissodattili già saltellano in vaste regioni, moltiplicandosi a un ritmo velocissimo senza l'interferenza dei dinosauri. Gli uccelli e i mammiferi, in un primo momento ancora di piccole dimensioni, generano via via specie sempre più grandi e moderne.

Alla fine dell'Eocene, il clima è mite, in parte subtropicale. Dove non spuntano le foreste, si allargano prati, paludi e savane. La vita è felice di adattarsi a tutte queste circostanze, perciò compaiono maiali, tapiri, ippopotami, pipistrelli e i primi gatti, seguiti da volpi, castori, cammelli, cavalli in miniatura, prototipi di lupi, orsi e cervi nonché buffe giraffe dal collo corto, iene e tigri dai denti a sciabola, che si moltiplicheranno nell'Oligocene e nel Miocene. Nel Pliocene, il periodo terminato 5 milioni e 300.000 anni fa, gli elefanti arrancano già attraverso l'Eurasia. L'evoluzione non è parsimoniosa neppure con le rane, i topi, i serpenti e i ratti. Lo spazio aereo appartiene agli uccelli e la terra, come al solito, ai microbi e agli artropodi.

Quando il pachiceto e l'*Ambulocetus* muovono i primi, esitanti passi nell'acqua, la vita si è ormai ripresa anche nel mare, sebbene i capricci della natura l'abbiano intralciata di continuo. Solo 10 milioni di anni dopo la caduta della cometa, fino a 2000 miliardi di tonnellate di metano raggiungono l'acqua e l'atmosfera in seguito a una reazione a catena di riscaldamento e slittamenti sottomarini. Interi mari muoiono, e oltre due terzi dei foraminiferi, organismi unicellulari che vivono in gusci calcarei sui fondali oceanici, si estinguono. Il clima muta ancora. Gli abissi marini diventano temporaneamente una zona di morte. Le vecchie correnti fredde trasportano acqua a 15 °C, mentre specie del tutto nuove affiorano negli strati più superficiali. L'aumento globale della temperatura richiede circa 3000 anni e ne occorrono altri 120.000 prima che le condizioni tornino a essere più o meno equilibrate.

Più o meno 47 milioni di anni fa, i cianobatteri prendono

quindi il sopravvento e liberano grandi quantità di microcistina, un veleno che si rivela fatale per le specie animali acquatiche e terrestri. Anche oggi è sconsigliabile bere l'acqua in cui i cianoterroristi producono la loro schiuma tossica, perché chi la consuma perde subito i sensi e muore, o almeno ci va molto vicino. All'epoca, non periscono soltanto le creature acquatiche, ma anche gli uccelli e i pipistrelli - che di solito bevono un goccetto durante i voli in picchiata - devono abbassare immediatamente le ali.

Comunque, alla fine, la vita conosce uno sviluppo irrefrenabile anche nell'acqua. Alcuni ritrovamenti pakistani dimostrano che i cetacei primitivi si sono adattati sempre meglio al loro nuovo elemento. Si riconoscono ancora gli artiodattili, benché il collo sia scomparso, in modo che la testa e il tronco si fondano per costituire infine un'unità rigida e compatta. Col tempo, la coda si trasforma in una pinna caudale, le zampe posteriori si accorciano mentre quelle anteriori si allargano fino a diventare alette simili a quelle dei flipper. Mentre le zampe posteriori perdono di significato, la coda, che in origine era uno strumento di guida, diventa sempre più importante come organo di propulsione. Alcuni cetacei primitivi non sono più grandi di una lontra, mentre altri raggiungono lunghezze di vari metri.

Diamo un'occhiata al mondo di 34 milioni di anni fa.

L'Antartide ha abbandonato definitivamente i contatti con la terraferma, scegliendo il Polo sud come fissa dimora. D'ora in poi, sarà oggetto di una glaciazione perenne e soltanto forme di vita singolari come i pinguini e i ricercatori riusciranno a sopravviverci. Qui il mago Sabbiolino* non viaggia leggero, perché la notte dura sei mesi. Più avanti, impareremo a conoscere meglio il sesto continente. Ora strofiniamoci gli occhi e

* Personaggio dell'immaginario popolare di alcuni Paesi occidentali, il mago Sabbiolino si trascina dietro un sacco di sabbia che poi sparge sugli occhi dei bambini che non vogliono dormire oppure, secondo altre versioni, sugli occhi delle persone addormentate per farle sognare. È anche il protagonista del racconto *Der Sandmann* di E.T.A. Hoffmann (1817). (*N.d.T.*)

meravigliamoci osservando la metamorfosi dei lupi fradici che, nell'Eocene, sognano Moby Dick.

La macchina del tempo ha fatto scendere la vostra spedizione nell'Oligocene, l'epoca dei biotopi aperti. In questo periodo, le foreste si ritirano, ampie porzioni di terra si tramutano in steppe e le temperature scendono. Comincia a esserci posto per gli animali di grandi dimensioni, che non hanno potuto svilupparsi bene nel folto della giungla. Dopo il crollo dei ponti terrestri fra i continenti, la vita prende direzioni differenti nelle varie regioni del mondo, ma quasi ovunque sfrutta la nuova libertà di crescita.

Eccovi arrivati. Volete dire buongiorno all'*Ambulocetus*, ma nessuno lo vede da un'eternità. Se chiedete indicazioni, alcuni opossum, esperti del posto, vi mandano sulla riva del mare, dove si frangono le onde dell'oceano Tetide o, meglio, di ciò che resta di quella distesa un tempo sterminata. L'*Ambulocetus* ha lasciato il suo stagno per trasferirsi in lande più profonde. Guardate l'acqua con espressione meditabonda. Come starà quell'esuberante piedipiatti? Ha cercato di divorarvi, certo, ma come serbargli rancore? Incuriositi, muovete qualche passo nell'acqua bassa, e all'improvviso il suolo cede e il mare si richiude sopra di voi. Vi sentite mancare la terra sotto i piedi e vi lasciate prendere dal panico. Be', è tutta colpa vostra, amici miei. Il capo della spedizione non vi ha forse sconsigliato di allontanarvi dal gruppo? Sprofondate sempre di più, agitando le mani e dimenandovi con foga per tornare in superficie. Davanti ai vostri occhi danzano bolle d'aria oltre le quali il vostro sguardo si perde nel verdazzurro di quel cosmo sfocato.

Un cosmo che si oscura d'un tratto.

Vi stupite di riuscire a restare in equilibrio poco sotto la superficie. La curvatura della vostra cornea non è fatta per vedere bene sott'acqua, eppure scorgete qualcosa di enorme che viene nella vostra direzione. Una testa allungata che ricorda quasi un serpente, due pinne pettorali seguite da un corpo conico di proporzioni colossali che sembra non voler finire mai. Giurereste di aver visto quel gigante che rotea gli occhi, vi squadra e si domanda se siete commestibili. Nella bocca semiaperta, i molari tondeggianti sono allineati dietro zanne coniche. Evidentemente non avete l'aspetto di un boccone molto appetitoso. L'animale vi passa accanto, il dorso punteggiato di macchie scure e la pancia chiara, abbastanza grande da contenere diverse utilitarie. Infine distinguete una pinna caudale che si alza e si abbassa lentamente; poi la creatura si allontana, confondendosi con l'acqua torbida.

Affascinati, vi affrettate a uscire dal mare, vi riempite d'aria fresca i polmoni affaticati e fate in modo di tornare a riva. Quel Leviatano doveva essere lungo più di 18 metri. Quando, gocciolanti e ancora senza fiato, tornate dai vostri compagni di viaggio per raccontare la vostra avventura, scoprite di aver appena rincontrato l'*Ambulocetus*. Il ragazzo è solo cambiato un po' nel corso di milioni di anni, trasformandosi in un *Basilosaurus*, il più grande e pericoloso predatore marino della sua epoca.

A differenza del pachiceto e dell'*Ambulocetus*, il *Basilosaurus* si è perfettamente adattato al mare. Nel frattempo, i cetacei hanno imparato a sentirci benissimo sott'acqua e devono ancora affinare solo l'orientamento via sonar. Il prezzo da pagare per quelle nuove capacità è la perdita dell'udito all'aria aperta, che il *Basilosaurus* respira senza più prendere in considerazione le visite sulla terraferma, dove non riuscirebbe a sopravvivere. Gli sono rimasti soltanto minuscoli moncherini delle estremità posteriori, appena visibili e utili soltanto per tenere in posizione stabile il partner durante l'attività sessuale. La posizione del *Basilosaurus* è molto diversa da quella del missionario: gli amanti si dispongono verticalmente in mare aperto, pancia contro pancia, le teste allungate verso la superficie. Coi loro 20 metri di lunghezza, i maschi sono un po' più grandi delle femmine, che raggiungono i 15 metri.

A parte questo, ci sono altre caratteristiche da esaminare con stupore, soprattutto le particolarità della corporatura, perché un *Basilosaurus* è un cetaceo (e non un sauro, come farebbe credere il nome), ma ha i denti di un predatore terrestre e ricorda un serpente di mare ingrassato o una murena gigantesca. I cetacei hanno proporzioni diverse, con la testa che occupa la maggior parte del corpo, superando addirittura un terzo della lunghezza complessiva nel caso del capodoglio. Nel *Ba-*

silosaurus, il tratto compreso fra la nuca e la pinna caudale misura otto volte la lunghezza del cranio.

Non sappiamo bene come si sposta. Essendo un autentico cetaceo, dovrebbe avanzare alzando e abbassando la coda, ma la forma allungata induce a pensare piuttosto a un placido movimento strisciante. Forse fa entrambe le cose, a seconda dell'umore. Gli scienziati hanno scoperto che quei giganti erano esposti agli attacchi dei parassiti come le attuali balene. I pidocchi di mare e i cirripedi si attaccano dunque alla loro pancia enorme, cosa che il *Basilosaurus* non gradisce. Non possedendo mani per togliersi di dosso quei rompiscatole, scende sino in fondo al mare e si sfrega contro colonie di nummuliti, grandi organismi unicellulari chiusi in gusci calcarei. Deve contorcere l'enorme corpo come se fosse un serpente... uno spettacolo straordinario, soprattutto pensando al modo in cui quell'animale striscia. Il *Basilosaurus* non è il primo a essere nato piccolo, ma nessuno ha raggiunto le sue dimensioni. Nulla gli fa paura. Persino lo squalo *Isurus*, un antenato dello squalo bianco, lo attacca solo nei momenti di fame atroce, correndo sempre il rischio di diventare lui stesso il piatto del giorno. Grandi pesci, foche, piccoli di sirenidi, cefalopodi e piccoli cetacei del genere *Dorudon*... tutto scompare nella bocca di quel gigante perennemente affamato, che non disdegna nemmeno i gustosi animali terrestri.

Ma il *Basilosaurus* non aveva rinnegato la terraferma?

Sì, ma l'hanno fatto anche le orche, che si aggirano davanti alle coste del Sudamerica e catturano i giovani leoni di mare direttamente sulla riva. Un simile attacco è uno spettacolo inimmaginabile: sembra infatti che sia il mare stesso a prepararsi a un'aggressione. Un'immensa montagna d'acqua spumeggiante si solleva proprio dietro il piccolo leone di mare, un'onda in cui si distingue una sagoma nera, che si spalanca, rivelando candidi denti bianchi e conici davanti a una gola rosa. La preda, scagliata in aria in un inferno di sangue e spruzzi, piomba nell'acqua più profonda, ruggendo attonita per il dolore; l'orca si volta con un unico movimento, la afferra e scompare tra i flutti.

Benché questi attacchi siano raccapriccianti, rappresentano

soprattutto un rischio mortale per l'aggressore. Se l'orca commette un errore di valutazione, non ha più energie sufficienti per tornare in mare, perciò si arena e muore. Nel caso del *Basilosaurus*, succede quasi la stessa cosa. L'appetito sfrenato conduce pure lui nelle lagune e lungo i corsi dei fiumi.

Non è rimasto granché della distesa sterminata dell'oceano Tetide, che separa ancora l'Africa e l'India dall'Eurasia, certo con una distanza in notevole diminuzione. In compenso, le sue acque allagano alcune regioni pianeggianti e attirano la vita nei caldi mari di piattaforma, le cui propaggini si diramano tra fiumi e paludi di mangrovie. Un orsetto ignaro che sguazza nell'acqua poco profonda può dunque cadere vittima del *Basilosaurus*. Fin troppo spesso, però, è il gigante ad avere la peggio. I serpenti marini lunghi 15 o 20 metri dovrebbero restarsene negli abissi. Ebbene: i fiumi dell'Oligocene non erano paragonabili alla Mosella o al Reno. Le lagune e i corsi d'acqua brulicano di ogni specie di esseri viventi. Un uccello che vuole attraversare la strada d'acqua e non riesce a raggiungere il boschetto lì di fronte s'imbatte negli schizzi della città degli squali, delle balene e dei coccodrilli.

Coi suoi bacini, con le sue lagune, le sue insenature e le sue correnti ricche di sostanze nutritive, il caldo oceano Tetide svolge un ruolo fondamentale per lo sviluppo dei cetacei. Ma naturalmente tutto ha una fine. I continenti si avvicinano ancora di più, le masse di terra arabe si fondono con l'Eurasia e la punta nordoccidentale dell'Africa si accosta alla Spagna. Nuove correnti marine provocano una diminuzione delle temperature. Oggi, molti cetacei prediligono il freddo, ma quelli primitivi erano così sensibili a esso che morirono battendo i denti. È ciò che accade quando non si hanno nemici naturali. Un nemico c'è sempre. La natura.

Tuttavia Miss Evoluzione è comprensiva con quegli esseri giganteschi. Le viene addirittura in mente di sposare i più piccoli coi più grandi; nei gelidi mari meridionali, i piccoli sono già, a modo loro, i più grandi e il plancton è disponibile in enormi quantità. Così Miss Evoluzione inventa nuovi cetacei privi di denti, ma dotati di baffi per filtrare i microrganismi presenti nell'acqua. Anche gli odontoceti continuano a esistere, motivo per cui oggi possiamo godere della compagnia di orche, capodogli e delfini. Per ottenere questo risultato, il *Basilosaurus* deve cedere il campo dopo 15 milioni di anni: in termini geologici, quindi, non è rimasto in circolazione molto a lungo.

Eppure ha resistito 9 milioni di anni in più di quanto abbia fatto l'uomo finora.

Il giorno in cui il mare scomparve

Corsica. Un'isola da sogno nel Mediterraneo. Scorci pittoreschi, spiagge pulite e coste rocciose con scale che scendono fino a insenature cristalline. Avete fatto colazione, avete chiacchierato un po' coi proprietari dell'accogliente hotel in cui alloggiate e avete prenotato un tavolo per la sera da Nico, la cui *bouillabaisse* gode di una fama leggendaria. Vi sentite ancora un po' insonnoliti. Ma davvero ieri sera vi siete scolati *due* bottiglie di vino della casa? Mah, chi se ne importa. È stata una notte limpida e stellata e poi avete il mare a due passi. Una nuotata e il cervello si snebbierà.

Con calzoncini e col telo da mare, passeggiate sotto gli alberi, diretti verso la scaletta di legno che conduce zigzagando fino alla spiaggia rocciosa. Tra poco la vegetazione si diraderà, permettendo al vostro sguardo di spaziare sul mare incontaminato sotto la luce mattutina. Vi tufferete nella fresca acqua verdazzurra e riuscirete a vedere il fondale, dove banchi di minuscoli pesci rosicchiano le alghe dagli scogli. Poi potrete sonnecchiare per un'oretta al sole, oppure leggere qualche pagina di un bel libro, quindi...

Vi fermate di botto.

Dove prima c'era il mare, adesso si allarga una ripida distesa di detriti che digrada in terrazze fino a un bassopiano quasi infinito. Sconcertati, fissate laghi, deserti, foreste e lunghe catene collinari. Non vi trovate più su un'isola, bensì su un altopiano frastagliato, a un'altitudine di almeno 2500 metri. La regione che state guardando ha le dimensioni di un'intera nazione. A nord-ovest, tra la foschia, scorgete varie sagome indistinte e, tra queste, si erge il fronte di un'enorme montagna. A sud-ovest, appena visibile in lontananza, un altopiano a forma di cono spunta dalla pianura. Restate immobili con gli occhi sbarrati, e vi chiedete chi diavolo abbia tolto il tappo durante la notte. Quando vi voltate, il vostro hotel non c'è più. Nessuna traccia di civiltà, soltanto un paesaggio lussureggiante, il ronzio nervoso degli insetti e un fruscio nel sottobosco. Un sole inclemente dardeggia nel cielo e la paura vi attanaglia.

Scusate, ma mi sono preso la libertà di riportarvi indietro di 5 milioni di anni.

Il fatto che le forme di vita vadano e vengano non è una novità. Ma la storia dei mari non coincide con quella della vita che si modifica o scompare. Anche interi mari possono sparire, perché le masse di terra si avvicinano tra loro e si uniscono, oppure semplicemente perché l'acqua evapora. La storia del Mediterraneo, per esempio, è la storia dell'oceano Tetide. L'immenso oceano che, all'inizio del Mesozoico, separava il Laurasia dal Gondwana nel Pangea orientale si è ristretto sempre di più a causa dei movimenti continentali, per diventare alla fine soltanto l'ombra di se stesso. Le Alpi e l'Atlante hanno assunto la loro forma attuale. L'oceano Tetide ha cessato di esistere nella sua estensione originaria al più tardi quando il Vicino Oriente, l'Africa e l'India si sono saldati. È rimasto un mare tra la costa africana settentrionale e un'Europa quasi identica a quella odierna. A ovest, due punte di terra confinanti hanno creato lo stretto di Gibilterra. Il fondo del Mediterraneo è stato soggetto a continui mutamenti; è stato inghiottito, compresso e squarciato finché lo stretto tra il Marocco e la Spagna non si è provvisoriamente chiuso, dividendo ciò che rimaneva dell'oceano Tetide dall'Atlantico.

Nel 1985, Henri Cosquer, un sub professionista di Cassis, ha scoperto l'accesso a una grotta situata a 37 metri di profondità al largo di Marsiglia. Dopo essere entrato, ha notato che, all'interno, la caverna saliva verso l'alto. La speleologia subacquea è un'attività rischiosa. Verso la metà degli anni '90, nello Yucatán, ho avuto l'opportunità di esplorare un sistema labirintico di grotte che, con le loro stalattiti e stalagmiti, penetravano per diversi chilometri nell'entroterra. Ogni tanto, si aprivano in cupole, gli unici punti in cui si potesse riemergere. Laggiù l'atmosfera è indescrivibile. Il sole filtra attraverso il terreno, rischiarando l'acqua con lame di luce. Le cupole offrono ospitalità a schiere di pipistrelli che pendono dal soffitto, indifferenti ai sub che chiacchierano e riprendono fiato. Si ha la sensazione di scivolare su vetro levigato.

Nella maggior parte dei casi, si attraversano corridoi in cui l'unica luce proviene dalla torcia dell'elmetto, il cui raggio illumina come per magia le bizzarre sculture nascoste nell'oscurità, vere e proprie cattedrali di calcare. Si avanza con lievi colpi di pinna, sempre attenti a non restare impigliati da qualche parte. I pionieri delle caverne hanno segnato i percorsi con sagole di nylon colorate che il visitatore può seguire... ma, per farlo, ovviamente bisogna *vederle*. L'incubo dello speleologo subacqueo è dunque l'eventualità che la sua torcia si spenga. Al buio, c'è sempre la possibilità di aggrapparsi alle corde, ma chi non le trova (o ne spezza una) riuscirà a uscire soltanto con l'aiuto di una fortuna sfacciata. A quel punto, l'unica cosa da fare è raggiungere una delle cupole vicine e aspettare che arrivi una squadra di ricerca.

Nello Yucatán eravamo in tre: io, un giovane canadese e un indio che fungeva da guida. Dopo due ore – avevamo imboccato la strada del ritorno già da un po' –, la torcia del canadese, rimasto indietro di alcuni metri per scattare qualche fotografia, si è spenta all'improvviso, lasciandolo nell'oscurità più completa. Dopo che i suoi occhi si erano abituati al buio, lui ci ha visto, ma ormai era in preda al panico e ha tentato di riemergere: un'impresa impossibile, perché ci trovavamo in un corridoio totalmente invaso dall'acqua. Ha urtato contro il soffitto ed è andato in iperventilazione, agitando freneticamente braccia e gambe. Alla fine, unendo le forze, io e la guida siamo riusciti a tranquillizzarlo, e l'indio gli ha sostituito la lampadina. Poi ci siamo diretti all'uscita senza ulteriori indugi.

Henri Cosquer ha dunque dato prova di grande coraggio quando ha esplorato la caverna nel 1985, perché allora non c'era nessuna corda che lo aiutasse a orientarsi. Il sistema si allunga per 150 metri verso l'interno: è una sorta di tubo angusto che finisce in una grotta mezza piena d'acqua. Cosquer ha proceduto con la prudenza necessaria, visitando la caverna più volte, e ha lavorato con meticolosità, esaminando il corridoio tortuoso e la camera confinante, senza però capire subito in cosa si era imbattuto. Soltanto sei anni dopo, il flash della sua macchina fotografica ha rivelato le impronte di alcune mani, tracce di dita e disegni scarabocchiati con l'argilla. Sulle pareti rocciose, qualcuno aveva dipinto cavalli, cervi, stambecchi e qualcosa d'indecifrabile, che ricordava un incrocio tra una foca e un pinguino. Cosquer era incappato nella sala espositiva di alcuni artisti dell'età della pietra, che avevano lasciato le loro opere laggiù 27.000 anni prima e 19.000 anni prima. Ha dunque visto un totale di 125 immagini, in parte disegni a carboncino e in parte incisioni nella roccia, che facevano rivivere un periodo iniziato prima dell'ultima glaciazione. E ne ha dedotto che dovevano esserci state altre opere d'arte, poi distrutte dall'acqua.

La conclusione era ovvia. Quando la grotta era abitata, di certo era raggiungibile « a piedi asciutti ». L'esame delle carote e dei campioni di roccia ha indicato che, all'epoca, la costa si allungava per un'altra decina di chilometri nel mare e che quest'ultimo era più basso di circa 120 metri rispetto a oggi. Evidentemente il livello dell'acqua nel Mediterraneo ha subito notevoli oscillazioni.

Nel 1970, la nave oceanografica *Glomar Challenger* ha estratto alcune carote dal Bacino algerino-provenzale per determinare l'entità di quelle variazioni. È stato così possibile riconoscere strati di sale e gesso dello spessore compreso tra i 2 e i 3 chilometri, chiari indizi che il mare preferito delle nostre vacanze non soltanto si è abbassato e rialzato in più occasioni, ma si è anche prosciugato completamente diverse volte.

La spiegazione è racchiusa nel suo isolamento, nella mancanza di grandi sistemi di correnti che garantiscano uno scambio costante d'acqua. Il Mediterraneo riceve nuova acqua solo tramite lo stretto di Gibilterra, un dono atlantico da cui dipende la sua esistenza. La sua superficie, infatti, evapora a causa del clima mite e, poiché il sale non fa altrettanto, l'acqua rimasta diventa più pesante e affonda. L'Atlantico colma il dislivello, ma, se lo stretto di Gibilterra si chiudesse, il livello del mare scenderebbe sempre di più, l'acqua diventerebbe sempre più salata e nel giro di 2000 anni resterebbe soltanto un deserto costellato di laghi di salamoia, da cui isole come la Corsica e la Sardegna si protenderebbero verso il cielo per chilometri. Il ripido fronte montuoso a nord-ovest che vedete dal vostro punto di osservazione rialzato è la costa francese, naturalmente. Nizza e Cannes si tramuterebbero in villaggi sperduti e le spiagge delle Baleari chiuderebbero, perché l'arcipelago susciterebbe tutt'al più l'interesse di un discepolo di Reinhold Messner.

Sì, guardate con più attenzione. Quel cono roccioso che si distingue in lontananza è Maiorca.

Se prima i fiumi si riversavano dalla terraferma al mare, ora cadono verso il basso come immense cascate, scavando profondi canyon nei pendii prima di evaporare. Vari sedimenti raggiungono così il deserto salato: humus, detriti e sabbia alluvionale colorata. Con l'andare del tempo, le piante più resistenti proliferano e alcuni animali scendono nella pianura, popolando il fondale del mare scomparso. Tuttavia non si può certo dire che le condizioni siano favorevoli alla vita, anzi il prosciugamento si accompagna a una grande moria di specie, perché tutto ciò che nuota si ritrova improvvisamente all'asciutto. Ecco perché uno strato di sedimenti contenuto nelle carote della *Glomar Challenger* è costituito quasi esclusivamente da resti di organismi unicellulari planctonici.

Questo scenario ha ispirato uno splendido romanzo di Wolfgang Jeschke, uno scrittore di fantascienza. Nel libro di Jeschke, dato che sotto il fondale marino si trovano enormi riserve di petrolio, i soldati americani tornano nel Pliocene a bordo di una macchina del tempo col compito di pompare l'oro nero verso l'Europa, mediante giganteschi oleodotti. Stupidamente gli arabi hanno la stessa idea e ciò conduce a uno scontro nucleare preistorico che devia lo sviluppo dell'umanità lungo percorsi alternativi. Una delle trovate più geniali del romanzo è il fatto che, alla fine, uno dei due avversari fa saltare in aria lo stretto di Gibilterra rimarginato. L'acqua dell'Atlantico si riversa nel bacino prosciugato sotto forma di una cascata di proporzioni inimmaginabili, riempiendo nuovamente una superficie di circa 3 milioni di chilometri quadrati nel giro di un secolo.

È proprio quello che accade mentre, pallidi come cenci, fissate il deserto dai colori pastello col telo di spugna sotto il braccio.

A distanza di molte centinaia di chilometri scrosciano un miliardo e 75.000 tonnellate d'acqua atlantica al secondo. Ma nessuno ha fatto saltare in aria niente. Nel corso di milioni di anni, l'Atlantico ha premuto così tanto contro la diga che essa, alla fine, è crollata. Il Mediterraneo si riempie, e voi – abracadabra! – vi ritrovate nell'età moderna. La paura svanisce. Davanti ai vostri occhi si allarga il mare scintillante e familiare.

Tirate un sospiro di sollievo.

È stato solo un sogno? Certo. Un brutto sogno. Ma dai, come se il Mediterraneo potesse prosciugarsi! Scuotendo la testa, vi tuffate, vi godete una bella nuotata, riprendete fiato, vi scrollate, vi scostate i capelli bagnati dalla fronte e decidete con gioia di tornare il prossimo anno.

Mentre riguadagnate la riva, gocciolando, lo stretto di Gibilterra rimpicciolisce impercettibilmente.

È così che funziona. Ciò che si chiude si apre. Ciò che si apre crolla. Al momento, il passaggio dell'Atlantico si restringe pian piano. Si formano depositi che si fondono e deviano l'acqua indispensabile per il Mediterraneo. Già ora, la quantità d'acqua mediterranea che evapora supera quella ceduta dall'Atlantico e la concentrazione di sale può raggiungere il 38 per mille, un valore elevato. Quasi tutti gli indizi fanno pensare che lo stretto si richiuderà. A quel punto, si condenseranno 70 milioni di tonnellate d'acqua al secondo senza che l'Atlantico possa più intervenire. Il livello del mare scenderà di quasi un metro l'anno, finché il nostro Mediterraneo non si prosciugherà di nuovo.

Ma non importa. Potete prenotare comunque le vacanze dell'anno prossimo. Anzi, di questo passo, non avrete difficoltà a programmare le ferie per altri 2 milioni di anni.

La morte di un killer

Ha fame, ma il tempo in cui riusciva a mangiare non appena gli veniva appetito è ormai un ricordo nebuloso. Non che il cibo manchi. Tuttavia più lui s'indebolisce e più fatica a procurarselo; così, alla fine, gli rimane soltanto la forza della disperazione.

Una forza che, comunque, è costata la vita a un delfino. Ma anche quell'episodio risale a parecchio tempo prima e l'incontro non ha avuto un esito proprio fortunato. Un intero branco ha avuto la sfacciataggine di attaccarlo. Chissà che cosa gli era preso... Magari voleva proteggere i piccoli o qualche preda che non intendeva spartire. In ogni modo, i delfini gli si erano lanciati contro e avevano iniziato a conficcargli i loro musi appuntiti nel ventre, forse anche perché avevano avvertito la sua debolezza. In passato, attaccare un megalodonte adulto sarebbe stato pura follia. E lui forse era malato, ma era comunque uno squalo lungo 16 metri. Nonostante ciò, i delfini lo avevano aggredito. Lui però era riuscito ad afferrarne uno, dilaniandolo con pochi morsi, col risultato di mettere in fuga gli altri. Ma la preda gli aveva dato del filo da torcere. Da quel momento, il vecchio megalodonte non è stato più così agile. Ogni rotazione verso sinistra gli causa fitte di dolore e persino l'oscillare ritmico del suo corpo quando lui fiuta qualcosa gli crea difficoltà.

Si trascina lentamente attraverso il mare blu intenso, aspettando che i suoi sensi sviluppatissimi captino un segnale di speranza. A 51 anni, è uno squalo in età abbastanza avanzata, ma il suo apparato sensoriale funziona ancora alla perfezione. A eccezione degli occhi, forse, ma quelli non sono mai stati particolarmente acuti. In compenso, percepisce i movimenti delle sue prede entro un raggio di 100 chilometri e avverte il battito cardiaco di pesci lontanissimi. Efficientissimi sensori lungo la linea laterale del suo corpo gigantesco reagiscono anche alla più lieve vibrazione. Sotto la sua pelle si dirama una rete di canali, pieni di una sostanza mucosa, che captano qualsiasi variazione del mare. Un pesce che si muove sposta l'acqua, provocando un'onda d'urto e il megalodonte risponde come se qualcuno l'avesse chiamato. Sa sempre chi lo chiama, sa quanto l'animale è grosso e veloce, sa se si agita per il dolore, sa se sfreccia qua e là per l'inquietudine o se copula con le pinne divaricate. Una volta che lo squalo ha fiutato la pista, non c'è più via di scampo. Se la vittima è ferita, il suo straordinario odorato lo conduce diritto alla meta, seguendo minuscole gocce di sangue. Poi il suo cranio comincia a oscillare con regolarità, a sinistra e a destra in modo alternato, e il predatore imbocca la direzione da cui arrivano gli odori più intensi. Un'unica molecola di sangue su un milione e mezzo di molecole d'acqua gli basta per non perdere la traccia.

Ma, anche se l'animale non sanguina, il megalodonte riesce a orientarsi grazie alle sue escrezioni. I pesci spaventati secernono una sostanza che il mostro ama molto. Sa di paura, di paura dell'inferiorità, e chi è inferiore si trasforma in pranzo. Odia invece il tanfo dei suoi simili in via di decomposizione. Un fetore che prima o poi avrebbe emanato anche lui. Ma non è ancora arrivato a quel punto.

Il megalodonte è ancora imbattuto.

I suoi sensi acutissimi lo avvisano che si sta avvicinando al litorale, una regione che non gli piace granché. Il suo universo è il mare aperto e profondo e lui si sente a casa soltanto 100 metri sotto la superficie. D'altra parte, percepisce all'improvviso un concerto di oscillazioni la cui composizione produce alcune immagini nella sua testa. Là dietro si allunga una scogliera brulicante di vita. Interi banchi di pesci richiamano l'attenzione su di sé, e animali più grandi gironzolano, compiendo movimenti che li identificano come cacciatori. Suoni striduli gli riecheggiano nelle orecchie. I cacciatori stanno comunicando. Devono essere orche.

Ora le sue narici avvertono anche l'odore che lo attira irresistibilmente, l'odore del sangue fresco. Tracce infinitesimali, ma sufficienti per azionare il suo sistema di navigazione interno. Si fermi a sinistra, giri a destra alla prossima base della scogliera, prosegua diritto, quindi svolti dietro il banco corallino. È arrivato a destinazione.

La destinazione è il biotopo d'innumerevoli specie. Sbucando dall'oscurità, il megalodonte si avvicina a una parete ripida, il cui spigolo superiore delimita un altopiano. 15 metri scarsi sotto la superficie dell'acqua, si allungano scogliere che confinano con la terraferma per molti chilometri. Mari difficili da trovare dopo che le calotte polari si sono allargate, intrappolando l'acqua marina nei ghiacciai. A cavallo tra il Pliocene e il Pleistocene, quasi 2 milioni di anni fa, le temperature della Terra scendono di nuovo. Il livello del mare si abbassa in tutto il mondo, come succede sempre durante le glaciazioni, mentre una corazza, spessa diversi chilometri e così bianca da essere abbagliante, copre le montagne e gli altipiani, trascinandosi dietro asciutti deserti polari e rispedendo la tiepida luce del Sole nel cosmo. Anche il mare si è raffreddato, tanto che la sua temperatura media si attesta su 5 o 10 °C persino nei pressi dell'equatore, ma è l'unico biotopo rimasto e tutti gli esseri viventi vi si sono rifugiati.

In compenso, il ghiaccio ha annientato gran parte delle creature che vivevano al Polo sud, livellando il fondale oceanico con la sua avanzata. Quasi tutte le spugne, le stelle di mare e gli altri invertebrati che lo popolano non si riproducono nelle acque libere, bensì effettuano il cambio generazionale sul fondo del mare, scomparso sotto il gelido cilindro strisciante. Col ghiaccio, frane di sedimenti hanno invaso gli abissi, soffocando qualsiasi forma di vita. Le stelle di mare possiedono varie braccia e numerosi piedini minuscoli, ma non hanno zampe e pinne che consentano loro di trasferirsi velocemente verso aree meno pericolose.

A ciò si aggiunge un altro fatto: chi vive nel gelo artico tende a prendersela comoda. I crinoidi artici, per esempio, devono al metabolismo lento un'aspettativa di vita dieci volte superiore a quella dei loro cugini tropicali, ma in compenso fanno poco sesso. I colleghi equatoriali mettono al mondo la prole una volta l'anno, mentre per il crinoide che viene dal freddo ci vogliono dieci anni prima che il neonato allunghi le sue braccine. È pertanto prevedibile che, dopo la fine dell'era glaciale, le regioni artiche tornino alla vecchia densità demografica solo con estrema lentezza. Alcuni emigrati rientreranno dalle acque profonde, altri rimarranno nel nuovo mondo. Non si sa quando il freddo si attenuerà, ma questa faccenda non preoccupa le stelle di mare né i megalodonti.

Con l'arrivo dei ghiacciai, pochissimi sono riusciti a fuggire negli abissi liberi, ma il loro numero è stato sufficiente per costringere Miss Evoluzione a una rigorosa politica immigratoria. Chi si trasferisce deve rassegnarsi a diventare cibo per tutti gli altri e a mettere da parte le sue abitudini alimentari. Se non si desidera essere mangiati, allora bisogna sviluppare meccanismi di difesa più efficaci e stare sempre all'erta. La vita si stringe in un fronte compatto. Nessuno può permettersi di essere schizzinoso e, naturalmente, ci s'intralcia di continuo a vicenda.

Comunque nulla è più fertile di una scogliera.

Solo le sue dimensioni hanno impedito al megalodonte di entusiasmarsi di fronte al fatto che le sue 15 tonnellate di peso vivo siano passate in scivolata accanto alla parete ripida. Il paesaggio piatto sopra lo spigolo non gli offre libertà di movimento. In passato, non si sarebbe preso il disturbo d'inseguire una preda fra l'intrico di nascondigli della scogliera, ma la fame cambia tutto. Che cosa potrebbe succedere? Potrebbe rimanere lì ad arrovellarsi oppure squarciarsi il fianco, aumentando tuttavia la probabilità di mettere qualcosa sotto i denti. Sa fin troppo bene che la sua sopravvivenza dipende da questa scelta.

All'inizio, non osa avventurarsi sull'altopiano. Per un po', avanza, rasentando le rocce e cercando di distinguere qualcosa di commestibile o di pericoloso tra la luce del giorno che scende dall'alto. Pian piano si avvicina al punto in cui i cetacei cacciano, anzi dove hanno cacciato. L'odore del sangue diventa più intenso, mentre il loro canto stridulo riecheggia da una distanza indeterminata. L'esperienza gli suggerisce che gli animali sono sazi.

E la sua intuizione viene confermata. Un gruppo di orche si sta allontanando: i corpi bianchi e neri si profilano sopra lo spigolo della scogliera nel mare scuro. Per prudenza, il megalodonte si abbassa un poco. Pur essendo più grande e, in linea di massima, più forte di un'orca, non si azzarda ad attaccare il gruppo. Il ricordo dell'incontro col delfino è ancora troppo vivido e il fianco gli fa ancora male. Resta al riparo della parete, benché l'odore del sangue diventi sempre più forte, eccitando i suoi sensi. Arriva da sopra lo spigolo. Il megalodonte è costretto ad avanzare nell'acqua bassa, ma, se non altro, stavolta sembra valerne la pena.

Dopo che le orche si sono allontanate abbastanza, lui risale lentamente. Sopra di lui, banchi di pesci argentei guizzano in armonica sincronia tra le proliferazioni coralline, senza accorgersi del gigante in avvicinamento, che, a sua volta, non dimostra il minimo interesse nei loro confronti. Fare irruzione in uno di quei gruppi non serve a nulla se non a disperderlo in tanti frammenti scintillanti. È impossibile decidere quale pesce seguire; acchiappare uno dei fuggiaschi è una pura questione di fortuna. Il gioco insomma non vale la candela e il megalodonte deve risparmiare le forze. Il suo obiettivo è uno degli animali sanguinanti. Nel frattempo, lui ha capito cosa aspettarsi. Quello non è un sangue qualsiasi. È grasso e sostanzioso. È sangue di cetaceo. Le orche si sono avventate contro altri mammiferi marini, probabilmente più piccoli, oppure hanno attaccato una grande balena tutte insieme. Ma lì l'acqua è troppo bassa per le grandi balene.

Uno sguardo oltre lo spigolo conferma le sue previsioni e accresce la sua voglia di cacciare. La vista del megalodonte è meno sviluppata del suo gusto e del suo olfatto, ma gli basta per afferrare la situazione.

Poco sopra il fondo dell'altopiano tremola una torbida nebbia rossa in cui galleggiano brandelli di tessuto. Un po' più in là, vicino a una frastagliata formazione rocciosa, si sono riunite alcune curiose creature, lunghe 2-3 metri. Evidentemente sono scappate in preda al panico all'arrivo delle orche e alcune hanno perso la vita sull'altopiano. I sopravvissuti si fanno avanti con esitazione. A giudicare dalla forma, sono cetacei con l'aspetto di trichechi, le cui vibrisse si drizzano sopra un carnoso labbro superiore. Dagli angoli della bocca piegata all'ingiù spuntano due denti curvati all'indietro. Nei maschi, quello di destra, più simile a un giavellotto che a un dente, è lungo quanto un terzo di tutto il corpo. Alcuni individui hanno ripreso con titubanza la ricerca del cibo, gettando indietro la testa e affilandosi le zanne nei sedimenti per scovare piccoli invertebrati. Per mangiare, devono sdraiarsi sul fianco, perché altrimenti la dentatura li intralcia. Procedono con cautela e, ogni volta che il dissodamento dà qualche frutto, ingoiano la loro preda, che sia una seppia, un verme o un lamellibranco. La fronte bombata rivela che possiedono la capacità dell'ecolocazione e quindi di certo hanno localizzato anche il megalodonte, ma chissà a quale distanza lo considererebbero una minaccia.

Con un colpo della pinna caudale, alta 4 metri, lo squalo si mette in posizione.

Si catapulta verso il branco con un unico balzo poderoso e, in un'esplosione di sangue rosso scuro, strappa la coda al primo componente, con un movimento quasi casuale delle mascelle. Gli altri cetacei fuggono, sparpagliandosi, nel tentativo di allontanarsi dal mostro. Il megalodonte descrive una curva, ritirandosi vicino allo spigolo della scogliera. La sua tattica mira a sorprendere e a indebolire la preda. Come tutti gli squali, è pauroso e prudente per natura ed evita i confronti diretti, perché il rischio di restare ferito è troppo alto. Quei piccoli cetacei sono senz'altro innocui, ma il megalodonte ha imparato a stare attento. Nel suo periodo d'oro, neppure le grandi balene, giganti capacissimi di difendersi, erano al sicuro in sua presenza. Sebbene un colpo della pinna caudale di uno di quei colossi fosse sufficiente per tramortire persino un megalodonte adulto, ciò non l'aveva scoraggiato dall'attaccarli. Ma ora...

Aspetta. L'animale mortalmente ferito tenta di scappare, con deboli movimenti delle pinne, ma ormai ha smarrito il senso dell'orientamento e continua a perdere sangue dall'addome. Il suo destino è segnato. Il megalodonte sa di potersi fare avanti senza correre pericoli e quindi si prepara.

In quell'istante, gli passa accanto un corpo aggraziato, poi un altro, seguito da un terzo. I nuovi arrivati sono grandi al massimo la metà di lui, ma gli somigliano in modo sconcertante. Si lanciano verso la nuvola rossa, cominciando a dilaniare l'animale ferito. Fuori di sé per la rabbia e la disperazione, il megalodonte li tallona. Il suo enorme cranio sperona uno degli aggressori nella parte centrale del corpo, scagliandolo lontano dal cadavere, da cui gli altri due prendono a staccare grossi brandelli. Poi compaiono altri piccoli squali, che circondano i cetacei spaventati, affondando i denti nella carne grassa e dilaniandola, mentre le teste oscillano da una parte e dall'altra. Nel giro di pochi secondi, sopra l'altopiano scoppia l'inferno. Il megalodonte cerca di orientarsi. L'odore delle nuvole di sangue che sbocciano come fiori enormi è potentissimo. Davanti ai suoi occhi vorticano squali e corpi maciullati... L'addome di un cetaceo tagliato in due gli passa davanti. Il megalodonte si volta e cerca di addentarlo, ma due aggressori sono più veloci e cominciano ad azzuffarsi per divorarlo, mentre un terzo gli mostra il fianco con fare minaccioso, inarcando la schiena e lanciandosi dritto verso di lui.

Il gigante indietreggia, confuso. Quando lo squalo scarta di lato e cozza contro il suo cranio, si sente attraversare da un'intollerabile fitta di dolore. Prende a roteare su se stesso, avvertendo l'odore di altro sangue, che però non è quello dei cetacei: è il suo. Alla paura si aggiunge la frustrazione. Deve andarsene da lì, almeno per il tempo necessario a recuperare le forze. Con qualche rapido colpo di coda, si allontana dalla carneficina e si rifugia nell'acqua color blu intenso del mare aperto, sopra lo spigolo della scogliera. Il lato destro della sua testa è percorso da un dolore lancinante e l'occhio destro manda soltanto lampi rosso scuro nel suo cranio. Il megalodonte sta per dirigersi verso gli abissi, allorché qualcosa gli assesta un colpo violento. Uno degli aggressori si è materializzato accanto a lui, oltrepassandolo, e comincia a girargli intorno. Un altro gli si accosta da sotto, investendolo in pieno ventre e sferrandogli un rapido morso.

Dato che sta perdendo molto sangue, il megalodonte si è trasformato in preda, cosa che dovrebbe accrescere la sua paura.

Invece serve soltanto ad aumentare la sua rabbia.

Adesso basta! Da settimane è praticamente digiuno. La sua vita è piena di tormenti e le forze lo hanno abbandonato, ma lui è pur sempre il re! Un vecchio monarca, assediato dai pretendenti al trono, forse condannato a morte, eppure determinato a non finire nello stomaco di quei miserabili arrivisti. Naturalmente, in quella manciata di secondi, il megalodonte non pensa alla monarchia né alla scala gerarchica. Non ha neppure idea dell'evoluzione e della morte delle specie, però, all'improvviso, ha avvertito un senso di superiorità che non prova da tempo. Nessuno può rimanere impunito dopo avergli morso la pancia e rubato una preda da sotto il naso. Allora si gira e stordisce uno degli squali con un colpo della sua immensa pinna caudale. L'animale precipita verso il fondo, mentre l'altro si lancia di nuovo verso il nemico sanguinante, accanendosi contro la sua testa. Ma non è in grado di fronteggiare l'ira incontenibile della sua vittima. Il megalodonte se lo scrolla di dosso con un unico sussulto e lo spinge via con la testa. Il suo avversario spicca un balzo, tentando di scappare, nuota nella direzione opposta e, senza volerlo, si dirige proprio verso il gigante. Prima che riesca a correggere la sua traiettoria, i denti del megalodonte affondano nel suo addome. Con una pressione micidiale di 3000 chilogrammi per centimetro quadrato, le mascelle gli stritolano la pelle, i muscoli e le cartilagini, staccandogli la coda dal tronco.

Ripresosi dallo stordimento, l'altro squalo assiste alla fine del suo alleato. Incerto tra il desiderio di partecipare al pasto e l'impulso di fuggire, resta immobile, esitando un attimo di troppo. Il megalodonte punta su di lui l'occhio sano. L'altro lato del cranio immenso è una massa sanguinolenta e scorticata, ma quell'unico occhio, per quanto in apparenza inespressivo, gli lancia uno sguardo sufficiente a spaventarlo a morte. L'animale guizza avanti e indietro. Non può passare accanto al suo nemico, perché non riuscirebbe a raggiungere il mare aperto, perciò cerca di tornare verso l'altopiano, dove i suoi simili continuano a decimare i cetacei.

Il megalodonte è più veloce.

Si porta sopra il fuggitivo, costringendolo ad abbassarsi di nuovo. In preda al panico, lo squalo procede lungo la parete ripida, avvertendo che il mostro lo sta inseguendo, sospinto dall'onda d'urto provocata dal suo corpo enorme. Poi, intuendo di essere in trappola, avanza lungo le rocce, che gli squarciano il fianco e si sgretolano, bombardandolo con una pioggia di sedimenti. Fermatosi, si volta e scorge una gola bianca e rossiccia. È l'ultima cosa che vede prima che la preda, tramutatasi all'improvviso in cacciatore, gli frantumi il cranio.

Tremando, il megalodonte si allontana dal cadavere.

Deve mangiare, ha un disperato bisogno di nutrirsi, ma d'un tratto la sua determinazione viene meno. Le forze ritrovate lo abbandonano inaspettatamente, lasciandolo pieno di timore, consapevole del fatto che gli squali impegnati nel massacro sono troppo numerosi e aggressivi perché lui possa sostenere un altro scontro. Così si abbassa ancora, passando accanto ad alcuni gamberetti che vivono nelle pareti rocciose e le cui antenne vibrano nella corrente, ad alcuni anemoni di mare fluttuanti, a banchi di minuscoli pesci variopinti, a crinoidi e ricci di mare, a spugne e lamellibranchi. Nuota lentamente verso il mare aperto. I suoi movimenti sono incerti, e lui non riesce più a distinguere dove finisce il dolore e dove inizi l'insensibilità. Il suo udito funziona ancora alla perfezione, dato che riesce a percepire i rumori del campo di battaglia sull'altopiano alle sue spalle. Ma quei rumori diventano sempre più fievoli.

Nuota a lungo, finché il silenzio non è assoluto. Con l'occhio sano, fissa la superficie dell'acqua. È sfuggito agli squali, ma ora deve cacciare. Il mare scintillante sopra di lui sfuma in un velo splendente prima di rischiararsi e, d'un tratto, il megalodonte scorge un'ombra più in alto, qualcosa dotato di coda e pinne. Lanciarsi in quella direzione e assestare un morso per mettere fuori combattimento la vittima è un gioco da ragazzi. In più, stavolta sembra che nelle vicinanze non ci sia nessuno pronto a contendergli la preda. Mangiando, ritroverebbe energie sufficienti per tirare avanti... Una sensazione di pace e di tranquillità lo pervade. Ora! Il colpo della pinna caudale, lo scatto verso la superficie, la creatura che gli si agita fra i denti. Finalmente un po' di cibo! Ecco che cosa immagina il gigante mentre si abbassa pian piano, vagamente stupito dal fatto che il senso di sazietà non arrivi. Deve nuotare, continuare a nuotare e a cacciare... Invece non nuota più.

Atterra a 800 metri di profondità, sollevando nuvole di fango. Quando le prime missine atlantiche e altri necrofagi si riuniscono per far entrare il signore dei mari nel ciclo della materia, il suo corpo enorme è già privo di vita.

Troppi re.

C'imbattiamo nello stesso fenomeno ogni volta che osserviamo il lavoro di Miss Evoluzione, la quale sembra provare un perfido piacere nel creare dominatori per poi annientarli subito. Perché si estinguono esseri viventi che possiedono tutti gli attributi dell'invincibilità? La decisione di eliminare un cacciatore senza nemici naturali sembra quasi paradossale. Che la signorina soffra del complesso del *Titanic*? Perché crea il più grande squalo di tutti i tempi per poi farlo scomparire dopo qualche milione di anni?

Il megalodonte è uno dei soggetti preferiti dell'industria cinematografica, sebbene molti film a lui dedicati non gli rendano giustizia. Di recente, i tedeschi ne hanno prodotto uno, con Ralf Moeller nel ruolo principale; un film con effetti speciali così scadenti e con una recitazione così dilettantesca che lo spettatore prova un moto di gratitudine per ciascun protagonista divorato dal mostro. Questi film non sono mai incentrati sul motivo per cui una specie come quella cui appartiene il megalodonte sia riuscita a diventare così grande e sul perché essa venga associata all'illustre stirpe degli squali, benché queste siano le domande più avvincenti di tutte. Tendiamo a sopravvalutare la scomparsa di una specie, ne piangiamo la morte e ne imputiamo l'estinzione a un ambiente allo sfascio, ma tale concezione è errata. L'ambiente non si sfascia mai. Come ho accennato, non esiste nessun equilibrio nella natura. La storia dell'universo, del nostro sistema solare, del pianeta Terra, della vita e di ogni singolo organismo è la storia di processi di adattamento reciproco. La caduta di un meteorite non è una catastrofe, come non lo è un gatto che mangia un topo; è soltanto il criterio di valutazione a cambiare.

Dovremmo piuttosto chiederci che cosa nasce dalla distruzione.

Se scopriamo il motivo della comparsa di nuove specie, diventa quasi automatico definire gli scenari che indicano quando e perché esse spariscono. Se su un pianeta crescono alberi con foglie che germogliano molto in alto, l'evoluzione probabilmente selezionerà esseri dal collo lungo. È interessante osservare come i colli si allunghino sempre di più, come Miss Evoluzione risolva il problema dell'irrorazione sanguigna, come i segmenti della colonna vertebrale si uniscano in una struttura insieme stabile e flessibile, e come un animale la cui testa è posizionata così lontano dal cuore e dal terreno riesca a convivere con la sua singolare corporatura.

Cosa può avviare il declino di quegli animali? I predatori? In generale, essi provvedono alla regolazione, non all'estinzione. Se gli animali dal collo lungo fossero così incauti da divorare più foglie di quante ne crescano sui rami, sarebbero davvero stupidi, giacché essi non sono fatti per brucare l'erba. D'altro canto, se gli alberi diventassero sempre più alti, dovrebbero comparire esseri con un collo ancora più lungo, e prima o poi si cadrebbe nell'assurdo. Potrebbero tuttavia apparire erbivori diversi, meno corpulenti, però con la capacità di arrampicarsi sui tronchi e di portar via il cibo ai colossi. Certo, i novellini avrebbero bisogno di robusti artigli per issarsi sui rami, ma non di un collo così lungo, che richiede tantissima energia per il mantenimento del metabolismo.

In linea di massima, la situazione è proprio questa.

Le nuove specie nascono dalla necessità della specializzazione. Più il mondo diventa complesso e più i compiti specialistici si moltiplicano. Il koala, per esempio, si ciba esclusivamente di foglie di eucalipto. Se questa pianta si estinguesse, l'industria dei peluche avrebbe un tracollo. Inventare un animale simile soltanto per estirpare le foglie di un albero può sembrare esagerato, ma che cosa succederebbe se nessuno mangiasse più gli eucalipti? Il mondo ne verrebbe invaso? Sarebbe esposto alla minaccia di un'apocalisse vegetale o, per così dire, di un'eucalisse?

Qualcuno deve nutrirsi di eucalipto e, per evitare che ne faccia indigestione, serve qualcun altro che apprezzi la carne di koala. La natura produce esseri specializzati e molto complessi non perché ha un debole per il progresso, ma perché non può fare altrimenti. Ogni nicchia va riempita: solo così i rapporti di forza possono equilibrarsi, ossia mutare senza sosta e consentire a milioni di Regine Rosse di correre a perdifiato. Se non si verifica nessuna catastrofe, non emerge la necessità di continuare a svilupparsi. Se tutto resta com'è, non ha senso creare nuove forme di vita. Ecco perché non ci può essere un ritorno a quel paradiso in cui Adamo ed Eva vivevano senza pretese e probabilmente, prima o poi, sarebbero morti di noia. Il serpente – noto anche come meteorite, tsunami, epoca glaciale, vulcanismo e fuga di metano – li ha costretti con la forza a evolvere.

Da questo punto di vista, la cacciata dal giardino dell'Eden è la cosa migliore che ci sia capitata, perché ha generato l'uomo moderno, creativo e, ultimamente, tecnologizzato. Una creatura di sorprendente complessità, ma anche di grande debolezza.

L'evoluzione sa reagire a ogni nuova sfida. In un caso lo fa con colli da serpente, in altri con molari di 2 metri, con la predilezione per l'eucalipto, con gli uomini, con gli squali lunghi un metro e mezzo. Che cos'altro deve fare, a parte corredare i suoi pupilli di sensi sempre più acuti? Così i cacciatori e le prede fanno a gara per capire chi è più raffinato, la quantità di energia necessaria per mantenere spettri di funzioni sempre più ristretti continua ad aumentare... e prima o poi l'efficienza viene a mancare, giungendo alla crisi della complessità. La natura non può più permettersi quelle specie. La loro capacità straordinaria suggella il loro destino. Essere invincibili è la cosa peggiore che possa accadere a una specie, perché essa smette di svilupparsi, e noi abbiamo visto cosa succede alle Regine Rosse che si fermano, convinte di aver vinto. Lo sviluppo superiore è quasi sempre il risultato di una catastrofe, se così la vogliamo chiamare. Soltanto un piccolo e grazioso disastro stimola la creatività. Ecco perché Miss Evoluzione ama il caos, ed ecco perché il margine di sopravvivenza di un essere si restringe in misura direttamente proporzionale all'aumento del suo potere.

Gli organismi semplici hanno pertanto una vita più facile, ma sono meno sexy. Gli artisti dell'adattamento sono tipi primitivi, e i loro programmi di sopravvivenza si attuano all'insegna del puro opportunismo. Nella maggior parte dei casi, una simile creatura si accontenta di un'esistenza da microbo.

Si tratta quasi sempre di un essere gelatinoso e informe che striscia o si contorce e che non si entusiasma per un bel libro o per una degustazione di vini piemontesi. In compenso, lo incontriamo in tutte le epoche geologiche. Il prezzo da pagare per non essere informi e gelatinosi è, purtroppo, un'estinzione abbastanza rapida.

Sono tuttavia disposto ad ammettere che è molto più divertente essere belli e complessi e che forse gli uomini sono le prime creature di Miss Evoluzione ad averle giocato un tiro mancino. Staremo a vedere.

Il megalodonte è la risposta ai cetacei sempre più grandi, cui qualcuno *deve* dare la caccia. Secondo alcuni, due sono le cause della sua estinzione: la scomparsa delle balene e il fatto che un animale ancora più imponente si sia abituato a mangiare i megalodonti. Nessuna di queste due ipotesi è esatta. Ha ragione chi sostiene che l'unica alternativa allo sviluppo di colli ancora più lunghi è rappresentata dall'abbandono dei colli lunghi e dalla progettazione di artigli idonei ad arrampicarsi. In altre parole, la soluzione non può essere la comparsa di megalodonti ancora più giganteschi. Essendo i cacciatori delle enormi balene, questi mostri non hanno avuto nemici naturali e sono stati molto utili all'evoluzione. Parallelamente, però, è comparsa una seconda specie, così simile al megalodonte da indurci a credere per molto tempo di essere la sua erede. Mi riferisco al *Carcharodon carcharias,* lo squalo bianco. Oggi però sappiamo che lo squalo bianco ha un'origine diversa.

Sono gli squali bianchi a dare tanto filo da torcere al gigante moribondo. Alla fine, si dimostrano cacciatori più efficienti; inoltre, i compiti del megalodonte passano a odontoceti come le orche bianche e nere, che amano catturare soprattutto i piccoli delle balene grigie e delle megattere, ma non disdegnano nemmeno una balenottera azzurra, o una balenottera comune adulta. Il megalodonte continua a essere invincibile fino all'ultimo. Nel pieno possesso delle sue forze, mette in fuga qualsiasi squalo bianco, ed è meglio non scherzare con lui, nemmeno se è debole. Tuttavia, oltre ad avere un programma di risparmio energetico, lo squalo bianco è più rapido, più flessibile e, nell'insieme, più moderno, caratteristiche che lo collocano in cima alla piramide alimentare.

Anche il singolare cetaceo con la zanna piegata all'indietro ha occupato un posto importante nel menù del megalodonte. L'*Odobenocetops leptodon* – «il cetaceo col muso da tricheco» – sembra l'antenato grassoccio e baffuto degli attuali narvali e dei beluga. L'*Odobenocetops leptodon* è una preda ideale per gli squali bianchi, che iniziano a rubare il cibo al megalodonte, il quale poi va incontro alla sua fine. Un altro re dei mari che ha governato fino all'ultimo e per un periodo compreso tra i 25 e i 10 milioni di anni fa, benché alcuni denti recuperati di recente dal Pacifico abbiano spinto certi studiosi a credere che esso esista ancora. Non è da escludere che gli ultimissimi megalodonti siano sopravvissuti fino al termine dell'era glaciale conclusasi circa 10.000 anni fa, in un'epoca in cui gli esseri umani già attraversavano i mari. Magari un ritardatario vaga tuttora nelle zone abissali; anche i crossopterigi sono stati ritenuti estinti fino al 1938, quando sono ricomparsi, scodinzolando allegramente davanti alla costa sudafricana. Se l'ultimo megalodonte è ancora in vita, faremmo bene a nutrirlo con tutti gli sceneggiatori che finora hanno tentato di farlo uscire dall'oblio o comunque a consigliargli di non dare più nell'occhio.

L'ultimo capitolo del nostro viaggio nel passato si svolge, come abbiamo visto, in un periodo di estese glaciazioni, un altro fattore da considerare quando si parla di re. «Se vuoi comprendere l'artista, devi osservarne l'opera», si dice, una regola che noi potremmo parafrasare così: «Se vuoi comprendere il re, devi osservarne il regno, perché è lì che il monarca si è insediato». Il re deve il suo titolo alle circostanze. È stato eletto, tra l'altro, anche da coloro di cui si ciba, che l'hanno aiutato ad acquisire il controllo in virtù della sua sopravvivenza. Finché il suo ambiente e l'atteggiamento dei suoi sudditi non cambiano, continua a essere il sovrano assoluto. Se i parametri mutano, la corona vacilla. E le ere glaciali sono mutamenti radicali. Per la maggior parte della sua esistenza, il megalodonte caccia nei mari temperati, e il suo regno, in termini geologici, è il Terziario superiore, ossia il Miocene e il Pliocene, caratterizzati da temperature miti. Gli squali bianchi esistono già allora, ma le condizioni di vita favorevoli in tutto il pianeta consentono una generosa coesistenza tra due specie che non s'intralciano a vicenda. Ce n'è abbastanza per tutti, insomma. In particolare, il Pliocene viene considerato quasi paradisiaco. Dopo che gli oceani si sono aperti e l'oceano Tetide è scomparso, a eccezione di un piccolo frammento, le correnti marine iniziano a seguire nuovi percorsi. Enormi quantità di sostanze nutritive arrivano dalle regioni polari, favorendo la diffusione del plancton e creando una ricca catena alimentare. Tutti i cetacei che conosciamo oggi si sviluppano in quei pochi milioni di anni. Sulla terraferma, le foreste pluviali prosperano dove oggi si estendono steppe e deserti, mentre vaste savane offrono spazio sufficiente per mandrie immense e, tra la soddisfazione generale, una scimmietta schiamazzante cade da un albero, si strofina gli occhi per svegliarsi e decide di diventare uomo.

Ma sappiamo bene che fine fanno i paradisi. Nessun uomo addenta di sua iniziativa la mela della conoscenza, che, invece, gli viene imposta. Il serpente non perdona. In questo caso, striscia, indifferente e glaciale, fuori dalla cella frigorifera polare, costringendo la vita ad assembrarsi e a escogitare nuove strategie. Quando il pianeta diventa inospitale, re Megalodonte perde il suo regno. Miss Evoluzione gli aveva regalato la capacità di alzare la sua temperatura corporea al di sopra di quella ambientale, pur non essendo un animale a sangue caldo (una particolarità che contraddistingue tutti i grandi squali della famiglia dei mako, di cui lui fa parte), quindi lui riusciva a riscaldare il sangue mediante l'attività muscolare, acquisendo una maggiore agilità. Simili trucchi metabolici richiedono tuttavia un elevato dispendio energetico e, da questo punto di vista, lo squalo bianco, di dimensioni più contenute, è avvantaggiato rispetto al suo enorme cugino.

Il ghiaccio prende di nuovo il sopravvento. E arriviamo così a una domanda che forse vi sarete già posti.

Che cos'è esattamente un'era geologica?

Secondo quali criteri i geologi e i paleontologi suddividono il passato? Il tempo non è segmentato a priori. Non è un'opera teatrale in cui il numero e la durata degli atti sono prestabiliti. Visto che le chiusure del sipario sono state aggiunte solo in un secondo momento, è stato necessario introdurre cesure drammaturgiche. Come sono nate, dunque, queste scale?

La risposta è abbastanza semplice. Un'era geologica è l'intervallo compreso tra due avvenimenti decisivi. Non occorre suddividere i periodi di relativa tranquillità. Talvolta, quando il lasso di tempo sembra troppo lungo, si cerca di spezzettarlo, individuando eventi meno significativi - per esempio la comparsa di una nuova specie -, ma, in definitiva, la scala geologica si presenta come una cronologia di catastrofi. Quasi tutte le epoche terminano con pianto e stridor di denti. La moria generale verso la fine del Permiano non introduce soltanto il passaggio al Triassico, ma anche al Mesozoico, il Medioevo della Terra. La scomparsa dei dinosauri e di molte altre specie alla fine del Cretaceo conclude questa fase e ci guida verso il Cenozoico. Meteoriti, mutamenti climatici, morte e devastazioni massicce segnano le fasi finali e aprono nuovi, appassionanti capitoli. Col ritorno del freddo, meno di 2 milioni di anni fa, inizia il Quaternario, articolato in Pleistocene, l'epoca delle grandi glaciazioni, e in Olocene, il periodo che comincia alla fine dell'ultima glaciazione, avvenuta 11.000 anni fa, e che dura fino a oggi.

Alt! dicono alcuni. Non è vero! Il Quaternario si apre un milione e 900.000 anni fa. No, intervengono altri. La vera epoca glaciale inizia 2 milioni e 300.000 anni fa. Sciocchezze, obiettano altri, quella è cominciata molto prima, 2 milioni e 600.000 anni fa. E l'Olocene inizia 2000 anni fa, non 11.000, perché è stato allora che è terminata l'epoca glaciale.

E hanno ragione tutti.

Nella nostra cultura, spesso c'è l'illusione di sapere tutto con esattezza. Se esaminate la geologia, osserverete che quasi ogni era viene indicata con un inizio e una fine diversi. Esiste una suddivisione ufficiale e vincolante, ma quest'ultima vale solo finché le carote e i fossili non forniscono nuove conoscenze. Ricordate il meteorite alla fine del Cretaceo e tutte le relative teorie? Oppure l'Ediacarano, che esiste solo da poco? La scala temporale è in movimento. Non eccessivamente, ma con numerose incertezze marginali. Ecco perché le parole «circa», «pressappoco» e «suppergiù» sono molto amate dai geologi e ricorrono spesso. Tutto ciò che sappiamo deriva dalle ricostruzioni. Nessuno era presente quando il trilobita si è salvato e il megalodonte è morto. Se mai organizzerete una festa invitando un po' di scienziati, non meravigliatevi se li sentirete litigare per qualche millennio in più o in meno. Un dinosauro non torna in vita, a prescindere dal fatto di essere morto 75 milioni di anni fa o 65 milioni e mezzo di anni fa. Lo stesso vale per le affermazioni sui periodi in cui sono vissute le varie specie. Possiamo delimitarli a grandi linee, ma la breve parentesi nel capitolo sulla borsetta dell'evoluzione ci ha dimostrato che, negli ultimi anni, è stato necessario spostare indietro anche il momento della comparsa dell'uomo. E, chissà, magari esistono tuttora più megalodonti di quanti ne immaginiamo.

Tuttavia c'è qualcosa che possiamo dire con sufficiente certezza.

Verso la fine del Terziario inizia a fare sempre più freddo. All'inizio del Quaternario, circa (pressappoco, suppergiù) un milione e 800.000 anni fa, la temperatura annuale media scende a 10 °C, mentre negli abissi marini si riduce a 1,5 °C. Alla fine, si giunge a quella che, per ora, è l'ultima epoca glaciale, suddivisa in quattro grandi glaciazioni, tutte battezzate col nome di un fiume: la glaciazione Günz (tra 640.00 e 540.000 anni fa), la glaciazione Mindel (tra 480.000 e 430.000 anni fa), la glaciazione Riß (tra 240.000 e 180.000 anni fa) e la glaciazione Würm (tra 120.000 e 10.000 anni fa), che raggiunge il suo culmine 20.000 anni fa e porta al punto di congelamento l'estate della Germania centrale. Di tanto in tanto, il ghiaccio si ritira, ingannandoci talvolta con miniglaciazioni come quella verificatasi all'inizio del XVII secolo, quando i ghiacciai settentrionali sono avanzati per un secolo e mezzo. Durante le glaciazioni, un terzo della terraferma è coperto da una corazza di neve ghiacciata, e nessuno farebbe un bagno nel mare. Un'acqua superficiale a una temperatura compresa tra i 4 e i 12 °C va bene, tutt'al più, per gli abitanti delle coste finlandesi e le pop star islandesi. L'Atlantico settentrionale è in parte congelato, e il ghiaccio alla deriva arriva fino al Marocco e al Portogallo. Il livello del mare scende, mentre, sulla terraferma, l'uomo di Neandertal e l'*Homo sapiens sapiens* raggiungono il massimo della forma. Oggi non saremmo così intelligenti se le circostanze avverse non avessero obbligato i nostri avi a rendere dinamica la loro massa cerebrale. Chi vuole sopravvivere deve escogitare qualcosa. Con la fine dell'ultima era glaciale, il livello del mare torna a salire (un fatto cui dobbiamo, per esempio, il Baltico), e il limite delle nevi perenni sulle Alpi si alza di oltre 1000 metri.

Come accennato, oggi viviamo in un periodo intermedio, perché i Poli sono ancora ricoperti dal ghiaccio. Presto o tardi, i ghiacciai spariranno anche da quelle regioni, per poi tornare in un lontano futuro. Le nostre preoccupazioni riguardo all'aumento mondiale del livello del mare sono giustificate, perché questo fenomeno minaccia di mandare a monte le nostre abitudini di vita. Ma, sul piano geologico, quel monte è una collinetta.

Dedicheremo gli ultimi secondi del nostro viaggio nel tempo all'osservazione di alcune curiose figure: bradipi marini, intenti a mangiucchiare fuco, e delfini antartici privi di denti, che succhiano le seppie come noi succhiamo le ostriche. Notiamo qualcosa di strano, ma, per il resto, scrutiamo un mondo sottomarino quasi identico a quello attuale, mentre, sulla terraferma, il mammut, il mastodonte e la tigre dai denti a sciabola si estinguono. La vita in mare è ciò che sarà ancora all'inizio del XXI secolo e ciò che è sempre stata: un universo inesplorato.

Munitevi di pinne e maschera da sub. Stiamo per immergerci.

OGGI

Dietro la Luna

Ci siete cascati. Invece andiamo su.

Scusate, ma vestire i panni di un astronauta permette di scoprire molte cose riguardo al mare. Per esempio, possiamo allunare e, guardando la Terra, capire che, senza la Luna, non avremmo mai potuto intraprendere questo volo. Primo, perché non esisterebbe nessuna Luna. Secondo, perché, senza Luna, non ci sarebbero neppure gli astronauti. Nessun uomo impegnato a costruire razzi, nessuna persona intenta a formulare teorie secondo cui gli americani non sarebbero mai approdati sul nostro satellite, niente e nessuno di uguale a noi. E nessun autore capace di spiegare cosa c'entra il mare con la Luna.

Noi c'inchiniamo al cospetto di quest'ultima. Possiamo persino dire di sentirci attratti da lei.

Ripensiamo alla collisione preistorica, al momento in cui Theia, il gigantesco pianeta impazzito, ha speronato la Terra e per poco non l'ha mandata in frantumi. Nonostante tutto, il nostro pianeta si è ripreso; si è appesantito e da allora ha una fedele accompagnatrice. Anche la Luna ha una massa e, benché quest'ultima sia assai minore rispetto a quella terrestre, è sufficiente per far sentire il suo influsso.

Che cos'è la massa? In termini fisici, è l'inerzia di un corpo, ossia la resistenza che esso oppone a una variazione del suo stato di movimento. Immaginate che Luciano Pavarotti e un giovane tenore magro come un chiodo siano dietro le quinte e non abbiano voglia di entrare in scena. Date una poderosa spinta al novellino, che cambia posizione e avanza incespicando fin sotto i riflettori. Se l'uomo pesa 52 chili, l'energia con cui l'avete incoraggiato è bastata per gettare 52 chili in pasto al pubblico. Se utilizzate la medesima forza col signor Pavarotti, quest'ultimo non si muoverà di un centimetro. Non so di preciso quanto pesi il miglior tenore del mondo, ma, nel suo caso, dovrete senza dubbio utilizzare più energia per ottenere lo stesso effetto prodotto col mingherlino. La massa di Pavarotti è superiore, e dunque anche la sua inerzia. Riferito ai corpi celesti, ciò significa che più questi sono pesanti più sono inerti, motivo per cui, in questo contesto, parliamo di massa inerte. Se un simile corpo ha superato una volta la sua inerzia e si è messo in moto, è necessaria parecchia energia per rallentarlo di nuovo, un'energia che aumenta proporzionalmente all'aumento della velocità. Un aspetto essenziale della teoria della relatività di Einstein è l'equivalenza tra massa ed energia: una volta che i celebri tenori italiani si mettono in movimento, è difficile fermarli.

Secondo Einstein, la massa sfocia in un effetto stupefacente: produce la gravitazione, pesando sullo spazio-tempo e affossandolo. Un po' come se tendeste un lenzuolo e vi posaste sopra una mela, il cui peso crea un avvallamento nel tessuto. Se adagiate una sfera di piombo delle stesse dimensioni accanto alla mela, l'oggetto, essendo più pesante, scaverà una conca più profonda, in cui il frutto rotolerà. Lo stesso accade con corpi dalla massa notevole come le lune e i pianeti. Lo spazio-tempo è il nostro lenzuolo, la mela è la Luna, e la Terra è il peso di piombo. D'ora in poi parleremo di massa gravitazionale.

Giustamente, volete sapere perché la Luna non sia caduta sulla Terra tempo fa. Qui entra in gioco un altro fenomeno: la velocità di fuga. I corpi celesti sono in movimento. Quando la loro energia, o la loro velocità, è abbastanza elevata, riescono a bilanciare la forza di attrazione di un corpo più pesante ruotandogli intorno a una distanza fissa. Anche questo è un effetto di cui potete farvi un'idea se andate al casinò. La pallina della roulette all'interno di un disco digradante tende per sua natura verso il centro, ma, finché mantiene una certa velocità, rimane sul bordo esterno. In questo caso, le forze che agiscono sono due. Da una parte, la gravitazione, a causa della quale la pallina viene attirata verso il punto centrale più profondo; dall'altra, l'energia cinetica, a causa della quale la pallina cerca di fuggire dal punto centrale in linea retta. Il risultato è un'equazione i cui termini giocano a favore del centro (ossia della forza di gravità) a mano a mano che l'energia cinetica della pallina diminuisce.

Una seconda equazione indica che uscirete sicuramente dal casinò senza il becco di un quattrino, perciò vi prego di non cimentarvi in tale esperimento.

Anche la Terra e la Luna si piegano a questa equazione, il che impedisce a Selene di cascarci addosso o di dileguarsi nella vastità del cosmo. In realtà, la Luna precipita nella nostra direzione e, nel contempo, sfreccia verso il cosmo a una velocità di fuga pari, in media, a 2,4 chilometri al secondo. Ci resta lontana, insomma, senza farci sentire la sua mancanza. La sua distanza dalla Terra varia tuttavia come la velocità con cui segue la sua orbita, un fenomeno dovuto, a sua volta, alle leggi di Keplero. Giovanni Keplero, un astronomo tedesco vissuto a cavallo tra il XVI e il XVII secolo, descrisse i movimenti dei pianeti nel sistema solare mediante tre principi.

1. « La curva descritta da ciascun pianeta è un'ellissi, di cui il Sole occupa uno dei fuochi. » (In breve, i pianeti si muovono seguendo traiettorie ellittiche intorno al Sole.)
2. « Il raggio vettore eliocentrico del pianeta descrive intorno al Sole aree uguali in tempi uguali. » (In parole povere, un pianeta si muove più velocemente quanto più è vicino al Sole.)
3. « I quadrati dei periodi di rivoluzione dei pianeti sono direttamente proporzionali ai cubi dei semiassi maggiori delle loro orbite. » (Una legge complicatissima che definisce i rapporti fra i tempi di rivoluzione e le distanze medie dei pianeti dal Sole. Keplero scoprì che il rapporto tra il tempo di rivoluzione e la distanza media di un pianeta era sempre di 2 a 3, che è anche il rapporto di divisione di una quinta musicale. Sono queste le cose che piacciono alla scienza, l'armonia perfetta e la bellezza matematica. Persino Keplero si entusiasmò: « Infine è cosa certissima ed esattissima che la proporzione che lega i tempi periodici di ciascuna coppia di pianeti sia precisamente la proporzione sesquialtera delle distanze medie ».)

Ciò che vale per i pianeti vale anche per la Luna. Di conseguenza, quest'ultima è ora più vicina (oltre 356.000 chilometri), ora più lontana (meno di 385.000 chilometri) dalla Terra, e accelera un poco nei suoi paraggi, mentre rallenta impercettibilmente a una distanza maggiore, girando così intorno al nostro pianeta in poco più di 27 giorni. La sua massa corrisponde a 0,0123 masse terrestri. Tutti fattori che esercitano un effetto apprezzabile sulla nostra patria, perché la gravitazione è reciproca. Non solo la Terra attrae la Luna, ma anche la Luna attrae la Terra. Essendo il più piccolo e il più debole tra i due corpi, non può pretendere che il nostro pianeta le ruoti intorno. In compenso, produce un certo movimento, sollevando persino la crosta terrestre fino a un quarto di metro ed esercitando la sua influenza soprattutto sui mari. La Luna, infatti, regola le maree. Tutta l'acqua del lato rivolto nella sua direzione si stratifica formando una specie di montagna, mentre la massa d'acqua sul lato opposto ne forma una seconda.

In un primo momento, c'è da esserne sconcertati. Da cosa dipende l'altro rigonfiamento? Dopotutto non esiste una seconda Luna. Tutto si chiarisce se prendiamo in considerazione un'altra variabile: la forza centrifuga della Terra. Occorre sapere che il nostro pianeta ha un centro, intorno al quale esso non ruota con precisione. A causa del loro influsso reciproco, infatti, la Terra e la Luna costituiscono un sistema che gira intorno a un baricentro comune, situato ad alcune migliaia di chilometri di distanza dal centro della Terra. Orbitandovi intorno, il nostro pianeta barcolla un po', come se fosse ubriaco, e il secondo rigonfiamento d'acqua dovuto alle maree sul lato non rivolto verso la Luna dipende da questo traballamento.

Complicato? Le cose diventano ancora più difficili. Così come Selene gravita intorno alla Terra, quest'ultima percorre la sua traiettoria intorno al Sole, imprigionata dalla sua enorme massa, e lo fa – obbedendo coraggiosamente alle leggi di Keplero – disegnando un'ellissi. Anche il Sole esercita una forza di attrazione sul nostro pianeta, benché pari soltanto a un terzo di quella lunare. Questa forza varia a seconda della distanza dal Sole o della posizione dei pianeti circostanti (che mettono in gioco tutta la loro massa), ma l'amata stella svolge in ogni caso un ruolo fondamentale nell'equazione gravitazionale.

Quando il Sole, la Luna e la Terra si allineano lungo un asse, le forze gravitazionali si sommano. Il risultato sono le maree sizigiali. Se invece i tre corpi formano un angolo retto, con la Terra in corrispondenza del vertice, il Sole e la Luna competono tra loro in fatto di forza di gravità. Possiamo anche dire che il Sole mette i bastoni tra le ruote alla Luna, e le maree risultano più modeste (maree di quadratura).

Tutta l'acqua terrestre è sottoposta all'influenza delle forze cosmiche. Gli individui che regolano la loro vita in base a Selene affermano spesso di sentirsi sollevare verso il cosmo nelle notti di luna piena. In fondo, più di due terzi del loro corpo è formato da H_2O. È vero, però, quando applichiamo l'equazione della gravitazione agli esseri umani, l'effetto si attenua tanto da essere impercettibile. Una cosa è se la Luna e il Pacifico si strattonano a vicenda, e un'altra è se Selene strattona la signora Rossi, che, matematicamente, correrebbe un rischio molto maggiore di soccombere alla forza di gravità dell'uovo che si trova nel suo piatto. E quando mai abbiamo visto una persona ruotare intorno a un uovo o precipitare su di esso?

Un oceano ha molta più massa. Dopo la nostra digressione nei mondi di Einstein e di Keplero, ora sapete che i mari vengono attratti dalla Luna e agiscono a loro volta su quest'ultima come se fossero legati a essa con un elastico. A questo si aggiunge che il satellite gira intorno al nostro globo in circa 27 giorni, anche se la Terra si muove un po' più rapidamente. Gli innalzamenti delle masse d'acqua indotti dalle maree non si verificano pertanto direttamente sotto la Luna, ma si affannano nel tentativo di raggiungere i loro posti e, dovendo scorrere intorno ai continenti e superare la resistenza di attrito del fondale marino, sono sempre un po' in ritardo. In pratica, le maree influenzano i movimenti della Luna, che si allontana da noi di 3,28 centimetri l'anno. In passato, era molto più vicina e il suo tasso di spostamento era più basso, perché i continenti erano riuniti in un'unica massa e l'acqua riusciva a seguire più velocemente la posizione lunare. Oggi, l'Africa, l'Europa, l'America, l'Australia, l'Asia e tutte le isole intralciano le maree, perciò la distanza fra la Terra e la Luna aumenta di continuo. Attualmente il nostro pianeta è nel fiore della gioventù, perché gli restano ancora 4 miliardi e mezzo di anni prima di essere inghiottito dal Sole. Allora la Luna sarà soltanto un puntino nel cielo, ma nessuno potrà dar voce al suo malcontento, perché saremo evaporati tutti, compresi i lupi che dovessero ancora ululare al satellite lontano.

A quel punto, il rapporto fra la Terra e la Luna sarà già mutato. Entrambe le masse d'acqua innalzate dalle maree ritardano costantemente la rotazione terrestre, un fenomeno che costringe il nostro pianeta a rallentare un po' di più ogni anno (di 0,002 secondi, per essere precisi). Un effetto che si va accumulando. Tra 2 miliardi di anni, le continue manovre di frenata avranno rallentato tanto la Terra che quest'ultima riuscirà a muoversi soltanto con molta difficoltà. Il che cambia tutto. Chi vorrà vivere una notte di follie dovrà bere e festeggiare per 960 ore di seguito. Sarà questa la durata di una giornata magnifica come quella di oggi, ma probabilmente ne basterà la metà per smaltire i postumi della sbornia. L'allungamento dei giorni e delle notti condurrà a notevoli oscillazioni della temperatura, a causa delle quali tutte le montagne saranno soggette all'erosione e noi vivremo sotto una serie di cupole, oppure ci avvicineremo alla luce solare in enormi città mobili. Caricate con l'energia di un intero mese, le piante si ritireranno nel terreno durante la notte e vivranno di conserve, mentre gli animali genereranno specie diurne e notturne che non s'incroceranno mai. E questo tornerebbe utile a loro perché potrebbero optare per la multiproprietà delle grotte.

E se la Terra fosse senza Luna? Di fronte a simili prospettive è una domanda più che lecita.

Si chiamerebbe «Solon». Almeno così ha deciso Neil F. Comins, un docente di astronomia che ha descritto con chiarezza lo scenario di una Terra senza Luna nel suo libro *What If the Moon Didn't Exist?: Voyages to Earths That Might Have Been* [E se la Luna non esistesse? Viaggi verso Terre che sarebbero potute esistere]. Il punto di partenza delle sue teorie è il seguente: Theia non è caduto sulla Terra, ma le è passato accanto, oppure non si è fatto vivo del tutto. La Terra pertanto non ha incorporato materia aggiuntiva, e la nostra fidata accompagnatrice non è nata da un agglomerato di macerie. Sarebbe stato impossibile cantare che «la Luna bussò alle porte del buio», ma, fin qui, niente di drammatico. Sarebbe stato molto peggio andare a comprare delle scarpe. Avremmo dovuto provare e acquistare da sei a otto calzature, perché forse l'essere umano avrebbe avuto un paio di gambe in più. Con tutta probabilità, gli esseri umani non sarebbero neppure esistiti, o almeno non ancora, perché Miss Evoluzione non avrebbe gradito le condizioni di lavoro su Solon e, nella migliore delle ipotesi, si sarebbe messa all'opera 100 milioni di anni dopo.

Occorre inoltre sapere che, prima del contrattempo di Theia, la Terra ruotava un po' più velocemente, circa tre volte più di oggi. Un anno ha 1095 giorni, e il maggiore impulso di rotazione provoca violente turbolenze nella giovane atmosfera. Se qualcuno volesse mettere piede in un mondo simile, avremmo la tentazione di urlargli: «Fermo!» Ma all'epoca non c'è ancora nessuno. Soltanto dopo la caduta di Theia, la Luna appena nata intraprende il suo viaggio ellittico e inizia a rallentare la rapidissima Terra, producendo il flusso e il riflusso. Subito dopo la sua nascita, il satellite è molto più vicino a noi. Splende enorme nel cielo e causa maree molto marcate, giganteschi rigonfiamenti che avviano un vivace scambio di sostanze nutritive fra il mare e la terraferma. Senza la Luna, ciò non potrebbe accadere. Il Sole sarebbe l'unico motore delle maree, ma la sua distanza dal nostro pianeta è pari a 400 volte quella della Luna e la sua capacità di mettere in moto il mare è assai limitata. Il trasferimento di ossigeno tra l'oceano e la costa, per esempio, non basterebbe per favorire la comparsa delle forme di vita più complesse, che, dopo la marcia trionfale della fotosintesi, prosperano soprattutto nelle zone di transizione tra l'acqua e la terraferma. Forse non nascerebbero neppure le forme di vita più primitive, le primissime cellule. L'ipotesi di Russell e Martin (secondo il quale la vita è comparsa intorno ai camini sottomarini) regge anche senza le maree e la terraferma, perché è possibile che le protocellule ben ancorate esistano su una base puramente vulcanica. Quegli organismi cominciano tuttavia a dipendere dai componenti chimici fondamentali, al più tardi quando si staccano dalle pareti dei camini e galleggiano fino all'oceano aperto. È necessario che l'acqua sia rimescolata di continuo e che i minerali vengano dilavati dalle coste affinché si produca una quantità sufficiente di energia vitale, un processo difficilmente immaginabile senza il flusso e il riflusso.

In secondo luogo, sostiene Comins, una cappa densa e pesante di anidride carbonica vulcanica gravava sulla Terra prima dell'incontro con Theia. La collisione spazza una parte dei velenosi gas serra verso il cosmo, alleggerendo l'atmosfera e aiutandola ad assorbire meglio l'ossigeno che sarebbe stato liberato in seguito. Senza lo scontro, la vita sarebbe incappata in ostacoli assai maggiori. Anche se la fotosintesi fosse iniziata nonostante le condizioni gravose, l'atmosfera non sarebbe riuscita a immagazzinare abbastanza ossigeno per favorire lo sviluppo degli impianti fotosintetici delle piante terrestri a foglie larghe.

La teoria di Comins sembra di una chiarezza affascinante. Priva di freni, la Terra si muove così in fretta che, un giorno, completerà la sua rotazione in 4-5 ore.

Di conseguenza, violentissimi uragani imperversano senza tregua sugli oceani e sui continenti. Solon non presenta monti alti e ripidi, perché una violenta, prolungata tempesta ha consumato i suoi rilievi. I mari non sono per nulla navigabili: onde alte 30 metri consigliano di accantonare l'idea di una crociera. Solon non è adatto per chi ha bisogno di riposo. All'ululato e al muggito del vento si unisce il fragore della marea, mentre la sabbia e i sassi scrosciano sulla roccia nuda, producendo un baccano assordante, accentuato dal martellio di piogge perenni. Solon non sarebbe indicato neppure come stazione climatica, non solo per il modesto contenuto di ossigeno, ma anche perché un vento che soffia a una velocità di diverse centinaia di chilometri l'ora richiede polmoni molto robusti.

Solon potrebbe tuttavia ospitare forme di vita, continua Comins, alcune delle quali altamente sviluppate. Ma sarebbero molto diverse da quelle che conosciamo. Ipotizzando che voi foste soloniti, i vostri antenati non sarebbero scesi dagli alberi, perché su Solon nulla cresce verso l'alto. Ci sarebbe soltanto una vegetazione bassa e vigorosa, resistente alla furia degli elementi, formata, per esempio, da licheni e piante rampicanti con radici ben conficcate nel terreno, giacché le foglie grandi e delicate si strappano. Gli animali e gli altri esseri viventi, che dobbiamo immaginare bassi e piatti come creazioni nate dalla galleria del vento, si troverebbero ad affrontare problemi simili. Una bellezza gracile come Rossella O'Hara verrebbe trascinata via dal vento prima di riuscire a dire tre volte: « Tara! » La Rossella solonita è tarchiata, ha una pelle callosa e resistente e ha da sei a otto gambe muscolose, dotate di poderosi artigli per ancorarsi saldamente al terreno. Anziché correre con gioia incontro a Rhett Butler, striscia al rallentatore verso di lui e, per guardarlo negli occhi, socchiude varie palpebre, l'una dietro l'altra. E, quando, alla fine, Rhett si allontana a passo di lumaca, avrebbe poco senso chiamarlo, perché tutto quel baccano avrebbe impedito lo sviluppo del linguaggio, almeno come lo conosciamo noi. Forse Rhett dichiarerebbe: « Francamente, mia cara, me ne infischio », emettendo una sequenza di frequenze, per esempio di natura ultrasonica, che raggiungerebbero l'udito di Rossella fra i tuoni e gli strepiti onnipresenti. Sarebbe meglio ipotizzare che i soloniti comunichino mediante la luce. La nostra Rossella avrebbe un corpo corazzato e si trascinerebbe dietro una lunga coda robusta, con un'estremità popolata da batteri bioluminescenti. Forse ne avrebbe addirittura più di una. Sarebbe più comodo, infatti, dialogare emettendo segnali luminosi come quelli dei pesci abissali. I soloniti intelligenti potrebbero aver sviluppato un linguaggio luminoso molto complesso. Il vocabolario varierebbe a seconda della regione, cosicché gli individui capaci di parlare più lingue potrebbero vantarsi di essere menti illuminate. Anche gli appuntamenti notturni sarebbero impossibili, perché le notti solonite sono nere come la pece. A prescindere dalla fitta coltre di nubi, nessun lampioncino splendente inonda infatti la Terra di raggi argentei.

E qual è la situazione del mare?

Ebbene: non esistono creature terrestri senza molteplicità marina. I mari soloniti sono poveri di ossigeno e sostanze nutritive, ma, se seguiamo il modello di Russell e Martin, la nascita degli organismi primordiali si deve all'approvvigionamento chimico proveniente dall'interno della Terra, che non richiederebbe le maree. All'inizio, vicino ai camini idrotermali degli abissi, nessuno dipende dall'ossigeno, che viene liberato in un secondo momento. Il flusso e il riflusso hanno senza dubbio favorito lo sviluppo della vita, arricchendo gli strati d'acqua più profondi di minerali e ossigeno, ma la rivoluzione della fotosintesi ha luogo in superficie. Ci possono essere opinioni discordanti sulla profondità cui gli oceani soloniti presentano forme di vita complesse e sull'esistenza di pesci dipendenti dall'ossigeno in quell'ambiente, ma il metano e lo zolfo sono sufficienti per la vita degli organismi semplici. Perché l'evoluzione non dovrebbe aver trovato un modo per consentire anche agli esseri più progrediti di vivere con poco ossigeno?

Un argomento più controverso è la composizione dell'atmosfera primordiale prima della caduta di Theia. I modelli attuali ipotizzano l'esistenza di un involucro atmosferico velenoso ma sottile, lacerato di continuo da tempeste solari, tanto più che il pianeta non era abbastanza pesante per legare a sé il mantello di gas. Qui il serpente si morde la coda. Senza schianto, non ci sarebbe stato un aumento ponderale e dunque un'atmosfera stabile. Forse, all'epoca, la Terra si circonda di elio e idrogeno, depositando l'anidride carbonica, più pesante, al suo interno. È pertanto assolutamente ipotizzabile che la vita si sarebbe fermata negli abissi oceanici, dove avrebbe potuto percorrere altre strade.

In linea di massima, le opinioni sono discordanti. L'astronomo francese Jacques Laskar, per esempio, considera impossibile la vita senza Luna. A suo parere, mancando la forza stabilizzante di un satellite, la Terra avrebbe cominciato a barcollare, perché esposta unicamente ai campi gravitazionali del Sole e degli altri pianeti. Il fatto in sé non ha nulla di straordinario. Tutti gli assi di rotazione dei corpi celesti oscillano, anche quello della Terra, seppure in misura irrilevante. Proprio questo vacillamento innocuo ha contribuito a provocare le epoche glaciali. Senza Luna, l'asse terrestre non traballerebbe, bensì si rovescerebbe completamente ogni 2 milioni di anni circa, come è accaduto nel caso di Venere.

Altri scienziati giudicano esagerato lo scenario di Comins. Sicuramente le maree sarebbero più deboli, ma la rotazione terrestre avrebbe rallentato anche senza Luna, per influsso del Sole. È possibile, ammette Comins, ma un giorno sarebbe lungo al massimo otto ore e dunque troppo breve per dedicarsi a qualche vera attività. Non appena avesse finito di allacciarsi le sue otto scarpe, il solonita dovrebbe già togliersele.

Dobbiamo quindi essere contenti di averla, la nostra compagna costellata di crateri. Ignorando queste osservazioni, all'inizio degli anni '90, Alexander Abian, un docente americano di matematica, propose di far saltare in aria la Luna. Un paio di bombe atomiche piazzate sapientemente, e quel coso pieno di cicatrici sarebbe tornato a essere il mucchio di detriti da cui pare derivi. L'asse di rotazione terrestre si raddrizzerebbe, e gli uragani devastanti apparterrebbero al passato. Sarebbe tutto uno sbocciare e un trillare, e potremmo creare campi da golf nel Sahara, perché tutto il mondo godrebbe della temperatura media di un vero e proprio paradiso per pensionati. La Terra non ruoterebbe più velocemente, perché il rallentamento sarebbe irreversibile.

Che fine farebbe il satellite? Nessun problema. Potremmo provocare le esplosioni in modo che la Luna precipiti nel Pacifico. Quasi tutte le città costiere verrebbero travolte da violenti tsunami, ma... Be'... Bisogna pur rassegnarsi a qualche perdita. Abian riuscirebbe a consolarsi per la perdita di un paio di metropoli, se potesse indossare calzoncini e T-shirt a novembre.

Credo che non ci sia nulla da aggiungere.

Un mare di bernoccoli

Restiamo ancora per un po' sulla Luna.

Vi trovate nel Mare Tranquillitatis con la vostra tuta spaziale e restate a bocca aperta. Rapiti, guardate la Terra lontana, che si è alzata sopra l'orizzonte lunare col suo splendore azzurro. Il vostro sguardo vaga sulle superfici scintillanti degli oceani, che si estendono davanti a voi come se qualcuno li avesse lucidati. Naturalmente non si vedono onde dalla Luna. L'oceano Indiano, il Pacifico e l'Atlantico sembrano lisci come specchi, ed effettivamente lo sono, più o meno come la Toscana.

Eh?

No, chi sta scrivendo non soffre d'insonnia, non ha bevuto e non ha fumato nulla d'illegale. I mari non sono piatti. Dimenticate tutto ciò che avete sentito sul pavimento flottante. Gli oceani si abbassano in valli e si alzano in catene montuose. Sia chiaro: non mi riferisco alle onde. Gli oceani sono piste gibbose di enormi dimensioni. Così, durante una traversata atlantica, può capitare di superare differenze altimetriche fino a 130 metri nel corso di una sola giornata.

C'è voluta la moderna tecnologia satellitare per comprendere che cos'è, in realtà, la nostra bella Terra rotonda: una sorta di sfera. Nel 1986, l'US Navy, la Marina americana, ha lanciato il satellite radar *Geosat* in un'orbita poco distante dal Polo, con l'intenzione di mappare la superficie dei mari terrestri. Già s'immaginava che il livello del mare non fosse uguale ovunque. E si sapeva che il radar non riesce a penetrare attraverso l'acqua, ma rimbalza sulla sua superficie, perciò il metodo prometteva di fornire dati molto precisi. Nessuno era tuttavia preparato alle rivelazioni di *Geosat*: monti e depressioni, innalzamenti e avvallamenti. A sud dell'India, il livello del mare era più basso di 170 metri rispetto a quello dell'Atlantico settentrionale. A nord dell'Australia si ergeva un monte d'acqua di 85 metri, e una massiccia cresta liquida attraversava l'Atlantico nel senso della lunghezza. Ovunque si rilevavano differenze più lievi, dell'ordine di circa 10 metri. Si stava delineando un modello stranamente familiare, finché due scienziati all'improvviso non hanno capito cosa avevano davanti: l'immagine dei rilievi sottomarini. Erano questi ultimi a manifestarsi in superficie, non nel dettaglio, ma almeno a grandi linee.

La conseguenza è stupefacente. Per conoscere approssimativamente l'aspetto dei fondali oceanici, è sufficiente studiare i dati delle mappature superficiali.

Da cosa dipende questo? È occorso un po' di tempo prima che gli studiosi ne scoprissero le cause. Sono parecchie. Forse la principale responsabile è la forza di gravità. Ripensiamo alla definizione di massa e a tutte le conclusioni che ne derivano. Maggiore è la massa di un corpo e maggiore è anche la sua forza di attrazione. Tuttavia ciò non vale soltanto per i corpi celesti, ma anche per tutta la materia sulla superficie e all'interno del nostro pianeta. Qualunque cosa abbia una massa possiede un suo campo gravitazionale tramite il quale interagisce con altri corpi. Pure il fondo marino attira l'acqua in questo modo. Se s'incrementa la sua massa, per esempio ponendovi sopra un monte, la sua forza di attrazione in quel punto deve pertanto aumentare. Sarebbe logico credere che il livello del mare possa diminuire, invece è vero il contrario. L'acqua circostante viene spostata di lato verso il rilievo e si stratifica sino a formare una gobba. Il livello del mare invece si abbassa sopra le fosse abissali. È dunque possibile ottenere un profilo morfologico del fondale senza doversi bagnare i piedi.

Purtroppo ben presto è emerso che quel quadro risulta impreciso, perché l'acqua s'inarca anche sopra alcuni bassopiani, nei punti in cui il fondo è piatto e non presenta innalzamenti sottomarini. Dopo essersi scervellati per un po', gli esperti sono riusciti ad attribuire anche questo effetto alla forza di gravità. Più il fondale marino si allontana dalla cresta medio-oceanica in cui nasce e più invecchia e diventa freddo. E ciò che si raffredda si addensa. Se avete mai preparato un soufflé, conoscete bene gli esiti di un raffreddamento rapido: la vostra leccornia diventa piatta come una tavola, ma senza perdere massa. Un soufflé sgonfio pesa esattamente come uno riuscito, anche se quest'ultimo sembra più grande. In realtà, è soltanto più poroso, proprio come la lava appena solidificata della cresta medio-oceanica è più porosa del fondo marino più antico e freddo. Gli studi hanno rivelato che, nelle regioni in questione, c'erano rocce antichissime e molto compresse. Pianure, insomma, ma con la massa di montagne gigantesche.

Le acque greche sono un esempio lampante delle ripercussioni della topografia marina sulla superficie dell'acqua. Confrontando il livello del mare nel canale di Corinto con quello del porto di Patrasso, scoprirete che quest'ultimo è più basso di 7 metri. A sud di Creta, una valle piatta e allungata attraversa il mare, e in effetti si osserva la presenza di una fossa abissale in cui una zolla terrestre sprofonda sotto l'altra. Fosse analoghe compaiono anche intorno alla zolla filippina, a ovest dell'Indonesia e a nord della Nuova Zelanda. Non è neppure necessario spingersi al largo. Pur sembrando liscio, il lago di Ginevra presenta avvallamenti e depressioni, e a Ginevra è più alto di 2 metri rispetto alla vicina Montreux.

Ma come stanno le cose col famoso pavimento flottante? Se lo si distribuisce sul pavimento irregolare di una cantina, non si profila nessun rilievo, bensì una pianura perfetta. A questo punto, purtroppo, devo privare i muratori e i piastrellisti delle loro illusioni. Anche il pavimento obbedisce alla forza di gravità, solo che le oscillazioni sono così lievi che persino la livella a bolla d'aria si lascia ingannare. Come il pavimento, gli oceani vengono attirati verticalmente verso il baricentro della Terra, cioè verso il suo punto centrale. Questo, per inciso, è uno dei motivi per cui il nostro pianeta non presenta linee parallele al di fuori di quelle tracciate dai matematici. Due soldati sull'attenti, alla distanza di un metro l'uno dall'altro, sembrano perfettamente paralleli. In realtà, formano un angolo, perché tendono verso il medesimo centro di gravità, e non ciascuno verso il proprio. Gli strumenti di misurazione più maneggevoli non registrano questa posizione obliqua, poiché sono condizionati a loro volta dalla forza di gravità terrestre. Così ci fanno credere, per esempio, che il mare sia piatto. Se siete a bordo di una nave, cadete vittima delle particolarità dei campi gravitazionali. Tendete anima e corpo verso il centro della Terra; in altre parole, voi, il mare, la nave e tutto il resto siete obliqui. Avete tuttavia l'impressione che davanti a voi si estenda un orizzonte perfettamente orizzontale. Oltretutto, visto che gli angoli d'inclinazione delle montagne d'acqua sono piattissimi, non avvertite alti e bassi. Mia moglie Sabina, che adora i viaggi in nave, mi ha assicurato che è una sensazione molto rilassante.

Un'altra causa dei livelli variabili è racchiusa nel comportamento delle correnti marine, su cui torneremo anche più avanti. Negli oceani si muovono enormi vortici, i cosiddetti *eddies*, caratterizzati da diametri che arrivano fino a 100 chilometri e oltre. Quando fate defluire l'acqua nella vasca da bagno di casa vostra, osserverete, anche se in piccolo, un vortice analogo, con un avvallamento al centro. Una depressione identica si trova al centro degli immensi vortici oceanici, che, in compenso, s'inarcano lungo i bordi. Gli *eddies*, che ruotano come galassie d'acqua, si spostano nel mare e sono essi stessi parte di vortici più grandi, che si sollevano a loro volta in giga-vortici. Il processo continua, finché non se ne deduce che tutti gli oceani sono soggetti a una rotazione. Sopra l'equatore, i vortici girano in senso orario; sotto, si muovono nella direzione opposta. Inoltre la loro velocità aumenta a mano a mano che ci si avvicina ai Poli. Stavolta la responsabile non è la forza di gravità, bensì la rotazione terrestre.

Uno di questi giga-vortici è osservabile nell'Atlantico, con un centro leggermente spostato verso ovest. L'*eddy* preme dunque contro il Nordamerica, schiacciando la Corrente del Golfo contro la costa, arginandola e sollevandola. L'enorme attrito rallenta la corrente, ma, nel contempo, i venti impetuosi e il risucchio dell'Atlantico la accelerano. Il bilancio si equilibra in conformità alla tesi del mantenimento dell'impulso di rotazione, secondo cui un moto circolare rimane costante finché non viene disturbato da fattori esterni.

Persino l'atmosfera pare esercitare il suo influsso sull'altezza del livello del mare. Infatti anche l'aria ha un peso. Ci sono aree di alta e di bassa pressione che si ripercuotono diversamente sugli oceani e condizionano in certa misura il livello della superficie dell'acqua.

Dal 2002, il satellite *Jason-1* registra le finezze della topografia oceanica. Munito di GPS, riflettore laser e radiometro a microonde, misura la superficie con una precisione di 4,2 centimetri, esaminando le correnti marine e studiando l'influenza reciproca tra mare, clima e atmosfera. Nel 2008, gli succederà il più sofisticato *Jason-2*. Forse, per allora, avremo chiarito qualche enigma finora irrisolto, per esempio perché l'Atlantico settentrionale presenta una mappa gravimetrica molto più rilevata dell'oceano Indiano. La topografia del fondo marino non basta a spiegare le notevoli differenze. Forse dovremmo salire di nuovo a bordo del nostro veicolo perforante resistente al calore e verificare se il fenomeno dipende da regioni di diversa densità. Persino il nucleo terrestre può provocare anomalie nel livello del mare. Il viaggio fino al cuore del pianeta è tuttavia da escludersi per i motivi già spiegati, ragione per cui guarderemo ancora una volta verso lo spazio. Due sonde, l'europea *Grace* e la sua gemella americana *Champ*, stanno misurando di nuovo il campo gravitazione della Terra. Gli scienziati si augurano di capire anche come funziona davvero il tanto chiacchierato innalzamento del livello del mare, dato che, finora, sappiamo solo che il riscaldamento dell'atmosfera non produce gli stessi effetti in tutto il mondo.

Ma voi, a bordo della vostra nave, giurate e spergiurate che l'orizzonte è rettilineo e che non vedete monti né valli. Meglio così. Preferisco lasciarvelo credere, perché adesso avete ben altri problemi.

Voltatevi.

Insalata di onde

Il vento ama leggiadro l'onda;
il vento rimescola gli spumeggianti flutti dal fondo.
Anima umana, come somigli all'acqua!
E tu, umano destino, come somigli al vento!

Ecco qui le osservazioni di un certo signor Goethe, la cui mente inesauribile seppe creare un connubio perfetto tra poesia e scienze naturali. Qual è la mano che non si leva per togliere la schiuma dall'angolo dell'occhio? Gradite un altro spruzzo?

L'anima umana
somiglia all'acqua:
viene dal cielo,
al cielo sale,
e ancora deve tornare alla terra,
vicenda eterna.

Ah, come se questo potesse fermarci. In cuor nostro, avvertiamo la necessità di restare a prua, protetti dalla cerata svolazzante. Forse Goethe non sapeva granché delle gobbe e delle depressioni sul livello del mare, ma il fenomeno dell'evaporazione gli era più chiaro dell'acqua di una laguna. E ha anche descritto uno dei principi più importanti cui è imputabile la formazione delle onde. Il vento fa il filo all'onda. Nel suo eterno slancio d'amore verso il liquido, cerca romanticamente di turbarla, cosa che gli riesce più o meno bene, a seconda del suo impegno. Si tratta di un corteggiamento perpetuo, di un *petting* infinito tra gli elementi: tenero là dove i flutti s'increspano rabbrividendo, violento durante i preliminari, sempre più intenso durante il mugghiante atto orgiastico e fragoroso nel momento culminante, cui seguono la spossatezza, le onde che si appiattiscono in un silenzio tranquillo, uno spruzzo, un altro... e infine un mare lievemente increspato.

Mah, il Romanticismo.

Un periodo di emozioni altalenanti e dunque più simile al mare di qualsiasi altra epoca. Non a caso Wagner incanta l'*Olandese volante* tra il ribollire delle onde, mentre, nell'*Oro del Reno*, le acque fluiscono nell'armonia della corrente. Se *Il lago incantato* di Anatolij Liadov è dedicato alla magia delle acque interne, *Il folletto dell'acqua* di Antonín Dvorák alza la testa grondante fuori dell'abisso. Nulla riesce a esprimere meglio dell'acqua l'ambivalenza della vita umana. Nemmeno il rumoreggiare della foresta unisce in maniera tanto azzeccata il bene e il male, l'estasi e l'insoddisfazione, l'amore e l'odio.

Con le gambe divaricate e le mani aggrappate al parapetto, avete appena scrutato l'orizzonte, notando che onde violente si stanno dirigendo verso di voi, sollevando e abbassando la nave. È mare grosso, ma questo non deve essere motivo di timore. Ora vi voltate, prevedendo di notare una scena analoga e invece fissate una scura distesa grigioverde. V'immobilizzate per un attimo. È già sera? Il crepuscolo è calato così in fretta? Poi capite che ad approssimarsi non è la sera, bensì una parete bianca piena di crepe. L'onda è alta una trentina di metri, un fronte apparentemente invalicabile, perché è troppo ripido e perché supera di gran lunga l'altezza della vostra nave. Il mostro avanza inesorabile nella vostra direzione. Vi divorerà, poco ma sicuro! Il mare v'inghiottirà e ciò che avverrà dopo è inimmaginabile.

So che non è il momento migliore, però è ora di concentrarci un po' sulla fisica elementare. Non preoccupatevi, a tempo debito vi porterò al sicuro.

Durante il nostro avvicinamento dallo spazio ci siamo approssimati sempre di più al mare. Abbiamo visto che la Luna sposta enormi montagne d'acqua sulla Terra, abbiamo decifrato la struttura gibbosa degli oceani e siamo saliti a bordo di una nave, ritrovandoci nel bel mezzo di un mare in tempesta. Ci siamo spinti nell'universo inesplorato al punto che ora l'acqua ci gocciola dai capelli, il vento sferza la nostra cerata e il sale incrosta gli angoli della nostra bocca. Accanto a noi l'allegro professor Bömmel,* che si è tolto le scarpe, affermando: « Ora fingiamo di essere stupidissimi e domandiamoci: che cos'è un'onda? »

Proprio così, signor professore. Perché l'acqua non è piatta? Goethe lo sapeva e ci ha fornito la risposta nel suo *Canto degli spiriti sopra le acque*. La colpa è del vento. È vero. Purtroppo, il poeta commette poi un errore sostanziale, mandando il vento sul fondo del mare: « Il vento rimescola gli spumeggianti flutti dal fondo ». No, non lo fa. Il vento muove direttamente solo la superficie, il che basta spesso per mandarci al Creatore.

Il professor Bömmel dice che dobbiamo fare un passo indietro.

D'accordo: « Che cos'è il vento? » Perché esso soffi, sono necessari anziutto due elementi: un'atmosfera, cioè una miscela di gas di una certa densità, e un Sole, necessario per scaldare la miscela, cioè per caricare di energia le particelle d'aria in modo che inizino a sfrecciare qua e là, allontanandosi e diluendo la miscela. L'atmosfera terrestre non viene tuttavia scaldata e raffreddata uniformemente. Su un lato del globo, il Sole non brilla per ore intere. Sull'altro, il calore ci raggiunge con intensità variabile. Nel Nord, per esempio, le temperature sono più basse rispetto all'equatore; inoltre sono le nuvole a regolare la distribuzione dell'energia. L'aria presenta movimenti e densità mutevoli, cui sono imputabili le famose aree di alta e di bassa pressione tanto care ai meteorologi.

Ora, in natura tutto tende all'equilibrio. Le aree di bassa pressione sono regioni con una pressione dell'aria inferiore a quella delle zone circostanti. Un'area di alta pressione si caratterizza invece per una pressione più elevata: qui masse d'aria

* Uno dei protagonisti del libro *Die Feuerzangenbowle* [letteralmente: « il punch delle molle per il fuoco », dal nome di una tipica bevanda natalizia tedesca] scritto da Heinrich Spoerl nel 1933 e trasposto in forma cinematografica nel 1944. Il film, diretto da Helmut Weiß, fu un enorme successo e ancora oggi è considerato un piccolo cult. Il professor Bömmel, interpretato da Paul Henckels, rappresenta un tipo d'insegnante piuttosto anticonvenzionale, in opposizione all'autoritarismo incarnato dal professor Brett. (*N.d.T.*)

si abbassano e si scaldano, impedendo all'umidità di condensarsi e contrastando la formazione delle nuvole. Ecco perché nutriamo tanta simpatia per l'alta pressione. Una volta scese verso il suolo, queste masse d'aria si diffondono e si mescolano con quelle appartenenti alle vicine aree di bassa pressione per stabilire proprio l'equilibrio richiesto dal secondo principio della termodinamica, in base al quale l'energia delle particelle d'aria (anzi di tutte le particelle) deve distribuirsi uniformemente. Se avete tre bambini e sei porzioni di budino, ogni piccolo deve riceverne due, altrimenti scoppierà un litigio.

A causa di questo principio dell'equilibrio, l'atmosfera è in continuo movimento. Si sposta di qua e di là, e tali spostamenti prendono il nome di «vento». L'intensità dei venti dipende dalle differenze di densità nelle aree di alta e di bassa pressione. Immaginate il tutto come un piano inclinato: in cima l'alta pressione e in fondo la bassa pressione. Se entrambe sono moderate, le particelle d'aria scivolano pian piano lungo la pendenza, e noi otteniamo una brezza piacevole. Più aumenta la differenza, più diventa ripida la nostra inclinazione, finché l'aria non soffia verso il basso a gran velocità. In questo caso, scoppia una burrasca. Per motivi fisici, l'accelerazione del vento ha un limite: le raffiche non possono soffiare a più di 520 chilometri orari. Chi si sente tranquillizzato da tale informazione è un povero illuso. L'uragano che si è abbattuto su New Orleans nell'agosto 2005 ha raggiunto la metà di tale valore.

Quando il vento spazza la terraferma, si genera un attrito. Il suolo oppone resistenza e le burrasche diventano prove di forza. Una tempesta atlantica può sradicare alberi e anche abbattere edifici. Ma la terraferma resiste alla sua furia e la rallenta.

L'acqua ha un comportamento diverso.

La sua coesione molecolare è instabile. Quando il vento incontra l'acqua, la agita, ma non riesce a penetrare in profondità, limitandosi a mettere in movimento le particelle superficiali. È però interessante notare che queste ultime non mutano la loro posizione. Le folate non le sradicano come fanno con gli alberi, che vengono scagliati attraverso l'aria per centinaia di metri e ricadono in un punto totalmente diverso. Le particelle di liquido restano dove sono, facendo però una sorta di capriola. Qualsiasi bambino conosce questo fenomeno: se si posa una barchetta su un lago attraversato da piccole increspature, l'imbarcazione galleggia senza spostarsi, il che sarebbe impossibile se il vento trasportasse l'acqua da qualche altra parte. Tuttavia, a propagarsi, è soltanto l'onda. Le particelle d'acqua cominciano così a ondeggiare, alzandosi, abbassandosi e urtando le particelle vicine, che a loro volta iniziano a vorticare. Quando spira una brezza lieve, queste increspature si vedono; più il vento rinforza e più alte diventano le creste delle onde, che incedono con una lunghezza d'onda corrispondente.

In teoria, poiché il vento agita l'acqua e la spinge verso l'alto, dovrebbe formarsi un'unica onda di proporzioni sempre più gigantesche che si dirige, per esempio, verso ovest, svuotando pian piano il bacino del mare a est. In effetti, un vento forte è in grado di produrre grosse onde, ma il mare non si fa scacciare con tanta facilità dal suo letto. La regola dell'equilibrio svolge un ruolo importante anche in questo caso. Conformemente al secondo principio della termodinamica, un liquido tende a riempire gli avvallamenti, perché la gravitazione ne attira sempre le particelle verso il centro del pianeta. Una tempesta atlantica può dunque causare onde alte 15 metri, ma, non appena si placa, tutto torna a regolarizzarsi. Il profilo dell'onda si appiattisce fino a diventare una linea retta nei momenti di bonaccia completa. Va notato però che in natura non esistono linee perfettamente rette; infatti, sono registrabili piccoli vortici d'aria anche quando noi non sentiamo più il vento.

Gli uragani risparmiano gran parte della Germania, per esempio, ma le tempeste atlantiche non sono rare. Allora perché non ci sono onde alte 15 metri sullo stagno delle anatre nel villaggio in cima alla collina? Semplice: l'altezza dell'onda è in rapporto con la sua lunghezza. Le onde gigantesche dell'oceano hanno lunghezze d'onda enormi. Una superficie acquea deve però essere abbastanza estesa affinché possano comparire lunghezze d'onda così grandi ed è necessaria anche una certa profondità. Lo stagno delle anatre nel villaggio in cima alla collina ha però un'estensione molto inferiore rispetto all'Atlantico, per la gioia delle anatre, che altrimenti avrebbero il mal di mare e non riceverebbero più briciole di pane dalle vecchiette.

Le onde hanno fianchi inclinati come quelli delle montagne e possono diventare più ripide col passare del tempo. Un processo che potete osservare se vi sdraiate per un'oretta sulla spiaggia, ricordando che le particelle d'acqua non vengono trasportate nel mare, bensì salgono sulla ruota panoramica. Sapete inoltre che un'onda si propaga molto bene, con una velocità proporzionale a quella del vento. Ebbene: quest'ultimo influisce soltanto sugli strati d'acqua superficiali. A partire da 150 metri di profondità, la tranquillità regna persino durante l'uragano più devastante del secolo. A mano a mano che il fondo del mare risale verso la terraferma, l'onda mette in movimento anche le particelle d'acqua che si trovano sul fondo. Anche queste ultime farebbero volentieri il giro della morte, ma alcune battono la testa contro il fondale. Le loro traiettorie si deformano, diventando piatte ed ellittiche. Ciò che segue è simile a un tamponamento. Sotto, l'onda rallenta; sopra, continua ad avanzare rapidamente. Le particelle cominciano così a stratificarsi e l'onda diviene sempre più alta e, nel contempo, sempre più ripida. Mentre gli strati d'acqua superficiali tendono verso la terraferma, quelli più profondi non si muovono con la stessa velocità, fino al momento in cui il limite di ripidezza non viene oltrepassato. Non appena l'altezza dell'onda supera la profondità dell'acqua di 1,3 volte, il flutto perde velocità, cadendo in avanti, iniziando a frangersi, crollando su se stesso, spumeggiando e strisciando per un tratto sulla sabbia prima di scomparire.

Uno di quelli che hanno filosofeggiato con tanto acume sulla sensatezza e sull'insensatezza degli erbivori dal collo lungo è in piedi sulla battigia e, sorridendo, afferma che sono tutte sciocchezze. Ha infatti constatato che le onde trasportano l'acqua. Ogni due secondi, il liquido gli spumeggia intorno ai piedi e inumidisce la sabbia prima di ritirarsi, poi arriva l'onda seguente e così via. Un rappresentante della fazione rivale afferma che neppure la tesi sul vento può essere fondata. Oggi, per esempio, le raffiche soffiano dalla terraferma, perciò dovrebbero spingere via l'acqua, che invece bagna i piedi del suo avversario. E soprattutto, se le molecole d'acqua e le barchette giocattolo restano sempre nello stesso punto, com'è possibile che il legname galleggiante raggiunga la riva come il messaggio nella bottiglia lanciata dal povero naufrago?

Domande intelligenti.

In realtà, le particelle d'acqua si comportano come se facessero la ola allo stadio, cioè mediamente rimangono nella stessa posizione. Ma che cosa accadrebbe se i tifosi fossero costretti a salire l'uno sulle spalle dell'altro? Prima o poi, la torre umana cadrebbe e alcuni di loro cambierebbero sicuramente posizione. La situazione è più o meno la stessa nel caso dell'acqua. L'onda si solleva sino a frangersi sulla riva. Soltanto ora l'acqua viene trasportata, cioè quando il flutto crolla su se stesso e si allarga al suolo. Le particelle di liquido risalgono quindi un tratto di spiaggia, finché la forza di gravità non le tira di nuovo indietro, ed è questa la ragione per cui il primo dei nostri due amici si ritrova coi piedi bagnati.

Il problema del suo avversario è più complesso. A prescindere da dove ci si ferma, la marea si dirige sempre frontalmente verso il bagnasciuga, anche su un'isola di forma circolare. Il vento è l'unico a conoscere la risposta ed è così gentile da rivelarcela.

Nell'oceano aperto, le folate sospingono le onde, e il mare si carica di energia. Indipendentemente dalla strada che i flutti prendono in superficie, l'energia si comporta, nell'acqua, come le onde sonore nell'aria, ossia si lascia trasportare contemporaneamente in ogni direzione. Compaiono così sia correnti e controcorrenti sia venti e venti contrari che provocano turbolenze e cambi direzionali. A prescindere da questo, l'intero sistema si arresta sempre nei punti in cui incappa nella terraferma. Intorno a un'isola si vengono a creare le medesime circostanze. L'onda vuole propagarsi ulteriormente e non ci riesce, perciò va incontro al collasso.

Il nostro bagnante non è ancora soddisfatto. Se il vento spira da ovest, la situazione deve essere più movimentata sulla costa occidentale rispetto a quella orientale dell'isola. Le insenature protette e i paradisi dei surfisti esistono proprio per questo motivo. In realtà, le onde si dirigono frontalmente verso la terraferma soltanto là dove il vento le spinge in linea retta verso la costa. Negli altri punti, si avvicinano al litorale avanzando in direzione obliqua. Se laggiù il fondo del mare si solleva dolcemente, i singoli segmenti del flutto lo raggiungono l'uno dopo l'altro. La parte dell'onda più prossima alla terraferma rallenta, mentre le onde seguenti mantengono una velocità costante. Non appena i segmenti successivi raggiungono la parte rallentata, frenano in successione, finché la linea non viene deviata per intero, fino a essere parallela alla riva. Ecco perché le onde si avvicinano sempre frontalmente alla battigia, a prescindere da come soffi il vento, con l'unica differenza che qui si frangono con dolcezza e là si abbattono con fragore. Se, prima di toccare terra, non hanno nessun contatto col fondale, come accade davanti alle coste a picco, mantengono visibilmente l'angolo di entrata obliquo.

E il legname galleggiante? Perché non resta fermo? Perché il messaggio nella bottiglia raggiunge il bagnasciuga, rendendo così possibile salvare il povero naufrago che l'ha gettato in mare migliaia di chilometri più in là, e rendendo tutti felici e contenti?

Qui entra in gioco un altro fattore. Sebbene le onde non trasportino l'acqua, essa si muove e cambia posizione. Anche in questo caso, la spiegazione è racchiusa nel principio dell'equilibrio. L'acqua deve scorrere, girando senza sosta intorno alla Terra. Le correnti marine la tengono in movimento, facendo in modo che le bottiglie arrivino nelle regioni popolate e che le casse di minestra in scatola giungano sulle isole deserte, anche se poi il naufrago scopre di non avere un apriscatole. Le correnti marine sono un argomento complesso, di cui ci occuperemo di nuovo tra due capitoli.

Ma adesso torniamo a bordo della nostra nave, dove voi siete appoggiati al parapetto, accanto al professor Bömmel. Il rumoreggiare della tempesta v'impedisce di sentirlo blaterare. Può darsi che dica: « Quella sì che è un'onda bella grossa ». Oppure: « Qualcuno sa come si chiama un'onda del genere? » Avete altri pensieri per la testa. Secondo i ragionamenti che abbiamo fatto, quell'enorme cosa là davanti non dovrebbe nemmeno esistere. Eppure è una spaventosa realtà. Nel bel mezzo dell'oceano, un muro d'acqua alto 30 metri si dirige verso di voi, e vi domandate da dove diavolo sia venuto, così all'improvviso.

Congratulazioni. Avete la rara fortuna di guardare il volto bagnato di un'onda anomala.

Nel 1933, un cavallone di quel tipo, dell'altezza di 34 metri, incappò nell'incrociatore americano *Ramapo* e per poco non lo ribaltò. Certe storie di onde immense erano già circolate in precedenza, ma tutti le avevano considerate come frottole da marinaio. Solo poco tempo fa, dopo che la nave da crociera *Bremen*, lunga 111 metri, era sfuggita per un pelo a un frangente di 35 metri che aveva rischiato di affondarla, gli studiosi hanno cominciato a interessarsi seriamente ai leggendari muri d'acqua. Nel giro di mezz'ora, la *Bremen* era stata trascinata davanti al Sudafrica, senza propulsione e con uno sbandamento di 40°. Non era più possibile minimizzare il fenomeno. Nel 2005 si sono verificati diversi incidenti. Il 14 febbraio, un'onda gigantesca ha distrutto il ponte della nave da crociera *Voyager* a ovest della Sardegna. Qualche settimana dopo, un'onda anomala si è schiantata contro la *Norwegian Dawn*, allagando 62 cabine e arrecando a quella nave lunga 292 metri danni così gravi che è stato necessario trasferirla a Charleston per riparazioni straordinarie. Nel suo libro *La tempesta perfetta*, Sebastian Junger ha descritto un mostro simile, che, nell'omonima riduzione cinematografica, divora George Clooney per il dispiacere delle mogli di milioni di marinai. In effetti, il rischio di pagare con la vita un simile incontro è maledettamente alto. Le onde anomale non si fanno annunciare, ma compaiono dal nulla nel giro di pochi secondi. Dato che non sembrano avere lunghezze d'onda degne di nota, si trasformano in un pericolo mortale per le navi. Non ha infatti nessuna importanza quanto sia alto un rilievo ondoso convenzionale, se è possibile scalarlo con facilità. Le navi non sono tuttavia costruite per superare pareti ripide e le onde anomale s'innalzano quasi verticalmente.

Un ricercatore tedesco ha paragonato queste onde enormi ai musicanti di Brema,* spiegando che spesso si tratta di più

* Nella favola dei fratelli Grimm, un asino, un cane, un gatto e un gallo, in fuga dai loro padroni, vedono una casa illuminata e salgono l'uno sul dorso dell'altro per vedere all'interno: scorgono così alcuni ladri

cavalloni capaci di disporsi l'uno sull'altro (*Oplà!*) Ciò può accadere quando le alte e veloci onde di burrasca incappano all'improvviso in una forte controcorrente. Il loro corso si blocca, la lunghezza d'onda diminuisce rapidamente, e le onde successive si sovrappongono con fulmineità. Per esempio, davanti alla costa sudorientale del Sudafrica, intorno al capo di Buona Speranza, le onde di burrasca investono sempre frontalmente la calda Corrente di Agulhas, che viene da est, e anche capo Horn, sulla punta più estrema del Sudamerica, viene considerato una pericolosa zona di accumulo.

In alto mare, le onde anomale (che in inglese si chiamano *freak waves, rouge waves* o *sneak waves*) coprono distanze che sfiorano i 10 chilometri, con una velocità compresa fra i 35 e i 40 chilometri orari. Pare tuttavia che alcuni di quei giganti abbiano percorso diverse centinaia di chilometri. In linea di massima, però, tendono all'instabilità. Quasi tutte conducono una vita piuttosto breve, talvolta della durata di pochi secondi. Magrissima consolazione se si ha la sfortuna di trovarsi nelle immediate vicinanze, tanto più che i muri d'acqua sono preceduti da un abisso soprannominato dai marinai « buco nell'oceano ». Per sollevarsi, l'onda anomala attira a sé enormi quantità d'acqua e crea un trogolo, in cui le navi affondano, per poi essere travolte dalle ondate successive. E, se riescono a cavarsela, hanno una brutta sorpresa. Una variante particolarmente insidiosa di queste onde gigantesche è diventata famosa col nome di « tre sorelle », un nome che evoca un'idea di socievolezza. Già la prima sorellina è un'onda anomala adulta, e la seconda la segue a breve distanza a causa della lunghezza d'onda ridotta. Se, con moltissima fortuna, si sopravvive anche a questa collisione, ci si ritrova di fronte la sorella numero tre, che non fa troppi complimenti. È inevitabile pensare a Urd, Verdandi e Skuld, le tre dee nordiche che tessevano i fili del destino all'ombra del frassino collocato al centro del mon-

che stanno banchettando. Gli animali decidono allora di mettersi a « cantare » per ingraziarsi i favori degli esseri umani, ma questi ultimi, atterriti dal baccano infernale, se la danno a gambe, permettendo così ai quattro di prendere possesso della casa. (*N.d.T.*)

do. Potremmo vivere in eterno se quella megera di Skuld non tagliasse il nostro filo.

Il problema non sono dunque soltanto le creste, ma anche le valli corte e profonde che si formano là in mezzo e che talvolta piegano una nave container al punto di spezzarla. Sono loro le vere trappole. Quando parliamo di altezza dell'onda, dobbiamo tenerle in considerazione. Due terzi dell'onda si trovano sopra la superficie del mare, ma un altro terzo è nascosto al di sotto. Nel caso di un'onda di 30 metri, si precipita in una voragine profonda 10 metri. Se siete mai saliti sul trampolino di una piscina - quello alto 10 metri - e avete guardato il francobollo azzurro che fino a poco prima era una vasca grandissima avrete una chiara idea delle dimensioni.

Un'altra variante porta il gradevole nome di «muro d'acqua». Questa onda si solleva in fronti della lunghezza di chilometri, ha una furia inimmaginabile ed è così ripida che la schiuma riesce a scendere sul lato anteriore. L'*Andrea Gail,* lo sfortunato cutter della *Tempesta perfetta* di Junger, incappa proprio in un'onda di questo tipo, che lo travolge irrimediabilmente. La locandina del film lo raffigura nel vano tentativo di arrampicarsi su quel fronte marmorizzato. George Clooney, da parte sua, è stato il protagonista di *Ocean's Eleven* e quindi mi sento di affermare che è sopravvissuto; al contrario, si sono invece perse le tracce dell'equipaggio del vero *Andrea Gail.* La cosiddetta «onda di tempesta» è un'altra simpatica tizia da cui guardarsi: una gigantesca onda densa e grassa, che ama avvicinarsi di lato ammiccando e girando di colpo le navi, ribaltandole.

Che si tratti di sorelle, muri o tempeste, nessuno prende il largo volentieri se prevede d'imbattersi in ripidi pendii alti 30 metri. Dopo che l'esistenza di quelle onde gigantesche era diventata innegabile, gli esseri umani si sono consolati, pensando che fossero rarissime. Una pia illusione, come ha dimostrato il satellite-radar *ENVISAT,* rivelando che, nei mari della nostra Terra, ne compaiono almeno due al giorno. Se studiamo le statistiche delle navi affondate dai frangenti, giungiamo alla dolorosa conclusione che, fino a oggi, le onde anomale hanno ucciso tantissime persone. Per molti, l'esempio più lampante è il mercantile tedesco *München*, che, nel dicembre del 1978, è scomparso a nord delle Azzorre senza lasciare traccia, probabilmente perché vittima di un'enorme ondata. Le onde di tempesta alte 35 metri non sono affatto rare. Le incontriamo con regolarità soprattutto al largo del Sudafrica e dell'Africa orientale, nel golfo dell'Alaska, lungo la costa della Florida, a sud-est del Giappone, e anche nell'Atlantico settentrionale.

La frequenza di questi fenomeni è in netto contrasto con la teoria delle onde lineari, cui si faceva riferimento in passato. La linearità è un principio matematico che prevede la possibilità di valutare le conseguenze. La concezione del mondo di Sir Isaac Newton, per esempio, si contraddistingue per il suo amore per la linearità. Una piccola imperfezione nell'opera di un genio: quasi nulla ha un andamento lineare nello spazio-tempo, anche se gli esperti di pronostici e statistiche lo vorrebbero tanto, perché la linearità, coi suoi presunti vantaggi, li affascina. Nell'universo lineare, per esempio, prevedere il futuro non sarebbe un problema. Basterebbe elevare a potenza lo *status quo* e stimare matematicamente le tendenze. Non ci sarebbe nessun decesso per infarto, nessuna esplosione di navicelle spaziali, nessuna avventura di una notte tra partner apparentemente fedeli, e l'Unione Sovietica non si sarebbe frantumata da un giorno all'altro. Invece c'è il tessuto delle causalità e noi sappiamo che, da qualche parte, si nascondono l'anomalia, l'eccezione alla regola, l'accumulo, il collasso. Fino a oggi siamo penetrati solo superficialmente nella sua trama e dunque siamo molto lontani dal poter guardare attraverso di esso. La scienza continua così a domandarsi perché le onde anomale siano tanto frequenti. Secondo i modelli di calcolo attuali, questi eventi dovrebbero essere molto più rari, anche se si tengono in considerazione fattori accidentali come le sovrapposizioni, le rapide variazioni del vento e le correnti che si muovono in direzioni opposte. Il mondo è tuttavia assai meno lineare di quanto siamo stati disposti a credere finora.

Il professor Al Osborne dell'Università di Torino si è ripromesso di svelare l'arcano. A tale scopo, disturba la fisica quantistica, una sorta di quintessenza della non linearità. In questo ambito, esiste la celebre equazione di Schrödinger, secondo cui è possibile descrivere il comportamento nel tempo delle particelle elementari attraverso funzioni d'onda. È impossibile trasporre questa formula alle strutture macroscopiche, ma Osborne scorge alcune somiglianze nel comportamento delle onde quando esse subiscono una modifica inattesa della loro condizione. Tale comportamento diventa infatti imprevedibile: assorbono fulmineamente l'energia delle onde circostanti e si sollevano. Osborne ha esaminato le onde anomale nello spazio non lineare, ricostruendo, tra l'altro, l'enorme onda dirompente che ha scosso la piattaforma petrolifera *Draupner* nel 1995. Le sue conclusioni non sono inquietanti soltanto per i viaggi in mare. Ci sono sia montagne d'acqua lineari e stabili con pendenze moderate, sia ripidi pendii la cui formazione si sottrae a qualsiasi previsione e che sono molto frequenti, in termini matematici.

«È divertente immaginare che esistano due tipi di onde» commenta il professore, abbozzando un sorriso. Il suo divertimento nasce dalla constatazione che l'energia dell'impatto di un'onda anomala ammonta a circa 100 tonnellate per metro quadrato. Lo sguardo dei costruttori navali rivela una certa inquietudine. Se non altro, la *Queen Mary* 2 dovrebbe essere immune dalle ondate immense, perché l'altezza del suo ponte (40 metri) supera quella di qualsiasi onda anomala, mentre la prua e la poppa sono ben corazzate. Si avvertirà qualche scossa, affermano i costruttori, e può darsi che qualche piatto del servizio buono si rompa, ma per il resto non accadrà granché.

God save the Queen!

Secondo Osborne, le onde anomale possono avere tutte le cause possibili e immaginabili. Una volta è colpa delle controcorrenti, un'altra dell'innalzamento improvviso del fondale marino oppure della singolare interazione fra tutti i fattori conosciuti e sconosciuti, la cui trascrizione richiede equazioni interminabili. Negli stretti, è possibile legare le onde in fasci, come la luce. Oppure è ipotizzabile che il vento cambi di colpo. A volte, flutti di tipo completamente diverso si fondono in un'onda anomala. Le onde piccole sono lente, quelle grandi presentano una velocità considerevole. Durante l'incontro tra lunghezze d'onda tanto differenti può verificarsi un inatteso effetto di sincronizzazione.

Tutto ciò causa qualche grattacapo anche all'industria *offshore*. Di norma, le isole artificiali si trovano 35 metri sopra la superficie del mare. A quanto si dice, ogni 100 anni un'onda di questa altezza si abbatte su una piattaforma. Ma le statistiche vanno prese con le molle. A dar loro retta, le coppie hanno un figlio e mezzo e il 60 per cento di un cane, guidano un'auto e tre quarti, e un individuo può annegare in un'acqua della profondità media di 10 centimetri. Le onde anomale non prendono ordini riguardo ai luoghi e alla frequenza con cui si manifestano. I costruttori delle piattaforme hanno dovuto imparare che due o tre giganti di questo genere possono manifestare la loro collera più volte nell'arco dello stesso anno, mentre l'anno seguente magari non se ne fa vivo nemmeno uno. Nel frattempo, gli esperti hanno dotato molte isole di radar guidati da laser, che forniscono qualche informazione preziosa. Tuttavia il laser può soltanto annunciare che cosa si sta dirigendo verso la piattaforma e non consente di evitare la collisione. Quando il mostro esce dal mare bisogna tenersi forte, oppure fuggire col primo elicottero.

Wolfgang Rosenthal potrebbe non accontentarsi di queste soluzioni. Max Wave è il nome di un progetto sostenuto dall'UE in collaborazione col centro di ricerca GKKS di Geesthacht e finalizzato ad approfondire le nostre conoscenze sulle onde anomale. Sulla piattaforma di ricerca *Fino*, situata nel mare del Nord, Rosenthal, che è il coordinatore di Max Wave, e il suo team misurano senza sosta l'altezza, la pendenza, la velocità e l'energia d'impatto delle onde per comprendere come nascono questi giganti. Un aiuto importante è rappresentato dal «canale d'onda», uno strumento in cui si producono minimostri arrabbiati, che ribaltano le navi giocattolo e scagliano schiuma fino a 3 metri di altezza. Gli studiosi stanno testando vari sistemi di allarme, ma saranno sempre i dati satellitari a svolgere il ruolo principale. *ENVISAT*, che riesce a rilevare con chiarezza onde gigantesche da un'altitudine di 800 chilometri, invia circa 1000 immagini al giorno, capaci di coprire un'area di 50 chilometri quadrati. È pur sempre un inizio! Siamo però ancora molto lontani da un controllo completo degli oceani, perché, a questo scopo, sarebbero necessari altri quattro satelliti. Tra pochi anni, Rosenthal spera però di riuscire ad avvertire i comandanti con un anticipo sufficiente a consentire una manovra d'emergenza. «Dopo aver visto le singole onde dal satellite, abbiamo buone probabilità di progettare un sistema di previsione.» L'obiettivo è anche arrestare le piattaforme di estrazione a tempo debito, prima che l'onda le investa. Gli strumenti di misurazione di Rosenthal sono già in grado di fornire ai gestori delle piattaforme dati sull'altezza delle onde a intervalli di cinque minuti. Se non altro, dunque, è possibile stimare le conseguenze. Per l'industria *offshore*, è importante anche la comunicazione tempestiva del segnale di cessato allarme. Più velocemente le piattaforme tornano in funzione e più sono contenute le perdite economiche.

Continuando nel suo ragionamento, Rosenthal consiglia di ottimizzare le costruzioni navali. La rottura dei vetri è parte integrante di un contratto assicurativo su due e non è nulla d'insolito se nel quartiere vivono bambini che amano giocare a calcio. Le finestre del salotto si possono sostituire. La perdita di un oblò può far colare a picco l'intera nave, perché le moderne centrali di comando sono zeppe di apparecchiature elettroniche e, in caso di allagamento, i computer fanno i capricci. Questo è un altro motivo per cui, ogni anno, una decina scarsa di navi, tra cui anche qualche mercantile lungo più di 200 metri, affonda a causa delle ondate. Non possiamo certo ascrivere automaticamente ogni disgrazia alle onde gigantesche, ma la loro parte di responsabilità è notevole.

Perlomeno questi fenomeni sono limitati al mare. È dunque fortunato chi non deve uscire nella burrasca, ma può ammirare comodamente il panorama da casa sua, sorseggiando un tè e dedicando i suoi pensieri più profondi ai poveri marinai.

Eppure, qualche volta, il mare raggiunge la terraferma.

Osservazioni su un disastro

Nel 2002, quando ho iniziato a scrivere *Il quinto giorno*, mi sono ritrovato di fronte ad alcuni quesiti. Da un punto di vista darwiniano, come avrebbe potuto svilupparsi un'intelligenza parallela negli abissi marini? Quale sarebbe stata la sua biochimica? Come avrebbe comunicato? Come avrei dovuto immaginare la logica, i valori e la vita emotiva di uno sciame d'intelligentissimi organismi unicellulari chiamati yrr? Ma soprattutto: quali forze avrebbero potuto indurre gli yrr a dichiarare guerra contro tutto il mare e la costa? Riguardo agli tsunami, all'epoca sapevo soltanto che comparivano dal nulla, che la loro penetrazione nell'entroterra dipendeva dalla loro altezza e che radevano al suolo interi insediamenti umani. Erano senz'altro adatti per seminare la paura e il terrore, perciò li ho inseriti nell'arsenale degli yrr e ho cominciato a interessarmi alla loro comparsa.

Nove mesi dopo l'uscita del libro, un vero tsunami ha investito l'Asia sudorientale. Il mondo era scioccato e sgomento. La maggior parte delle persone non conosceva neppure il concetto di tsunami, sia nelle regioni colpite sia nell'Europa centrale e nel Nordamerica. Soltanto la gente del Pacifico scuoteva la testa di fronte a tanta ignoranza, osservando cautamente che forse avevamo a che fare con una lacuna nella cultura generale.

Una trappola insidiosa incombe sugli scrittori che svolgono molte ricerche. All'improvviso, si crede che tutti debbano saperne quanto noi riguardo all'oggetto delle nostre indagini. Una convinzione infondata. Cosa sapevo degli tsunami prima d'iniziare a occuparmene? Cosa ne saprei oggi se non avessi scritto *Il quinto giorno*? Quasi nulla. E da dove avrei ricavato quelle informazioni? L'area atlantica, l'oceano Indiano e il Mediterraneo non vedevano mega-tsunami da decenni, se non addirittura da secoli. Nel Pacifico, la situazione era diversa, ma la lontana Europa aveva dimenticato le tragedie verificatesi laggiù.

In realtà, sappiamo molte cose, ma non è detto che siano quelle giuste. Anzi sappiamo troppo e siamo sottoposti a un bombardamento d'informazioni che rasenta l'esagerazione. Il che ha una ripercussione fatale: più scopriamo e meno capiamo. Non ci aiutano nemmeno le cosiddette notizie. Come istupiditi, assistiamo a un *peep-show* chiamato telegiornale, che apre e chiude finestrelle senza darci l'opportunità di comprendere che cosa abbiamo visto. Cosa proviamo di fronte all'autobomba quotidiana in Iraq, al dibattito sulla clonazione, all'uragano Wilma, al programma atomico iraniano, ai disordini in Francia, al mondo dei cinesi, dei senegalesi, dei francesi, degli americani, dei tedeschi dell'Est e dell'Ovest e via discorrendo? Siamo in grado di scambiarci le informazioni alla velocità della luce, ma riusciamo a seguirle *mentalmente* con la velocità della luce? No. E le notizie si accumulano senza tregua, finché la testa non ci rimbomba. Allora, di grazia, che cos'è uno tsunami? Dovrò scoprirlo guardando *Chi vuol essere milionario*? La Germania, per esempio, è esposta a una simile minaccia?

C'è una domanda che mi fanno spesso e che mi manda in collera ogni volta: «Come ha fatto a prevederlo?» Ribadisco sempre che io sono ben lontano dall'aver previsto (o dal prevedere) qualcosa. Non sono un profeta; mi sono interessato per caso agli tsunami, proprio come altre persone studiano il vulcanismo, il volo dei deltaplani o l'allevamento dei bachi da seta. Una cosa è certa: più materiale raccoglievo e più spesso mi chiedevo se ci sarebbe stato un altro mega-tsunami nel corso della mia vita. Secondo le statistiche, non solo stava per arrivare, ma apparteneva addirittura alla quotidianità geologica. Non mi aspettavo che la realtà avrebbe riprodotto così rapidamente la mia storia.

Quella domanda rivela che noi stiamo disimparando a capire il nostro pianeta. È quasi come se volessimo attribuire doti profetiche a qualcuno che prevede pioggia per le prossime settimane e ci azzecca. Il lasso di tempo che intercorre tra le eruzioni vulcaniche e le onde gigantesche è maggiore rispetto a quello che esiste tra un acquazzone e l'altro, ma il primo fenomeno è tanto normale quanto il secondo.

A spaventarmi almeno al pari della catastrofe sono state le autorità, che hanno strabuzzato gli occhi per lo stupore, come se fosse successo qualcosa di assolutamente impensabile. Ciò dimostra che, persino nella cosiddetta «società dell'informazione», la comprensione elementare del mondo va diminuendo. È vero, il grande pubblico è ancora all'oscuro di tutto. Eppure, con un sistema scolastico come mai ne sono esistiti, con oltre 100 canali televisivi, con corsi serali e con Internet, lo smarrimento collettivo di fronte a un pianeta che vacilla sembra grottesco. Sia chiaro, non mi riferisco allo sbigottimento. Mi riferisco ai compiti a casa che non sono stati fatti.

Sembra proprio che la nostra ignoranza cresca di giorno in giorno. Siamo tempestati di notizie, documentari, lungometraggi, spot pubblicitari e articoli di giornale e, per quanto sembri paradossale, la visione d'insieme si perde a mano a mano che noi acquisiamo conoscenze. Ci affanniamo a rincorrere un mostro d'informazioni che si è costruito con le sue stesse mani, un Frankenstein dell'erudizione il cui vantaggio aumenta di continuo. In questo modo, non diventiamo più perspicaci, ma solo più frustrati. Contemporaneamente s'intensifica la nostalgia dei vecchi tempi infausti. Ricordate come andavano le cose quando abitavamo nelle caverne. L'avete dimenticato? Non importa, la vostra eredità genetica lo rammenta e dice: quand'eravamo cavernicoli, eravamo molto più felici. Ogni membro della tribù possedeva più o meno le stesse capacità e conoscenze; soltanto lo sciamano sapeva qualcosa in più, perché poteva fare affidamento su contatti speciali. Sarebbe stato tutto così bello se soltanto quel maledetto progresso non ci avesse messo i bastoni tra le ruote. All'improvviso, alcuni hanno saputo qualcosa di cui gli altri non sapevano nulla. Specialisti che, diventando sempre più acuti, si sono dimostrati sempre meno inclini a diffondere le loro conoscenze, mentre gli ignoranti capivano sempre meno le nozioni degli specialisti, però continuavano a dipendere da quelle informazioni.

Sapete bene qual è il risultato. Al giorno d'oggi, il nostro pianeta ci viene consegnato a domicilio; dobbiamo conoscere il passato e il futuro e seguire qualsiasi forma di progresso tecnologico. Ma il fatto è che, in fondo ai nostri geni, siamo tuttora cavernicoli, solo che adesso abitiamo in caverne dotate di un collegamento a Internet. Non ci sarebbe nulla di male se potessimo almeno fidarci degli specialisti, come facevamo una volta. Se il cavernicolo non sapeva che pesci pigliare, correva dallo sciamano, che negoziava con gli dei. Oggi il mondo brulica di sciamani. Ce n'è uno per ogni singola materia, ma pare che non s'intendano. Se i sapienti di questa Terra scrivessero un manuale d'istruzioni per la società del XXI secolo, avremmo un'opera rappezzata che sarebbe ancora più incomprensibile di una discussione durante un'agguerrita tribuna politica.

D'altro canto, finché i nostri cervelli continueranno a essere hard disk con una capacità di memoria limitata, dovremo operare delle scelte. Dunque: che cosa vogliono e che cosa devono sapere gli uomini?

Una cosa è certa: nessuno sarà mai specialista di tutto. Non lo erano neppure Aristotele, Copernico, Galilei, gli eruditi universali del passato. In compenso, hanno creato progetti e scenari. L'istruzione è diventata ciò che è oggi soltanto quando i costruttori delle famose torri d'avorio hanno messo in atto una politica protezionista delle aree specialistiche. Risultato? Chi è specializzato in una materia e non possiede cultura generale non è capace di evolversi. A cosa serve sapere tutto su una mucca? Non basta sapere che *è* una mucca? Dopo gli avvenimenti nell'Asia sudorientale, ho cominciato a pensare che il tentativo di spiegare il mondo non deve tradursi in una valanga di dettagli accademici. Deve invece suscitare entusiasmo verso l'avvenire, verso le grandi idee, verso i progetti di costruzione delle società future, verso il funzionamento del nostro pianeta, verso i nessi globali. Dal dicembre del 2004, i reportage sugli tsunami si susseguono. Se fino ad allora quel vocabolo aveva rappresentato un concetto sconosciuto, nel 2005 ha avuto ottime probabilità di essere dichiarato parola dell'anno. Ma domani altri eventi richiameranno la nostra attenzione, e dopodomani forse arriveremo a dimenticare l'Asia sudorientale. Se il tempo di dimezzamento del sapere ammonta solo a pochi anni, servirà a poco aggiungere un nuovo termine al nostro repertorio. In più, gli tsunami sono creature complesse.

Qual è dunque stata la causa esatta dello tsunami nell'Asia sudorientale?

Anzitutto il nome. Ha origini giapponesi e racchiude già in sé la singolarità del fenomeno. *Tsu* significa «porto» e *nami* vuol dire «onda». Uno tsunami è quindi un'«onda sul porto», che s'innalza entro i suoi confini oppure direttamente davanti alla costa. In alto mare, i pescatori giapponesi non si accorgevano di nulla; poi tornavano, trovando i villaggi e il litorale devastati. Per molto tempo, nessuno è riuscito a spiegare come si formassero simili onde, che talvolta comparivano anche in condizioni di bel tempo. Oggi lo sappiamo. Il vento, il figlio celeste, non ha nessuna colpa. Lo tsunami non nasce da una burrasca e non è limitato alla superficie dell'acqua. Mentre le onde generate dal vento raggiungono velocità massime di 90 chilometri orari, uno tsunami sfreccia a 700 chilometri orari e oltre dal suo punto di partenza. L'altezza e la rapidità dipendono dalla causa scatenante.

In linea di massima, si distinguono due categorie di tsunami. Le caratteristiche dell'evento verificatosi nell'Asia sudorientale (e anche di quello descritto nel *Quinto giorno*) valgono soltanto per una delle due: nessuna altezza degna di nota in mare aperto, ma lunghezze d'onda immense e stratificazione in prossimità della costa. In genere, gli tsunami di questo gruppo sono conseguenza di un'attività tettonica. A ovest di Sumatra, per esempio, ci sono due zolle terrestri confinanti, quella euroasiatica e quella indo-australiana. Il margine continentale è attivo, cioè la zolla indo-australiana viene premuta sotto quella euroasiatica di circa 7 centimetri l'anno. Pezzettino per pezzettino, il fondo del mare si fa strada attraverso l'astenosfera in maniera uniforme e garbata. Lievi spinte sopportabili lo fanno scivolare in avanti e talvolta si registrano leggere scosse, che producono mini-tsunami, rilevati tutt'al più dagli apparecchi di misurazione più sofisticati.

Fino al 26 dicembre 2004, il mondo sottomarino era tranquillo.

Poi la terra si è spalancata.

Probabilmente la vera causa di quel maremoto devastante non va ricercata al largo di Sumatra, bensì sull'estremità opposta della placca indo-australiana, nel punto in cui quest'ultima cozza contro la zolla antartica. Due giorni prima, in quella regione, si erano verificate violente scosse telluriche. Le onde degli smottamenti hanno attraversato l'intera zolla e le hanno fatto perdere l'equilibrio al largo dell'Indonesia, col risultato che la crosta terrestre si è spaccata per una lunghezza di 500 chilometri. Di conseguenza, il mare si è sollevato fino a un'altezza di 30 metri. Sono seguite altre scosse che hanno ampliato l'asse del sisma per 1000 chilometri. Enormi quantità d'acqua si sono spostate di colpo. Si è formata un'onda d'impulso, la cui energia ha percorso tutta la colonna d'acqua. Poiché la causa era nascosta negli abissi, all'inizio la superficie non ha fatto trapelare quasi nulla. L'altezza delle onde in mare aperto sarà stata di un metro, con angoli d'inclinazione estremamente piatti. Chi, in quel momento, si trovasse a bordo di una nave proprio sopra il bordo di rottura, non si sarebbe accorto praticamente di nulla.

Se è relativamente facile immaginare un'onda gigantesca, è più difficile comprendere come un avvenimento sul fondo del mare possa far oscillare un intero oceano. Le dimensioni superano la nostra fantasia. Per capire gli effetti di una scossa sismica, potete tuttavia eseguire un semplice esperimento. Procuratevi un secchio, riempitelo d'acqua e urtatelo dal basso. Noterete subito che, in superficie, si diffondono alcune onde concentriche. Lo scossone si trasmette a tutto il volume d'acqua; in altre parole, l'onda che si propaga è sempre in contatto col fondo. Ed è veloce. Molto più veloce di quanto sarebbe se voi soffiaste sul secchio.

Quanta acqua ha investito la terraferma con la prima onda che ha raggiunto l'Indonesia e le aree circostanti? Probabilmente un milione di tonnellate. Immaginate una simile massa lanciata a 700 chilometri orari, che si abbatte sul fondale marino sempre più piatto nei pressi della costa. Dove andrà a finire? Fino a poco prima, l'onda aveva ancora alcuni chilometri di spazio lungo la linea verticale; ora rimangono soltanto poche centinaia di metri e il suolo si appiattisce sensibilmente.

Resta un'unica via d'uscita. Verso l'alto.

L'onda comincia così ad ammassarsi, rallentando perché il fondale la frena alla base. S'innalza sempre di più, un colosso la cui lunghezza diminuisce rapidamente durante il rallentamento. A mano a mano che la cresta si gonfia, si forma una valle, un buco nell'oceano come quello che precede anche le onde anomale. Però qui abbiamo a che fare con una depressione immensa. La prima cosa a raggiungere la terraferma non è pertanto l'onda, bensì il trogolo che quest'ultima spinge davanti a sé. Si osserva un fulmineo abbassamento del livello dell'acqua, un riflusso lampo. Gli abitanti delle regioni colpite dallo tsunami asiatico hanno visto anzitutto un fondale marino che altrimenti sarebbe stato impossibile ammirare. Solo pochissimi sono riusciti a spiegarsi quel fenomeno; quasi tutti si sono avvicinati con curiosità a quell'inatteso fenomeno di bassa marea e hanno guardato con stupore i pesci arenati e ansimanti, senza chiedersi quando e come sarebbe tornata l'acqua.

Ma l'acqua è tornata.

Gli effetti sono già abbastanza noti, eppure gli uomini continuano a domandarsi come un liquido possa provocare una simile distruzione. Il liquido è tuttavia un mezzo ospitale solo se ci s'immerge con calma, oppure ci si tuffa, assumendo una forma affusolata per ridurre al minimo la superficie d'impatto. Se qualcos'altro vuole prendere il suo posto, l'acqua deve avere l'opportunità di scartare. Se invece incappa nella terraferma viaggiando a diverse centinaia di chilometri orari, acquisisce le caratteristiche di un missile Cruise. È come il calcestruzzo. L'energia trasportata genera una pressione così enorme che le vittime non annegano, bensì muoiono quasi tutte schiacciate. Le masse d'acqua spingono verso l'entroterra grandi navi e interi edifici. Sollevare gli autobus e depositarli di nuovo alcuni chilometri più in là è il minimo che uno tsunami sia in grado di fare.

Disgraziatamente ci si ritrova di fronte a diverse onde, la cui distanza, nell'oceano aperto, può ammontare ad alcune centinaia di chilometri. Non appena l'energia si accumula sulla terraferma, gli intervalli si accorciano, ma possono trascorrere vari minuti – talvolta persino un quarto d'ora – prima dell'arrivo della montagna d'acqua seguente. Nell'Asia sudorientale, l'ignoranza di questo particolare ha ucciso parecchie persone che, dopo la prima onda, sono tornate sulla spiaggia per controllare cosa fosse rimasto delle loro abitazioni. Altre hanno imparato che gli tsunami mietono almeno altrettante vittime quando tornano verso il mare. Anche i nuotatori più abili sono impotenti contro il risucchio. Chi sopravvive alla collisione può soltanto augurarsi d'incontrare un muro saldo o un albero sufficientemente robusto cui potersi aggrappare. Poi inizia la lotta tra il risucchio e la forza muscolare, una lotta da cui il malcapitato esce spesso sconfitto.

Inoltre il sisma ha avuto altre conseguenze. Gli scienziati della NASA hanno registrato una modesta accelerazione nella rotazione terrestre. Dopo la scossa tettonica, l'asse del pianeta si è spostato di pochi centimetri, col risultato che, da allora, le giornate terrestri si sono accorciate di 3 microsecondi. Un dettaglio che ha un interesse soprattutto accademico. L'orbita circolare dei Poli varia di 10 metri e a nessuno importa una spanna in più o in meno. Gli insegnamenti del passato sono molto più inquietanti: spesso i superterremoti seguono sismi di gravità analoga solo di qualche decennio.

Nell'Asia sudorientale, non predominava soltanto la mancanza d'informazioni, ma anche un notevole grado d'ignoranza. Alcuni responsabili erano a conoscenza del pericolo. La natura ci ha educato a essere artisti della rimozione, cosa che, durante la storia dell'umanità, ci ha assicurato alcuni vantaggi decisivi per la sopravvivenza; tuttavia oggi è imperdonabile rifugiarsi nella propria predisposizione genetica. I documenti dimostrano che, nell'Asia sudorientale, scosse di simili dimensioni si manifestano ogni 230-250 anni, e che i superterremoti colpiscono per lo più in coppia in tutto il mondo. Fra 30-40 anni, la catastrofe potrebbe ripetersi. Allora saremo più preparati, come sempre a spese delle vittime.

Per quanto la situazione sia grave, dobbiamo liberarci definitivamente del concetto di catastrofe.

Ciò che diventa una catastrofe in un secondo momento non

lo è all'inizio. Questa immagine nasconde una valutazione che conduce a un fraintendimento fatale, ossia alla convinzione che gli tsunami, le eruzioni vulcaniche e gli incendi di enormi proporzioni siano eccezioni alla regola, cioè insidiosi attacchi a sorpresa sferrati da un pianeta di cattivo umore. Non è affatto così. Le cosiddette catastrofi sono anzitutto eventi naturali e per giunta rappresentano la regola. Dobbiamo imparare che è la Terra a decidere quando allungarsi, stiracchiarsi o stare ferma e che non lo fa mai con cattive intenzioni. Ci chiede comprensione verso il suo stile di vita. È fatta così, la vecchia signora. I giapponesi l'hanno capito e cercano una coesistenza pacifica. Il Giappone è forse una delle regioni sismiche più flagellate dell'Asia e tutti lo sanno. Ma i suoi abitanti non litigano con la natura; costruiscono invece edifici idonei, con la consapevolezza che l'uomo non può stipulare una polizza assicurativa contro qualsiasi evento. Già anni fa, le popolazioni della costa hanno iniziato a erigere dighe davanti alle loro città, come se si aspettassero un'invasione nemica. Ma nemmeno i muri di calcestruzzo alti diversi metri sono una garanzia di sicurezza. La gente continua a rattopparli e a ricostruirli con ostinazione. Talvolta resistono, ma spesso vince la natura, perché non tutti i tentativi di fargliela in barba si rivelano fruttuosi. I giapponesi non si lasciano scoraggiare e si mostrano meno comprensivi quando individui con la faccia da idioti periziano danni di cui avrebbero dovuto conoscere la causa.

Concentriamoci sulla seconda categoria di tsunami. Pur essendo molto più rara, ha provocato svolte drammatiche nella storia della Terra. Gli tsunami da impatto si verificano allorché qualcosa di enorme cade in mare ad alta velocità, come è avvenuto durante la transizione dal Triassico al Giurassico, 206 milioni di anni fa. I meteoriti producono tsunami del tutto diversi. L'intera catena d'acqua viene messa in movimento anche in questo caso, ma, poiché il liquido si sposta in superficie, schizza verso l'alto. Alcuni depositi di sedimenti lungo la costa scozzese indicano che le onde di quell'epoca raggiungevano velocità di circa 1000 chilometri orari e che avevano un'altezza di un chilometro. A seconda delle dimensioni del meteorite, sono immaginabili muri d'acqua alti fino a 4 chilometri.

Anche se le onde da impatto s'indeboliscono mentre si allargano, è necessario evacuare le città costiere prima del loro arrivo. Zone abbastanza sicure si trovano sulle Ande o sull'altopiano dell'Himalaya. Bisogna soltanto raggiungerle.

Nemmeno i meteoriti sono una cosa straordinaria, proprio come non lo è la loro abitudine di estinguersi alla maniera dei dinosauri per non importunare le razze civilizzate. Dato che non ne cade uno da parecchio tempo, appartengono al Selvaggio West geologico, almeno in apparenza. In realtà, ci passano accanto con una certa regolarità senza arrecarci danno. Tuttavia - ahimè - le palle da biliardo cosmiche *entrano* in contatto. Il rischio che un simile frammento ci catapulti di nuovo nell'Archeano non è diminuito. I ricercatori indagano con scarso impegno sui sistemi di difesa dai meteoriti, e le risorse finanziarie per quegli studi sono quasi inesistenti. Come ho già accennato, l'uomo è un artista della rimozione. Meno male. Ma, quando il prossimo Godzilla cosmico si troverà in rotta di collisione e scaraventerà Bruce Willis in caduta libera, il dolore sarà enorme.

Gli ignoranti si suddividono in due fazioni. I primi preferiscono investire nelle guerre. I secondi fanno riferimento ai problemi umanitari e vogliono spendere i soldi là dove le persone hanno troppa fame per scervellarsi sui meteoriti. Una posizione assolutamente comprensibile. D'altra parte, alcuni milioni di dollari saltati in aria coi bombardamenti in Iraq sarebbero dovuti essere utilizzati per lo sviluppo di un efficace sistema di difesa, perché la bomba cosmica spedirebbe al Creatore sia i cristiani sia i musulmani. Naturalmente, poi, il Creatore vorrà sapere come abbiamo trascorso il nostro tempo, e noi dovremo rispondergli che ci siamo spaccati la testa a vicenda perché il Corano non contiene gli stessi precetti della Bibbia. Lui ci coprirà d'insulti e si chiederà perché la sua creatura sia stata così stupida da non capire i concetti più elementari. Non abbiamo forse avuto tutto il tempo necessario per imparare? Ma a quel punto ci troveremo al suo cospetto e Dio sospirerà, ordinando ai suoi angeli di chiamare l'odioso cugino all'inferno per sapere se ha ancora camere libere per sei miliardi d'idioti.

Ammettendo che la caduta dell'ultimo meteorite sia abbastanza remota, l'ultimo tsunami da impatto non lo è. Solo nel 1958, l'intero fianco di una montagna è precipitato nel mare dell'Alaska meridionale, provocando un'onda di 150 metri che ha investito la costa e ha estirpato persino gli alberi a 500 metri di quota. Invece gli tsunami del primo gruppo sono all'ordine del giorno. Di fatto, se ne verifica uno a settimana, ma quasi sempre è così debole da non farsi notare sulla terraferma nemmeno mediante un gorgoglio insolente. Tuttavia chi fosse stato a Lisbona nel 1755 ne avrebbe viste delle belle. Quel leggendario maremoto causò onde di 15 metri. Nel 1883, il vulcano indonesiano Krakatau eruttò con tanta violenza che ondate di 40 metri uccisero 36.000 persone e l'onda d'urto percorse la Terra più volte. Un effetto che scatenò tsunami più piccoli, come quello del lago neozelandese Taupo, perché anche la pressione improvvisa dell'aria può spostare l'acqua. Poi, nel 1960, il sisma più intenso che sia mai stato registrato spedì onde di 25 metri verso il Cile, le Hawaii e il Giappone. Le masse d'acqua travolsero persino le coste filippine. Chi non fosse ancora soddisfatto può dare un'occhiata all'antichità, quando il vulcano di Santorini eruttò, sollevando onde di 60 metri. Fine del paradiso dei surfisti. Probabilmente il singhiozzo del Santorini pose fine alla cultura minoica a Creta.

La scocciatura dei vulcani non è solo il fatto che sputino lava. A causa della pressione proveniente dall'interno della Terra, possono anche esplodere da un momento all'altro. Se sorgono vicino al mare, milioni di tonnellate di roccia finiscono in acqua. I detriti precipitano con la velocità di alcune centinaia di chilometri orari. Da vari anni si mormora che un simile avvenimento sarebbe alle porte: fra non molto, una graziosa isoletta si preparerebbe alla grande esplosione. Possibilissimo. Al largo dell'Africa occidentale si trova La Palma, una tranquilla isola delle Canarie che, come le sue sorelle Tenerife, Gran Canaria, Lanzarote e Fuerteventura, non è altro che un cono di lava alto e ripido. La Cumbre Vieja, come viene chiamata tutta la catena vulcanica di La Palma, è spenta, a quanto dichiara il ministero del Turismo. Altri osservano che, nel 1949, una violenta scossa fece franare una parte del versante occidentale. La crepa così formatasi si allunga fino all'interno dell'isola. I più pessimisti non sono gli unici a ipotizzare che il fianco salterà completamente in aria alla prossima eruzione. Il responsabile non sarà tanto il magma in salita quanto l'acqua chiusa nel monte, che si riscalderà e si espanderà fino a esplodere. Secondo le stime degli esperti, 500 metri cubi di roccia precipiteranno nell'Atlantico, così rapidamente che si costituirà un'immensa bolla d'aria, capace di spostare altra acqua. Le opinioni sono discordanti riguardo all'altezza dell'onda risultante. In ogni modo, se La Palma si spaccasse, spazzerebbe via le Canarie e il bordo del Sahara, per poi travolgere New York con muri d'acqua alti 50 metri. E il tutto in poche ore.

Non dobbiamo chiederci se La Palma cadrà vittima dello schianto, ma quando. E, tanto per stare tranquilli, se la roccia esploderà tutta in una volta, o se verrà spinta a poco a poco verso il basso. Potrebbe succedere anche questo. In tal caso, gli effetti sarebbero assai meno devastanti e forse non sarebbero neppure legati a un rischio mortale. Ma, come accade sempre con le previsioni, anche questa è nebulosa.

Conclusione: nessuna costa è davvero al sicuro dagli tsunami, che minacciano tutte le aree sismiche e dunque anche il Mediterraneo. Ma soltanto terremoti di magnitudo superiore a 7 scatenano onde degne di nota. La regione più a rischio continua a essere il Pacifico, quasi completamente circondato da margini continentali attivi e da zone di subduzione. Gli abitanti si sono pertanto rimboccati le maniche e hanno installato un sistema di allarme, il PTWC (Pacific Tsunami Warning Center), che lavora con straordinaria efficienza. Non compie miracoli, ma, a seconda dell'epicentro, resta abbastanza tempo per allertare gli Stati vicini e dare il via alle evacuazioni. Se il PTWC è certo che le onde misurate possono provocare un violento tsunami, informa le autorità.

Purtroppo c'è il rovescio della medaglia. Nonostante l'impiego di tecnologie sofisticate, il numero dei falsi allarmi è considerevole. Chi è dovuto fuggire già tre volte nell'entroterra per poi sentire che i flutti non hanno distrutto neppure un castello di sabbia, non ha nessuna voglia di andarsene di nuovo alla quarta occasione. Ed è proprio allora che arriva lei, la madre di tutte le onde.

L'Asia sudorientale non aveva sistemi di allarme perché nessuno li aveva ritenuti necessari. Ora la Germania ne ha sviluppato uno, e ci chiediamo ancora perché, prima, debbano sempre morire tante persone. Come se non ci fossero stati abbastanza libri, perizie o grafici. Con molta probabilità, persino la Bibbia allude al disastro. Il diluvio universale potrebbe essere stato un mega-tsunami provocato dall'eruzione del Santorini. E l'arca di Noè potrebbe essere stata una delle navi che le masse d'acqua trasportarono nell'entroterra, molto lontano dal mare. È un bene che quell'uomo saggio abbia preso a bordo una coppia di ciascun animale. Certo, se si fosse dimenticato delle zecche...

Abbiamo esaminato tutte le onde? Essenzialmente sì, compresi il flusso e il riflusso. Già, anche la gobba d'acqua prodotta dalla Luna è un'onda, per essere più precisi un'onda di marea, sebbene sia così gigantesca che ce ne accorgiamo solo se osserviamo la stessa spiaggia a distanza di alcune ore. Poi c'è l'onda di Rossby. Come quasi tutte le sue compagne, deve la sua comparsa al vento, ma viene richiamata con un fischio dalla cosiddetta « forza di Coriolis ». Nasce in conseguenza della rotazione terrestre e ci terrà occupati nel prossimo capitolo, motivo per cui non approfondiremo qui l'argomento. E poi forse ne avete abbastanza di onde gigantesche. Quelle di Rossby raggiungono lunghezze di oltre 10.000 chilometri. Ma niente paura. In compenso, sono alte soltanto 10 centimetri. Fanno parte delle grandi correnti marine, nella cui produzione, tra l'altro, la forza di Coriolis svolge un ruolo determinante.

A proposito di correnti: avete voglia di fare un viaggetto? Non durerà a lungo. Solo un migliaio di anni. Viaggeremo comodi, in un bel sommergibile di piccole dimensioni. Non verremo disturbati, neppure dai rumori del motore, perché il nostro veicolo non avrà nessun motore. Ci lasceremo trasportare come passeggeri clandestini del sistema globale di collegamenti interurbani. Esploreremo la superficie e gli abissi, l'estremo Nord, il Sud ghiacciato, le acque calde del Centro.

Avremo viveri in abbondanza e il pianeta conosce la rotta. Dovrete soltanto abbandonarvi allo stupore.

Mi state chiedendo se useremo un navigatore?

Sì, se volete.

Un ingorgo al capo di Buona Speranza

OBIETTIVO: UN GIRO INTORNO ALLA TERRA

Benvenuti nella grande circolazione termoalina.

Il nostro viaggio inizia ai Caraibi, nella cameretta della Corrente del Golfo. Temperature gradevolissime tutt'intorno. Alimentata dal sole tropicale, la corrente nordequatoriale è arrivata fin qui passando per le Piccole Antille e raggiungendo il golfo del Messico. Ci accorgiamo che ci spinge verso nord. Non avevamo sempre pensato che la Corrente del Golfo scorresse da sola? Invece non è così. Qualcosa la tira verso l'emisfero settentrionale, come se fosse attaccata a una serie di elastici, così superiamo la punta della Florida a velocità sostenuta.

Sotto il sedile ci sono degli snack. Servitevi pure.

Per ora, viaggiamo nell'acqua superficiale, uno dei quattro tipi d'acqua che formano il sistema globale delle correnti. Il fatto che galleggiamo in superficie dipende dalla temperatura e dal contenuto di sale delle acque locali. In linea di massima, l'acqua fredda è più pesante di quella calda, perché ha una maggiore densità. In secondo luogo, l'acqua salata è più pesante di quella dolce, perché il sale aggiunge un po' di peso. Ebbene: l'acqua della Corrente del Golfo non è eccessivamente salata e per giunta è molto calda. Si porta dietro un miliardo di megawatt, corrispondenti alla produzione di 250.000 centrali nucleari. Ecco perché tende verso l'alto e ci trascina con sé. Ci spostiamo lentamente fino a Terranova e, avendo poco da fare, possiamo dedicarci a osservazioni acute come quella secondo cui la Corrente del Golfo si chiama così a torto, perché non riceve la sua piacevole acqua calda dal golfo del Messico. Almeno non solo. Quel golfo deve quindi smetterla di darsi tante arie. Fino a nuovo ordine, parleremo di Corrente della Florida. Pian piano, a 9 chilometri l'ora, oltrepassiamo

Cape Canaveral e ci dirigiamo verso capo Hatteras. Tutt'intorno vorticano 50.000 chilometri cubi di mare blu scuro, trenta volte la quantità d'acqua trasportata da tutti i fiumi della Terra. Poi, sotto Terranova, la corrente diventa larga, molto più larga. Ora può finalmente prendere il nome di Corrente del Golfo... sempre immeritatamente, ma gli oceanografi di un tempo hanno deciso così.

ATTENZIONE: TRAFFICO IN AVVICINAMENTO DA SINISTRA

È vero, questa è la fredda Corrente del Labrador, che si avvicina di lato, intralciando la Corrente del Golfo. Così facendo, la scioglie o, meglio, la suddivide in *eddies*, i giganteschi vortici circolari che d'ora in poi si chiameranno « deriva nordatlantica ». Più a nord, si muovono le isole di calore e noi ruotiamo in una di loro. Durante il giorno, continuiamo a percorrere soltanto 15 chilometri. I sensori del nostro sommergibile segnalano che il mare cede all'atmosfera il calore immagazzinato. Il nostro buon *eddy* distribuisce generosamente la sua energia all'Europa, come se ne avesse una riserva infinita, e gli altri mulinelli lo imitano. Intanto venti occidentali temperati spazzano la superficie del mare e fanno evaporare una parte d'acqua, che si condensa. Cadrà poi sull'Europa sotto forma di pioggia. All'altezza di Gibilterra, è piovuto in abbondanza, e le precipitazioni hanno compensato di gran lunga la perdita dovuta all'evaporazione. Ma adesso la deriva diventa più salata e l'acqua che ci spinge verso nord si fa più pesante.

Lungo la costa della Norvegia, la nostra corrente cambia ancora nome. Ora la deriva nordatlantica si chiama Corrente della Norvegia. Abbiamo perso parecchio calore, ma ne abbiamo ancora abbastanza per regalare estati sopportabili alle Svalbard meridionali. Grazie alla Corrente della Norvegia, le navi possono fare scalo nei porti di Spitzbergen e Murmansk anche in inverno. È sorprendente quanto sia duraturo l'effetto del calore equatoriale, ma, proprio quando ci troviamo così a nord, le nostre riserve si esauriscono a poco a poco. Il cielo si copre di nuvole plumbee e sature di particelle di ghiaccio. La tempesta atlantica soffia le sue raffiche gelide. All'improvviso, dobbiamo accendere il riscaldamento del nostro piccolo sommergibile. Intorno a noi ondeggia una catena montuosa grigia e frastagliata. Il vento solleva la schiuma. Andiamo su e giù, finché, tra la Groenlandia e la Norvegia settentrionale, non incappiamo nelle freddissime acque artiche.

Sareste così gentili da prendere la bottiglia di acquavite dal frigorifero e da versarne un po' per tutti? La regione e il clima richiedono di rinvigorirsi adeguatamente.

PER FAVORE, ALLACCIARE LE CINTURE DI SICUREZZA
E CHIUDERE I FINESTRINI LATERALI.
SIAMO PRONTI PER SCENDERE

In aereo, sarebbe un annuncio inquietante. Ma noi avevamo previsto questa discesa. L'acqua della Corrente della Norvegia è diventata così fredda e pesante da non riuscire più a restare in superficie: è costretta a sprofondare. Sopra di noi, l'oceano sciaborda. Affondiamo.

No, precipitiamo!

In realtà, si tratta di un autentico capitombolo. Qui, a est della Groenlandia, la corrente cade negli abissi come una cascata. Naturalmente non è il mare per intero a piombare giù; sono le propaggini fredde della corrente che cercano ascensori spaziosi, i cosiddetti «camini convettivi», spazi il cui diametro può arrivare fino a 50 metri e difficili da trovare perché il vento e il moto ondoso li spostano in continuazione. In un chilometro quadrato di superficie marina ce ne sono in media da 10 a 12, in cui l'acqua scroscia attraverso l'acqua. Dopo esserci stipati in uno di questi ascensori, scendiamo velocemente. Circa 17 milioni di metri cubi d'acqua nordatlantica scorrono ogni secondo verso il bacino abissale groenlandese e norvegese, venti volte la portata di tutti i fiumi della Terra messi insieme. Continuiamo a cadere in un silenzio e un'oscurità assoluti, domandandoci se usciremo sani e salvi dalla collisione contro il fondo del bacino. Ancora un goccio di acquavite? Ma ecco la voce cordiale del sistema di navigazione:

IMPATTO TRA 100 METRI.
PER FAVORE, FRENARE FORTE QUALCHE ISTANTE PRIMA
E PROSEGUIRE PARALLELI AL FONDALE

Più facile a dirsi che a fasi. Con lo stomaco in subbuglio, siamo giunti a una profondità di 2 chilometri e mezzo. D'un tratto, però, le cose accadono da sole, e atterriamo in una piscina d'acqua gelida, ci trasciniamo poco sopra il fondo del mare e superiamo la catena montuosa sottomarina tra la Groenlandia, l'Islanda e la Scozia. Là dietro, scendiamo come su uno scivolo, oltrepassando campi di lava indurita e crepata e depositi di sedimenti simili a deserti. Questa zona è inospitale e lo diventa ancora più quando arriviamo nel profondo Sud. Appoggiatevi allo schienale e rilassatevi, dunque. Ascoltiamo un po' di musica a basso volume. *La Mer* di Debussy, magari? Oppure qualcosa di contemporaneo, tipo *Sea of Love* di Phil Phillips?

Davanti a noi si stende ancora Terranova, stavolta sulla destra. Sfruttiamo il tempo a nostra disposizione per conoscere il secondo dei quattro tipi d'acqua da cui ci lasciamo trasportare. Si tratta della cosiddetta «acqua di fondo», che, fedele al suo nome, scorre sopra le viscide zone abissali dell'Atlantico settentrionale. Per essere più precisi, è un'acqua superficiale che si è trasformata in acqua di fondo. Nel corso del tempo, ogni particella d'acqua marina occupa una posizione nel sistema delle correnti. Incontriamo di nuovo la Corrente del Labrador, le cui acque ci fanno compagnia perché stavolta seguono la nostra stessa rotta. Si confondono con l'ambiente circostante, meno fredde e salate della nostra acqua di fondo, cosicché interi tratti si staccano e salgono in una sorta di mezzanino. Ora viaggiamo verso sud nelle acque profonde (quelle del terzo tipo) e ci lasciamo alle spalle lo stretto di Gibilterra. Ci fanno visita mulinelli d'acqua caldi ed estremamente salati che provengono dal Mediterraneo e che, simili a dischi volanti, galleggiano tra la Spagna e il Marocco. Si uniscono a noi, tutta l'acqua si mescola, e il nostro viaggio continua, sempre a notevole profondità, permettendoci di ammirare uno spettacolo mozzafiato.

Le eruzioni vulcaniche.

Abbiamo raggiunto la dorsale medio-atlantica, parte di una catena montuosa sottomarina che, con una lunghezza di 60.000 chilometri, abbraccia l'intero pianeta. È alta fino a 3 chilometri e sormontata da una colonna d'acqua della stessa altezza. Qui la crosta terrestre si allarga, la roccia liquida si apre un varco e si riversa nella valle infinita che spacca la dorsale nel senso della lunghezza. Il fondo del mare si separa di 5 centimetri l'anno nel suo viaggio verso i continenti. Quaggiù è buio pesto, ma riuscite a vedere la lava. Niente paura: un'eruzione vulcanica nelle profondità marine è molto più elegante di una sulla terraferma. A causa dell'enorme pressione e delle temperature bassissime, si formano densi laghi e fiumi che, emanando un bagliore rosso, serpeggiano tra l'oscurità. Ben presto, croste di basalto ricoprono la lava. Dopo un po', il chiarore continua a uscire soltanto da milioni di sottili crepe, finché anche queste ultime non si chiudono. Spegnete la musica per un attimo: riuscite a sentirlo? Uno scricchiolio sordo e un gorgoglio, le doglie del nuovo fondale marino. Tantissime forme di vita misteriose ed enigmatiche s'insedieranno intorno ai vulcani, ma noi saliamo, abbandonando la dorsale e i deserti confinanti e avvicinandoci a un muggito assordante. Ci siamo lasciati alle spalle l'equatore e abbiamo superato l'Africa, un viaggio tranquillo e gradevole. Ma all'improvviso violente turbolenze ci scuotono, sollevando il nostro sommergibile; dobbiamo tenerci forte per non sbattere la testa l'uno contro l'altro.

ATTENZIONE, CI AVVICINIAMO A UNA ROTATORIA.
PER FAVORE, INCOLONNARSI TEMPESTIVAMENTE
E SEGUIRE LA CORRENTE CIRCUMPOLARE

Talvolta non si può proprio fare a meno di domandarsi come ragioni un sistema di navigazione... Incolonnarsi tempestivamente! Tanto varrebbe consigliare a un pedone di attraversare place de l'Étoile con passo misurato nell'ora di punta. Oltre capo Horn, sfrecciamo in superficie e veniamo scagliati da ogni parte tra furibonde burrasche. Ci ritroviamo in mezzo a fragorose onde grigio ardesia, le cui creste si rincorrono come fossero spettri di schiuma. Quasi ci sembra di essere entrati nel mondo di Arthur Gordon Pym, lo sfortunato protagonista dell'unico romanzo di Edgar Allan Poe, la cui ultima immagine, durante il suo vagabondaggio artico, è quella di una gigantesca apparizione spettrale: la figura di un uomo avvolto in un lenzuolo, più grande di qualsiasi abitante della Terra, con la pelle bianca come la neve.

Brrrr! Veniamo travolti dalla corrente circumpolare, la più grande rotatoria del mondo. Gira senza sosta intorno al continente bianco senza mai imbattersi nella terraferma. Non si arresta mai, nulla la ferma o la rallenta. Il suo risucchio è enorme, e infatti tutti i mari salgono e scendono da questa giostra immensa. Qualunque identità abbiano avuto fino a questo istante (che facessero parte della Corrente del Labrador o di un vortice del Mediterraneo), le molecole d'acqua si riuniscono tutte nel meccanismo di macinazione antartico e si mescolano fino a diventare irriconoscibili. Quello che resta è un'acqua anonima. Almeno finché non viene risputata fuori e guidata verso nuove strade.

Ci lasciamo trasportare per un tratto dall'acqua intermedia, la quarta categoria di corrente, sperando che il riscaldamento di bordo non si guasti. Santo cielo, che freddo! Ci sarebbe piaciuto tanto tornare subito verso l'Atlantico con la parte d'acqua che ora può avviarsi di nuovo verso l'equatore. Invece continuiamo a vorticare sulla giostra, mentre nuove masse d'acqua si sganciano e scorrono verso l'oceano Indiano, resistendo con coraggio finché non arriva il nostro turno: il Pacifico. Tutti giù! Diamocela a gambe!

PER FAVORE, RESTARE A UNA PROFONDITÀ DI 800 METRI.
DOPO 4000 CHILOMETRI SALIRE
E CURVARE IMMEDIATAMENTE A SINISTRA

4000 chilometri che percorriamo lungo la costa del Sudamerica in direzione nord, verso l'equatore. Pian piano ricominciamo ad avere caldo, ma ci scrolliamo di dosso gli ultimi brividi solo quando prendiamo a fluttuare verso ovest, seguendo una brusca svolta a sinistra. La corrente ci spinge con delicatezza in superficie. Finalmente un po' di luce! Tempo caldo e soleggiato, con qualche pioggia tropicale. Qui soffia l'aliseo. Incantevole mare del Sud! Ehi, quella là davanti non è l'Indonesia?

DOPO 500 CHILOMETRI, TENERE DIAGONALMENTE LA DESTRA
E PASSARE TRA IL BORNEO E IL SULAWESI...
NO, ANZI, TENERE DIAGONALMENTE LA SINISTRA
ATTRAVERSANDO VIA LOMBOK...

Ehi, fermi tutti. Dove ha detto che dobbiamo andare?

SUPERARE TIMOR... MMMH...
NO, MEGLIO SVOLTARE E PERCORRERE VIA MAKASSAR...
E POI... OH... MA DOVE SONO?

L'Indonesia è senza dubbio uno spaventoso labirinto di isole e isolette, stretti, gorghi e secche. Perciò è comprensibile che non ci si raccapezzi più. Qui vortica la nostra deriva occidentale, e ogni propaggine della corrente cerca la sua strada. Tutte vogliono andare verso l'oceano Indiano, ma è impossibile entrare dalla porta principale. Passiamo a fatica tra il Borneo e il Sulawesi, attraversiamo l'oceano Indiano e ci dirigiamo verso l'Africa. Nel caldo mare Arabico, il sale vede aumentare la sua influenza. L'acqua intorno a noi diventa più pesante, ma, visto che scoppiamo di calore pacifico, restiamo in superficie, acceleriamo lungo la costa del Mozambico, ci avviciniamo al capo di Buona Speranza tra onde spumeggianti e andiamo a sbattere.

Perché non proseguiamo? Semplice. Siamo così vicini alla corrente circumpolare che riusciamo a sentire il rumore del traffico, le correnti contrarie s'incontrano e sapete bene cosa ne può derivare. Non è da escludersi che tra poco un'onda anomala ci scagli in aria. Circumnavighiamo il capo con una certa fatica, e la corrente che ci ha condotto fin qui si frammenta di nuovo. Percorriamo l'Atlantico meridionale tra enormi vortici, assorbiamo nuovo calore e ci spostiamo verso ovest con la corrente equatoriale. Ora procediamo a velocità sostenuta. Il nostro mulinello ci sospinge accanto al Brasile e al Venezuela, e poi...

ISOLE DEI CARAIBI. OBIETTIVO RAGGIUNTO

Eccoci qui.

Come promesso, abbiamo impiegato 1000 anni. È questo il tempo che occorre affinché tutta l'acqua ruoti intorno al globo. In teoria, al termine di questo periodo, un messaggio in una bottiglia sarebbe dovuto tornare al mittente, ma nessun naufrago ha vissuto abbastanza per poterlo confermare. Comunque noi possiamo darci una pacca sulla spalla. Avanti con lo champagne! Brindiamo all'annuncio e meditiamo ancora un istante sul perché esistono le correnti marine.

Come tutto il resto, sono figlie della Madre Terra, che ama i bilanci precisi. Abbiamo visto che l'acqua modifica la sua temperatura, che talvolta diventa più leggera e talvolta più pesante. Se ora l'acqua fredda e salata scende in profondità, si crea un deficit in superficie; l'acqua quindi deve arrivare da un altro punto per colmare la perdita, causando così un deficit a sua volta. Successivamente, anche questo liquido viene sostituito in un processo che continua all'infinito su tutto il globo terrestre. Ma anche altri fattori entrano in gioco a influenzare il livello del mare: non solo la gravitazione, ma anche le differenze di temperatura (per esempio, il Pacifico è più caldo dell'Atlantico); l'acqua poi scorre sempre dall'alto verso il basso oppure evapora e si lascia dietro un disavanzo. E ancora, in condizioni di pressione elevata, le molecole di liquido sono più compatte rispetto alle zone d'acqua poco profonda. La regola dice tuttavia che l'acqua compressa deve espandersi in regioni caratterizzate da una pressione inferiore anche se, in ogni caso, a svolgere il ruolo principale è il vento, che mette in movimento l'acqua superficiale.

Durante la storia dell'evoluzione oceanica si è pertanto messo in moto un enorme sistema di sovvertimento che abbraccia tutte le acque della Terra e tutti i loro strati. È impossibile considerare un unico movimento di corrente, perché ciascuno è frutto dei precedenti ed è a sua volta artefice del successivo. Il ciclo giunge senza dubbio alla sua conclusione più spettacolare al largo della Groenlandia, dove le masse d'acqua freddissima precipitano e provocano il gigantesco risucchio cui la parte occidentale dell'Irlanda deve la sua flora da clima caldo.

Alla fine, con le correnti marine si arriva ovunque. A questo punto, può darsi che ci sia una certa confusione. Se il vento non muta la posizione delle particelle d'acqua, come può esercitare un'influenza sulla corrente superficiale, che invece sposta l'acqua? Semplice. Ricordando Einstein, possiamo immaginare un treno in corsa nei cui vagoni le persone saltano su e giù, senza però cambiare posizione. Spiccano un balzo nell'aria, ma atterrano coi piedi sempre sullo stesso punto della moquette dell'Intercity. In altre parole, restano ferme. Eppure percorrono notevoli distanze, per esempio da Monaco ad Amburgo. Dal punto di vista di un osservatore che vede passare il convoglio dal marciapiede, modificano di continuo la loro posizione. Poco dopo Stoccarda, un uccello si posa sul tetto della carrozza in cui continua il giochetto dei salti, per poi accovacciarsi e schiacciare un pisolino. Anche il volatile viene trasportato a velocità considerevole attraverso il Paese, almeno agli occhi del contadino che alza per un attimo lo sguardo dal lavoro dei campi e vede sfrecciare il treno con tanto di uccello. Quest'ultimo non si sposta tuttavia neppure di un millimetro. Il contrasto apparente si spiega se consideriamo il treno come un sistema chiuso. Al suo interno, i passeggeri intenti a saltare restano fermi, proprio come il pennuto sonnecchiante.

Una corrente marina è un sistema analogo, perché circola come un corpo unico. Al suo interno, le particelle d'acqua restano al loro posto, ma spiccano balzi e salti come i viaggiatori del treno. Dal punto di vista di un osservatore sulla riva, vengono trasportate proprio come una barchetta di carta che gli passa davanti. In realtà, la barchetta non cambia mai posizione e, sotto, le molecole d'acqua saltellano su e giù. L'onda attraversa il sistema, talvolta sollevando e talvolta abbassando la piccola imbarcazione, ma là sotto le particelle del flutto restano costanti, cioè non si spostano. Il treno... scusate, la corrente più famosa è senz'altro la Corrente del Golfo. Occorre però aggiungere che le correnti marine presentano un comportamento un po' più complesso rispetto a quello dei treni e che, dopo mezz'ora di salti, si viene probabilmente buttati fuori alla stazione successiva.

Il movimento delle correnti intese come sistemi è dovuto a diversi fattori. La Corrente del Golfo, per esempio, riceveva e riceve un contributo determinante da venti incessanti come gli alisei subtropicali o i monsoni. Una constatazione che consentiva già ai navigatori dell'antichità di fare affermazioni concrete sull'andamento delle correnti. Chi faceva rotta verso un determinato punto non raggiungeva la destinazione prescelta, bensì approdava un po' più a est o a ovest del previsto. La deviazione permetteva di calcolare la forza, la velocità e la direzione della corrente. Queste conoscenze vennero coltivate a lungo di nascosto, pur rappresentando un tesoro prezioso oltre che un vantaggio strategico. Conoscere le correnti significava avere la capacità di non essere in balia dei mari e poterne sfruttare attivamente le dinamiche. Solo nel 1853 i vari Paesi decisero di scambiarsi i dati e di archiviarli in stazioni idrografiche affinché fossero accessibili a tutte le nazioni marittime. Di lì a poco, comparvero carte dettagliate sull'andamento delle correnti, carte che persino i dilettanti riuscivano a interpretare. Ciò agevolò molto la navigazione, che però deve il suo momento magico al periodo precedente la visione d'insieme. Se, nell'aprile 1500, il navigatore portoghese Pedro Álvares Cabral non fosse andato alla deriva a causa della corrente equatoriale mentre si dirigeva verso l'India, non avrebbe scoperto il Brasile. E cosa c'è di meglio per gli indigeni cordiali di essere scoperti da uomini armati di elmi e alabarde?

Oggi la conoscenza approfondita dei rapporti tra le correnti ci aiuta, per esempio, a fare previsioni sulla direzione delle chiazze di petrolio. E non solo. Se qualcuno ci accusa di avere portato il cattivo tempo, lo possiamo smentire all'istante, dato che già a scuola abbiamo imparato che i meteorologi sanno fare previsioni grazie ai dati sulle correnti marine senza i quali sarebbero letteralmente in alto mare. Il mare immagazzina e trasporta il calore atmosferico; ai tropici s'impadronisce delle temperature gradevoli, per poi cederle nuovamente all'Europa. Ecco perché possiamo definire la Corrente del Golfo come il teleriscaldamento del Vecchio Continente. Mentre consente ai francesi, agli spagnoli e ai tedeschi di bersi una birra all'aperto nelle serate miti, le correnti marine fredde favoriscono la formazione dei deserti. Il deserto della Namibia nell'Africa sudoccidentale e quello dell'Atacama nel Cile settentrionale sono due esempi insabbiati. In Cile è la Corrente di Humboldt e in Africa è la Corrente del Benguela a creare condizioni che favoriscono la siccità e il raffreddamento dei caldi alisei poco sopra la superficie terrestre. Osservando le particolarità delle regioni di alta e di bassa pressione capiamo che non può esserci scambio tra le masse di aria calda e fredda degli alisei, perché il pesante strato freddo e umido si trova in basso. Non riesce a salire e non si condensa nell'atmosfera. Non si costituisce pertanto nessuna nuvola, non può piovere e dunque... *zac!* ecco un deserto pieno di nebbia che aggrava i reumatismi.

Col tempo, le correnti sono diventate i motori di se stesse, proprio come il *perpetuum mobile.* Ma cosa impedisce che tutte le forze giungano a equilibrarsi e il sistema si arresti? Da una parte, c'è senza dubbio il contributo del vento, che, per così dire, soffia verso il treno zeppo di passeggeri saltellanti. E che succederebbe se anche il vento cessasse?

Qui entra in gioco la forza di Coriolis.

Negli anni '30 del XIX secolo, il fisico, matematico e ingegnere francese Gaspard Gustave de Coriolis fece una scoperta sconcertante: ogni particella mobile tendeva verso destra nell'emisfero boreale e verso sinistra nell'emisfero australe. Lo studioso si domandò quale fosse la causa di quella deviazione. Alla fine, basandosi sulle leggi newtoniane dell'inerzia, trovò la risposta nella più grande trottola del pianeta, cioè nel pianeta stesso.

Per comprendere la forza di Coriolis, bisogna immaginare la rotazione della Terra nel cosmo e gli effetti di questo movimento sugli uomini, sulle automobili, sulle palle da tennis e sulle molecole d'aria e d'acqua. Una molecola a 8° di latitudine, e dunque al Polo, riesce a seguire l'impulso di rotazione della Terra con molta più tranquillità di una molecola all'equatore, che deve veramente affannarsi. Il motivo di questo fenomeno diventa chiaro se pensiamo a una gara di altletica, per esempio dei 400 metri. Il corridore sulla corsia più interna godrebbe di un sostanziale vantaggio, perché il suo percorso è più breve di quello del vicino alla sua destra, che, a sua volta, dovrebbe correre meno del proprio vicino, e così via fino al concorrente sulla pista più esterna, cui potremmo consigliare di risparmiarsi la fatica. Affinché la gara sia equa, le corsie saranno scaglionate e i corridori partiranno sfalsati.

La superficie terrestre si comporta in modo analogo, ma senza scaglionamento. L'asse terrestre corrisponde, per così dire, al centro dello stadio. Più una particella è vicina all'asse e più è breve il suo tragitto. Più è lontana e più strada deve percorrere per seguire una rotazione completa del pianeta (23 ore, 56 minuti e 4 secondi). A seconda della posizione geografica, le particelle si spostano dunque a velocità diverse per soddisfare il medesimo impulso di rotazione. In altre parole, le particelle equatoriali, per esempio, le molecole d'aria, devono accelerare notevolmente per potere seguire le loro colleghe ai Poli. Ciò determina in apparenza una forza che tende a deviare le traiettorie delle molecole in modo sempre più intenso a mano a mano che ci si sposta dall'equatore ai Poli.

Chiamiamo questa deviazione « effetto Coriolis ». Nell'emisfero boreale si verifica verso destra, in quello australe verso sinistra. Le correnti superficiali dei mari si orientano in base ai grandi sistemi atmosferici, finché non incappano nei margini continentali e vengono ricondotte indietro.

Sono così nati gli enormi sistemi di circolazione opposti dei due emisferi terrestri. Sia su larga sia su piccola scala. Che ci crediate o no, nelle vasche da bagno sudafricane, l'acqua scende nello scarico vorticando in direzione contraria rispetto all'acqua delle vasche finlandesi. Chi attraversa l'Australia meridionale a piedi e si sposta verso ovest noterà un maggiore logorio della suola sinistra rispetto a chi si muove nello stesso senso in Siberia. Prima o poi, il pellegrino siberiano dovrà dunque portare il suo stivale destro dal calzolaio. Sono stati effettuati tantissimi studi sull'usura degli pneumatici e delle rotaie ferroviarie, persino dei transistor e delle matasse di fibre di vetro: tutti dimostrano che l'effetto Coriolis agisce fino alla dimensione dei nanometri. Sia comunque chiaro: il fatto che gli inglesi svoltino a sinistra anziché a destra una volta giunti a una rotatoria non dipende dalla forza di Coriolis, bensì dalla loro tradizionale ostinazione.

In fin dei conti, è lo stesso pianeta a influenzare il comportamento delle correnti, almeno finché continuerà coraggiosamente a ruotare.

Tendiamo a percepire le correnti come costanti. Riferita alla vita umana, questa idea è corretta, anche perché noi siamo effimeri sull'asse temporale geologico. I vortici oceanici possono spostarsi a causa dei cambiamenti stagionali dei venti, modificando così in certa misura l'andamento delle correnti marine.

Il lungo itinerario che abbiamo percorso prima ci sembra deciso una volta per tutte: supposizione errata! Se applichiamo il criterio geologico, la mutevole costellazione delle masse terrestri ha mutato radicalmente il sistema più di una volta. Glaciazioni globali, cadute di meteoriti e molti altri elementi possono contribuire a guidare le correnti marine lungo nuove strade. Proprio la calda e gradevole Corrente del Golfo figura tra gli anelli più deboli della catena e fa una siesta ogni 2000 anni circa, anche se forse il nostro intervento anticiperà il suo prossimo arresto più di quanto vorremmo. Nell'ultima parte del libro sfideremo il gelo e verificheremo la visione insieme spaventosa e affascinante che Roland Emmerich ha proposto nel film *The Day After Tomorrow*.

Il professor Giselher Gust della Technische Universität di Hamburg-Harburg ha intrapreso più volte il viaggio lungo 1000 anni senza avere a disposizione il nostro confortevole sommergibile. Gli scrittori gironzolano con veicoli di quel tipo in oceani d'inchiostro da stampa. Ciò che a noi è riuscito con tanta facilità ha avuto luogo nella testa di Gust una volta dopo l'altra. Affascinati dalla circolazione termoalina globale, lo studioso e il suo team hanno costruito un viaggiatore meccanico che seguisse le correnti al posto dei professori freddolosi e che ne svelasse gli oscuri segreti. Da anni, gli esperti misurano le correnti con rilevatori acustici mobili o sonde ben ancorate. Ma il veicolo autarchico di Gust (un tubo sottile e lungo diversi metri, coronato da corpi propulsivi conici di vetro) sa fare molto di più. I coni di vetro gli consentono di fluttuare nella corrente mentre quest'ultima lo porta con sé. La sua estremità inferiore è dotata di pesi per il mantenimento dell'equilibrio. Sembra semplice, ma non lo è, perché Gust ha sfruttato un fenomeno curioso: la comprimibilità dell'acqua.

In generale, i liquidi si considerano incomprimibili. È tuttavia possibile schiacciare un po' l'acqua, almeno quanto basta per far salire e scendere il veicolo a piacimento. Oltre ad apparecchiature elettroniche di ogni tipo per il pilotaggio e la misurazione, nel tubo si nasconde anche un compensatore idraulico, che ha spazio sufficiente per una quantità d'acqua definita con precisione. Il trucco risiede nella possibilità di racchiudere l'acqua nel compensatore. Quando viene compressa, è più pesante del solito e occupa meno spazio, motivo per cui possiamo versare altra acqua nel tubo. In tal modo, il veicolo modifica il suo peso, pur conservando il medesimo volume. E lo fa in maniera del tutto autarchica: si comprime il contenuto del tubo, il tubo affonda, mentre, se si ripristina lo stato originario, esso risale. Su e giù come meglio si crede. È tutta questione di programmazione. Il segugio elettronico può così seguire le correnti per anni, senza guinzaglio, raccontando al padroncino le sue avventure più emozionanti tramite segnali acustici. Dunque, oltre a sapere sempre dove si trova il tubo, è possibile sia ricostruire la temperatura, la velocità e l'andamento delle correnti, sia elaborare dati preziosi provenienti dall'Atlantico. E tutto ciò mentre Fido fiuta la corrente circumpolare.

Gust e molti altri ricercatori marini sognano d'introdurre uno di questi tubi in tutte le correnti, cosa che amplierebbe enormemente la nostra conoscenza del sistema termoalino. I pesci sanno molto sulle correnti; alcuni di loro le usano come sistemi di controllo del traffico per fare rotta con precisione verso luoghi lontani migliaia di chilometri. Ma dovremo aspettare a lungo prima che i pesci ci rivelino qualcosa.

La pausa accademica è terminata. Gradite ancora un po' di azione? Allora agganciate la bombola d'aria compressa.

Perché non ogni singolo batterio ha un nome

Fissate una luce diffusa.

Pare che non ci siano un sopra e un sotto, bensì soltanto voi con la vostra muta da sub. Galleggiate senza dubbio nell'acqua, ma vi sembra stranamente viscida, o comunque diversa dalla solita acqua marina. Muovete le braccia e le gambe. Il rumore è quello abituale. Il fruscio dell'aria che attraversa l'erogatore è l'unico suono che sentite. Dove siete finiti? Quale oceano sconosciuto vi ha inghiottito? Siete ancora sulla Terra? E che cosa diavolo è la sagoma che si dirige verso di voi?

È rotonda e munita di lunghi aculei sottili che spuntano in tutte le direzioni. Ha una strana somiglianza col sole, tanto più che emana luce. O forse si limita a riflettere quella che scende dall'alto? In realtà, a un esame più attento, ricorda un po' le decorazione di un albero di Natale. Cambia posizione a una velocità fulminea, girandosi e guizzando qua e là, cosicché gli aculei sono ora argentei, ora azzurri e ora rosso scuro. È bella da guardare, ma l'idea di essere infilzati da una di quelle lance vi colma d'inquietudine. Agitate le pinne per allontanarvi. Lo slancio vi spinge contro qualcosa di trasparente da cui sbuca una corona di braccini monchi. Terrorizzati, rimbalzate e vedete passare sopra di voi una ruota a raggi di vetro, seguita da cristalli conici, bluastri con inserti marroni. La calca intorno a voi aumenta. Scalette verdi lunghe un braccio, ovali che palpitano a ritmo convulso, esseri tremolanti e traslucidi con una scintillante vita interiore arancione, poi, all'improvviso, qualcosa che ha soltanto una coda e due enormi corna. Fili adesivi e tentacoli cartilaginei di ogni genere si stringono intorno ai vostri piedi, palle con eliche ronzanti vi cadono addosso come kamikaze, quindi si avvicina un sacco pulsante che si gonfia e sembra pronto a inghiottirvi.

Adesso vengo a riprendervi.

Per consentirvi di assistere a questa scena, ho dovuto rimpicciolirvi moltissimo, in modo da darvi la possibilità di dividere temporaneamente una goccia d'acqua marina con alcune centinaia di migliaia di alghe, microbi e organismi unicellulari animali e di vedere coi vostri occhi chi domina il mondo. È inutile occuparsi di pesci e cetacei se prima non si è visitato il più piccolo di tutti i biotopi immaginabili: il microcosmo di una goccia d'acqua.

Laggiù incontrate moltissime palle di Natale dotate di aculei. Avete appena fatto la conoscenza di un radiolario. Queste creature sono eucarioti, organismi unicellulari provvisti di nucleo, il cui citoplasma è avvolto da uno scheletro sferico. Per citoplasma s'intende la sostanza gelatinosa che costituisce la materia prima di ogni cellula. Soltanto il nucleo ha una struttura diversa. Nel citoplasma si trovano ioni ed enzimi, il metabolismo funziona a pieno regime, e le sostanze nutritive vengono sintetizzate mediante reazioni chimiche e trasportate fino al nucleo. Il citoplasma del radiolario circonda un guscio sferico di silice bucherellato, il cosiddetto « citoscheletro ». Talvolta, all'interno di queste sfere, se ne trovano altre, infilate concentricamente l'una dentro l'altra come una matrioska. Dalla sfera esterna spuntano lance rigide, disposte a raggiera e anch'esse avviluppate dal citoplasma. Il risultato di questa struttura è il sole cangiante che fluttuava verso di voi. Ad aiutarlo in questo movimento sono gli assopodi, le escrescenze spinose di cui, tra l'altro, il radiolario si serve anche per mangiare o per filtrare dall'acqua le sostanze nutritive disciolte e catturare le particelle alimentari vaganti. Gli sarete sicuramente piaciuti anche voi.

Potete imbattervi nei radiolari nelle acque superficiali di quasi tutti i mari, soprattutto nelle regioni calde del Pacifico e dell'oceano Indiano. I loro scheletri somigliano a stazioni spaziali organiche e, in effetti, risalgono al Cambriano, l'epoca geologica in cui la vita ha fatto le sue capriole più singolari. Probabilmente i primi radiolari hanno popolato i mari già milioni di anni prima, ma la loro esistenza è stata dimostrata senza ombra di dubbio a partire dal periodo in cui Miss Evoluzione ha aperto la sua armeria. Chi vuole farsi un'idea più precisa della loro struttura interna troverà molti modelli interessanti nel Naturmuseum Senckenberg di Francoforte.

Ora che siete tornati alle vostre dimensioni naturali, non riuscite più a vedere quell'animaletto laborioso né i miliardi di altri organismi con cui divide la sua goccia d'acqua. Solo uno sguardo attraverso il microscopio a fluorescenza gli restituisce forma e colore. È incredibilmente piccolo e incredibilmente significativo per la composizione chimica dell'acqua marina, perché, per la costruzione del suo scheletro, ha bisogno di biossido di silice, un ossido che nell'acqua è molto abbondante. I radiolari lo assumono e lo trasformano in strutture stabili. Così armati, questi minuscoli cavalieri vagabondano negli strati d'acqua illuminati dal sole e, dopo la morte, cadono sul fondo del mare. I soliti necrofagi si scagliano subito sul pasto e divorano il citoplasma. Restano le sfere e gli aculei, che, col tempo, si sedimentano fino a trasformarsi in roccia.

Oltre ai radiolari, siete incappati nelle diatomee e nei dinoflagellati, rappresentanti esemplari di una molteplicità microbica il cui catalogo si arricchisce di nuove voci quasi ogni giorno. «La scienza sta ancora imparando che cos'è contenuto in una singola goccia d'acqua», osserva Craig Carlson, che insegna ecologia, evoluzione e biologia marina all'University of California, Santa Barbara, e che, nel 2002, ha scoperto oltre diecimila batteri planctonici del tipo SAR 11 nella suddetta goccia. «I microbi appartenenti al batterioplancton contengono importanti principi attivi biochimici», concorda il suo collega Robert Morris. Insieme con Stephen Giovanni dell'Oregon State University, Carlson e Morris hanno avviato una ricerca i cui risultati promettono di capovolgere tutta la nostra concezione del mondo. A scuola, abbiamo imparato che il più grande mangia sempre il più piccolo e che, in realtà, i microbi esistono soltanto per colpire le nostre vie respiratorie, costringendoci a ingurgitare sciroppi contro il mal di gola. Tutte sciocchezze, commenta Carlson: «Quasi tutti credono che i microbi provochino le malattie. In realtà, soltanto una piccola percentuale è patogena. La maggior parte si compone invece di portatori fondamentali dell'intera biomassa. La biosfera è, per così dire, nelle mani di questi piccoli organismi». Ci hanno regalato l'ossigeno da respirare, ci garantiscono un clima sopportabile, scompongono le sostanze organiche e reintroducono cadaveri piccoli e grandi nel ciclo della natura. Sono loro che proteggono la Terra dallo shock climatico.

Immaginate il seguente scenario: ci troviamo nel golfo del Messico, a 700 metri di profondità. Qui vivono batteri che scompongono il metano (la loro colazione) ed espellono acido solfidrico. Un vermetto rosa di nome *Hesiocaeca methanicola*, che incontreremo ancora, è ghiotto di acido solfidrico e inghiotte anche i batteri, ma non per digerirli, bensì per vivere in simbiosi con loro. I batteri trovano protezione al suo interno e sul suo involucro esterno e così contraccambiano, fornendogli le sostanze chimiche utili per il suo corpo e per il suo nutrimento.

Il vermetto conduce dunque un'esistenza contemplativa e tranquilla fino al momento in cui una grossa *Poiretia cornea* non gli si avvicina strisciando e lo divora. Il predatore non ha mangiato dunque soltanto un verme, ma anche alcune centinaia di migliaia di organismi unicellulari. Però a lui questo non importa. E non importa neppure al calamaro che, dopo un paio d'ore, cattura la *Poiretia cornea* e quindi, in certa misura, anche il verme con tanto di microbi. Il calamaro attira l'attenzione di alcuni mammiferi marini, che lo considerano alla stregua di uno spuntino: di lì a poco, finisce tra le fauci di un capodoglio, che riceve così non soltanto un gustoso cefalopode, ma anche una grassoccia *Poiretia cornea*, un vermetto guizzante e alcuni minuscoli esseri viventi. E ora quello stupido capodoglio che fa? Emerge in superficie e sbatte la sua testa massiccia. Dico sul serio, può accadere davvero. I comandanti delle navi cisterna si domandano perché avanzino a stento nonostante le macchine al massimo finché, giunti al porto, non si accorgono di aver speronato un cetaceo lungo il tragitto e di averlo spinto per centinaia di chilometri. In ogni modo, il nostro capodoglio cozza contro la prua di un mercantile carico di banane e imbocca i sentieri astrali, mentre il suo corpo sprofonda verso l'oscurità dell'Ade. Quasi indenni, gli organismi unicellulari segnalano la fine della caccia e riducono il colosso a *finger food*. È vero, signor professore di biologia, il grande mangia il piccolo, ma alla fine i piccolissimi mangiano i grandissimi. E questa è una vera benedizione, perché altrimenti i cadaveri si ammucchierebbero intorno a noi in pile alte fino al cielo.

Non per niente le reti alimentari si chiamano reti. Nella goccia d'acqua, per esempio, si mangia a destra e a sinistra, dall'alto verso il basso e viceversa. Tutti divorano tutti, senza la minima disciplina. Una confusione senza precedenti, dunque? Il professor Farooq Azam della Scripps Institution of Oceanography di San Diego, che studia l'acqua come nessun altro, ha scoperto non solo moltitudini di virus, alghe, batteri e microbi animali, ma anche i loro quartieri residenziali. Quei piccoletti si mettono comodi tra le maglie di una struttura reticolare. « Al microscopio si vedono fasci di fili e pellicole trasparenti », spiega. « Trasformano l'acqua in un gel sottile. »

Un gel? Ciò significa che noi andiamo alle Maldive, sognando una limpida acqua verdazzurra, e invece ci crogioliamo in una gelatina! Ogni millilitro nasconde, secondo Azam, un'infrastruttura di oltre 300 chilometri di proteine, più di 5500 chilometri di polisaccaridi e 2 chilometri di composti del DNA. Là in mezzo, si spiano a vicenda interi eserciti di microbi, alcuni dei quali vanno attivamente a caccia. Per esempio, la *Pfiesteria piscicida*, un'alga altamente tossica, si richiude in un grumo di gelatina e si solidifica al suo interno, a volte per anni, un periodo in cui non ha bisogno di nutrimento. Un bel giorno, un banco di pesci, passando proprio sotto la colonia di alghe camuffate, risveglia all'improvviso quei predatori microscopici, che escono a miliardi dal loro involucro protettivo e si lanciano verso il banco, ruotando un flagello simile a un'elica e decidendo la direzione con un secondo flagello, finché non raggiungono i pesci. La grande strage ha inizio. Il veleno della *Pfiesteria* paralizza i nervi delle prede e ne lacera i tessuti. Mentre l'alga succhia preziose sostanze nutritive dalle ferite aperte, i pesci muoiono tra mille tormenti. Quindi le *Pfiesteria* sazie si ritirano sul fondo del mare e tornano a chiudersi nel loro guscio fino al prossimo pasto pinnato.

Molti abitanti dell'universo della goccia d'acqua dispongono di meccanismi di propulsione altrettanto raffinati. Non gironzolano a casaccio, bensì agiscono in maniera mirata e molto efficiente. Complesse reazioni biochimiche si verificano così quasi senza sosta. In mezzo a questo brodo organico di mangiatori e mangiati ci sono gli esseri più grandi, quelli a noi visibili, che vivono soltanto perché i microbi glielo permettono.

I radiolari e gli altri esseri minuti non sono consapevoli del ruolo che svolgono nell'ecosistema, ma, di fatto, dobbiamo a loro la nostra esistenza. Senza le popolazioni di alghe diffuse in tutto il mondo saremmo morti da un bel pezzo a causa dei circa 6 miliardi di tonnellate di anidride carbonica che scarichiamo ogni anno nell'atmosfera, o quantomeno ce ne staremmo chiusi nella serra a boccheggiare. Le alghe coraggiose ne immagazzinano 3 miliardi di tonnellate e, in tal modo, assolvono la funzione di minuscoli poliziotti ambientali, che tengono qualcosa per sé, trasformando il resto e reintroducendolo nel ciclo. In realtà, ogni oceano è un mare di carbonio, poiché immense quantità di questo elemento, fondamentale per ogni forma di vita, sono presenti al suo interno in misura dieci volte superiore rispetto a quanto è presente in tutti i vegetali e gli animali. Secondo Azam, il nostro pianeta si tramuterebbe in una pentola a pressione se i batteri dovessero mai avere l'idea di scomporre anche solo un decimo del carbonio disciolto nell'acqua marina e di liberarlo nell'atmosfera sotto forma di CO_2. È dunque rassicurante sapere che i batteri soffrono di un'acuta mancanza di fantasia. Reagiscono senza rendersene conto, perciò ci tengono in pugno solo in apparenza.

Ma proprio questo fatto potrebbe rivelarsi un enorme problema.

Se gli uomini cambiassero le condizioni attuali, quegli zelanti regolatori si adatterebbero alla nuova situazione senza riflettere nemmeno per un secondo sulle ripercussioni che ciò potrebbe avere sull'umanità. Se poi una quantità eccessiva di anidride carbonica raggiungesse la nostra atmosfera, se noi continuassimo a versare in mare sostanze chimiche, scarti industriali e prodotti velenosi, se si allargassero altre chiazze di petrolio e se i rifiuti nucleari vagassero negli abissi considerati sicuri, l'ecosistema cui dobbiamo la nostra vita crollerebbe a poco a poco. Gli organismi unicellulari sono sempre i primi a reagire e molti morirebbero, naturalmente. Gli scienziati hanno osservato una moria di questo tipo al largo della California, dove la concentrazione di zooplancton era scesa sotto il 20 per cento del valore originario in meno di quarant'anni. In compenso, l'acqua superficiale si era scaldata di 2 °C. Di conseguenza, i minerali e le sostanze nutritive non salivano più dagli strati profondi, il plancton scarseggiava e scomparivano intere popolazioni di pesci, che dipendevano dalle colonie di microbi.

Invece altri microbi potrebbero trarre vantaggio dai cambiamenti, utilizzando le nuove catene di sfruttamento. Possiamo star certi che, così facendo, rinnoverebbero ancora una volta la nostra atmosfera. Non è da escludersi che l'uomo vada incontro a una triste fine. Ripensiamo alla faccenda dell'ossigeno. Per puro caso, noi lo tolleriamo benissimo. Altri non lo hanno tollerato, e per loro quel gas è diventato un veleno mortale. Non facciamo dunque affidamento sull'istinto materno di Miss Evoluzione. Non ne ha nemmeno un briciolo e alla natura non interessa se gli esseri umani vivono al suo interno oppure no. L'uomo non può distruggere il mondo, ma può distruggere il *suo* mondo.

Per comprendere l'importanza dei microbi, ci basta misurare la goccia d'acqua coi suoi abitanti. Se volessimo pesare un'unica diatomea, dovremmo munirci di una bilancia molto precisa. Per contro, tutte le alghe marine messe insieme superano la massa complessiva di tutti gli alberi, le felci, le erbe e le altre piante del globo. Sia chiaro: parlo soltanto delle alghe, escludendo gli organismi unicellulari animali della nostra goccia d'acqua. Ora che sapete quanto sono numerosi i rotiferi, i radiolari, le diatomee e i dinoflagellati contenuti al suo interno, potete divertirvi a calcolare quante gocce compongono un litro d'acqua. Il solo *Prochlorococcus marinus,* della lunghezza di 0,0007 millimetri, vanta molti milioni di esemplari in una singola goccia.

E ora tenete a mente che tutti i bacini oceanici messi insieme contengono 1.400.000.000.000.000.000.000 litri d'acqua. Vedete? È questo il motivo per cui non è pensabile dare un nome proprio a ogni singolo batterio o a ciascun essere unicellulare. Nessuno sarebbe in grado di ricordarli tutti.

L'esercito dei microbi è tuttavia rappresentato con diverse densità demografiche. Ne troviamo la maggior parte subito sotto la superficie, dove i cari piccini dispongono di luce e ossigeno a sufficienza. Si è creduto a lungo che i microbi non potessero sopravvivere negli ostili abissi marini, ma ricercatori come Farooq Azam e Craig Carlson ci hanno fatto cambiare idea. In realtà, l'acqua è satura di tutti i microrganismi possibili e immaginabili anche a molti chilometri di profondità, e gli scienziati ne scoprono di continuo nuove specie. Ciò che sorprende i biologi è la resistenza di quei piccoletti. Alcuni si trovano a loro agio nel brodo sulfureo bollente e corrosivo, altri non hanno nemmeno bisogno dell'ossigeno. Gli *Archaea,* per esempio, continuano a disgregare i composti del metano fino ad alcuni chilometri di profondità e, in tal modo, trasformano ogni anno 300.000 tonnellate di metano marino in energia vitale, una quantità immensa che ci viene risparmiata sotto forma di gas serra. Probabilmente, senza l'ingordigia degli *Archaea,* sulla Terra farebbe molto più caldo. Un altro estremo è osservabile al Polo sud. Laggiù, il lago Vida, nella Victoria Valley, presenta acqua libera sotto i 20 metri di profondità, un'acqua così salata da non poter ghiacciare. Persino qui si rileva la presenza di batteri estremofili (termine che, in biologia, designa l'amore per le cose inconsuete).

A quanto pare, non c'è angolo al mondo che gli organismi unicellulari non abbiano popolato, un fatto che ogni anno ci costringe a correggere per eccesso le stime riguardanti la loro biomassa. Gli studiosi li hanno rintracciati anche nelle profondità della roccia, in sedimenti vecchi di milioni di anni. Le carote estratte dal Mediterraneo presentano società vivacissime e molto singolari. Oggi si suppone che circa il 30 per cento della biomassa complessiva del nostro pianeta viva sul fondo marino, ad alcuni chilometri di profondità. Laggiù sembra che il solfato svolga un ruolo tanto importante quanto quello dell'aria fresca quassù. Dopo l'universo nella goccia d'acqua bisognerebbe ammirare il cosmo nella selce, ma in tal caso questo capitolo diventerebbe interminabile. I cetacei e gli squali stanno già chiedendo quando toccherà a loro.

I microbi si collocano all'inizio di ogni catena alimentare e spesso anche alla fine. Sono gli sceriffi ambientali, addetti a riordinare e a conservare la nostra biosfera. Di tanto in tanto ci fanno ammalare o morire, e chi cerca di combatterli con gli antibiotici fallisce abbastanza spesso a causa della loro capacità di adattamento. Sono troppo minuscoli perché gli uomini possano vederli, ed è questo il nostro vero problema: pensiamo che ciò che non riusciamo a vedere non esiste. Quei piccoli sovrani possono tuttavia tornarci utili in molti modi. Per quanto sembri incredibile, la scoperta che è possibile usare i batteri contro le chiazze di petrolio si deve a Saddam Hussein. Nel 1991, quando l'ex presidente iracheno ha demolito gli impianti petroliferi kuwaitiani, il petrolio sversato ha formato un asfalto nero nei pressi della costa. Feltri batterici lo hanno invaso a una velocità sorprendente, cominciando a brucare i resti. Anche in quel caso si trattava di consorzi il cui strato superiore era formato da cianobatteri. La collaborazione seguiva regole complesse e comprendeva varie specie di microbi. Nel 1998, gli scienziati del Max-Planck-Institut für Marine Mikrobiologie di Brema, della TUM (Technische Universität München) di Monaco, dell'Università ebraica di Gerusalemme e dell'Istituto di ricerca e tutela ambientale di Gaza hanno intrapreso le ricerche su questi feltri batterici nel quadro di un progetto tedesco. Al momento, si cerca di utilizzare le rapide forze d'intervento contro i resti di petrolio e fitofarmaci nelle vicinanze di Gaza, ma purtroppo gli studi procedono lentamente a causa del conflitto israelo-palestinese.

In ogni modo, si sa che questi consorzi lavorano con efficienza diversa a seconda della composizione individuale, e dunque è possibile mescolarli come i farmaci. Cosa che potrebbe condurre a situazioni comiche. Se, fra non molto, i feltri batterici verranno commercializzati e venduti agli ecologisti, la prima domanda sarà: «Quanto consuma il suo consorzio ogni 100 chilometri?» Più petrolio divorerà e più godrà di un'ottima reputazione.

Un'eventualità che l'industria automobilistica può soltanto sognare.

I piccoli attori

Abbiamo già incontrato più volte il concetto di plancton.

Ma che cos'è il plancton?

Andy Warhol ha affermato che, in futuro, chiunque sarebbe stato famoso per quindici minuti, alludendo così alla società dello spettacolo che allora - nel 1968 - si andava delineando. E, a quanto pare, ha pronunciato questa leggendaria osservazione dopo aver visto un kolossal di Cecil B. DeMille in cui diecimila comparse raggiungevano una gloria anonima semplicemente grazie alla loro presenza sullo schermo. In effetti, quelle comparse svolgevano un ruolo fondamentale per pochi istanti. Senza di loro, non potevano esistere l'esercito romano, il popolo di Mosè, le gradinate piene al Colosseo, il panico di massa.

Loro - le comparse, i piccoli attori - sono il plancton dello schermo. Sono tutti coloro che appaiono in un film in cambio di un paio di dollari e si fanno spaccare la testa nella mischia della battaglia oppure colano a picco insieme con un transatlantico. Dalle loro file non escono nuovi Einstein, Giulio Cesare, Madonna. I destini planctonici sono drammi collettivi. Durante l'affondamento del *Titanic* o l'incendio di Roma, il plancton va serenamente incontro alla morte, affinché l'eroe e l'eroina possano abbracciarsi e generare discendenti che interpreteranno a loro volta ruoli da protagonista. Quantità è sinonimo di predominio. Non sono i sovrani a decidere le battaglie; è il plancton a decidere chi regna. È il milite ignoto, irrinunciabile perché rinunciatario.

Se volessimo dedicare un monumento ai piccoli attori degli oceani, l'iscrizione dovrebbe essere: AL KRILL SCONOSCIUTO oppure: ALL'ALGA SCONOSCIUTA. Tutti eroi, ma incapaci di sfuggire al loro destino, indispensabili per l'esistenza di spacconi come le balenottere azzurre e gli squali balena, monarchi che, senza plancton, dovrebbero abdicare.

Come spesso accade in ambito scientifico, il concetto di plancton viene dal greco e, liberamente tradotto, significa « errante » o « vagabondo ». Si può anche affermare che il plancton non ha con sé un biglietto per una destinazione precisa. Nel sistema di trasporti delle correnti marine, non ha idea di dove voglia andare, perciò si lascia trasportare. Molti esseri planctonici sono capaci di movimenti propri e, all'occorrenza, alcuni nuotano persino molto velocemente. Nel suo insieme, però, lo sciame viene trascinato dalla corrente. Un copepode sarà anche rapido dal suo punto di vista, ma nel quadro oceanico avanza a fatica. Ecco perché la mobilità propria serve soprattutto a salire e scendere nella colonna d'acqua e a riunirsi in banchi immensi. Lo zooplancton, per esempio, ama trascorrere le nottate sulla superficie dell'acqua, mentre, durante il giorno, preferisce la protezione degli abissi, motivo per cui deve superare enormi differenze di profondità. Gran parte del plancton è dunque impegnata in continuazione a cambiare piano; per il resto, cerca di non affondare.

A eccezione delle acque surriscaldate, dei torrenti impetuosi e delle acque inquinate dalle sostanze chimiche, il plancton si trova ovunque, in concentrazione più o meno densa. Il che fa pensare a grandissime quantità, come nel caso dei microbi. Possiamo costruire tutti i grattacieli che vogliamo, ma ciò non cambia il fatto che gli uomini e tutti gli organismi terrestri occupano la superficie. La nostra area di espansione si calcola moltiplicando la lunghezza per la larghezza. Il plancton ha a disposizione anche la profondità. Quindi il suo biotopo sta alla terraferma come il volume di un dado sta alla sua superficie, il che è sufficiente per dare un'idea della sua presenza mondiale.

Abbiamo già conosciuto alcuni piccoli attori esaminando la goccia d'acqua. I rappresentanti più minuscoli del plancton (i virus e le spore) si annoverano tra l'ultraplancton. Nemmeno la forza centrifuga è sufficiente per isolarli dal loro biotopo. Nella categoria successiva, il nanoplancton, troviamo alghe e batteri unicellulari, anch'essi grandi solo pochi millesimi di millimetro e invisibili a occhio nudo. In un ditale pieno d'acqua entrano da 2 a 3 milioni di batteri che nessun occhiale riuscirebbe a mostrarci. La dimensione di 0,2 millimetri segna il passaggio tra microplancton e mesoplancton. A un esame accurato, gli esseri mesoplanctonici si presentano come puntini, e pochissimi ci permettono di riconoscerne forme e colori. Chi possiede una vista acutissima può scorgere i rappresentanti del mesoplancton delle dimensioni di 2 millimetri anche senza amplificatori ottici. Pian piano, la faccenda diventa interessante anche per coloro che sono stati esclusi per problemi di vista debole. Gli organismi della quarta categoria, infatti, chiamata «macroplancton», superano i 2 centimetri.

Sono questi i formati cui pensiamo di solito quando parliamo di plancton. Gruppi simili a nuvole che vagano per i mari e che, per quanto possa sembrare sorprendente, saziano i più grandi esseri viventi del pianeta. Ma non è finita qui. Oltre il limite di 20 centimetri inizia il megaplancton o megaloplancton, e qui non scorrazzano soltanto molti pesciolini, ma anche meduse lunghe fino a 9 metri.

Come? 9 metri? E questo sarebbe plancton?

Altroché! Ripensiamo al significato letterale del termine. Gli esseri planctonici sono vagabondi particolari. Non fanno nulla per nuotare controcorrente perché non ne sono in grado e non seguono una rotta propria. Le meduse planctoniche non hanno mai imparato a stirare le camicie perché non hanno la possibilità di tornare indietro a controllare di aver spento il ferro da stiro. A questo riguardo, il concetto di plancton non contiene riferimenti alle dimensioni. Del plancton fa parte semplicemente tutto ciò che si assoggetta alla dinamica delle correnti. La massa nuota con la corrente, lasciandosi trasportare. Chi invece è capace di nuotare attivamente e contrastare il flusso delle correnti rientra nel cosiddetto «necton»: pesci, cefalopodi, rettili e mammiferi marini. Tra parentesi, una minoranza all'interno della vita acquatica.

Ma i piccoli attori dei film di Cecil B. DeMille hanno una volontà propria oppure no?

Questione di punti di vista. Chi ha deciso di farsi travolgere dal mar Rosso in cambio di qualche spicciolo segue un'altra corrente, il corso del dollaro. Vuole dire al mondo: «Guardate, il poveraccio sullo sfondo, quello che sta annegando insieme con altre tremila comparse, sono io». Una simile corrente prende il nome di vanità.

Di conseguenza, verrebbe da affermare che tutti sono plancton. Almeno in un certo senso.

La regola approssimativa dice che il numero d'individui del plancton aumenta in misura direttamente proporzionale alla piccolezza dei singoli organismi. L'ultraplancton batte quindi il nanoplancton, quest'ultimo è più numeroso del mesoplancton e così via. Il che sembra assolutamente sensato. Dopotutto alcuni miliardi di organismi unicellulari occupano il volume di un'unica grossa medusa.

Distinguiamo inoltre fra batterioplancton, micoplancton, fitoplancton e zooplancton. Prima che voltiate pagina per paura che il cervello vi si trasformi in neuroplancton a causa di tutto questo gergo specialistico, tranquillizzatevi: è semplicissimo. Il batterioplancton è formato dai rappresentanti batterici, i piccoli attori nell'opera monumentale del creato. Il micoplancton si compone di funghi. Il nome «fitoplancton» designa invece il plancton vegetale abilitato alla fotosintesi, tra cui le alghe come le diatomee unicellulari, i dinoflagellati e via discorrendo, che, insieme, producono circa la metà dell'ossigeno atmosferico. Nel fitoplancton marino è inoltre legata molta CO_2 terrestre, molta più che nelle foreste pluviali. Un fatto interessante, se prendiamo in considerazione l'idea di affondare le eccedenze negli abissi marini. Scompaiono in men che non si dica. Solo che, quando la CO_2 stuzzica l'appetito delle alghe, dobbiamo chiederci se quella voracità inattesa possa condurre a una moltiplicazione incontrollata. Tanto più che, per precauzione, abbiamo regalato al mondo un buco nell'ozono. Per le alghe, non c'è nulla di più nutriente della luce solare, ma la radiazione UV non filtrata è in grado di decimare il fitoplancton su vaste superfici.

Infine lo zooplancton, costituito da organismi animali. Ne fanno parte minuscoli pesci e crostacei, larve di pesci più grandi, vari vermi policheti e le loro larve, meduse e qualche altra creatura. Devono tutti affannarsi senza sosta per non essere inghiottiti dagli abissi. Ecco a cosa servono i peli, le setole, le pinne minuscole e le zampe palmate. Ma lo zooplancton non è l'unico che cerca di difendersi in questo modo, perché anche il fitoplancton vegetale si oppone alla forza di gravità con ogni genere di peli, aculei e flagelli rotanti.

L'idea più diffusa che si ha dello zooplancton è quella di piccoli crostacei. In effetti, con le loro 14.000 specie note, i copepodi rappresentano una buona parte dello zooplancton e sono a loro agio in tutte le acque, siano esse dolci o salate. Nemmeno l'acqua freatica ne è priva. Molti copepodi che vivono a maggiori profondità non hanno bisogno di occhi e seguono un ritmo di vita estremamente tranquillo, motivo per cui vengono considerati i Matusalemme del loro genere. Li troviamo anche sul fondo del mare, spesso molte migliaia di esemplari per metro quadrato. Quasi tutti questi esserini simili a gamberetti brulicano tuttavia in mare aperto e sono dotati di numerose zampette a pagaia, lunghe antenne e ricchissimi sacchi ovarici. Divorano il fitoplancton in enormi quantità prima di finire a loro volta nello stomaco di pesci e cetacei; inoltre pare che costituiscano la maggior parte della biomassa animale del pianeta. Vivono a stretto contatto con un altro aspirante, il krill antartico, che rivendica il medesimo titolo e che, alla fine, vince la gara.

A prima vista, il krill non è molto diverso dai copepodi, e l'unica differenza è che diventa un po' più grande. Poiché le sue dimensioni raggiungono i 6 centimetri, appartiene già al macroplancton. Anche il krill si compone di crostacei dall'aspetto di gamberetti. Il nome sembra un po' buffo e, in effetti, *krill* è una parola norvegese che significa «giovane frittura di pesce». Il krill regna soprattutto al Polo sud e il suo destino è mangiare ed essere mangiato. Tutto ciò che popola l'Antartide vive direttamente o indirettamente di krill, primi fra tutti i giganteschi misticeti, come le balenottere azzurre e le balenottere comuni, che ne consumano 40 milioni di tonnellate l'anno. Altri 20 milioni toccano ai pesci antartici. Anche i pinguini lo mangiano volentieri e, quanto all'albatro, nemmeno lui rifiuta una porzione di cibo luminoso. Molte specie di krill sono infatti luminescenti: alcune cellule luminose sul corpo e negli occhi emettono una luce verdognola intermittente, che conferisce un bagliore spettrale all'acqua durante le notti antartiche. Anche i cefalopodi apprezzano i crostacei trasparenti con l'intestino verde, il cui colore si deve al principale nutrimento del krill, ossia le diatomee. A fare la parte del leone sono però le foche, alcune delle quali non si nutrono d'altro. Si sbafano 130 milioni di tonnellate di minuscoli gamberetti l'anno, cosicché il signore e la signora Krill sono impegnati nella riproduzione ventiquattr'ore su ventiquattro.

E se la cavano benissimo.

Da bambino, faticavo a capire come una balena lunga più di 30 metri potesse accontentarsi di una manciata di esserini. Se si pensa che solo il krill antartico mette sulla bilancia fino a 750 milioni di tonnellate di biomassa, si riescono tuttavia a immaginare sontuosi banchetti e cetacei satolli.

« Ancora una porzione di krill? »

« No, davvero, con tutta la buona volontà, non ce la faccio più! »

Con simili cifre, il krill antartico batte i copepodi. Nessuno si moltiplica più rapidamente del krill che viene dal freddo. Una delle cause principali di questo fenomeno è rappresentata dall'andamento delle correnti marine. Ricordate la corrente circumpolare, la rotatoria che scorre senza tregua intorno al continente bianco? E rammentate che la pace è finita a sud dell'Argentina, quando siamo stati spinti verso l'alto e gettati nel bel mezzo del vortice? Siamo passati dagli abissi alla superficie. Enormi quantità di sostanze nutritive, tra cui anche il fitoplancton, hanno raggiunto le acque vicine al ghiaccio insieme con noi. E i gamberetti del krill amano il fitoplancton ancora più di quanto noi amiamo i bastoncini di pesce, tanto che si nutrono esclusivamente di quello.

D'altra parte, il fitoplancton è il principale alimento di molte creature acquatiche. Ma, per mangiarlo, occorrono posate speciali. Minuscolo com'è, ci cadrebbe di continuo dalla forchetta. I gamberetti del krill hanno però sviluppato capacità sorprendenti per cibarsi anche nella regione più inospitale della Terra. Le loro coppie di zampe anteriori formano una sorta di cestino, con cui filtrano dall'acqua i vegetali microscopici. Quando il cestino è chiuso, la sua trama è così fitta che neppure le diatomee unicellulari riescono a fuggire. Nessun altro animale utilizza questa risorsa immensa con l'efficienza del krill, il quale ha anche altri assi nella manica. Proprio come le mucche vanno al pascolo, il krill si scaglia sul pack, o, meglio, sul suo lato inferiore, dove si stendono fitti tappeti di alghe, che il gamberetto raschia via con le sue zampette ispide. Se diamo a un unico gamberetto del krill un minuto di tempo e 10 centimetri di pack con un manto di alghe, quest'ultimo viene divorato in un baleno. Il piccolo crostaceo non riesce però a spogliare completamente i pascoli ghiacciati. Il prato di alghe è troppo fertile, e spesso il gamberetto ha gli occhi più grandi della pancia. Allora vomita una parte del suo pasto (digerita interamente, per metà o per nulla), legata in minuscole palline appiccicose.

Quando ciò accade, comincia a nevicare al Polo sud.

Ebbene: la neve non è per niente insolita nell'Antartide, ma sott'acqua sì. Le particelle biancastre che, scendendo lentamente, testimoniano le attività dei gamberetti planctonici prendono il nome di «neve marina», un fenomeno che si verifica anche altrove. Quando i gamberetti mangiano, nevica su tutto il pianeta. Questa neve è una risorsa che cade in continuazione. Talvolta le correnti marine spingono nuovamente le palline nutrienti verso l'alto, col risultato di vaste fioriture di alghe. Il gamberetto filtrante non sa nulla di tutto ciò, e dunque non immagina che la sua neve si leghi al carbonio e che quest'ultimo possa restare negli abissi anche per 1000 anni. La neve ne pompa quantità così enormi nelle zone abissali da meritarsi anche il nome di «pompa biologica». Durante la sua discesa, serve da nutrimento ad alcune creature marine, che pertanto vivono indirettamente dei gamberetti. Ovunque si trovino questi ultimi, nevica, a volte piano, a volte più forte. Alla fine, nell'Antartide, il nevischio s'infittisce al punto che spesso non si vede più in là della propria pinna.

La neve planctonica dimostra con chiarezza che mangiare ed essere mangiati non significa soltanto inseguirsi con frenesia. La convinzione degli ecopanteisti (secondo cui, a questo mondo, tutti gli esseri sono una cosa sola e sono collegati fra loro) dà da pensare anche ai pragmatici. Nessun altro luogo indica con tanta evidenza che cosa s'intende per «rete alimentare». Il Sole fornisce energia, che le alghe utilizzano per sintetizzare zucchero e amido mediante i loro cloroplasti. Un minuscolo gambero mangia le alghe e le espelle. I suoi escrementi servono da alimento ad altri organismi (pesci, oloturie e molluschi) che, a loro volta, vengono divorati da animali più grandi, destinati poi a diventare il pasto di animali ancora più grandi. Gli animali più grandi si cibano insomma dei più piccoli e il plancton svolge inevitabilmente il ruolo di sostentatore universale.

Se volessimo tracciare un diagramma delle reti alimentari, dovremmo rappresentare il plancton come un grosso cerchio centrale da cui si dipartono linee che si diramano più volte. Si dirigono verso altri organismi, legati tra loro nei modi più svariati. I pesci, per esempio, sono ghiotti di alghe, crostacei e altri pesci. Per lo più, i granchi non mangiano il plancton, ma talvolta vivono in simbiosi con le spugne, che invece ne sono golose. I coralli si cibano esclusivamente di plancton e, nel contempo, le loro larve ne fanno parte. Lo stesso vale per le larve dei vermi, che, da adulti, sono a loro volta il nutrimento dei granchi. Il quadro è un po' confuso? Questo non è ancora niente. Le spugne vengono rosicchiate volentieri oltre che dai pesci anche da chiocciole e nudibranchi. Il riccio di mare spilucca i detriti organici, che rientrano anche nel menù della stella di mare. Il processo continua all'infinito. Questa breve panoramica è sufficiente per capire che cosa può significare la perdita di un unico fattore. Se, per esempio, il krill antartico scomparisse, non resterebbero a digiuno soltanto i cetacei, ma anche tutto l'ecosistema marino, e infine anche la vita sulla terraferma.

Ma niente paura. La neve scende lentamente.

E continua a scendere. Per ora. La Signora della neve esaurirà i suoi fiocchi, e la pompa biologica cesserà di funzionare, soltanto quando gli uomini cominceranno a distruggere con persistenza lo zooplancton. Ma non dobbiamo comportarci con troppa leggerezza, perché i primi sintomi allarmanti sono già visibili. Negli ultimi quarant'anni, la densità demografica del krill antartico, infatti, ha subito una drastica diminuzione, forse nella stessa misura del pack. I numerosi avvallamenti del ghiaccio proteggono infatti i gamberetti per un periodo sufficiente a liberare la loro prole in mare. Senza quei nascondigli ghiacciati, il krill cadrebbe vittima troppo presto dei suoi nemici naturali. E ne ha parecchi. Non solo mammiferi, uccelli e pesci, ma anche i misteriosi taliacei.

E chi sarebbero?

Sono rappresentanti importantissimi dell'ecosistema marino. Anche i taliacei fanno parte del plancton. Appartengono ai tunicati, curiosi esseri a forma di sacco che vengono classificati come parenti stretti dei vertebrati e che, in genere, sono famosi per la loro pigrizia. Ce ne sono alcuni minuscoli, e altri che raggiungono i 20 centimetri. Alcuni, gli ascidiacei, conducono una vita sedentaria sul fondo del mare, altri sulla superficie di organismi sessili e altri ancora viaggiano in enormi banchi, seguendo la corrente. Quest'ultimo gruppo è quello dei taliacei. Esaminando questi animali trasparenti, non si ha affatto l'impressione che siano stati loro a inventare il lavoro. Mediante il loro cestello, filtrano dall'acqua particelle, piccoli crostacei e pesci minuscoli, per poi avvolgerli nel muco e digerirli. I tunicati non hanno polmoni, dispongono di un « cervello » striminzito e di un cuore microscopico. Alcuni presentano una coda, altri nemmeno quella.

Quando Miss Evoluzione ha chiesto loro come volessero riprodursi, ha ottenuto la tipica risposta dei fannulloni: « Ah, non lo so ». Ed ecco cosa ne hanno ricavato: alcuni si moltiplicano in maniera sessuata, altri in maniera asessuata e altri ancora in entrambi i modi, per esempio i taliacei, che, per inciso, somigliano a iridescenti barilotti fluttuanti. Anche loro consistono in gran parte d'intestino. Ciò che manda in visibilio l'osservatore è la loro abitudine di costruire catene bioluminescenti lunghe diversi metri, uno spettacolo così suggestivo da regalare l'impressione che giganteschi lampadari a corona abbiano preso vita e allunghino i loro bracci di cristallo al rallentatore. Come tutto il plancton, seguono la corrente, ma sanno anche navigare un po' da soli, muovendo la muscolatura con contrazioni ritmiche. Succhiano l'acqua e la ributtano fuori. Il contraccolpo permette loro di avanzare, mentre l'acqua ingerita fornisce il nutrimento. Alghe piccolissime s'impigliano nella sottile rete di cirri del cesto branchiale e ciò dipende da una costante produzione di muco che, dopo essere stato secreto da una particolare struttura, cade verso il fondo come la neve organica del krill. A modo loro, quindi, anche i fannulloni fanno in modo che il ciclo di sfruttamento non s'interrompa mai.

I taliacei costituiscono enormi associazioni nelle acque superficiali dei mari caldi e temperati, trasformando intere regioni tropicali in scintillanti superfici gelatinose e scacciando tutti gli altri tipi di plancton. I cetacei e gli altri grandi animali marini si rifanno dunque su di loro. I taliacei sono molto ricercati per via del loro elevato contenuto d'acqua dolce e, da questo punto di vista, somigliano alle meduse, che altro non sono se non H_2O « rappresa ». Il taliaceo non gradisce molto il freddo, che gli fa perdere la sua capacità riproduttiva, ma talvolta le colonie si lasciano trasportare addirittura fino al Polo, perché laggiù trovano cibo in abbondanza.

Il krill, per esempio.

Un giovane gamberetto che finisce tra le grinfie di un angelico taliaceo viene subito avvolto nel muco e digerito in tutta calma. In genere, il krill riesce a riprendersi da simili attacchi. Ma gli effetti che il progressivo scioglimento delle calotte polari avrà sulle riserve globali di krill sono un altro paio di maniche. Altrettanto preoccupanti sono le pretese commerciali. In molti luoghi, si prende seriamente in considerazione la possibilità di pescare il krill per l'alimentazione umana, ma l'ipotesi è assai improbabile poiché le reti esistenti sono inefficaci, in quanto gli animaletti vi scivolano attraverso. D'altra parte, le reti dalle maglie troppo fini mancano di robustezza e si lacerano sotto il peso della massa planctonica. Dunque, anche se riuscissimo a catturare tonnellate di krill, quegli esseri minuscoli si schiaccerebbero a vicenda, trasformandosi in poltiglia.

Però le aziende ittiche non si lasciano scoraggiare e s'impegnano con assiduità a risolvere il problema creando sia reti speciali sia sistemi di tubi capaci di aspirare i gamberetti all'interno delle navi. Nonostante tutte queste difficoltà, oltre 100.000 tonnellate di krill finiscono ogni anno nelle reti dei pescatori, soprattutto di quelli giapponesi e polacchi. Non è che stiamo portando via il cibo ai cetacei, però è stupido che l'attuale moderazione non sia dovuta tanto a una maggiore consapevolezza quanto alla mancanza d'interesse da parte dei consumatori. Guai se l'uomo desiderasse il krill. Lo servirebbero ovunque. Bocconcini e zuppette di krill figurerebbero sui menù degli chef più famosi. In estate, la gente darebbe feste a base di krill, durante le quali servirebbe abbondanti piatti di krill per placare l'appetito dei più golosi.

Vi sembra poco appetitoso? Questione di gusti.

Personalmente adoro le ostriche, ma chi le considera una poltiglia troppo salata ha tutta la mia comprensione. È appetitoso ciò che viene dichiarato tale. Se i cuochi più stimati dicono che il krill è buono, è buono. In quel caso, per quanto il piccolo gambero possa fuggire rapidamente (un gamberetto krill si catapulta all'indietro a una velocità di oltre 60 metri al secondo, senza mai perdere d'occhio il suo nemico), finirà sempre in padella.

Oggi il krill viene utilizzato per lo più negli stabilimenti che producono mangime per i pesci. Fin qui, nulla da obiettare. Tra lo sterminio e il divieto assoluto di sfruttamento esiste una serie di ragionevoli sfumature. In Giappone, il krill è considerato una prelibatezza. Possiamo quindi solo sperare che, alla fine, lo stomaco dei cetacei non cominci a brontolare. Se non altro, devo riconoscere che i figli dell'Impero del Sol Levante hanno trovato una soluzione ingegnosa al problema. « Se la povera balena è morta non può patire la fame, perciò mangiamola subito »... naturalmente soltanto a scopo scientifico.

Torniamo al plancton. Se volessimo rendere giustizia alla sua ricchezza e varietà, questo libro non parlerebbe d'altro. Limitiamoci pertanto alle classificazioni generali. Attenzione: termine tecnico! Occorre conoscere la differenza tra aloplancton e limnoplancton. Parola d'onore, non userò più questi vocaboli. Li sentirete solo un'altra volta: l'aloplancton vive nel mare, il limnoplancton nell'acqua dolce. Ecco come li chiameremo d'ora in avanti: plancton d'acqua marina e plancton d'acqua dolce.

Per noi, il primo è più interessante, perché è più vario. Oltre alle forme planctoniche pure, comprende anche larve di animali che, da adulti, smettono di essere plancton e si cibano di quest'ultimo. Come la scienza ha scoperto nel corso degli anni, quasi tutte le specie marine che vivono sui fondali e sulle scogliere e la cui prole attraversa uno stadio larvale lasciano i loro piccoli nell'asilo del plancton, e dunque in uno stato di galleggiamento libero. Irresponsabile, penserete, perché una balenottera azzurra può materializzarsi da un momento all'altro e ingoiare il loro figlioletto. In realtà, il soggiorno tra il popolo errante offre un'intera serie di vantaggi. Non a caso, le larve di spugne, vermi, chiocciole, coralli, lamellibranchi e ricci di mare sembrano fatte per la vita planctonica. Possiedono infatti minuscole estremità palmate che consentono loro di seguire il banco. Il futuro polipo del corallo, o la larva del riccio di mare, si mette sulla via del ritorno verso il basso e s'insedia dove vivono i suoi simili soltanto quando si verifica la transizione allo stadio adulto.

Gli animali sedentari che vivono sul fondo hanno possibilità di caccia limitate. Gli inseguimenti a rotta di collo sono impossibili per loro; dunque non resta che aspettare che si avvicini qualcuno. Così, loro malgrado, si accontentano di esseri incapaci di scappare. Un granchio prestante si guadagna da vivere onestamente in questo modo, e anche un'oloturia si rimbocca le maniche e filtra i sedimenti centimetro dopo centimetro. I polipi del corallo non possono strisciare né avanzare carponi, perciò restano fermi e allungano i loro tentacoli per afferrare gli spuntini che passano loro accanto. La larva di un granchio o di un verme avrebbe qualche problema con la sedentarietà: come si nutrirebbe? Mamma Verme non le dà il biberon. Guizzare sul fondo richiede forze molto superiori a quelle di Vermetto, che dunque attraversa il suo periodo di galleggiamento e trascorre la pubertà nel banco di plancton, grazie al quale ha la possibilità di essere trasportato qua e là e di mangiare in abbondanza. Tutto ciò non è affatto strano come sembra. Molte piante terrestri si comportano in modo analogo. Essendo attaccate saldamente al suolo, emanano spore che il vento distribuisce sulla terraferma e il vento è la corrente che permette l'espansione illimitata anche della vita sedentaria.

Diamo infine un'occhiata al gruppo dell'acqua dolce, con cui abbiamo spesso incontri sgradevoli. Se un eccesso di sostanze nutritive viene riversato nei laghi e nei fiumi, il fitoplancton si prepara per una bella scorpacciata e prende il sopravvento. Di conseguenza, le acque interessate muoiono, tramutandosi in deserti di melma verdastra e povera di ossigeno. Ai pesci e agli altri abitanti manca l'aria. Biotopi prima prosperi si trasformano da un giorno all'altro in deserti appiccicosi.

I mari e gli oceani sono più tolleranti, ma non possiamo inquinarli in eterno. Il Baltico è già morto più volte. I suinicoltori danesi figurano tra i responsabili della morte ciclica di uno dei mari più inquinati del globo giacché parecchie tonnellate di liquami stuzzicano l'appetito del fitoplancton. Il resto del creato tra la Germania orientale e la Scandinavia reagisce a quella porcheria con un decesso più o meno rapido. Allora i piccoli attori dei mari raggiungono una triste celebrità, assai più lunga dei quindici minuti predetti da Andy Warhol.

Una giornata in città*

Il mare. Un bel concetto armonioso. Per descrivere l'enorme biotopo liquido che copre la nostra Terra, questo termine è tanto adatto quanto la parola « umanità » per riassumere i tratti caratteriali di zia Adele.

C'è il mare aperto coi suoi abissi, un deserto blu privo di contorni. Totalmente diverse sono le zone costiere, dove gli esseri viventi sono impostati per vivere con le maree e per ricavare il meglio dai due mondi, quello bagnato e quello asciutto. Ci sono i mari glaciali e i mari tropicali, i mari interni e gli oceani, i mari poco profondi e gli oscuri abissi marini. Nessuno di questi universi è paragonabile all'altro. La molteplicità delle specie alla foce del Rio delle Amazzoni è tanto differente dalle comunità di vita del mare del Nord quanto le creature delle fosse abissali lo sono dagli abitanti dei territori prosciugati sotto il livello del mare.

Esistono tuttavia luoghi in cui possiamo vedere moltissime specie riunite. Per raggiungerli, avrete bisogno di un biglietto aereo per le Maldive, l'Australia, il mar Rosso o i Caraibi, a seconda di ciò che preferite. Ora manca soltanto qualcuno che vi metta addosso l'attrezzatura da sub e v'indichi i posti migliori. Non è necessario che scendiate troppo. Le barriere coralline prosperano alla luce del sole.

Una scogliera è la megalopoli dei tropici. Una Grande Mela marina, densamente popolata e costruita da parecchi milioni di architetti, che se ne infischiano delle parcelle pur essendosele meritate. Stiamo per far loro visita. Tra gorgoglii e lievi

* Data la loro diffusione come termini popolari, si è preferito mantenere in buona parte di questo capitolo i termini « corallo » e « barriera corallina » anziché i più scientificamente corretti « madrepora » e « scogliera madreporica ». (*N.d.R.*)

colpi di pinna, galleggiamo, spostandoci nella loro direzione, poco sotto la superficie dell'acqua, fianco a fianco. È ancora presto e i primi raggi del sole hanno appena inondato il mare poco profondo di una luce tenue. Un momento in cui quasi tutti gli esseri umani guardano la loro sveglia socchiudendo le palpebre incollate e pensando con orrore all'ufficio. Le mamme vengono strappate al sonno dai piagnucolii dei loro bambini e i single dai miagolii dei loro gatti affamati. New York, Barcellona, Amburgo, Mosca, Singapore: in ogni parte del mondo, gli uomini si svegliano, l'uno dopo l'altro, non appena il buio si ritira. Soltanto i polipi del corallo si augurano sogni d'oro e vanno a dormire. Per un'intera giornata, la scogliera appartiene soltanto ai pesci e ai crostacei, ai molluschi e agli echinodermi che, assonnati, lasciano caverne, fessure e sporgenze. Giusto il tempo di scuotere le pinne, raddrizzare le antenne e stiracchiare le chele, e poi via, verso la vita turbolenta. La capitale calcarea si prepara all'ora di punta. Si sveglia una città la cui varietà architettonica fa sfigurare qualsiasi metropoli costruita dagli esseri umani.

I coralli sono dei dormiglioni?

Neanche per sogno. Sono piuttosto geni incompresi. Molti si ostinano a considerarli piante perché i loro meravigliosi edifici hanno un aspetto floreale. Queste gigantesche strutture simili a fiori, alberi e cespugli non sono tuttavia coralli, bensì centri residenziali. I coralli vivono all'interno e sulla superficie, la prova vivente che non bisogna essere grandi per compiere grandi imprese.

Un polipo del corallo, per esempio, è minuscolo. Un sacchetto organico appartenente al *phylum* degli cnidari, che comprende anche le meduse e gli anemoni di mare. Somiglia a un piccolo polpo senza occhi, con un numero variabile di tentacoli. La bocca è un foro e i tentacoli, raggruppati lì intorno, sono muniti di cellule urticanti, arpioni microscopici suddivisi in milioni di tasche organiche che, al minimo contatto, scattano in avanti e penetrano nel corpo della vittima. Là dietro s'intrecciano fili imbevuti di veleno, capaci di paralizzare la preda, che successivamente viene accostata alla bocca e insaccata. Non è previsto un ano per l'espulsione degli escrementi, e la salsiccia esce da dov'è entrata. Fine della descrizione. Non c'è granché da aggiungere sulla corporatura del piccolo architetto. Tra parentesi, la scienza non parla di «coralli», bensì di «celenterati», una combinazione dei vocaboli greci che significano «foro» e «intestino».

Un intestino bucato, dunque. «Ehi, tu, intestino bucato!» Che ve ne sembra?

No, meglio corallo.

Ma il polipo del corallo ha una chimica molto più raffinata. Nelle pareti del suo corpo alloggiano miriadi di minuscole zooxantelle, un tipo di alghe unicellulari. Su ogni centimetro quadrato del suo tessuto ce ne sono circa un milione. Le zooxantelle effettuano la fotosintesi, sintetizzando il glucosio e liberando ossigeno, due attività da cui il polipo trae vantaggio. Questi due prodotti messi insieme, infatti, costituiscono oltre il 90 per cento della sua alimentazione, che gli fornisce energia sufficiente per costruire il suo scheletro calcareo. In cambio, l'animaletto regala alle alghe l'anidride carbonica che ha trasformato in carbonato di calcio (il materiale da costruzione dello scheletro) con l'aiuto di ioni di calcio. Le alghe, a loro volta, hanno bisogno dell'eccedenza di anidride carbonica per la fotosintesi. Più ne ricevono e più velocemente procede la produzione di carbonato di calcio. Il sistema funziona così bene che i polipi del corallo riescono a costruire dieci volte più rapidamente coi loro simbionti piuttosto che senza. Le zooxantelle possono effettuare la fotosintesi solo alla luce del sole, i banchi corallini sono legati ai 50 metri superiori della colonna d'acqua. Il processo della fotosintesi s'interrompe per brevi periodi solo durante la notte, con conseguente diminuzione della produzione di calcare nelle cellule dei polipi.

Gli studiosi non sono ancora riusciti a spiegare con esattezza come i polipi del corallo ricavino il loro scheletro dal carbonato di calcio immagazzinato. Alcuni elementi indicano che la vera attività costruttiva si svolge durante la notte. È allora, infatti, che il polipo lascia la sua abitazione calcarea, ripiegandosi verso l'esterno e abbandonando i suoi piccoli tentacoli alla corrente. Non può abbandonare completamente il suo appartamento, perché i singoli individui sono collegati l'uno all'altro tramite i loro tessuti. Tuttavia, durante la fase di lavoro notturno, sotto di lui compare una cavità in cui espelle le eccedenze di calcare della giornata, che cadono semplicemente dal suo sacco verso la caverna e si solidificano. Il mattino dopo, quando l'animaletto torna a ritirarsi, alloggia in una lamella calcarea più in alto rispetto al giorno prima: l'immensa struttura composta di miriadi di singoli animali che chiamiamo corallo è cresciuta di un minuscolo pezzettino.

Per raggiungere questo risultato, devono sussistere alcune condizioni generali. La temperatura dell'acqua non può essere inferiore a 20 °C e l'ideale è che li superi. Solo in questo caso il polipo prospera al meglio coi suoi subaffittuari unicellulari. È inoltre necessario un contenuto di sale sufficiente. Se i fiumi riversano nei mari grandi quantità d'acqua dolce, oppure le industrie vi scaricano i loro rifiuti, la ricerca dei coralli è vana persino nelle regioni tropicali, patria di quasi tutte queste creature, perché i polipi hanno una caratteristica in comune coi turisti: amano l'acqua pulita e limpida.

Ipotizzando che le condizioni siano soddisfatte, il miracolo può iniziare. Le 700 specie note di coralli duri costruiscono opere d'arte di dimensioni stupefacenti e dalla varietà di forme illimitata, punto di attrazione di una sorprendente molteplicità biologica. I banchi corallini occupano meno dell'un per cento del biotopo marino, ma una simile biodiversità non si trova da nessun'altra parte. Trascorriamo dunque una giornata nella città dei coralli. Resterete sbalorditi. Qui c'è persino un centro benessere.

Ma sto correndo troppo.

Nel frattempo, il sole si è alzato. La luce e le onde marmorizzano il paesaggio di sabbia e zostera situato a pochi metri di profondità. All'improvviso sembra che il fondo si muova. Occhi rotondi e gibbosi si socchiudono. Poi alcune nuvolette granulose si dissipano: una pastinaca scuote le ali e si toglie la sua coperta mimetizzata di sabbia. È rimasta sepolta qui per un'oretta, domandandosi se concludere la caccia notturna oppure cercare qualcosa di commestibile. Per una pastinaca, si tratta di un quesito difficile, cui l'istinto risponde dopo aver dato ascolto allo stomaco. Per il momento, lo stomaco ha argomentazioni migliori. Con lenti colpi d'ali, il pesce si sposta verso il fondo, dirigendosi verso i banchi corallini. Sono tutto il suo mondo, non conosce altro. Dall'alto, però, la scogliera è solo uno di oltre 2000 estesi banchi corallini che si allungano per 2300 chilometri lungo la costa nordorientale dell'Australia e che, insieme con 540 isole minori, costituiscono il più grande paesaggio edificato della Terra: la Grande Barriera Corallina.

Qui si trova rappresentata ciascuna delle diverse tipologie di scogliera madreporica esistenti: isole e isolotti rivendicano per sé una *fringing reef* (letteralmente: «scogliera a frange»). Nel suo complesso, e come si deduce già dal nome, la Grande Barriera appartiene tuttavia a una seconda categoria, le *barrier reefs*. Queste scogliere si sono allontanate dalla terraferma nel corso del tempo oppure ne sono sempre state separate mediante vie d'acqua e profonde fosse. Talvolta gli slittamenti tettonici hanno sollevato il fondale marino lontano dalla costa, e i coralli vi si sono insediati. I punti più suggestivi della Grande Barriera Corallina sono raggiungibili solo con un motoscafo, spesso dopo un viaggio di alcune ore.

Là si osserva anche un terzo tipo di scogliera: gli atolli. Nell'arco di milioni di anni, *fringing reefs* circolari si sono formate là dove le eruzioni vulcaniche hanno creato delle isole. Quando, con l'andare del tempo, i mucchi di lava porosa sono sprofondati, i coralli si sono dovuti accrescere verso il soffitto (il soffitto d'acqua, per essere precisi) per evitare di colare a picco. Hanno continuato a crescere in direzione della luce e verso il mare aperto, creando anelli con una laguna sabbiosa all'interno, nel punto in cui prima si trovava l'isola affondata. Collegate al mare tramite alcuni accessi, queste lagune protette sono state occupate ben presto da alcuni pesci e da animali marini. Così è nato l'atollo. Al largo della punta sudoccidentale dell'India, per esempio, le Maldive comprendono vari atolli, in parte giganteschi, nelle cui lagune si osservano circa 2000 isole.

E che cosa fa la nostra pastinaca? Nel frattempo, ha raggiunto la *fringing reef* della minuscola isola nelle cui acque poco profonde l'acido gastrico aveva dissolto il suo bisogno di sonno. Il banco corallino è abbastanza distante, sul bordo esterno dell'enorme struttura che si estende fino allo zoccolo continentale australiano. Lì si scende rapidamente, e il pendio continentale digrada fino a una profondità di 2000 metri. Dall'altra parte dell'isola corre una fossa profonda circa 50 metri, parte di un'autentica rete di trasporti formata da vie d'acqua che permette a molte specie più grandi, in particolare ai predatori, di gironzolare tra le città di corallo. La pastinaca sta dunque molto attenta quando cerca il suo posto preferito, una depressione fangosa collocata proprio sul bordo della fossa (potremmo anche dire alla periferia della città). Un quartiere meno elegante, con blocchi corallini meno belli rispetto a quelli del centro, ma, in compenso, densamente popolato di vermi, granchi, molluschi e pesciolini appetitosi che si possono catturare curvandovi sopra le ali. Una trappola da cui non esiste via d'uscita. Ma alla pastinaca piacciono ancora di più i lamellibranchi. I suoi denti disposti su più file, che tradiscono la sua stretta parentela con gli squali, spaccano i gusci, proprio come noi schiacciamo le noci a Natale. Si sente comunque più a suo agio vicino al fondo, dove può seppellirsi con la velocità del fulmine: le sporgenze e i blocchi corallini tutt'intorno, infatti, sembrano molto ospitali.

Solleva un vortice di fango col bordo sferzante della pinna, mettendo in fuga due piccoli gamberetti sotterrati. Uno riesce a scartare di lato con movimenti energici, mentre l'altro finisce sul tavolo da pranzo. Basta così, decide la pastinaca (o, meglio, il suo stomaco), dileguandosi lentamente sotto un corallo tabulare. Si avventurerà di nuovo fuori dal suo ombroso nascondiglio solo al calare dell'oscurità. Che siano gli altri a cercarsi qualcosa da mangiare!

E gli altri non si fanno attendere. Banchi di pesci di piccole e medie dimensioni si sono schierati sul pendio, nella speranza di riempirsi la pancia di zooplancton. Purtroppo le leccornie salgono in superficie soltanto la notte. Ciò che la corrente trasporta durante il giorno è minuscolo e per lo più trasparente, perciò è necessario guardare con molta attenzione.

Almeno venti pesci chirurgo sono scaglionati l'uno dietro l'altro e l'uno sopra l'altro, come se fossero colati nell'acrile, davanti allo splendido sfondo di una gorgonia che, con le sue mille ramificazioni giallo acceso, cresce di traverso alla direzione della corrente. Un muso corto e la disposizione binoculare degli occhi consentono ai pesci chirurgo di scorgere a pochissima distanza le prede e dunque anche gli animaletti trasparenti. Ogni tanto, uno di questi predatori scatta in avanti oppure si scambia di posto col suo vicino, ma, per il resto, si sforza di restare assolutamente immobile. Pochi colpi di pinna e minuscole correzioni della posizione, nessun altro dispendio di energia. Soltanto il rapido ripiegarsi verso l'esterno dei musi mobili con cui i pesci chirurgo catturano fulmineamente le loro prede indica che gli animali stanno mangiando.

Efficienza e fuga. Nella scogliera, tutto si orienta verso questi due principi. Ottenere il massimo col minimo sforzo e, per il resto, non lasciarsi acchiappare. Anche i guardiani dei coralli con le loro strisce multicolori sono una specie paziente. Alcuni sono in agguato tra le propaggini di un corallo i cui rami massicci danno l'impressione che decine di corna simili a pale si siano fuse in una scultura bizzarra. In effetti, si parla di « coralli a corna d'alce ». Come impietriti, i guardiani dei coralli si rannicchiano nelle fosse e negli interstizi per scattare in avanti all'improvviso quando un pesciolino imprudente si avvicina troppo. Nell'ombra là sotto, dove due grandi colonie a corna d'alce confinano tra loro, sonnecchia un banco di pesci soldato a strisce nere, anch'essi perfettamente immobili. Ma loro non aspettano le prede. Durante il giorno, i pesci soldato cercano infatti protezione tra i coralli e si fanno vedere solo al crepuscolo. Come dice la canzone: *I want to wake up in the city that never sleeps...*

Durante il pomeriggio, una squadra di carangidi sbuca dall'azzurro canale adiacente e si dirige verso la scogliera. Tutti sanno che il suo arrivo non preannuncia nulla di buono. I pesci chirurgo si riuniscono subito, ritirandosi verso il bordo. Ora capiamo perché i planctofagi, con la loro aria pigra, hanno una struttura così idrodinamica. Per sicurezza, tentano di restare il più vicino possibile alla scogliera, ma il plancton non conosce orari né fermate. Talvolta i pesci chirurgo sono dunque costretti ad allontanarsi dalla protezione del bordo per nutrirsi. La forma del corpo e la coda biforcuta servono alla fuga veloce... e questa è già in atto, perché i carangidi sono tutto fuorché planctofagi.

Una barriera corallina simile a questa ci sembra idilliaca, ma la prudenza è il primo dovere civico nei confronti dei suoi abitanti. Le grandi città sono piene di pericoli. Se si attraversa allegramente un incrocio corallino, può accadere che un pesce trombetta si materializzi all'improvviso tra le ramificazioni di una gorgonia. La sua intenzione è chiara, proprio come lo è quella del *Phycorodus eques*, che si serve di tattiche particolarmente perfide. Se, per esempio, il signor Pesce Pigiama e la sua consorte vanno a fare shopping nei negozi di plancton, il predatore li segue barcollando e nascondendosi nella scia della signora, così si avvicina a entrambi senza essere visto. Poi, al momento giusto, abbandona la sua copertura e si attacca con la bocca al marito o alla moglie. Anche i carangidi sanno usare questo trucco. «Sono veramente disonesti!» avremmo voglia di commentare, però tutti, nella scogliera, sono attori e impostori. Qui non si può sopravvivere in altro modo.

Il sole percorre la sua traiettoria.

Verso mezzogiorno, i pesci pappagallo verde brillante iniziano a brucare i prati di alghe sulla superficie di una madrepora. Il blocco è invaso dalle alghe verdi. Molti abitanti della scogliera (per esempio i pesci chirurgo e i pesci pappagallo) sono erbivori e ne consumano enormi quantità, motivo per cui le alghe svolgono il ruolo determinante nella megalopoli. Alghe marine verdi e brune ricoprono le sculture calcaree, mentre le alghe rosse che crescono in direzione del mare dominano i bordi delle scogliere. Le alghe verdi costituiscono dunque la fonte alimentare più fertile, rivestendo interi ceppi corallini ed esponendoli alle mandibole affilate dei vegetariani che le rosicchiano. I polipi del corallo, per prudenza, restano a letto; se guardassero fuori, avremmo altre vittime da compiangere perché non sempre ci si riesce a piegare abbastanza in fretta. Per i pesci pappagallo rinoceronte è troppo faticoso mangiucchiare l'insalata, perciò staccano interi pezzi di corallo e li ingoiano: un'abitudine utile alla loro digestione. Le alghe e i polipi sono triturati grazie ai frammenti calcarei, che vengono sbriciolati a loro volta e infine espulsi. Dovete sapere che la favolosa spiaggia caraibica su cui vi siete abbronzati l'estate scorsa è formata, tra l'altro, da escrementi di pesce pappagallo, ossia da sabbia.

Anche voi, da bambini, vi siete chiesti da dove proviene la sabbia? Io ci ho rimuginato per ore. Dopo aver esaminato ogni singolo granello, avevo anzitutto stabilito che la sabbia bianca non era poi così bianca e che nessun granello aveva la stessa forma degli altri. E avevo concluso che la sabbia era una straordinaria invenzione delle agenzie turistiche e che dunque occorreva sicuramente sostenere una spesa enorme per portarla davanti all'hotel. E invece...

La comparsa della sabbia dipende da varie cause. Anzitutto dall'erosione delle montagne e dei depositi vulcanici. La sabbia vulcanica verde scuro di Lanzarote ne è un classico esempio. Quasi tutti i giacimenti di sabbia sono di quarzo estremamente duro e disgregato dagli agenti atmosferici. La sabbia di conchiglie si compone invece dei gusci sminuzzati, mentre la sabbia corallina di resti dei coralli. La celebre sabbia bianca tropicale, per esempio, non è altro che il prodotto dello stomaco di alcune creature marine, capaci di triturare i pezzetti di corallo e altri componenti di carbonato di calcio. Anche l'*Halimeda,* una grossa alga verde, è un fornitore affidabile di sabbia. Le sue strutture simili a dischi si sbriciolano alla prima occasione, riducendosi a granelli sottilissimi. Le barriere coralline favoriscono pertanto in vari modi la formazione della sabbia, che non circonda soltanto le isole e le coste della terraferma, ma si stratifica in banchi immensi, anche molto più lontano. A seconda della corrente e del moto ondoso, questi banchi si aprono un passaggio sulla superficie del mare. I primi a raggiungere la nuova isola sono gli uccelli, i cui escrementi arricchiscono la sabbia di sostanze nutritive. Ciò attira le alghe e i piccoli esseri detrivori come i granchi. In particolare, le alghe rosse cominciano a proliferare e a comprimere la sabbia sotto il loro peso, fino a tramutarla in calcare. Ora che sono soddisfatte le condizioni per la formazione di una *fringing reef,* compare una nuova metropoli, una dimora per milioni di esseri.

Ma che cosa accade ai granelli di sabbia che galleggiano nel mare?

Molti di loro si depositano, creando spiagge sottomarine tra i banchi corallini. Moltissimi vengono levigati senza sosta dalle onde e dalle correnti, finché non si dissolvono quasi completamente, saturando l'acqua di carbonato di calcio. È a questo punto che si chiude uno dei cicli più affascinanti dell'ecosistema marino: il carbonato di calcio serve infatti ai polipi del corallo per costruire le loro raffinate abitazioni. Non ci sono un inizio e una fine neppure sulla scogliera. Il divenire e la morte sono un tutt'uno.

Osservando i coralli, si potrebbe pensare che abbiano tutti una struttura dura e immobile, ma l'apparenza inganna. Oltre ai coralli duri esistono anche i coralli molli. Vivono entrambi sulla scogliera, però si differenziano per la loro architettura. I polipi del corallo molle non costruiscono un'abitazione rigida, bensì secernono gli scleriti, ossia aghi cristallini che immagazzinano nel loro tessuto gelatinoso. Questi processi piacevoli da guardare portano alla costituzione di strutture elastiche, le quali, una volta morte, lasciano poche tracce, a differenza dei loro cugini più rigidi. I rappresentanti più duri di questi ultimi sono i coralli neri, di cui si trovano singoli esemplari anche a notevoli profondità, dove la fotosintesi non può avvenire con la stessa intensità rispetto agli strati più vicini alla superficie. I coralli neri crescono dunque lentamente e questa è la loro fortuna: più i ceppi di corallo crescono con gradualità e più sono duri. Un solido lavoro di qualità, quindi, che suscita da sempre l'interesse dei gioiellieri.

Il corallo nero non è l'unico a evocare un desiderio di eleganza. Anche quello rosso gode di una notevole popolarità: se si digita la parola chiave «corallo rosso», Google elenca subito «collane e bracciali magnifici», con tanto di consigli per la nostra salute, perché il corallo rosso viene considerato un rimedio contro l'osteoporosi e i disturbi articolari. Chiaro, contiene calcio. La faccenda però si fa più inquietante se un venditore afferma: *Per i bambini e le donne in gravidanza, il corallo rosso è un'ottima protezione contro i pericoli quotidiani e la magia nera.*

Ah, certo, come no? Un simile talismano è consigliabile se il panettiere da cui ci serviamo è di cattivo umore e, ovviamente, un pezzettino di corallo scaglia le auto contro il primo albero disponibile anziché consentire loro di stirare la futura mammina.

Continuiamo a leggere. *Ha un effetto particolare sulla vita emotiva e, quando applicato, ci regala molte esperienze e raggi di speranza.*

Applicato? Interessante. Come si applica il corallo? Lo s'infila da qualche parte? E dove?

Il corallo rosso viene anche chiamato « sangue degli dei sulla Terra ». Rafforza la gioia di vivere e il bisogno di amore e amicizia.

Ovvio. Se si chiacchiera da mattina a sera col proprio corallo, prima o poi si avverte l'esigenza di una vera compagnia. Ma adesso attenti, perché l'idiozia sta per raggiungere il suo apice: *Per contrastare la magia, le forze oscure o il malocchio, bisogna avere sempre con sé un ramo di corallo rosso o nero.*

Un ramo? Eh, già, perché: *Questi coralli esercitano la loro energia soprattutto sul chakra radice o su quello sessuale.*

Ah! Adesso sì che è chiaro. Dunque si tratta di motivare il piccolo polipo nei pantaloni affinché torni a stendere il tentacolino. È questo il motivo per cui spezziamo strutture che sono cresciute per centinaia di migliaia di anni e le vendiamo a tipi fiacchi che sognano di cambiare la consistenza del... corallo molle tra le loro gambe.

I coralli non hanno vita facile, su questo non ci piove. Non solo gli uomini li mettono a dura prova, ma ci si mettono anche le onde e la corrente. I lamellibranchi si ancorano ai banchi corallini, perforando lo strato calcareo, e le spugne li corrodono coi loro acidi per attecchire sulla superficie. Le tempeste tropicali possono distruggere intere scogliere. Per i coralli, la situazione diventa davvero critica se il contenuto di sale nell'acqua scende sotto un certo valore, oppure se fa troppo caldo o troppo freddo. Come vedremo più avanti, le temperature dell'aria e dell'acqua s'influenzano a vicenda. Il tanto temuto cambiamento climatico interessa sia l'atmosfera sia gli oceani, perché gli estremi di temperatura scacciano i subaffittuari dei coralli. Se le zooxantelle non trovano più le condizioni favorevoli alla fotosintesi, abbandonano i loro padroni di casa e questi sbiadiscono e, alla fine, muoiono. La comunità della scogliera sparisce. Il prato di alghe ricopre la città fantasma in rovina. Col passare del tempo, compaiono pesci che si nutrono di piante e altri vegetariani, che si lanciano sul prato appena spuntato. Se non altro, queste creature traggono vantaggio dalla morte della scogliera, ma simili condizioni impediscono la crescita di nuovi ceppi corallini.

Ma adesso torniamo alla nostra bella scogliera intatta.

È pomeriggio. Una cernia prestante passa con calmi colpi di pinna sopra una formazione di biancastri coralli cervello (così chiamati appunto per il loro aspetto). La cernia ha un'aria simpatica, sembra quasi un vecchio zio affettuoso. Lo pensa anche il piccolo polpo con gli anelli blu, che si avvicina molto alla cernia. In realtà, quella cernia è uno zio malvagio. La sua tattica consiste nell'assumere un comportamento innocuo e amichevole per indurre la preda a diventare meno diffidente, per poi sfruttare la propria capacità di scattare in avanti. Il polpo ad anelli blu avrebbe i minuti contati, ma, per sua fortuna, Miss Evoluzione ha immesso un codice nei suoi bei cerchi azzurri: « Chi mi mangia è scemo ». In altre parole, quel piccoletto è velenoso. Molti esseri viventi della scogliera usano i loro colori per spaventare i predatori. Il polpo ad anelli blu, per esempio, è uno degli animali più velenosi del mondo. Il suo morso può uccidere un uomo nel giro di pochi secondi. La cernia lo sa e lo lascia passare, tanto la sua attenzione si è concentrata su alcune alghe di passaggio. Oscillano con le onde, su e giù, e qualcosa oscilla con loro, qualcosa che non è un'alga, ma finge di esserlo. Su e giù, su e giù. Un camuffamento maledettamente efficace, bisogna riconoscerlo, ma non abbastanza. Si tratta di una minuscola seppia, appartenente anch'essa alla classe dei cefalopodi. La cernia guarda con maggiore attenzione. Velenosa? No. Dunque commestibile. Si getta in avanti con un balzo poderoso, dritta tra la verzura.

Alghe munite di ventose? Mmmh, squisite.

Mentre il predatore torna a recitare la parte dello zio affettuoso, si profila un altro attacco. Un paio di pesci angelo, intenti a brucare le alghe da piccole madrepore, assistono con orrore all'avvicinarsi di un gigantesco banco di castagnole tropicali. In genere, gli erbivori difendono il loro pezzetto di giardino con le unghie e coi denti, ma contro una tale superiorità di forze non resta che girare in tondo e continuare a infiltrarsi con audacia tra le file del nemico. Talvolta vale la pena essere cocciuti, ma oggi il destino fa il suo corso. Indifferenti all'attivismo sfrenato dei pesci angelo, le castagnole tropicali spogliano i coralli e, sazie, proseguono il loro viaggio. Intanto tre gamberetti arlecchino dai colori surreali trascinano una stella di mare verde e arancione sotto i rami di un corallo di fuoco per smembrarla tutti insieme.

Poco distante, un'immensa gorgonia purpurea dalle ramificazioni sottili sporge dal bordo della scogliera. All'ombra di questa struttura alta diversi metri e simile a una felce si consuma un altro dramma. Un pesce farfalla muso lungo ha risvegliato l'interesse di una murena, il cui corpo da anguilla esce lentamente da una fessura poco più sotto. Per la murena, la situazione è chiara: un piccolo babbeo giallo che, per motivi inspiegabili, sbatte con costanza il sedere contro le propaggini della gorgonia supplica di essere mangiato. Con un elegante colpo d'anca, il predatore si avvita verso l'alto e attacca la testa del pesce farfalla, che, con profondo stupore, taglia la corda. Un attimo! Qui c'è qualcosa che non va. L'aveva praticamente acciuffato. Allibita, la murena torna nella sua fessura e cerca di capire ciò che resterà per sempre al di là della sua comprensione.

Si è lasciata ingannare da un falso occhio.

Come dice il nome, il pesce farfalla muso lungo ha un muso lungo, scuro e appuntito. Anche gli occhi sono marroni e quasi invisibili. Dal punto di vista ottico, il suo corpo inizia solo dietro le branchie, dove si tinge di un giallo vivo. Alla base del tronco si trova una grossa macchia nera, che un osservatore frettoloso scambierebbe per la testa. Un camuffamento di cui si fregia anche il pesce farfalla con quattro occhi. Sopra la sua tempia c'è una striscia scura che prosegue nell'occhio, tanto che quest'ultimo sparisce nel vero senso della parola. In compenso, la sua coda scruta il mondo con finte pupille. E il *Calloplesiops altivelis*, da parte sua, preferisce cercarsi un buco da cui non si allontanerà mai più. In caso di pericolo, vi si rintana con la testa in avanti, lasciando fuori soltanto la coda.

La coda? C'è di che sbellicarsi dalle risate. Come si fa a essere così stupidi? Tutti sanno che non basta voltarsi per non essere visti. Il *Calloplesiops* deve essere rimbambito per lasciare il suo posteriore in balia della corrente. Lo prenderanno per il sedere, vero? Invece no. La coda di un *Calloplesiops altivelis* è infatti identica al cranio di un pesce predatore. Sembra che la creatura nel buco lanci a sua volta un'occhiata bramosa verso l'aggressore e questi si senta male all'improvviso. Possiamo constatare dunque che i falsi occhi sono un'invenzione geniale della nostra Miss Evoluzione, perché un attacco mirato alla testa è la cosa più pericolosa che possa capitare a un pesce. Tutti i suoi sensi vengono messi fuori combattimento di colpo. La murena ha dunque catturato solo un brandello di coda e farà tesoro di questa esperienza.

Alcuni pesci chirurgo hanno due eleganti lame sul peduncolo caudale. E non c'è da scherzare, perché, se le usa per schiaffeggiare qualcuno, si rivelano simili a bisturi, capaci di aprire profonde ferite. Gli ostracidi sono ben corazzati, mentre i tetraodontidi si riempiono d'acqua e si gonfiano minacciosamente. Altri si fondono con l'ambiente circostante fino a diventare invisibili, come il pesce pietra, che spesso notiamo solo quando ci ha già infilato uno dei suoi aculei velenosi nel piede. In breve, tutti diffidano di tutti e a buon diritto.

Tranne nel caso in cui ci si rechi al centro benessere.

Lì ci si comporta con educazione e si fa persino la fila. I pesci pulitori e i gamberetti pulitori gestiscono un'attività remunerativa e continuano a fare affari sinché la comunità della scogliera non resta in vita. Sono appena arrivate due cernie e una grossa razza; si avvicina con esitazione anche uno squalo pinna bianca, evidentemente ancora indeciso. Intanto i minuscoli pesci pulitori eseguono danze misteriose per attirare l'attenzione. Nelle stazioni di pulizia si osserva una vivace concorrenza; qui pubblicità e marketing sono curatissimi. E lo sgambettio si rivela efficace, perché la prima cernia apre coraggiosamente la bocca. Niente tattiche, stavolta. Come ho già accennato, nelle stazioni di pulizia vigono leggi non scritte, secondo cui i dentisti e le estetiste non possono essere divorati. Sono inoltre necessari alcuni rituali. I gamberetti pulitori lasciano la protezione dei loro buchi soltanto se il cliente segnala l'intenzione di rispettare le norme, assumendo un atteggiamento passivo e spalancando la bocca. Solo allora arriva il suo turno. E che turno! Oltre a pulirgli i denti, i pulitori mangiano anche squame, funghi e parassiti. Soprattutto questi ultimi sono la specialità dei gamberetti, che, con le loro chele affilate, riescono a estrarre persino i rompiscatole adulti. Anche i pesci chirurgo operano in questo fiorente ramo del terziario. In un blocco corallino più avanti, molti di loro sono impegnati nella cura delle corazze. Una grossa e vecchia tartaruga marina si crogiola beatamente, mentre i chirurghi le rimuovono con alacrità il manto di alghe putrefatte dalla schiena. Gli squali preferiscono affidare i loro denti ai pesci farfalla, che eliminano con efficienza i resti di cibo. Lo squalo non divorerebbe mai il pesce farfalla. Danneggerebbe soltanto se stesso, un po' come se noi ingoiassimo il nostro spazzolino da denti.

Una simile coesistenza è forse un miracolo? No, perché qui nessuno nutre simpatia per gli altri. Il tutto è espressione di uno dei più importanti principi in vigore sulla scogliera: la simbiosi.

Nelle comunità simbiotiche si osserva un continuo dare e avere. Ciascuno dei partner ne trae un vantaggio. I parassiti sono il contrario egoistico dei simbionti. Non hanno nulla da dare, bensì infestano i loro ospiti e gli succhiano persino il sangue. Così il parassita sta sempre meglio, mentre l'ospite sta sempre peggio. Alcuni di questi scrocconi sono innocui, come per esempio le remore, buffi pesciolini dalla testa appiattita che si attaccano agli squali e ad altri grossi pesci e si lasciano trasportare. Queste creature non danno niente in cambio rispetto a quanto ricevono, ma non fanno neppure danno. Gli esseri umani potrebbero considerare la simbiosi come la variante più simpatica della vita in comunità, ma si tratta soprattutto della più sviluppata forma di convivenza in uno spazio ristretto. Si presenta in una molteplicità di tipi, con risultati sorprendenti. Il pesciolino del film *Alla ricerca di Nemo* abita all'interno di un anemone ed è l'unico che può muoversi fra i tentacoli velenosi del predatore senza subire nessun danno. L'anemone gli offre protezione e costituisce il suo territorio. In cambio, il pesciolino si lancia contro chiunque cerchi di rosicchiare il suo amico.

I territori sono la vera ricchezza della scogliera. Chi è senza territorio non ha nutrimento, alloggio né protezione. Pochissimi abitanti della scogliera conducono una vita da senzatetto, per esempio il pesce chirurgo zebra, che si autoinvita a pranzo ovunque e che viene stranamente tollerato. Le eccezioni confermano le regole e non le abbiamo affatto comprese tutte. Per il resto, vale il principio secondo cui i territori vanno difesi e pattugliati come se stessero arrivando gli unni. Cosa che spesso accade.

Pian piano cala il crepuscolo.

Il sole scende sotto l'orizzonte e la scena cambia. La città sulla scogliera sembra morta da oltre un quarto d'ora. Tutti si sono improvvisamente ritirati e se ne stanno accovacciati nel loro angolo, nella loro fessura o sotto la loro sporgenza. Alcuni hanno imbrunito il colore della loro pelle nella speranza di sopravvivere. Le chiocciole estraggono lunghe proboscidi sottili e le conficcano nei pesci scuri per spillare un po' di sangue senza dare nell'occhio.

Nel giro di poco tempo, compaiono alcuni giovani pesci cardinale. Si osserva un certo movimento anche nel banco dei pesci soldato a strisce nere, che abbandonano il loro rifugio sotto i coralli a corna d'alce. È giunta l'ora dei cacciatori notturni. Spugne frastagliate e a forma di botte si ricoprono di crinoidi e di stelle canestro. Le murene si svegliano, sgusciando fuori dalle loro fessure nella roccia e lasciandosi guidare dal loro naso. Gli squali pinna bianca seguono i campi elettrici generati dai movimenti degli altri animali. Col favore delle tenebre, lo zooplancton di grandi dimensioni sale in superficie, quasi invisibile tranne nel caso in cui siate uno scarlatto pesce occhio grosso. Molti cacciatori notturni hanno occhi grandi e acuti, ed è difficile che restino a stomaco vuoto.

Ma la sveglia suona soprattutto per milioni e milioni di polipi del corallo.

L'uno dopo l'altro, si ripiegano fuori dei loro alloggi e stendono i loro esili tentacoli. Lo zooplancton ormai attivo dovrà pagare il suo prezzo. Salendo, deve superare le comunità di polipi, il che costerà la vita a milioni di pesci e crostacei. Mentre si divincolano tra il groviglio di tentacolini urticanti, vengono intontiti e avvicinati alle bocche minuscole. Mangiando, i polipi isolano il calcio, che fanno cadere nelle loro grotte residenziali per permettere al loro meraviglioso mondo di continuare a svilupparsi. Tuttavia, se non crescessero così in fretta, le scogliere scomparirebbero. Naturalmente la velocità è relativa: il corallo a corna d'alce, per esempio, si allunga di quasi 15 centimetri l'anno, altre specie soltanto di un millimetro nello stesso arco di tempo, una quantità comunque sufficiente a contrastare l'erosione.

I coralli presentano inoltre una caratteristica particolare: il sesso più bello del mondo.

Molti sono ermafroditi. Altri, riuniti in colonie, sono invece maschi o femmine. I gameti vengono liberati in maniera sincrona. Il processo è così organizzato da dare l'impressione che qualcuno abbia convocato una riunione: «Dunque, i coralli cervello libereranno i gameti la prima notte. I coralli di fuoco, la seconda, e che i coralli fungo non s'intromettano di nuovo!» Tutti si attengono alle istruzioni, cioè le singole specie depongono le uova sincronicamente.

Le uova delle signore corallo sono mature già all'inizio della primavera: minuscole palline bianche che, nel corso del loro sviluppo, assumono tutti i colori possibili e immaginabili. Ora, poco dopo il tramonto, assistiamo a uno spettacolo suggestivo. I coralli della scogliera liberano contemporaneamente milioni e milioni di uova (alcuni tutte insieme, altri l'uno dopo l'altro), mentre le colonie maschili rilasciano nuvole di sperma. Poiché l'acqua è bassa, le probabilità che le uova e lo sperma s'incontrino per la fecondazione sono alte. Le uova salgono come perle scintillanti. La scena è emozionante, di una bellezza addirittura ultraterrena. Gli autori di *Blue Planet*, una serie della BBC, sono riusciti a filmare il fenomeno. Alla fine, dalle uova escono larve simili a meduse, che galleggiano liberamente nell'acqua per alcuni giorni prima di depositarsi su una scogliera e fondare nuove colonie.

E tutto ricomincia da capo.

Non esiste un mondo così rigidamente organizzato come una barriera corallina. Le risorse non vengono sfruttate con tanta efficacia in nessun altro luogo. Nei deserti d'acqua equatoriali, poveri di sostanze nutritive e sospesi al centro di un nulla azzurro, si trovano le comunità di vita più varie del pianeta, autentiche oasi di biodiversità. Senza di loro, gran parte della flora e della fauna marina scomparirebbe per sempre.

Ma ora lasciamo la scogliera immersa nel buio e dirigiamoci verso la prossima tappa del nostro viaggio. Abbiamo un appuntamento.

Col gulp.

I tipi con la grande bocca

Su, rispondete velocemente: che cos'è un gulp?

L'ho chiesto ad amici e a conoscenti. Un gulp? E cosa può mai essere? Un lungo silenzio. Poi le prime, esitanti ipotesi. È un piccolo troll? Oppure un folletto? Il suono è un po' gutturale. Forse un gulp somiglia al Grinch, il personaggio del Dr Seuss che detesta il Natale, oppure al Gollum dagli occhi sgranati del *Signore degli anelli*. Ho notato che non emergeva nessuna associazione piacevole. Nel cuore della foresta, ecco dove vive il gulp. Chi ha paura del gulp cattivo? Invasione dal pianeta gulp. E via discorrendo.

Ho dovuto dare a tutti un suggerimento: chi vi ha detto che il gulp è un essere?

Ah! Forse il gulp è uno scherzo di cattivo gusto. Vuoi forse prendermi per i fondelli o qualcosa del genere? No? Allora è un suono. Chi o che cosa potrebbe fare gulp? Sembra davvero spaventoso: gulp! Oppure, fare gulp significa inghiottire? Ne ha bevuto un bel gulp, ha ingollato la sua birra gulp dopo gulp, il drago fece gulp e la principessa sparì.

Bene, ho detto allora. Adesso continuiamo. Chi fa gulp quando inghiotte? Qualcuno di piccolo o di grande?

Di grande, è stata la risposta unanime. Gli esseri di piccole dimensioni fanno glic o gluc, ma per fare gulp ci vuole una gola voluminosa. Perciò l'unica che può fare davvero gulp è... la balena.

Bravi!

Anche i bambini ormai sanno che i cetacei amano cantare dei motivetti, e soltanto i cetacei si stupirebbero di scoprirlo. Da quando va di moda distinguere melodie tra urla e sospiri, esistono vere e proprie tabelle, perché i mammiferi marini modificano la sequenza dei suoni a ogni stagione. In quei versi, gli amanti del mistero scorgono di continuo nuovi messaggi cifrati provenienti dagli abissi oceanici. Eppure abbiamo un'unica certezza: nella quotidianità sottomarina, le urla eteree registrate sui CD per le serate di meditazione bastano per far vibrare i timpani. Quando i maschi disposti ad accoppiarsi cantano una serenata o invitano i concorrenti ad andarsene, i cetologi rilevano dai 150 ai 180 decibel. Tanto varrebbe piazzarsi accanto alla pista di decollo di un aeroporto militare.

In realtà, non tutti i cetacei sono in grado di cimentarsi in questo cosiddetto canto. Soltanto le megattere possono entrare nella hit parade esoterica, mentre le balenottere azzurre e le balenottere comuni ruggiscono all'infrasuono e le balene grigie scricchiolano come vecchie assi. Finora si è creduto che ogni grande gruppo di megattere avesse il suo repertorio canoro, eseguito con maggiore o minore fedeltà dai suoi componenti. Ma pare che i mammiferi abbiano ormai scoperto qualcosa di simile a un normale scambio di opinioni. Nell'Australia orientale si è cominciato a canticchiare il tormentone della costa occidentale, importato da alcuni visitatori. Le lingue dei cosiddetti balenotteridi (balenottere azzurre, balenottere comuni, balenottere minori, balenottere boreali, balenottere di Bryde, megattere eccetera) si suddividono in dialetti. Nel Pacifico orientale, si cigola con espressioni più popolari rispetto al Pacifico occidentale, mentre nell'Atlantico si sentono sequenze di suoni diverse da quelle dell'oceano Indiano. Qualunque cosa crediamo di riconoscervi (repertori tipici delle singole specie, oppure una lingua viva e capace di evolversi: il «balenese», come dice Dori, la pesciolina blu di *Alla ricerca di Nemo*) si differenzia a seconda del territorio o della specie, proprio come l'autobiografia di una rockstar è diversa da quella di un critico letterario.

Tutti i cetacei emettono però un verso con grande entusiasmo: gulp!

In inglese, *gulp* indica un sorso abbondante, ma può anche significare: «ingoiare», «tracannare», «trangugiare». Nella lingua dei cetologi, designa l'operazione dell'assorbimento del cibo da parte dei balenotteridi, che costituiscono una famiglia numerosa e hanno fanoni un po' più corti rispetto a quelli dei balenidi, ma, in compenso, presentano caratteristici solchi longitudinali sul lato inferiore, capaci di dilatarsi enormemente in caso di necessità. Quando un loro rappresentante s'imbatte in un banco di krill, gonfia il sacco golare sino a trasformarlo in un immenso serbatoio di cibo e a conferirgli per breve tempo l'aspetto di un dirigibile munito di mascelle, che si spalancano sulla superficie dell'acqua. Così l'animale inghiotte un poderoso sorso (gulp) e divora quintali di krill e di altre piccole creature. Quando richiude le mascelle ed espelle l'acqua dai fanoni (lamine cornee poste all'interno della cavità boccale), il plancton resta intrappolato. Miliardi di pesci, vermi, meduse, taliacei e crostacei vanno così incontro al loro destino. Gulp!

Il problema degli alimenti vivi è che non se ne stanno tranquillamente ammucchiati sul piatto. Cercano di fuggire, il che causa alcune complicazioni. Immaginate che le patate, la verdura e lo spezzatino scappino in tutte le direzioni; a quel punto, dovreste andare a letto senza cena oppure tentare di riacchiappare i fuggiaschi. I balenotteridi si trovano di fronte a difficoltà analoghe, perciò hanno escogitato un trucco molto astuto. Le megattere, per esempio, s'immergono sotto un banco di krill, si avvitano a spirale verso l'alto e girano intorno ai gamberetti, producendo un anello di bolle d'aria. Giudicando sinistro quel gorgoglio, gli animaletti si stringono ancora di più gli uni agli altri. Avendo l'impressione di trovarsi dietro le sbarre, ritengono impossibile lasciare il cilindro spumeggiante formatosi all'improvviso e, ancor prima che si siano mossi di un millimetro, il predatore fa gulp.

Mah. Vatti a fidare dei cetacei.

Nessun'altra categoria animale è oggetto di opinioni tanto discordanti. Per l'infelice comandante Ahab, Moby Dick è un demonio bianco da annientare. Perché? Perché la balena candida non vuole rassegnarsi a essere tramutata in olio e bistecche. Secondo Moby, chi brama il suo grasso non può poi lamentarsi se si trova con una gamba in meno. Il risultato è noto a tutti. Moby Dick sperona la baleniera del vecchio vendicativo e la affonda con tutto l'equipaggio.

Il dramma letterario s'ispira alla storia vera dell'*Essex*, una baleniera di Nantucket che, all'inizio del XIX secolo, fece un incontro sgradevole con un capodoglio furibondo. Herman Melville, che amava viaggiare sulle baleniere e che era un conoscitore di quell'ambiente, pubblicò il suo romanzo trentun anni dopo la catastrofe dell'*Essex*, cui aveva voluto dedicare una specie di epico monumento commemorativo. Nella sua versione della storia, l'unico sopravvissuto è Ishmael, l'eroe involontario, che, per ironia della sorte, si aggrappa alla bara costruita dal suo amico Queequeg per se stesso.

Nel caso dell'*Essex*, la vicenda fu meno teatrale, ma, nel complesso, ancora più cupa. Torniamo al 1820. Dopo una partenza scoraggiante, il tre alberi di circa 240 tonnellate di stazza ha finalmente catturato qualcosa e ha faticosamente doppiato capo Horn. Ma, con la stiva soltanto mezza piena, il comandante Pollard esita a rientrare. La stagione invernale è alle porte, però gli 800 barili di grasso di balena non compensano un viaggio tanto lungo e difficile. Dopo ponderata riflessione, il comandante decide di fare rotta verso latitudini quasi inesplorate, spingendosi al largo del Pacifico. Sa che quello è il periodo dell'accoppiamento e spera di avvistare branchi numerosi e ancora intatti. In effetti, poche settimane prima dell'inizio dell'inverno, la vedetta annuncia la presenza di alcuni capodogli. Senza indugio, il comandante fa calare tre lance con l'ordine di avvicinarsi agli animali. In particolare, gli uomini hanno adocchiato un maschio enorme, come ricorderà più tardi Owen Chase, il primo ufficiale dell'*Essex*.

All'inizio, la situazione sembra molto promettente, perché il branco è immenso, ma poi il maschio prende di mira una delle lance, che si capovolge. In genere, se qualcuno dà loro la caccia, i cetacei cercano di fuggire, ma talvolta distruggono le imbarcazioni dei ramponieri, cosa che può costare la vita ai marinai. Tuttavia, nella sfortuna, il ramponiere e il vogatore sono fortunati perché nessuno rimane ferito. Però la caccia giunge a un punto morto. Gli uomini si affrettano a riparare la barca danneggiata, ed è allora che accade qualcosa di davvero sconcertante. Il maschio non scappa né si scaglia contro le altre imbarcazioni, bensì si lancia direttamente verso l'*Essex*. Il mozzo, che lo vede arrivare per primo, comincia a urlare come un ossesso. Chase ordina di schivare l'animale e tutto accade in un baleno. Troppo tardi.

« La nave s'inalberò di colpo con violenza, come se si fosse schiantata contro una roccia », racconterà poi il primo ufficiale. « Eravamo tutti senza parole per lo stupore. »

Quasi 180 anni dopo l'incidente, i cetologi non sanno ancora dire con esattezza che cosa sia passato per la testa squadrata del capodoglio. E non sono neppure riusciti a stabilire se, al momento dell'attacco, l'animale fosse ferito. Rimane soltanto il fatto che quell'animale sperona l'*Essex* con tanta furia da far vibrare gli alberi e da inclinare pericolosamente la baleniera. Ha forse intuito che la distruzione della base galleggiante avrebbe comportato il fallimento dell'impresa? Le sue doti cognitive sono sufficienti per fargli scorgere nell'*Essex* la causa di tutti i mali? Oppure la prima collisione è stata soltanto un errore? Al di là della sua collera, è facile supporre che il maschio fosse soprattutto in preda al panico, sensazione cui, dopo l'impatto, si era probabilmente aggiunto un forte mal di testa.

Come paralizzato, barcolla accanto alla baleniera, tanto che, poco dopo, Owen Chase ha l'idea di finirlo con l'arpione. Ma che cosa succederebbe se non ci riuscisse? L'ufficiale dovrebbe mirare con estrema precisione per evitare al capodoglio una lunga agonia. Una pinna caudale che si agita freneticamente è l'ultima cosa di cui hanno bisogno. L'*Essex* subirebbe danni ancora maggiori.

Essendo indeciso, Chase aspetta... e aspetta troppo.

Il capodoglio s'immerge e scompare. Il primo ufficiale ha quasi un moto di delusione, mentre il sollievo si diffonde tra l'equipaggio. Nessuno ha mai sentito dire che i cetacei se la prendano con intere navi. La sicurezza degli uomini è svanita. Tutti sono contenti di essere sopravvissuti a un incontro così inquietante. « Quell'animale deve essersi alleato col demonio », mormorano alcuni. « Se è così, il dramma è soltanto all'inizio », profetizzano altri. Perché, come tutti sanno, non ci si libera del diavolo con tanta facilità.

Gli avvenimenti successivi sono una spaventosa conferma della loro ipotesi.

D'un tratto, il maschio riemerge e si piazza proprio davanti al tre alberi, urtandolo di nuovo con tanta furia da spaccare la prua. Il risultato è una terribile confusione. Gli uomini si precipitano verso le pompe, tentando di chiudere la falla, ma invano. Sulle lance, gli arpionieri e i vogatori sono costretti a guardare l'enorme nave che sparisce tra le onde, come se un pugno gigantesco la trascinasse sott'acqua. I marinai galleggiano tra la schiuma, cercando di non farsi trascinare via dal risucchio dell'*Essex* che cola a picco. Altri riescono a raggiungere le lance rimaste, salvando persino una parte dell'attrezzatura, un paio di armi e un po' di viveri. E, mentre la baleniera malconcia s'inabissa, i loro compagni li tirano a bordo.

I venti membri dell'equipaggio se la sono cavata per miracolo. Adesso navigano in mare aperto su minuscole imbarcazioni, a diverse migliaia di miglia marine dalla terraferma e con scorte insufficienti di cibo e d'acqua potabile. Inizia un inferno al cui confronto l'aggressione del capodoglio furibondo sembra un'avventura emozionante. 83 giorni dopo, solo cinque uomini raggiungeranno la costa cilena, e il loro racconto farà rabbrividire gli ascoltatori.

Però, subito dopo la catastrofe, i superstiti sono ottimisti. Dopotutto Pollard e Chase hanno messo al sicuro gli strumenti di navigazione. Ma ora dove si va? Il comandante vuole far rotta verso Tahiti, mentre Chase teme che quelle regioni siano infestate dai cannibali e insiste per dirigersi verso il Cile. Nessun cannibale avrebbe divorato l'equipaggio, perché nelle isole polinesiane sono arrivati già da tempo i missionari. I marinai fanno la conoscenza del mare crudele descritto nel 1798 dal poeta inglese Samuel Taylor Coleridge nella *Ballata del vecchio marinaio.*

La buona brezza soffiava, la bianca spuma correva,
e il solco era libero; eravamo i primi che comparissero
in quel mare silenzioso...

A un tratto, il vento cessò e cadder le vele; fu una
desolazione ineffabile: e si parlava soltanto per rompere
il silenzio del mare!

Solitario in un soffocante cielo di rame, il sole
sanguigno, non più grande della luna, si vedeva a mezzogiorno
pender dritto sull'albero maestro.

Per giorni e giorni di seguito restammo come
impietriti: non un alito, non un moto;
inerti come una nave dipinta su un oceano dipinto.

Acqua, acqua, da tutte le parti; e l'intavolato della nave
si fletteva per il calore; acqua, acqua, da tutte le parti,
e neanche una goccia da bere.

Il mare stesso si putrefece. O Cristo! Che ciò potesse
davvero accadere? Sì, delle cose vischiose strisciavano
trascinandosi
sopra un mare vischioso.

Attorno, attorno, turbinosi, innumerevoli fuochi fatui
danzavano la notte; e l'acqua, come l'olio nella caldaia d'una
strega,
bolliva verde, blu, bianca.

E alcuni, in sogno, ebbero conferma dello spirito
che ci colpiva così: a nove braccia di profondità,
ci aveva seguiti dalla regione della nebbia e della neve..

E ogni lingua, per l'estrema sete, era seccata fino
alla radice; non si poteva più articolare parola,
quasi fossimo soffocati dalla fuliggine..

Dopo meno di una settimana in mare, tormentati dalla fame e dalla sete, i sopravvissuti devono limitarsi a guardare quando un'orca attacca la lancia di Pollard e per poco non la capovolge. Resistono anche a questo incidente, ma i loro tentativi di catturare qualche pesce sono per lo più vani. L'isola Henderson, uno splendido atollo corallino, appare come una promessa di salvezza, ma si fa presto a saccheggiare quei minuscoli isolotti. Tre naufraghi decidono invece di rimanere sull'atollo e di aspettare che qualcuno li trovi. Gli altri scelgono di proseguire il viaggio, avventurandosi ancora nell'oceano sconosciuto e dirigendosi verso l'isola di Pasqua, che però non raggiungeranno mai, perché le lance vanno alla deriva. La terraferma non si scorge da nessuna parte, il mare s'ingrossa, la fame diventa insopportabile e si piangono i primi morti.

Un'idea si profila come un fantasma, un'idea così raccapricciante da provocare veementi discussioni tra gli sventurati. In fondo «gli esseri umani sono carne», afferma il dottor Suedfeld, lo psicologo che si è occupato della tragica storia dell'*Essex*. «E, quando si è digiunato abbastanza a lungo, e all'improvviso se ne hanno davanti a sé 100, 120 chili, il pensiero corre subito al cibo.»

All'inizio, gli uomini mangiano i compagni morti di sfinimento. Si aggrappano tuttavia alla vita con tanta tenacia che la nuova risorsa si esaurisce in breve tempo. 78 giorni dopo l'abbandono del relitto, alcuni superstiti avanzano una nuova proposta, che, come dichiarerà più avanti uno di loro, segna il crollo di qualsiasi morale. Pollard si abbandona alla collera e al dolore, tanto più che il nome estratto è quello di suo cugino, ma alla fine deve piegarsi alla promessa. Il prescelto, rassegnato alla sua sorte, viene ucciso e mangiato. Quel giorno, commenterà poi Owen Chase, il disegno di Dio è fallito e l'ordine divino è stato rivoluzionato.

Il 18 febbraio 1821, il pellegrinaggio giunge al termine. La lancia di Chase raggiunge la costa sudamericana, seguita da quella di Pollard. Mesi dopo, una nave approda sull'isola Henderson e salva i marinai che vi si erano fermati. Quegli avvenimenti spaventosi tormentano Pollard e Chase per il resto della loro esistenza. Da quel momento, il primo sembra perseguitato dalla sfortuna e finisce per lavorare come guardiano di un faro a Nantucket. Chase torna a cacciare le balene, ma trascorre i suoi ultimi anni di vita in preda alla follia, tra montagne di viveri ammassati.

Ho riflettuto a lungo su cosa si potesse scrivere dei cetacei nel 2006. Dovevo mistificarli ulteriormente per proteggerli ancora meglio? Oppure dovevo avvicinarmi alla loro vera natura, privandoli così del loro fascino? Gli esemplari attuali sarebbero risultati interessanti? Sarebbe servito a qualcosa descrivere ogni singolo rappresentante del loro ordine in tutte le sue sfaccettature per dimostrarne la straordinaria varietà? Sarebbe stato meglio stigmatizzare il Giappone e la Norvegia oppure sforzarsi di ripristinare l'armonia e la tolleranza? Tra parentesi, ci sono anche altri popoli che rivendicano il diritto di cacciare le balene, per esempio gli inuit e gli indiani d'America.

Alla fine, ho deciso di raccontare una storia che risale a quasi 200 anni fa perché essa nasconde un paio di verità immutabili. Quella vicenda spiega che, a seconda delle circostanze, ognuno può diventare una preda o una semplice risorsa, e che ognuno può diventare un cacciatore. A mio parere, è assurdo imporre il divieto assoluto di cacciare le balene, come, d'altro canto, è scellerato massacrare gli esseri viventi al di là di tutti i limiti etici e sfuggire a qualsiasi moratoria, incolpando l'economia. Dobbiamo considerare i cetacei in modo nuovo, liberandoci della zavorra dell'ignoranza cartesiana da una parte e dell'ampollosità esoterica dall'altra. Con la fredda ricerca del profitto o con la venerazione pseudoreligiosa non facciamo del bene ai mammiferi marini. Essere insieme idolatrati e detestati non giova a una vita equilibrata. Gli scimpanzé, che sono molto più vicini a noi delle orche o delle focene, non attirano tanta attenzione e non vengono cacciati fino al limite dello sterminio, né sono guardati con spavento e timore reverenziale. Nessuno potrebbe pensare che un bue da ingrasso nasconda tra le corna un sapere segreto sulla causa prima del mondo; così l'animale viene ridotto in bistecche e giacche di cuoio come se niente fosse. D'altro canto, nessuno nutre per un maiale il disprezzo che alcuni cacciatori riservano alle balene. Che cosa avranno mai combinato quei mammiferi per diventare contemporaneamente l'oggetto delle intenzioni più crudeli e più nobili? E perché ognuno vuole piegarli ai propri scopi?

Se torniamo indietro nel tempo, molto indietro, vediamo il pachiceto e l'*Ambulocetus* davanti a noi. Dunque sappiamo già che i cetacei non sono atterrati con navicelle spaziali, ma che sono creature terrestri bagnate fradicie: animali. E l'antenato che incontriamo è Mr Anfibius, che non brilla certo per la sua intelligenza. Gli uomini hanno quasi sicuramente vinto la corsa; noi siamo più intelligenti dei cetacei, ma non possiamo negare il nostro passato animale. Invece i cetacei sono nettamente più animaleschi di noi (come dimostrano il loro comportamento prevedibile, le loro maniere a tavola e altre usanze), ma alcuni di loro, per esempio le orche, hanno probabilmente un'intelligenza superiore, forse paragonabile a quella dei primissimi esseri umani. Ma dove tiriamo le linee di demarcazione? Fino a che punto un cetaceo è animalesco e quindi possiamo ammazzarlo come una gallina e fino a che punto vorremmo che fosse umano per impedirlo? E fino a che punto sono animaleschi gli esseri umani, dal momento che uccidono i loro simili con ferocia?

Incappiamo in un'altra verità universale: in natura, tutte le transizioni sono fluide. Quando si tratta di decidere chi o che cosa ammazzare, la discussione uomo/animale è obsoleta, se non addirittura fuorviante. Dobbiamo riconoscere che siamo onnivori, esseri il cui cervello si è sviluppato abbastanza per rispondere a domande scomode e per emanare verdetti più o meno salomonici grazie a lunghe riflessioni. Non troveremo mai soluzioni davvero ragionevoli perché siamo dotati di sentimenti, che s'intromettono a buon diritto. Ciascuno si concede pertanto il lusso delle proprie idee. Io, per esempio, rispetto i vegetariani. Se la loro convinzione li spinge a non mangiare carne, è giusto che vivano così. Tuttavia non propongono alternative e non risolvono neppure un singolo problema. Il loro manifesto non indica quanti altri pianeti agricoli serviranno per sfamare poco meno di 6 miliardi di persone con una dieta esclusivamente vegetariana. D'altra parte, non ho ancora capito che cosa prova un albero quando l'ascia si abbatte contro la sua corteccia e non so se la lattuga ami essere lavata, o che cosa pensi la carota quando qualcuno la sminuzza, o quale sia il giudizio del fungo sui funghi trifolati. Per sopravvivere, dobbiamo mangiare determinati esseri viventi, siano essi piante o animali, senza sapere con certezza che cosa accade al loro interno. La nostra sopravvivenza dipende meno da altri organismi, per esempio dai tartufi e dalle ostriche, eppure li consumiamo. Non ricordo però nessuna moratoria internazionale sulle ostriche, e non ho mai sentito qualcuno affermare che occorre proteggere questi magnifici animali.

Una questione ingarbugliata.

Forse ne verremo a capo procedendo a piccoli passi. L'uomo è una specie degna di essere protetta? Sì. La carota è una specie degna di essere protetta? Sì, in un certo senso. E l'ostrica? Certo, anche quella. E il cetaceo? Sicuro, anche quello è degno di essere protetto.

Fin qui, tutti d'accordo.

Continuiamo con le domande. Ogni singolo uomo è degno di protezione? Senza dubbio. Ogni singola ostrica è degna di protezione? No, non proprio. Stop! urlano alcuni. Lo è eccome! Si tratta pur sempre di un essere vivente. Bene, intervengono altri. Che ne è allora della carota? Ogni singola carota è degna di essere protetta?

Mmmh. Vediamo. Tendenzialmente... no. La carota in quanto tale, okay. Ma ogni singola, maledetta carota?

E il singolo cetaceo?

Un attimo. Soffermiamoci ancora un po' sul gruppo delle ostriche e delle carote. Permettetemi di osservare che i microscopici esseri viventi dell'ultraplancton e del nanoplancton non possono essere classificati con esattezza fra gli animali o fra i vegetali. Anche gli animali e i vegetali hanno dunque radici comuni. Non lo dico per seminare zizzania tra gli organismi unicellulari, bensì per rammentare che tutte le creature viventi derivano forse da una bollicina di solfato di rame sul bordo di un camino idrotermale, e quindi hanno la stessa mamma. Nessun uomo in possesso delle sue facoltà mentali protesterebbe seriamente contro il consumo di carote. Sarebbe però sensato mettere in discussione la leggerezza con cui consideriamo alcune specie degne di essere protette e altre no. Se volessimo modificare il registro etico con coerenza assoluta, dovremmo catalogare l'umanità come uno sviluppo erroneo ed eliminare noi stessi dal programma. Agli animali non si può rimproverare il fatto di mangiare altri animali o vegetali; non possono fare altrimenti, perché non avvertono sensi di colpa. A rigor di logica, noi dovremmo invece morire di fame sorridendo beatamente affinché l'aneto non finisca più nel panino con l'aringa. Idea infelice, quella di dotare gli uomini di rimorso, privandoli contemporaneamente dell'opportunità di sopravvivere senza colpa.

Gli ecofilosofi si scervellano su questo tema, ma non fanno passi avanti. Adottiamo un approccio diverso, cercando di capire su cosa siamo d'accordo. Primo: è lecito mangiare tutto quanto è indispensabile alla vita e alla sopravvivenza. Secondo: è lecito sfruttare anche ciò che non serve direttamente alla sopravvivenza. Terzo: è sbagliato infliggere sofferenze inutili a un essere vivente prima di mangiarlo. Quarto: non bisogna utilizzare le riserve oltre misura per evitare di causare danni irreparabili. Quinto: esiste qualcosa di simile a un confine, in particolare tra gli esseri viventi superiori e inferiori. Quest'ultimo punto è di gran lunga il più delicato. Nel passato recente, concetti simili sono stati spesso bistrattati.

Alcuni etologi e biologi evolutivi credono tuttavia di aver individuato un confine, per quanto nebuloso. Gli esperimenti hanno dimostrato che pochissimi animali sono consapevoli della loro esistenza. L'individuo lo sa e afferma: questo sono io. Percepisce se stesso come personalità autonoma e riflette sulla propria presenza. Il test più conosciuto per comprovarlo è quello dello specchio. Quasi nessun animale si riconosce nel riflesso, ma alcuni delfini, orche, scimmie e focene sono in grado di farlo. Per molti biologi, questo è il timido inizio di ciò che contraddistingue gli esseri umani: il pensiero cognitivo e cosciente, forse addirittura l'empatia, cioè la capacità d'immedesimarsi negli altri, di provare compassione e di regolare il proprio comportamento in base a questo. Tali caratteristiche pongono senza dubbio l'uomo in cima a tutte le specie. Noi godiamo di una certa libertà decisionale (benché oggi i neurologi mettano in dubbio persino questo), a differenza di molti animali, che obbediscono senza accorgersene a schemi comportamentali prestabiliti. Il che non significa che non provino nulla: il dolore, la felicità, la tristezza e la rabbia sono stati emotivi che non richiedono necessariamente la cognizione e l'empatia. Gli animali non sono macchine cartesiane, eppure pochissimi sono predisposti alla compassione, ed è questo elemento a fare la differenza.

Dalla dote della compassione al dovere della responsabilità il passo è breve. I due fattori sono inscindibilmente legati. Comportarsi con responsabilità significa ponderare un'azione incompatibile col dogmatismo, col fanatismo e con le posizioni categoriche del tipo sì/no. Occorre piuttosto sforzarsi di analizzare le circostanze in maniera differenziata e verificarle di nuovo ogni volta. Chi decide caso per caso conduce senza dubbio una vita più faticosa. In compenso, sa argomentare meglio e sa affrontare il senso di colpa. Assumersi le proprie responsabilità significa dimostrare all'ambiente tutto il rispetto possibile, anche quand'è necessario uccidere un animale. Gli indiani canadesi Makah, che vantano una lunga tradizione di caccia alla balena, considerano il cetaceo un dono, lo ringraziano per il suo sacrificio e si preparano alla caccia con purificazioni rituali. Forse le società moderne giudicheranno paradossale adorare un essere e ucciderlo nel contempo, ma per i Makah è proprio questo a dare un senso al tutto. Quando, per puro divertimento, i coloni bianchi cominciarono a sparare ai bisonti del Nordamerica da carri in corsa, calpestarono i principi degli indiani, guadagnandosi il loro disprezzo.

I superstiti dell'*Essex* hanno attraversato tutti gli stadi che un individuo può vivere. Sono partiti per uccidere animali senza fermarsi nemmeno per un attimo a meditare sul loro diritto all'esistenza. Consideravano la caccia alla balena come un lavoro che consentiva a loro e alle loro famiglie di sbarcare il lunario. Senza dubbio, anche tra i cacciatori di balene ci saranno stati uomini che non vedevano i mammiferi soltanto come serbatoi galleggianti di olio e che li ammiravano per la loro bellezza, o si domandavano che cosa provasse un animale nella solitudine degli abissi. Comunque, in linea di massima, le regole erano chiare: la balena è l'animale e la sua uccisione è giusta.

Poco dopo, i cacciatori sono diventati prede. Assumendo un comportamento tutt'altro che consueto, il loro avversario ha escogitato un piano. Non sappiamo ancora se si possa parlare effettivamente di un piano e se il capodoglio fosse davvero arrivato a tanto. Sappiamo che, durante il periodo dell'accoppiamento, i maschi ingaggiano battaglie e violenti duelli e che, in quelle settimane, diventano estremamente aggressivi. Non è da escludersi che il capodoglio abbia scambiato l'*Essex* per un rivale, un'ipotesi che tuttavia non rende meno atipico il suo comportamento. Sia come sia, i marinai si sono trovati di fronte un nemico del loro stesso livello.

Qui ci ricolleghiamo a Herman Melville. La sete di vendetta di Ahab è, nel contempo, una confessione inespressa: lui accetta la balena come suo pari. Col suo odio, nobilita la creatura, la giudica intelligente e dotata d'intenzioni, di astuzia e di consapevolezza di sé. Moby Dick non è più una risorsa, bensì l'avversario personale di Ahab e assume tratti umani. Ahab è disposto ad ammetterlo; i suoi uomini no. Un animale che non è più un animale e che non è neppure un vero essere umano... che cosa resta? Moby Dick deve essere il diavolo in persona, un essere che sconvolge l'ordine divino. Occorre annientarlo.

Forse le radici dell'odio che i norvegesi, gli islandesi e gli abitanti di altre nazioni hanno maturato contro i cetacei si nascondono proprio qui. L'accanimento con cui i cacciatori adirati scendono in campo contro chiunque osi violare il loro diritto illimitato all'autodeterminazione comunica l'impressione di un profondo rancore. Chi direbbe a un allevatore di suini che i suoi animali sono esseri più nobili di lui? Le immense balene godono però di tanta simpatia che i cacciatori devono per forza credere di essere criminali, banditi dei mari, disprezzati da tutte le persone perbene. Il cetaceo come favorito di un mondo alla ricerca d'ideali, il cacciatore come malvagio dichiarato... bene, a maggior ragione. Se tutti riconosciamo di essere canaglie, allora lo siamo. Quasi nessuno è disposto ad ascoltarci.

Pare che i cetacei vengano cacciati con tanta veemenza anche perché alcuni li considerano i preferiti di Miss Evoluzione e reputano il loro destino più importante di quello dell'uomo di mare che, senza caccia alla balena, sarebbe disoccupato e non saprebbe come pagare la retta scolastica dei figli. Come si spiegherebbero altrimenti la rabbia incontenibile e l'atteggiamento bellicoso che i cacciatori di balene riservano agli ecologisti? Come può accadere che un animale valga più di una famiglia?

Sinché i fronti continueranno a essere irremovibili, qualsiasi discussione è condannata ad arenarsi. Nel frattempo, i rappresentanti più ragionevoli di entrambi i gruppi cercano di adottare toni moderati. Quasi tutti seguitano tuttavia a fomentare l'astio e, anziché fare da mediatori tra le due posizioni, si mettono di vedetta nei rispettivi campi e alzano il ponte levatoio. Gli uni affilano gli arpioni, gli altri le pinne, e ciascuno coglie soltanto gli aspetti peggiori del suo avversario.

Torniamo all'*Essex*. Ancora sconcertati dall'attacco del capodoglio, gli uomini attraversano il Pacifico a bordo di barchette di legno. Subito dopo la sparizione dell'animale, non sono cacciatori né prede, ma poi arrivano la fame e la necessità, con tutte le circostanze concomitanti: emicrania, membra gonfie, atrofia muscolare e psicologica. L'animale che è insito nell'uomo riposa ancora, ma non dorme più, e si sveglia del tutto quando la morte per sfinimento di alcuni marinai solleva la domanda decisiva: è lecito mangiarne la carne per restare in vita? E, in tal caso, saremmo ancora uomini?

Sebbene il cannibalismo non sia un omicidio, l'immagine che gli uomini hanno di sé comincia a presentare profonde crepe. Di cos'altro saranno capaci? La risposta non tarda ad arrivare. Uccidono e mangiano un compagno, segnando così il collasso definitivo di tutti i valori. Hanno riflettuto come soltanto gli uomini sanno riflettere, ma in un modo che colma tutti gli interessati di orrore e ribrezzo. L'essere umano non soltanto divora i suoi simili, ma addirittura li ammazza per divorarli. Se il dramma non si concludesse pochi giorni dopo, l'equipaggio dovrebbe affrontare anche l'ultimo capitolo di questa raccapricciante progressione: avventarsi semplicemente sul più debole, quasi dilaniandolo.

Possiamo leggere la storia dell'*Essex* come una dichiarazione di bancarotta umana, e possiamo anche dimostrare una profonda comprensione. Dopotutto che cosa rimproveriamo a quei marinai disperati? Che la fame sia stata più forte del tabù? Che la sorte li abbia costretti ad affrontare una lotta per la sopravvivenza impossibile da combattere secondo le cosiddette «regole civili»? Che, nella sventura, abbiano cercato di scoprire fino a che punto sarebbero riusciti ad arrivare? Forse non sono diventati animali, però hanno assunto tratti animaleschi. Non per crudeltà (gli animali non sono mai crudeli), bensì perché c'è qualcosa di animalesco in ogni uomo, un antichissimo programma di gestione delle crisi. Se quegli uomini avessero avuto la possibilità di uccidere una balena per placare la fame, nessuno avrebbe chiesto ragione di quel comportamento. Invece così non sono più riusciti a guardarsi negli occhi.

Da decenni, la caccia alle balene è oggetto di discussioni sia nel campo ecologico sia in quello etico, sempre unita al tentativo di stabilire fino a che punto gli uomini possano disporre degli animali. Dobbiamo abbandonare la speranza di una soluzione accettabile per tutti. Forse non ci resterà altro che valutare i nostri scrupoli sulla base del grado evolutivo del nostro interlocutore, ossia sulla misura in cui ci sembra umano, e questo non è molto soddisfacente. Le orche, infatti, potrebbero effettivamente essere più intelligenti di noi, scrivere trattati filosofici e inventare sistemi di propulsione a razzo, ma non per questo diventerebbero più umane: continuerebbero a essere orche. Non condividerebbero i nostri valori, ma rimarrebbero fedeli alla loro etica, condizionata dalla storia della loro evoluzione. Ma il problema è proprio questo. Forse noi uomini non siamo in grado di giudicare l'intelligenza e la raffinatezza di una specie non appena essa esce dal quadro nei nostri valori. Per esempio, un gruppo di extraterrestri dall'intelligenza superiore potrebbe considerare un gesto nobile e progredito mangiare i propri simili morti, addirittura i propri figli, interpretando questo comportamento come espressione di empatia o di rispetto, mentre noi reagiremmo con incredulità e probabilmente con disgusto. Non riconosceremmo nessun altro valore, ma soltanto una mancanza di valori. La cronaca del colonialismo mostra dove conduce un simile atteggiamento: i « selvaggi » hanno dovuto imparare le buone maniere a suon di botte più di una volta.

Per quanto abbia desiderato assistere all'arrivo degli extraterrestri sul nostro pianeta fin da quando ho letto il primo libro di Perry Rhodan,* ho sempre temuto che quell'avvenimento sfociasse in un disastro. Gli esseri umani sono incapaci di classificare l'intelligenza, la coscienza e le emozioni secon-

* Autore di fantascienza estremamente prolifico e popolarissimo in Germania fin dagli anni '60. (*N.d.T.*)

do una scala che non sia già inserita nei nostri geni. Non siamo in grado di capire la diversità. Nella migliore delle ipotesi, riteniamo che l'altro, chiunque o qualunque cosa sia, abbia ancora molto da imparare.

Non ci avvicineremo dunque a un extraterrestre né a un'orca finché tenteremo di scoprirne gli aspetti umani. Dovremmo, anzi dobbiamo, agire con umanità. Nel contempo, la capacità della differenziazione, del comportamento responsabile, della tolleranza e della compassione è l'elemento che contraddistingue la vera intelligenza sensibile, insieme con la disponibilità ad accettare alcuni valori senza poterli condividere. I chirurghi e i neurologi possono guardare dentro i crani degli animali, ma non scopriranno mai davvero fino a che punto sono intelligenti i cetacei e come si sente un'orca.

Bisogna riflettere: abbiamo a che fare con una razza sconosciuta, ma intelligente e raffinata, magari addirittura molto superiore alla nostra? Dovremo porci questo interrogativo quando, un giorno, viaggeremo verso altri pianeti. Sulla Terra, la domanda è: siamo di fronte ad animali che possiamo cacciare, entro limiti ragionevoli? Oppure quella specie è così progredita da avere raggiunto un certo grado di raffinatezza, da poter riflettere su se stessa e sull'ambiente circostante e da essere consapevole della caccia intrapresa a suo danno? E, se sì, qual è il suo livello di consapevolezza?

E infine: come facciamo a stabilire quale influenza esercitiamo così sull'intero sistema del pianeta?

Se lasciamo da parte le emozioni, i cetacei sono anzitutto un fattore ecologico. Ho già descritto brevemente due tipi di cetacei: la megattera e il capodoglio. Oggi, quando parliamo genericamente di «cetacei», dimentichiamo talvolta che si tratta di una molteplicità di specie. Balenidi, neobalenidi e balenotteridi sono misticeti, perché, al posto dei denti, hanno cortine cornee (i cosiddetti «fanoni») con cui filtrano dal mare pesci e minuscoli esseri viventi. A differenza dei balenotteridi, i balenidi (tra cui la balena franca dell'Atlantico e del Pacifico, la balena boreale e la balena australe) non gonfiano il loro sacco golare, bensì nuotano lentamente e con la bocca aperta, come se fossero enormi aspirapolvere. Da qualche parte tra i balenotteridi e i balenidi si colloca la balena grigia, che presenta caratteristiche di entrambe le famiglie e che pascola sui fondali vicino alle coste.

I misticeti sono i grandi filtratori dei mari, quasi tutti giganti. A detenere il record, con una lunghezza di circa 33 metri, è la balenottera azzurra, il più grande essere vivente del pianeta. Sapendo cantare così bene, le megattere hanno intonato *Sì, viaggiare* tanto tempo fa, inventando così i pellegrinaggi ciclici delle grandi balene. In effetti, questi misticeti sono simili ad autentici uccelli migratori che, in estate, cercano le acque artiche e antartiche per riempirsi la pancia e in autunno fanno di nuovo rotta verso l'equatore. La Baja California e le acque intorno alle Hawaii sono le loro zone di accoppiamento preferite, dove vengono alla luce anche i piccoli, che poi seguono mamma e papà nel successivo viaggio verso il freddo. Un'impresa pericolosa, perché lungo la strada sono in agguato gli odontoceti, che vanno ghiotti di megattere e balene grigie adolescenti.

La balena grigia è la campionessa mondiale di nuoto di gran fondo. Pur non essendo velocissima per natura, dimostra di possedere la resistenza più elevata. Le sue qualità non traspaiono dall'aspetto fisico, un campo in cui altri cetacei sono più interessanti. La balena grigia non fa cenni con lunghe ed eleganti natatoie come quelle della megattera, è meno imponente della balenottera azzurra perché raggiunge solo i 14 metri di lunghezza e non regge il confronto con la bizzarra struttura cranica della balena australe. Grigio pietra, macchiettata come il muro di una fortezza scozzese e ricoperta di parassiti, ha un'aria piuttosto burbera. Non possiamo darle torto. Nessun'altra specie di balena viene presa di mira con tanto accanimento da ctamali e balani. Un esemplare adulto può infatti trascinarsi dietro fino a 200 chilogrammi di parassiti. La testa piegata è relativamente piccola e appuntita, le natatoie esili e simili a pagaie.

Nonostante l'espressione imbronciata, le balene grigie sono tuttavia quasi gentili a contatto con gli uomini, dimostrandosi curiose e amorevoli. Chi le avvicina durante il *whale-watching* senza fare baccano, viene esaminato da vicino. Spesso basta allungare la mano per accarezzare la schiena del colosso. Gli animali stanno molto attenti a non spingere gli osservatori, fatto che rende inspiegabile il nome per nulla rassicurante dato dai cacciatori nordamericani alla balena grigia: *devilfish* («pesce del diavolo»).

In realtà, talvolta la natura pacifica di queste creature è ingannevole. Se qualcuno attacca i loro piccoli, fanno vedere i sorci verdi all'aggressore, perché difendono la prole con furia diabolica (*nomen est omen*). Prima dell'avvento della caccia ipertecnologica, vincevano spesso gli scontri e si lasciavano dietro imbarcazioni distrutte e arpionieri fradici. Se mai c'è stato qualcosa di simile al Romanticismo della caccia alla balena, in cui l'uomo e la bestia si trovavano faccia a faccia, ora non esiste più. La lotta con una baleniera moderna non è più degna di questo nome. Nessuno corre rischi e a morire è soltanto l'animale.

In linea di massima, le balene grigie sono tranquille. Mangiano krill, piccoli pesci e soprattutto *Onuphis elegans*, vermi lunghi e sottili che popolano a milioni i fondali delle acque continentali poco profonde. Amano fermarsi vicino alla costa e si spingono di rado sotto i 120 metri di profondità. A differenza di altri misticeti, che fanno gulp o solcano i mari come draghe viventi, si girano su un fianco, strisciano tra il fango e lo aspirano insieme con tutti i suoi abitanti, lasciandosi dietro larghi solchi e lunghe nuvole di sedimenti. Spesso viaggiano in gruppetti di due, tre o quattro, ma si spostano volentieri anche da sole. Hanno uno stile di vita così placido da dare talvolta l'impressione di dormire mentre mangiano. In quei momenti, ci sorprendono all'improvviso con salti audaci, catapultandosi in aria o allungando la testa fuori dall'acqua per esaminare l'ambiente circostante. E, quando partono per i loro vagabondaggi, possiamo soltanto far loro un silenzioso complimento. Nessun altro animale copre infatti distanze equivalenti a quelle della balena grigia. Un esemplare adulto può percorrere fino a 20.000 chilometri l'anno.

Abbiamo ricominciato ad avvistarle più spesso, per esempio al largo della Columbia Britannica. All'inizio del XX secolo, il *devilfish* era quasi estinto, perché gli uomini ne avevano fatto l'oggetto di una decimazione sconsiderata. La caccia non si era interrotta neppure quando ne erano rimaste solo poche centinaia di esemplari. Solo nel 1946, all'ultimo momento, questi animali sono stati posti sotto la tutela delle leggi sulla protezione della natura. Oggi il loro numero è in certa misura aumentato, tanto che, nel 2001, il WWF ne ha contati ben 27.000 esemplari, benché alcune popolazioni siano state sterminate in maniera irrecuperabile. Nonostante il divieto assoluto di caccia alla balena grigia, diverse nazioni continuano a perseguitare questa specie, naturalmente per i già menzionati scopi scientifici. Come se non bastasse, avvicinandosi alle coste, le balene grigie sono molto esposte agli effetti nocivi degli scarichi industriali oppure s'impigliano nelle reti. Molte soffrono di stress, perché, in alcune regioni, il *whale-watching* ha assunto il carattere di una battuta di caccia. I battelli e i motoscafi rombanti che le rincorrono a decine e si comunicano le loro posizioni tramite radiotelefono non hanno nulla in comune con gli osservatori rispettosi nelle loro barche silenziose.

Non sono molte le grandi balene che godono della protezione delle Nazioni Unite. Oltre alla balena grigia, anche l'imponente balena australe è entrata a far parte di questa categoria dopo essere scomparsa quasi del tutto. Oggi sopravvivono meno di 7000 dei 70.000 esemplari originali (il calcolo viene effettuato a partire dall'inizio della caccia industriale, risalente a qualche secolo fa). Lo stesso dicasi per la balena boreale, la cui popolazione contava 25.000 animali al largo della Groenlandia e oggi è ridotta tutt'al più a 100. La balenottera minore antartica è l'unica specie di cetaceo tutelata dalle leggi sulla protezione della natura, pur vantando circa 200.000 esemplari. Tutte le altre vengono considerate a rischio o a forte rischio. Restano soltanto 5000 dei 250.000 possenti esemplari di balenottera azzurra conteggiati 300 anni fa. Incontrare il più grande animale del mondo è dunque diventato più improbabile che vincere al lotto.

E Moby Dick, l'unico odontoceto tra i grandi cetacei?

Fino all'inizio degli anni '80, i capodogli erano oggetto di una caccia indiscriminata, quindi non sappiamo quanti ne esistano ancora. Se una volta sfioravano i 3 milioni d'individui, oggi è possibile che non superino i 10.000. Comunque, anche se un milione di esemplari fosse sopravvissuto alla grande strage, le conseguenze sarebbero drammatiche. Una variabile ecologica che si riduce di colpo a un terzo delle sue dimensioni conduce inevitabilmente a cambiamenti radicali.

Come abbiamo visto, Miss Evoluzione non si affeziona alle sue creature. Nella storia della Terra, la scomparsa di qualsiasi specie è tuttavia avvenuta nell'arco di milioni di anni, un processo graduale che ha consentito ai suoi successori di riconquistare terreno a piccoli passi. Il megalodonte, per esempio, è rimasto il sovrano incontrastato dei mari per parecchio tempo, e la sua presenza ha fatto sì che le sue prede non conoscessero una moltiplicazione sfrenata. Alla fine, lo squalo bianco ha iniziato a fargli concorrenza, ma la transizione si è verificata con estrema lentezza. Il megalodonte ha liberato una nicchia ecologica ed è stato sostituito da esseri viventi che si sono fatti carico delle sue mansioni.

« Ehi, graziosi spuntini! Volevo presentarmi: sono lo squalo bianco. Il megalodonte ha appeso le pinne al chiodo e, d'ora in avanti, sarò io a divorarvi. Ciao, ci si vede, eh? »

Ed è proprio questo il problema. L'uomo accelera la scomparsa delle specie in modo così drastico da impedire il ripristino di un equilibrio naturale. Siamo riusciti a farla in barba a Miss Evoluzione, un fatto senza precedenti nella storia della Terra. Se, nel XX secolo, avessimo permesso a tutte le nazioni di cacciare le grandi balene a loro piacimento, oggi quasi tutti gli animali sarebbero spariti. Forse la conseguenza sarebbe stata una moltiplicazione illimitata del krill e di altre specie planctoniche. Se pensiamo all'armonia che regna tra le condizioni generali del nostro pianeta e all'importanza del ruolo svolto dagli esseri viventi microscopici, possiamo immaginare quali ripercussioni avrebbe la soppressione dei grandi filtratori.

Lo stesso dicasi per gli odontoceti. Finora abbiamo conosciuto solo il capodoglio, che raggiunge i 18 metri di lunghezza. È l'unico rappresentante della sua famiglia a essere cacciato per scopi industriali. Benché si cibi anche di pesci e crostacei, predilige i calamari, che vivono anche a notevoli profondità. Per acchiapparli, l'animale usa letteralmente la testa, all'interno della quale si trova una singolare sostanza che ha attirato l'attenzione dei cacciatori già alcuni secoli or sono: il cosiddetto «spermaceti».

La testa del capodoglio è davvero molto particolare. Squadrata, a forma di cassa e così lunga da costituire oltre il 30 per cento della lunghezza del corpo. La mascella inferiore, munita di denti, sembra invece talmente piccola da sembrare ridicola (quella superiore è priva di dentatura, ma presenta piccole insenature in cui l'animale può infilare perfettamente i denti inferiori). In questa testa, simile a un container, trova spazio anche un cervello che, coi suoi quasi 10 chili di peso, è il più grande di tutto il regno animale. Attenzione però a non credere che l'intelligenza sia direttamente proporzionale alle dimensioni. Bisogna prima sapere perché il cervello è così gigantesco, ossia a quali funzioni presiede. A differenza dei misticeti, gli odontoceti possiedono la dote dell'ecolocazione, che richiede specifiche capacità a livello delle reti neuronali.

All'interno del capo, la maggior parte dello spazio è tuttavia occupata dal suddetto spermaceti, un liquido denso e ceroso che i cacciatori delle vecchie generazioni scambiavano per sperma, motivo per cui, in inglese, i capodogli si chiamano ancora *sperm whales*. Be', tanti auguri. Che gli uomini abbiano in mente solo il sesso, è risaputo, ma fino a 2 tonnellate? No, questa sostanza ha poco a che fare con le gioie dell'eiaculazione. Ci si chiede tuttora a cosa serva. Forse sostiene semplicemente la struttura cranica affinché l'animale possa speronare con forza navi e concorrenti (nelle lotte tra rivali, i capodogli cozzano spesso l'uno contro l'altro come mazze). O forse l'animale è in grado di modificare la densità media dello spermaceti, allo scopo di appesantire la testa. Ciò lo aiuta a immergersi verticalmente e a notevole velocità verso il buio eterno per andare in cerca delle sue prede preferite. I capodogli infatti s'immergono oltre i 1000 metri di profondità, dove possono trattenersi per oltre un'ora, azzuffandosi coi calamari giganti.

Altri cetologi pensano che il liquido serva per l'ecolocazione. Nessuno ha una risposta univoca. Sappiamo soltanto che, a causa di questa sostanza, un tempo utilizzata per la produzione di candele, l'uomo ha dato la caccia al capodoglio fino al limite dello sterminio.

I capodogli vivono in tutti i mari del mondo, ma preferiscono le regioni tropicali e subtropicali. Raggruppamenti di varie centinaia di esemplari devono aver solcato gli oceani prima dell'era della caccia alla balena, mentre oggi i branchi comprendono fino a 20 individui, per lo più femmine e piccoli. I maschi sessualmente maturi si riuniscono in circoli per soli uomini e fanno visita alle signore soltanto nel periodo dell'accoppiamento, quando si creano un vero e proprio harem. I maschi più avanti con gli anni trascorrono invece i loro ultimi giorni da solitari, sempre con 2 tonnellate di «sperma» in testa. Meglio evitare la vecchiaia in stile capodoglio.

Nella situazione ideale, l'animale campa fino a 75 anni, sempre che gli si consenta di vivere, cosa che non è successa nell'ultimo secolo. In compenso, si è osservato un altro fenomeno, a dir poco sorprendente: da quand'è entrata in vigore nel 1985 la moratoria sulla caccia alla balena, sembra che, nel complesso, i capodogli siano più piccoli. Tesoro, mi si sono ristretti i capodogli? Eppure non rimpiccioliscono tanto facilmente. In fondo, Owen Chase, il primo ufficiale dell'*Essex,* aveva stimato la lunghezza del maschio che aveva affondato la sua nave intorno ai 25 metri, e non abbiamo motivi per non credergli. Altri cacciatori dell'epoca confermano questo dato.

La questione si spiega così: se i rappresentanti di una specie diventano più piccoli all'improvviso, significa che la caccia è troppo intensa. In altre parole, l'uomo ha iniziato a uccidere anche gli esemplari adolescenti perché gli adulti sono spariti, un comportamento che limita la quota delle nuove generazioni. Gli individui che riescono comunque a crescere, vengono sterminati quando sono ancora molto giovani. La spirale si avvita inesorabilmente verso il basso. Non possiamo dire con certezza quali sconvolgimenti ecologici provocherebbe la scomparsa completa dei capodogli. Senza di loro, i calamari darebbero una grande festa, ringrazierebbero il dio dei calamari e riempirebbero il mondo di calamaretti. Forse le ripercussioni si fermerebbero qui. L'uscita di scena dei misticeti dovrebbe invece preoccuparci molto. L'atmosfera ne risentirebbe parecchio, perché è fortemente influenzata dal plancton.

Ogni forma di sfruttamento e sterminio dunque non è soltanto disumana, ma anche e soprattutto stupida. Secondo le cifre attuali, siamo veramente dei gran cretini. In ogni caso, ridurre una specie da 3 milioni a 10.000 esemplari nel giro di 300 anni è sinonimo di deficienza senza precedenti. In tal modo, l'uomo viola l'unica cosa di cui, in certa misura, è autorizzato ad andare fiero: la sua capacità di assumersi la responsabilità di sé e del pianeta di cui continua a essere l'amministratore. Invece si accontenta dell'ignoranza e dell'arroganza, intervenendo in sistemi che non conosce abbastanza bene, attingendo a una cultura superficiale piuttosto che a informazioni fondate.

Gli spiaggiamenti sono un altro tema scottante, discusso a colpi di ottuse attribuzioni di colpa e di smentite precipitose. Non sappiamo ancora con certezza perché gli animali muoiano così. Tutti gli indizi sembrano tuttavia indicare che gli uomini sono responsabili almeno di alcuni spiaggiamenti. Il rumore sottomarino che provochiamo scaccia gli animali dal loro elemento. Per esempio, le esplosioni volte a eliminare le mine, oppure i cannoni ad aria utilizzati dal settore energetico per l'esplorazione dei giacimenti di gas e petrolio. Questi apparecchi sparano facendo un gran baccano e, com'è stato dimostrato, causano notevoli problemi ai cetacei. Un esemplare colpito da un impulso di 2000 bar riporta un danno uditivo permanente e forse finisce direttamente all'altro mondo. Entrambe le ipotesi sono state quasi confermate.

È senza dubbio sbagliato affermare che i cetacei fuggono volontariamente verso la terraferma (sarebbe come se qualcuno si sparasse per non avere più l'otite); tuttavia salta all'occhio che gli spiaggiamenti di questi animali sono più numerosi nei luoghi in cui le unità della NATO eseguono le loro esercitazioni e fanno un uso massiccio di sistemi sonar. Mi sono sentito chiedere più volte se l'impiego del Surtass LFA, il sonar americano a bassa frequenza descritto nel *Quinto giorno*, possa davvero provocare emorragie cerebrali e lacerazioni del timpano ai cetacei. Il Surtass LFA, un sistema per il rilevamento dei sottomarini commissionato dal governo statunitense all'inizio degli anni '90, rappresenta un'allettante opzione militare perché consente di sorvegliare circa tre quarti degli oceani, dato che l'acqua è un ottimo conduttore di suoni.

Oggi nessuno, nemmeno l'US Navy, contesta che il sonar sia dannoso per i cetacei. Le emorragie riscontrate nei mammiferi spiaggiati sono un sintomo tipico dello stress acustico, un tipo di stress che noi non possiamo condividere. Per le orecchie umane, il fracasso non è poi così insopportabile: noi non sentiremmo neppure la maggior parte dei rumori che fanno ammattire gli animali. I cetacei trasmettono su altre frequenze, per lo più modulate sulla gamma degli infrasuoni, un fenomeno dovuto alla velocità di diffusione delle onde sonore sott'acqua, che, in media, è quadrupla rispetto a quella nell'aria. A ciò si aggiunge che le onde si distribuiscono nei liquidi tanto più rapidamente quanto più sono lunghe e che i suoni bassi hanno onde più lunghe di quelli alti. I capodogli comunicano pertanto tra i 20 hertz e i 20 chilohertz. Quando ruggiscono, le scogliere vacillano da qualche parte, ma le orecchie umane non registrano nulla. Viceversa, gli animali percepiscono la prospezione dei ghiacciai come un tuono, le esplosioni subacquee rimbombano dolorosamente nei loro condotti uditivi e, se un esemplare si spinge per sbaglio fino al mare del Nord, vaga in una nebbia acustica: 700 piattaforme galleggianti fanno un baccano infernale.

Secondo i cetologi, i timpani di un cetaceo si lacerano a partire da 180 decibel, e l'altoparlante di uno degli innumerevoli Surtass LFA basta a produrne 215. A 500 chilometri dal luogo di partenza si misurano ancora livelli di pressione compresi tra 120 e 140 decibel, proprio il volume cui le megattere, le balene grigie e le balene boreali prendono il largo. L'obiettivo (raggiunto nella prova su un modello) è pari a 235 decibel e oltre, una frequenza su cui il suono copre le distanze maggiori. Quando la NATO ha condotto i test corrispondenti alle Canarie, molti cetacei si sono spiaggiati subito. Non appena i volontari li hanno riaccompagnati nelle acque più profonde, sono scappati di nuovo verso la terraferma e infine sono morti. Nel 2000, altri 16 esemplari si sono spiaggiati vicino alle Bahamas, e anche lì erano stati eseguiti esperimenti col Surtass LFA.

L'US Navy sottolinea di non aver lesinato soldi e fatica per creare un sistema compatibile coi cetacei. Ha persino sviluppato uno speciale sonar in grado di rilevare tempestivamente la presenza degli animali e di spegnere il sistema principale qualora essi si avvicinino. Il guaio è che l'US Navy giunge a conclusioni diverse da quelle di quasi tutti i ricercatori indipendenti. Sostiene che i suoni inferiori a 180 decibel sono tollerabili per i cetacei, cosa nient'affatto vera: con 150 decibel le megattere ammutoliscono; con 180 decibel fuggono in preda al panico. Tanto per avere un criterio di paragone: il lancio di un razzo raggiunge i 170 decibel. Se appoggiaste l'orecchio a una *Soyuz* in partenza, probabilmente vi scoppierebbe il cranio.

Alla fine del 2002, a San Francisco, alcune petizioni sono sfociate in un'ingiunzione nei confronti dell'US Navy a adeguare i Surtass LFA alle leggi vigenti sulla protezione delle specie e tutto ciò mentre gli inglesi, i russi e i cinesi testavano i loro sistemi. E tutti quei bravi ricercatori, la sera, lasciano il loro ufficio da 40 decibel per guidare in un traffico da 70 decibel e poi scivolare dolcemente nel sonno nella loro camera da letto da 10-20 decibel. Così, il giorno dopo, sono freschi e riposati.

A spiaggiarsi sono quasi unicamente gli odontoceti. Il problema dei sonar, infatti, non è soltanto il volume; il bombardamento acustico crea danni anche perché confonde il senso di orientamento degli animali. Solo gli odontoceti navigano mediante l'ecolocazione (una sorta di sonar biologico), inviando e riflettendo versi e richiami, per lo più in rapida sequenza. Si tratta di una cosa indispensabile: consente loro di valutare le distanze, di rilevare la presenza delle prede, di evitare gli ostacoli e, in generale, di trovare la strada.

A detta dei cetologi, i sonar esterni sabotano questa bussola interna. E così succede che i cetacei finiscono proprio dove non volevano andare, ossia sulla battigia, un po' come se noi tappezzassimo le vie di cartelli stradali sbagliati. Il comportamento dei capodogli dimostra che il Surtass LFA (che, sia detto per inciso, è soltanto uno dei numerosi sistemi sonar utilizzati in tutto il mondo) disturba sensibilmente gli odontoceti, che si zittiscono subito a causa del frastuono. Noi avremmo una reazione analoga. Una conversazione raffinata non può proseguire se, nelle immediate vicinanze, qualcuno spara scariche di mitragliatrice.

Qui ci scontriamo col già citato problema della riduzione del tempo di adattamento. L'evoluzione ha bisogno di tempo per le ristrutturazioni e i cetacei non hanno avuto l'opportunità di abituare il loro udito alle nuove condizioni. Fino a poco tempo fa, le navi non erano rumorose, perché navigavano grazie alle vele. Oggi, il mare è occupato da mercantili, navi cisterna, cutter, traghetti, motoscafi e navi da crociera che utilizzano il sonar per la navigazione. Talvolta l'uomo costruisce, trivella e provoca esplosioni. Nel giro di pochi decenni, un idillio si è tramutato in un pandemonio. Come già accennato, l'uomo è l'unico che riesce a giocare qualche tiro mancino a Miss Evoluzione e a introdurre cambiamenti così rapidi da impedire alla signorina di stare al passo.

Abbiamo dunque individuato i principali responsabili degli spiaggiamenti?

Forse. Come però sanno alcuni ecologisti e ambientalisti, gli spiaggiamenti di massa sono già stati descritti secoli fa come un fenomeno ricorrente. Si è quindi sostenuto che i cetacei dispongono di una bussola biologica il cui funzionamento dipende dai composti del ferro presenti nel loro cervello e che consente l'orientamento sulla base del campo magnetico terrestre (perciò alcuni episodi potrebbero benissimo essere conseguenza d'interpretazioni errate dei magneti). Si è altresì ipotizzato che i grandi gruppi di cetacei tendano all'isteria di massa, proprio come le persone che si calpestano a morte tentando di fuggire da una sala in fiamme; che molti degli animali spiaggiati seguano semplicemente una guida sbagliata e all'improvviso non riescano più a proseguire; che gli esemplari ricondotti con tanta fatica nelle acque più profonde tornino subito a dirigersi verso la costa, anche se non c'è nessun sonar nei paraggi. Si è inoltre affermato che i cetacei riportano gravi lesioni interne a causa del rumore, ma che le emorragie cerebrali e dell'orecchio interno rappresentano una percentuale minima, se si considera il numero complessivo di animali spiaggiati ogni anno. Si è infine sostenuto che da molti decenni non si notano variazioni nel rapporto tra il numero totale di esemplari e quello degli individui spiaggiati. La proporzione dovrebbe essere: più cetacei, più spiaggiamenti; meno cetacei, meno spiaggiamenti. Cinico? Può darsi. Se dobbiamo credere ai dati del National History Museum di Londra, l'aumento degli animali morti sulla terraferma indica che, nel complesso, la popolazione è in lieve aumento.

È tuttora difficile dimostrare fino a che punto le attività umane sono responsabili della morte dei cetacei. Forse è questa la ragione per cui molti attivisti continuano a indicare come fattore di rischio primario le reti dei pescatori. Semplicemente perché questa è l'unica prova inconfutabile. Un animale che rimane intrappolato in una rete non può essere morto di bronchite.

C'è un'altra affermazione che non piace agli amici dei cetacei: i loro beniamini non sono affatto bonari e pacifici come l'orca Willy e Flipper, l'esuberante amico dei bambini. Alla fine degli anni '90, in un'insenatura scozzese poco distante da Inverness, si sono spiaggiati quaranta focenidi in condizioni tutt'altro che buone: lacerazioni epatiche, fratture craniche, costole rotte, vertebre spaccate, ferite aperte. La colpa è stata attribuita alle solite cause: centrali sottomarine, eliche di navi, pescatori privi di scrupoli e così via. Sono stati accusati tutti tranne i veri responsabili: le focene.

Dopo essersi insediato nella medesima insenatura, un gruppo numeroso di quegli animali aveva semplicemente ammazzato i cugini più piccoli. Naturalmente un'immagine da hooligan scozzesi non s'inserisce molto bene nell'universo positivo dei simpatici focenidi. Si è poi scoperto che, all'occorrenza, le focene uccidono persino i loro piccoli e che non sono gli unici cetacei assetati di sangue o che si divertono in maniera equivoca con altri abitanti del mare. Le orche, per esempio, vengono considerate delle giocherellone. Forse è per questo che amano acciuffare un piccolo leone marino, o un adolescente della stessa specie, e scagliarlo sopra le onde. Un altro esemplare prende al volo il simpatico compagno di giochi, lo fa vorticare e lo passa a un terzo partecipante. In alcuni casi, la vittima sconcertata riporta varie ferite e spesso viene dilaniata in aria. Il che non significa necessariamente che poi gli altri la mangino. L'essenziale è che il buonumore abbia trovato una valvola di sfogo.

E i cetacei intonano: « Nessuno c'impedirà di giocare! »

Come sarebbe a dire? Il delfino, un omicida? Impossibile! Comportamento disturbato, conclude la diagnosi frettolosa, ovviamente a causa degli interventi umani. La realtà è diversa. Le orche che cacciano i leoni marini al largo della costa peruviana si esibiscono in acrobazie analoghe con le loro prede, e sappiamo che lo fanno da secoli. E che cosa fa, di grazia, il gatto col topo? Quanti topi sono morti nonostante la Convenzione di Ginevra?

Impopolari sono anche i cacciatori di balene che non rientrano nello schema del bambino cattivo. È facile condannare i norvegesi e i giapponesi. Ma come dobbiamo comportarci con gli aborigeni, gli indiani canadesi e gli inuit dell'estremo Nord, che reclamano il diritto di cacciare questi animali per soddisfare le loro esigenze? E non perché una simile attività appartenga alla loro tradizione, bensì perché i cetacei procurano carne e soldi? La coerenza imporrebbe un altro divieto. Ma, in quel caso, l'arroganza dei più forti raggiungerebbe il suo culmine temporaneo: proprio le nazioni che hanno spinto i cetacei sull'orlo dell'estinzione per considerazioni puramente economiche cercano di proteggere gli ultimi due o tre esemplari da coloro da cui non è mai stato necessario proteggerli. È legittimo domandarsi se gli indiani canadesi Nootka (grandi cacciatori per tradizione, che nel 1920 hanno abbandonato spontaneamente la caccia e nel 1995 ne hanno ottenuto la ripresa, accettando una quota limite) debbano per forza mangiare carne di balena. D'altro canto, i Nootka potrebbero rivolgere a noi lo stesso quesito, riferendosi alle aziende avicole europee. Ma gli inuit si troverebbero in grande difficoltà se non avessero il permesso di cacciare narvali, beluga e altri mammiferi marini, perché si cibano di questi animali.

Sia chiaro: qui non si tratta di sottovalutare gli influssi umani né di legittimare lo sterminio dei cetacei, bensì semplicemente di agire nella consapevolezza di ogni circostanza. Altrimenti si corre il rischio di fare di tutte le balene un fascio. Non serve a niente che gli avversari citino casi isolati a sostegno della loro posizione. Il comportamento responsabile comprende sia il rispetto per una specie sia la profonda conoscenza delle sue condizioni di vita, di tutti i fattori critici e di tutte le interazioni note. Soltanto chi conosce tutti gli elementi e preferisce il buonsenso a qualsiasi polemica può risolvere i problemi. Sono convinto che i cetacei la penserebbero allo stesso modo.

In questo senso: gulp!

Da cacciatori a prede

Che cosa sarebbe il Serengeti senza leoni?

« Un paradiso », rispondono le gazzelle in coro. Gli gnu, le zebre e le antilopi fanno loro eco: « Oh, sì, un vero paradiso ». Nemmeno i rinoceronti e gli ippopotami sarebbero infelici se il re abdicasse, perché anche i loro piccoli sono finiti tra le sue grinfie.

Nel Serengeti, i leoni, i ghepardi e i leopardi sono diminuiti drasticamente, ma continuano a regolare il numero degli ungulati. Questi ultimi soffrono tuttavia molto di più a causa delle trappole e degli altri trucchi meschini dei bracconieri. I gattoni fanno soltanto in modo che i vegetariani non si moltiplichino troppo e non causino grossi danni, ma cercate di convincere un ungulato che questi sono i suoi unici scopi.

« Ma no, non succederà nulla di tutto ciò », garantiscono le gazzelle. « Basta che togliate di mezzo quello stupido leone. »

Detto fatto. Il leone è sparito.

Gli gnu, le zebre, le giraffe e le gazzelle vanno fuori a pranzo per festeggiare. Brucano senza sosta e, siccome il marito si prende per la gola, si riproducono oltre misura. E dato che, ultimamente, non è più venuto nessuno a reclamare la sua porzione di ungulati, il loro numero raggiunge un livello vertiginoso. Anche i piccoli si nutrono di foglioline e di fili d'erba, finché non resta quasi più niente da mangiare. Pure altre specie di vegetali, infatti, hanno risentito dell'aumento incontrollato di quei ghiottoni. Alcune minacciano di scomparire e con loro importanti specie d'insetti, seguite dagli uccelli. Il Serengeti comincia a trasformarsi in una steppa.

Gli animali iniziano a chiedere a gran voce il rapido ritorno dei leoni. I rinoceronti cominciano a pensare che i gattoni non fossero poi così male. Senza dubbio sarà possibile scendere a un compromesso.

«Come no?» intervengono gli gnu, ironici. «Voi sarete risparmiati e noi verremo divorati, come sempre! Non se ne parla nemmeno.» Ma la loro opposizione ai piani dei rinoceronti è flebile, perché nel frattempo gli gnu si sono gravemente indeboliti e si sono avvicinati alla morte più di quanto non fosse accaduto all'epoca dei grandi predatori.

«Allora resta una sola cosa da fare», affermano i rinoceronti. «Dovete morire, e anche in grande quantità. Altrimenti andrà tutto a catafascio.»

«No, no, va bene. Dov'è il leone?»

Alla fine, tutti vogliono riavere i leoni.

«Spiacente, è impossibile. Ciò che sparisce non torna.»

Tutti assumono un'aria parecchio stizzita. «Come sarebbe a dire!? Niente più leoni?» Un coro di proteste. Non avevano immaginato che le cose sarebbero andate così. Altro che paradiso; da quando non c'è più nessuno a equilibrare le condizioni, la situazione è peggiorata.

Cambio di scena.

Shanghai. Il signor Huen sa cosa fare. È seduto nel suo ristorantino ed elenca una serie d'ingredienti: servono lardo e petto di pollo, zenzero affettato sottilissimo, cipollotti e un buon fondo di cottura di pesce o manzo. «La marinata per il pollo è importantissima», spiega. «Va preparata con sakè, aromi, albume e olio di arachidi, e la carne non deve riposarvi troppo né troppo poco. Mezz'ora al massimo, poi si aggiunge l'olio. A tavola bastano aceto, germogli di soia e cubetti di prosciutto magro.»

Ah, già, poi c'è l'ingrediente principale! «Naturalmente c'è una bella differenza tra usarlo fresco e usarlo essiccato», dice il signor Huen. «In quest'ultimo caso, occorre lasciarlo a mollo per tutta la notte e quindi cuocerlo a fuoco lento per due orette. Le cartilagini devono rompersi, senza però diventare troppo molli. Poi si getta via l'acqua e si passa alla fase successiva, durante la quale l'ingrediente si condensa in una specie di salsa per eliminare le ultime tracce del sapore di pesce. Ogni bravo cuoco ha la sua ricetta segreta.»

O, almeno, lui ha sempre fatto così se non disponeva di pinne di squalo fresche. La richiesta è elevata, perciò vengono spesso offerte essiccate. Il nostro amico sa che alcuni clienti non vanno più nel suo ristorante da quando ha eliminato le famose pinne di squalo dal menù e che la maggior parte dei buongustai lo guarda con schietta disapprovazione. Però ha anche visto come le pinne arrivano sul mercato e che cosa accade ai loro proprietari.

« In linea di massima, lo sanno tutti », dichiara. « Ma si può voltarsi dall'altra parte. »

Ha voluto saperne di più sul modo in cui gli squali perdono le pinne, e poi non è più riuscito a voltarsi dall'altra parte. Da quando ha visto un documentario degli animalisti cinesi, la sua zuppa non gli piace più, al punto che si lancia in accese discussioni coi suoi clienti e si rifiuta categoricamente di cucinare la zuppa di pinne di squalo.

« È sbagliato », osserva il simpatico ometto coi capelli neri a spazzola. « Mangiamo molte cose che non dovremmo mangiare per ragioni analoghe. Gli europei mangiano il fegato d'oca, i giapponesi il pesce tagliato vivo. Non credo che alle oche importi come viene ingrassato il loro fegato. Ma chi si può opporre a tutto ciò? La faccenda degli squali, invece... Prima o poi bisogna prendere posizione. »

Che cosa succede agli squali?

Siete di costituzione robusta? Bene. Allora immaginate di essere uno squalo e di vagare in mare aperto. All'improvviso, scorgete una prelibatezza, un bel pesce grosso, stranamente già tagliato a metà. Non v'interessa granché: avete fame, perciò ingoiate l'esca, perché è di questo che si tratta. Di colpo, vi ritrovate appesi a una lunga corda. Cominciate a dibattervi, però avete un amo infilato da qualche parte nella bocca. La fune, lunghissima e molto resistente, vi trascina, metro dopo metro. Cercando disperatamente di liberarvi, non fate altro che avvolgerla più volte intorno al corpo e sentite che vi penetra dolorosamente nella carne. Le forze vi vengono meno. Davanti ai vostri occhi cala l'oscurità. Poi vedete lo scafo di un'enorme nave. Un attimo dopo, qualcuno vi tira fuori dall'acqua. Salite sempre di più, quindi atterrate sul ponte. Un uomo vi estrae l'amo dalla mascella con uno strattone, lacerandovi il palato. Un altro guarda la scena, poi estrae un lungo coltello, vi solleva per la coda e vi trancia le pinne con alcuni colpi rapidi.

Infine vi ributta in mare.

Non siete morti, bensì soltanto mutilati e condannati a una fine atroce. Dovete sperare che qualcuno vi scorga il prima possibile e vi divori, ponendo così termine alle vostre sofferenze. Ma non accade, perciò affondate (perché non potete più nuotare né cacciare) e vi spegnete. Molto lentamente. Benvenuti nell'inferno degli squali.

Il metodo usato per privare gli squali di ciò che in Cina viene considerato una leccornia tradizionale si chiama *finning*. Non ci sono compleanni, anniversari e matrimoni cinesi senza zuppa di pinne di squalo. Gli esperti possono dimostrare che l'ingordigia ha spinto alcune specie sull'orlo dell'estinzione. Nonostante ciò, quei cosi cartilaginei vengono consumati in quantità sempre maggiori, e non solo dai cinesi. I ristoranti di tutto il mondo offrono questa specialità. Anche i cosiddetti europei e americani illuminati la mangiano e si domandano che cosa abbia di tanto speciale. In effetti, se si eliminano le spezie, quei brandelli sbiaditi non hanno un sapore particolare.

Persino Disney ha rischiato di rompersi le corna contro le pinne. Dopo l'arrivo nelle sale cinematografiche della spassosa fiaba sottomarina *Alla ricerca di Nemo*, in cui tre buffissimi squali fondano un circolo vegetariano, Greenpeace e il WWF hanno appreso che la zuppa di pinne di squalo sarebbe comparsa sul menù di alcuni ristoranti della futura Disneyland di Hong Kong. Interpellata, la Disney ha reagito con un goffo inchino alle tradizioni cinesi. La società voleva rendere omaggio ai padroni di casa; dopotutto la zuppa era il liquido nutritivo di un popolo che sapeva già banchettare quando il nostro rosicchiava ancora gli ossi... Un banchetto cinese senza zuppa di pinne di squalo era semplicemente inimmaginabile, ha dichiarato la Disney, nel mellifluo tentativo di cercare un'intesa tra popoli.

E ha ragione. Secondo i sondaggi condotti nelle metropoli cinesi, il 30-40 per cento degli abitanti più agiati consuma regolarmente la zuppa e giudica del tutto normale cacciare gli animali solo per via delle pinne. Soltanto quando gli attivisti hanno minacciato di organizzare una massiccia campagna di boicottaggio, la Disney ha deciso di eliminare quella tanto contestata pietanza dal menù. Come vedete, i grandi quesiti sulla caccia alle balene trovano una corrispondenza nella questione degli squali. Per molti l'interrogativo principale è: non si possono più mangiare pinne di squalo, anche se la tradizione lo impone?

Ma certo che si possono mangiare.

Gli unici problemi sono il modo in cui ci s'impossessa delle pinne e la quantità che s'intende immettere sul mercato. In Germania, per esempio, ci sarebbero veementi proteste se venisse fuori che qualcuno mozza ai buoi vivi la loro seconda parte migliore. Ma il brodo di coda di bue fatto in casa è una prelibatezza; inoltre i buoi non sono in via di estinzione per causa sua e, dopo essere stati mutilati, non vengono gettati nel burrone più vicino e lasciati lì a morire. No. Sono invece uccisi e sfruttati regolarmente, dalle corna allo scroto. E ciò che resta della coda finisce nel brodo.

Mentre tutti rovesciano la propria indignazione sui cinesi perché mangiano gli squali e fanno loro cose indicibili, i tedeschi addentano con gusto panini imbottiti di spinarolo affumicato; i francesi esclamano: « Oh-la-la! » davanti a una gattuccio cotto a puntino; i giapponesi hanno l'acquolina in bocca quando pensano a una succulenta bistecca di pesce spada. Il pesce spada è pesce spada in tutti i Paesi del mondo, e soltanto in Giappone si rivela, a un esame più attento, uno squalo martello. In realtà, lo spinarolo appartiene alla famiglia degli squalidi. Come si può rimproverare chi non lo sa? E anche se qualcuno lo sa, ma non immagina che gli squali corrano un grave rischio di estinzione, ha ben diritto di assecondare le proprie preferenze culinarie, no?

Si tratta di un comportamento diffuso. Gli inuit mangiano squalo della Groenlandia essiccato, che viene sottoposto a fermentazione (un sinonimo di putrefazione controllata) in Islanda. Come per tutti gli altri abitanti del pianeta, per gli squali vale la regola del mangiare e dell'essere mangiati. Gli animali fungono da nutrimento fondamentale e talvolta anche da ghiottoneria. Entrambe le cose vanno bene.

Ma poi c'è la perversione. E questa non va bene.

Purtroppo è molto comune, e non solo in Cina. Gli Stati Uniti, per esempio, hanno proibito legalmente il *finning*, ma importano le pinne e trovano molti compratori riconoscenti tra i loro abitanti di origine cinese. Ma in Spagna, dove il *finning* viene praticato, le pinne valgono oro. A gestire questo commercio disgustoso è un'autentica mafia, che vende la sua merce come i baroni colombiani fanno con la droga. Il fatto che possano pretendere prezzi salatissimi per il prodotto in questione non è dovuto soltanto alla sua fama di leccornia. Le cifre salgono anche perché il numero degli squali diminuisce. Questi animali sono oggetto di una caccia esagerata in tutto il mondo, e anche altri Paesi prendono parte tacitamente allo sterminio, intascando guadagni stratosferici per una pinna un po' insipida.

Una persecuzione di massa che è soprattutto indice di stupidità. Di questo passo, infatti, prima o poi non resterà più nemmeno uno squalo. Allora le sardine, i tonni, gli sgombri e le foche saranno contenti, finché qualcuno non racconterà loro la storia degli ungulati e dei leoni. E ancora una volta sarà troppo tardi per riportare indietro le lancette dell'orologio.

Il paragone col Serengeti è evidente. Gli squali sono i leoni e le tigri dei mari, una polizia sanitaria incaricata di togliere dalla circolazione i deboli e i malati e d'impedire che altre specie prendano il sopravvento. Svolgono la medesima funzione che, un tempo, avevano gli ittiosauri, i plesiosauri, i mosasauri o i basilosauri. Il loro numero è sempre molto inferiore a quello delle loro prede, una legge non scritta della natura: più piccoli sono gli esseri viventi e più numerosa è la loro popolazione. La specie successiva in ordine di grandezza deve necessariamente essere in minoranza, perché ogni singolo esemplare è costretto a mangiare decine e centinaia di piccole creature per sopravvivere. Queste ultime devono inoltre salvarsi in quantità sufficiente per mettere al mondo le nuove generazioni. È un principio già illustrato nel capitolo sul plancton e che adesso prosegue verso l'alto, producendo gerarchie di sfruttamento al cui vertice compaiono i re (ora leoni e tigri, ora squali). Senza sovrano, lo Stato si sfascia, e le altre forme sociali non si sono ancora dimostrate efficaci tra gli animali. Persino George W. Bush sarebbe restio a ingaggiare una guerra contro gli squali finalizzata a imporre loro la democrazia.

Se si desidera schematizzare la vita marina, occorre procurarsi uno schermo immenso, e anche in quel caso sarebbe impossibile rappresentare tutte le specie (senza contare che, alla ventesima specie di oloturia, ci si annoierebbe mortalmente). Mi scuso pertanto con tutti gli abitanti del mare il cui ruolo, certamente straordinario, non viene illustrato a dovere in queste pagine. Nel libro non ci sono capitoli sul pesce drago o sulla torpedine marezzata, per esempio. Ma anche la natica millepunti viene menzionata qui per la prima e ultima volta. Gli squali sono tuttavia una delle forme di vita che plasmano in modo decisivo il panorama generale. Senza di loro, la struttura ecologica degli oceani crollerebbe. Dobbiamo pertanto apprezzarli e proteggerli. «Purtroppo», osserva Gerhard Wegner, presidente dell'organizzazione internazionale SharkProject per la protezione degli squali, «è difficile suscitare l'entusiasmo delle persone verso qualcosa di cui hanno paura.»

L'unico modo per sconfiggere i timori è, secondo Wegner, conoscere meglio gli animali. Di seguito fornirò pertanto qualche informazione.

I grandi squali che si cibano di plancton sono lo squalo elefante, il *megamouth*, ma soprattutto lo squalo balena, che, con la sua lunghezza massima di 14 metri, è il pesce più grande del mondo. Gli squali balena sono così belli da togliere il fiato, con una schiena grigiazzurra (talvolta azzurrognola) attraversata da strisce chiare e addirittura punteggiata di bianco. Una cosa da far invidia ai designer meglio pagati del mondo. La bocca è enorme. Come le balene, gli squali balena possono nuotare per ore in superficie per divorare nugoli di plancton. Sono molto pacifici, proprio com'è docile lo squalo elefante, che, essendo lungo fino a 10 metri, è il secondo pesce più grande del mondo. Gli uomini non hanno dunque nulla da temere da queste due creature dalla bocca gigantesca e nemmeno dalla maggior parte degli altri squali.

Si dice che tutti gli squali debbano nuotare senza sosta per sopravvivere, altrimenti affonderebbero e soffocherebbero.

Sbagliato. È corretto invece dire che gli squali non possiedono una vescica natatoria capace di garantire loro il galleggiamento e che compensano solo in certa misura questa mancanza col loro fegato ricco d'olio. Talvolta vediamo alcune specie di squali schiacciare un pisolino sul fondo sabbioso. Si mormora che si adagino nella corrente con la bocca aperta perché, a differenza dei pesci ossei, non hanno opercoli branchiali, bensì soltanto fessure branchiali. Nei pesci ossei, gli opercoli branchiali pompano l'acqua autonomamente. Lo squalo apre la bocca, chiudendo così le sue fessure e aspirando l'acqua. Se chiude la bocca, le fessure si riaprono e l'acqua fuoriesce. La sua respirazione tuttavia non funziona come quella degli altri pesci.

E c'è qualcos'altro che lo differenzia da quasi tutti gli altri pesci: non ha le ossa. Ciò si ripercuote sulla già citata mancanza di fossili. Restano soltanto denti e brandelli di pelle. In sostanza, gli squali sono formati soltanto da muscoli e cartilagini, cosa che, in compenso, permette loro di nuotare con rapidità e agilità. I più veloci, gli squali mako, arrivano a 80 chilometri orari, e gli squali bianchi a 60.

Da molti punti di vista, gli squali sono esseri sorprendenti che la ricerca riscopre di continuo. Nemmeno la Ferrari potrebbe progettare un corpo più elegante del loro. Grazie alla loro perfetta forma idrodinamica, nuotano col massimo risparmio di energia, il che si deve anche alla loro pelle singolare, di cui abbiamo già parlato. È ricoperta da minuscole scaglie simili a denti che si sovrappongono e trasformano l'animale in una sorta di abrasivo vivente. È dunque sconsigliabile sfregarsi contro uno squalo. Queste scaglie poi si modificano a mano a mano che ci si avvicina alla bocca.

È vero, alcuni squali mordono anche gli uomini. Sarebbe assurdo sottovalutarlo. Ma la probabilità di vincere la lotteria per due volte di seguito è elevata quanto il rischio di finire nella bocca di uno squalo. Anche in tal caso, poi, non è detto che moriate o che perdiate un paio di chili. Delle circa 100 aggressioni annuali, meno di 10 hanno un esito mortale. A mordere l'uomo sono gli squali mako, gli squali limone, i pesci martello e gli squali seta. Si registrano inoltre dei decessi in seguito alle aggressioni degli squali bianchi, dei pinna bianca oceanici e degli squali leuca. Gli squali tigre sono particolarmente propensi alle amputazioni lampo. Non perché siano più aggressivi di altri squali, ma perché hanno i denti più robusti. Ecco perché li affondano in qualunque cosa si muova. Anche negli uomini.

Ce ne domandiamo il motivo? Lo squalo è forse crudele perché mangia l'uomo? L'uomo è forse crudele perché mangia l'ostrica? Lo squalo si rende conto della sofferenza della sua vittima quando quest'ultima urla? Oppure considera le grida come una dimostrazione gradita della freschezza della merce, proprio come facciamo noi con le contrazioni dell'ostrica quando la spruzziamo di succo di limone?

Niente di tutto ciò.

Gli squali – e questo è fuor di dubbio – non sono più crudeli di una noce di cocco che vi cade in testa. Non agiscono di proposito. Il loro obiettivo è la sopravvivenza e, per raggiungerlo, devono mangiare. Non disponendo di mezzi tecnici né della disposizione genetica necessari per addormentare dolcemente la loro preda e poi consumarne educatamente le porzioni, affondano i denti nella vita guizzante.

In secondo luogo, l'uomo non rientra fra le loro prede favorite. È un fatto risaputo, ma viene confutato di continuo, citando nuotatori divorati e surfisti rosicchiati. Ipotizziamo pertanto che gli squali apprezzino fondamentalmente la carne umana. Che cosa succederebbe sulle nostre spiagge? Giusto: un bel niente. Sarebbero quasi estinti, perché tutti i nuotatori avrebbero paura di finire la loro vita disciolti dai succhi gastrici. Anche la tesi secondo cui non ci sono poi così tanti squali vicino alla riva è del tutto errata. In ogni caso, tutti gli squali che, com'è stato dimostrato, si aggirano davanti alle coste dei paradisi turistici mieterebbero molte più vittime. Inoltre, se fossimo davvero nel loro menù, il loro numero si decuplicherebbe in breve tempo. Ciascun predatore tende a fermarsi dove trova le sue prede preferite. Uno squalo che non si gettasse subito sulla pappa succulenta coi suoi denti affilati sarebbe tonto.

In questo contesto, occorre correggere un'altra idea sbagliata, quella del cacciatore solitario. Certo, alcuni squali (i grandi squali bianchi, per esempio) non amano la compagnia, ma molti si presentano in folti gruppi. *Blue Planet*, il documentario della BBC, mostra immagini di pesci martello che attraversano a centinaia le acque vicine alla superficie. Se gli uomini suscitassero anche solo un minimo interesse negli squali, le nostre spiagge ricorderebbero quanto scritto in *Esodo* 7,20: «Tutte le acque che erano nel Nilo si mutarono in sangue».

Non sappiamo ancora con certezza assoluta perché gli squali mordono l'uomo, anche se una teoria ha incontrato particolare favore: gli squali scambierebbero i nuotatori per foche. Niente male... Ma un nuotatore che si staglia contro la superficie dell'acqua può somigliare davvero così tanto a una foca che si dimena? Gli squali possiedono sensi portentosi, ma tra questi non si annovera la vista: i loro cristallini hanno un potere risolutivo modesto, benché siano sensibilissimi alla luce. Ancora più stupefacente è il loro udito: l'orecchio interno non si limita a tenere lo squalo in equilibrio, ma gli permette di localizzare le prede nello spazio. E l'attacco ha luogo con efficienza tanto maggiore quanto più è bassa la frequenza del segnale emesso. Più basso è, meglio è, insomma. Gli squali sentono tra i 100 e gli 800 hertz e la melodia delle vibrazioni, quando un animale ferito si agita, oscilla tra i 100 e i 120 hertz. Una frequenza che gli squali percepiscono e localizzano a una distanza di ben 250 chilometri. Se avessero orecchie vere e proprie, forse gli squali avrebbero un'aria stupida; fatto sta che hanno solo due minuscoli pori collocati sul lato superiore della testa, da cui si dipartono stretti canali uditivi. Grazie alla struttura di questi canali, gli squali riescono a trasformare in coordinate spaziali qualunque segnale ricevano e dunque sanno con precisione dove dirigersi.

Però il mare non è un supermercato con la merce tutta bella impacchettata. Chi vuole saziarsi deve cogliere ogni occasione ed esplorare ogni rumore. Se un'ancora sferraglia da qualche parte negli abissi, gli squali arrivano. Un sub che spezza un ramo di corallo può, con quel lievissimo schiocco, suscitare l'interesse di uno squalo. L'animale si avvicinerà, scruterà il profanatore ambientale e lo ignorerà, purché quest'ultimo mantenga la calma. Anche un surfista fa rumore. Uno squalo bianco che nuota sotto di lui distinguerà, contro una superficie scintillante, un contorno più o meno sfocato che produce un mormorio. La tavola sbatte contro le onde, le braccia e le gambe provocano vibrazioni irregolari mentre l'uomo pagaia. Dato che le frequenze irregolari sono tipiche degli animali feriti, lo squalo si accosta per capire con chi ha a che fare. Poi intravede qualcosa che presenta una somiglianza sospetta con una foca... e sappiamo tutti come va a finire.

Ma lo sappiamo davvero? Gerhard Wegner voleva scoprire che cosa sarebbe accaduto in una situazione simile. Diffidando della teoria dello «scambio di persona», lui e il dottor Erich Ritter, un esperto di squali svizzero, hanno effettuato nel 2004 una serie di spettacolari esperimenti coi robot in mare aperto. Le braccia e le gambe telecomandate su una tavola da surf galleggiante avrebbero rivelato se una silhouette in movimento invogliava gli squali ad attaccare. La seconda macchina, costruita appositamente per l'esperimento, era invece un baule galleggiante stabile che emetteva frequenze varie, versi di foca e quant'altro. C'era infine un'esca per stuzzicare l'appetito degli squali, e in parte sono scesi in acqua anche Erich Ritter e Gerhard Wegner (con «in parte» intendo «temporaneamente». I due ricercatori si sono immersi tutti interi e sono usciti tutti interi).

Il documentario dell'esperimento dimostra che la teoria dello «scambio di persona» è insostenibile. Le silhouette non interessano quasi per nulla gli squali bianchi. È stata necessaria l'esca affinché si degnassero di lanciare un'occhiata al marchingegno. Non appena il finto surfista si è mosso, gli animali si sono dimostrati più curiosi; hanno spinto cautamente la tavola col naso, hanno sfiorato un braccio e una gamba, però non hanno morso niente, perdendo inoltre interesse di lì a poco.

L'interesse invece è cresciuto quando il baule ha iniziato a emettere suoni. All'improvviso gli squali erano tutti orecchie. Ritter e Wegner hanno modificato più volte le frequenze; ma sono state soprattutto le melodie vibrazionali caotiche a indurre infine gli squali a sferrare morsi palatini all'oggetto (si definisce «palatino» un morso prudente che non procura alla vittima danni degni di nota, essendo mirato a stabilire se la vittima in questione è appetitosa), lasciando in pace il robot che si agitava lì accanto. Il finto surfista ha fatto il possibile per persuadere uno degli animali a giocare con lui, però il baule ha stravinto, e quasi tutti gli squali l'hanno morso per vedere se fosse buono.

Wegner e Ritter sono così riusciti a dimostrare che gli squali reagiscono soprattutto ai suoni, i quali spingono gli animali ad aggredire un baule quadrato che non presenta la benché minima somiglianza con un essere vivente, ma emette rumori interessanti. Le silhouette e i movimenti visibili non svolgono nessun ruolo. Quando, alla fine, lo squalo morde, lo fa per assaggiare la vittima oppure per indebolirla, divorandone un pezzetto. Quasi tutti i racconti sulle aggressioni degli squali descrivono un attacco fulmineo, seguito da una rapida ritirata. Lo squalo s'immerge e aspetta di vedere che cosa succede. Chi ha visto le zanne di un tricheco adulto immagina cosa possano fare. Anche il dente del narvalo, simile a una spada, è un'arma temibile. Gli squali non sono vigliacchi, però sono estremamente prudenti. Se la preda si dimostra gustosa, attendono che il morso faccia effetto prima di farsi avanti di nuovo... e stavolta col tovagliolo legato intorno al collo.

Molti dei surfisti aggrediti sono sopravvissuti, per lo più incolumi. Gli squali non danno importanza ai cappelli da cuoco e alle stelle Michelin, ma a chi piacciono le tavole da surf? Quando l'uomo subisce danni, entrano tuttavia in gioco altri fattori. Per esempio, si sono verificati incidenti nelle foci dei fiumi che trasportavano verso il mare grandi quantità di plancton d'acqua dolce. Queste regioni sono naturalmente molto ricche di pesci e vi compaiono anche molti squali che, nella foga della caccia, addentano per sbaglio una tavola da surf, lasciandola però andare subito. Talvolta, nelle acque ricche di sostanze nutritive, ci si vede così male che lo squalo deve fare affidamento solo sull'udito: una sorta di degustazione alla cieca, insomma. Il fatto che gli squali ci vedano poco non è dunque un errore della natura, bensì una conseguenza logica del loro stile di vita. Molti sono anche cacciatori notturni, un altro caso in cui la vista non ha nessuna funzione. Il cristallino dello squalo garantisce una risoluzione passabile soltanto da vicino; se l'animale vuole affidarsi agli occhi, deve pertanto accostarsi.

Ciò conduce a un comportamento che soprattutto i sub interpretano spesso in modo errato. Alle Maldive, ho avuto il piacere d'immergermi fino al Lions Head, una scogliera sottomarina dove vivono vari squali del reef. Gli squali delle Maldive si possono guardare in faccia senza particolare preoccupazione. Nel loro ambiente naturale trovano così tanto cibo che dovrebbero essere pazzi per aggredire l'uomo. Fra quegli atolli protetti è probabile incontrare anche squali pinna nera, squali pinna bianca e squali grigi di scogliera, tutti considerati innocui. Prima dell'incontro, tuttavia, ci si chiede con una certa ansia se anche lo squalo sia consapevole di essere innocuo. Ed era proprio questa la domanda che mi tormentava mentre ero sulla barca. Avevo appena preso il brevetto di sub, ero sceso fino a 40 metri di profondità e avevo portato a termine il consueto training. Avevo per esempio imparato a togliermi e a rimettermi l'attrezzatura sott'acqua e a adottare le misure idonee per il salvataggio di un compagno ferito. Avevo fatto più volte la conoscenza delle murene e ne avevo accarezzata una sotto il mento. Avevo incontrato due volte anche dei piccoli squali pinna nera, che mi erano passati davanti senza salutarmi. Ma quella volta era diverso; cercavo il contatto diretto. E, devo ammetterlo, poco prima che ci buttassimo all'indietro tra le onde ho dubitato della mia salute mentale.

Ma subito dopo è accaduto qualcosa di eccezionale. Una volta immersi, dimenticate qualsiasi timore. Siete ospiti di un mondo insolito e affascinante, che non è stato creato per avventarsi contro i visitatori curiosi provenienti da una metropoli: potete venire ignorati o annusati. Se non commettete errori stupidi (o se non siete particolarmente scalognati), nessuno vi mangerà. Certo, c'è sempre un margine di rischio. Ma fare jogging la domenica nel parco quando il signor Rossi porta fuori il suo pitbull è sicuramente di gran lunga più pericoloso.

Sott'acqua cambia tutto.

Fino a poco prima guardavate una superficie ondeggiante e così buia da sembrare minacciosa. All'improvviso fluttuate in un cosmo di luce. Più che vedere la struttura della scogliera, la intuite. Scende ripida verso gli abissi, ma offre precisi punti d'appoggio con la sua caratteristica testa di leone (una formazione rocciosa molto sporgente) e le sue terrazze d'osservazione naturali. Dapprima non si scorge nessuno squalo, anzi nessun animale. Soltanto raggi di sole simili a lame di luce. Poi, a poco a poco, i dettagli diventano nitidi, mentre la superficie si trasforma in un gioco di macchie simili a fuochi fatui. È questo l'aspetto delle immersioni che mi ha sempre affascinato: la rapidità con cui ambienti familiari sfumano nell'irreale. Dopo aver raggiunto la scogliera, vi ritrovate in una nuova realtà. È quello che è capitato anche a me sul Lions Head allorché la sua struttura frastagliata ha preso forma. E sono tornato nella metropoli. D'un tratto eccoli lì, i banchi di azzannatori e i pesci fucilieri, i magnifici pesci pappagallo e i pesci balestra, i serranidi che viaggiano con la calma di massicce limousine, i gruppi nebulosi di pesci vetro dai bagliori blu, le goffe canocchie, le seppie e i grugnitori. L'acqua in continuo movimento intorno al Lions Head è ideale per gli squali. Dopo essere scesi a 20 metri di profondità, abbiamo preso posizione su una delle terrazze e abbiamo aspettato.

E loro sono arrivati.

Non so quanti esemplari abbiamo avvistato quel giorno, ma credo che fossero tra i 10 e i 15, tutti squali grigi di scogliera lunghi da un metro e mezzo a 2 metri e mezzo. Pattugliavano le acque libere davanti alla parete e ostentavano indifferenza, pur essendosi accorti del nostro arrivo. Proprio mentre stavo pensando che non ci avrebbero degnato della loro attenzione, uno di loro si è staccato dal banco e si è diretto verso di noi. Poi, dopo aver girato intorno a una delle nostre guide, si è allontanato di nuovo. Il ghiaccio era stato rotto, e dunque gli altri squali hanno potuto soddisfare la loro curiosità. Si sono avvicinati, l'uno dopo l'altro, disegnando i loro cerchi, e ci hanno studiato per poi tornare a dedicarsi ad altre occupazioni. Eravamo solo in quattro. Un bel vantaggio. Ho visto il mio ultimo squalo al largo di Cozumel nel 1998, mentre tagliava la corda di fronte a un plotone di cinquanta sub giapponesi. Invece a noi gli animali hanno concesso visite sempre più frequenti. Dopo il disorientamento iniziale, si comincia ad aspettare con impazienza il contatto successivo. Non ho mai avuto la sensazione di trovarmi in pericolo. Sono stato invece oggetto della grande curiosità che gli esseri intelligenti dimostrano allorché qualcuno si avventura nel loro biotopo. Gli squali ci hanno fatto capire che ci avrebbero tollerato purché rispettassimo il loro territorio.

È comprensibile sentirsi minacciati quando un predatore inizia a girarci intorno. In realtà, gli squali lo fanno perché hanno gli occhi sui lati della testa. A causa della loro debolezza visiva devono avvicinarsi molto all'oggetto della loro curiosità. Con una nuotata tutt'intorno, sanno che aspetto ha l'altro. Questa procedura non serve tanto a stabilire se il nuovo arrivato sia una preda idonea quanto a esternare un interesse sincero. I sub dilettanti interpretano tuttavia questi tentativi di avvicinamento come tentativi di aggressione. Se così fosse, qualunque cane vi si avvicini per annusarvi sarebbe animato da intenzioni analoghe. Si tratta invece di un rapido: «Chi sei?» Talvolta può capitare che lo squalo vi spinga un po' col naso. Un piccolo consiglio: non ricambiate. Non siete su un campo di calcio. Consideratelo una specie di pacca sulla spalla e la vostra immersione sarà indimenticabile.

Per il resto, ricordate che pure questi animali possono spaventarsi. Gli squali di Port Jackson, per esempio, vivono sul fondo e amano trattenersi nelle acque basse. Di tanto in tanto è inevitabile pestare loro le pinne. Nella maggior parte dei casi, l'animale fugge, ma alcuni mordono... e si accontentano di un morso superficiale che significa: «Fin qui e non oltre». Poi ci sono casi in cui i giovani si cimentano in prove di coraggio, tirando gli squali per la coda e, per tutta risposta, ricevono un colpo vigoroso con la coda stessa. Nemmeno il grosso ma innocuo squalo nutrice lo assesta tanto per divertirsi. E ha tutte le ragioni del mondo. Vi piacerebbe, signori miei, che un estraneo vi afferrasse l'uccello in pubblico?

Ma gli squali non mordono subito, neppure quando si sentono molto infastiditi: prima lanciano un avvertimento. Lo squalo grigio di scogliera, per esempio, si comporta come un qualsiasi gatto: inarca la schiena, abbassa le pinne pettorali e solleva la testa. Se l'avversario non reagisce, inizia a vibrare vigorosi colpi di coda oppure mostra il fianco e soltanto allora attacca, scagliandosi contro l'imprudente o cercando di addentarlo. E si accontenta quasi sempre del cosiddetto *open mouth slash*, un colpo della mascella superiore finalizzato a cacciare l'intruso. A proposito: secondo le statistiche sui morsi, il miglior amico dell'uomo è assai meno amichevole dello squalo bianco.

Così la vera immagine di questi cacciatori assume finalmente contorni più definiti. La maggior parte della gente continua però a considerarli dei killer. Persino pionieri della ricerca marina come Jacques-Yves Cousteau hanno contribuito a consolidare questa idea negativa. Cousteau aveva una gran paura degli squali e incontrava questi «assassini» solo nella gabbia sottomarina. Tuttavia, già nel 1962, il chirurgo australiano Victor Coppleson ha enunciato una teoria molto interessante, secondo la quale soltanto gli squali malati di mente aggrediscono l'uomo. In effetti, nel regno animale, esistono alcune forme di malattia mentale che vanno dai lievi disturbi comportamentali alla follia vera e propria. Secondo la *rogue shark theory* (la «teoria dello squalo canaglia») di Coppleson, gli squali mangiatori di uomini sono roba da manicomio: pazzi che, nella loro paranoia, attaccano qualunque cosa giudichino minacciosa.

Dobbiamo la prima smentita seria sul comportamento assassino degli squali a due austriaci. Il biologo Hans Hass e l'etologo Irenäus Eibl-Eibesfeldt sono stati i primi a uscire dalla gabbia protettiva e a presentarsi ai grandi squali bianchi nelle acque libere, armati soltanto di un bastone. Hanno evitato anche di dare agli animali scarti di pesce sanguinolenti, come avevano fatto i collaboratori di Cousteau per ottenere scioccanti riprese di macchine di morte impazzite. Dar da mangiare agli squali è una faccenda delicata. Funziona per attirarli al largo, però modifica il comportamento naturale. Immaginate che qualcuno voglia studiare il vostro comportamento gettandovi leccornie per la strada e non avrete difficoltà a capire che, in una situazione analoga, gli squali si fanno prendere da una sorta di frenesia alimentare... ma rammentate pure che l'appetito vien mangiando. In molti paradisi delle immersioni, questi animali vengono nutriti alla presenza dei turisti. Emozionante, certo. Negli anni '80, questa pratica era all'ordine del giorno anche sul Lions Head. Molte guide ci andavano caute; alcune cercavano addirittura di sorprendere gli spettatori con ambigui giochi di abilità, infilandosi pesci morti tra i denti e incoraggiando lo squalo a addentarli. *Zac!* E il naso non c'è più. Non possiamo rimproverare il predatore: l'avevano invitato a pranzo. Il fatto grave è che gli animali imparano a stabilire un legame tra l'uomo e il cibo. Si dice che le tigri indiane non siano pericolose per l'uomo a meno che non ne abbiano già divorato uno, perché, in tal caso, possono averci fatto l'abitudine. Lo stesso vale per gli squali. Le scorpacciate sottomarine, che finiscono con la perdita delle estremità dell'offerente soprattutto per un errore di misurazione, possono mettere in mente agli squali idee balzane. Nel suo libro *Wie Haie wirklich sind* [Come sono veramente gli squali], Hans Hass afferma che gli abitanti di Belladonna, una delle isole Salomone, non temono questi animali perché i predatori non attaccano l'uomo. Al largo dell'isola di Guadalcanal, pochi chilometri più in là, i nuotatori corrono invece dei rischi notevoli. E questo perché, durante la seconda guerra mondiale, in quel luogo era avvenuta una battaglia, durante la quale numerosi soldati morti e sanguinanti erano caduti in mare. Da quel momento in poi, gli squali dei dintorni hanno modificato le loro abitudini alimentari.

È possibile scoprire molto di più su questi animali senza cruente manovre di richiamo e le informazioni raccolte sono quasi sempre sorprendenti. Per quanto sembri incredibile, i grandi squali bianchi si sono rivelati veri giocherelloni. Con loro si va davvero d'accordo. Ma se, dopo una breve chiacchierata, uno di questi squali v'invita a pranzo, siate prudenti e chiedetegli che cosa intenda *davvero*.

Molti elementi indicano tuttavia che gli squali non amano la carne umana. D'altro canto, sappiamo che chi ha fame non può permettersi di fare lo schizzinoso. Con tutta la buona volontà, non si può affermare che gli squali abbiano un sapore gradevole, perché contengono ammoniaca ed emanano odori poco allettanti, eppure noi li mangiamo. Gli islandesi, per esempio, ricorrono ad antiche ricette per rendere più o meno commestibile lo squalo della Groenlandia. Lo lasciano marcire all'aria per alcune settimane, quindi lo imballano in casse o lo interrano e infine lo essiccano all'aperto. L'*hákarl*, come viene chiamata questa specialità nei migliori ristoranti di Reykjavík, è il risultato di una fermentazione controllata, un po' come il *raskfisk* norvegese. Le malelingue sostengono che gli islandesi mangiano l'*hákarl* soltanto come pretesto per ingollare grandi quantità di grappa *brennivin*. Non credo sia vero. Non ho mai assaggiato l'*hákarl*, però ho mangiato il *raskfisk*. Alcuni dei miei migliori amici sono norvegesi e, grazie a loro, so con certezza che non hanno bisogno di alibi per scolarsi una bottiglia di acquavite. Sopporterebbero meravigliosamente quel pesce putrefatto anche senza annacquarlo. Un tedesco coraggioso continuerebbe invece a ruttare come se il *raskfisk* volesse tornare in mare, quindi non può far altro che attaccarsi alla bottiglia.

Certo è che gli uomini mangiano gli squali più spesso di quanto gli squali non mangino gli uomini. Per non essere accusato di minimizzare la situazione, ammetterò che pure tra gli squali s'incontrano alcuni islandesi e norvegesi, ossia esemplari che trovano appetitosi gli uomini. Vi assicuro però che sono una minoranza. Forse perché non hanno una buona acquavite con cui annaffiare il pasto. Ma sicuramente perché il senso del gusto dice loro subito che cos'è commestibile e che cosa non lo è. Il loro olfatto è assai sviluppato. Ricordate i movimenti oscillanti della testa del megalodonte che seguiva minuscole tracce odorose? Gli squali moderni non sono da meno. C'è un unico animale marino dotato di un nasino più sensibile. All'anguilla basta una molecola odorosa su 2,9 trilioni di molecole d'acqua per trovare la strada. I vagabondaggi delle anguille sono uno dei fenomeni più stupefacenti del regno animale. Quelle lunghe creature devono soprattutto al loro olfatto fenomenale la capacità di attraversare gli oceani e di trovare la foce di un determinato fiume.

L'apparato sensoriale dello squalo è coronato dalle cosiddette «ampolle di Lorenzini». Questi particolari pori sulla testa e sulla bocca meritano un esame più attento, perché consentono agli animali d'individuare persino i campi elettrici più deboli. Le ampolle furono scoperte dal medico italiano Stefano Lorenzini, che le citò per la prima volta nella sua opera *Osservazioni intorno alle torpedini* (parenti strette degli squali), pubblicata nel 1678. Poco sotto la pelle dell'animale si distribuiscono minuscole vescicole, collegate alle aperture dei pori tramite canali sottili come capelli. I canali e le vescicole sono pieni di gelatina conduttrice che trasporta fino al cervello anche una tensione di 0,01 microvolt. Ogni organismo è circondato da un campo elettrico ed emana impulsi. Anche se un animale si nasconde tra gli spuntoni di corallo o sotto la sabbia, i suoi campi elettrici lo tradiscono. Pare che le ampolle permettano allo squalo anche d'intuire lo stato d'animo di un altro essere vivente. Erich Ritter ha appurato che i grandi squali bianchi reagiscono diversamente alla presenza dell'uomo a seconda della velocità del suo battito cardiaco. Oltre a essere una cattiva consigliera, la paura accelera la frequenza cardiaca, e il cuore è un orologio elettrico. Forse l'istinto di caccia degli squali si risveglia quando percepiscono un battito cardiaco impazzito. Per saperne di più, Ritter è arrivato al punto di cadere in trance sott'acqua e di ridurre drasticamente la sua frequenza cardiaca. Pareva che gli animali fossero incuriositi. Hanno cercato il contatto diretto, ma senza aggressività. Alla fine, Ritter ha afferrato la caratteristica pinna dorsale di uno squalo di 7 metri e si è fatto portare in giro.

Le ampolle hanno anche un'altra funzione. Nella vita degli squali, assolvono il compito di un sistema di navigazione. Infatti non misuriamo le intensità di campo solo negli organismi; pure le correnti marine trasportano elettricità e il campo magnetico terrestre altro non è che una mappa elettrica. Si è inoltre constatato che le ampolle sono estremamente sensibili alle variazioni di temperatura fino a un millesimo di grado. È così che gli squali trovano luoghi lontanissimi di riproduzione e terreni di caccia proficui.

Come vive uno squalo? Non può mica mangiare in continuazione... Per lungo tempo gli studiosi li hanno ritenuti incapaci di un comportamento sociale marcato. Ma poi è emerso che questi animali si muovono all'interno di complesse strutture e gerarchie. Le dimensioni e l'esperienza svolgono dunque un ruolo decisivo nel gruppo. Gli esemplari grandi e forti dominano su quelli più piccoli, anche se l'etogramma degli squali presenta tratti molto differenziati. Gli etogrammi sono profili della personalità che forniscono informazioni sul punto in cui finisce il repertorio comportamentale ereditario di una specie e inizia il comportamento individuale, appreso autonomamente. Indicano inoltre dove si trovano i limiti del talento, ossia la soglia massima definitiva della capacità evolutiva intellettuale.

Il sangue, per esempio, viene considerato uno stimolo chiave per gli squali. Un pesce che perde molto sangue stuzzicherà il loro appetito, perché così è scritto nei loro geni. Il primo uomo in cui uno squalo s'imbatte mette però l'animale di fronte a sfide del tutto inedite. Non esiste una predisposizione genetica chiara per un simile contatto. Lo squalo aggiungerà pertanto un nuovo file nel suo hard disk. La domanda è fino a che punto sia in grado di elaborare gli stimoli per cui il suo istinto non ha risposte predefinite. A quanto sembra, i limiti del talento di alcuni squali sono abbastanza alti; in altri termini, questi animali sono capaci di reazioni differenziate e si contraddistinguono per una notevole capacità di elaborazione mentale. Alcuni ricercatori ritengono che sia possibile instaurare con gli squali rapporti di coesistenza amichevoli, e dunque confidenziali. In effetti, durante l'esperimento col robot surfista, Wegner e Ritter giocano con un imponente squalo bianco. Sono scene che si guardano a bocca aperta. L'esemplare si avvicina alla nave, allunga la testa fuori dall'acqua e Ritter gli accarezza il naso. Il gigante non è abituato, per cui si tira indietro, confuso, quindi si riavvicina quasi con timidezza e vuole essere accarezzato di nuovo. L'interazione continua per diversi minuti. Ho il piacere di comunicarvi che il dottor Ritter è ancora in possesso della sua mano. Possiamo soltanto fare congetture riguardo ai pensieri dello squalo. In ogni modo, le carezze non gli sono dispiaciute.

Gli squali sanno essere affettuosi anche tra loro. Sono molto romantici. Come nel caso delle balene, le femmine cercano lagune e insenature protette e dalla temperatura gradevole per deporvi le uova o partorire piccoli vivi (gli squali si riproducono diversamente a seconda della specie). I piccoli crescono lentamente, ma vengono abbandonati a se stessi molto presto. Diventano atti alla riproduzione solo dopo molti anni, un altro motivo per cui il *finning* e la caccia eccessiva di questi animali hanno effetti catastrofici.

Gli squali vengono decimati anche per altre ragioni. Il loro fegato, che è molto ricco di olio e di vitamina A, è utilizzato come lubrificante per gli impianti idraulici degli aerei e per la produzione di creme, profumi e medicinali. Si tratta ancora una volta di una prova di forza. Chi ha letto la biografia di Ernest Hemingway sa che *Il vecchio e il mare* racconta alcune esperienze dello stesso Hemingway legate alla pesca d'alto mare. Questo autore aveva la singolare dote di potersi trasformare da osservatore sensibile in macho a tutti i costi. Vedeva nello squalo l'avversario supremo per l'individuo e quindi l'uccisione del mostro era, per lui, una faccenda da uomini. Lo era al punto che, in caso di successo, essa assicurava al cacciatore uno status sociale superiore. Ecco perché lo squalo viene continuamente sfidato da nuovi pseudoeroi. I safari a caccia di squali, durante i quali grassi manager accompagnati dalle loro magrissime mogli gettano in mare lenze e pastura puzzolente, mietono ogni anno numerose vittime tra gli animali. I cosiddetti pescatori sportivi «cacciano» con proiettili esplosivi oppure lanciano in acqua granate non appena scorgono uno squalo. Un episodio avvenuto in Florida rivela le possibili conseguenze di questo atteggiamento: uno squalo bianco ha inghiottito la granata e ha nuotato fin sotto lo yacht del colpevole, dov'è esploso, aprendo una falla nello scafo della nave. I signori pescatori sportivi sono annegati. Ben gli sta!

Che gli squali siano, in fondo, molto cordiali? Certo che lo sono.

Attenzione, però!

Se vi è venuta voglia d'instaurare un contatto con loro durante la vostra prossima vacanza al mare, non venite poi da me con una gamba sotto un braccio, sostenendo che non vi avevo avvertito. La natura è e resta selvaggia. Non sareste mai così stupidi da tirare le orecchie a un dobermann, perciò non comportatevi da invadenti. Se non siete sicuri di cosa voglia lo squalo da voi, muovetevi il meno possibile. Nel dubbio, indietreggiate lentamente verso la scogliera. Gli squali non amano i luoghi angusti e frastagliati; in tal modo, inoltre, voi vi coprirete anche le spalle. Non portatevi mai appresso resti di pesce sanguinolenti o pesci infilzati, perché questi non fanno infuriare soltanto gli squali. All'improvviso potrebbero comparire anche dei barracuda, pronti ad avventarsi su di voi. Non agitatevi come forsennati, perché, agli occhi degli squali, è un comportamento tipico degli animali feriti. Se la situazione si fa critica, qualche urlo di solito basta a scacciare gli squali. Se invece doveste riuscire a colpire sugli occhi uno squalo bianco, o uno squalo tigre in procinto di aggredirvi, vi meraviglierete di scoprire con quanta rapidità un mostro lungo diversi metri si tramuta in uno smidollato, e potrete vantarvi all'infinito coi vostri amici.

Per premunirsi contro la pur rara eventualità di un'aggressione, è consigliabile procurarsi un bastone apposito. Alcune di queste armi lunghe quanto bastoni da passeggio sono dotate di un chiodo all'estremità, altri emanano impulsi elettrici. Gli squali detestano gli elettroshock, perché le loro ampolle di Lorenzini impazziscono. Il dispositivo di difesa antisqualo POD (Protective Oceanic Device) inonda il campo sensoriale degli animali d'impulsi caotici e produce crampi dolorosi.

Per il resto, buon divertimento!

Qualunque cosa facciate, non fidatevi tuttavia della guida locale che, al bar, cerca di prendervi per i fondelli raccontandovi che suo cognato ha ucciso uno squalo tigre col coltello. La leggenda del nobile selvaggio che squarta gli squali è una sciocchezza bella e buona. Nessuno lo sa meglio della popolazione locale, ma talvolta i turisti sono veri boccaloni.

Ogni anno, nel mondo, dieci uomini muoiono a causa degli squali. Ogni anno, 200 milioni di squali muoiono a causa degli uomini. Gli squali hanno bisogno del nostro interesse scevro da preconcetti, della nostra protezione. Su 470 specie note, 100 sono in pericolo, e alcune si sono ridotte a un decimo del loro numero originario. Si ritene che lo squalo bianco sia fortemente minacciato. Se facessimo strage di tutti gli squali, l'ecosistema marino crollerebbe nel giro di pochi anni. I mari morirebbero. E, se ciò accadesse, il nostro futuro non sarebbe dei più radiosi. Né lo sarebbe quello dei nostri figli, ammesso che un simile monito faccia effetto. È dunque arrivato il momento di controllare questa paura tutt'altro che fondata.

Potete iniziare anche in modo del tutto innocuo. Con l'hockey su ghiaccio. Una partita dei Kölner Haie (gli «Squali di Colonia») è sempre uno spettacolo cui vale la pena assistere.

L'impero dei lampadari a bracci

Scendiamo.

Gli squali vivono anche là dove i raggi solari non penetrano. Gli squali bianchi si spingono anche sotto i 1000 metri. Il notidano grigio (da non confondere con lo squalo grigio di scogliera) si trova bene soprattutto 2 chilometri sotto la superficie del mare. Ma non è necessario scendere tanto. Già poche centinaia di metri sotto il livello dell'acqua le tenebre sono così fitte che abbiamo proprio bisogno di spalancare gli occhi.

Non a causa dell'oscurità.

A causa della luce.

Immaginate di camminare in una notte senza luna. Diciamo che state tornando da una festa, nella quale c'era parecchio da bere, ma non abbastanza da mangiare. Vi dirigete pertanto verso il McDonald's più vicino e vi concedete un hamburger con tanto di formaggio, maionese e tutti gli annessi e connessi. Poi vi rimettete in marcia. E brillate. Caspita, come brillate! Splendete davvero o, meglio, a splendere è l'hamburger nella vostra pancia. All'improvviso siete visibili in lontananza. Ah, già, ho dimenticato di specificare che siete trasparenti (se proprio dobbiamo inventarci le cose, inventiamole bene, no?)

Solo che questa storia non è così campata per aria come sembra. O almeno non negli abissi marini. Laggiù ci sono molte creature che brillano, sia tra chi mangia sia tra chi viene mangiato.

I 200 metri superiori del mare prendono il nome di « zona eufotica ». Qui la fotosintesi è possibile, anche se la trasformazione della luce solare si riduce notevolmente a partire dai 40 metri di profondità. In una barriera corallina tropicale, per esempio, le attività delle zooxantelle non sono più sufficienti per favorire la crescita dei polipi dei coralli già a una profondità modesta. L'intera zona eufotica viene tuttavia considerata la fabbrica di ossigeno degli oceani.

In acqua, i colori scompaiono dopo pochi metri. L'acqua diffonde e assorbe le onde luminose, prima fra tutte la luce a onde lunghe. Perciò il rosso non si vede più già a 10 metri di profondità. Poi viene filtrato l'arancione, quindi la luce gialla e infine la verde. Anche il blu si dissolve, ma più lentamente rispetto agli altri colori. Le sue onde corte, infatti, riescono a penetrare a fondo, perdendo meno dell'1,8 per cento della sua intensità per ogni metro di profondità. Al di sotto dei 200 metri si trova la « zona disfotica ». In realtà, la luce è ancora presente a 1000 metri di profondità, ma con un'intensità così modesta che è possibile contare i fotoni. Più sotto, si allarga la « zona afotica ». Da qui in giù non c'è più nulla che indichi la presenza di un sole.

Nonostante ciò, molti abitanti della zona disfotica e della zona afotica possiedono occhi molto acuti, che utilizzano non tanto per vedere la luce solare quanto per distinguere gli altri animali. Qualcosa balugina in lontananza, poi compare un bagliore simile a quello di uno spettacolo pirotecnico. Negli abissi marini, Miss Evoluzione ha creato queste strane luci per dare ai figli dell'oscurità eterna una caratteristica particolare: la bioluminescenza.

Circa il 90 per cento di tutta la luce prodotta biologicamente è blu. Come abbiamo già visto, questa lunghezza d'onda è quella che si diffonde maggiormente. Per inciso, uno degli esempi più affascinanti di bioluminescenza non si trova negli abissi, bensì sulla superficie dell'acqua. Mezzo secolo prima di Cristo, il navigatore e naturalista greco Anassimene raccontò di un misterioso chiarore marino che diffondeva raggi verdazzurri non appena qualcuno immergeva la mano nell'acqua o agitava il liquido con un remo. Se un uomo saltava giù da una nave durante la notte, anche lui misteriosamente si accendeva. L'arcano è stato svelato due millenni dopo, quando alcuni studiosi hanno esaminato dei campioni d'acqua al microscopio, constatando che erano zeppi di *Noctiluca scintillans*, *Noctiluca miliaris* e *Pyrocystis noctiluca*, dinoflagellati lunghi da 0,2 a 2 millimetri che avanzano, avvitandosi come minuscoli sottomarini, mediante flagelli rotanti. Se le si tocca, queste alghe unicellulari emettono impulsi luminosi ritmici, la cosiddetta «bioluminescenza». In greco *bios* significa «vita», mentre *lumen* è latino e significa «luce». Luce biologica, insomma.

Sono sufficienti minuscoli movimenti ondulatori perché le alghe spingano il loro enzima luciferasi a produrre il substrato luciferina, che reagisce con l'ossigeno. Il chiarore risultante mette letteralmente in ombra qualsiasi lampadina, perché lo sfruttamento di energia ammonta al 100 per cento (nel caso della luce elettrica si raggiunge il 5 per cento). Tuttavia non viene quasi prodotto calore. Le alghe emanano luce fredda. In quale misura, ce l'hanno detto le immagini satellitari del mare della Somalia. Su una superficie di circa 15.000 metri quadrati, l'acqua ha scintillato come madreperla per tre notti di seguito, mentre l'areale luccicante si allontanava pian piano con la corrente. La fosforescenza marina è segno tipico della fioritura delle alghe, e dunque della massiccia produzione di fitoplancton nelle acque particolarmente ricche di nutrienti. Le immagini satellitari ci aiutano quindi a formulare ipotesi sulle correnti marine, che trasportano le sostanze nutritive.

Molti grossi abitanti degli strati più profondi, tra cui i pesci e le meduse, sono in grado di produrre la luciferina in particolari cellule del loro corpo, dette «fotofori». In tal caso si parla di «organi luminosi». Un concetto superfluo tra gli organismi unicellulari, perché questi ultimi costituiscono essi stessi l'organo. Chi non emana luce autonomamente (le rane pescatrici e alcune seppie, per esempio) ha comunque un aspetto scintillante grazie a batteri bioluminescenti che occupano minuscole tasche nella pelle degli ospiti e approfittano del loro metabolismo. È interessante notare che gli abitanti degli abissi, siano essi batteri o pesci, non brillano semplicemente, ma decidono da soli quando vogliono essere visti. In pratica, i produttori autonomi si spengono e si accendono, mentre gli ospiti aprono e chiudono le loro tasche.

A cosa serve il miracolo blu, che talvolta può essere anche giallo o verde? Non ha una grande utilità in termini d'illuminazione di ampi spazi. Ciò che gli uomini giudicano un tentativo (riuscito) di Miss Evoluzione per divertirci ha scopi più sofisticati. Tutto s'incentra sulle tre regole fondamentali della vita nell'oscurità eterna:

1. mangiare senza muoversi troppo;
2. possibilmente non farsi mangiare;
3. sesso, sesso e ancora sesso.

Concentriamoci sulla regola numero 1, ossia su come procurarsi qualcosa da mangiare senza muoversi dal proprio posto. In genere, il cibo si allontana non appena avvista il cacciatore. Sarebbe dunque logico pensare che i predatori apprezzino le tenebre abissali e restino invisibili. Ma, dato che ciò andrebbe a netto sfavore delle prede, anche queste si mimetizzeranno e, in teoria, la mimetizzazione più efficace sarebbe la capacità di non farsi vedere.

Già vi sento esclamare: « Ma, allora, tutta l'idea della bioluminescenza è una sciocchezza bella e buona! Se il cacciatore splende, la vittima taglia la corda. Se la vittima splende, attira il cacciatore! »

No, non è una sciocchezza. Se le lampade si spegnessero ovunque, nessuno ne trarrebbe vantaggio. Come farebbe un predatore a trovare la sua preda nell'oscurità assoluta? Come farebbe chiunque a trovare qualcosa da mangiare? Tutti sarebbero come paralizzati, soffrirebbero di emicrania a causa del brontolio collettivo degli stomaci e il sesso apparterrebbe al passato.

Le ragazze sono molto più avanti dei ragazzi.

O nessuno splende o splendono tutti. La prima eventualità è da scartare: Las Vegas resterebbe al buio.

Ecco perché, per esempio, brillano anche le rane pescatrici, tipi voraci con corpi simili a palloncini ed enormi bocche piene di denti acuminati come aghi, che vivono sotto i 1000 metri di profondità, nella zona afotica. Per essere più precisi, brilla soltanto la loro esca. Dalla fronte spunta una lunga antenna flessibile, alla cui estremità oscilla un sacchetto pieno di batteri luminosi. Nell'oscurità, gli altri animali scorgono soltanto questa parte, senza immaginare che quelle lucciole allegre appartengono a un mostro dentato, intento ad aspettarli con ansia. La lucciola sembra appetitosa, perciò le prede si avvicinano, cercano di addentarla e vengono ingoiati a loro volta. Scalogna marina.

In realtà, l'esca è un raggio di pinna allungato cui Miss Evoluzione ha dato diverse forme. In alcune rane pescatrici ricorda piccoli anfiossi tremanti; in altre una nappa luminosa e ramificata all'estremità della canna da pesca, in altre ancora fluttuanti fili al neon. Nel *Gulaphallus mirabilis*, l'esca spunta direttamente dal palato. Ve ne sono poi alcune che si dimenano con barbigli carnosi. Talvolta l'esca si trova proprio davanti ai denti affilati come rasoi, e magari sporge verso l'esterno. Particolarmente luminosa è la *Linophryne bipennata*, perché dotata di due esche: una è collocata in cima alla testa, l'altra sul mento. A meritare il titolo di «pesci più bizzarri degli abissi» sono però quelli appartenenti alla famiglia dei caulofrinidi: orrendi sacchi muniti di pinne dalla cui testa e dal cui corpo si dipartono decine di lunghi fili e aculei. Quando hanno fame, somigliano a una borsetta bitorzoluta; quando sono sazi, diventano grossi e turgidi. Spesso la preda è più grande di loro.

La dentatura trasparente e luccicante delle rane pescatrici smette di fare paura quando si tirano fuori gli animali dall'acqua. Nessuno di loro è particolarmente grande. Alcuni misurano solo pochi centimetri, altri arrivano a un metro. Al tatto sono flosci e mollicci, e in effetti hanno una muscolatura sottosviluppata. Poiché, al buio, gli inseguimenti prolungati hanno poco senso, non bisogna essere bravi nuotatori, bensì bravi imbroglioni. La *Linophryne bipennata* si muove goffamente con brevi colpi improvvisi della coda ed è diversa quanto una carrozza a cavalli lo è da un jet. La sua esistenza prevede attese e risparmio energetico. Per condurre una vita simile, non ha bisogno di grandi occhi, tanto più che molti esemplari reagiscono alle variazioni di pressione. È quasi impossibile strisciare loro accanto. Con la precisione di un robot industriale, aprono le mandibole proprio nel punto in cui qualcun altro tenta di oltrepassarle con silenziosi colpi di pinna. L'organo della linea laterale (munita di sensori) funziona come un radioricevitore, registrando e coordinando i più lievi movimenti ondulatori. I caulofrinidi ne hanno così tanti che, sostanzialmente, non dovrebbero mai muoversi. Questi animali sono tuttavia privi di vescica natatoria, perciò devono almeno pagaiare un po' per non affondare.

Altri estremisti degli abissi come il pesce vipera hanno denti così massicci che non riescono più a chiudere la bocca e si limitano a risucchiare la preda. I pesci drago sono meno tozzi e più lunghi delle rane pescatrici. Se esaminiamo la loro testa, ci tornano in mente le antiche rappresentazioni dei draghi. Il loro ambiente preferito è il confine tra la zona disfotica e quella afotica. Quasi tutti entrano nel palmo di una mano, ma sul mento hanno un'esca che può diventare lunga parecchi metri. Questo barbiglio, spesso dotato di vari organi luminosi, attira la preda da sotto, in modo che il pesce drago si possa abbassare non appena qualcosa tenta di addentarlo. Ma alcuni pesci drago sanno fare qualcosa di più. È merito loro, per esempio, se anche gli abissi marini dispongono di un quartiere a luci rosse.

Questi piccoli predatori nuotano forse verso il luogo dell'appuntamento col barbiglio eretto?

Non proprio. Come il *Melanostomias,* i pesci drago hanno due organi luminosi aggiuntivi proprio dietro gli occhi, veri e propri fanali studiati appositamente per illuminare l'ambiente circostante, ma soltanto per il pesce in questione. La luce emessa è infatti infrarossa, una frequenza che soltanto questo animale può vedere. In linea di massima, negli abissi marini il rosso appare nero. Le superluci con cui il *Melanostomias* illumina la sua preda sono pertanto invisibili per quest'ultima. Il predatore riesce a vederla, ma lei non riesce a vedere lui. Si accorge dunque della sua presenza solo quando le mascelle munite di denti aguzzi le si chiudono intorno. Poche specie si contraddistinguono per un fattore sorpresa così raffinato. I pesci drago sono inoltre in grado di scambiare misteriosi segnali lampeggianti con altri pesci drago, segnali di cui nessun altro comprende il significato.

«Ehi, pssst, questa sera cena a base di gamberetti da Rudy?»

«Oh, sì, fantastico. Chi viene?»

«Rosa e Bernardo.»

«Magnifico, non vedo l'ora.»

«Però non diciamo niente ai caulofrinidi, okay?»

« D'accordo, acqua in bocca. »

A ogni buon conto, non augurerei a nessuno di rinascere nella prossima vita sotto forma di pesce drago, anche se si farebbe parte dei cacciatori. Ma come si difendono le prede?

Arriviamo così alla regola numero 2: possibilmente non farsi mangiare. Ammettiamo che il destino voglia farvi rinascere nei panni di una medusa abissale, diciamo di una *Periphylla*. Allora dovreste cercare di non muovervi. I biologi parlano di « tattica del campo minato ». Ma, se dovete grattarvi e finite nel mirino di un cacciatore, aspettate con calma che vi abbia quasi acchiappato e poi accendetevi di colpo. In altre parole, trasformatevi da un secondo all'altro in un'insegna luminosa rotante, che farà venire la tremarella all'aggressore perché lo esporrà improvvisamente agli sguardi dei suoi nemici. In gergo, si parla di « allarme predatore ». Chi è stato a bordo di un sommergibile descrive spettacolari fuochi d'artificio che si accendono senza preavviso: meduse che non sfogano la loro stizza sbuffando, bensì illuminandosi. I loro corpi, i tentacoli, tutta la loro struttura emana una luce intensissima. Oltretutto la medusa *Colobonema* scaglia i suoi tentacoli verso chi si avvicina troppo, e fugge mentre l'altro è ancora impegnato con le sue guizzanti estremità.

Benvenuti nel regno dei lampadari a bracci.

Molti bracci indicano la morte della preda. Negli abissi marini ci s'imbatte in illustri comunità di seppie predatrici. Numerosi calamari abissali sono bioluminescenti, ma non per sfrecciare dietro le prede tra sirene e luci blu. L'idea è di confondere proprio i cacciatori che hanno preso di mira i lampadari a bracci. Il calamaro *Watasenia*, per esempio, macchietta il suo corpo di puntini di luce che dissolvono i suoi contorni, deformandolo. Un singolo animale si tramuta all'improvviso in un agglomerato di tante piccole creature, cosa che disorienta l'aggressore. Su quale puntino deve concentrarsi? Il *Lycoteuthis*, la lampada magica, si sbarazza dei nemici in maniera analoga. Questa minuscola seppia vive a una profondità di 3 chilometri e splende di tutti i colori dell'arcobaleno, sfumando così i propri contorni. Il *Liocranchia*, suo cugino, presenta invece macchie di luce disposte a cerchio intorno agli occhi, il che dà agli aggressori l'impressione di trovarsi di fronte a due meduse, una situazione che non tutti gradiscono.

Un caso molto particolare di lampadario a bracci è il «vampiro venuto dall'inferno», che deve il suo nome un po' esagerato a una spedizione abissale tedesca, famosa per averlo pescato nel Pacifico alla fine del XIX secolo. Il *Vampyroteuthis infernalis* misura dai 10 ai 15 centimetri, ma indossa la camicia da notte di Dracula, visto che fra i tentacoli si aprono membrane simili a scialli. Il *Vampyroteuthis* è nero con sfumature rosse ed è imparentato col gigantesco *Architeuthis*. È pertanto consigliabile trattarlo con cordialità, altrimenti interviene il suo muscoloso parente. Gli scienziati ritengono possibile che il calamaro vampiro viva negli abissi marini da 300 milioni di anni e che dunque non sia soltanto un fossile vivente, ma anche forse anche il progenitore di tutti i calamari odierni: un vampiro in piena regola, insomma.

Dove regna l'oscurità, questo animale non riesce tuttavia a impressionare nessuno col suo look alla Bela Lugosi, ragione per cui si serve della bioluminescenza. Fissa il mondo con occhi giganteschi che mandano bagliori blu o rossi; nessun animale ha occhi così grandi rispetto al corpo. Se qualcuno lo aggredisce, i bracci s'incurvano come artigli e onde luminose vi guizzano sopra in rapida sequenza. Basterebbe già a sbalordire a lungo l'aggressore, ma il *Vampyroteuthis* sa fare di meglio. Come i calamari degli strati superiori espellono nuvole nere, questa creatura confonde i sensi dei suoi nemici con emissioni di luce, lanciando nugoli di batteri luminosi nella loro direzione. Quando l'animale accecato si riprende, il piccolo vampiro è ormai scomparso fra le tenebre.

Questo calamaro pipistrello merita attenzione anche da un altro punto di vista. Per lungo tempo nessuno è infatti riuscito a stabilire se si trattasse di un calamaro o di un polpo. Nonostante la somiglianza coi calamari, il *Vampyroteuthis* sembra avere solo otto tentacoli invece dei dieci necessari. Soltanto dopo un esame accurato si scoprono altre due escrescenze sottilissime e prive di ventose che l'animale tiene per lo più arrotolate in tasche. Forse le usa per assaggiare il cibo. L'elemento davvero stupefacente è però la sua capacità di sopravvivere in ambienti poveri di ossigeno e di reagire con velocità fulminea nonostante il metabolismo molto rallentato. Come per tutti i vampiri degni di tale nome, il segreto di questo animaletto è racchiuso nel sangue. Esso non contiene emoglobina, bensì emocianina, una sostanza che permette di trasportare ossigeno in maniera più efficace rispetto all'emoglobina soprattutto in condizioni difficili di vita. Il *Vampyroteuthis* trascorre gran parte della sua buia esistenza poltrendo, ma all'occorrenza svolazza via più rapidamente di Batman per accudire i piccoli vampiri.

Esiste un unico animale che lo batte nell'arte della difesa: il copepode calanoide. In caso di pericolo, questa creatura espelle una nuvola luminosa che all'inizio non si vede nemmeno. La nuvoletta esplode con un certo ritardo, provocando un lampo accecante che sposta subito il cacciatore, naturalmente nella direzione sbagliata. Un po' come se Catherine Zeta-Jones si trovasse nella zona ovest degli studi Paramount, e tutti gli uomini si precipitassero nella zona est, dove il suo profumo aleggia nell'aria.

Solo pochissime creature della zona afotica rinunciano del tutto agli organi luminosi. L'anguilla *Eurypharynx pelecanoides*, per esempio, non presenta nessun fotoforo, ma è un essere così singolare che forse, dopo averla creata, Miss Evoluzione ha pensato bene di non esagerare, negandole la possibilità di accendersi. Descrivere tale animaletto non è facile. Proviamo in questo modo: immaginate una gigantesca conchiglia panciuta con una superficie simile a cuoio, che si spalanca all'improvviso, rivelando una stretta cerniera che sembra tenere unite le due metà. Si distinguono file di piccoli denti aguzzi e, sul lato superiore della bocca enorme, sono collocati minuscoli occhi puntiformi. Ecco qua. Manca solo il sottile tubo lungo circa un metro che spunta dalla metà superiore, come se la conchiglia avesse una treccina. In realtà, si tratta di un animale le cui mascelle sono unite solo da una membrana elastica. Sembra un pesce capace di nuotare a stento... ed è proprio così. L'*Eurypharynx pelecanoides* resta sospeso verticalmente negli abissi, limitandosi ad aprire le mascelle se qualcuno gli si avvicina troppo. Il risucchio risultante trascina la preda all'interno del corpo simile a un tubo, ancora più elastico di quello del *Caulophryne*. Può sempre darsi che pure la preda abbia divorato qualcosa di più grande di lei.

Inutile precisare che nella zona afotica tutti vanno a letto con tutti. A proposito: ricordate le abitudini di accoppiamento degli antennaridi nel capitolo *I sottomarini davanti al Gondwana*? Parola chiave: dimorfismo sessuale. Una femmina gigantesca e un maschio minuscolo che cresce insieme coi genitali della sua amata. Dato che nella zona afotica nemmeno la ricerca del partner e l'accoppiamento sono imprese divertenti, la bioluminescenza viene utilizzata assiduamente per segnalare la propria disponibilità. Regola numero 3: sesso, sesso e ancora sesso.

I maschi intendono dunque l'esca della femmina della rana pescatrice come segno di appetito sessuale e si affrettano a soddisfare quel desiderio. Oltre a essere piccolissimo, il maschio non ha esca. Probabilmente, nel corso della sua vita, non deve mai cacciare, ma solo farsi strada fra l'oscurità e raggiungere il suo obiettivo con energici colpi della minuscola coda muscolosa. Per facilitargli l'orientamento, la femmina emana anche un paio di profumi incoraggianti. Giudicando troppo complicata persino questa operazione, altri abitanti della zona afotica preferiscono fondere i due sessi. Gli ermafroditi diventano più numerosi a mano a mano che la profondità aumenta. Nel buio completo è impossibile perdere se stessi, e non c'è neppure il rischio di mandare a monte una relazione per seguire qualcuno di più giovane.

Soltanto gli animali più imponenti della zona afotica preferiscono restare invisibili. Uno di loro, il capodoglio, arriva di tanto in tanto dagli strati superiori, inghiotte la sua porzione di cibo luminoso (prevalentemente calamari) e torna verso la luce del sole. Un abitante fisso degli abissi marini è invece l'*Architeuthis*, che, proprio come il capodoglio, non s'illumina. Ma questi due animali ingaggiano talvolta violente battaglie, da cui il cetaceo esce ora vincitore e ora sconfitto, perché il suo avversario è senz'altro grande, forte e munito di un temibile becco. Persino le ventose dell'*Architeuthis* sono dotate di minuscoli dentini che affondano a migliaia nella carne del nemico. L'esemplare più imponente di cui si ha traccia è stato rinvenuto, abbastanza malconcio, su una spiaggia di Terranova, nel 1933, e misurava 22 metri. I resti trovati durante le autopsie nell'apparato digerente dei capodogli spiaggiati fanno tuttavia pensare che alcuni di questi immensi calamari possano diventare ancora più grandi. Nessuna taverna greca sarebbe abbastanza spaziosa per friggerli, ma non sarebbe comunque una buona idea, visto che il tessuto degli *Architeuthis* gronda di cloruro di ammonio, che garantisce loro la spinta ascensionale sott'acqua e rovina l'appetito a qualsiasi amante coraggioso delle seppie.

Mentre la zona afotica non ospita corpi trasparenti, nella sottostante zona disfotica saltano all'occhio sia animali luminosi sia creature traslucide. Anzi non saltano all'occhio, perché la trasparenza è l'ennesimo trucco per non farsi vedere. Alcuni anfipodi sembrano prodotti di altissima arte vetraria: sono esseri luccicanti con occhi enormi, zampe appuntite e chele spaventose. Vi tranquillizzerà sapere che questi extraterrestri non superano i 20 centimetri. Crostacei più piccoli, ma dalla struttura analoga, si fanno trasportare all'interno di taliacei altrettanto trasparenti, i cui corpi a forma di botticella offrono un luogo ideale per la deposizione delle uova. Qui sotto, i pesci, i polpi, i calamari e persino le chiocciole con tanto di guscio sono trasparenti o ricoperti da strati di riflettori metallici. Uno spettacolo vitreo che non sarebbe tuttavia granché senza i suoi rappresentanti più suggestivi, le meduse e, primi fra tutti, i sifonofori.

Che cosa s'intende esattamente per «sifonoforo»? Anche gli esperti più ferrati sono ancora titubanti. In mancanza di una spiegazione migliore, lo zoologo ottocentesco Ernst Haeckel lo definì una «persona». Non abbiamo certo a che fare con un animale singolo. È però altrettanto dubbio che si tratti di una colonia formata da più individui. Oggi si preferisce parlare di «idrozoi coloniali», composti di migliaia d'individui trasparenti, con forma e dimensioni diverse a seconda della funzione. Alcuni di questi sono responsabili esclusivamente del galleggiamento, altri si trasformano in tentacoli utilizzati per la difesa e altri ancora per le percezioni sensoriali. Ci sono inoltre specialisti della riproduzione e altri che, contraendosi, provvedono alla spinta ascensionale.

L'*Apolemia uvaria*, uno dei più grandi sifonofori del mondo, raggiunge, coi suoi tentacoli, la lunghezza di 40 metri. Di recente gli studiosi sono rimasti sbalorditi quando hanno scoperto che i tentacoli più giovani brillano di una luce verdazzurra e quelli più vecchi di un rosso acceso, evidentemente per attirare i pesci. Lo sbalordimento è comprensibie se ricordiamo quello che ci ha insegnato il pesce drago: a partire da una certa profondità, la luce rossa è percettibile soltanto dai suoi simili. A quanto pare, ci sono delle eccezioni, sebbene nessuno sia in grado di fornire informazioni più esaurienti.

Il sifonoforo più famoso è anche il più pericoloso. Si chiama caravella portoghese ed è facilmente riconoscibile per chi viaggia a bordo di una barca. Il suo organismo portatore è un unico polipo gigantesco e pieno di gas che sporge dall'acqua e con l'aiuto del quale la colonia sfrutta il vento come un veliero. I sifonofori non sono dunque soltanto creature degli abissi. Però, sotto la superficie dell'acqua, la morte è in agguato sotto forma di alcuni tentacoli, le cui punte inferiori raggiungono una profondità di 50 metri. Qualunque cosa s'impigli in quel groviglio può soltanto sperare di non aver lasciato conti in sospeso, perché è suonata la sua ora. La medusa non è dotata di grande forza, ma i suoi tentacoli, come quelli dei polipi dei coralli, sono costellati d'innumerevoli cellule urticanti velenose. Basta un contatto fuggevole perché il veleno provochi l'arresto cardiaco e la paralisi respiratoria. Tra le vittime della caravella portoghese figura anche l'uomo. Chi si è scontrato con questa medusa non è mai riuscito a salvare la pelle, anzi è proprio quest'ultima a gonfiarsi dolorosamente. Però, se si riesce a tornare in superficie, magari con l'aiuto dei compagni, si ha qualche probabilità di sopravvivere. Le striature vanno lavate con acqua salata, mai con acqua dolce. Non bisogna cercare di asportare le cellule urticanti rimaste appiccicate, bensì ammucchiarvi sopra un po' di sabbia e raschiare via pian piano i tentacoli con un coltello. Se il malcapitato è cosciente, strepiterà di dolore. Un rimedio temporaneo è rappresentato da una soluzione di aceto al 50 per cento da versare sulle ferite.

E poi di corsa in ospedale, il più in fretta possibile.

I sifonofori si aggirano anche in profondità, dove posano le loro reti scintillanti, simili a ragnatele. Proprio come l'*Apolemia*, hanno corpi contrattili che determinano un movimento a reazione, anche se pieni d'acqua anziché di gas. Negli abissi marini non funziona nient'altro. L'acqua è comprimibile solo in modesta misura, mentre il gas dimezza il suo volume ogni 10 metri di profondità. La colpa è della pressione ambientale crescente. La pressione media dell'aria a livello della superficie ammonta a un bar o a una atmosfera, cioè il peso totale di tutti gli strati d'aria. Anche la differenza di pressione tra la superficie terrestre e il cosmo esterno è di circa un bar. L'acqua ha tuttavia una densità 800 volte superiore a quella dell'aria. Già a 100 metri di profondità, la pressione sale a 11 bar e il gas si comprime proporzionalmente. A 3000 metri di profondità, 300 chili gravano su ciascun centimetro quadrato di superficie corporea. Sub inesperti che sono risaliti troppo velocemente da 20-30 metri di profondità hanno pagato con la vita le loro scarse conoscenze di fisica quando il volume dei loro polmoni si è moltiplicato di colpo. Nella migliore delle ipotesi, si riporta una lacerazione polmonare.

Le creature degli abissi marini non presentano dunque nessuna cavità piena d'aria. Possono così salire e scendere senza subire danni, purché non si allontanino dalla zona di pressione per loro sopportabile. Non rappresentano un problema neppure le manovre rapide in direzione verticale. Gli ctenofori vagano nel plancton con luci di posizione lampeggianti. Nella zona afotica, gli occhi sono giganteschi, se paragonati a quelli di quasi tutti gli abitanti della zona eufotica. Ricordate Titti, il canarino che gatto Silvestro non vede l'ora di papparsi? Testa massiccia, ali minuscole, occhi enormi. Ora immaginate Titti nei panni di uno zombie, vestito di un grigio paludoso e provvisto di bulbi oculari sporgenti e privi di pupille. Vi farete così un'idea della *Winteria*, un pesce abissale i cui occhi a tubo sono strutturati in modo da costringerla a guardare sempre in alto. Nella zona disfotica, il cielo non è nero, bensì da blu a blu scuro, ed è possibile distinguere le sagome delle prede. L'*Histioteuthis*, un calamaro abissale, paga il suo tributo a questa circostanza in maniera del tutto singolare. Nuota fondamentalmente su un fianco, con un occhio rivolto verso il basso per scorgere i cacciatori in avvicinamento, e con l'altro, tre volte più grande, puntato verso la superficie.

Anche il pesce accetta, che sembra davvero fatto per spaccare la legna, guarda in su, aspettando il plancton. Purtroppo i suoi occhi estremamente fotosensibili sono disposti in modo da impedirgli di scrutare gli abissi insidiosi, ma, in compenso, il suo lato inferiore è dotato di organi luminosi che producono una luce blu la cui lunghezza d'onda (vi prego di notare la raffinatezza) è identica a quella dei raggi provenienti dalla superficie, ossia 480 nanometri. Grazie a questo fattore e ai suoi fianchi dai riflessi argentei, l'animale sparisce per incanto sullo sfondo del cielo blu. Come si suol dire: lontano dagli occhi, lontano dal cuore.

Ma che cosa sarebbe un vero predatore se non avesse sviluppato metodi per intuire la mimetizzazione? Alcuni pesci sono dunque in grado di distinguere la luce biogenica da quella solare. Il pesce accetta può splendere quanto vuole, lo si riconosce dalle scaglie. E loro, le Regine Rosse, ricominciano a correre, facendo a gara per spettegolare: mascheramento, smascheramento, mascheramento, smascheramento, peggio che con James Bond.

Le Regine corrono. E i pesci lanterna vagabondano.

Quando cala la notte, affiorano da quasi 2 chilometri di profondità, fermandosi appena sotto la superficie. Il viaggio dura tre ore ogni volta. Migliaia di queste piccole luci, che hanno i fotofori situati proprio sotto gli occhi, cercano acque ricche di sostanze nutritive, perché anche il plancton sale in superficie durante la notte, quando i cacciatori diurni riposano. Gli occhietti scintillanti dei pesci lanterna esercitano un'attrazione magica sui pesci e sui crostacei planctonici (di cui questi animali vanno ghiotti), ma anche sugli squali notturni. Quando ne arriva uno, il pesce lanterna si affretta a chiudere una piega di pelle sotto l'occhio, e la luce scompare. In tal modo, e con un addestramento adeguato, potrebbe persino inviare messaggi in alfabeto Morse. Ma non per niente si dice: «Stupido come un pesce».

Comunque, è l'ostracode *Cypridina* a offrire lo spettacolo più bello. Quando il maschio e la femmina fanno l'amore, brillano intensamente come piccoli soli.

Siate sinceri: non è romantico?

Nel seminterrato della creazione

Se due cestelli di Venere potessero chiacchierare, forse speculerebbero su com'è fatto il cielo e su cosa c'è oltre l'oscurità.

Ma, dato che l'oscurità è onnipresente, la loro osservazione non si spingerebbe molto oltre. Concluderebbero che deve esistere un cosmo circostante, da cui per esempio è arrivata la simpatica coppia di gamberetti che vive in uno di loro. Constaterebbero inoltre che l'ambiente passa loro accanto, portando con sé particelle nutritive sempre nuove. Tutte queste informazioni confluirebbero nella concezione dell'universo tipica dei cestelli di Venere, insieme con una buffa e piccola Genesi. Dio ha creato il mondo in sette giorni. Prima il buio. Poi l'acqua che scorre, il fondale solido e quindi la vita, ossia i microbi, i gamberetti e tutti gli altri organismi che i cestelli incrociano di continuo, o che vedono arrampicarsi sopra le loro teste. Da ultimi la manna, quella sostanza in fiocchi che scende dall'oscurità, e gli stessi cestelli di Venere.

In seguito, proseguirebbero i nostri due amici, Dio era esausto e ha dovuto riposare per un giorno, perché un mondo così complicato richiede energia, soprattutto se lo si crea in un periodo tanto breve. Se poi qualcuno chiedesse loro che aspetto ha Dio, i cestelli di Venere dovrebbero rifletterci molto, molto a lungo. L'aspetto di qualcosa ha poca importanza per gli abitanti degli abissi neri come la pece. Forse – ipotizzerebbero – Dio si rivela nella corrente ubiquitaria o nella manna. D'altro canto, è verosimile che Dio abbia fatto i cestelli a sua immagine e somiglianza; qualsiasi altra scelta sarebbe stata assurda, perciò il Creatore somiglierà a loro. Dunque a un cestello di Venere dall'aria nobile.

Ma ognuno ha la propria versione.

I gamberetti di certo adorano un dio dei gamberetti e narrano la stessa storia in forma diversa, affermando che, al di là del fondale solido, c'è uno spazio incommensurabile attraverso il quale strisciavano quand'erano larve. Laggiù, aggiungono, esiste un'enorme molteplicità di forme di vita, piccole e grandi, e anche sul fondale vivono molti più esseri di quanti un cestello ne potrà mai sognare. Ma la vita si smarrisce e si dirada a mano a mano che si sale verso l'alto, dopodiché arriva il nulla, la zona che io chiamo «nadale», lo spazio non creato.

I cestelli di Venere stentano a crederci, incapaci d'immaginare una cosa del genere. Essendo esseri vitrei cresciuti sul fondale, hanno tuttavia poche opportunità di controllare la veridicità di tali voci. Simili misteri vanno al di là della loro comprensione. Dopotutto chi sono loro per indagare sulle cose superiori?

Sono spugne.

Per essere più precisi, spugne con lo scheletro vitreo. Nome scientifico: *Euplectella aspergillum*. Un essere che impazzirebbe se scoprisse che la molteplicità della vita aumenta a mano a mano che si sale verso l'alto, che il mondo non finisce nella zona adale, e che oltre l'universo liquido ce n'è uno gassoso in cui vivono molte figure sinistre, gli uomini, esseri animati dall'ambizione di sfruttare anche l'angolo più remoto del loro pianeta. Per fortuna, i cestelli di Venere non impazziscono e non sostengono nemmeno dotte discussioni sulla zona adale e sulla zona nadale. Infatti, se manca loro qualcosa, questo qualcosa è il cervello.

Sono creature magnifiche, che vivono a una profondità di 5-7 chilometri: calici di silicato (un composto del silicio), slanciati e dall'aria fragile. Pur essendo rigidi, sembrano cullarsi sulle note di una melodia impercettibile. Occorrerebbe un maestro vetraio di Murano per imitare qualcosa di tanto elegante: strutture a coste fuse l'una dentro l'altra e sottilissime pareti di un bianco purissimo, intrecciate a mo' di rete. Non osiamo prendere in mano questi esseri leggeri come piume per paura che cadano e si frantumino. Ma qui lo spirito estetico si sbaglia. I cestelli di Venere sono senz'altro robusti. In fondo, provengono da uno degli ambienti più ostili della Terra, la zona abissale e la regione sottostante, la zona adale.

Rispetto all'*inner space*, lo «spazio interno», la zona adale (denominazione che deriva dall'Ade, il regno greco dei morti) è il culo del mondo. Nessun abitante degli strati superiori potrebbe sopravviverví. Ne fanno parte le regioni al di sotto dei 6000 metri di profondità. Spesso, in relazione alla zona abissale e alla zona adale, si parla di «dominio bentonico», come se quest'ultimo fosse un'area ancora più profonda. Ma attenzione: il dominio bentonico rappresenta la totalità dei fondali marini. Questo termine indica pertanto sia il fondo illuminato dal sole di una distesa d'acqua continentale, sia una regione costiera oceanica, sia gli abissi bui. La profondità media dei nostri oceani è di 3,79 chilometri, un valore che comprende tanto i mari poco profondi quanto il punto più profondo della Terra, la Fossa delle Marianne, a sud-est del Giappone. Il concetto di «dominio bentonico» è dunque molto ampio.

A questo proposito, il 23 gennaio 1960, il ricercatore svizzero Jacques Piccard e il tenente dell'US Navy Don Walsh sono scesi fino nella Fossa delle Marianne col batiscafo *Trieste*, e hanno annunciato con un certo sbalordimento di aver raggiunto gli 11.340 metri. Eppure Piccard sapeve che la Fossa era profonda 10.924 metri. In seguito, lo studioso ha dovuto confessare che l'apparecchio di misurazione era stato calibrato in Svizzera, in acqua dolce. Quest'ultima ha una densità diversa da quella dell'acqua salata, fatto che spiega la discrepanza.

Oggi leggiamo che Piccard e Walsh sono scesi fino a 10.916 metri, il che è altrettanto sbagliato perché, a tutti gli effetti, i due studiosi hanno raggiunto i 10.740 metri. In un caso o nell'altro, si tratta di una prestazione notevole, se si considera che il monte Everest, il punto più alto della Terra, tocca gli 8848 metri. Nel 1995, i giapponesi hanno mandato giù il loro robot sottomarino *Kaiko*, un tentativo che ha aggiunto ben poche informazioni illuminanti alle scoperte di Piccard, che ha scorto un pesce simile a una sogliola tra la melma della Fossa e ha probabilmente visto molto altro. Tra breve, l'avanzatissimo HROV (Hybrid Remotely Operated Vehicle) del Woods Hole Oceanographic Institute americano si dirigerà ancora una volta verso quella Fossa per stringere la pinna al pesce di Piccard. Di questo animale si sa almeno che vive laggiù, il che fa pensare a complesse comunità di vita. Per il resto, le nostre conoscenze sul seminterrato della creazione sono a dir poco insufficienti.

Rispetto alla Fossa delle Marianne, il cestello di Venere vive a profondità più modeste. Ma gli uomini ne conoscono l'esistenza soltanto perché esso s'impiglia nelle reti a strascico oppure viene individuato nel corso di studi scientifici. È molto apprezzato sia per i suoi «subaffittuari» sia per la simbologia a esso legata, cui si devono altri nomignoli tedeschi attribuiti a questa spugna di silice: *Hochzeitskammer* («camera nuziale») e *Gefängnis der Ehe* («prigione del matrimonio»). Entrambi i concetti dipendono dal fatto che due larve di gamberetto innamorate entrano poco dopo la nascita all'interno della spugna, dove, a forza di amoreggiare, perdono la cognizione del tempo e crescono. Di conseguenza, non riescono più a uscire. Soltanto i loro figlioletti sono abbastanza piccoli da lasciare l'appartamento dei genitori. Mamma e papà restano dentro e possono saltarsi addosso ancora per un po', oppure guardarsi con amore negli occhi peduncolati fino a età avanzata.

Per tradizione, i giapponesi donano un cestello di Venere agli sposi. Peter Fratzl, del Max-Planck-Institut für Gravitationsphysik di Potsdam, s'interessa a questa spugna di 25 centimetri per motivi completamente diversi. In collaborazione con alcuni scienziati dei Bell Laboratories di Santa Barbara, lo studioso esamina la sorprendente resistenza dello scheletro siliceo. In effetti, non è facile danneggiare un cestello di Venere. I sette strati di fibra di vetro biologica sono intrecciati tra loro così saldamente che queste creature possono fare a meno di stipulare un'assicurazione contro la frantumazione. Fratzl descrive le fibre come microlaminato, lamelle di vetro incollate tra loro e dal diametro di pochi micrometri. Questa spugna delicata le usa per resistere alle chele dei granchi e alle mascelle dei vermi, ma anche all'enorme pressione che le grava addosso e alle correnti impetuose. Per Fratzl e il suo team, il cestello di Venere nasconde dunque segreti di arte ingegneristica moderna... per quanto si possa parlare di modernità dopo 400 milioni di anni di storia evolutiva.

La curiosità verso i principi costruttivi naturali alimenta

l'interesse per la zona adale e per la zona abissale sovrastante. A questo proposito, è interessante notare che, sia in greco sia in latino, *abyssus* significa «senza fondo», ma che il dominio bentonico è la regione che chiude ogni oceano verso il basso. Il motivo di questa contraddizione è racchiuso nella concezione del mondo abbracciata dalle antiche culture, convinte che il mare aperto non avesse fondo. Ma persino il fondale abissale ospita varie forme di vita al suo interno e sulla sua superficie. Mancano soltanto i vegetali, che hanno bisogno della luce del sole per prosperare.

Prima di cominciare a scavare tra il fango abissale, ecco qui un riepilogo della zonazione:

Dominio bentonico: insieme di tutte le regioni del fondale, dalla costa piatta alle terrazze dei pendii continentali, fino al punto più profondo degli oceani.
Zona litorale: regione del fondale corrispondente alle aree costiere illuminate dal sole fino a 200 metri di profondità, dove la fotosintesi è ancora possibile.
Zona batiale: regione tra 200 e 2000 metri di profondità (in alcune pubblicazioni 2500), cui appartiene anche la zona disfotica, che si estende fino a 1000 metri di profondità.
Zona abissale: tra 2000 e 6000 metri sotto la superficie dell'acqua. Secondo alcuni scienziati, inizia già a 1000 metri di profondità. In ogni caso, comprende la zona afotica.
Zona adale: sotto i 6000 metri.

E anche queste cifre sono tanto imprecise quanto le suddivisioni della scala temporale geologica. Sembra davvero difficile accordarsi su informazioni universalmente valide. I dati riguardanti la profondità entro la quale la luce solare serve all'orientamento oscillano, per esempio, fra i 300 e i 700 metri. Alla prossima festa di oceanografi provate a buttare lì un'altra cifra: 500 metri. Alcuni protesteranno, altri concorderanno. E ne troverete sempre almeno uno disposto a darvi ragione.

Scendiamo adesso verso i deserti di fango delle fosse e delle pianure abissali che consistono di sedimenti molli e rifiuti organici. Questa incantevole miscela s'indurisce progressivamente perché viene compressa dal suo stesso peso e dall'enorme pressione dell'acqua, mentre dall'alto nevica in continuazione: sabbia, escrementi, brandelli di tessuto, ogni genere di neve organica. Qui è inutile cercare una qualche bellezza paesaggistica. Nessun luogo della Terra regge il confronto con la desolazione della zona abissale e della zona adale, eppure questi sono tra gli habitat preferiti della *lower class*. I fondali abissali ospitano una molteplicità di specie che si trova, semmai, nella giungla brasiliana.

Non è poi così male vivere sul fondo. Non bisogna contrastare senza sosta l'affondamento; si può strisciare tranquillamente qua e là oppure si può semplicemente mettere radici, speculando sulla zona adale e subaffittando i propri locali a gamberetti adolescenti. Guardando con attenzione, scopriamo così un'illustre società: stelle serpentine che cercano di afferrare le particelle di sostanze nutritive coi bracci tesi verso l'alto, comunità girovaghe di ricci marini, lamellibranchi giganti, lumache marine, murici, buccini, anfipodi, ogni genere di pogonofori, vermi piatti, vermi oligocheti, vermi policheti, nonché agglomerati inimmaginabili di foraminiferi, amebe unicellulari in gusci calcarei che allungano delicati tentacoli e non disprezzano neppure i piccoli granchi (i foraminiferi più grandi a noi noti raggiungono dimensioni di 12-15 centimetri). La maggior parte delle amebe presenti fra la melma misura tuttavia solo un paio di millimetri o 100 micrometri. Altrettanto frequenti sono gli incontri coi sottilissimi nematodi, vermi filiformi che succhiano le prede come vampiri. La fanghiglia brulica di tutti questi esseri e ogni granello di sedimento nasconde uno o più abitanti.

I cetrioli di mare gongolano.

Non cercateli al supermercato, però. I cetrioli di mare masticano senza tregua la melma. Qualunque sostanza nutritiva vi sia contenuta viene digerita, mentre i sedimenti vengono espulsi. L'accogliente pied-à-terre da scapolo di un organismo unicellulare si trasforma ben presto in una grotta residenziale accuratamente ristrutturata, che viene occupata non appena l'inquilino precedente finisce nella pancia del cetriolo. Le balene sono i filtratori della superficie; i cetrioli di mare si possono considerare i loro omologhi dei fondali. In sostanza, sono intestini striscianti, anche detti «oloturie» e appartenenti al gruppo degli echinodermi. Questi ultimi formano una tribù molto sfaccettata, che comprende anche le stelle di mare, i ricci di mare e i crinoidi. Tra le maggiori conquiste dei cetrioli di mare ci sono una parte anteriore e una parte posteriore definite con chiarezza, motivo per cui - per fortuna - non può capitare che s'infilino la cena nell'ano e vomitino i resti tra i sedimenti per distrazione. Non ci sono zampe, anche se spesso sono presenti tentacoli simili a zampe e tubi flessibili sul dorso. È interessante sapere che i cetrioli di mare sanno correre: esplorano il mondo grazie a innumerevoli piedini colmi di liquido, i cosiddetti «pedicelli ambulacrali». In compenso, l'intestino strisciante non ha uno scheletro oppure ne ha soltanto un paio di miseri resti. In Asia, le interiora dei cetrioli di mare vengono considerate una prelibatezza, ma si tratta di un pericoloso capriccio, perché alcune specie sono estremamente velenose, dato che questi esseri hanno l'abitudine di spruzzare una bava tossica e molto appiccicosa contro i loro avversari. Fanno parte delle interiora persino i polmoni acquiferi, molto insoliti nel regno animale. Dunque i cetrioli di mare conoscono bene le proprie priorità.

Ed è giusto che sia così. A differenza del necton, che va a caccia di prede con vigorosi colpi di pinna, il cetriolo di mare ha un raggio di approvvigionamento limitato. Gli scienziati chiamano *patch* le zone abitate dei fondali abissali, una sorta di versione sottomarina delle città. Diversamente da quanto accade sulla terraferma, i centri urbani ultraabissali confinano direttamente tra loro. Non c'è nemmeno un angolo senza miriadi di microscopici esseri viventi. Le vere metropoli sorgono tuttavia a una certa distanza l'una dall'altra. Si tratta di sfere vitali in cui prevale una varietà particolarmente complessa. Tra breve visiteremo i camini idrotermali, autentiche città modello.

Ma torniamo al cibo.

Per quanto i microbi possano essere numerosi, non bastano per saziare gli abitanti della zona adale, che dipendono pertanto dai rifornimenti costanti di detriti biologici. I fondali sono i centri di recupero degli oceani. Se uno squalo tigre sbrana un pesce, i brandelli cadono verso il basso. Se un pesce pulitore si lascia sfuggire resti di cibo mentre pulisce i denti di una cernia tropicale o di una murena gigante, queste particelle si fanno strada fra le tenebre gelide e atterrano nella zona adale, sempre che non vengano acchiappate da centinaia di bocche affamate durante il tragitto. Se una sardina muore, il suo cadavere scende verso il fondo. Alcuni abitanti dei piani inferiori addentano la loro parte del corpo squamoso, ma un minuscolo resto (anche solo una squama) raggiunge le regioni più profonde. I detriti sono la somma di tutte le sostanze in sospensione, una somma che somiglia a neve quando entra nel cono di luce di un sommergibile o di una telecamera telecomandata. In totale, si tratta di milioni di tonnellate di rifiuti organici, che vengono in parte trasportati per lunghi tratti dalle correnti marine e che vengono risospinti più volte verso l'alto, finché i cestelli di Venere, i gamberetti abissali e i cetrioli di mare non fanno valere i loro diritti. Dei detriti fa parte anche la neve organica espulsa dal krill, dai taliacei e dagli altri decompositori.

Ah, sì, i decompositori. Un termine che non abbiamo ancora incontrato. In biologia, designa i microrganismi che digeriscono ciò che gli altri non riescono a metabolizzare. Abbiamo già conosciuto molti di questi piccoli maniaci della pulizia nei capitoli precedenti.

Insomma nel seminterrato della creazione tutti gli scarti vengono riciclati: detriti, alghe, plancton morto... Tutte le cose buone vengono dall'alto. Almeno un centesimo della quantità di energia prodotta dalle piante verdi acquatiche mediante la fotosintesi finisce nello stomaco degli abitanti dei fondali, che per il resto vegetano nella monotonia assoluta. In realtà, la fame è l'unica cosa che li induce a muoversi. E nemmeno sempre. I nostri cestelli di Venere filtrano le sostanze nutritive dalla corrente. I cetrioli di mare digeriscono il fondale oceanico pezzo dopo pezzo, con infinita precisione. Con molta probabilità, non esiste un unico pezzettino di sedimento che prima o poi non sia passato attraverso un verme o un cetriolo di mare. Tutto, persino il metabolismo delle creature ultraabissali, si svolge con una lentezza esasperante. Come potrebbe essere altrimenti, in quel gelo perenne?

Cetrioli di mare e compagni non sono però costretti a congelare. Gli esseri viventi dei fondali abissali sono eterotermi, cioè il loro metabolismo si adatta alla temperatura dell'ambiente. Nonostante ciò, in condizioni così inospitali, sembra logico risparmiare le riserve di energia. Solo una cosa riesce a elevare di colpo il livello generale di attività: l'arrivo di un frammento bello grosso.

All'inizio, questo avvenimento provoca soltanto morte e distruzione. I cestelli di Venere non l'hanno forse sempre saputo che prima o poi si sarebbe profilata la minaccia della fine del mondo? Soltanto i cestelli buoni vanno in paradiso, dove c'è manna a volontà e non esistono stupidi granchi che cercano di rosicchiarti o graffiarti. Tutto comincia con un'immensa onda d'urto e, prima che le creature del fondale riescano a interpellare i loro torbidi neuroni, un capodoglio cade loro in testa. Crinoidi, cestelli di Venere, anemoni di mare e chiunque sia così sfortunato da abitare in questo *patch* finisce spiaccicato. Un destino crudele tocca anche ad alcuni granchi che non si sono spostati in tempo, ad alcuni cetrioli di mare e ad altri echinodermi, le stelle marine e i ricci di mare.

Eppure, non appena il cetaceo atterra, milioni di esseri viventi si dedicano a una vivace attività. La voce sembra spargersi in fretta, anche soltanto per il violento urto che scuote il fondale. In ogni modo, è sconcertante osservare la rapidità con cui il cadavere attira numerosi esseri, guidati dai loro acuti sensori gustativi. I primi arrivati sono minuscoli crostacei, le cui due coppie di zampe anteriori costituiscono efficientissimi strumenti di frantumazione. Gli anfipodi e alcuni esemplari di *Hyalella azteca* si trovano in tutte le acque e in tutti gli strati d'acqua. Vorticano sopra il capodoglio morto e lo spolpano accuratamente, assistiti da pesci granatieri e missine atlantiche necrofaghe, che compaiono subito dopo. Di lì a poco, si presentano anche enormi squali sonnolenti, e nemmeno gli squali notidiani grigi esitano ad avventarsi con violenza contro il cadavere. Solo molto più tardi arrivano i vermi e, quando, dopo alcuni mesi, tutta la carne è scomparsa, vengono prese di mira le ossa. Il cetaceo offre così nutrimento per un anno abbondante alle più svariate forme di vita. Le missine atlantiche scovano ancora minuscoli resti di tessuto tra le ossa, anche se noi giureremmo che sono state completamente ripulite. I lamellibranchi s'incrostano, formando comunità di buongustai, ricoprendo lo scheletro in via di disfacimento; al resto pensano i decompositori.

È vero, una vita simile è tutt'altro che invitante. Basta pensare al paesaggio monotono tutt'intorno. Sterminate pianure di argilla rossastra e marrone scuro, inframmezzate da montagne dai dolci pendii, ancora pianure, poi ancora montagne e, tanto per cambiare, montagne seguite da altre pianure. Fa lo stesso. Non si vede nulla in ogni caso. Molto più stupefacente è la varietà della vita che prospera quaggiù. E arriviamo dunque ai camini idrotermali. Li conosciamo bene perché è lì che abbiamo iniziato il nostro viaggio nel tempo, all'interno di una bollicina di solfato di rame. Se la teoria di Michael Russell e William Martin è corretta, i camini sono la nostra patria dimenticata e riscoperta da ricercatori che un giorno hanno guardato fuori dagli oblò del sommergibile *Alvin*, stentando a credere ai loro occhi. In realtà, volevano raggiungere la dorsale medio-oceanica.

Invece hanno scoperto un pianeta sconosciuto.

Nel 1979, i fari hanno illuminato per la prima volta un biotopo che da allora è stato descritto più volte e non ha mai smesso di esercitare il suo fascino. Camini alti diversi metri e cresciuti nell'arco di anni, da cui fuoriesce una miscela bollente di acqua, composti di zolfo e metallo, zinco, rame e altri minerali. Per riassumere ancora una volta telegraficamente: là dove il fondale marino si spacca, il magma sale e si raffredda, formando cuscini porosi e solcati da crepe. L'acqua del mare penetra attraverso le fessure e raggiunge una profondità di parecchi chilometri, fermandosi sopra la camera di magma, dove si riscalda al punto di schizzare di nuovo verso l'alto a una temperatura che può arrivare a 400 °C. Lì, satura di sostanze minerali provenienti dall'interno della Terra, vive il suo momento di gloria. Non potendo evaporare per via della pressione abissale, l'acqua in ebollizione resta liquida, ma i componenti minerali se ne separano non appena entrano in contatto con l'acqua fredda del fondale, che ha una temperatura compresa tra 0 °C e 2 °C. Di conseguenza, il pennacchio di fumo che fuoriesce si tinge di nero, fenomeno che ha dato ai camini il nome di *black smokers*, «fumatori neri» (esistono tuttavia anche i *white smokers*, i «fumatori bianchi», che espellono sostanze più chiare). I composti di metallo e zolfo che si sono formati precipitano sul fondale sotto il loro stesso peso e costruiscono la base della struttura. Col passare del tempo, si accumulano, fino a creare una costruzione simile a un camino. Il camino più grande mai individuato, non a caso ribattezzato «Godzilla», si erge per 24 metri, un'autentica Tokyo degli abissi. Sui fianchi della struttura s'insediano infine microbi estremofili e poi, all'improvviso, centinaia di specie diverse.

I ricercatori, che si sono trovati a osservare con stupore quel mondo bizzarro, hanno compreso solo molto più tardi la portata della loro scoperta. Naturalmente sapevano che, a partire da 200 metri di profondità, la fotosintesi diventava impossibile per la mancanza di luce solare ed erano pertanto convinti che, al di sotto di quel limite, non potessero esistere comunità viventi complesse. Facevano eccezione gli esseri che, divorando la neve organica, vivevano indirettamente del prodotto della fotosintesi anche a profondità di migliaia di metri. Invece laggiù, lungo la dorsale medio-oceanica, la situazione era capovolta: gli abitanti dei camini idrotermali mangiavano ciò che arrivava dal basso, traendo il loro nutrimento dall'interno della Terra. Erano pertanto la prova inconfutabile che la vita poteva svilupparsi anche senza sole, una constatazione che ha gettato le basi per l'ipotesi di Russell e Martin.

Negli anni successivi, gli studiosi sono incappati in quelle singolari comunità in ogni parte del mondo. Le hanno individuate per la prima volta al largo delle isole Galapagos, a 2000 metri di profondità. Sono tuttavia numerose anche lungo la dorsale Juan de Fuca, al largo della costa nordoccidentale americana. Nel 1993, 1700 metri sotto la superficie dell'Atlantico settentrionale, i ricercatori hanno individuato una zona di circa 150 chilometri quadrati da cui zampillavano sorgenti con temperature fino a 333 °C. Il campo idrotermale *Lucky Strike* è il più vasto agglomerato di camini idrotermali conosciuto e il punto di ritrovo di enormi raggruppamenti di granchi bizzarri. La catena alimentare inizia - chi se lo sarebbe mai aspettato? - da batteri cui non importa nulla del caldo insopportabile. Anziché ricorrere alla fotosintesi, scompongono l'energia inesauribile proveniente dall'interno della Terra mediante la chemiosintesi, ricavando sostanze che tornano utili anche agli organismi superiori. Come accade ogni volta che c'è da mangiare gratis, arrivano intere popolazioni. Lamellibranchi, pesci, vermi e molluschi e i granchi sopracitati. La metropoli comincia a esistere.

Fra tutti gli abitanti dei camini, il più appariscente è senza dubbio il verme tubicolo *Riftia pachyptila*, un mostro dalle sembianze falliche che può raggiungere una lunghezza di 3 metri. I tubi residenziali delle *Riftia*, raggruppati in fasci intorno ai camini, si protendono verso l'alto come tubi isolanti bianchi. I vermi veri e propri li usano per sbirciare fuori e, se necessario, per cercare protezione. Di per sé, la *Riftia* è rosso sangue ed è priva di occhi; sembra gustare le squisitezze dell'ambiente circostante con due tumide labbra bianche. In realtà, non ha bocca, né ano, né intestino. La parte anteriore dell'animale si compone di gruppi di branchie simili a piume, imbevute di un sangue particolare. Tali strutture permettono alla *Riftia* di sopravvivere anche in un inferno di acido solfidrico e di massicce concentrazioni di metalli pesanti. Quasi tutti gli altri esseri viventi con l'emoglobina in corpo soffocherebbero per via delle elevate quantità di acido solfidrico secreto, che impedisce alle molecole di ossigeno di accoppiarsi con quelle d'idrogeno. Il sangue dei vermi tubicoli consente invece un legame separato tra ossigeno e zolfo. Le due sostanze non possono mescolarsi, il che neutralizza l'effetto tossico.

Tra le branchie piumate della *Riftia* s'insediano milioni di batteri dello zolfo, o solfobatteri, che rappresentano circa metà del peso del verme. I camini idrotermali presentano esempi illustri di comunità di vita simbiotiche. Il verme imprigiona nelle sue branchie le molecole di acido solfidrico per i batteri, che, andandone ghiotti, scompongono quella robaccia velenosa, trattengono quanto è di loro gradimento e mettono i resti a disposizione del loro ospite. La *Riftia* riceve dunque da questa comunità tutte le sostanze indispensabili di cui un verme abissale necessita per essere felice e non ha neppure bisogno di un intestino per digerirle.

Vicino all'acqua in uscita proliferano le abitazioni ammassate delle *Alvinella pompejana,* che sono sostanzialmente identiche alle *Riftia* e, come queste ultime, vivono in tubi bianchi, ma sono più piccole. La loro caratteristica più appariscente è l'estremità della testa a forma di fiore. Nel regno dei vermi detengono probabilmente il record della resistenza al calore, perché sopportano dai 60 °C agli 80 °C con la stessa disinvoltura con cui noi ci facciamo una doccia calda al mattino. Mentre la testa a fiore si protende verso l'acqua bollente, la parte posteriore del corpo rimane in zone più fresche. Tra le *Alvinella pompejana* serpeggiano pesci simili ad anguille, i cosiddetti « blenni vivipari », che si cibano di colonie di minuscole *Hyalella azteca.* I *Bythograea thermydron,* paffuti granchi bianchi dotati di chele vigorose, pattugliano come guardiani gli spazi tra i campi di *Riftia.* Ci s'imbatte in gamberetti e anemoni di mare microscopici. Intorno alle colonie di vermi tubicoli si estendono inoltre colonie di lamellibranchi giganti bianchi e di molluschi rosso-marrone chiamati *Bathymodiolus thermophilus.* I lamellibranchi giganti vivono in simbiosi coi batteri come le *Riftia,* ma amano anche mangiarli. Dal canto loro, fanno bene ad affrettarsi a chiudere ermeticamente le paratie quando le *Galathea squamifera* tentano di entrare. Interi eserciti di questi crostacei ciechi strisciano infatti in tutto ciò che incrociano sul loro cammino. Si aggirano anche tra i tubi residenziali delle *Riftia,* cercando di strappare qualche pezzettino di branchia rosso sangue. E ciò fa sì che i vermi spariscano fulmineamente nei loro rifugi.

Le comunità di vita idrotermali del Pacifico e dell'Atlantico si somigliano per molti aspetti, ma si differenziano in vari dettagli. Nel Pacifico mancano spesso i vermi tubicoli atlantici, ma in compenso ci sono nugoli di gamberetti grigio-bianchi che ricordano gli sciami delle api. Un'osservazione più attenta ha rivelato che questi animali si comportano davvero come le api e che le strutture sociali delle due specie presentano sorprendenti similitudini. Non essendo del tutto ciechi, ma disponendo di minuscoli organi visivi, i gamberetti possono individuare nuove sfere vitali. Negli abissi regna l'oscurità, però di recente si è scoperto che le sorgenti idrotermali emanano un debole chiarore. Cartelli stradali per immigrati.

La capacità d'individuare i camini attivi è indispensabile per la sopravvivenza delle loro comunità. Le metropoli abissali sono infatti esposte al rischio di crolli. Un camino dura al massimo un secolo, poi inizia a raffreddarsi. Molti interrompono tuttavia la fornitura di calore dall'interno della Terra già dopo 10-12 anni. Altre comunità cadono vittime dei fiotti di lava, oppure restano soffocate sotto masse di detriti quando un camino crolla su se stesso. In mancanza di agenti immobiliari, i sopravvissuti devono trovarsi da soli una nuova dimora zampillante. Come sempre, i batteri giocano alla lepre e al riccio e sembrano arrivare prima di tutti gli altri.* In realtà, sono sempre stati lì. Hanno semplicemente aspettato nella crosta terrestre che si formassero i punti d'uscita.

Soltanto le *Riftia* e le *Alvinella pompejana* s'inabissano regolarmente con le città morenti, per poi ricomparire, come per miracolo.

Ma le notizie sorprendenti non finiscono qui. Negli anni '80, gli scienziati hanno scoperto gli omologhi dei camini idrotermali: sorgenti fredde intorno alle quali prosperano biotopi altrettanto numerosi e lussureggianti. Si tratta di laghi sovrasaturi, acque sotto l'acqua con lidi dorati che si rivelano comunità di lamellibranchi. È sconcertante: guardiamo la superficie di questi laghi, aspettandoci di vedere delle anatre, e invece... Sono incassati sul fondo come specchi scuri, privi di ossigeno e divisi dal mare sovrastante. La loro acqua è così densa e pesante, così ricca di idrocarburi e minerali, da non riuscire a mescolarsi col liquido più leggero che la sovrasta. All'interno dei laghi si registra una pressione 400 volte superiore a quella misurata sulla superficie terrestre. E persino qui ci sono un paio di organismi unicellulari che giudicano grandioso questo fatto. Il compito del brodo bollente e saturo di zolfo passa al freddo gas metano, che compare ovunque e

* L'autore si riferisce alla favola di Tolstoj in cui il riccio scommette con la lepre che l'avrebbe battuta in una gara di corsa e, grazie a uno stratagemma, le fa credere di essere arrivato primo. (*N.d.T.*)

che, in parte, congela con l'acqua formando i cosiddetti « idrati di metano ». Sulla sua superficie s'insediano i piccoli e paffuti policheti, anche detti « vermi del ghiaccio ». A parte dimenarsi un po', non fanno granché per tutto il santo giorno. Questi movimenti bastano tuttavia per scavare un avvallamento nel ghiaccio, una stanzetta accogliente dove questi esseri vivono in simbiosi con batteri che, sapendo scomporre il metano, versano un obolo ai loro ospiti. Le sorgenti fredde sono inoltre popolate dal fratello slanciato delle *Riftia,* molto più longevo del suo parente amante del caldo. Intorno ai camini idrotermali, la vita scorre più in fretta, perciò bisogna crescere rapidamente. Le sorgenti fredde sono durevoli e i vermi locali non sono costretti ad affannarsi. Potendo vivere fino a 200 o 300 anni, meritano i primi posti sulla scala mondiale dei Matusalemme.

In realtà, dunque, il regno degli animali dei fondali non è poi così male. A parte la costante ricerca di cibo, c'è un unico problema: il sesso. Non che queste creature lo avversino. Nel buio assoluto, i potenziali partner vi passano quasi sempre accanto senza che ve ne accorgiate, soprattutto se non brillate e avete l'abitudine di muovervi lentamente. Molti abitanti dei fondali (per esempio i vermi, le stelle serpentine e i ricci di mare) si sono pertanto abituati a girovagare in gruppi pronti per l'accoppiamento; così hanno il partner sempre a portata di mano e possono dedicarsi a mangiare e a fare sesso senza la necessità di sviluppare interessi più evoluti.

C'è nessuno?

Mah. Chi vive qui?

«Non lo sappiamo», risponde Reiner Klingholz, con un sospiro rassegnato. Ovunque mancano dati affidabili. Lo stato delle conoscenze sulla regione è quasi catastrofico, e il poco che si credeva di sapere non è abbastanza comprovato. Già i nomi di alcune specie locali subirebbero spaventose mutazioni a causa degli errori ortografici. Perciò Klingholz e altri autori hanno redatto un voluminoso rapporto su questa situazione desolata e hanno raccomandato di fare chiarezza negli abissi demoscopici tedeschi.

Tedeschi?

Ah, sì, Klingholz non si riferisce alla vita sconosciuta degli oceani, ma alla Germania. Lui lavora al Berlin-Institut für Weltbevölkerung und globale Entwicklung (Istituto per la popolazione e lo sviluppo) e ha suggerito alla signora Angela Merkel di condurre un censimento per scoprire che cosa scorrazza nel biotopo federale. I dati esistenti sono diventati inutili già da tempo, proprio come le statistiche sugli stranieri. Si potrebbe avere un'idea della realtà solo se si mandassero donne e uomini sorridenti e armati di questionari a bussare di porta in porta.

L'idea è andata a genio al ministro degli Interni e i verdi si riscaldano già in vista della battaglia costituzionale. Chi ricorda l'ultimo grande censimento comincia già ad arrabbiarsi. Speriamo di non ridurci anche stavolta a un «255... 256... 257... uffa, dov'ero arrivato?» D'altro canto, tutti sanno che i sondaggi non sono un'alternativa valida, perché confermano tutt'al più le statistiche secondo cui ogni mamma fa dondolare sulle ginocchia tre quarti di bambino. I censimenti sono un'impresa complicata. Nonostante i certificati di nascita e altre circostanze attenuanti come le targhette accanto ai campanelli.

Chi avesse desiderio di condurre un censimento negli abissi marini andrebbe dichiarato incapace d'intendere e di volere e immediatamente rinchiuso in manicomio. Nell'acqua vicina alla superficie è ancora possibile rilevare la popolazione di una scogliera, anche se gli ippocampi, i carangidi dorati e i polipi dei coralli non possono comprovare ufficialmente la loro identità né indicare una fissa dimora. Sotto i 100 metri è così buio che il povero demografo potrebbe soltanto urlare: «C'è nessuno qui?» Ma è difficile che qualcuno gli risponda. Un cetriolo di mare che spilucca sedimenti a una profondità di 5000 metri non può essere citato in giudizio con l'accusa di volersi sottrarre al rilevamento dei dati tecnici. E le probabilità che la creatura intenda ribellarsi a tale analisi sono abbastanza esili. Prima bisogna trovarla e, anche in tal caso, provate a chiedere: «Come ti chiami?» a un cetriolo di mare.

È proprio quello che circa 1700 scienziati cercano di fare dall'inizio del 2000 nel quadro di un singolare programma con sede a Washington: il Census of Marine Life, in breve CoML. Sognano una banca dati in cui registrare non soltanto il nome e il nomignolo di ciascun cetriolo di mare, ma anche di qualunque essere vivente dichiari di abitare nell'H_2O.

Tanto per rinfrescarvi la memoria: oltre i due terzi della superficie terrestre sono coperti d'acqua. Quattro quinti sono rappresentati dagli abissi marini; si tratta di 318 milioni di chilometri quadrati o, se preferite, del 62 per cento del nostro pianeta. Tutti i continenti messi insieme sono grandi meno della metà di questa regione buia, fredda e infinitamente lontana. È vero che il 95 per cento di tutta la biosfera della Terra si trova nei mari e negli oceani, però meno dello 0,1 per cento è stato sottoposto a un esame accurato. Nel caso della superficie esaminata dei fondali marini, il risultato è ancora più scoraggiante. Tutti i pezzetti di fondale fangoso ispezionati in loco dai robot e dagli uomini ammontano a 5 chilometri quadrati. A 5 chilometri quadrati! Lo 0,0000016 per cento del totale.

Un censimento in un Paese che nessuno conosce?

«Proprio per questo!» dicono gli esperti del CoML. E non si lasciano prendere dallo sconforto. Il progetto, inaugurato alla metà degli anni '90 su iniziativa della Alfred P. Sloane

Foundation, conta ora 73 Stati membri e gode di un budget tutt'altro che irrisorio. I promotori hanno infatti sborsato circa un miliardo di dollari affinché le popolazioni di pesci e plancton venissero espresse numericamente. E non finisce qui. Tutti i rappresentanti dei mari mondiali dovranno essere descritti in dettaglio: dove vivono, come sono configurati i loro biotopi, che cosa mangiano, da chi vengono mangiati, quali effetti esercitano il clima, le correnti marine e soprattutto quali effetti ha avuto l'intervento umano sulla loro vita, sulla loro sopravvivenza e via discorrendo. Per farla breve, entro il 2010 il CoML intende rispondere a tre domande lapidarie.

Chi viveva nei mari?

Chi vive nei mari?

Chi vivrà nei mari?

Gli addetti al censimento si trovano di fronte una nazione di alieni da tutti i punti di vista. Secondo i biologi, abbiamo scoperto solo un decimo delle specie che vivono sulla Terra. Più del 90 per cento non è mai stato osservato né descritto. Gli scettici chiedono - e non hanno tutti i torti - come sia possibile fare affermazioni sul numero delle specie sconosciute prima di conoscerle. Non si può ragionare così, ribattono gli esperti. Forse non sappiamo chi o che cosa viva là sotto, ma i calcoli (per esempio quelli relativi alla biomassa che deve essere presente per produrre una quantità costante di ossigeno atmosferico) ci permettono almeno d'ipotizzare quanti sudditi conti il regno oscuro e quanti sono sfuggiti sinora ai nostri studi.

Anche questo è vero. Ma le ipotesi sono molto discordanti. Alcuni studiosi asseriscono che le acque nere ospitano centinaia di migliaia di specie, altri parlano di 10 milioni e più. Certo è che la stragrande maggioranza delle forme di vita marine non è ancora stata scoperta. E come potremmo averla scoperta, se abbiamo ispezionato solo una regione delle dimensioni di un paesello? Almeno, negli strati d'acqua superiori, vediamo che cosa ci passa davanti. Più scendiamo e più diventiamo ciechi. In altre parole, chi preleva dalla zona adale un metro cubo di fondale marino grondante fango, ha oggi molte probabilità di scoprire una nuova specie o addirittura una ventina di nuove specie.

Il progetto sembra degno di Sisifo. I ricercatori del CoML danno tuttavia l'impressione di avere i piedi ben piantati per terra e di non essere tipi da abbandonarsi alle facili illusioni. Se, per esempio, visitiamo il quartier generale europeo del CoML nella cittadina scozzese di Oban (un luogo più famoso per il suo eccellente whisky), Graham Shimmield ci riporta alla realtà. « Naturalmente i nostri progetti riguardano anche ciò che non è analizzabile », dichiara lo scienziato, sottintendendo: « Siamo audaci, ma non pazzi ».

Il Census of Marine Life non è dunque una goffa e mastodontica iniziativa, bensì un insieme di singoli progetti autonomi, ognuno dei quali riguarda un campo ben preciso. A dividersi questo lavoro ambizioso sono oltre venti team, tra cui anche il Senckenberg Institut di Francoforte, impegnato a esaminare gli abissi marini al largo della costa africana. Durante un incontro tenutosi nel novembre del 2005, i ricercatori hanno presentato un primo risultato degno di nota: la registrazione di un massimo di 500 specie diverse per metro quadrato di superficie analizzata. La constatazione più eclatante era che, fino a quel momento, si conosceva solo il 10 per cento della vita, una frase che dimostrava la fondatezza dell'affermazione secondo la quale conosciamo meglio la Luna dei mari. Brigitte Hilbig, che coordina il progetto Senckenberg, si esprime con cauto ottimismo. « È ovvio: non sapremo mai quante specie vivono nei mari. Ma possiamo almeno correggere le nostre stime. »

Insomma, che cosa c'è là sotto? Cetrioli di mare, come abbiamo visto. Cestelli di Venere e missine atlantiche. Organismi unicellulari e cadaveri di cetacei. Fuochi artificiali viventi. Pesci con canne da pesca sulla testa, sifonofori e calamari vestiti da vampiro. E non dimentichiamo gli squali. Calanoidi, buffe botticelle di vetro con intestini vischiosi...

« Pura bellezza », commenta il dottor Dieter Fiege, esperto di invertebrati marini presso il Senckenberg Institut. « Un verme polichete sotto spirito è insignificante. Nel loro ambiente naturale, questi animali sfoggiano forme e colori meravigliosi. » Fiege è stato più volte nelle case dei vermi e ne ha fotografato gli abitanti, in luoghi molto diversi del mondo e a profondità differenti. Qualche anno fa ne è derivata una mostra che ha suscitato un certo scalpore perché le immagini non mostravano animali disgustosi, bensì top model dall'aspetto di extraterrestri e dall'eleganza flessuosa. Quasi ogni giorno si scoprono nuovi esseri che giustificano una decisione del tipo: «Non voglio diventare un ingegnere, ma un esperto di vermi». In ogni modo, sembra che quel simpatico dottore si stia preparando per il giorno in cui i cetacei godranno di una protezione definitiva e gli squali smetteranno di essere demonizzati. Allora i vermi, che conosciamo soltanto in minima parte, non ci faranno più ribrezzo.

D'accordo, i vermi restano vermi.

L'espressione «specie sconosciute» fa tuttavia pensare a serpenti marini e a granchi giganteschi, a enormi mostri con denti simili a pugnali e con tentacoli lunghi parecchi metri, magari persino a un'intelligenza e a città abissali. In ogni caso, a un film spettacolare. È vero. Abbiamo visto un film spettacolare nel Cambriano e nel Devoniano, anzi in ogni periodo geologico. Anche oggi potremmo vederlo, e invece distogliamo lo sguardo dallo schermo, oppure uccidiamo gli attori (gli squali, le balene), dato che la stragrande maggioranza degli organismi sconosciuti rivela la sua bellezza bizzarra soltanto al microscopio. Ormai vi sapete orientare, là sotto, quindi non vi stupirete se vi dico che quasi tutti i nuovi arrivi nascosti al largo dell'Africa sono più piccoli di un millimetro.

All'interno della Terra, la faccenda si fa davvero appassionante. Nel 2002, la nave oceanografica *Joides Resolution* ha portato alla luce carote estratte anche a 5000 metri di profondità. La trivella si è spinta nei sedimenti per 420 metri, fino alla massiccia crosta basaltica. Alcune rocce risalgono all'Oligocene, il periodo compreso fra 34 e 24 milioni di anni fa, e anche quei campioni brulicano di vita che si nutre di composti del carbonio, di resti difficilmente digeribili di organismi morti. Gli abitanti delle rocce divorano quei miseri residui così lentamente che intere catene di ristoranti fanno in tempo ad aprire e a chiudere i battenti. Ancora una volta, emerge che gli abissi sono soprattutto un mondo dominato dalla lentezza. Non dimentichiamo che i batteri non portano l'orologio e non mettono la sveglia.

I ricercatori del CoML si meravigliano di continuo davanti alla molteplicità inattesa della vita sott'acqua. Nel 2004, Odd Aksel Bergstad, responsabile del progetto norvegese Mar-Eco, ha fatto la spola per otto settimane con la nave oceanografica *G.O. Sars* tra l'Islanda e le Azzorre (entrambe di origine vulcanica) per studiare la biodiversità lungo la dorsale medio-oceanica. Oltre 60 scienziati sono stati addosso alle squame e alle corazze dell'ignoto, mandando robot telecomandati con telecamere e apparecchi di misurazione a una profondità di 4000 metri, origliando il presunto silenzio con sistemi idroacustici e raccogliendo esseri viventi planctonici e di altro tipo. I finanziamenti, pari a 830 milioni di euro, hanno arricchito il repertorio della scienza di 80.000 pesci, meduse e cefalopodi, da larve minuscole fino a uno squalo lungo 4 metri e mezzo. Ciò che aveva la fama di essere vuoto e desolato come Pjongjang di notte si è rivelato un'oasi multiculturale, popolata da una molteplicità di specie mai viste prima. Naturalmente gli studiosi conoscevano le comunità di vita intorno alle sorgenti idrotermali, come pure tutto il popolo delle creature luminose e più specie di oloturie di quante potesse offrirne un banchetto giapponese. Hanno tuttavia scoperto una nuova specie dietro l'altra e quasi tutte erano di microbi.

In ogni modo, sono finiti nella rete anche calamari molto insoliti, muniti di occhi enormi e gigantesche pinne simili ad ali che conferiscono loro l'aspetto di airbag svolazzanti. Sul piano della genetica molecolare, è possibile dimostrare che questi *bigfin squids* sviluppano, da adulti, tentacoli lunghi 7 metri. Grazie al sonar, i partecipanti al progetto Mar-Eco hanno inoltre individuato il più grande banco di plancton mai misurato, che, sotto l'influenza delle correnti marine, assume la forma di un cerchio perfetto con un diametro di 10 chilometri. A una profondità considerevole, i ricercatori si sono imbattuti in coralli alti diversi metri, che non hanno nulla da invidiare ai loro parenti tropicali in termini di bellezza, ma che adorano l'acqua a 2 °C: sono ancorati alle pareti rocciose dei monti sottomarini e filtrano i minuscoli esseri viventi dalla corrente. La barriera corallina più profonda scoperta finora si trova al largo delle isole norvegesi Lofoten e copre una superficie di 100 chilometri quadrati. In quel luogo, la vita presenta una varietà analoga a quella della nostra barriera corallina australiana e, tanto per cambiare, sono soprattutto gli organismi cellulari a essere presenti in varianti sempre nuove.

Non c'è dunque nulla di appassionante da riferire?

Ma certo. Per esempio, Aksel Bergstad continua a domandarsi che cosa diavolo abbia rilevato il suo robot telecomandato sui versanti di un monte situato a 2 chilometri di profondità a nord delle Azzorre. Le telecamere hanno ripreso file rettilinee di edifici misteriosi, ciascuno dei quali provvisto di un'unica piccola apertura. Nessun urbanista avrebbe potuto progettare meglio quell'insediamento. Come se il comunismo fosse diventato architettura, le abitazioni si allungano in schiere di centinaia e di migliaia. Nonostante un'accurata osservazione, però, non si vedeva nemmeno l'ombra dei costruttori e Bergstad non è neppure certo che si tratti davvero di costruzioni singole e che nel sottosuolo non esista piuttosto un'unica, immensa stanza dotata di molti accessi. Che sia opera dei granchi abissali ciechi? Oppure è qualcosa di totalmente diverso, di cui non abbiamo la più pallida idea? La suspense è assicurata. E gli scienziati del CoML sono intenzionati a contare. « Ehi, uscite da quei maledetti buchi e fatevi vedere! Ordinati per età e dimensioni. Vi volete muovere? 1... 2... 3... 4... 5... »

Bisogna però ammettere che è difficile contare ciò che non si vede. Il sonar delle spedizioni CoML mostra di continuo vaste superfici senza rivelare se sotto le navi passino interi banchi o giganti sconosciuti. In teoria, l'aumento dimensionale di un organismo in acqua non ha limiti. Ma anche i giganti sono nemici giurati del censimento. Un granchietto planctonico non si accorge che qualcuno sta rilevando i suoi dati tecnici e così finisce nella rete a strascico delle statistiche. I giganti hanno imparato a tenersi alla larga dai fari orientabili dei robot. L'idea che un *Architeuthis* lungo 25 metri s'infili le dita nel naso poco oltre il cono di luce è piuttosto frustrante, senza contare che non siamo nemmeno sicuri che ci sia. Ancora peggio che contare i granelli di sabbia. Se non altro, la sabbia non può prenderti per i fondelli.

Nonostante ciò, gli studiosi del CoML ostentano un ottimismo ammirabile. Dopotutto vogliono ampliare le conoscenze sulla vita marina anche per poterla proteggere. Il CoML dunque non promuove soltanto la collaborazione tra scienziati e istituti di tutto il mondo, ma mette a disposizione il suo sapere anche a un pubblico più vasto. I partecipanti al progetto s'impegnano a non fermarsi con le loro scoperte dietro un monte abissale, bensì a inserirle nell'OBIS (Ocean Biogeographic Information System), la banca dati comune del CoML. Questo database online conta già 5 milioni di voci che descrivono con chiarezza oltre 40.000 specie e le loro condizioni di vita. Prima dell'avvio del progetto si conoscevano 250.000 specie di vegetali e animali marini, un numero che adesso aumenta di giorno in giorno.

La prossima regione in programma è l'Antartide, altrettanto ricca di vita. Pensate ai milioni e milioni di gamberetti krill sotto ghiaccio e al fatto che gli uomini non hanno studiato che le zone marginali della banchisa polare. Chissà che cos'altro ci vive. Vengono i brividi se immaginiamo la biomassa che probabilmente ci troveremo... come se quella esistente non fosse già abbastanza. Ma come si raggiungono gli obiettivi della ricerca sotto una corazza di ghiaccio dello spessore di vari chilometri? L'Alfred Wegener Institut risponde a questa domanda con un siluro giallo. Se si guarda meglio, quell'elegante coso giallo si rivela essere un AUV (Autonomous Underwater Vehicle), un minirobot zeppo di telecamere e strumenti di misurazione in grado di farsi strada sotto il ghiaccio per 75 chilometri senza cordone ombelicale, immergendosi fino a 3000 metri di profondità. Le sue riprese vengono trasmesse in tempo reale alla nave oceanografica *Polarstern*. Gli ottimisti del CoML sperano di ricavarne conoscenze totalmente nuove, mentre i pessimisti tedeschi traducono AUV con *Absetzen und Verlieren*, ossia «abbassare e perdere», perché anche i robot telecomandati senza collegamento alla TV via cavo sono forme di vita sconosciute che tendono a prendere strane decisioni e a smarrirsi.

Secondo le intenzioni del CoML, nel 2010 l'umanità dovrà avere un'immagine completa della vita marina e dunque di un mondo ostile all'uomo. Per gli scettici, il lavoro di quei ricercatori varrebbe quanto lo sforzo compiuto da extraterrestri determinati a descrivere una spiaggia californiana soltanto dopo averla filmata per un'oretta durante la stagione invernale. Eh, pazienza. Alla fine magari non sapremo quante creature sono state contate e quante nuove specie sono state scoperte, ma, dal punto di vista del diritto costituzionale, il metodo è ineccepibile.

Chissà. Forse è più semplice contare le *Hyalella azteca* che i cittadini federali.

Bestie intelligenti

Talvolta Aksel Bergstad sogna che singolari esseri, mai visti prima, striscino fuori dai sinistri buchi del monte abissale e inviino un messaggio al computer del robot sottomarino: « Portami dal tuo capo! »

Perché no? La vita negli oceani è molto più antica di quella sulla terraferma. A ricevere la maggior parte del comprendonio è stata tuttavia soltanto una specie continentale. Curioso. Che ci sia sfuggito qualcosa? « So di sapere poco », dice lo stemma di ogni ricercatore marino, ispirato al detto di Socrate. Chi può affermare che non ci siano organismi unicellulari intelligenti tra la melma delle zone ultraabissali oppure calamari così perspicaci che non notiamo nemmeno? A parte gli scherzi, i ricercatori cognitivi ritengono che l'uomo non vedrebbe esseri molto superiori, proprio come un cane non scorge un buonsenso canino nelle azioni del suo padrone. Dal punto di vista di Fido, quello che il suo padrone fa ha senso solo se rientra nel suo comportamento. I ragionamenti umani sono troppo complessi, ragion per cui il cane percepisce soltanto caos. In *Guida galattica per gli autostoppisti*, di Douglas Adams, alla fine sono i topi a dominare il nostro mondo e a piegarci ai loro perfidi scopi. Bestiole sagaci il cui pensiero è così complicato da indurci a credere che si farebbero mangiare dal gatto per stupidità. Sciocchezze. Fa tutto parte di un piano più grande. Prendiamo le oloturie, per esempio. Chi ci assicura che non siano gli esseri più intelligenti del pianeta? Sia come sia, se calcoliamo 4 miliardi e mezzo di anni di storia oceanica contro 6 milioni di anni di evoluzione umana, dobbiamo domandarci perché un'intelligenza superiore non sia comparsa negli abissi marini già da tempo.

A questo proposito, tre osservazioni.

In primo luogo, come sappiamo, il tempo non ha importanza e si è rivelato un concetto irrilevante già al momento della nascita dell'universo. Non c'interessa sapere *quanto* dura qualcosa, ma soltanto *se* accade e in *quali circostanze*. Le condizioni generali devono essere compatibili e sono quasi sempre il risultato di cambiamenti radicali che, quando si verificano, tendono a essere accolti con insoddisfazione.

In secondo luogo, non ha senso separare la vita sulla terraferma dalla vita in acqua. La vita ha una storia comune durante la quale ha prodotto varianti sempre nuove, ha sostituito più volte il suo ambiente, ha abbandonato il mare e c'è tornata, finché, a un certo punto, non si è delineato uno sviluppo superiore. Ad assumere il comando avrebbero potuto benissimo essere le seppie, ma non è accaduto. Pazienza. Sono state sfortunate.

Dobbiamo staccarci anche da una visione del mondo in cui la vita è orientata al progresso. Il quesito un po' cavilloso che potremmo porre a Miss Evoluzione per sapere come mai abbia impiegato 4 miliardi e mezzo di anni per estrarre dal suo cilindro una specie capace di parlare e pensare verrebbe liquidato con una scrollata di spalle da parte della nostra amica, che affermerebbe di non aver mai vagheggiato una simile razza. Per quanto possa sembrare sconfortante, l'evoluzione non persegue nessuno scopo superiore. Se le circostanze lo richiedessero, sarebbe lieta di riorganizzare tutto il suo operato intorno agli organismi unicellulari. Già Darwin l'aveva notato con chiarezza: lui non amava il concetto di evoluzione, che va attribuito a Herbert Spencer, un biologo e filosofo sociale vittoriano. Come tanti altri eruditi, anche Spencer cercava la legge assoluta, la formula del mondo. Gli inglesi intendono l'evoluzione come progresso e crescita, che Spencer individuava nell'ambiente naturale, ed era proprio questa l'idea che Darwin non condivideva. Riprese il concetto soltanto perché era più facile da ricordare rispetto a « discendenza con mutamento » o « sopravvivenza del più forte ». Darwin credeva nello sviluppo e nella selezione, punto e basta. Non poteva e non voleva scorgere un progresso nell'opera della natura. Avrebbe senza dubbio simpatizzato con la Regina Rossa del suo contemporaneo Lewis Carroll, alla quale basta non muoversi per sopravvivere. Quella figura divenne tuttavia sinonimo di lotta delle specie solo dopo la morte di Darwin.

L'equiparazione tra aumento della complessità e progresso nasce da un equivoco. Trascorrono 4 miliardi e mezzo di anni prima che l'uomo sollevi la sua testa arrotondata e inizi a ricostruire la storia dei suoi predecessori. Incappa così in segni apparentemente inequivocabili, che rafforzano la sua convinzione di essere il glorioso prodotto finale di lunghe serie di esperimenti. Si è infatti reso conto che è cominciato tutto coi primitivi organismi unicellulari (cui sono seguiti gli organismi pluricellulari, che poi si sono procurati armi e armature e hanno sviluppato una corporatura bilaterale), che la loro molteplicità è aumentata, che sono cresciuti e che si sono diffusi sul pianeta. Qui non è forse chiaramente riconoscibile un trend orientato verso lo sviluppo superiore? Persino i creazionisti ammettono che, nei primi giorni, Dio ha creato il palcoscenico, per poi reclutare le comparse e infine scegliere i protagonisti. Dopodiché non gli è più venuto in mente nulla di meglio.

In realtà, la natura si limita ad aggiungere qualcosa di nuovo a ciò che già esiste. Alcuni elementi sono complessi, altri sono semplici. Alcuni scompaiono e vengono sostituiti da altri, che possono essere migliori, peggiori o di pari livello. Nel complesso, gli interventi di base dell'evoluzione sono irreversibili. Ciò che nasce resta valido. L'invenzione degli organismi pluricellulari ha condotto alla loro esistenza fin da allora. I gusci duri sono stati introdotti e mantenuti. Esseri come l'*Anomalocaris* saranno anche estinti, ma altri crostacei hanno preso il loro posto. Alla fine, si sono sviluppati i vertebrati e sono comparsi pesci che esistono tuttora. I dinosauri hanno dovuto morire da eroi, ma i loro rappresentanti continuano a farci compagnia. Insetti, pesci, mammiferi, scimmie e uomini compongono un repertorio vitale. Se c'è davvero qualcosa di simile al progresso, è osservabile unicamente sul piano dell'aumento della biodiversità negli ultimi 4 miliardi e mezzo di anni. Il catalogo è diventato più corposo. Bene, in termini quantitativi questo è senz'altro un progresso.

Immaginate una festa con una cinquantina di persone di ottimo umore. Poi arrivate voi. In seguito, la gente direbbe forse che il party è entrato in una nuova era al momento del vostro ingresso? Parlerebbe soltanto di voi? La festa ha raggiunto un nuovo grado di sviluppo soltanto perché avete deciso di fermarvi a bere un bicchierino?

Nella nostra concezione del mondo sembra proprio così. Ogni volta che compare una presunta variante progredita, le rivolgiamo un entusiastico evviva e ci comportiamo come se, all'improvviso, tutte le altre non contassero più nulla. Come abbiamo osservato più volte, la molteplicità degli organismi unicellulari è ininterrotta, e i ricercatori del CoML ne scoprono di nuovi senza sosta. Miss Evoluzione lavora simultaneamente a più progetti. Non può fare altrimenti, perché le sue creature fanno parte delle condizioni generali cui tutti devono adattarsi, se non vogliono sparire. Più numerose sono le creature e più complesso è il tessuto delle condizioni, il che conduce a sua volta a una maggiore varietà. A un certo punto ne è scaturito un essere autocosciente, il risultato di diversi processi di adattamento che avevano imposto l'uso delle mani, la postura eretta, nonché lo sviluppo di un cervello più grande e infine del linguaggio.

Ma anche i rettili attuali avrebbero potuto acquisire un'intelligenza superiore. Se fossero derivati dai rapaci e intelligentissimi *Velociraptor,* rettili che correvano eretti ed erano alti fino a 3 metri. Ma le condizioni non l'hanno permesso. Così l'*Homo sapiens sapiens* è arrivato alla festa e ora aspetta che tutto ruoti intorno a lui. Se si dà una scorsa alla lista degli invitati, non ci si può non domandare se l'idea della coscienza riflettente non sia tanto assurda quanto quella dei colli che superano il corpo in lunghezza. Prima che ci presentassimo, gli ospiti si divertivano un mondo. All'improvviso spaccano i vetri e mettono veleno nel cibo; l'atmosfera si è come appestata ed è scoppiato il caos. Forse, dopo aver insultato qualcuno, verremo buttati fuori e gli altri continueranno a festeggiare senza di noi. Allora il mondo perderebbe una specie molto complessa, che ha fatto una capatina e poi è scomparsa, senza che per questo si possa parlare di un impoverimento. In prospettiva, si direbbe che siamo entrati in una crisi della complessità: molto sviluppati, ma incapaci di stare in società.

Ci ostiniamo tuttavia a credere di distinguere nell'uomo un trend verso il progresso. Bene, ipotizziamo di avere ragione. Dobbiamo domandarci che cosa sia un trend. Wikipedia, l'enciclopedia online gratuita, lo definisce « una tendenza di base rilevabile statisticamente, la direzione in cui si muove uno sviluppo ». Poi aggiunge: « Un trend è una nuova concezione all'interno della società, dell'economia o della tecnologia, capace di avviare un nuovo movimento o una nuova direzione di marcia ». Dunque i trend si alternano. Alcuni sono così brevi che in seguito bisogna definirli mode, anche se al momento della loro comparsa sono annunciati a gran voce come trend. Invece altri sono degni del loro nome. In natura, si può parlare del trend verso la modifica dei progetti di costruzione. La minigonna è stata una moda, ma ha anche fatto parte del trend verso una maggiore autocoscienza femminile.

Chiaramente non esiste uno sviluppo che duri miliardi di anni. Non esiste un unico trend riconoscibile che intensifichi costantemente un fenomeno. Non esiste un aumento della complessità che prima o poi non finisca con una crisi della complessità. La situazione si complica ancora di più: se salvassimo in un computer tutti i trend rilevati finora, l'apparecchio non sarebbe in grado di predire quelli futuri o di prevedere quanto dureranno quelli esistenti. La teoria del caos c'insegna che le previsioni possono essere tutt'al più degli abbozzi (eventualmente, le cose potranno andare così o così); predice anche il crollo dei presunti trend nel momento in cui meno ce lo aspettiamo. Nella concezione antiquata di questo vocabolo, il Superuomo avrebbe dovuto prendere il posto dell'uomo, ma Nietzsche ha sognato inutilmente. È impossibile fare previsioni a lungo termine sulle condizioni meteorologiche e sull'andamento della Borsa e tantomeno sullo sviluppo e sulla portata delle variazioni delle specie. Si può dire soltanto che l'aumento della complessità è inevitabile in determinate circostanze.

Nel suo libro *Gli alberi non crescono fino in cielo*, il paleontologo americano Stephen Jay Gould accenna ai fenomeni limite descrivendo un ubriaco che torna a casa barcollando e che, pur avendo i muri degli edifici alla sua destra, cade continuamente nel rigagnolo oppure sulla carreggiata. Ruzzolando, tende dunque verso sinistra. Si può allora riconoscere un trend secondo cui gli ubriachi sbattono il muso più spesso nel rigagnolo che sul marciapiede? E che dire del ricercatore che spinge il suo ragno-cavia urlando: «Corri, ragno, corri»? Be', l'animale corre. Poi lo studioso gli strappa due zampe e ripete l'esperimento. Il ragno corre ancora, riuscendo ad avanzare benché gli siano rimasti soltanto due arti. Non reagisce più solo quando non ha più zampe, al che lo scienziato scrive nella sua relazione: «Ragno senza zampe sordo».

Non esiste però un trend secondo cui i ragni perdono l'udito a mano a mano che perdono le zampe. E non ne esiste uno secondo cui gli ubriachi hanno una preferenza per i rigagnoli. È più verosimile che l'ubriaco non prediliga il lato destro né quello sinistro, ma voglia soltanto andare a letto. Però a destra c'è il muro, quindi il beone può soltanto vacillare e cadere regolarmente nel rigagnolo, verso sinistra, dove non ha nulla che arresti il suo capitombolo. Accade quasi lo stesso coi muri o coi limiti naturali. Un essere vivente dotato di metabolismo non può scendere al di sotto del formato di una cellula. Ipotizzando che la vita sulla Terra venga spazzata via da una catastrofe e che sopravvivano soltanto gli organismi unicellulari, prima o poi lo sviluppo ricomincerebbe dall'inizio. Comparirebbero ancora esseri più grandi e più complessi, perché la grandezza e la complessità sono l'unica direzione in cui Miss Evoluzione può procedere. Non può diventare più piccola, pertanto quello è il muro, il confine imposto dalle dimensioni minime di un organismo. Eppure ci viene da sostenere che l'evoluzione abbia una propensione per la grandezza.

Se quest'ultima fosse davvero vantaggiosa, il brachiosauro avrebbe dovuto essere più progredito del *Raptor*, cosa che non corrisponde alla realtà. Ricordate i millepiedi lunghi parecchi metri e le libellule giganti del Carbonifero? Il maggiore contenuto di ossigeno dell'atmosfera aveva favorito il gigantismo, un trend che è durato milioni di anni. Con la diminuzione dell'ossigeno, anche gli esseri viventi sono rimpiccioliti.

Per inciso, il principio del limite spiega perché i tedeschi hanno conosciuto tanta fortuna subito dopo la seconda guerra mondiale. Semplice: chi ha perduto tutto non può perdere più nulla. I Paesi che registrano una crescita sempre più intensa farebbero bene a diffidare delle previsioni secondo cui la situazione resterà invariata. L'11 settembre 2001 è un ottimo esempio di come persino gli eventi limitati nello spazio possono modificare le condizioni generali di un intero pianeta e mettere in crisi gli Stati.

Non c'è dunque nessun trend verso lo sviluppo dell'intelligenza, delle dimensioni e delle complessità, proprio come l'approdo degli anfibi sulla terraferma non ha rappresentato, sul piano evoluzionistico, un progresso, bensì soltanto una variante. In acqua si sta bene. Si sta bene anche sulla terraferma. Il che ci conduce alla terza osservazione riguardo al tentativo di stabilire perché la vita intelligente non sia nata negli oceani.

Ma chi dice che non sia nata laggiù?

Già i cetacei ci mettono di fronte ad alcune domande senza risposta. Come si misura e si definisce l'intelligenza in un mondo di transizioni fluide? Non si associa alla concezione del mondo tipica di una specie, ma può essere così bizzarra da impedirci di riconoscerla come intelligenza. Mentre scrivevo *Il quinto giorno*, l'idea che una forma d'intelligenza così singolare potesse essersi sviluppata molto prima dell'uomo ha suscitato il mio interesse. Gli organismi unicellulari sono gli ultimi da cui ci si aspetterebbe un'intelligenza superiore. Proprio per questo, nel libro non ci sono polpi giganteschi o uomini dotati di branchie, bensì microbi che ci costringono a guardare oltre la percezione di noi stessi.

Che gli yrr del *Quinto giorno* esistano davvero?

No, certo che no. Esistono solo nella mia testa. O, almeno, io non ne conosco altri. Tuttavia ritengo senz'altro possibile che sugli altri pianeti vi siano intelligenze di sciame, come pure sciami ed esseri autocoscienti e abituati a vivere in sciami.* Le formiche e le termiti non fanno parte di questa categoria. Vengono generalmente considerate molto intelligenti, ma a un livello inconscio. A essere perspicace non è tanto l'animale in sé quanto il sistema, una matrice pretenziosa per i sosteni-

* *Der Schwarm* - «lo sciame» - è il titolo originale del romanzo. (*N.d.T.*)

tori striscianti dello Stato sociale, che non potranno mai avere una vera intelligenza a causa dei limiti biochimici. Ma, con altri presupposti, cosa impedirebbe a minuscoli esseri viventi di organizzarsi in modo da creare un supercervello autocosciente, i cui limiti di talento siano aperti verso l'alto?

Si può riflettere sull'argomento, oppure credere quello che si vuole. Ecco alcune affermazioni preferite su questo tema: «Non è necessario capire tutto».

«Non è possibile spiegare ogni cosa.»

«Ho la sensazione che questi animali provino amore.»

«Altroché se le formiche hanno dei sentimenti!»

«La fredda scienza non può spiegare il mondo.»

«Quando il delfino mi ha guardato, ho vissuto un'esperienza mistica...»

E via discorrendo. Con tutto il rispetto: queste sono *stronzate*! Ma torniamo ai delfini. Sono tipi svegli, ci viene da dire quando saltano attraverso il cerchio. Ma ciò significa che sono intelligenti? Sul piano acustico, fanno molto più dei cani. Ma questa è una forma di linguaggio? Certamente dispongono di un sonar altamente sviluppato, senza dubbio un capolavoro della biotecnologia, ma questa è forse una garanzia d'intelligenza?

Negli anni '60, lo psicologo e psicoanalista americano John Lilly si è entusiasmato di fronte al complesso vocabolario dei delfini, che gli animali utilizzavano, a suo parere, per scambiarsi molteplici informazioni. Secondo lui, il grande cervello dei delfini era già una prova sufficiente dell'intelligenza di quella specie. In effetti, se si confronta il peso della massa cerebrale col peso corporeo complessivo del suo proprietario, i delfini hanno più sale in zucca degli uomini. Ma a quale scopo? Perché non fanno altro che mostrare un comportamento sociale più o meno educato, mangiare pesce crudo e dedicarsi ai loro giochetti? Non scrivono libri e non compongono canzoni. Anche considerando il fatto che le predilezioni umane non hanno importanza per la determinazione dell'intelligenza, i delfini non combinano granché col loro cervello gigantesco.

A meno che il loro sensibilissimo sonar non occupi una zona di memoria neuronale molto estesa.

I primi computer degli anni '60 erano enormi rispetto alla loro capacità di calcolo. L'elaborazione dati avveniva in sale zeppe di armadi chiassosi e ticchettanti. Oggi, un laptop ha le medesime prestazioni e, in genere, anche molte altre. È dunque evidente che il cervello del delfino è una sorta di gigantesco computer rudimentale. Il sonar richiede milioni di processamenti paralleli, immense quantità di dati devono essere rilevate ed elaborate in frazioni di secondo. A un esame più attento, emerge che il cervello del delfino ha una configurazione più complessa di quello degli scimpanzé, ma, in confronto, presenta una corteccia cerebrale sottile e pertanto una solcatura poco profonda. L'autocoscienza umana, il controllo motorio, la nostra capacità di apprendere, d'individuare legami di senso, di pensare per schemi, di pianificare... Tutto ciò è nascosto nella nostra corteccia cerebrale. Non è da escludersi che, nel corso di milioni di anni, i delfini acquisiscano una corteccia più spessa e riescano a eguagliarci. Ma, sebbene non si possa negare che abbiano già superato alcune soglie dell'ingenua natura animale, essi continuano a essere animali, perché l'agglomerato di neuroni nel loro cervello non riesce (ancora) a fare di più.

Francis Crick, uno scienziato inglese che ha vinto il premio Nobel ed è stato un pioniere dell'ingegneria genetica, ha tuttavia trovato una spiegazione davvero «sognante» per chiarire come mai il cervello dei delfini è così grande: questi animali dormono poco e non sognano. Nel sogno, noi affrontiamo le esperienze vissute e ci liberiamo delle associazioni sgradevoli, ma tale opportunità di compensazione è preclusa al delfino, che ha quindi bisogno di una zona di memoria per elaborare il bombardamento quotidiano di stimoli. L'animale archivia il vissuto in appositi file che rendono indispensabile un cervello gigantesco.

Ma che cos'è l'intelligenza?

Dobbiamo imparare a distinguere fra esseri intelligenti e soluzioni intelligenti, cosa tutt'altro che semplice. Per esempio, l'intelligenza viene intesa come la capacità di pensare formulando previsioni. Ma, se gli forniamo dati sufficienti, anche un computer può fare pronostici. Deve dunque esserci dell'altro. Le associazioni mentali. La facoltà di fare progetti, d'immaginare scenari, di prendere decisioni su base astratta. Di percepire se stessi criticamente, di giudicare gli altri e d'immedesimarsi in loro. Di odiare e di amare. Di fronte a ciascuna di queste caratteristiche, il computer, il non plus ultra dell'intelligenza, perde un po' di terreno.

Il delfino è diverso da un computer. Ha dei sentimenti, delle sensazioni. L'amicizia e l'intimità che gli uomini avvertono in presenza dei mammiferi fanno pensare a un essere sensibile, ma non necessariamente all'intelligenza. I delfini ripetono in modo meccanico molto di quanto imparano. La pura imitazione, tipica anche dei pappagalli, non significa affatto che gli animali comprendano il senso e lo scopo delle loro azioni. Se insegnate a un pappagallo la formula $E=mc^2$, l'uccello non sarà comunque in grado di fare affermazioni sulla velocità della luce. Persino un comportamento sociale progredito può essere impiantato geneticamente, come nel caso delle formiche e delle termiti già citate.

Non è tuttavia da escludersi che nell'oceano esista qualcosa di simile all'intelligenza cosciente. A questo proposito, tasteremo il polso soprattutto a una specie che affascina i ricercatori: l'orca, anche etichettata come « assassina ».

Non appena si domanda loro se le orche siano intelligenti, gli indiani del Canada occidentale rispondono unanimi con un sì deciso. Nei loro miti, gli uomini buoni rinascono sotto forma di orche. L'esempio più recente della vitalità di questa convinzione è stato lo scalpore suscitato da Luna, un'orca nata nel 1999. L'orca si è separata dalla sua famiglia nel 2001 ed è riapparsa sola soletta nel Nootka Sund, al largo di Vancouver Island. Poi, nel 2003, seguendo il corso del Muchalat Inlet, l'orca ha raggiunto la regione in cui vivono i Mowachaht-Muchalaht, i quali, vedendola, hanno subito pensato che avesse un aspetto familiare. Quegli occhi astuti, quel mento sfuggente, quel ghigno costante... ma certo! Era Ambrose Maquinna, il loro capotribù morto da poco. Che bello! Ambrose non aveva forse sempre desiderato rinascere orca?

Be', ci era riuscito.

Luna amava le coccole, si lasciava accarezzare e si avvicinava tanto alle barche che i membri del Vancouver Aquarium e il dipartimento dell'Agricoltura, settore Pesca e Acquacoltura, hanno deciso di ospitare quell'animale curioso in un'apposita riserva. Gli indiani hanno sabotato i tentativi in maniera pacifica ma decisa. Quando mai si è visto un capotribù in una riserva? Il dipartimento ha sottolineato che Luna sarebbe potuta diventare pericolosa per i turisti o per gli idrovolanti in fase di atterraggio, correndo anche il rischio di ferirsi. Gli indiani hanno ribattuto che il cetaceo se ne sarebbe andato quando l'avesse ritenuto opportuno. Finora (marzo 2006) i desideri degli indiani sono stati rispettati e comunque Luna non si comporta come se rispettasse schemi predefiniti.

L'*Orcinus orca*, « colui che appartiene al regno dei morti », si è insediato in tutti gli oceani, dall'equatore fino all'Antartide. Considerato estremamente brutale e pericoloso da Jacques-Yves Cousteau, finora non ha mai aggredito l'uomo nel suo habitat naturale. Da qualunque cosa dipenda la sua fama di killer, non abbiamo motivo per temerlo. Le orche ci sembrano in realtà piuttosto benevole, sebbene non possiamo dare loro torto se hanno una buona dose di rabbia in corpo. Screditate come crudeli assassine di uomini, durante la seconda guerra mondiale sono state bombardate a scopo di esercitazione da piloti che esclamavano: « *Yeah!* » « *Magnifique!* » e « *Potzblitz!* » quando i loro corpi dilaniati schizzavano in aria. Sono state a lungo considerate come un grosso rischio per i sub e si sono attirate l'odio e i proiettili dei pescatori, i quali sostenevano che le orche li danneggiavano, benché ci fosse abbastanza pesce per tutti.

Il cambiamento di opinioni è avvenuto già prima di *Free Willy*, e il pubblico è caduto nell'estremo opposto. Insomma l'orca ha svolto tutti i ruoli possibili e immaginabili, da clown a guaritrice spirituale, fuorché il suo. La ricerca si è avvicinata a questi misteriosi animali solo da alcuni anni, ottenendo risultati sorprendenti e talvolta pure sconcertanti.

L'*Orcinus orca* è l'odontoceto più grande dopo il capodoglio, una sorta di delfino gigantesco i cui rappresentanti maschi raggiungono una lunghezza compresa tra i 7 e i 10 metri. Le femmine sono un po' più piccole e, poiché vivono quasi il doppio dei maschi, esistono più vedove allegre che vedovi arzilli. Al largo della costa del Canada occidentale, soprattutto nella zona intorno a Vancouver Island, creano una popolazione che non si osserva in nessun altro luogo del mondo. Le orche sono le preferite dei *whale-watchers* e dei ricercatori comportamentali, che ne suddividono l'esistenza quotidiana in quattro sfere di attività: caccia, riposo, viaggi e vita sociale.

La cetologia distingue tre tipi di orche: le «offshore», che vivono molto lontano dalla costa, si cibano di alcune specie di pesci e intrattengono vivaci comunicazioni di cui tuttavia sappiamo pochissimo; le «transienti», che vagano in piccoli gruppi lungo la costa occidentale e si nutrono anche di foche e di altri cetacei, e infine le «residenti», oggetto di maggiore attenzione da parte della ricerca. Trascorrono l'estate in punti fissi lungo il litorale del Canada occidentale, un comportamento legato alla loro predilezione per i salmoni. Il Johnstone Strait, tra Vancouver Island e il territorio canadese, è la strada principale per la circolazione d'immensi banchi di salmoni. Qui le vie secondarie si uniscono in fiumi, nei quali questi pesci depositano le uova tutti gli anni, scopo per cui hanno acquisito la notevole capacità di nuotare controcorrente e di superare dislivelli considerevoli. L'immagine del salmone che salta praticamente in bocca al grizzly è nota a tutti. E le orche, che non mangiano quasi nient'altro, rivendicano per sé generose porzioni di pesci, benché i salmoni vengano decimati dalla pesca eccessiva e dall'avvelenamento industriale.

Le residenti sono animali amanti della famiglia, che si riuniscono in gruppi, detti *pods* o *subpods*, in cui vigono rigide regole sociali. Ne fanno parte da 5 a 50 esemplari, che si sottomettono alla femmina di grado più alto. Un *pod* grande comprende quattro generazioni. Persino i ricercatori che applicano la maggiore obiettività possibile alla valutazione comportamentale non possono fare a meno di definire «stretti» i legami tra i membri delle famiglie. Se la matriarca muore, la seconda femmina più importante prende il suo posto, ma, anziché scacciarne i piccoli, li accudisce con amore, come farebbe una brava madrina. Detto con tutta la cautela del caso, le orche sembrano avere qualcosa che si trova molto raramente nel regno animale: il senso di responsabilità. Non soltanto in conseguenza di una predisposizione genetica, ma anche come risultato di una sensibilità sociale consapevole. Pure i maschi del *pod* restano fedeli alla matriarca, abbandonano il gruppo solo per l'accoppiamento (le orche non praticano la riproduzione tra consanguinei) e tornano ben presto al suo fianco.

Talvolta le orche danno una grande festa cui intervengono varie famiglie. Chi partecipa a uno di questi *Pod days* assiste a una piccola orgia, durante la quale si va subito al sodo in fatto di figli. E c'è dell'altro. I *Pod days* somigliano a un happening, durante il quale si balla e si gioca tutti insieme, si celebrano rituali e ci si scambiano le notizie. Il *breaching* (il salto fuori dall'acqua con tanto di eleganti piroette) viene eseguito con lo stesso entusiasmo dei colpi di pinna e dello *spy-hopping* (testa fuori dall'acqua per dare un'occhiata in giro). Rispetto al canto delle balenottere, largamente sopravvalutato, e agli allegri strilli dei delfini, le orche sembrano disporre di una comunicazione molto sviluppata, caratterizzata da ogni genere di fischio e suono secco, da urla, cigolii e strepiti, guaiti, grugniti e sibili.

Si tratta di un linguaggio?

La scienza è divisa, ma tende a rispondere negativamente. In ogni caso, non si tratta di un linguaggio analogo a quello usato dagli uomini. I suoni servono piuttosto per orientarsi, per cercarsi un partner e per collaborare durante la caccia. È vero, gli esseri umani utilizzano il linguaggio in maniera differenziata, per esempio: « Che fai stasera? » « Va' a prendere la salsiccia, mentre io faccio la fila al banco del pesce », oppure: « Mi sa indicare il distretto di Pankow, per favore? »

Le orche emettono anche i cosiddetti *discrete calls*, grida che servono all'interazione sociale e che variano da un *pod* all'altro. Alcuni parlano di dialetti. Caspita! Esistono dunque orche napoletane e siciliane? In una certa misura, sì. A esprimersi in questi dialetti non sono però soltanto le orche; lo spettro interfamiliare si differenzia infatti anche tra alcuni uccelli e scimmie.

Linguaggio, insomma? Oppure semplice repertorio vocale?

A questo proposito, è interessante condurre un piccolo esperimento mentale. Immaginiamo che alcuni extraterrestri – diversi da noi sia nell'aspetto sia nel modo di ragionare e d'intendersi - cerchino di studiare l'utilizzabilità linguistica dei suoni umani. Alla fine, prevarrebbero gli scettici e, a sostegno della loro teoria, mostrerebbero ai loro studenti un paio di riprese cinematografiche.

Nella prima, un individuo alticcio si rivolge a una signora, esclamando: « Che sventola! »

« Questo », spiegherebbe il docente extraterrestre, « non è un linguaggio usato in modo creativo, bensì un elemento del repertorio naturale finalizzato alla ricerca del partner. »

Nella seconda, arriva un signore che, dopo aver mollato un paio di ceffoni all'ubriaco, sbraita: « Lascia in pace mia moglie o ti do un pugno sul muso! »

« Questi suoni », proseguirebbe il professore, « introducono le lotte rituali tra i maschi pronti per l'accoppiamento. »

Nella terza, l'ubriaco si allontana prima che la situazione precipiti, e il signore dice alla donna: « Gliele ho suonate di santa ragione, vero? Accidenti, mi brontola lo stomaco. Cameriere, due birre e il menù! »

« Due comportamenti predefiniti geneticamente: le arie da sbruffone e la ricerca di cibo », commenterebbe allora il professore. « Il presunto contatto sociale tra il cliente e il cameriere va interpretato come una comunità simbiotica: il cameriere procura il cibo alla coppia, e il signore divora la sua porzione con una serie di grugniti, per poi tirare fuori dei soldi coi quali il cameriere, dopo il lavoro, si reca in un locale notturno. Prima, però, grida a due vecchietti seduti al bancone: 'Stiamo per chiudere!' e questo è un urlo di avvertimento, ma forse anche una semplice difesa del territorio. I vecchi annuiscono e si avviano verso casa, continuando la loro conversazione sull'imperativo categorico kantiano e citando anche Hegel e Heidegger. I sostenitori della teoria del linguaggio usano questo scambio di melodie complesse per azzardare un'ipotesi: evidentemente, in tal caso, vengono trasmesse informazioni che non sono alla base di un comportamento specifico della specie. I suoni prodotti sono molto diversi e nessuno ha mai udito simili combinazioni prima d'ora... »

« Questo è corretto solo in parte », interverrebbero gli scettici. « È innegabile che gli esseri umani riescano a variare il loro spettro di suoni, ma, tutto sommato, impiegano sempre gli stessi in combinazioni sempre nuove. Probabilmente la presunta conversazione rispecchia l'esigenza di socievolezza. Gli uomini sono proprio giocherelloni... »

E va bene. La ricerca avanza, spesso senza aprire bocca.

La conquista sociale più notevole delle orche residenti è forse la rinuncia alla violenza reciproca. Niente zuffe tra i maschi, niente cannibalismo, niente screzi per le zone di sovranità, niente furti di cibo. Le residenti dividono tutto e lasciano una parte delle loro prede agli esemplari più deboli. I membri di una famiglia colgono ogni opportunità di assistere le altre orche, anche quelle appartenenti a *pods* diversi. Se questi animali andassero in autobus ai *Pod days*, i giovani offrirebbero il loro posto alle vecchiette e le aiuterebbero ad attraversare lo stretto marino. Tanto che si resiste a malapena alla tentazione di stringere tra le braccia le orche, benché esse siano senza dubbio indiani rinati con le pinne. Ma attenzione! Per quanto tutto ciò sia commovente, non dobbiamo dimenticare che le transienti e le offshore sono di tutt'altro stampo. Non abbiamo notizie di aggressioni all'uomo, eppure questi animali seguono tecniche di caccia da far accapponare la pelle.

La BBC ha realizzato uno spettacolare documentario in cui tre transienti separano un piccolo di balena grigia dalla madre. Inseguono la famigliola per ore, sfinendo i due malcapitati, poi si avventano contro il piccolo e gli dilaniano la mascella inferiore. Mangiano infatti soltanto la lingua, lasciando il cadavere ai decompositori degli abissi. Le transienti sono fatte in questo modo. Abitudini così crudeli non evidenziano possibili gradazioni d'intelligenza. Ma le prime non escludono le seconde. C'è da sperare che, volendo concludere la loro relazione sugli esseri umani, gli extraterrestri non abbiano guardato con troppa attenzione nelle prigioni turche o nordcoreane e che abbiano opportunamente girato al largo da Guantanamo.

È interessante notare che le orche sviluppano strategie creative non predefinite geneticamente e le trasmettono ai loro discendenti. Ciò accade, per esempio, quando piccoli gruppi antartici si lasciano trasportare dalle onde per acchiappare le foche sui lastroni di ghiaccio. Alla base di queste tecniche c'è sicuramente una sensibilità per i principi di causa ed effetto e questo è uno dei motivi per cui i cetologi più accreditati ipotizzano che le orche abbiano superato la soglia tra il puro comportamento animale istintivo e la pianificazione consapevole. John Ford, direttore del Marine Science Centre del Vancouver Aquarium e persona estremamente abbottonata quando si tratta d'intelligenza, scorge in alcune orche qualcosa di simile alla ricchezza culturale: «L'influenza dell'apprendimento e dei comportamenti tradizionali sulla vita degli animali è più evidente di quella della programmazione genetica». Hal Whitehead della Dalhousie University di Halifax, nella Nuova Scozia, è della stessa opinione: «A mio parere, esistono buone probabilità che la cultura sia parte integrante del comportamento delle orche, comportamento che esse hanno appreso da altri animali».

Non è ancora chiaro fino a che punto sia possibile paragonare le orche a uomini primitivi. Gli esperimenti hanno dimostrato che si percepiscono come individui, ma non sono e non saranno mai esseri umani. Forse, un giorno, quando il super-meteorite sfreccerà nella nostra direzione, partiranno verso mondi lontani a bordo di acquari high-tech, lasciandoci un simpatico: «Stateci bene e grazie per il pesce», come prevede Douglas Adams in *Guida galattica per gli autostoppisti*. Ma forse si risparmieranno anche la paura della fine del mondo, perché non sono in grado d'immaginare avvenimenti che non hanno ancora avuto luogo.

Finché non esisterà una definizione chiara d'intelligenza al di là delle valutazioni umane, sarà difficile comprovare o mettere in dubbio la sua presenza nel mare. Gli oceani sono tanto adatti quanto la superficie terrestre allo sviluppo di una coscienza superiore. A ogni buon conto, fino ad allora, tutte le creature che ci vivono meritano soprattutto una cosa: il nostro rispetto.

X-Files

Cristoforo Colombo si è dato molto da fare per organizzare la sua prima, grande spedizione. Per anni ha presentato richieste alla corte spagnola, si è guadagnato il favore della coppia reale, ha affrontato varie commissioni e minacciato d'iniziare il suo viaggio dalla Francia. Poi, il 17 aprile 1492, Isabella e Ferdinando sottoscrivono le Capitolazioni di Santa Fé, un contratto riguardante la scoperta di una via marittima occidentale verso l'Asia, garantendo a Colombo un ottimo compenso e una serie di titoli altisonanti. Ormai nulla sembra ostacolare quell'impresa audace, che deve prendere il via il 3 agosto.

Ma ecco che i marinai si ribellano, gridando: « Oh, Signore! Ma non sapete che i mari pullulano di mostri e serpenti? Nel mare dell'oscurità sono in agguato le creature dell'inferno! Supereremo monti magnetici che toglieranno tutti i chiodi alle navi e affonderemo miseramente, sempre che uno dei figli di Satana non c'inghiotta prima! » E via discorrendo.

Naturalmente il « mare dell'oscurità » è l'oceano Atlantico. Colombo impiega un bel po' di tempo per sconfiggere le superstizioni dei marinai paurosi, e ci riesce promettendo loro una parte del guadagno. E così li persuade ad affrontare insidie che, per loro, sono assolutamente reali. Chi mette in dubbio l'esistenza dei serpenti marini è un pazzo, dato che esistono numerosissimi resoconti in merito.

Fra tutti i mostri possibili e immaginabili, i serpenti marini sono un *evergreen*. Nella mitologia germanica, Jormungandr, il serpente di Midgard, circonda il mondo e Thor cerca per ben due volte di sfondargli il cranio col suo martello, un'impresa che lo costringe a spingersi al largo in entrambe le occasioni. Su Laocoonte, il veggente che scaglia una lancia contro il Cavallo di Troia per dimostrare che è vuoto, si abbatte l'ira di Poseidone, che lo fa stritolare insieme coi suoi figli da un rettile gigantesco, arrivato dal mare. Hans Christian Andersen trasforma il mito del serpente che si morde la coda in una fiaba ironica, in cui i pesci e le balene cercano di parlare col mostro «che si allunga dall'Oriente all'Occidente, portando notizie con la stessa velocità dei raggi di luce che arrivano dal cielo alla terra...» Una specie di cavo sottomariono, insomma.

Quest'essere squamoso viene avvistato con una certa regolarità anche ai giorni nostri, soprattutto nei mari settentrionali. Se vogliamo credere ai criptozoologi, simili serpenti sono lunghi fino a 30 metri e comprendono specie totalmente diverse.

Nell'ambito del cristianesimo, il serpente ha comunque un significato importante. Vale la pena di leggere l'*Historia de gentibus septentrionalibus* del religioso svedese Olaus Magnus, che all'inizio del XVI secolo intraprese un lungo viaggio per mare verso la regione del Norrland, e annotò ciò che i pescatori pretendevano di avere visto (e forse avevano visto davvero) durante una notte di burrasca. In realtà, Magnus era un geografo e un cartografo, famoso per la sua dettagliata rappresentazione dei Paesi e dei mari dell'Europa settentrionale, ma nutriva anche un profondo interesse per la mitologia popolare, in particolare per i racconti scandinavi. I cartografi di tutte le epoche hanno decorato le loro opere con scene di battaglie, raffigurazioni di usanze tipiche del luogo e animali selvaggi. Invece Magnus era un uomo illuminato e le storie troppo bizzarre suscitavano la sua diffidenza. Però non aveva dubbi sull'esistenza dei serpenti marini. Una delle sue illustrazioni mostra un enorme esemplare col corpo corazzato da rettile e con la testa da drago, intento ad attaccare un mercantile e a divorare l'equipaggio. Chi sfidava il mare nonostante questi avvertimenti era un vero temerario.

Quasi tutti i resoconti relativi a tali giganti squamosi contengono la descrizione di una testa da drago o da cavallo. Associando il mare al cavallo, pensiamo automaticamente al cavalluccio marino, affascinante e meno mostruoso. Il cavalluccio viene dalle isole del Pacifico, dove, nella notte dei tempi, era un autentico animale terrestre, con tanto di zoccoli e criniera (parola d'onore). Galoppava da una riva all'altra e soffriva tanto della mancanza di spazio che un giorno decise di camminare solo sulle zampe posteriori. Quelle anteriori regredirono, ma l'accorgimento non servì a molto, anche perché le isole continuavano a essere affollate. Così i primi cavalli si spostarono nell'acqua. Ah, che splendida idea: finalmente un po' di spazio! A poco a poco avvenne dunque la trasformazione in ippocampi giganti. Le zampe posteriori, che ormai non avevano più nessuna utilità, assunsero la forma di una coda arricciata, e la criniera s'irrigidì in una cresta decorativa.

Mentre i cavallucci caraibici srotolati misurano 6 metri – motivo per cui Poseidone li aveva condannati a trainare il suo carro – i cavallucci del Nord non hanno mai avuto l'onore della vera grandezza. Anzi, dato che l'acqua fredda restringe, quelle creature acquatiche si sono tramutate nei cavallucci del formato a noi noto. A un certo punto, però, si sono stufate del gelo nordico e si sono trasferite all'equatore e lì abitano da allora. Gli ippocampi giganti esistono ancora, ma vivono a notevoli profondità e non si lasciano attirare neppure dal pane raffermo e dalle zollette di zucchero. I microfoni subacquei rilevano i loro nitriti solo di tanto in tanto, facendo comparire profonde rughe sulla fronte della scienza.

Non crediate che vi stia prendendo in giro. Be', forse un po'... Ma, come in tutte le leggende, anche qui si nasconde una buona parte di verità. Per esempio il fatto che gli animali terrestri si siano ritirati nel mare, che abbiano rimpicciolito alcune estremità e ne abbiano sviluppate altre. Il restringimento delle zampe anteriori in conseguenza della postura eretta è comprovato da ogni dinosauro che cammina diritto. Se poi si pensa alla regressione degli arti posteriori e allo sviluppo di una coda idonea alla vita marina, si ottiene già una balena. Persino i magnifici unicorni hanno un omologo nel mare: i narvali, che hanno alimentato per secoli il mito di quei meravigliosi esseri bianchi come la neve. A loro discapito, tra l'altro. Le leggende sugli unicorni proliferano in tutto il mondo, e questo animale è da sempre simbolo di saggezza, purezza, bontà e forza, tutte qualità racchiuse nel suo corno fusiforme. Gli uomini gli hanno attribuito poteri magici soprattutto nel Medioevo, quando si credeva che un breve contatto col corno potesse resuscitare i morti e togliere il veleno da laghi e fiumi, alimenti e bevande. Poiché il bon ton medievale prescriveva di avvelenarsi a vicenda, le corti andavano matte per gli estratti di unicorno o addirittura per il corno stesso.

I navigatori furbi avevano notato già da un pezzo che, nelle acque nordiche, esisteva un odontoceto lungo diversi metri e dotato di un accessorio analogo, che però non spuntava dalla fronte: era invece un incisivo superiore sinistro, cresciuto fino a raggiungere dimensioni abnormi. Alcuni esemplari ne avevano persino due. Staccati, arrivavano a una lunghezza di 3 metri e somigliavano maledettamente a veri corni di unicorno. Le vendite sono andate così bene che, da allora, si è usato quel «corno» per realizzare talismani, recipienti e monili. Alla fine, il narvalo è stato dichiarato quasi estinto. Eppure storie analoghe circolano ancora oggi: in Asia si continua ad apprezzare la polverina di narvalo macinato... chiedo scusa, di unicorno.

Ma torniamo al serpente marino, che striscia così spesso tra gli X-Files della criptozoologia da rendere felici Dana Scully e Fox Mulder. Nel 1746, il comandante norvegese Lorenz von Ferry avvistò in mare qualcosa che somigliava a un cavallo: aveva una criniera bianca svolazzante e un lungo tronco, provvisto di varie gobbe. Nel 1817, la città di Gloucester, nel Massachusetts, trovò il suo Nessie. Per verificare la credibilità dei resoconti degli innumerevoli testimoni oculari, venne persino creata una commissione, che tuttavia non giunse a un risultato definitivo. Nonostante ciò, mezza Gloucester affermò di aver visto un mostro lungo una quindicina di metri.

Altrettanto convinto dell'esistenza di enormi serpenti marini era l'equipaggio della nave inglese *Daedalus*, che, nel 1848, vicino al capo di Buona Speranza, si cimentò in una gara di corsa con un esemplare di 18 metri. La conferma dell'esistenza di quel mostro arrivò quattro anni dopo, allorché due baleniere attaccarono una creatura di dimensioni straordinarie, che morì dopo una violenta lotta. Si trattava di un serpente lungo 45 metri e, giacché era troppo pesante per trascinarlo in porto tutto intero, gli tagliarono la testa. Però, guarda caso, la nave nella cui stiva viaggiava il cranio affondò durante il viaggio di ritorno. La maledizione del mostro. Guai a chiunque lo incontri!

Sarebbe logico pensare che gli avvistamenti siano diminuiti col passare degli anni; in realtà, è successo il contrario. La smania d'imbattersi in mostri marini e in altri esseri favolosi sembra crescere senza freni nelle epoche povere di sogni e d'ideali. Il XX secolo - un periodo alquanto disincantato - ha tratto i suoi ultimi miti dal mare. Che cosa non hanno visto gli uomini tra i flutti! Oceano Atlantico, 1906: un serpente di 10 metri su un blocco di ghiaccio. Mar della Cina, 1937: una creatura di oltre 7 metri col cranio da giraffa. Cook Islands, 1964: l'ombra di un serpente lungo 25 metri poco sotto la superficie dell'acqua. California, 1983: un gigantesco serpente di 30 metri che striscia sulla terraferma e si mette elegantemente in posa... L'uomo civilizzato individua spesso gli esseri squamosi nei laghi e nei fiumi. Chi va a fare il bagno nel lago Maggiore deve rassegnarsi all'eventualità che una creatura col cranio equino gli morda i polpacci. Nel lago svedese di Storsjön vive Storsie (stando alla descrizione, una cugina di Nessie), mentre la Norvegia fa riferimento al Mjosa e al Seljordsvatnet, due laghi oscuri coi rispettivi mostri.

Il criptozoologo Bernard Heuvelmans si è posto come obiettivo di riunire tutti gli avvistamenti in un elenco che dimostri l'effettiva molteplicità dei serpenti marini ed elimini gli equivoci. Nel suo catalogo si trovano animali dal collo lungo che vivono esclusivamente nell'acqua e che, nuotando, raggiungono velocità da record mondiale; ippocampi ed esseri gibbosi con tasche piene d'aria; creature munite di varie pinne, supervipere, superanguille e sauri marini. Heuvelmans è tutt'altro che suonato. Non a torto accenna a presunte specie estinte come il celacanto o il nautilo, che invece godono di una vitalità ininterrotta. Chi viene dato per morto vive più a lungo, perciò lo zoologo cerca con determinazione antenati di cui sia comprovata l'esistenza.

Ecco la sua teoria: se una specie rischia di estinguersi e vuole sopravvivere in piccoli gruppi, non può fare altro che trasferirsi sott'acqua. Così facendo, i plesiosauri non soltanto sarebbero riusciti a salvarsi, ma, durante i milioni di anni successivi, avrebbero persino prodotto alcune linee cadette, il che spiegherebbe le differenze tra le descrizioni. Il plesiosauro più famoso dei giorni nostri è senza dubbio il mostro di Loch Ness. O, almeno, quasi tutti i resoconti dei testimoni oculari sembrano alludere a un pliosauro oppure a un plesiosauro, o forse a un elasmosauro. Tuttavia, benché gli scozzesi non siano avari di racconti, finora non ci sono prove scientifiche che una popolazione isolata di rettili marini sia riuscita a sopravvivere in un lago. Heuvelmans e altri criptozoologi ribattono che Loch Ness è collegato al mare, ma anche in tal caso sarebbe difficile immaginare un plesiosauro felice come una pasqua nelle sue acque.

La discussione non s'interrompe qui, anche perché, in fondo, ha un carattere estremamente romantico. Che cosa sarebbe una fiaba come *La Bella e la Bestia* senza la Bestia? Rimarrebbe soltanto una Bella annoiata, e Jean Marais avrebbe perso l'occasione della sua vita.*

Senza mostro marino, lo splendido fumetto di Alan Moore *L'incantatore di serpenti* non avrebbe mai visto la luce. E cosa dire di Paperino, che, dopo essersi esercitato con un flauto nell'addestramento degli anfibi, ne attira uno per sbaglio nelle acque territoriali di Paperopoli?

Ma quindi, eventualmente, non potrebbe darsi che... tenendo conto di determinate circostanze... magari... chissà dove e chissà come... forse... con un po' di fortuna...

Fermi tutti. Appuriamolo.

In effetti, noi possiamo imbatterci nei serpenti marini. Alcuni di loro sono addirittura lunghi poco meno di 3 metri. Appartengono alla famiglia degli idrofidi e sono veri serpenti (cioè non sono semplicemente simili ai serpenti, come per esempio le anguille) e vivono esclusivamente in mare. Possono trascorrere anche due ore a profondità considerevoli, prima di dover riemergere per prendere una boccata d'aria. La coda appiattita li aiuta a nuotare. Inoltre alcuni esemplari so-

* L'autore si riferisce al film del 1946 diretto da Jean Cocteau, in cui Jean Marais interpreta la Bestia e Josette Day ha il ruolo della Bella. (*N.d.T.*)

no molto decorativi, elegantemente arricciati, ma anche molto velenosi, ragion per cui è bene osservarli a distanza di sicurezza. Non tutti i serpenti marini sono pericolosi, solo che, con loro, bisogna comportarsi come coi funghi: se non si sanno riconoscere a occhi chiusi, è consigliabile tener giù le mani.

Ecco sbrogliata la matassa. Però gli idrofidi non vanno ritenuti responsabili di tutte le storie raccapriccianti che abbiamo evocato. Ma non importa. Abbiamo di meglio: il *Regalecus glesne*, il regaleco.

Questo pesce abissale – che talvolta affiora in superficie – è lungo fino a 11 metri, ha una cresta simile a una criniera e, in effetti, una fisionomia equina. I regalechi sono rarissimi, tuttavia sono presenti in tutti i mari, il che giustificherebbe gli avvistamenti documentati. C'è soltanto un dettaglio che rovina il quadro: quasi tutti i resoconti sui serpenti marini parlano di mostri con la testa che sporge molto dall'acqua, il che provocherebbe al regaleco un'insufficienza respiratoria. L'animale rimane con la testa sotto la superficie. Ma cosa non si vede quando si vuole vedere a tutti i costi, eh?

I marinai amano anche le storie sulle sirene. Il fatto che, dopo molti mesi in mare, si soffra di eccessiva concentrazione di sale nel cervello e di qualche disturbo ormonale potrebbe aver dato luogo a molte leggende. In ogni modo, la sirenetta Ariel non viene citata in nessuna pubblicazione attendibile e i biologi contestano apertamente l'esistenza di donne con code da pesce. L'unica vera ninfa siede immobile su uno scoglio nel porto di Copenaghen. Per risolvere il mistero delle impertinenti donnine acquatiche che attirano verso i fondali i marinai ebbri d'amore, dobbiamo pertanto ricorrere all'antichità.

Allora le sirene erano donne dal collo in su e uccelli dal collo in giù, il che non è affatto un vantaggio se si amano i tacchi a spillo e le minigonne attillate. Somigliavano dunque vagamente alle arpie, però erano molto più intonate. Il loro canto era così incantevole che gli uomini mollavano tutto per ascoltarlo. I pescatori che passavano accanto alle rocce delle sirene s'innamoravano e si gettavano in acqua, finendo così annegati o divorati. Sia come sia, già i nomi delle sirene alludevano alla loro dote particolare: Thelxiope, per esempio, significa «incantatrice», Aglaopheme vuol dire «dalla splendida voce» e Molpe «il canto». Intonarono le loro melodie in coro ancne quando passò di lì un signore di nome Ulisse, sebbene la bella e intelligente Circe l'avesse avvertito a dovere:

Alle Sirene giungerai da prima,
che affascinan chiunque i lidi loro
con la sua prora veleggiando tocca.
Chiunque i lidi incautamente afferra
delle Sirene, e n'ode il canto, a lui
né la sposa fedel, né i cari figli
verranno incontro su le soglie in festa.
Le Sirene, sedendo in un bel prato,
mandano un canto dalle argute labbra,
che alletta il passeggier: ma non lontano
d'ossa d'umani putrefatti corpi
e di pelli marcite, un monte s'alza.

Che schifo! Ebbene: come tutti sanno, il principe dei furbi non era affatto stupido, ma estremamente curioso. Dopo aver tappato le orecchie dei suoi compagni con la cera, non riuscì a trattenersi dall'ascoltare il canto delle sirene e, sapendo come sarebbe andata a finire, si fece incatenare all'albero della nave, diventando l'unico uomo ad aver resistito alle tecniche di seduzione di quelle brutte cornacchie (eccezion fatta per Orfeo, che soverchiò le loro voci con la sua lira).

Il canto riecheggia sopra il mare. E cosa accade se non siamo nelle vicinanze della terraferma o di uno scoglio solitario?

Il mito delle sirene si trasformò abbastanza in fretta. D'un tratto, quelle creature non erano più donne-uccello, bensì donne-pesce, e venivano avvistate ovunque. Alcuni le consideravano un segno di speranza, altri le vedevano come spiriti o demoni. Nel 1882, il proprietario di un baraccone attraversò gli Stati Uniti con una presunta sirena morta che lui stesso aveva imbastito, servendosi della parte posteriore di un salmone e del corpo di una scimmia. In tal modo, però, non sfiorò neppure il nucleo mitico di quelle creature. Ci riuscì invece Giulio Verne in *Ventimila leghe sotto i mari*, nel punto in cui i suoi eroi scorgono un corpo nero e piuttosto lungo che nuota nel mar Rosso al largo di Geddah.

> « Ah! Cammina! Si tuffa! » gridò Ned Land. « Per mille diavoli! Che animale può mai essere? Non ha la coda biforcuta come le balene e i capodogli e le sue pinne somigliano a membra tronche... »
>
> « Ma allora... » dissi.
>
> « Ecco che si volta sul dorso e drizza in aria le mammelle! »
>
> « È una sirena », esclamò Consiglio. « Una vera sirena, se ciò non spiace al signore! »
>
> Quel nome mi mise sulla strada giusta. Si riferiva a quegli esseri marini che, secondo la leggenda, sono metà donne e metà pesci. « No », dissi a Consiglio. « Non è una sirena, bensì un animale bizzarro, di cui rimangono solo pochi esemplari qui nel mar Rosso. È un dugongo. »
>
> « Ordine dei sirenidi, gruppo dei pisciformi, sottoclasse dei monodelfi, classe dei mammiferi, ramo dei vertebrati », precisò Consiglio.

Proprio così. Giulio Verne descrive una sirena o quantomeno l'essere che ha alimentato il mito. Tuttavia per vedere una donna-pesce in un dugongo adulto, bisogna essere lì lì per esplodere di lussuria. A quanto pare, i naviganti abusavano sessualmente persino dei massicci mammiferi, che somigliavano più che altro a carlini con le zampe a pagaia. I dugonghi sono creature innocue che emettono grugniti e che, da lontano, con un po' di fantasia, possono ricordare esseri umani intenti a immergersi e a riaffiorare. Nessuna traccia di rotondità seducenti, però. A ogni buon conto (e qui la faccenda diventa un po' troppo umana), i dugonghi hanno mammelle sulla parte anteriore e, quando si emozionano, piangono.

Bernard Heuvelmans continua a essere ottimista riguardo alla possibilità di trovare altri indizi sulla presenza di esseri misteriosi. Ha dalla sua l'argomentazione più solida, che non è rappresentata dai dugonghi, bensì dai leggendari polpi giganti. Giulio Verne ne ha descritto uno con accuratezza scientifica, basandosi su varie tradizioni. Un mostro che vive su uno scoglio e cerca di addentare i naviganti con otto bocche da serpente cos'altro può essere se non un polpo gigantesco? 700 anni prima di Cristo, Omero descrive Scilla e Cariddi, il primo dei quali ha una somiglianza sospetta con un polpo gigante e mette a dura prova gli uomini di Ulisse. Ancora oggi i greci, per vendetta, mangiano montagne di calamari. Plinio il Vecchio fa cenno a un cefalopode con tentacoli di 10 metri, e anche Olaus Magnus, il cartografo, afferma di aver visto un pesce spaventoso con orribili occhi sporgenti, il cui corpo finisce in radici mobili. Se non si è limitato a riprendere i racconti di marinai fantasiosi, probabilmente ha incontrato un calamaro gigante.

Per descrivere la drammatica lotta che scoppia intorno al *Nautilus,* Verne s'ispira al resoconto del comandante Boyer, che, nel 1861, narra una storia sorprendente. Lui e il suo equipaggio si trovano a bordo dell'*Alecton* al largo di Tenerife, quando la vedetta segnala la presenza di un essere galleggiante di dimensioni spropositate. Né gli arpioni né i colpi di fucile sortiscono qualche effetto sul mostro, che, secondo la descrizione, deve essere un calamaro. Quando, alla fine, gli uomini cercano di issarlo a bordo, l'essere si spacca in due, e la parte più grande sparisce negli abissi.

Nel 1997 alcuni pescatori hanno riferito la comparsa di giganteschi calamari lunghi 3 metri al largo dell'Oregon. Gli esperti confermano che i predatori (di solito amanti delle medie latitudini) si sono spinti a nord e, contro la loro natura, hanno iniziato a cacciare nelle acque poco profonde. Questi animali, anche detti «calamari di Humboldt», non sono identici al leggendario *Architeuthis,* le cui dimensioni non sono ancora state appurate ma che, in condizioni idonee, raggiungeva la lunghezza di 20 metri e il peso di una tonnellata (nel prossimo capitolo ne conosceremo almeno un esemplare più piccolo).

In compenso, i calamari di Humboldt vengono considerati molto aggressivi. La parte superiore del loro corpo sembra la metà posteriore di un sottomarino: è a forma di tubo e munita di due pinne simili ad ali. Dal mantello sporgono enormi occhi fissi e dieci tentacoli, due dei quali si allungano come fruste e sono provvisti di espansioni prensili. A un certo punto, i calamari bianco-rossastri sono comparsi a centinaia anche al largo del Cile, nutrendosi di pesci locali. La colpa è stata delle anomalie della corrente davanti alla costa sudamericana orientale e delle conseguenti oscillazioni di temperatura. Christina Rodriguez-Benito, della società oceanografica Mariscope Chilena, spiega così il fenomeno: « L'afflusso d'acqua più calda provoca la comparsa di calamari. Si trovavano in una sacca d'acqua fredda tra masse d'acqua più calde, perciò sono stati attirati verso la costa ». I ricercatori sono contenti della massiccia presenza di questi rari animali, i pescatori un po' meno.

Dulcis in fundo, una piccola ma interessante teoria del complotto per spiegare i resoconti sui serpenti marini e sugli altri mostri. Sappiamo che già i vichinghi ornavano la prua delle loro navi con teste di drago e questo non per motivi estetici, bensì a causa della nebbia che aleggia sopra le acque settentrionali. Se un simile scafo si delineava tra il nulla candido, era facile che i nemici lo scambiassero per un mostro in avvicinamento. Qui va ricercata, in effetti, l'origine di alcune leggende. Di Cristoforo Colombo si mormora che abbia inventato e diffuso voci sulle presunte complicazioni incontrate dai navigatori impauriti e sul loro timore nei confronti delle creature degli abissi. Colombo non era l'unico esploratore in cerca di finanziatori; pure altri tentarono di fare lo sgambetto alle spedizioni a lunga distanza. Già nell'antichità, le raffigurazioni di mostri terribili avevano decorato le carte marine, non perché qualcuno li avesse visti, ma per spaventare i concorrenti. Se tutto ciò è vero, Colombo sarebbe stato l'uomo giusto per una posizione di spicco all'interno dei servizi segreti americani.

E in effetti è arrivato proprio in America.

DOMANI

Paddy e gli agnelli virtuali

Lui è proprio come ci s'immagina che sia un irlandese. Biondo-rossiccio, capelli crespi e leggermente brizzolati sulle tempie, guance rubizze, viso tondo, occhi celesti e una Guinness a portata di mano. Sediamo nel Davy Byrne's di Dublino, una tappa obbligata per gli appassionati di Joyce. Lo scrittore amava venire qui per fissare il fondo del boccale e la nuda esistenza umana.

«Uno dei pub più famosi in assoluto», osserva Paddy O'Donnell, che, come se non bastasse, si chiama anche come deve chiamarsi un irlandese. «Nonostante ciò, viene citato a malapena nell'*Ulisse*. Solo quattro frasi: 'Entrò da Davy Byrne's. Locale per bene. Lui non chiacchiera. Ogni tanto offre da bere'. Che schifo, vero? Però è bastato per costringerli a spostare un oleodotto da St. Jame's Gate a qui.»

St. Jame's Gate. È lì che si trova la fabbrica della Guinness. Immergo il labbro superiore nella schiuma cremosa, sorseggio il liquido nero e aspetto.

«Sapevi che solo il 4 per cento degli irlandesi ha i capelli rossi?» riprende Paddy. «Solo il 4 per cento!»

«No, non lo sapevo.»

«Eppure è così. Gli altri hanno i capelli scuri. Perché discendiamo dai celti, che a loro volta si sono mescolati con buffi popoli primitivi preceltici del Nord.»

«Da voi le cose non sono mai come ci si aspetterebbe», commento. «Si incontrano i più begli agnelli a ogni angolo di strada, e nel pub servono agnello neozelandese.»

«Tu non puoi capire», replica Paddy con un sorriso aspro, perché sa dove voglio andare a parare.

Invece capisco eccome. Il fenomeno affonda le sue radici nello slancio pionieristico dell'uomo. L'*Homo sapiens sapiens* ha continuato a chiedersi con ostinazione quasi ineguagliabile come superare le infinite distese d'acqua dei mari per diffondere la propria specie. Nuotare era fuori discussione anche quando si desiderava solo raggiungere l'isola più vicina, perché vi crescevano le noci di cocco più belle. È interessante notare che molti isolani hanno paura dell'acqua. Alle Maldive, ho conosciuto pescatori che non sapevano nuotare e che avevano paura ogni volta che uscivano al largo. Il mio sguardo incredulo ha strappato a Musthag (un pescatore di aragoste con cui avevo fatto amicizia durante un safari subacqueo) solo un'alzata di spalle.

« Credi davvero che dobbiamo amare l'acqua solo perché ne siamo circondati? » ha ribattuto. « Tu vieni dalla città. Troveresti divertente correre da mattina a sera sulla strada principale? Sarebbe anche maledettamente pericoloso! »

In effetti, gli uomini hanno un curioso rapporto con l'acqua. Da una parte, poche altre creature terrestri nuotano così bene e con tanta resistenza; dall'altra, proviamo un timore naturale verso qualunque cosa che non riusciamo a esplorare sino in fondo. In ogni caso, date le insidiose circostanze concomitanti, tanto di cappello a chiunque si sia avventurato nella « terra che t'inghiotte », come dicono i polinesiani. La storia della navigazione è una cronaca del superamento dei limiti umani, ancora più impressionante della storia del volo. Per molti secoli, nessuno ha osato imbarcarsi per paura di finire annegato come i figli del re menzionati in una celebre filastrocca tedesca. Gli indiani del Nordamerica, gli indios del Sudamerica, gli aborigeni australiani e altri popoli avrebbero forse preferito che Colombo e compagni investissero le loro energie sulle rotte della navigazione interna, ma alla fine molti hanno tratto vantaggio dall'audacia dei primi surfisti.

Oggi la navigazione viene intesa sempre di più come lusso per i viaggiatori del tempo. Chi deve recarsi a New York per affari è costretto a lasciarsi scuotere dalle turbolenze, a guardare film che altrimenti non avrebbe degnato di uno sguardo, a piluccare pasta scotta e a decantare i pregi dell'epoca del jet. Nel frattempo, la *Queen Mary II* attraversa l'emisfero boreale coccolando ricconi e pensionati con menù deliziosi. Ma a che pro? L'aereo ha sostituito le ingombranti bagnarole, poco ma sicuro. L'idea che il cherosene possa esaurirsi è spaventosa. Il futuro è nei cieli.

Sbagliato.

Anzitutto il cherosene si esaurirà. E si continuerà a volare, per esempio con l'elettricità. La Boeing si lambicca il cervello da tempo per sviluppare progetti idonei. Sono già decollati aerei leggeri, le cui eliche vengono alimentate da celle a combustione da 25 kilowatt, anche se tali veicoli trasportano poco più del pilota. Ma la Boeing è ottimista. Dopotutto, quando gli oleodotti saranno a secco, non sarebbe bello dover sistemare i jumbo in un container e lasciarli inutilizzati. Sembra inoltre che le celle a combustione siano ecologiche. Restano soltanto l'acqua e il calore. Nessuno è ancora riuscito a creare serbatoi per jet di grande portata abbastanza capienti da contenere i necessari volumi di idrogeno. Fino ad allora dovremo sforzarci di risparmiare benzina e conservare il buonumore. Continuando a scervellarci.

Le ricerche sui sistemi di propulsione alternativi per le navi non sono certo meno fervide. Il futuro, infatti, non è soltanto nei cieli, ma molto di più sulle acque. Svolazzando con allegria da un continente all'altro, ci si dimentica che l'approvvigionamento mondiale si svolge sui mari. Gli uomini sono l'unica merce che possa volare intorno al globo in ordini di grandezza economicamente interessanti, perché il superamento della forza di gravità costa parecchio. Per trasferire con lo Space Shuttle un chilogrammo di carico utile verso l'ISS (International Space Station), bisogna tirar fuori tra i 15.000 e i 25.000 dollari (inizialmente erano 200.000). La questione della forza di gravità causa malumore anche fra i turisti nel traffico di transito quotidiano. Se papino deve scegliere fra l'attrezzatura da sub e la sacca da golf perché non c'è spazio per entrambe, possiamo immaginare che cosa significherebbe lo spostamento del commercio petrolifero sul traffico aereo. Primo: niente più uccelli marini con le ali appiccicose, e questo sarebbe un bene. Secondo: milioni di cabriolet in cui, in avvenire, potremo piantare le petunie, e limousine lasciate ad arrugginire. Sovraccarico del traffico locale pubblico. Meno piacevole. Senza la navigazione mercantile, il 98 per cento di tutte le merci non soltanto rincarerebbe a livelli astronomici, ma si ridurrebbe anche drasticamente. Non so di chi sia il futuro nei cieli, ma certo non è dell'economia mondiale.

Tutte le previsioni si concentrano sul mare. A loro discapito, bisogna dire che finora sono state abbastanza accurate in materia di commercio marittimo. Verso la metà degli anni '80, le statistiche hanno profetizzato che, alla fine del secolo, la quota della navigazione rispetto al trasporto di merci globale avrebbe superato il 90 per cento in termini di tonnellate di stazza lorda, e così è stato. Non solo il traffico aereo, ma anche quello ferroviario ha subito una diminuzione corrispondente. È possibile trasferire in Europa e in America alcuni milioni di Mazda, Toyota e Mitsubishi rispettando l'ambiente e sostenendo spese molto più contenute, mentre, dall'altra parte del mondo, le Volkswagen e le Ford partono alla volta della Cina. Un popolo si prepara a sostituire le due con le quattro ruote, e le stime riguardanti il trasporto di merci vendute in pezzi vengono subito ritoccate verso l'alto. Già nel 1999 sono state poco meno di 900 milioni le tonnellate che hanno viaggiato sul mare. Da quando i Paesi in via di sviluppo sono schiavi del motore a scoppio, gli autotrasportatori sono in calo. Se volessimo caricare su un treno tutte le vetture esportate ogni anno dalla Germania al Celeste Impero, potremmo vedere il convoglio che lascia la stazione di Wolfsburg mentre arriva a Pechino. Anche i cereali americani contro la fame cinese attraversano il canale di Panama in quantità tali che persino la più grande flotta aerea del mondo riuscirebbe a trasportarne soltanto una frazione.

La relativa convenienza economica del commercio marittimo regala talvolta sorprese bizzarre. Per esempio, sull'idilliaca costa occidentale irlandese, dove il mondo funziona ancora e fa affidamento sulla pioggia, possono accadere fatti come quello per cui ho punzecchiato il mio amico Paddy: vedersi servire agnello neozelandese tra pecore che belano in gaelico. In compenso, gli agnelli irlandesi partono alla volta del mare!

Ma perché?

Perché così tutti gli interessati guadagnano di più. Paddy è un allevatore di pecore e un esportatore. Anni fa, quando l'economia irlandese era molto fiacca, lui e altri hanno calcolato quanto costava mangiarsi le cose buone. Risultato: troppo dispendioso. Dunque oggi Paddy accetta che sui piatti irlandesi finisca l'economica variante neozelandese, impreca bevendo la sua Guinness e intasca i proventi. Le imprecazioni vengono pronunciate a bassa voce, più per solidarietà con coloro che, al contrario di lui, non hanno il vantaggio di poter approfittare dei propri allevamenti. È così che il silenzio degli innocenti (scusate, degli agnelli) pesa sul mare. Gli animali vengono appesi nello spazio per il carico, tagliati a metà e congelati, mentre Paddy fa quattro conti: se li avesse mandati a Dublino, come in passato, avrebbe speso più di quanto è necessario per spedirli via mare attraverso mezzo mondo.

Chi resta fedele alle tradizioni è uno stupido.

Una verità che sembra nata dai fumi dell'alcol e che invece è indiscutibile. Il segreto è racchiuso nelle enormi dimensioni delle navi portacontainer. In avvenire, saranno ancora più lunghe e più larghe e potranno ospitare un numero ancora maggiore di laptop giapponesi. All'inizio degli anni '90, dal 10 al 12 per cento del prezzo pagato per un Sony Discman era imputabile al trasporto marittimo. Oggi questo dato si è ridotto a un decimo di quella cifra. Secondo i rilevamenti del porto di Amburgo e della Lagerhaus AG, il costo attuale del trasporto via mare è inferiore ai 100 dollari per una moto di grossa cilindrata, ammonta a 30 dollari per un televisore e a 2 dollari per un videoregistratore. Se amate bere un bicchierino di vino cinese alle prugne, sappiate che la bottiglia ha viaggiato tra i flutti per 13 centesimi. In confronto, le spedizioni di Paddy da Galway a Dublino erano un viaggio di lusso. E anche in Nuova Zelanda gli agnelli più redditizi sono quelli che lasciano il Paese.

Gli esperti prevedono un'ulteriore diminuzione dei costi di trasporto entro il 2010. Il boom senza eguali che il settore dei container ha fatto registrare nel recente passato si deve a un'idea tanto semplice quanto geniale: è possibile imballare quasi tutto in casse. Nulla permette di risparmiare più spazio di una cassa.

L'Ufficio per l'economia e il lavoro di Amburgo ci rivela come questo ramo della navigazione d'alto mare si è sviluppato nel giro di pochi decenni. All'inizio degli anni '80, una nave portacontainer della classe Post-Panamax (pescaggio superiore a 14 metri) era lunga 295 metri e larga più di 32, e arrancava da un'onda all'altra con un peso fino a 5000 TEU (TEU è l'acronimo di Twenty feet Equivalent Unit, la denominazione specialistica di un container standard). Negli anni '90, le navi hanno superato se stesse, raggiungendo i 300 metri di lunghezza, per poi superare i 350 alla fine del secolo. Nel 2010 saranno lunghe 380 metri e larghe 55. Tanto per fare un paragone, la torre settentrionale del duomo di Colonia misura 157,38 metri. Sarebbe dunque possibile trasportare la più grande cattedrale del mondo in due copie, collocate l'una dietro l'altra, e avanzerebbero ancora più di 60 metri per la sovrastruttura, il ponte e una piccola residenza arcivescovile. Probabilmente gli abitanti di Colonia non gradirebbero l'idea che la loro cattedrale sia imballata in 12.000 TEU (sono questi, infatti, i container che trovano posto a bordo del supermercantile).

Dal 1997, la flotta delle grandi portacontainer è passata da 56 a oltre 200 navi. Nessun altro settore ha evidenziato simili tassi di crescita a cavallo tra i due millenni. Poiché le navi gigantesche non possono parcheggiare in retromarcia con la stessa facilità delle Smart, ma sono in grado di speronare interi bacini di carenaggio, in avvenire le nazioni misureranno la loro economia in base all'efficienza dei loro porti. Anche l'ormeggio deve essere idoneo. I container si prestano ottimamente a essere caricati su treni e camion per trasporti successivi, il che richiede tuttavia una rete stradale e ferroviaria adeguata. Amburgo e Rotterdam, per esempio, hanno efficacemente investito in questa direzione.

Sono finiti anche i tempi delle spedizioni terrestri di agnelli, quando si andava avanti e indietro dieci volte: avanti pieni, indietro vuoti. Oggi si va una sola volta e si torna carichi di altre merci. Non contano solo le dimensioni. Pure la logistica è coinvolta nella trasformazione. Oltre agli ovini belanti nei prati e a quelli muti nello spazio per il carico, si commercia un terzo tipo di pecore: quelle virtuali.

www.beee.com?

Più o meno. Non è poi trascorso tanto tempo da quando le pecore erano pecore e le navi erano navi. Oggi le navi e le pecore sono soprattutto dati. E s'incontrano su Internet. L'azienda GloMaP di Amburgo trasferisce le sudaticce strette di mano dagli uffici commerciali del porto al World Wide Web, dove offerenti e acquirenti trattano in uno spazio virtuale. Gli ordini sono compilati elettronicamente, gli scenari sull'alleggerimento dei costi vengono simulati online, le analisi dei profitti sono richiamate a colpi di mouse e la società armatrice più idonea è rintracciata mediante le fibre ottiche. La GloMaP rappresenta un'intera serie d'innovativi fornitori di servizi, che guidano il buon vecchio mercantile verso l'epoca della velocità delle fibre ottiche. Le stive mezze vuote devono appartenere al passato. Chi ha ancora un posticino libero e chi ne cerca uno (magari per spedire il pianoforte della nonna o 500 casse di Château Margaux) s'incrociano sulla piattaforma della GloMaP. Lo sfruttamento di tutte le capacità riduce ancora una volta il prezzo del trasporto. Solo con l'utilizzo dell'e-commerce, la società promette al settore diminuzioni fino al 20 per cento. Anche Paddy O'Donnell gironzola per la rete, inserendo i suoi dati sulle pecore in stive elettroniche, tirando un po' sul prezzo e riuscendo a ottenere condizioni adeguate a bordo.

Non per questo voi, cari golosi di cotolette d'agnello d'alto mare, pagherete di meno la vostra porzione, anche se i creatori del miracolo economico assicurano di voler trasferire i risparmi alla popolazione dei consumatori. Chi vuole guadagnare di più sono soprattutto i produttori, gli armatori e i grandi acquirenti. E questo è perfettamente in linea con un momento storico in cui la notizia dell'aumento della disoccupazione rientra nel mantra dei telegiornali, insieme coi quotidiani attentati kamikaze. Nonostante lo scetticismo, l'economia potrebbe riprendersi grazie a Internet, purché ne vengano fuori nuovi posti di lavoro.

Nel frattempo, le grandi società armatrici stringono alleanze virtuali. Quando Paddy O'Donnell portava ancora i suoi agnelli da Liam Flynn, a Dublino, a transazione eseguita i due andavano a bere un bicchierino al Davy Byrne's. «Certo, su Internet il contatto personale si perde», osserva Paddy. «In compenso, il contatto con la mia banca è migliorato. Sì, è un peccato. Be', comunque, *slainte*!»

E Paddy alza il boccale, non del tutto insoddisfatto.

Bernd Wrede è lontano molte miglia marine da questo nostalgico moto di commozione. Il titolare della Hapag-Lloyd stima che, alla fine del decennio, la sua azienda concluderà il 50 per cento di tutti i suoi affari su Internet. E non ritiene che la comunicazione col cliente sia in pericolo, anzi. «Da Hapag-Lloyd, lo scambio di dati con gli acquirenti di tutto il mondo è da tempo una routine. Come nuovo strumento, Internet offre soprattutto l'opportunità di garantire un servizio adeguato anche ai piccoli clienti.»

C'è qualcosa di vero. In effetti, la tecnica di fare rotta coi gruppi industriali verso acque economicamente sicure torna utile anche al pianoforte della nonna e alle 500 casse di vino. È lecito dubitare del fatto che colossi del settore come la Hapag-Lloyd, membro di Grand Alliance, la maggiore società armatrice del mondo, non batteranno mai la stessa bandiera di giovani acrobati come la GloMaP. Si tenderà piuttosto a dare la preferenza ai maggiori offerenti e forse a partecipare. Intanto le imprese come la Hapag-Lloyd puntano su un tessuto di competenze orizzontale. Chi infila tutto sotto lo stesso tetto resta abbastanza spesso sotto la pioggia (vedi la Daimler-Chrysler). Il primo secolo del terzo millennio potrebbe essere segnato da un notevole sviluppo economico anche perché, almeno in teoria, si sono finalmente compresi i vantaggi dell'*outsourcing*, anche se, in pratica, i colossi del settore continuano a correre il rischio di gonfiarsi come pesci palla.

Ed è qui che la situazione ridiventa critica.

Sarà pure bello che mercantili sempre più grandi si dirigano verso porti sempre più grandi, ma noi siamo scettici. Non ci capiamo un'acca, certo: riusciamo a malapena a mantenere la rotta della papera di gomma nella nostra vasca da bagno. Però quei tipi non hanno imparato niente dalla paleontologia? Il tizio della Hapag-Lloyd ha forse dimenticato che cos'è successo agli animali dal collo lungo e alle libellule giganti? *Crisi della complessità!* Non si può continuare a crescere, a crescere e a crescere. La mamma è ormai al verde, perché il suo figliolo ha sempre i vestiti troppo piccoli. Ai suoi occhi, la crescita costa un occhio della testa.

La globalizzazione promette senza dubbio tassi di crescita illimitati. Il commercio marittimo è inoltre riuscito a staccarsi dallo sviluppo dell'economia mondiale e ad aumentare in modo incredibile. Là dove l'Asia, l'Europa e l'America entrano in azione insieme - per esempio per costruire un'auto o una macchina del caffè - il mercato globale esplode in una molteplicità di offerte, la sovrapproduzione sottocosto prende piede ed emerge la necessità di trasportare via mare una quantità sempre maggiore di merci. Da quando i mercati si sono ripresi dallo shock dell'11 settembre, gli armatori fiutano problemi di capacità e costruiscono a più non posso. Nel 2007, le grandi flotte di petroliere aumenteranno di un altro 10 per cento, e il settore dei container annuncia la stessa cosa. Avanti tutta, allora! Ehilà, voi dell'orizzonte dorato!

E questo mentre il mercato delle petroliere e delle navi da carico usate crolla in silenzio.

Ma anche le azioni di qualche grande società armatrice viaggiano in una bonaccia spettrale. La fiducia dei trend conduce al surriscaldamento, e un boom è più vicino alla moda di un trend. In realtà, afferma Stephan Wrage, continuare a costruire superpetroliere e navi portacontainer secondo i metodi classici sarebbe come allungare artificialmente la vita. Il fatto che i mercantili dipendano per il 98 per cento dalla materia prima che in parte trasportano gli sembra paradossale. Perciò la sua azienda, la SkySails, è nata per portare nel settore una boccata d'aria fresca o, meglio, d'aria di mare. Insieme col tecnico astronautico e aeronautico Stephan Brabeck, Wrage ha scoperto il sogno del volo per la navigazione.

Nell'ottobre del 2005, chiunque abbia visto un enorme paracadute da parapendio muoversi sopra il mar Baltico si è probabilmente meravigliato di ciò che quell'aquilone pieno di aria compressa si trascinava dietro, cioè una nave da 18 tonnellate. La navigazione a vela non è una novità, ma un aquilone di 5000 metri quadrati legato a una nave da carico mediante una gomena lo è eccome. Generalmente anche l'albero dei grandi velieri finisce 50 metri scarsi sopra la superficie del mare. L'aquilone di Wrage assume qualsiasi posizione tra i 100 e i 500 metri di altitudine. All'occorrenza, la gomena, ancorata a una guida, può girare tutt'intorno allo scafo, trasformando così in modo ottimale le condizioni del vento in energia cinetica. A differenza di quanto avviene coi velieri tradizionali, lo sbandamento è quasi eliminato.

« All'aumento dell'altitudine, l'energia eolica utilizzabile cresce notevolmente », spiega Wrage. « Qui il vento viene frenato di meno dall'attrito della superficie d'acqua. Così, anche nelle cosiddette zone tropicali dai venti deboli, è disponibile una quantità di energia eolica sufficiente per permettere la spinta propulsiva. »

Quella che, in un primo momento, sembra una posizione di retroguardia potrebbe invece rivoluzionare la navigazione. Wrage non ci mette tanto a spiegare i suoi calcoli alle società armatrici: con SkySails, una nave di 200 metri completamente carica aumenta la sua velocità di 2,5 nodi e risparmia 700 litri di carburante l'ora. Allora perché non rinunciare del tutto al carburante? Perché talvolta il vento può anche soffiarti contro. In tal caso, l'aquilone serve a poco, sebbene il suo pilota automatico riesca a guidare la nave fino a 50° sopravvento. Anche le manovre complesse – l'ingresso nel bacino oppure la navigazione in stretti molto battuti – si eseguono secondo i metodi convenzionali. SkySails si propone dunque come soluzione per percorsi lunghi.

Molti giudicano ancora un po' campata per aria l'idea che un gigantesco mercantile di 380 metri venga trascinato sopra l'oceano da un aquilone. Wrage la pensa diversamente. A medio termine, sarebbe ipotizzabile persino una superpetroliera SkySails con un equipaggio ridotto. La navigazione con SkySails è un gioco da ragazzi, almeno sulle lunghe distanze, assicura il visionario. A bordo c'è un pulsante con le scritte ON e OFF. Non occorre sapere altro.

Ma il futuro è davvero nei cieli?

Che si utilizzino il diesel, i remi, il paracadute o i cormorani ammaestrati, una cosa è certa: l'affollamento oceanico aumenta. Non a caso, l'UE parla di una superstrada marittima su cui sfrecceranno futuristiche navi ad alta velocità. I manager stanchi di volare dubitano comunque che la libertà sopra le nuvole sia davvero così illimitata. Un'alternativa si delinea nelle cosiddette SES (Surface Effect Ships). Sono sempre più lente di un jumbo o di un airbus, ma un Seabus-Hydaer tocca i 220 chilometri orari in mare aperto. Questo ibrido tra una nave e un aereo, dall'aspetto simile a quello di una razza lucidissima, sfrutta il principio della spinta ascensionale dei jet, senza tuttavia sollevarsi totalmente dall'acqua. Trasporterà non soltanto passeggeri (a centinaia), ma anche merci. Le SES vengono considerate ecologiche e soprattutto sicure. Se succede qualcosa, il Voyage Data Recorder, una sorta di scatola nera marittima, registra ogni dettaglio per aiutarci a imparare dai nostri errori. Finora le ricerche delle scatole nere delle navi tradizionali sono sempre state inutili. Si è sempre detto che c'è un'enorme differenza tra cercare in mezzo ai rottami di un aereo e setacciare una zona ampia parecchi chilometri quadrati sott'acqua. Ma questa argomentazione non regge del tutto. A cosa servono allora i robot?

I mercantili giganteschi, i cui container sempre più numerosi s'impilano come sgargianti mattoncini Lego sovradimensionati, continuano tuttavia a dominare gli oceani. Le superpetroliere convenzionali trasportano in tutto il mondo la droga legalizzata numero uno, il petrolio. E, mentre i visionari sognano l'alta velocità e la forza del vento, in realtà meno del 50 per cento di quelle navi dispone di un involucro a doppia parete. Le maree nere saranno pertanto all'ordine del giorno e gli uccelli marini...

« Basta, per favore », geme Paddy. « Adesso non cominciare con queste storie. Quello che facciamo col mare non è poi così malvagio, non credi? Non avere sempre da ridire su tutto; gli uomini non costruiscono soltanto porcherie. Molti si preoccupano davvero del commercio mondiale, dei sistemi di propulsione ecologici e delle energie alternative. Credimi, ci sono anche tipi in gamba. »

« Altroché! » confermerebbe Musthag, il mio amico delle Maldive. « E tutto ciò sebbene la maggior parte non sappia nemmeno nuotare. »

«Non voglio screditare nulla», ribatto, un po' offeso, cercando di spiegare a Paddy che il mio scetticismo è l'ombra dell'entusiasmo. «Sarei il primo ad attraversare l'oceano con un Seabus-Hydaer o con l'energia di un aquilone. Penso che tutto ciò sia meraviglioso. Capisco addirittura perché qui mi servono uno schifoso agnello neozelandese. Ma non per questo deve anche piacermi, giusto?»

Paddy si china in avanti, sorridendo. «Invece ordinalo», dice. «Stamattina ho consegnato degli agnelli di Galway freschi.»

Anch'io mi chino in avanti. «Ma, Paddy... Così non ti rovinerai il margine di guadagno?» replico.

«Sai», sussurra lui, con aria da cospiratore. «Il commercio mondiale è una battona. La paghi fino all'ultimo centesimo, ma poi vorresti sposarla?»

«Io pensavo che...»

«Tu pensi troppo. Chiudi il becco e bevi la tua birra.»

Mondi sani

Ricordate gli unicorni?

Esseri magnifici, no? Anche se, a un esame più accurato, abbiamo poi capito che si trattava di narvali. Ma cosa non si può fare col loro corno, con una sua semplice scheggia! Eliminare il veleno da cibi, fiumi ed esseri umani, ammansire gli animali selvatici, mettere in agitazione i cuori. Non è fantastico, meraviglioso, sensazionale?

Sì, rispondono alcuni, davvero favoloso.

Eppure non è niente in confronto al Rimedio Prodigioso Numero Uno. Plinio il Vecchio (naturalista, scrittore e comandante della flotta tirrenica) di certo soffriva di alopecia, altrimenti non avrebbe suggerito di spalmarsi in testa un unguento ottenuto dalle ceneri di escrementi di pecora sciolte in olio di ciprina e miele, oppure, dopo aver preparato la pelata con polvere di ossi di seppia, passarci sopra le ceneri di un cavalluccio marino, mescolate a salnitro o grasso di maiale. Già Plinio insomma credeva agli effetti del cavalluccio marino. Ma c'è da aggiungere che i cinesi elogiano da millenni le virtù corroboranti del suo infuso.

Gli antichi dunque conoscevano l'utilità di questo animale - sminuzzato, arrostito, messo sotto sale, essiccato al sole e maltrattato in altri modi - contro la nausea, l'incontinenza, l'arteriosclerosi, le patologie tiroidee, le eruzioni cutanee, il veleno dei serpenti, le punture degli insetti, l'emicrania, i disturbi epatici e la rabbia. Secondo i medici occidentali del Medioevo, l'*Hippocampus* (come lo chiama Plinio) era efficace come antipiretico se miscelato con olio essenziale di rose. Nelle Filippine si beve il brodo di cavalluccio marino contro i problemi respiratori, ma soltanto se è stato ricavato dalla bocca dell'animale. Non dalla coda arricciata, mi raccomando, perché quest'ultima riduce in poltiglia i calcoli renali e biliari. La cresta dorsale dell'ippocampo, consumata a pezzettini, induce invece gli uomini stanchi a dimenare, sbuffando, un altro tipo di appendice; nelle mamme stimola anche la produzione di latte, almeno secondo i medici inglesi del XVIII secolo. Il sangue di cavalluccio marino è altresì consigliato per il trattamento della gotta, ancor più del cuore di canarino appena estirpato. In Germania e in Francia ci sono stati addirittura paralitici che si sono messi a correre dopo aver masticato una testa di ippocampo, e la prostata tornava come nuova dopo una porzione di cavalluccio giallo. A Taiwan, invece, questo animale è una sorta di Red Bull dei mari. La popolazione locale si limita a mozzargli la coda per poi succhiare l'intero animaletto, proprio come se fosse una bevanda energetica.

Ho dimenticato qualcosa?

Ah, sì, i cavallucci marini sono anche portafortuna, naturalmente. Le donne asiatiche più alla moda li portano alle orecchie o intorno al collo e nelle nursery si utilizzano come giocattolini. Di fronte al fatto che ogni anno 25 milioni di ippocampi percorrono la strada verso la guarigione del mondo, è inevitabile domandarsi perché Miss Evoluzione non li abbia creati direttamente in confezioni blister. Una trentina di nazioni ricorre ogni giorno al cavalluccio marino come le monache allo spirito di melissa. Nel mercato di Hong Kong, gli animali pendono da una corda a testa in giù e costano 12 dollari l'uno. Pensateci: la panacea per 12 dollari. Chi se ne importa degli unicorni?

Intanto, però, emergono le prime preoccupazioni riguardo all'estinzione. Come sarebbe a dire? Quelle bestioline non avranno mica intenzione di scomparire, eh? Come sono capitate sulla lista delle specie più a rischio? Dopotutto le abbiamo usate per scopi puramente scientifici... mmmh... e in relazione alla nostra cultura... e poi...

Lasciamo perdere.

Altra domanda: che cos'ha di tanto speciale il cavalluccio marino? Per dimostrarne le virtù, i cinesi malati balzano in piedi dopo un trattamento generoso. Ma, dopo l'assunzione del cosiddetto «medicamento di ippocampo», i turisti tedeschi («Dalle altre parti funziona tutto coooosì bene!») lamentano dolorosi crampi allo stomaco, aumentata traspirazione, pustole in viso e coliche renali. L'urina umana, predica giustamente Carmen Thomas, è un elisir portentoso. Con tutto il rispetto per la pipì, nessun europeo entusiasta della medicina asiatica sa che le tinture provenienti dall'Estremo Oriente contengono urina. Gli iniziati considerano il piscio di bambino un ingrediente fondamentale.

Bisogna rassegnarsi. E crederci. Crederci sino in fondo. Soltanto così il paralitico tornerà a galoppare come un puledro.

Crederci. Lo fa anche la medicina classica. Certo, non crede alla valanga di effetti prodotti da un animaletto perseguitato che compie decine di prodigi dalla testa ai piedi; però ammette che non tutto ciò che esula dalla medicina tradizionale è una truffa. Anche il culto dell'ippocampo si deve, in fondo, a diverse sostanze fisiologiche che hanno effetti benefici. Per questo l'industria biofarmaceutica raccoglie e analizza ogni genere di tinture, pomate, paste e polverine provenienti dall'Asia, dall'Africa e dal Sudamerica. I miti popolari non trovano spazio in questa operazione. La tesi secondo cui qualunque cosa abbia una forma allungata stimoli il nostro... fringuello appartiene alle fantasie sessuali notturne. Ad affascinare i ricercatori è qualcos'altro, cioè la possibilità che, nel caos molecolare, si celi una sostanza anticancerogena. La natura è un armadietto dei medicinali vivente, su questo non ci piove. Bisogna soltanto guardare con maggiore attenzione, magari anche attraverso il vetro della maschera da sub.

I cosiddetti «bioprospettori» setacciano dunque le steppe, le foreste pluviali e gli specchi d'acqua (questi ultimi con crescente entusiasmo) alla ricerca dell'Eldorado farmaceutico. Sembra che abbiano individuato la Terra Promessa, e non si tratta di una terra, bensì dell'universo sconosciuto sotto la superficie dell'acqua.

Il professor William Fenical ci spiega con grande pazienza e con euforia ancora più grande perché i mari hanno attirato l'attenzione dell'industria farmaceutica. Alla guida della Scripps Institution of Oceanography di San Diego, in California, Fenical ha tutti i motivi per essere di ottimo umore. Ogni anno, il colosso cosmetico Estée Lauder trasferisce una somma a sette cifre sul conto della sua fondazione in cambio dell'utilizzo della pseudopterosina C, un principio attivo scoperto da Fenical ed estratto da una gorgonia. Se la crema così arricchita attenua le scottature e la psoriasi, la pseudopterosina C potrebbe rappresentare anche una valida alternativa al tanto odiato cortisone.

« La vita nel mare ha dovuto sviluppare strategie completamente diverse da quelle degli organismi terrestri », afferma Fenical, che gode di una fama leggendaria come bioprospettore. « Negli oceani vengono prodotte molte più sostanze chimiche di quante ne vengano prodotte sulla terraferma. »

È vero. In ogni modo, nell'acqua nessuno ha firmato un accordo per la messa al bando delle armi chimiche. Soprattutto gli animali sessili, per esempio le spugne, sono « ordigni » venefici viventi. Dato che non possono correre, la chimica è la loro unica difesa. Non hanno denti e artigli né scudi e corazze dure per proteggersi dalle chiocciole, dai granchi e dalle mascelle di alcuni pesci. L'unica possibilità è guastare l'appetito ai nemici prima che riescano a mordere. Non producendo autonomamente veleno, la spugna offre ospitalità a milioni di batteri che, in cambio, le forniscono delle clave chimiche. L'animale le utilizza efficacemente per difendersi. Inoltre un filtratore vive di ciò che gli si avvicina molto e, purtroppo, visto che il plancton segue la corrente, spesso a velocità abbastanza sostenuta, la spugna può fare un unico tentativo, altrimenti addio colazione. Col veleno prodotto dai batteri paralizza quindi gli organismi planctonici non appena essi le arrivano a contatto.

Purtroppo, nel 79 d.C., il Vesuvio è esploso sulla testa di Plinio il Vecchio, perciò non sappiamo se la poltiglia di ippocampo gli abbia fatto ricrescere i capelli. In compenso, sappiamo che lui sosteneva l'efficacia della *Tethya aurantium*, l'arancia di mare, per lenire il dolore. Anche la *Tethya* è una spugna, proprio come la *Discodermia dissoluta* dei mari abissali caraibici, da cui l'azienda farmaceutica svizzera Novartis ha ricavato un possibile composto anticancerogeno, il Discodermolid. Quasi tutte le spugne nascondono preziose sostanze farmacologiche che esercitano effetti antivirali e antibatterici e che sono state usate con successo nei test per combattere i tumori. Gli scienziati spagnoli catalogano attualmente oltre 40 nuove alghe e spugne da cui è possibile ottenere prodotti antinfiammatori. Finora, solo dalle spugne, sono stati estratti più di 2000 principi attivi.

Purtroppo, il principio attivo forse più interessante dal punto di vista medico è anche il meno interessante da quello economico: la *Cymbastela hooperi*, una spugna dei tropici australiani, fornisce un utile farmaco contro la malaria, la malattia infettiva più diffusa al mondo. O, meglio, potrebbe fornirlo, ma nessuno manifesta un grande entusiasmo nei confronti di un'eventuale fabbricazione del prodotto. La malaria è infatti considerata la malattia dei poveri e dunque s'inscrive all'interno di un mercato di massa impopolare, economicamente assai meno redditizio delle allergie, della psoriasi o del cancro. Dopotutto, si difende l'industria farmaceutica, bisogna pensare anche ai costi di sviluppo. Tra i principi attivi testati, solo uno su 10 viene brevettato. I farmaci marini vengono estratti soltanto con enormi difficoltà, devono superare anni di esperimenti costosi e spesso tornano a scomparire inosservati negli abissi del mare.

In effetti, qui Miss Evoluzione ha combinato un bel pasticcio. Nelle spugne tropicali ci sarebbe stato spazio sufficiente per un bel foglietto illustrativo dettagliato. Qualsiasi organismo marino dovrebbe portare con sé qualcosa del genere. Anche gli squali, naturalmente. Magari infilato tra le branchie, affinché lo si veda subito dopo la cattura. « Ah, fegato oleifero! Collagene per le pomate destinate agli sportivi e i preparati capaci di aumentare la potenza. Sostanza fisiologica MSI-1436 per la riduzione del peso corporeo, perché attenua l'appetito. Dev'essere uno spinarolo. Ehi, non ributtarlo in acqua! »

E invece gli squali attraversano gli oceani senza istruzioni per l'uso. Anche la conchiglia del gasteropode *Conus magnus* dovrebbe portare una scritta da cui si deduce che 2 degli 80 veleni di questi molluschi forniscono antidolorifici mille volte più efficaci della morfina. La famiglia dei produttori vischiosi di veleno comprende altre 500 specie, ciascuna delle quali è così maligna da nascondere una piccola ricetta segreta e da non avere con sé nessuna documentazione in merito. Anche le alghe si dimostrano poco collaborative. Sono minuscole, è vero, ma perché non un foglietto illustrativo su microfilm? Così si scoprirebbe al più tardi durante l'esame microscopico che le alghe rosse riducono i grassi nel sangue, che quelle verdi producono polisaccaridi contro le ulcere gastriche, che quelle brune impediscono la coagulazione del sangue e che tutte insieme combattono reumatismi e infezioni. «Si prega di polverizzarmi», leggeremmo sulle istruzioni delle alghe. «Sono idonea come additivo per maschere, impacchi e bagni.»

Ma niente da fare, dobbiamo scoprire tutto da soli. Perciò non ci resta che testare, testare, testare.

E talvolta esultare.

La Pharma Mar è un'impresa di medie dimensioni con sede a Madrid. Gli esperti di biotecnologie appartengono alla società chimica spagnola Zeltia, che dalla sua fondazione guadagnava cifre accettabili, ma senza dare troppo nell'occhio. Ciò fino al 2000, quando la Borsa si è capovolta all'improvviso e la Zeltia ha dovuto stappare un paio di bottiglie magnum di Freixenet. La figlioletta Pharma Mar l'aveva fatta in barba a tutti, sviluppando il primo farmaco anticancerogeno il cui principio attivo derivava esclusivamente dal mare. Da allora, lo Yondelis (è questo il nome del preparato) si è dimostrato convincente in lunghe serie di esperimenti. Una volta approvato, il prodotto potrebbe regalare guadagni con lo stesso ritmo con cui blocca l'espansione dei tumori, soprattutto quelli del seno, del polmone e della prostata. La rete di distribuzione europea si arricchisce continuamente di nuovi Paesi, e la multinazionale farmaceutica americana Johnson & Johnson si è garantita la licenza per i territori d'oltreoceano. Quando l'America sale a bordo, è come se qualcuno ti regalasse un assegno in bianco.

«I risultati provvisori della seconda fase degli studi sullo Yondelis confermano che il nostro preparato principale è efficace sul piano clinico», ha annunciato nel 2004 un soddisfattissimo dottor Miguel Ángel Izquierdo, direttore delle ricerche della Pharma Mar, durante il congresso annuale dell'American Society for Clinical Oncology. Il fornitore del principio attivo Yondelis ET 743 è un tunicato della classe degli ascidiacei, uno di quei «sacchetti» saldamente ancorati e apparentemente semplici su cui ora è puntata l'attenzione di tutti. Quell'animaletto molliccio potrebbe essere un bestseller, capace di ridare speranza a milioni di malati. Al momento, il quadro è leggermente offuscato dai costi di produzione. Per ottenere un grammo di ET 743, occorre raccogliere una tonnellata di ascidiacei dalle scogliere e dai fondali abissali. Anche altri fornitori marini di farmaci vengono considerati piuttosto taccagni. Servono 38 tonnellate del briozoo *Bugula neritina* per ricavare 18 grammi del composto anticancerogeno biologico briostatina A. Chi le raccoglierà tutte? Se il settore vuole aprirsi al mercato di massa, dovrà risolvere due problemi. Primo: il limite dell'umanamente fattibile. Secondo: il rischio che gli ascidiacei e i briozoi si estinguano alla svelta se vengono raccolti a cottimo.

E allora?

Non si arriverà a tanto, promettono gli esperti della Pharma Mar. Anzitutto troveremo un modo per imitare i preziosi estratti in laboratorio. Fino ad allora dovremo coltivare gli ascidiacei, un'attività già iniziata nelle acque intorno a Formentera. Anche alcuni batteri, potenziali produttori di principi attivi, prosperano benissimo in un ambiente artificiale, ma la maggior parte si ribella alla moltiplicazione forzata. Per il momento, l'unica cosa da fare è allevare molluschi, briozoi, ascidiacei e poriferi in apposite fattorie d'acqua salata. Frattanto, le navi dei subfornitori farmaceutici e degli istituti di ricerca incrociano davanti alle scogliere tropicali, nel mare del Nord e sopra la dorsale medio-oceanica, procurandosi campioni sempre nuovi ed esaminando fino a 300.000 sostanze al giorno tramite apparecchi di analisi telecomandati. Gli studiosi mescoleranno incessantemente i progetti di costruzione molecolare degli organismi con cocktail chimici per scoprirne le reazioni, finché qualcuno non esclamerà: «Eureka!»

«Su un solo metro quadrato di scogliera tropicale si possono contare anche 1000 specie diverse», dichiara William Fenical, descrivendo la sfida che i bioprospettori devono affrontare. «Secondo le stime, negli oceani vivono 10 milioni di specie di alghe, di cui è stato studiato soltanto un decimo. A ciò si aggiungono 3 milioni di ceppi di batteri e mezzo milione di specie animali. Abbiamo parecchio da fare, dunque.»

Anche il settore cosmetico si culla nell'ebbrezza degli abissi. «La bellezza dal mare», promette la società THALGO. Sulla Costa Azzurra, le alghe vengono polverizzate con cura in modo da conservare intatti i minerali, le vitamine, le proteine e gli aminoacidi del nucleo cellulare. THALGO sviluppa prodotti sempre nuovi per rassodare, disintossicare e rivitalizzare la pelle, e ci tiene a sottolineare che tutti gli ingredienti derivano da una produzione puramente biologica e pertanto sono privi di effetti collaterali.

Tutto ciò distende la pelle a partire dai quarant'anni. Soprattutto di fronte ai fatturati annuali.

Mentre i tropici vengono considerati l'armadio dei veleni del regno animale, i collaboratori dell'Alfred Wegener Institut di Bremerhaven si ripromettono di ricavare sostanze preziose dalle regioni ghiacciate del pianeta. Su incarico del gruppo Henkel, l'equipaggio del rompighiaccio *Polarstern* cerca di estorcere la ricetta segreta del prodotto solare per eccellenza agli organismi polari, che, durante le estati artiche, vengono addirittura bombardati di luce ultravioletta. I ricercatori studiano inoltre le sostanze naturali per la protezione antigelo prodotte dagli abitanti dell'Artide. Molti dei pesci che vivono qui riuniscono nel loro corpo fino a otto sostanze diverse atte ad abbassare il punto di congelamento. I microbi artici sono invece utilizzabili per la creazione di *functional food*, ossia di alimenti il cui contenuto nutritivo naturale viene aumentato o modificato con l'aggiunta di ulteriori sostanze. Alcuni esempi sono i batteri probiotici negli yogurt, l'olio di pesce nelle uova, il calcio nel muesli e così via. Sembra che nel mare ci sia di tutto: medicinali, prodotti di bellezza, fitofarmaci, vernici per navi e persino i migliori detersivi.

Entro il 2010, la DFG (Deutsche Forschungsgesellschaft) vuole presentare nuovi progetti di modellazione molecolare, tra cui la modificazione dei microbi mediante l'ingegneria genetica per stimolarli a secernere i principi attivi desiderati e la sintesi di sostanze naturali in laboratorio per salvare dall'estinzione i veri produttori. L'obiettivo non è sfruttare gli abitanti del mare, bensì copiarli. Il mare, fornitore di materie prime, si trasformerà così nel mare agenzia creativa. Un'idea buffa: molluschi e organismi unicellulari insigniti di premi farmaceutici che si riuniscono per un *brainstorming*, bevono litri di caffè e riflettono su cosa fare contro l'emicrania. Uno di loro ha poi un'idea geniale e la espelle subito sotto forma di una sostanza altamente concentrata che gli uomini possono riprodurre in laboratorio.

« Abbiamo un bisogno urgente di nuovi tipi di medicinali », conclude William Fenical. « Di nuove armi contro gli agenti patogeni che reagiscono con una resistenza sempre maggiore ai farmaci tradizionali, e di preparati contro le malattie come il cancro o il morbo di Alzheimer, per le quali i medici non hanno ancora una cura. Gli organismi marini forniscono i medicinali del futuro. È impossibile sopravvalutare il potenziale dei mari mondiali come fonti di nuovi farmaci. »

Fenical tiene molto alla protezione delle specie. Nonostante il successo, è rimasto un idealista. Non prevede l'ampliamento del suo istituto in una multinazionale farmaceutica e preferisce collaborare col colosso britannico GlaxoSmithKline per poter continuare in pace il suo lavoro di ricerca e trascorrere il maggior tempo possibile sott'acqua. Una sorta di simbiosi che i grandi gruppi industriali apprezzano molto. Il processo è sempre uguale: finché le piccole imprese flessibili dei bioprospettori non cercano la pietra filosofale, le multinazionali si limitano al ruolo di osservatori e contribuiscono di tanto in tanto a finanziare le spedizioni. Ma, se la pietra salta fuori, salgono a bordo.

Sembra una buona soluzione, e lo è. La medicina dal mare può offrire e offrirà un enorme aiuto agli uomini. Purché ciascuno venga protetto: il bioprospettore, il gruppo farmaceutico, la spugna e, beninteso, il paziente. Un mondo sano e risanatore. Se la svendita delle risorse biologiche dei Paesi in via di sviluppo prenderà slancio, sarà necessario preoccuparsi di guarire quelle popolazioni. Fra tutti i medicinali ancora da scoprire, forse resterà solo l'amara pillola di essere gli unici a non poter partecipare adeguatamente.

Un farmaco antimalarico pronto per essere immesso sul mercato sarebbe almeno un inizio.

Un giretto tra i watt

In realtà, Claude Debussy voleva diventare marinaio. Invece ha viaggiato per mare con un'orchestra. Possiamo esserne contenti, perché nessuno ha saputo usare così bene le note per descrivere quella vastità inconcepibile. In linea con la sua personalità, Ernest Hemingway ha espresso in poche parole ciò su cui Debussy si è dilungato. *Il vecchio e il mare* rivela una natura spietata. L'oceano diventa l'ultima sfida di un uomo che avrebbe tutti i motivi per rinunciare, ma che rifiuta di uscirne sconfitto. Salvador Dalí è rimasto così affascinato dal romanzo da preparare una cartella di schizzi ispirati alla storia. Anche Herman Melville ha scorto nel mare la sede di un oscuro duello allegorico, mentre Richard Wagner l'ha interpretato come simbolo dell'inferno e della redenzione nel contempo.

Ciascuno ha la propria opinione, dunque. Anche William Heronemus, che ha visto nel mare soprattutto una cosa: una batteria.

Quel vecchietto gentile, docente dell'University of Massachusetts, era tutt'altro che un nostalgico. Tuttavia, se qualcuno gli domandava quali fossero le maggiori conquiste dell'uomo, lui diceva: il mulino a vento. Heronemus e il vento: un vero amore eterno, culminato in idee e visioni sempre nuove. «Ciascun progetto riguardante la produzione di energia si può mettere in pratica grazie al vento», ripeteva ai suoi studenti il professore, che negli Stati Uniti gode di una venerazione quasi religiosa come padre dell'energia eolica. «Tutto ciò che serve è proprio il vento... e una vita abbastanza lunga per concepire l'idea giusta.»

Già negli anni '70, Heronemus ha proposto di trasferire le turbine eoliche dalla terraferma al mare, per esempio a bordo di enormi navi o su piattaforme ancorate vicino alla costa. I baroni del petrolio l'hanno guardato con sospetto, giudicandolo un sovversivo. Ma poi, nel 1972, tutto è cambiato. Lo spettro della crisi petrolifera ha fatto: « Bu! », tutti sono trasaliti e all'improvviso hanno cominciato a dar retta a Heronemus. Il mare è una gigantesca pompa catalitica - annunciava il professore - e soltanto le correnti marine trasportano ogni anno sufficiente energia solare da rifornire contemporaneamente di elettricità alcune migliaia di Terre. In tal modo, lo studioso ha anticipato con sorprendente precisione i successivi calcoli del gruppo di esperti britannico denominato Marine Foresight Panel, secondo il quale un cinquemillesimo di tutte le riserve energetiche marine coprirebbe il nostro fabbisogno globale. In un primo momento, negli scenari di Heronemus, il mare svolgeva soltanto un ruolo secondario. Sarebbe diventato una fonte di energia inesauribile, sosteneva lui, soltanto insieme col costante vento marino, che andava catturato e, per così dire, munto.

Solo che...

Il problema era proprio questo. Come si fa a catturare il vento? Heronemus non si è stancato di tradurre le sue visioni in grafici suggestivi. Si vedono enormi piloni ancorati a boe, che si levano a centinaia dal mare e che fanno somigliare le navi a giocattoli. Ciascun pilone ospita fino a 30 immense turbine eoliche. Non si può neppure accusare i giganti di essere antiestetici, un punto su cui Heronemus ha insistito per tutta la vita. No, le turbine non sono brutte, a meno che non le si costruisca deliberatamente in modo che siano brutte. Il professore ha tuttavia ammesso che, in determinate circostanze, era meglio collocarle in mare piuttosto che sulla terraferma. Oltretutto così garantivano prestazioni migliori.

D'altro canto, il vento non è un socio affidabile. Talvolta ulula e imperversa, poi si prende qualche giorno di vacanza e i piloni delle turbine offrono un triste spettacolo. Chi viaggia in treno da Amburgo a Sylt, superando Niebüll e avvicinandosi al mare del Nord, riesce a distinguerli lungo la riva, talvolta impegnati in un'allegra rotazione, talvolta con le mani in mano. In mare, ruoterebbero senza sosta, ma anche lì la produzione di corrente subirebbe oscillazioni considerevoli.

Heronemus ha intuito il problema. Negli ultimi anni della

sua vita ha riflettuto a fondo su come strappare al mare le sue energie. Ha ideato progetti per centrali idroelettriche, ancora una volta precorrendo i tempi. Nel novembre 2002, è morto di cancro, con la testa ancora piena d'idee. Da allora, altri continuano il suo lavoro. A quanto pare, il futuro gli darà pienamente ragione. La forza idraulica avanza, in America come in Europa. Dall'inizio degli anni '90, l'Unione Europea ha promosso poco meno di 30 programmi di ricerca finalizzati a ricavare energia dal mare, e altri sono in cantiere.

Quella che adesso viene spacciata come la scoperta dell'energia idraulica è, a rigor di logica, una riscoperta. Il mulino sul ruscello mormorante non strepita più in solitudine da quando gli ambientalisti insistono sulle energie alternative. Già alcuni secoli fa, in Asia e nel Vicino Oriente s'iniziò a irrigare i campi con l'aiuto di ruote idrauliche. La Mesopotamia viene considerata la culla dell'energia idraulica, perché laggiù le norie funzionavano già nel 1200 a.C. Nell'antica Roma, il principio dell'energia idraulica fu utilizzato per conquiste strabilianti come l'ascensore. Dal primo Medioevo, i mulini ad acqua caratterizzarono i paesaggi fluviali di tutta Europa ed erano ancora in voga nell'epoca dell'industrializzazione, per esempio per azionare le pompe delle miniere.

La fine dell'energia idraulica tradizionale arrivò con l'invenzione della turbina idraulica alla fine del XIX secolo. Le ruote idrauliche avevano coraggiosamente fornito una quantità di energia compresa tra 10 e 50 kilowatt, ma non riuscivano a placare la fame mondiale di energia elettrica. Oggi si trovano per lo più nelle zone rurali della Cina e dell'Africa, dove rendono un servizio fedele e indispensabile all'agricoltura. Tutte le ruote idrauliche ancora in uso producono almeno alcuni terawatt e, per il resto, costituiscono splendidi soggetti fotografici.

Come? Terawatt?

Okay. Prima di approfondire l'argomento, torniamo velocemente sui banchi di scuola per una lezione preliminare.

In realtà, Watt andrebbe pronunciato *vot*, perché si tratta di un cognome scozzese. D'accordo: Watt, James Watt. Inventore scozzese che ebbe una parte determinante durante la marcia trionfale delle macchine a vapore e diede nome all'unità SI per la potenza nel campo della fisica. Al SI - per esteso, il Système international d'unités - dobbiamo il fatto che con un litro di birra ci si ubriaca in Messico quanto in Baviera, perché la quantità di liquido è esattamente la stessa.

Se le unità fisiche non venissero espresse mediante standard internazionali, nel mondo vi sarebbero notevoli problemi di comprensione.

« Quanto dista la stazione, giovanotto? »

« Circa 500 metri, cara signora. »

« Ah. Ci posso andare a piedi, dunque. » E la signora s'incammina.

Se formulasse la medesima domanda nel Paese confinante, forse la risposta sarebbe: « Oh, non è lontana, circa 60 schnark », che altrove sarebbero meno di 2000 wippwutz. Un wippwutz può corrispondere a un metro come a un chilometro. Chi può saperlo? E quanti wippwutz formano uno schnark? Poiché il villaggio globale non può funzionare in questo modo, nel 1954 il mondo tenne a battesimo il sistema internazionale delle unità. Da quel momento, tutto il pianeta s'impegnò a usare il metro per la suddivisione della lunghezza, il secondo come misura del tempo, il chilogrammo per quantificare la massa, l'ampère per misurare l'intensità di corrente e via di seguito. Oltre a queste unità di base c'è un'intera serie di altre unità SI, per esempio l'hertz per la frequenza, il grado celsius per la temperatura o il pascal per la pressione. Spesso gli scienziati influiscono profondamente sulle denominazioni. Per esempio, la forza viene espressa in newton (in omaggio a Sir Isaac Newton), e la potenza, come già accennato, in watt.

Ma che cos'è, di grazia, un watt?

Il watt indica il rapporto tra unità di energia e unità di tempo. A rigor di termini, è pertanto una definizione del lavoro per unità di tempo. Nella fisica vale la regola secondo cui l'energia non si disperde, ma si trasforma. Il vento, per esempio, si può tramutare in corrente. Per descrivere il risultato in termini quantitativi, si rileva l'energia trasformata mediante un valore, ossia il watt.

Col watt succede quello che succede col metro. Se il metro è perfetto per esprimere la distanza fino alla stazione, usarlo per descrivere mondi microscopici è utile quanto chiedere a un brachiosauro d'introdurre un filo nella cruna di un ago. Lo si suddivide pertanto in decimetri, centimetri, millimetri, micrometri e così via, fino all'unità più piccola, lo yoctometro (10^{-24} metri). Allo stesso modo, sarebbe necessario un numero spropositato di zeri per indicare la distanza della Terra dalla Luna, ragion per cui parliamo di chilometri. Per le distanze più grandi nello spazio, utilizziamo invece gli anni luce. La velocità della luce è sempre costante e ammonta a 300.000 chilometri al secondo. Un secondo luce designa quindi una distanza spaziale di 300.000 chilometri. Possiamo calcolare su due centinaia di dita la strada percorsa dalla luce in un anno.

La trasformazione dell'energia segue la stessa sorte delle misure di lunghezza. Allorché i quark, i mattoni fondamentali degli atomi, reagiscono tra loro, compaiono minuscole quantità di energia. Se esplode una stella, si ottiene una produzione di energia così grande da risultare inimmaginabile. Entrambi gli eventi devono poter essere registrati ed espressi in base a una scala: una simile scala esiste ed è composta esattamente di 16 gradini.

La più piccola di tutte le unità è lo zeptowatt, una microscopica quantità di energia. Se una sonda spaziale lontana invia un segnale radio alla Terra, un radiotelescopio di medie dimensioni riceve circa uno zeptowatt. Seguono l'attowatt, il femtowatt (la potenza minima indispensabile per ricevere le onde ultracorte), il picowatt (che corrisponde all'energia di trasformazione in una cellula corporea), il nanowatt, il microwatt e il milliwatt.

Il watt compare soltanto ora, in ottava posizione. Il cuore di un uomo produce una potenza pari a 1,5 watt. La quantità di luce di una lampadina da 100 watt si aggira intorno ai 5 watt (il resto è calore). Sono necessari 140 watt perché il frigorifero raffreddi, e quando mamma, papà e due bambini telefonano, cucinano, guardano la TV, ascoltano la musica, si fanno il bagno e lasciano la luce accesa per un giorno consumano in media 500 watt. In confronto alle esigenze della popolazione mondiale, non è molto. Persino l'auto di papà divora più energia per andare al lavoro di quanta ne scialacqui l'intera famiglia in una giornata, perché un cavallo vapore corrisponde a 735,49.875 watt. Per inciso, Bugatti ha costruito un'automobile con un motore da 1001 cavalli. Tanti auguri.

Poi viene il kilowatt, pari a 1000 watt. Ogni volta che l'affascinante nuotatrice Franziska van Almsick insegue una medaglia d'oro, arriva per breve tempo a una potenza di 1,5 watt. Niente male. La maggiore centrale elettrica europea per la trasformazione dell'energia solare raggiunge i 500 kilowatt. Nuotando 333 volte avanti e indietro, Franziska potrebbe collegarsi alla rete.

1000 kilowatt danno un megawatt, la quantità che un grande impianto eolico dovrebbe produrre per lavorare in attivo. Il nuovo Intercity della Deutsche Bundesbahn viene azionato da 8 megawatt, mentre una portaerei dell'US Navy americana fa rotta verso il Vicino Oriente a partire da 200 megawatt. 1000 megawatt fanno un gigawatt, 1000 gigawatt un terawatt, 1000 terawatt un petawatt (il più forte impulso laser mai misurato ammontava a 1,25 petawatt).

Seguono, ogni volta alla millesima potenza, l'exawatt, lo zettawatt e infine lo yottawatt. Il nostro caro Sole splende con un'intensità di 386 yottawatt, un'inezia in confronto alla potenza irradiata dalla Via Lattea, che a sua volta è un moccolo stanco rispetto a un lampo di raggi gamma. Ricordate? La moria di massa tra l'Ordoviciano e il Siluriano viene attribuita a uno di questi fenomeni. Non conosciamo nulla di più forte, o almeno non abbiamo mai osservato nulla di più forte. Tuttavia, subito dopo il Big Bang, l'universo primigenio avrà senz'altro liberato energie inesprimibili mediante le unità di misura consuete, proprio come il patrimonio di Paperon de' Paperoni non è calcolabile in miliardi e bilioni. Com'è stato dimostrato, il papero più ricco del mondo possiede infatti alcuni fantastiliardi.

Ancora un po' di fisica, poi smetto.

Il concetto di kilowattora ricorre di continuo. Il watt è un'unità di potenza, ma il kilowattora indica l'energia, per la precisione l'energia trasformata nel giro di un'ora. Una centrale che funzioni senza sosta fornisce ogni giorno ventiquattr'ore di energia costante. Non si può dire lo stesso di una ruota a vento, che può anche fermarsi per un paio d'ore, se cessano le raffiche. Qui ci si deve accontentare di dati medi, ossia la centrale fornisce in media tanti kilowattora di energia al giorno. Al contrario, si può dire che le abitudini della famiglia Rossi richiedono 8, 12 o 16 kilowattora al giorno, a seconda di cosa fanno i suoi membri.

In origine richieste dalla scienza, oggi le unità SI sono una sorta di linguaggio fondamentale dell'economia. Ma c'è sempre chi vuole distinguersi, ovvio. Gli Stati Uniti usano le unità SI quasi solo nel campo della ricerca e della tecnica. Gli inglesi esprimono le distanze in iarde e miglia e la temperatura in gradi fahrenheit, e servono le Guinness in pinte. «*Half pint is for ladies*», dice di solito il barista. Come a dire che la mezza pinta è per le mammolette.

Secondo le previsioni, nel 2050 la popolazione mondiale consumerà 30 bilioni di kilowattora, sempre ammesso che per allora abbia raggiunto i 10 miliardi di persone. Nessun problema, purché si riesca a spillare energia agli oceani in misura sufficiente. Ma non è così semplice. È vero, le centrali idroelettriche se la cavano bene: la più grande del mondo, quella brasiliana di Itaipù, fornisce 12.600 megawatt, corrispondenti alla produzione di 10 centrali nucleari medie. Nel 2009, la diga cinese delle Tre Gole garantirà 18.200 megawatt. Tuttavia queste sono centrali interne, che sfruttano l'energia dei fiumi. Il mare è meno calcolabile come corrente costante e finora è stato trascurato dall'economia energetica. Ci sono però cinque concetti di cui vale la pena discutere.

Venite con me a fare un giretto fra i watt?

LE CENTRALI DI MAREA

Sfruttano la differenza del livello dell'acqua tra alta e bassa marea. Si cerca la foce di un fiume, si costruisce un muro nell'acqua che separi il fiume dal mare e s'installano pozzi per turbine. Questi ultimi vengono messi in funzione due volte: quando l'acqua affluisce con l'alta marea e quando defluisce. L'energia cinetica aziona le turbine che producono corrente.

Ci sono però tre inconvenienti.

Anzitutto, l'alta e la bassa marea sono fenomeni periodici. Se l'acqua ha raggiunto un livello di arresto, per un po' non c'è corrente nella presa. Il secondo problema è che questi impianti si possono installare solo dove l'ampiezza di marea (la differenza media di altezza tra l'alta e la bassa marea) ammonta almeno a 5 metri. E questo è uno svantaggio per alcuni Paesi, per esempio la Germania, dove tale valore raggiunge al massimo i 3 metri e mezzo.

In terzo luogo, gli ambientalisti richiamano l'attenzione sulle conseguenze che si provocano quando si separa un fiume dal mare tramite un muro: interi ecosistemi rischiano di crollare. Si cercano quindi delle alternative: invece del muro, si costruiscono isole di turbine artificiali a intervalli regolari affinché i pesci non subiscano un trauma.

LE CENTRALI MAREMOTRICI

In media, le onde trasportano fino a 30 kilowatt per metro di litorale. Se si tappezzasse di centrali maremotrici una fascia costiera di 50 chilometri, ci si potrebbe risparmiare un grande impianto nucleare. Purtroppo (o per fortuna), non tutte le coste sono adatte per realizzare simili progetti. A prescindere dal fatto che le centrali maremotrici sono bunker massicci e dunque non proprio bellissime, anche gli abitanti della fascia costiera (cetacei, anellidi, pesci, anfibi, lamellibranchi e zostere) risentirebbero della loro presenza.

A quanto pare, l'energia delle onde coprirebbe fino al 15 per cento del fabbisogno globale di corrente. Ancora una volta, la Germania non può approfittarne, o può approfittarne solo un pochino. Sulla scala della densità energetica globale delle onde si colloca infatti nel terzo inferiore, con un valore compreso tra 10 e 20 kilowatt per metro di litorale.

Invece 100 kilowatt strisciano intorno agli scogli di capo Horn, proprio come nell'Atlantico settentrionale. Coi suoi 70 kilowatt, la costa meridionale australiana è il paradiso dei surfisti. Anche la Spagna, la Scozia, la Norvegia e il Sudafrica sono idonei all'installazione di centrali maremotrici. I Caraibi sono ancora più poveri della Germania, perché non riescono a superare i 10 kilowatt.

Ottima tecnologia, dunque... purché si abbiano le onde.

E le onde non mancano in mare aperto. Ecco perché l'Unione Europea ha promosso Wave Dragon, un progetto molto promettente. L'impianto funziona al largo della costa e utilizza un serbatoio collocato sopra la superficie del mare, in cui l'acqua si riversa e viene tramutata in corrente da turbine tradizionali. Per sfruttare al massimo l'energia cinetica delle onde, queste vengono condotte nel serbatoio attraverso due lunghe rampe piattissime. Ciò che distingue Wave Dragon dalle centrali maremotrici classiche è inoltre l'ancoraggio flessibile: l'intera struttura ruota a seconda di come soffia il vento. Wave Dragon è stato concepito come parco, ossia come raccolta di più unità. In ogni caso, il « drago delle onde » se l'è cavata bene nei test.

A detta degli scozzesi, invece, i draghi non sono adatti all'acqua e preferiscono divorare cavalieri e vergini che vivono sulla terraferma. Ecco perché alcuni astuti costruttori scozzesi hanno fatto ricorso a una loro vecchia conoscenza che pare fatta apposta per gli oceani: il *pelamis*.

In greco, *pelamis* significa « serpente marino ». Per esempio, il *Pelamis platurus*, il serpente marino con le piastrine, è un rettile molto diffuso che popola tutti i mari tropicali, le acque del Sudafrica e del Madagascar e sporadicamente persino il canale di Panama. Secondo gli zoologi, raggiunge al massimo la lunghezza di un metro e mezzo, una convinzione che non tarderà a mutare quando compariranno i primi esemplari da 150 metri. Uno di loro ha già fatto parlare di sé nel 2004. È stato avvistato più volte nelle acque intorno alle Orcadi, anche da scienziati attendibili: è di colore rosso vivo, ha un diametro di 3 metri e mezzo e si contraddistingue per il suo appetito insaziabile.

Non facciamoci prendere dal panico.

Il vero *pelamis* dà soltanto il nome a una centrale galleggiante che non potrebbe essere più singolare. Progettato dall'ingegnere scozzese Richard Yamm dell'University of Edinburgh, questo serpente gigantesco si compone di quattro cilindri d'acciaio allungati e collegati tra loro, che si muovono l'uno verso l'altro per effetto del moto ondoso. Fissati al fondale marino mediante semplici gomene, i singoli segmenti ondeggiano senza sosta, trasferendo l'energia oscillatoria su moduli che, a loro volta, alimentano generatori idraulici. Per ciascun modulo, Pelamis riesce a trasformare fino all'80 per cento dell'energia delle onde in circa 750 kilowatt di potenza. Usato ancora come prototipo, il serpente avrà ben presto dei fratelli. In ogni modo, gli scozzesi possono stappare una botte di whisky. Dopo l'opera di persuasione che hanno portato avanti per anni riguardo a Nessie, finalmente hanno un serpente marino «in carne e ossa».

Anche se mangia soltanto onde.

LE CENTRALI FLUIDODINAMICHE

Vengono azionate dal più imponente motore del mondo: le correnti marine globali. Sono molto simili alle centrali eoliche, anche se le giranti sono collocate sott'acqua. In teoria, è possibile ancorare i piloni a qualsiasi profondità; in pratica, è bene non scendere sotto i 25 metri.

Le centrali fluidodinamiche godono di notevole simpatia. L'acqua ha una densità 850 volte superiore a quella dell'aria. Con giranti relativamente piccole e una minore velocità di rotazione si ottiene una produzione di energia sorprendentemente alta. Una velocità di corrente compresa fra 2 e 3 metri al secondo basta per dare un risultato considerevole. Inoltre, viene a mancare uno dei principali problemi che rivestono un certo peso quando si parla di centrali eoliche. Il peso, per l'appunto. Le turbine eoliche sono bestioni pesanti e nulla è più fatale di un pilone instabile. Anche le turbine a corrente danno qualche grattacapo agli ingegneri civili, ma già la spinta ascensionale dovuta all'acqua ha un effetto di riduzione del peso. In compenso, bisogna combattere contro la corrente che strattona l'impianto, contro la corrosione, gli intasamenti causati dalle alghe e i sedimenti trasportati verso l'alto.

Verso la metà del 2003, a 3 chilometri dalla costa settentrionale del distretto inglese del North Devon, è sorto un prototipo, grazie al quale prenderà forma un parco di turbine. Finora il progetto Seaflow, ideato in tandem da ingegneri tedeschi e britannici, non ha prodotto neppure un nanowatt di corrente, ma soltanto perché non è collegato alla rete elettrica. Per il resto, gli ideatori sono molto soddisfatti. Seaflow produce esperienza e una potenza pari a 300 kilowatt, superiore a ogni aspettativa. La girante, una miscela di acciaio e fibra di carbonio, è una buona incassatrice, e il pilone alto 50 metri è saldamente ancorato a 20 metri di profondità. Non si vede granché di Seaflow: un pezzo di pilastro e una cassa con una piattaforma per la manutenzione sulla sommità. Le pale della girante sono regolabili di 180°, perché l'alta e la bassa marea scorrono da direzioni opposte. Nel complesso, quindi, è una struttura molto efficiente.

Le sedi perfette per gli impianti Seaflow sono state individuate soprattutto lungo la costa atlantica europea. Un primo parco di turbine perfettamente funzionale sorge in mare aperto tra l'Irlanda del Nord e la Scozia. Questa nuova generazione, che si chiama SeaGen, dovrebbe fornire circa 1,2 megawatt di potenza per pilone a partire dal 2007. A differenza della torre di Seaflow, provvista di un'unica girante, qui ruotano due giranti. I piloni di SeaGen si prestano inoltre ottimamente all'installazione sotto piattaforme petrolifere abbandonate. Per ironia della sorte, le isole artificiali che dovevano provvedere alla produzione di combustibili fossili vengono promosse a baluardi di un'economia energetica del tutto ecologica.

Come avviene con l'Eurofestival, la Germania resta ancora una volta a bocca asciutta. Troppo poca corrente e troppo poca ampiezza di marea.

In superficie, non esistono al momento altri progetti britannici. La tecnologia Stingray prevede l'ancoraggio di singolari strutture al fondale marino, strutture che sembrano un incrocio tra un cric e uno step. Al vertice di quattro robuste gambe si erge un basso pilone alla cui estremità è fissata un'ala mobile articolata. La corrente la alza e la abbassa. Gli impianti di prova al largo delle Shetland promettono ottimi bilanci energetici, e anche il mondo animale può convivere con questi quadrupedi, i cui lievi movimenti non sembrano spaventare le creature marine né tantomeno le fanno a pezzi. Tuttavia, per quanto gli ambientalisti amino le eleganti turbine eoliche, sono ancora molto scettici su un punto: la protezione degli uccelli. Diciamo le cose come stanno: le giranti a vento riducono in fricassea alcune migliaia di volatili ogni anno.

LE CENTRALI TERMOELETTRICHE

Di per sé, una vecchia idea, considerata a lungo irrealizzabile. Di recente, grazie ai progressi della tecnologia, queste strutture sono tuttavia tornate a far parlare di sé. Oggi denominati OTEC (Ocean Thermal Energy Conversion), questi impianti ricavano energia dalla differenza di temperatura fra gli strati d'acqua calda e fredda.

Per una centrale termoelettrica, occorre uno strumento di lavoro liquido, con un punto di ebollizione il più basso possibile. Per esempio, se l'ammoniaca si lega alla calda acqua di superficie, evapora e si espande. Il vapore provoca una pressione e mette in moto un generatore che, a sua volta, produce corrente. Pompando verso l'alto l'acqua degli abissi, l'ammoniaca viene liquefatta di nuovo, poi di nuovo riscaldata, poi di nuovo liquefatta, senza sosta. Ma la faccenda si fa interessante solo a partire da 1000 metri di profondità e da una differenza di temperatura di 20 °C.

Purtroppo un altro nulla di fatto per la Germania.

LE CENTRALI OSMOTICHE

Una cosa del tutto diversa. Qui è il contenuto di sale a svolgere il ruolo decisivo. Alla foce dei fiumi, l'acqua dolce incontra quella salata e i liquidi hanno la tendenza a mescolarsi per equilibrare le differenti concentrazioni. Ma cosa succede se glielo impediamo? Per esempio costruendo due contenitori e dividendoli con una membrana fatta in modo da lasciar passare solo l'acqua dolce e non quella salata, più densa. Il liquido può dunque scorrere solo da una parte all'altra, diciamo da destra verso sinistra. Nel recipiente di sinistra, pertanto, il livello dell'acqua sale e produce una pressione che aziona una turbina. La centrale osmotica è pronta.

Il vantaggio sta nella semplicità. Da miliardi di anni, Miss Evoluzione lavora con l'osmosi nelle cellule umane, animali e vegetali. Il problema non è quindi il principio in sé, bensì la membrana, che, per ottenere un megawatt di energia, deve avere una superficie di 200.000 metri quadrati. Come si fa? La arrotoliamo e la infiliamo in moduli tubolari. Benissimo, ma una centrale capace di produrre 20 megawatt sarebbe un pugno in un occhio dal punto di vista paesaggistico. Ecco perché i nuovi progetti prevedono la costruzione di centrali osmotiche sotterranee. Se riuscissimo a realizzarle su grande scala, il potenziale energetico europeo si aggirerebbe intorno ai 250 miliardi di kilowattora l'anno. Il quadruplo di quanto consuma la Germania annualmente.

A proposito della Germania...

No, ancora una volta niente da fare. Il mar Baltico non è abbastanza salato e l'enorme zona d'acqua salmastra del mare del Nord non conosce transizioni chiare tra l'acqua dolce e l'acqua salata. Germania: punti zero.

Tutti i tipi di centrali descritti hanno la caratteristica di non poter immagazzinare la corrente. Generano elettricità per il consumo immediato e, salvo rare eccezioni, sono incostanti per quanto concerne la potenza. Non riusciranno dunque a sostituire gli impianti convenzionali.

Abbinate ad altre energie ecologiche come l'energia solare, potrebbero tuttavia svolgere un ruolo sempre più importante. Dobbiamo soltanto essere pazienti. Come accennato, le energie rinnovabili sono diventate interessanti solo dopo la crisi petrolifera degli anni '70. L'interesse è poi tornato a diminuire alla stessa velocità con cui il prezzo del petrolio si è abbassato. Oggi, il nuovo impegno nel potenziamento delle centrali idroelettriche si deve soprattutto al problema della CO_2.

Tra parentesi, pure in Germania. Anche se i tedeschi non possono sfruttare niente di tutto ciò; ma in compenso, possono svilupparlo, esportarlo e guadagnarci. L'ingegneria tedesca è infatti una risorsa rinnovabile di prim'ordine.

Il tecnosviluppo

Nel suo splendido e controverso libro *The Age of Spiritual Machines* [L'era delle macchine spirituali], Ray Kurzweil, il re americano dell'intelligenza artificiale, scrive: «L'evoluzione, che presenta un ritmo di crescita esponenziale, si trasforma direttamente in progresso tecnico [...] Alla fine, la tecnica svilupperà, dal canto suo, nuova tecnica [...] Poiché la tecnica è la prosecuzione dell'evoluzione con altri mezzi, anche il ritmo del suo sviluppo cresce in maniera esponenziale».

Sarebbe sbagliato affermare che abbiamo eguagliato Miss Evoluzione. Anche se, rispetto a noi, quest'ultima è impegnata ventiquattr'ore su ventiquattro. Per quanto riguarda lo sviluppo dell'umanità, le abbiamo però tolto un po' il comando. Non vogliamo peccare di presunzione, cara signorina, ma il «tecnosviluppo» (la prosecuzione delle modalità naturali di costruzione e funzionamento con mezzi tecnologici) è una nostra idea.

Come? Solo perché il nostro cervello ce l'ha permesso? Un cervello modellato da Miss Evoluzione?

Okay, okay.

In ogni caso, il tecnosviluppo condizionerà il nostro futuro, a prescindere da dove soggiorniamo e da cosa facciamo. E avrà un ritmo sempre più spasmodico. Il progresso tecnologico è irreversibile, è un processo che si compie necessariamente. Ciò che viene pensato è destinato a essere fatto. Una volta messa in moto, l'evoluzione tecnologica accelera sempre di più. Il progresso degli ultimi 100 anni corrisponde a quello di 1000 anni prima, e i prossimi 10 anni genereranno una crescita della produzione pari a quella dei 100 precedenti. Secondo la legge di Moore, la capacità di calcolo dei nostri computer è cresciuta in maniera esponenziale negli ultimi 20 anni. C'è da aspettarsi che molto presto i divisori fra i transistor si ridurranno a uno spessore di pochi atomi. La legge di Moore troverà così una corrispondenza in una nuova tecnologia dei processori. La spirale del pensabile e del fattibile si avvita sempre più rapidamente verso l'alto.

Tra pochi decenni, nell'emisfero occidentale nessuno vivrà senza protesica computerizzata, grazie alla quale diversi neuroimpianti sostituiranno i nostri organi e ci aiuteranno a sentire, vedere e pensare. Gli agenti patogeni informatici rappresenteranno un rischio maggiore per la nostra salute come lo sono oggi il cancro e l'infarto, che saranno sconfitti in gran parte grazie al progresso dell'ingegneria genetica, mentre ogni mediocre terrorista sarà in grado di produrre armi virologiche nella sua cameretta. I più abbienti metteranno al mondo bambini griffati e, per sicurezza, si faranno clonare. Il cervello umano verrà sottoposto a scansioni molecolari, mentre radicali innovazioni nel campo della nanotecnologia e della femtotecnologia ci spianeranno la strada verso l'immortalità, se saremo disposti ad abbandonare il nostro corpo e a collegarci in rete con l'intelligenza artificiale. Le macchine acquisiranno una coscienza e diventeranno sempre più umane, mentre gli uomini diventeranno macchine.

Questa è la visione del futuro.

Nella realtà, secondo gli studi attuali, quasi tutti gli americani e gli europei mostrano scarso interesse per l'economia. La metà dei tedeschi, per esempio, non crede a quanto dicono i politici e gli scienziati; i bambini di Manhattan, dal canto loro, disegnano galline con sei zampe, perché la mamma compra sempre le cosce di pollo in confezioni da sei. Il tecnosviluppo non è una marcia trionfale comunista cui tutto il mondo si accoda cantando, ma si compie sotto gli occhi di tutti e, nel contempo, passa inosservata. Il tecnosviluppo può essere un apparecchio acustico, l'espansione tecnologica di un senso naturale, o un puntatore laser come quelli che si usano durante le presentazioni e, dunque, il prolungamento dell'indice mediante la luce. Quando guardiamo la TV, vediamo oltre i confini del nostro Paese con occhi che di solito distinguono nitidamente solo per qualche centinaio di metri. Che ci piaccia o no, siamo figli del tecnosviluppo al 100 per cento e non possiamo più vivere senza. Il nostro destino era ed è l'adattamento alle condizioni ambientali naturali... e a quelle artificiali che noi stessi abbiamo creato.

Oggi la fusione più interessante tra evoluzione e tecnologia è forse la bionica, che mostra in maniera suggestiva dove ci condurrà questo viaggio. In linea di massima, i progetti bionici adattano le forme e le funzioni naturali alle esigenze umane. A riscuotere un notevole successo è soprattutto la bionica marina, perché gli organismi marini hanno sviluppato, nel corso di milioni di anni, alcune delle capacità e delle soluzioni più spettacolari esistenti in natura. Basti pensare ai pesci volanti, che sfrecciano nell'aria grazie alla loro pinna caudale biforcuta e alle loro «ali» simili a quelle dei coleotteri. Attirano su di sé anche l'interesse del settore high-tech, proprio come alcune seppie, capaci di adattarsi al loro ambiente in un batter d'occhio, tramite cellule contrattili piene di pigmento, e di reagire a varie situazioni restringendosi e dilatandosi. La biologia delle seppie suggerisce spunti per la realizzazione di monitor per computer o di segnali di pericolo per i tunnel, in grado di reagire alla presenza di sostanze tossiche. I lavandini autopulenti si devono allo studio della pelle dei delfini, animali che regalano sempre nuove soddisfazioni agli esperti di bionica. Per esempio, i tentativi di trasmettere dati sott'acqua - senza fili - hanno portato per anni gli studiosi di acustica sull'orlo della pazzia, dato che i loro segnali si riflettevano più volte e si sovrapponevano. I delfini non hanno questi problemi perché «cantano», cioè modulano senza sosta la loro frequenza di trasmissione. Gli scienziati della Technische Universität di Berlino, riuniti intorno a Rudolf Bannasch, un'autentica star della bionica, hanno ormai ideato un modulo di trasmissione che permette finalmente di sentirsi senza interferenze. Sia ringraziato Flipper.

La bionica è nuova e antica nel contempo.

Le pinne da nuoto, per esempio, non sono altro che l'adattamento delle pinne caudali, copiate dai cetacei e dai pesci. E si può tornare ancora più indietro sull'asse temporale bionico. La prima descrizione di un'attrezzatura da sub, contenuta in un testo di Erodoto, risale al 500 a.C. Il protagonista del racconto è stato, a modo suo, un grande bionico e un pioniere del tecnosviluppo. Oltre a conoscere i pregi della proboscide (aveva osservato come gli elefanti s'immergevano per lunghi periodi e respiravano attraverso il loro boccaglio naturale), è riuscito a cogliere il principio sottostante alla realtà e a manipolarlo per i suoi scopi.

Si chiamava Scyllis ed era uno schiavo a bordo della nave ammiraglia di re Serse I.

Un giorno, venne a sapere che il monarca stava progettando un attacco contro la flotta greca e, dato che lui era greco, iniziò a temere per la vita dei suoi compatrioti. In un modo o nell'altro doveva avvertirli. Dopo aver escogitato e scartato alcuni piani, alla fine riuscì a rubare un coltello e a tuffarsi in mare, ma purtroppo non passò inosservato. Le guardie si precipitarono verso la battagliola... però lui era scomparso. Probabilmente era ubriaco, avevano pensato gli sgherri di Serse, prima di tornare a concentrarsi sui preparativi dell'attacco, senza immaginare che il fuggiasco, ormai cianotico, era aggrappato alla chiglia della nave. Una volta che Scyllis ebbe la certezza che avessero perso interesse nei suoi confronti, riaffiorò ansimando, per poi raggiungere la riva poco distante.

Sapeva che il re voleva prendere il largo il mattino successivo e quel fatto lo turbava. Come avrebbe potuto avvertire l'esercito greco in tempo? Era un bravo corridore e un ottimo nuotatore, però non era così veloce. Gli restava una sola possibilità: il sabotaggio. Se non altro, aveva un coltello... Immaginò di compiere ogni sorta di gesta eroiche, la più audace delle quali prevedeva di tagliare tutte le cime di ancoraggio della flotta, in modo che le navi, in balia della corrente, andassero a cozzare l'una contro l'altra. Ma Scyllis avrebbe dovuto avvicinarsi senza attirare l'attenzione. Impossibile coprire l'intero tratto sott'acqua; la sosta sotto lo scafo aveva già messo a durissima prova i suoi polmoni.

Lo sguardo gli cadde su un fascio di canne palustri.

E all'improvviso ebbe un'illuminazione. Sorrise, tanto orgoglioso quanto l'intero esercito greco. Dopo aver cercato una canna abbastanza resistente, la tagliò e vi soffiò dentro un paio di volte, per assicurarsi che non fosse otturata. Quindi aspettò il calar delle tenebre, scivolò in acqua, s'infilò la canna tra le labbra e nuotò poco sotto la superficie, tra la flotta ancorata, dove portò a termine il suo piano, cima dopo cima. In seguito, continua Erodoto, nuotò per 15 chilometri finché non raggiunse le truppe greche davanti al capo Artemisio.

Si può affermare a buon diritto che Scyllis fu l'inventore del boccaglio. A quanto ne sappiamo, infatti, nessuno aveva mai avuto la stessa idea.

150 anni dopo, Aristotele scrisse di subacquei che utilizzavano pentole a mo' di elmetti. Sembra che pure Alessandro Magno nutrisse un profondo interesse per la vita sott'acqua. A quanto si narra, il condottiero usò una tinozza di legno e vetro per scendere a 20 metri di profondità, cercando di capire cosa ci fosse da conquistare là sotto. Non può aver visto granché. La scorta d'aria, già di per sé limitata, di certo si sarà compressa notevolmente. Eppure le testimonianze affermano: «Per 70 giorni, il grande re rimase negli abissi con la sua barca di vetro e scorse le meraviglie e i mostri del mare. Così facendo, scoprì un pesce talmente grande che occorsero tre giorni perché questi lo superasse con tutto il suo corpo».

Magari quel pesce era semplicemente un'anatra, tuttavia ciò non recò il minimo danno al fascino degli abissi. Nel 1515, Leonardo da Vinci progettò un sommergibile che però non vide mai la luce crepuscolare del mare. Soltanto nel 1620 l'olandese Cornelis Drebbel costruì il primo apparecchio subacqueo manovrabile. Edmund Halley (che rispunta ciclicamente in associazione con la famosa cometa) risolse il problema della respirazione, collegando una campana pneumatica a botti piene d'aria per mezzo di un tubo. Non si può ancora parlare di un vero sottomarino, e i congegni di questo tipo continuarono a dipendere dalle vele e dai rematori fino alla metà del XVIII secolo.

La situazione cambiò nel 1776 col *Turtle* dell'inventore americano David Bushnell. Una manovella metteva in moto due viti, e in superficie non si scorgeva traccia di quel tozzo veicolo adatto a ospitare un solo uomo. L'US Navy mise subito le mani sul *Turtle* e lo utilizzò nel porto di New York contro una nave da guerra inglese. L'apparecchio avrebbe dovuto aprire un foro nello scafo e posizionare una bomba, ma il piano non funzionò. Anche il *Nautilus,* un sottomarino per tre uomini inventato nel 1801 dall'americano Robert Fulton, non diede i risultati sperati. Sembrava proprio che i sommergibili fossero un buco nell'acqua.

A quell'epoca, non s'immaginava neppure l'eventualità di una guerra sottomarina.

La carriera pacifica di queste unità navali iniziò solo il 23 gennaio 1960, quando Jacques Piccard e Don Walsh portarono il *Trieste* sul fondo della Fossa delle Marianne. Nessun essere umano aveva mai raggiunto una simile profondità. Negli anni '30, William Beebe e Otis Barton erano scesi a 900 metri con una batisfera d'acciaio da 2 tonnellate e mezzo, ma soltanto il *Trieste* di Piccard scatenò una vera euforia mondiale per gli abissi. Furono creati modelli dalla struttura analoga, destinati alle missioni scientifiche, finché Jacques-Yves Cousteau non ideò veicoli più piccoli e agili che, da quel momento in avanti, avrebbero fatto parte dell'equipaggiamento della sua nave oceanografica *Calypso.*

E poi Robert Ballard inaugurò l'era moderna.

Finora il suo *Alvin* ha visto molte cose: le oasi abissali intorno ai camini idrotermali della dorsale medio-atlantica, il *Titanic,* la *Bismarck,* il *Britannic...* La lista è lunga. L'oceanografo forse più celebre di tutti costruì il suo sommergibile nel 1964, però l'*Alvin* è ancora funzionante. All'epoca, la sua struttura venne considerata rivoluzionaria, perché Ballard aveva usato il titanio, che, oltre a essere più resistente dell'acciaio, pesa la metà. Coi suoi computer, con le sue telecamere, coi suoi bracci robotizzati e coi suoi numerosi apparecchi di misurazione, l'*Alvin* è ideale per le esplorazioni scientifiche. Trovano (poco) spazio tre persone all'interno di questo veicolo, lungo più di 7 metri, che inonda i suoi serbatoi con l'acqua di mare per poi scendere come un sasso fino a 4000 metri.

Più di 40 anni dopo sono ancora pochissimi i sommergibili che superano i 3000 metri di profondità. Oltre all'*Alvin* si sono fatti un nome soprattutto i gemelli russi, il *MIR I* e il *MIR II,* che il regista hollywoodiano James Cameron ha utilizzato per raggiungere il *Titanic* e la *Bismarck.* I finestrini di osservazione sono più grandi di quelli dell'*Alvin*, anche se la cabina, col suo diametro di 2 metri, non è esattamente il Ritz. Ma non importa. Chi ha bisogno di spazio quando fuori le meduse luminose eseguono il loro balletto abissale? Se non altro, i *MIR* - che vengono tenuti a bordo dell'*Akademik Keldyš*, la più grande nave oceanografica del mondo - raggiungono una profondità di 6 chilometri. Anche lo *Shinkai* giapponese e il *Nautile* francese scendono fino a 6000 metri. Tutti questi veicoli possono abbassarsi e alzarsi solo inondando e svuotando le cisterne per la zavorra liquida. Agli spostamenti in avanti provvedono i motori elettrici, tuttavia non si può certo parlare di velocità.

Tutto ciò era troppo poco per Graham Hawkes.

Alcuni anni fa, questo costruttore americano ideò un principio del tutto nuovo per la conquista degli abissi. I suoi *Deep Flight* presentano una somiglianza sconcertante con gli aerei e funzionano anche secondo gli stessi criteri. Mentre le superfici alari dei «veri» aeroplani garantiscono la spinta ascensionale, il profilo alare del *Deep Flight* contrasta questa forza e produce un risucchio verso il basso. Si scivola giù seguendo un brusco angolo discendente e si possono fare curve come su un caccia a reazione. Senza le ingombranti cisterne per la zavorra liquida, Hawkes è inoltre in grado di ridurre le dimensioni, aumentando così la resistenza alla pressione crescente. Per il *Deep Flight I* e il *Deep Flight II* non esistono praticamente limiti di profondità. Con una velocità di 20 chilometri l'ora, questi bolidi sottomarini sono davvero velocissimi e, grazie al loro resistentissimo involucro di ceramica, sono anche idonei a realizzare il più grande sogno di Hawkes, che vuole raggiungere la Fossa delle Marianne. In ogni caso, il suo atterraggio sarà più elegante di quello di Piccard.

L'epoca dei pesanti *floating tanks* volge inevitabilmente al termine. Forse anche il viaggio sottomarino con uomini a bordo rivestirà un ruolo sempre più secondario. Avventurarsi di persona in mondi ignoti è e resta l'unica vera avventura, ma non fa certo bene alla salute. A sfidare gli abissi inospitali sarà invece una nuova generazione di veicoli subacquei bionici.

I microrobot.

Ciò che è iniziato anni fa con sonde telecomandate, prive di cavi e lunghe fra i 2 e i 3 metri - i cosiddetti AUV (Autonomous Underwater Vehicles) -, sta ora entrando nella sua fase avanzata. Scomparirà anche il comando a distanza. In futuro, spioni robotizzati attraverseranno gli abissi prendendo decisioni da soli, scambiandosi dati e trasmettendoli ai satelliti. Il sistema tedesco DeepC è in grado di operare autonomamente a una profondità di 6000 metri. Lo *Xanthos* e il *Caribou,* altri due prototipi della nuova classe di robot, somigliano a siluri, ma ben presto verranno costruiti a forma di pesce con tanto di pinna caudale, il che ridurrà drasticamente i costi energetici e allungherà di varie volte il periodo di permanenza sott'acqua. Il trend va verso la miniaturizzazione. Al momento, l'azienda americana Nekton Research sta testando una squadra di minuscoli sottomarini lunghi 7 centimetri, che sanno agire in modo coordinato e comunicano tra loro. Questa scoperta incuriosisce tanto le società petrolifere e gli ambientalisti quanto gli scienziati e il settore della comunicazione.

E poi? Ragioniamo in termini pragmatici. Se i mari saranno solcati da banchi di microscopiche macchine simili a pesci, acquisiremo conoscenze totalmente nuove... e i pesci inseguiranno prede incredibilmente bizzarre.

Il viaggio degli acquanauti

Eppure lo sapevamo!

Il calamaro gigante esiste. Per anni ci siamo dovuti accontentare dei suoi miseri resti, tentacoli strappati e frammenti poco invitanti che marcivano sulle spiagge sotto nugoli di mosche. Ora, finalmente, i giapponesi hanno fotografato un parente vivo del mostro mitologico, impigliato in una trappola piena di cibo a 900 metri di profondità. Dopo aver cercato di liberarsi per quattro ore, il ghiottone ha dovuto separarsi da una delle sue estremità e la ricerca ha conquistato un nuovo trofeo.

Ma perché ci abbiamo messo così tanto per avere davanti all'obiettivo il maestro dell'ottuplice stretta di mano (i numeri 9 e 10 non sono bracci, bensì due tentacoli simili a fruste). Forse perché è così raro? Avete quasi indovinato. Il motivo principale è più ingarbugliato e rivela il già noto dilemma dell'acquanautica. Se gli abissi oceanici non fossero immersi in un'oscurità assoluta, potremmo scoprire tante cose stupefacenti. Ma non siamo pesci abissali, perciò affrontiamo l'ignoto con sottomarini ronzanti e gorgoglianti e accendiamo potenti fari alogeni, che forse rischiarano un raggio di 20-30 metri, ma raramente il nostro orizzonte. Frustrati, restiamo sospesi nel nulla, senza vedere il calamaro che percepisce benissimo la nostra presenza, però non si muove. Un ricercatore americano ha riassunto questa situazione, affermando, in tono stizzito: «Là sotto c'è un'enorme varietà di vita! Il problema è che si fa da parte ogni volta che arriviamo noi».

A fissare il vuoto non sono soltanto i fanatici degli abissi. Si rischia infatti di perdere la ragione già poco sotto la superficie. Gli animali marini manifestano una notevole curiosità per le strutture che nuotano, ma non se esse si avvicinano con la delicatezza di un elefante. I veicoli sottomarini sono rumorosi, eseguono movimenti innaturali e devono risalire proprio sul più bello per evitare che i passeggeri restino senza fiato in eterno. I robot riescono a spingersi più in basso e a trattenervisi più a lungo, tuttavia sono molto lontani dal conquistarsi la fiducia di calamari & Co. Conosciamo dunque la vita marina meno di quanto conosciamo la faccia posteriore della Luna. Un fatto cui un uomo non ha mai voluto rassegnarsi: Jacques Rougerie.

L'architetto francese sarebbe lusingato se qualcuno lo definisse un pazzo. Lui stesso giudica pazzo Giulio Verne, per cui nutre una profonda ammirazione. Per Rougerie, la pazzia è la risposta all'arretratezza e alla mancanza di fantasia. Da poco meno di 30 anni, quest'uomo, che si considera un moderno capitano Nemo e vive in una casa galleggiante sulla Senna, costruisce sottomarini all'avanguardia e insediamenti sul fondo del mare. Nel 1973, la NASA gli ha affidato il compito di creare un autentico « villaggio sotto il mare » e, in seguito, gli americani hanno realizzato *Aquabulle*, un habitat sottomarino trasparente a 35 metri di profondità, per la cui ideazione Rougerie si era ispirato alle bolle d'aria. *Galathée*, costruita nel 1976, è una stazione abitativa in cui sei scienziati possono vivere e lavorare anche per sei mesi. Essa rivela subito la sua origine organica: Rougerie ha usato 56 tonnellate di vetro e acciaio per erigere un complesso stranamente vivo, come se una delle macchine marziane di H.G. Wells si fosse accoppiata con una rana. Per il francese, la situazione è chiara: sulla terraferma osserviamo un'architettura i cui elementi ci sono stati tramandati attraverso i secoli e sono capaci di soddisfare le esigenze umane. Insomma abbiamo davanti un self-service per costruttori edili. Nel regno dell'alta pressione, delle correnti impetuose e della mancanza d'aria, siamo invece privi di storia. A cosa dovremmo ispirarci, si domanda Rougerie, se non agli esseri che hanno adattato con abilità la loro corporatura alle condizioni del loro ambiente?

Con coerenza, l'architetto punta sulla bionica, copiando dalla natura non solo le forme, ma anche le funzioni. La conclusione è così logica da essere sconcertante: se gli abitanti del mare accolgono malvolentieri i veicoli motorizzati, perché non eliminiamo il motore? È dunque nato un piccolo laboratorio sottomarino, che segue la corrente come fanno le meduse e i taliacei, e si chiama *Ocean to Observe*. Esso si è avvicinato parecchio al comportamento naturale dei suoi oggetti di studio e ha incoraggiato Rougerie a spingersi verso dimensioni più audaci, anche perché lui stava pensando ormai da tempo a stazioni sommergibili dotate di equipaggio che restassero attive ventiquattr'ore su ventiquattro e attirassero gli animali anziché spaventarli. Ha studiato i principi della spinta ascensionale dei sifonofori e degli iceberg e ha osservato gli ippocampi e le navicelle spaziali della NASA fino a quando non è riuscito a tracciare su un foglio qualcosa di assolutamente inedito e originale: il *SeaOrbiter*, una struttura futuristica di tale eleganza che Steven Spielberg diventerebbe verde d'invidia. Quindi la struttura è passata dall'universo interiore di Rougerie al simulatore.

Questo meraviglioso veicolo è ancora un semplice modello alto 3 metri e mezzo, ma la stazione viaggiante dovrebbe entrare in funzione già tra pochi anni, rivoluzionando così la ricerca marina. Il *SeaOrbiter*, che gli esperti paragonano con affetto a un gigantesco ippocampo, si sottrae a qualsiasi categorizzazione. Potremmo scambiarlo sia per la nave ammiraglia dei Klingon di *Star Trek* sia per una cattedrale fluttuante. Alto 51 metri e stabilizzato da una carena circolare del diametro di 10 metri, si conforma alle abitudini di viaggio del ghiaccio galleggiante. Due moduli si uniscono per comporre un'immensa boa. Gli oblò e le grandi finestre panoramiche permettono di osservare il mondo sopra e sotto il livello del mare, perché solo un terzo della struttura di luccicante alluminio bianco sporge dalla superficie, mentre 31 metri restano nascosti sott'acqua. La maggior parte degli otto piani di lavoro, che s'impilano l'uno sopra l'altro come in un grattacielo, sono pertanto invisibili.

Ed è lì che le cose si fanno davvero interessanti. 10 dei 18 membri dell'equipaggio lavorano in un ambiente ostile all'uomo. Oltre alla cucina, al salotto e alle camere da letto, gli acquanauti dispongono di laboratori dotati di sofisticate apparecchiature per studi acustici e biologici a lungo termine. Il vero fiore all'occhiello è tuttavia il modulo multilivello ad alta pressione, che adatta la pressione interna degli spazi sottomarini alle condizioni dell'acqua circostante. I ricercatori ansiosi di stringere la pinna a qualunque cosa passi loro accanto non devono più affrontare le impegnative fasi di decompressione; basta che s'infilino la muta e scivolino fuori attraverso una camera di decompressione. Immergersi a 35 metri di profondità diventa pertanto facile quanto girare l'angolo per andare a comprare le sigarette.

Tutto questo comfort scientifico ha il suo prezzo, nella fattispecie quello dell'isolamento. Non che si sia incatenati là sotto. Si può risalire, ma non senza una spesa notevole; la zona ad alta pressione è chiusa ermeticamente e separata dal terzo «arioso» del *SeaOrbiter*. Sopra il livello del mare, dove ci sono condizioni atmosferiche normali, vivono e lavorano i componenti dell'equipaggio che si occupano della logistica. Lì, dove soffia il vento e si trovano gli apparecchi di navigazione e comunicazione, si può ammirare l'oceano dal ponte oppure ci si può dedicare all'osservazione di cetacei, come per esempio delfini, onde e nuvole dalla spaziosa piattaforma scoperta. Gli approvvigionamenti arrivano per via aerea. In teoria, il *SeaOrbiter* può rimanere per sempre in mare; in pratica, garantisce più di tre mesi di vita autonoma a bordo, anche e soprattutto nella zona ad alta pressione.

Il problema del carburante non si pone: il *SeaOrbiter* è privo di propulsione e, all'occorrenza, sono due motori elettrici a permettere la correzione della rotta. Per il resto, il progetto di Rougerie prevede che la stazione galleggi con la corrente, proprio come *Ocean to Observe*. Il *SeaOrbiter* avanzerà silenziosamente negli oceani, sottoposto solo al ritmo dell'enorme nastro trasportatore che mescola e rimescola l'acqua del nostro pianeta.

Pur essendo gigantesca, l'isola fluttuante non incute timore al mondo animale. Inserendosi alla perfezione in un sistema naturale, riuscirà persino ad attirare le creature marine. Rougerie sogna un'oasi di vita che si sviluppi a poco a poco intorno al *SeaOrbiter*, un ecosistema completo come quello che si trova nelle vicinanze delle scogliere e dei relitti. Un'idea, tra parentesi, non così recente. Il poeta greco Oppiano, vissuto nel 200 a.C., racconta di pescatori che avevano iniziato ad allevare pesci in strutture simili a scogliere, collocate nelle regioni poco distanti dalla costa, per evitare di dover uscire in mare aperto se le condizioni meteorologiche erano avverse.

Com'è accaduto con le scogliere artificiali, i primi a impadronirsi dell'involucro del *SeaOrbiter* saranno i microrganismi. Seguiranno le larve e gli avannotti, che cercheranno protezione dai predatori e si nutriranno dei primi arrivati. Poi giungeranno piccoli pesci ghiotti di larve, che a loro volta compariranno sul menù dei più grandi. Arriveranno quindi i tonni, imitati dagli squali. Dove la compagnia è così gradevole, non potranno mancare le focene e i delfini. Nugoli di plancton incroceranno la strada del *SeaOrbiter* e ciò chiamerà in causa a sua volta i misticeti. Nel giro di poche settimane, insomma, la stazione si trasformerà probabilmente in una sorta di locale alla moda.

Dove ci si potrebbe incontrare altrimenti? L'alto mare è un monotono deserto blu, privo di strutture fisse. Talvolta una burrasca porta foglie di palma, che ospitano temporaneamente intere comunità. Qualsiasi occasione d'insediamento viene accolta con gratitudine, purché l'oggetto scelto non si renda antipatico con rumori fastidiosi e movimenti bruschi. Il silenzioso *SeaOrbiter* potrebbe quindi diventare un'autentica struttura assistenziale e offrire ai ricercatori l'incomparabile opportunità di osservare le società acquatiche nel loro biotopo naturale... senza sosta, giorno e notte, per mesi interi. Immergendosi, gli acquanauti potranno mescolarsi alla popolazione locale e, inoltre, avranno accesso a due minisommergibili di bordo e a telecamere robotizzate comandate via cavo che si spingeranno fino a 600 metri di profondità per trasmettere all'equipaggio immagini in tempo reale. Un sistema di potenti antenne collegherà poi il *SeaOrbiter* con una postazione satellitare che rileverà la posizione, le condizioni meteorologiche, il moto ondoso e trasmetterà i dati raccolti.

«Sarà un nuovo modo di vedere il mondo subacqueo», afferma Rougerie con modestia e di certo sminuendo la portata della sua creazione. Una delle maggiori sfide del XXI secolo è senza dubbio la conquista di una conoscenza più approfondita degli oceani, che, come abbiamo già ricordato, coprono quasi il 70 per cento del nostro pianeta. Il *SeaOrbiter* offre uno sguardo spettacolare sull'*inner space*. Non a caso, Rougerie sogna la scoperta di forme di vita sconosciute e questo sogno ha attirato l'attenzione impaziente degli addetti del CoML. Ma il francese si spinge oltre, ipotizzando anche lo studio delle strutture montuose sottomarine e l'analisi della biochimica oceanica per la preparazione di farmaci. Nel contempo, il *SeaOrbiter* fungerà da interfaccia tra l'oceano e l'atmosfera, misurerà gli effetti dell'aumento di CO_2 in tutto il mondo, osserverà le ripercussioni dell'aumento delle temperature marine sul clima terrestre, rileverà le concentrazioni di sostanze tossiche e documenterà i processi di bioaccumulazione (la concentrazione di sostanze chimiche in un organismo).

Rougerie non si stanca di sottolineare il carattere pedagogico del suo progetto. A differenza di quanto è accaduto in passato, i risultati delle ricerche non saranno riservati agli esperti, ma verranno trasmessi in diretta TV, divulgati nelle scuole e pubblicati su Internet, secondo il modello del CoML. Rougerie vuole avvicinare soprattutto i giovani all'universo sconosciuto sott'acqua, sensibilizzandoli al delicato equilibrio che l'*Homo sapiens sapiens* continua a turbare. E smentisce con vigore le critiche secondo cui il *SeaOrbiter* è soltanto un mostro mangiasoldi col quale lui, epigono di Giulio Verne, pensa di raggiungere la gloria. « Non m'importa della mia soddisfazione personale », afferma. « Se realizzo dei sogni, lo faccio unicamente per creare un valore concreto per tutta l'umanità. »

Un valore che almeno la NASA ha riconosciuto con chiarezza. A Houston, se le missioni spaziali con equipaggio a bordo fanno un buco nell'acqua, si tratta di un esito voluto. Gli autronauti esordienti testano le condizioni di lavoro in assenza di gravità all'interno di enormi piscine.

« In acqua, le condizioni ergonomiche e i movimenti sono simili a quelli nello spazio », dichiara Bill Todd, responsabile del programma di ricerca degli abissi NEEMO (NASA Extreme Environment Mission Operations). È tuttavia difficile simulare la minacciosa infinità del cosmo in un ambiente ristretto e controllabile. « Una piscina non è particolarmente inospitale », concorda l'ex astronauta Scott Carpenter, che nel 1965 ha sperimentato la quotidianità a bordo di una stazione spaziale nell'osservatorio sottomarino *Sealab III* al largo della costa californiana. «Ci servono spazi più ampi. Il *SeaOrbiter* avrebbe un valore inestimabile per i nostri scopi.»

In effetti, la zona ad alta pressione è perfetta come centro di allenamento per astronauti. Da una parte, lo spazio circostante è ciò che più si avvicina all'infinità sulla Madre Terra, cioè l'oceano aperto. Chi lascia il *SeaOrbiter* in tenuta spaziale non trova più nessun pavimento e nessuna parete, ma solo una vastità sterminata che, verso il basso, si perde nell'oscurità.

Dall'altra, la situazione nella zona ad alta pressione è senz'altro paragonabile a quella di una capsula o di una stazione spaziale. Gli acquanauti vivono isolati in uno spazio ristretto e in condizioni fisiologiche profondamente alterate. Il *SeaOrbiter* consente così anche di osservare l'*inner space* dell'anima ricercatrice. Come si relazionano personalità provenienti da background culturali diversi quando si stanno addosso a vicenda per settimane? Nascono amicizie, senso della responsabilità e spirito di squadra? Quanto manca all'omicidio doloso o premeditato? E quali sono gli effetti dell'enorme pressione oceanica sulla salute?

Domande per cui la NASA nutre un notevole interesse. Da 30 anni, l'organizzazione tiene corsi di addestramento di varie settimane in uno dei laboratori subacquei più antichi del mondo. L'*Aquarius* si trova a sei chilometri dalle Florida Keys, 20 metri sotto la superficie del mare. L'arredamento è spartano e lo spazio di 45 metri quadrati non si può definire ampio. Nel corso degli anni, quasi a riprova della tesi di Rougerie, l'*Aquarius* è cresciuto con l'ambiente circostante, coprendosi di spugne e coralli e offrendo ospitalità a specie di ogni genere. Una volta l'anno, il NEEMO alloggia qui i Kirk e gli Spock di domani, insegnando loro che la vita reale non è per nulla spassosa come sulla cara, vecchia *Enterprise*. I limiti spaziali e sociali logorano i nervi. Di privacy, neanche l'ombra, dato che alcune webcam seguono ogni passo, ventiquattr'ore su ventiquattro. Il Grande Fratello, seduto al centro di controllo della NASA, comanda a bacchetta gli abitanti acquatici, proprio come avviene nel cosmo. Si vive inoltre in una perenne luce crepuscolare. Durante la notte cala un'oscurità così assoluta che qualsiasi medusa luminosa sembra la manna dal cielo. Talvolta pare che il tempo si fermi, o strisci come una delle onnipresenti oloturie; chi ha nostalgia della varietà culinaria terrestre può solo succhiarsi il pollice e immaginare che sia un salsicciotto. Davvero una prova del fuoco al servizio di nobili ideali.

Ma Peggy Whitson apprezza proprio questo tormento. Responsabile della formazione a bordo dell'*Aquarius,* ha trascorso 148 giorni sull'ISS ed è una fanatica delle passeggiate spaziali simulate sott'acqua. «Possiamo stabilizzarci completamente e poi girare qua e là come nel cosmo. Le somiglianze maggiori sono tuttavia l'isolamento e lo spazio vitale chiuso.» Non dà credito ai timori secondo cui sarebbe impossibile condurre ricerche marine serie con gli astronauti. Oltre al training per la NASA, gli uomini seguirebbero numerosi programmi di ricerca acquatica, misurerebbero le madrepore o studierebbero il comportamento delle popolazioni marine. Peggy non ha paura del contatto con la ricerca marina, anzi. «Per me, un soggiorno a bordo del *SeaOrbiter* sarebbe interessantissimo, perché di recente abbiamo preparato carte geografiche delle scogliere madreporiche dallo spazio. Sarebbe emozionante poterle misurare anche sott'acqua.»

Se la signora Whitson organizzasse il suo prossimo corso sul *SeaOrbiter,* si accorgerebbe che le condizioni di vita sono un po' più raffinate in confronto al rispettabile *Aquarius,* ma non per questo più ospitali. La solitudine e la pressione psicologica sono una costante anche qui. I subacquei non devono spingersi a meno di 9 metri dalla superficie e nemmeno allungare la testa fuori dall'acqua. Dopotutto ciò è vietato anche nello spazio. Per qualche settimana, il cielo è liquido.

Secondo i progetti di Rougerie, il *SeaOrbiter* inizierà il suo primo viaggio nel 2008, dirigendosi verso nord con la Corrente del Golfo. Gli appunti di questa impresa documenteranno il più lungo periodo ininterrotto trascorso da esseri umani sott'acqua. Poi sono in programma escursioni nell'oceano Indiano e Pacifico. Rougerie intende solcare tutti i grandi mari entro il 2012. Il *SeaOrbiter* verrà utilizzato per 15 anni complessivi, una sorta di ISS dei mari, un'International *Sea* Station. Il modello è già stato testato per sei mesi nei pressi di Trondheim ed è stato giudicato capace di resistere a onde alte 15 metri. Solo pochi milioni di euro separano il progetto più ambizioso mai ideato da un architetto marino dalla sua realizzazione. Un « solo » che procura tuttavia notevoli grattacapi a Rougerie, perché la maggior parte delle sue visioni non si è mai concretizzata. « Negli anni '70, l'interesse per lo studio degli oceani si è praticamente spento », dice. « L'esplorazione dello spazio era sostenuta da lobby più forti. Un'osservazione accurata dei mari mondiali non destava più curiosità. L'uomo voleva andare nel cosmo. »

Forse la situazione sta cambiando. Il futuro dei voli dello Shuttle è scritto nelle stelle. Non possiamo più permetterci di essere ignoranti riguardo ai mari, e l'esistenza sott'acqua è tanto appassionante quanto quella nello spazio. Mentre gli esobiologi farebbero il bagno nello champagne se un organismo unicellulare strisciasse loro davanti su Marte, gli oceani brulicano di vita, gran parte della quale aspetta ancora di essere scoperta. Pur mostrandosi entusiasta, la ricerca internazionale non ha neppure un centesimo nel suo portamonete. Finora, a sborsare gli spiccioli necessari, è stato un consorzio formato da vari finanziatori, primi fra tutti Vinci (un gruppo francese attivo nei settori delle costruzioni e dell'energia), la Comex (una società di Marsiglia specializzata nella tecnica subacquea) e la NASA. Per la costruzione e il viaggio inaugurale del *SeaOrbiter* servono 25 milioni di euro, e Rougerie preferisce non specificare quanti ne mancano ancora. « I progetti sono pressoché ultimati », dice in tono vago. « Possiamo quasi prendere il largo. »

Quasi.

« Negli ultimi vent'anni, dopo secoli d'interesse esclusivo per la superficie, l'uomo ha iniziato a rendersi conto del significato ecologico, industriale e scientifico dei mari », conclude il capitano Nemo dei giorni nostri. « Il nostro obiettivo dev'essere accostarci a questa gigantesca sfera di vita, speranza ed energia con rispetto, comprensione e cognizione di causa. »

E allora? Nell'erario di Nettuno dovrà pur esserci qualche milioncino per la realizzazione di propositi così nobili, no?

Il ritorno di Mr Anfibius

«10... 9... 8...»

Ricordo ancora molto bene Dietmar Schönherr in missione galattica. Alla fine degli anni '60, il comandante McLane e la sua pattuglia spaziale tenevano incollati davanti alla TV me e molti altri spettatori. Credevamo che l'equipaggio del veloce incrociatore spaziale *Orion*, con le sue pettinature trendy da miracolo economico e le pince sull'uniforme di Eva Plug, rappresentasse davvero il Terzo Millennio. Nell'immagine del futuro di quei primi anni, Margot Trooger regnava sul «pianeta delle donne», pareva uscita da un catalogo di vendita per corrispondenza e induceva l'avvenente comandante a fare osservazioni maschiliste del tipo: «Come sarebbe a dire, una donna al vertice?» Il materiale televisivo non si componeva soltanto di magnifiche riprese in bianco e nero. Fra tutte le trame possibili e immaginabili, quella in cui una donna della Germania Est diventasse cancelliere federale non sarebbe neppure stata presa in considerazione, in conformità al motto: «La fantascienza va bene, ma, signori miei, deve avere un briciolo di verosimiglianza».

«7... 6... 5...»

La voce del computer che apriva gli episodi aveva una freddezza futuristica. Si sarebbe potuto scambiarla per elettronica se non fosse appartenuta a un abitante di Colonia, che, con la caratteristica vivacità renana, scandiva il conto alla rovescia prima che il veloce incrociatore spaziale andasse in orbita, accompagnato dall'iniezione di allegria di tre urla gioiose, diretto verso galassie lontane e mondi sinistri in cui la signora Trooger e altri alieni riuscivano a spaventare gli astronauti coraggiosi con armi temibili come l'autocoscienza e le ciglia finte. Devo ammettere che la serie mi piaceva. Naturalmente rabbrividivo di fronte ai Frogs e ai robot in preda al furore omicida, i cui organi prensili avevano una somiglianza sospetta con articoli del mercato edile. Mi entusiasmavo davanti ai pianeti esplosi, che, come ho scoperto più tardi, erano palle di carta stagnola piene di farina e caffè in polvere. E ogni vero fan sa che l'*Orion* veniva pilotata mediante un ferro da stiro montato alla rovescia. Cosa che forse bisognerebbe raccomandare vivamente alla NASA, sempre assillata dalle crisi e dai costi.

«4... 3... 2...»

Le avventure dell'astronave Orion erano la quintessenza della compiaciuta contemplazione narcisistica del dopoguerra. Faremmo tuttavia un torto agli autori se volessimo disconoscere i grandi spunti della serie. McLane e il suo equipaggio hanno infatti sollevato un quesito interessante: perché una specie intelligente non dovrebbe vivere sui fondali oceanici, se le condizioni lo rendessero necessario? Dopotutto siamo venuti dal mare. Perché non tornarci e non mettere in moto le navicelle spaziali in un ambiente che ne favorisca il movimento ascendente? L'acqua trasporta, quindi può condurci anche tra le stelle. Fino ad allora balleremo schiena contro schiena al ritmo della musica più alla moda e vedremo la nostra cena che passa davanti alla finestra della cucina. In ogni caso, il futuro dell'umanità è nel mare, lo sapevamo già negli anni '60.

La sequenza iniziale di ogni puntata era avvincente: il disco luccicante si sollevava da un enorme mulinello marino come Venere nata dalla schiuma e raggiungeva in un baleno la velocità della luce. Quella sì che era una trovata geniale! Non tanto per la velocità della luce raggiunta dal disco, quanto perché si rappresentava la diffusione della nostra specie al di là delle zone costiere. Da quel punto di vista, *Le avventure dell'astronave Orion* erano in cima agli scenari dei futurologi. La costruzione di città sottomarine è un tormentone nella scienza dei pronostici. Di motivi per vivere sui fondali marini ce ne sarebbero in abbondanza. Dopo una guerra atomica, la superficie terrestre è contaminata. La distruzione dello strato di ozono ci costringe a rifugiarci in zone protette. L'aumento della popolazione mondiale impone la ricerca di nuovi spazi vitali. Gli alieni ci spingono nel sottosuolo, in questo caso nel mare. Mr Anfibius, l'antenato di noi tutti, fa valere i suoi geni. Dopotutto anche i neonati stanno benissimo sott'acqua. Respirano un liquido per nove mesi finché non escono all'aria aperta e il dottore li sculaccia, provocando generalmente uno scarso entusiasmo e tanti strilli.

Che cos'ha dunque d'interessante il futuro nel mare?

Parecchio, riteneva Giulio Verne, che nel 1895 pubblicò la sua utopia satirica *L'isola a elica*. Nel libro, un gruppo di musicisti diretto a San Diego arriva in un luogo curioso a causa di una serie di sfortunate circostanze. La città apparentemente lussuosa in cui trovano alloggio per la notte si rivela un'isola galleggiante, sospinta mediante immense turbine da 10.000 cavalli vapore e costituita da 270.000 pontoni collegati tra loro, ciascuno alto 17 metri, largo 10 e lungo altrettanto. Standard-Island, meraviglia battezzata così dai suoi abitanti, è il sogno diventato acciaio di un manipolo di facoltosi cittadini statunitensi, uno Stato autarchico sul mare la cui superficie ammonta a 27 chilometri quadrati e la cui capitale si chiama, a buon diritto, Milliard City. C'è di tutto: chiese e abitazioni confortevoli, ampi parchi e giardini, teatri, ristoranti sfarzosi e luoghi di svago raffinati.

Benché il loro soggiorno rasenti il sequestro, i musicisti accettano di aiutare i ricconi annoiati a ingannare il tempo per i 12 mesi successivi. Nelle settimane seguenti, la popolazione dell'isola fa rotta verso coste note e meno note, assiste alle rivalità tra i miliardari Tankerton e Coverly (i cui clan aspirano al controllo di Standard-Island) e infine commette l'errore di salvare alcuni naufraghi che, in realtà, sono dei mascalzoni e aizzano i cannibali contro gli isolani. Un lungo combattimento miete numerose vittime. Alla fine, però, sono le irritanti lotte territoriali a sfociare nella rovina tanto della comunità quanto dell'isola. L'ignoranza e la presunzione fanno ciò che le forze della natura non sono riuscite a fare.

Checché se ne dica, Verne non era per nulla fiducioso nelle possibilità della tecnica, anzi ne diffidava. Non a caso, l'isola a elica ha l'unico scopo di soddisfare la vanità di una generazione pericolosamente possibilista, che vola verso la Luna su palle da cannone, gira il mondo in mongolfiera o si avventura fino al centro della Terra, dedicando però più tempo a scegliere l'abbigliamento adatto e a vincere scommesse idiote, piuttosto che a domandarsi quale utilità possano trarre pochi contemporanei benestanti dalle conquiste ottenute. Verne era senza dubbio un visionario, ma descrive per lo più misantropi megalomani o svitati decadenti. Standard-Island esiste soltanto per condurre i suoi abitanti nelle zone del mondo dove splende sempre il sole. Fondamentalmente, le famiglie Tankerton e Coverly non fanno pensare a rappresentanti del progresso, bensì ad allevatori di bestiame rivali.

Verne, che aveva un debole per gli abissi marini, se ne serve come parabola per gli abissi umani. Alla fine, nemmeno il magnifico *Nautilus* mantiene la promessa di aprire nuovi spazi vitali e si rivela la patria del terrorismo internazionale, pilotato da un Osama bin Laden vittoriano che preferisce affondare le navi. Robur il Conquistatore (protagonista del romanzo omonimo), il professor Schulze nella sua città d'acciaio nei *500 milioni della Begum* e tutti gli altri vivono il proprio fallimento nel trionfo del loro genio. Nella sua ammirazione manifesta per il fattibile, Verne esprime seri dubbi sull'integrità morale degli artefici. Proprio come le meraviglie volanti e galleggianti precorrono i tempi sul piano tecnico, il buonsenso umano zoppica alle loro spalle. Alla fine, il progresso si sgretola, e la civiltà coraggiosa la scampa di nuovo. La mediocrità come fuoco che scalda nel camino. Noiosa ma vincolante. L'acciaio, il materiale da costruzione dei titani, è invece gelido, ideale per fondere cannoni.

È stato proprio uno scrittore del XIX secolo a pronunciare parole fondamentali riguardo all'occupazione degli abissi marini. Immaginare una New York abissale è divertente. Con molta probabilità, viverci lo è un po' meno.

La visione è tuttavia indistruttibile. Nel 1975, Han Hass ha annunciato di aver visto il futuro. Si trovava sott'acqua a sud di Tokyo ed era stato costruito dall'architetto giapponese Kiyonori Kikutake per un uomo d'affari patito delle immersioni. Hass non è stato l'unico a emozionarsi di fronte al risultato. 12 metri sotto il livello del mare si ergeva un'oasi raggiungibile esclusivamente con la muta da sub e dotata di un ingresso elegante, di mobili griffati, cocktail bar, TV e telefono. L'orgoglioso proprietario ha dato una festa per Hass. Un menù completo, vini, abiti e vestiti da sera sono stati consegnati a domicilio, dentro un container; 16 invitati si sono immersi e sono riemersi davanti all'ospite, hanno sostituito il neoprene con cravatte e décolleté, hanno mangiato, bevuto, ballato, dormito e sognato sul fondale marino. La vita in mare si è mostrata in tutto il suo fascino: i pesci passavano accanto alla finestra del salotto, e i presenti hanno accettato di buon grado che la birra non producesse schiuma a causa delle alterate condizioni di pressione. Il mattino dopo è arrivata la donna delle pulizie, che ha portato via pinne e occhiali da sub, ha passato l'aspirapolvere e ha rigovernato. Tutto sembrava indicare che la vita sott'acqua poteva svolgersi all'insegna della normalità come quella sulla terraferma, anche se sulla terrazza crescevano coralli e il postino non veniva morso dal cane, ma dallo squalo domestico.

Kiyonori Kikutake è un esperto di utopie urbane. Famoso (e contestato) in tutto il mondo, fa parte dei cosiddetti «metabolisti», un gruppo di architetti che, per le sue opere, s'ispira al ciclo vitale della nascita e della crescita. Kikutake crea progetti per città galleggianti che dovrebbero ospitare fino a 2 milioni di persone. Nell'anno in cui Hass ha partecipato alla sua festicciola spettrale, ha messo un prototipo sull'acqua al largo di Okinawa in occasione dell'esposizione marina mondiale. All'epoca, Aquapolis è stata considerata una specie di dramma didattico sull'autonomia marina. Oggi l'isola è un mucchio di rottami assai meno spettacolare, al cui confronto qualsiasi piattaforma offshore sembra l'Hilton. Da allora, il «padre di Ocean City» (come viene rispettosamente soprannominato Kikutake) ha sondato dimensioni sempre nuove. Progetti mai realizzati mostrano metropoli che poggiano su trampoli di calcestruzzo alti centinaia di metri, gigantesche piattaforme poste 20 metri sopra il livello del mare. Un'altra idea prevede enormi pontoni ancorati ai monti abissali. Kikutake non si abbandona affatto alla pura ebbrezza oceanica. Il suo museo Edo-Tokyo è l'opera di un pragmatico: situato vicino alla riva, con l'alta marea fluttua come un'arca.

Essendo nato in un angusto Stato insulare, quel visionario sogna inoltre LinearCity, una megametropoli lunga 1000 chilometri fra Tokyo e l'isola Kiushu (nel Sud del Giappone), composta di aeroporti e unità abitative galleggianti, collegati alle isole naturali mediante gomene d'acciaio. Poiché i quartieri si ergono l'uno dietro l'altro come perle su un filo, una linea a trazione magnetica dovrebbe trasportare merci e persone da un capo all'altro con la velocità di un jet. A prima vista, LinearCity sembra molto più utopistica di un'idilliaca cittadina a 20 metri di profondità, ma in realtà è più realistica. Esiste infatti un'alternativa valida alla vita sott'acqua che solletica tanto l'immaginazione degli utopisti.

La vita sull'acqua.

«Nel 1958 sono stato il primo a presentare il disegno di una struttura fluttuante», ricorda Kikutake. «Mi era venuto in mente che molte aziende e fabbriche si erano insediate nelle zone costiere del Giappone, rovinando il paesaggio e provocando danni ambientali. All'epoca, ho pensato che fosse utile trasferire le macchine e gli stabilimenti sul mare, in modo che le persone sulla terraferma potessero avere un ambiente più pulito. È stata quella la mia prima ispirazione. Ma, quando ho analizzato meglio la faccenda, ho cambiato idea. Ho notato che l'ambiente del mare era bello e perfetto. Allora ho maturato la convinzione che fosse meglio far vivere gli uomini sul mare e lasciare le fabbriche e gli impianti industriali sulla terraferma. Ed è questa la base del mio primo progetto di città marina.»

Kikutake non è l'unico a fantasticare in questa direzione. Sir Norman Foster non è da meno. Se mai la sua Millennium Tower venisse costruita, si potrebbe ammirare la più grande metropoli del mondo da un'altezza di 840 metri. Le fondamenta dell'enorme cono appuntito, larghe 126 metri, dovrebbero essere ancorate a 80 metri di profondità nella baia di Tokyo. Foster ha superato da tempo lo stadio della pura teoria. La sua torre (frattanto rimaneggiata più volte sulla carta) potrebbe diventare una realtà, una città protesa verso il cielo con una superficie utile di un milione di chilometri quadrati per quartieri residenziali e commerciali, teatri, cinema e locali, indifferente ai terremoti e agli uragani. E, se l'11 settembre ha smorzato l'entusiasmo per i grattacieli, si mormora che adesso la Cina è interessata a questa impresa audace. Foster è famoso per l'abitudine di mettere in pratica i suoi progetti. Ha regalato a Londra la più bella pigna del mondo (l'edificio Swiss-Re, alto 180 metri) e ha creato in mare un'isola artificiale per il Chek Lap Kok, l'aeroporto internazionale di Hong Kong. Dal suo completamento, avvenuto nel 1998, la struttura costituisce uno dei più importanti scali asiatici. Foster ha dimostrato che non soltanto i mari rosicchiano le nostre coste, come avviene a Sylt, ma pure che possiamo strappare loro nuovi domini.

Ancora più suggestiva è la posizione del Kansai Airport. A 5 chilometri da Osaka, i costruttori hanno rovesciato in mare un'enorme quantità di detriti, sabbia e rifiuti (in totale 75 volte il volume della piramide di Giza), all'insegna del motto: « Costruiremo un'isola là dove prima non c'era ». Hanno conficcato innumerevoli pali nel fondale, cingendoli con una diga per dare sostegno alle masse. Immense pompe hanno eliminato l'acqua restante, quindi gli operai hanno spianato la superficie e edificato terminal, parcheggi e una stazione, innalzando così il più frequentato aeroporto giapponese e il terzo nel mondo per dimensioni.

La creazione di isole artificiali promette di risolvere alcuni problemi. Per esempio il Kansai Airport. Sulla terraferma non c'era semplicemente posto per un aeroporto di quella grandezza; inoltre c'era la minaccia di notevoli disagi per l'inquinamento acustico, anche se, al largo, sono gli uccelli a soffrire di ronzii auricolari. Un secondo aeroporto è appena sorto nella baia di Osaka, mentre il primo (fedele al modello di una famosissima città lagunare italiana) sprofonda di 5 centimetri l'anno. Dopotutto l'acqua non ha travi.

« La nostra ce l'ha », ribattono i costruttori. Infatti hanno integrato dei sistemi di correzione: gli edifici e le piste di decollo rimangono sempre allo stesso livello. E hanno concepito con flessibilità persino le spigolose reti di tubazioni sotterranee. Quale sarebbe dunque il problema?

« Il problema è il mare », risponde il professor John Craven, un esperto di Honolulu che osserva la preoccupante tendenza a sottovalutare la dinamica degli ambienti marini. «Finché si usano detriti e materiale di riempimento sulla terraferma, va tutto bene. Ma quando lo si fa sul mare, il suolo è esposto all'acqua. E, quando i nuovi domini si muovono per qualsiasi motivo (per esempio in seguito a un forte terremoto), questa terra solida si trasforma all'improvviso in sabbie mobili.»

Come Kikutake, Craven è un sostenitore delle strutture fluttuanti. Ama fare riferimento alle conseguenze del catastrofico terremoto di Kobe, che ha raso al suolo strutture terrestri come ponti, strade e linee ferroviarie. «Il sisma non ha tuttavia arrecato danno alle navi e alle costruzioni galleggianti.»

A conclusioni analoghe giunge un altro pioniere della creazione di isole, il professor Ernst G. Frankel del MIT (Massachusetts Institute of Technology), secondo cui la tecnica del riporto rappresenta una minaccia per interi ecosistemi. Qualsiasi forma di vita viene letteralmente spiaccicata sotto montagne di materiale edile. Il fondale marino cementato non libera più sostanze nutritive, fenomeno che colpisce anche i grandi areali circostanti.

Nel frattempo, i costruttori continuano a versare detriti nell'acqua della baia di Osaka. E non solo. Nel secondo maggiore centro economico giapponese, l'infarto del traffico è ormai controllabile solo mediante bypass subacquei. In futuro, un sistema di tubi sottomarini lungo 120 chilometri attraverserà l'insenatura con auto e treni che sfrecceranno all'interno dei suoi numerosi piani. Quella che sembra la morte dei biotopi naturali potrebbe diventare l'esatto contrario. Alcune gallerie trasportano acqua dolce verso le regioni costiere pianeggianti e allontanano le acque inquinate, per permettere alle vittime boccheggianti delle sostanze chimiche di riacquistare le forze.

L'isola a elica di Verne prenderà forma al largo di Monaco.

Isola non galleggerà nel Mediterraneo, ma servirà al medesimo scopo. Chi conosce la Manhattan del Mediterraneo (come il principato ama definirsi) ha ben presente anche la carenza di spazio dei monegaschi. Con circa 17.000 abitanti per chilometro quadrato, presenta la più elevata densità demografica del mondo. Nel XIII secolo, il piccolo e agguerrito clan genovese dei Grimaldi non avrebbe mai immaginato che i suoi discendenti avrebbero costruito isole nel Mediterraneo. Ma Monaco è sul punto di scoppiare e la Francia è poco propensa a cedere un pezzo della *Grande Nation.*

Così Kikutake ha dovuto rimboccarsi le maniche. Il suo progetto prevedeva di creare un enorme pontone in un cantiere navale lontano per poi trascinare l'isola artificiale fino a Monaco e calarla mediante il *soft landing,* un principio usato con ottimi risultati già dai popoli primitivi. I fabbricati vengono posati su colonne cave che poi vengono inondate e ancorate al fondo del mare.

A ottenere l'incarico è stato tuttavia l'architetto francese Jean-Philippe Zoppini. La sua Isola è un indiscutibile omaggio a Verne. La città fluttuante, di forma circolare, offrirà una casa a 4000 abitanti, avrà un diametro di 300 metri e, oltre a piste d'atterraggio per elicotteri e ad approdi per le barche, disporrà di lussuosi extra, come una passeggiata subacquea racchiusa fra vetrate. 25 metri della struttura rimarranno sott'acqua, gli altri 15 emergeranno. Frangiflutti collocati intorno all'isola garantiranno sonni tranquilli anche durante le burrasche.

Zoppini considera Isola una vetrina per il mondo intero, il simbolo di una Monaco rinnovata e orientata al futuro, come vuole il principe Alberto. La residenza del jet-set è ancora in fase di progettazione, ma ha già i suoi nomignoli. Alcuni la paragonano a una navicella spaziale ammarata, altri parlano di un panettone mastodontico. Con le sue facciate oblique e il suo porto interno per gli yacht, Isola ha più che altro un tocco medievale e ricorda un baluardo destinato a proteggere i milionari dalla plebe, dagli scassinatori e dall'invidia generale.

Non sarebbe la prima volta che i monegaschi si trasferiscono sull'acqua. Già negli anni '70, il principato ha usato la tecnica del riporto per fare spazio a un nuovo quartiere, Fontvieille. Ora è in cantiere Fontvielle II, una piccola Venezia su pali lunghi 100 metri. I Grimaldi devono amare molto Venezia. Il progetto più audace che hanno approvato finora può infatti essere inteso come un omaggio diretto: una città galleggiante per 50.000 persone situata a un chilometro e mezzo dal territorio statale, con tanto di palazzi mediterranei e canali pittoreschi. Colonne di cemento armato, spesse 6 metri e alte 125, sosterranno le piattaforme agganciate l'una all'altra.

In realtà, le isole fluttuanti promettono risultati stupefacenti secondo tutti i principi costruttivi marini. Possono comporsi di singoli elementi (per lo più pontoni di cemento armato), oppure sorgere come centri abitati completi. In teoria, non ci sono limiti dimensionali. Ancorate al fondale, si adattano perfettamente alla dinamica del mare. Una Londra o una Parigi acquatica offre dunque anche il vantaggio di poter staccare temporaneamente interi quartieri e di rinnovarli in cantiere, un po' come se si mandassero Chelsea o Soho a una revisione generale. La vita marina non dovrà dileguarsi come al largo di Osaka, dove un intero aeroporto è caduto in testa ai pesci e ai granchi locali. Le correnti marine verranno compromesse solo in misura irrilevante e le sostanze nutritive del fondale continueranno a raggiungere l'acqua: tutti saranno soddisfatti.

Il Giappone è in prima fila anche in questo caso. Verso la metà degli anni '90, la società Mega-Float ha iniziato a sperimentare moduli galleggianti nella baia di Tokyo. Sono in progetto elementi a piattaforma di 60 x 300 metri, incatenati a piloni sul fondale. La produzione avviene in un cantiere robotizzato. I costruttori intendono osservare con particolare interesse come si comportano le loro città modulari quando sono esposte per lunghi periodi a un moto ondoso variabile. L'acqua tende a strattonare le strutture fisse fino a spaccarle; a ciò si aggiunge l'effetto corrosivo non indifferente causato dai sali e dai minerali, effetto che la Mega-Float vuole contrastare con rivestimenti di titanio e sistemi di controllo intelligenti. Un secolo dev'essere la durata minima dei moduli, su cui, tra parentesi, si potrà vivere senza avere il mal di mare. A partire da una certa grandezza, le città fluttuanti sono amiche dello stomaco quanto New York, Berlino o Roma. In teoria, si può giocare a biliardo con un vento forza 8.

Ma non sappiamo ancora bene che cosa può succedere quando arriva uno tsunami. Se passa sotto l'isola, tutti fanno un bel ruzzolone. Ciò presuppone tuttavia che, nelle acque profonde, l'isola sia ancorata a gomene che si allunghino verso il basso per centinaia o migliaia di metri. Per il momento,

Isola, Mega-Float e costruzioni analoghe, sono però studiate solo per le acque poco profonde. È difficile valutare che cosa ne è della tranquillità quando una superonda di 20 metri si abbatte sul lungomare. La struttura flessibile dei moduli dovrebbe assorbire una parte dell'impatto, ma lo Stato insulare potrebbe anche andare incontro allo stesso destino dell'isola a elica, che alla fine cade a pezzi. Oppure no?

Già, dice Kikutake, gli tsunami sono un problema, naturalmente; un po' meno sul mare. Ciò che nuota in superficie, nel dubbio, si comporterà come una nave e si arrampicherà sulla parete d'acqua, sempre ammesso che l'onda anomala abbia un'altezza degna di nota e sia sufficientemente lontana dalla costa. In tal caso, i giapponesi vedranno i loro ninnoli cadere dalle vetrinette. Se non altro, non si bagneranno subito le scarpe e potranno spedire al cantiere tutto quello che si romperà.

Nessuno dunque dubita che sia possibile vivere nelle città galleggianti. Resta da chiedersi come sarà questa vita. Con una commovente fedeltà alle consuetudini dell'epoca, l'elegante Monsieur Verne ha dotato il suo *Nautilus* di una *fumoir* in cui non si accendevano Avana, bensì sigari preparati con alghe contenenti nicotina. In un'unica scena, lo scrittore era riuscito ancora una volta a sollevare domande che oggi ci tormentano più che mai: quale tipo d'infrastruttura è necessario per soddisfare l'animale terrestre uomo? E fino a che punto l'uomo moderno è in grado di sradicarsi per adattarsi a nuovi spazi vitali? Forse, in futuro, i fumatori verranno corteggiati da sub della Marlboro: *Come to Marlboro Island*. Una proposta per il nuovo slogan pubblicitario: *Nuoterei per chilometri e chilometri per una Camel Filter*.

Nell'*Isola a elica,* Verne scrive: « Ogni volta che le passeggiate di Pinchinat e Frascolin li conducevano alle estremità dell'isola, sia alla batteria dell'Éperon, sia a quella di Poupe, entrambi concordavano sul fatto che laggiù mancavano capi, promontori, insenature, spiagge sabbiose e lingue di terra. Quella costa era soltanto un pendio d'acciaio, tenuto insieme da milioni di viti e rivetti. Quanta nostalgia avrebbe avuto un pittore degli scogli corrosi dalle intemperie, ruvidi come la pelle di un elefante, coperti di fuco e alghe e dolcemente carezzati dalle onde durante l'alta marea? Una meraviglia tecnica non poteva invero sostituire la bellezza della natura».

A chilometri dalla terraferma, collegati a quest'ultima solo mediante ponti rettilinei, oppure del tutto isolati, dovremo modificare radicalmente le nostre abitudini di vita. Non tanto dal punto di vista delle coste frastagliate (che, all'occorrenza, potremmo ricreare) quanto da quello dell'alimentazione. Naturalmente ci saranno il *boeuf bourguignon* e gli spiedini di maiale, anche se gli hamburger di fuco e la carne di granchio saranno più facili da trovare. Le città oceaniche sperimenteranno nuove tecniche di ittiocoltura, praticheranno l'idrocoltura e l'acquacoltura e adotteranno una politica attiva di protezione ambientale, che prevede, per esempio, che l'acqua potabile venga prodotta mediante impianti di dissalazione cittadini. Inoltre i progetti finalizzati a ricavare nutrimento dal mare creeranno nuovi posti di lavoro. Gli abitanti non si preoccuperanno solo del proprio approvvigionamento, ma diventeranno anche esportatori di progresso.

«È così che possiamo immaginare una sorta di Tecnopolis sul mare», dichiara l'ingegnere francese Thierry Gaudin, specializzato nei problemi infrastrutturali delle isole fluttuanti. «Con la ricerca, il lavoro accademico e un vivace scambio d'informazioni.»

Interrogato sui costi, Gaudin fa un cenno di diniego. Costruire sulla superficie del mare è più economico che sulla terraferma; basti pensare ai risparmi sul trasporto dei materiali. «Ipotizzando di produrre elementi che poi andranno a comporre una città e di realizzare questi elementi in una fabbrica con tutti i vantaggi e la flessibilità della moderna produzione di massa, il suolo, ossia lo spazio abitativo sul mare, diventa molto meno dispendioso della terraferma.»

John Craven, che ha simulato le possibilità di produzione di energia, vede nell'acqua degli abissi una risorsa inesauribile. «Fredda, pulita e ricca di sostanze nutritive, si presta perfettamente alla refrigerazione e alla produzione d'acqua dolce, oppure alla concimazione delle idrocolture. Possiamo sfruttare il vento, le onde e la luce solare senza causare danni ecologici permanenti. Un'Ocean City può svolgere persino il ruolo di fornitore d'acqua, per esempio per le popolazioni del deserto che vivono vicino alla costa. Pomperemo semplicemente l'elisir gelato e dissalato verso la terraferma, mediante sistemi di tubature lunghe chilometri, guidandolo verso le zone torride, dove si condenserà sotto la luce solare, formando nubi e cadendo sotto forma di pioggia. »

E come smaltiremo la spazzatura?

La ricicleremo, risponde Craven. Oppure la bruceremo. Nella peggiore delle ipotesi, la rispediremo sulla terraferma in container, però non la getteremo mai in mare. Questa sì che è una regola giusta. Resta da vedere se tutti la rispetteranno. Lo scarico illegale di rifiuti è già frequente, ha osservato non molto tempo fa un ingegnere tedesco, e probabilmente ha centrato il problema.

Le Ocean City sono ancora semplici costruzioni ipotetiche, popolate da cittadini immaginari e da un paio di scienziati reali. La vita sul mare entra sempre di più nella sfera dell'immaginabile, ma gli uomini sono creature terrestri e non amano molto essere circondati dall'acqua. Non a caso gli isolani vengono considerati tipi strambi. Certo, l'uomo di mondo è abituato a cambiare posto a piacimento: cammina, pedala in bicicletta, sale in auto per andare al mare e in montagna. Tuttavia concentra sempre la sua attenzione sulla vastità. Una parte della nostra natura ci spinge a garantirci potenziali vie di fuga, anche se queste hanno una rilevanza soltanto psicologica (è impossibile sfuggire a una bomba atomica mettendosi a correre verso l'entroterra).

D'altro canto, l'europeo avventuroso ama recarsi alle Maldive. Dopo due settimane, però, è altrettanto contento di tornare a casa. Fare il giro della propria isola in cinque minuti è bellissimo, ma trascorrere tutta la vita su un fazzoletto di pochi chilometri quadrati attorniato esclusivamente dall'acqua mette la psiche a dura prova. Siamo dunque fatti per un'esistenza insulare anche se così tecnicizzata e confortevole?

« Altroché! » esclameranno i vostri figli, che già si vedono mangiare gelati sulla spiaggia di Oceanopoli. « Ci sono sempre gli aerei. Se vogliamo andare a trovare il nonno e la nonna, prendiamo il primo volo! »

L'idea è indubbiamente affascinante. Naturalmente il nonno e la nonna vivono sull'Isola delle costruzioni a graticcio, dove abitano tutti i nonni e le nonne, una sorta di enorme fattoria galleggiante con galline, pony ed empori. Nella fantasia dei nostri figlioletti, ci sono anche vere e proprie Isole di parchi giochi, altre invece sono piene di bastoncini di pesce e di ovetti con sorpresa. E poi c'è l'Isola della scuola, che non è altrettanto bella, ma poco importa. In caso di burrasca, si attiveranno i sistemi antitornado e in quel caso il velivolo si limiterà a rimanere nell'hangar.

Spiacente, vecchio mio. Gli aerei sono superati.

Almeno questo sostiene il professor Frank Davidson del MIT. Per i tratti brevi, si può usare il taxi aereo. Dovremo rinunciare ai tozzi bevitori di cherosene. Agli occhi di Davidson, gli aeroplani sono dei lumaconi. I motoscafi da corsa sarebbero più efficienti. Ma la sua fantasia preferita comprende tunnel subacquei come quelli che dovrebbero sorgere nella baia di Osaka. A che pro sorvolare ancora il Pacifico? Bisogna raggiungere una notevole altitudine, sedere per ore in un tubo, mangiare panini secchi le cui briciole finiscono sotto le chiappe e rovesciarsi addosso il caffè bollente in caso di turbolenza. Inoltre l'uomo non è fatto per volare.

C'è qualcosa di vero. Provate a osservare gli uomini d'affari sui voli navetta. Tutti hanno con sé un giornale o una rivista di economia che fissano imperterriti, leggendo sempre le stesse righe ma senza leggerle davvero. All'epoca in cui volavo (la semplice idea adesso mi fa venire i sudori freddi), vedevo manager che tenevano il loro *Financial Times* al contrario. Alla fine, tutti vogliono una cosa sola: tornare giù il prima possibile. Esistono senz'altro alcuni patiti del volo, ma in una vita precedente dovevano essere bombi o pappagalli.

L'immaginazione di Davidson prevede una versione transpacifica del tunnel Calais-Dover. Si sale su un treno, diciamo a Los Angeles, e si viaggia all'interno di un tubo che attraversa l'oceano fino a Tokyo. Il tubo si trova a 100 metri circa sotto la superficie, è sostenuto da trampoli e ancorato a piattaforme. All'interno della galleria c'è un vuoto che risucchia letteralmente il convoglio. Con una velocità che tocca i 25.000 chilometri l'ora, si raggiunge il continente asiatico subito dopo essersi lavati i denti e si può consumare una tarda colazione pei poi arrivare puntuali a Londra per il tè delle cinque. La rete, infatti, solcherà tutti gli oceani. Da Amburgo a Boston s'impiegherà un'oretta grazie a una velocità pari «solo» al quintuplo di quella del suono. Il sistema aprirebbe nuove prospettive persino al principato di Monaco. Oltre le 200 miglia, gli oceani sono zone apolidi. Si potrebbe costruire Monaco 2 nell'Atlantico e far passare un tunnel attraverso lo stretto di Gibilterra. 20 minuti da Monaco a Monaco. Davidson non ci vede la benché minima difficoltà. Alberto II di Monaco può dunque cominciare a discutere col marito della sorella, Ernst August, principe di Hannover, per decidere dove collocare la cantina.

Siamo sinceri: tutto questo è realistico?

Certo, chi è rimasto bloccato in una megacoda prenderebbe volentieri in cosiderazione l'idea di un tubo dell'alta velocità. Nel contempo, di fronte a una pianificazione del traffico che prevede l'inspiegabile riduzione di quattro corsie a una, che chiude i centri storici senza creare circonvallazioni e che commette gli errori logistici più stupidi, l'automobilista si chiederà chi debba risolvere problemi così complicati. Oppure no? Esiste forse una legge non scritta secondo cui è più semplice volare sulla Luna piuttosto che percorrere 100 metri di catrame?

«Sul piano tecnico, il progetto è assolutamente realizzabile», spiega Davidson. «La questione centrale non è la fattibilità, ma la volontà di realizzazione.»

Sarebbe senz'altro un'idea intelligente. Giulio Verne aveva previsto che la Terra, per la fine del secolo scorso, avrebbe ospitato 6 miliardi di persone. Attualmente ce ne sono più di 6 miliardi e mezzo. *Chapeau, Monsieur!* Chi oggi attraversa una grande città asiatica non troverà neppure un fazzoletto di terra non edificato; in compenso, sentirà parlare della progettazione di grattacieli che si protenderanno verso le nuvole per 2 chilometri e oltre. Si può soltanto sperare che in simili edifici gli ascensori funzionino bene. Una cosa è certa: l'euforia dell'altezza ha dei limiti. Resta la via del mare, che, tra parentesi, non è poi così rivoluzionaria, perché già battuta secoli fa. Palafitte e mercati galleggianti, interi villaggi di giunche... tutto questo è già esistito.

E la vita negli abissi?

Che ne è delle misteriose città sui fondali marini? Laggiù non si potrebbe costruire all'infinito? Ecco che cosa dice quell'anarchico visionario del capitano Nemo in *Ventimila leghe sotto i mari*: « Una vita più intensa che non sui continenti, più esuberante, più infinita, che fiorisca in ogni parte di quest'oceano, che è elemento di morte per l'uomo, com'è stato detto, ed elemento di vita per miriadi di animali, e per me... La vera esistenza è qui! E io concepirei la fondazione di città nautiche, di agglomerati di case sottomarine, che, come il *Nautilus*, verranno a respirare ogni mattina sulla superficie del mare, città libere, indipendenti... »

Ah-ah! Hannover o Wiesbaden che affiorano in superficie come balene e tirano profondi respiri per qualche istante prima di tornare a immergersi. Oppure pensate a Colonia. Sarebbe splendido vedere le guglie del duomo che si sollevano lentamente tra i flutti. Non ho potuto fare a meno di affrontare l'argomento con Jacques Rougerie, il padre del *SeaOrbiter*. Eppure la sua risposta mi ha sorpreso.

« No, non credo che in mare sorgeranno simili città. Vi saranno piccole comunità umane che si riuniranno per svolgere compiti specifici. Si può dunque prevedere che questi gruppetti non comprenderanno più di 300 persone e che rimarranno sott'acqua per periodi limitati. Città sul mare: sì. Città nel mare: no. »

Mon Dieu! Hadal City, un buco nell'acqua? La vita e il mare non sono forse legati inscindibilmente? Non siamo forse figli di Mr Anfibius, che sogna, un giorno, di tornare nel suo universo buio?

Controdomanda: perché dovrebbe?

Mr Anfibius vorrebbe riconquistare un elemento per cui non è più adatto. Si può ribattere che l'evoluzione ha rispedito in mare anche i rettili e i cetacei primitivi. Giusto, ma creature come l'*Ambulocetus* non hanno avuto la possibilità di scegliere cosa diventare. E anche se avessero potuto provate a dire a un *Ambulocetus* che è uno stadio intermedio. « Uno stadio intermedio di cosa?» vi chiederebbe, prima di divorarvi sullo slancio dell'irritazione. Ogni essere vivente non è forse il prodotto finale della sua linea di sviluppo, come lo sono stati i cianobatteri, il trilobita, il *Dunkleosteus* e il maiale proboscidato primitivo nella loro epoca? Probabilmente l'*Homo habilis* e l'*Homo neanderthalensis* non si consideravano una soluzione transitoria. Vi avrebbero fatto dimenticare il darwinismo a forza di colpi di clava. Forse, però, non avrebbero neppure capito che cosa intendevate. Da un certo punto di vista, infatti, gli uomini di Neanderthal e i batteri erano uguali: essendo creature di Miss Evoluzione al 100 per cento, erano infinitamente lontani dal contraddirla.

In fondo, anche l'*Homo sapiens sapiens* è una marionetta dell'evoluzione, ma con un elemento diverso: la sua coscienza altamente sviluppata gli permette di farla in barba alla signorina e di decidere da solo in quale direzione procedere. Per esempio, noi non dobbiamo cambiare aspetto o modo di vita per trascorrere un po' di tempo sott'acqua, perché abbiamo qualcosa che l'*Ambulocetus* non aveva: la tecnologia.

Essa ci consente di sviluppare mute da sub e bombole di aria compressa per immergerci senza doverci munire di branchie. Nessun uomo ha mai avuto le ali, eppure copriamo enormi distanze per via aerea. Tuttavia non ci sentiamo davvero a nostro agio in nessuno dei due casi (sott'acqua e a bordo degli aeroplani). Certo, un'immersione è divertente e volare può essere affascinante. Anche il soggiorno nello spazio rappresenta una sfida cui gli astronauti non riescono a rinunciare. Ma a un certo punto tutti vogliono tornare sulla terraferma, vedere gli alberi e respirare l'aria fresca.

La balena primitiva, gli ittiosauri, i ragni, i millepiedi, le libellule, i primi mammiferi e le scimmie erano accomunati dall'incapacità di mettere in discussione il loro modo di vivere. E come avrebbero potuto farlo? Non hanno mai avuto l'opportunità di essere qualcosa di diverso da quello che erano. Noi possiamo essere qualsiasi cosa, pesci o uccelli, a seconda dei nostri capricci. Non dobbiamo attraversare lunghe metamorfosi per procurarci piume o pinne caudali biforcute, né dobbiamo rinunciare alle mani o modificare il nostro metabolismo. La nostra modalità di adattamento obbedisce alle regole del tecnosviluppo. Le nostre ali e le nostre pinne sono protesi bioniche, fatte non di tessuto cellulare, bensì di acciaio, silicio e fibra di carbonio.

Forse è questa la caratteristica che ci differenzia maggiormente da tutti gli esseri viventi del pianeta: abbiamo sostituito l'« o...o... » col « sia... sia... » Un aereo è una protesi volante, un sottomarino è una protesi subacquea e per gli occhi deboli esistono occhiali potenti. Il nostro nuovo metabolismo è il microchip, la nostra pinna caudale è l'elica, il nostro piumaggio è l'autoreattore. Noi possiamo restare ciò che siamo. Finché le circostanze esterne non ci costringeranno a trasferirci per sempre nell'acqua, non ci adatteremo fisicamente al mare, ma useremo i cutter, le reti, i sommergibili, le mute da sub, gli habitat sottomarini e le sonde senza equipaggio per trarre i benefici che indussero il *Basilosaurus* a sacrificare le zampe.

Il nostro adattamento non avverrà più tramite ristrutturazioni fisiche, bensì tramite il costante miglioramento delle nostre protesi. Se potessimo dare un'occhiata all'umanità che popolerà il mondo tra 5 milioni di anni (sempre ammesso che il mondo esista ancora), constateremmo che i miseri resti della nostra pelliccia sono caduti del tutto, che il nostro volume cranico è aumentato ulteriormente e che la nostra dentatura è regredita. Non sarà accaduto molto più di questo. Finché la superficie terrestre continuerà a essere la nostra casa, i nostri discendenti non avranno un aspetto molto diverso dal nostro. L'*Homo sapiens sapiens* è in grado di conquistare gli abissi marini senza tramutarsi in un cetaceo. Quindi resta ciò che è: un ospite in biotopi sconosciuti, ma non il padrone di casa. Non un essere che s'infila in tutta fretta la maschera da sub per ogni puntatina dal panettiere o dal macellaio.

« L'uomo non ha motivo di vivere nel mare », continua Rougerie. « L'uomo è fatto per la terraferma, per lavorare temporaneamente nel mare, per recarsi temporaneamente nello spazio, ma non per tornare nel mare... *Je n'y crois pas.* »

E così crolla un sogno che, detto francamente, sarebbe stato un incubo.

Non a caso 55 dei 56 laboratori subacquei esistenti sono ancora vuoti. L'avanzata negli abissi riguarderà in misura sempre maggiore i nostri parenti più prossimi: i robot (mi sa che prima o poi diventeranno parenti più stretti degli scimpanzé...) Materiali migliori resisteranno alla corrosione e alla corrente. Stanze dei bottoni galleggianti sostituiranno le piattaforme di trivellazione ancorate, perché occorrerà estrarre il petrolio dalle fosse abissali. Laggiù, l'oro nero verrà pompato dai sedimenti mediante fabbriche sottomarine autonome, sotto la supervisione di robot intelligenti. Gli esseri umani non saranno più presenti nemmeno a bordo delle centrali fluttuanti. Tutt'al più controlleremo la situazione dalla terraferma, mentre le macchine comunicheranno tra loro negli abissi bui e inospitali. Ci saranno vere e proprie cyber-gerarchie: robot addetti alle pulizie, robot addetti alle riparazioni, robot addetti al carico e allo scarico, robot capi, robot che ricuciranno i loro simili rotti nella clinica per robot e, da ultimo, infermiere automatiche che leggeranno fiabe per robot ai loro pazienti di latta. Tutto è più sensato e probabile rispetto all'idea di continuare ad affidare questi compiti agli uomini. Migliaia di operai del settore petrolifero perderanno il posto, certo. Ma, detto onestamente, non è sempre stato un lavoro orrendo, solo ben pagato?

Con gli odierni mezzi della comunicazione a distanza e del controllo attraverso le fibre di vetro o via satellite, i robot si possono usare per qualsiasi cosa, più o meno. Sono in grado di pulire gli scafi delle navi nei bacini, di eseguire rilevamenti sismografici, d'individuare le sedi adatte per le fabbriche, di gettare le fondamenta e di trasmettere in tempo reale dati riguardanti le correnti, la flora e la fauna, l'inquinamento delle acque e quant'altro. Uomini con cyber-armature comanderanno gli androidi con tanta accuratezza da consentire loro di svolgere lavori di meccanica di precisione a 5000 metri di profondità. Più lo sviluppo dell'intelligenza artificiale avanzerà (e avanzerà) e più i robot riusciranno a prendere decisioni autonome. Il che non suscita soltanto entusiasmo. La faccenda ha infatti uno svantaggio: non siamo veramente dove siamo.

Eppure solo cause di forza maggiore c'indurranno a vivere sott'acqua in modo permanente. E, se accadrà, questa vita non avrà luogo sulla Terra. L'acqua, il solvente universale, esiste anche altrove. Nell'oceano, potrebbero essersi sviluppate forme di vita che non hanno mai preso in considerazione l'approdo sulla terraferma. Forse semplicemente perché non c'è terraferma. Al contrario, se ne deduce che alcuni mondi acquatici sono idonei all'insediamento umano. Se un giorno arrivassimo al punto di occupare altri pianeti, potremmo crearvi civiltà acquatiche e vivere in città galleggianti parzialmente sottomarine, versioni monumentali del *SeaOrbiter* di Rougerie. Secondo gli esobiologi, lo sviluppo della vita su pianeti ricchi d'acqua è più probabile dei giochetti organici negli inferni di gas o nello zolfo liquido.

Anche queste, però, sono eventualità possibili.

Sappiamo molte cose sulla nascita della vita, ma non abbastanza da escludere le bizzarre varianti che escono dal quadro delle condizioni ambientali note.

In generale, vale il principio che i germi della vita possono comparire soltanto all'interno di uno spettro di temperature moderato. Il pianeta non deve essere né troppo caldo né troppo freddo. Venere, per esempio, è troppo vicino al Sole. Marte è gelido. La Terra è collocata esattamente nel mezzo. A eccezione di alcune glaciazioni, si presta ottimamente allo sviluppo della vita. Non è così torrida da far evaporare tutta l'acqua e neppure così fredda da farla ghiacciare completamente.

In secondo luogo, il pianeta non deve superare determinate dimensioni, fosse anche soltanto per via della gravitazione. Su un pianeta grande il quintuplo della Terra ci sarebbe una forza gravitazionale quintuplicata. Gli esseri viventi locali sarebbero piatti come sogliole, ma più probabilmente non nascerebbero nemmeno.

In terzo luogo, la velocità di rotazione svolge un ruolo importante. Lo sappiamo già grazie a Solon, la Terra senza Luna. Se un pianeta ruota troppo in fretta, la vita viene sbalzata via. Se è troppo lento, si raffredda nel corso di notti interminabili, per poi riscaldarsi intensamente durante giornate altrettanto lunghe.

In quarto luogo, non ci può essere vita senza atmosfera, perché senza atmosfera non c'è ossigeno e senza ossigeno non si respira. Il che impone a sua volta che i pianeti non scendano al di sotto di una determinata grandezza minima. Altrimenti diventano troppo leggeri, e i pesi piuma non riescono a legare a sé un'atmosfera, oppure ci riescono molto male. Infine, è necessaria una superficie solida su cui passeggiare e continuare a svilupparsi.

Questa è la teoria classica.

Sciocchezze, sosteneva Carl Sagan, il grande astronomo americano prematuramente scomparso. Forse tutto ciò è indispensabile per produrre la vita terrestre come la conosciamo noi. Su Giove, per esempio, gli uomini non potrebbero certo sopravvivere.

Ma altri sì.

Giove è proprio l'ultimo luogo dell'universo in cui vorremmo trovarci. Un gigante di gas velenoso, 309 volte più pesante della Terra. Al suo interno è sospeso un nucleo metallico con una superficie solida, per nulla idonea agli atterraggi e alle passeggiate. O ci si trasforma in poltiglia a causa della pressione schiacciante, oppure si frigge per via del caldo micidiale. Qui la natura ha creato una zona davvero ostile alla vita, cosa che ammetteva persino Sagan.

Negli strati superiori dell'involucro gassoso, potrebbero tuttavia essersi sviluppate forme di vita. L'atmosfera di Giove è satura di molecole organiche, una leccornia per le creature che effettuano la fotosintesi e che devono mangiare e fare sesso per direttissima, prima di soccombere al risucchio della gravitazione. Noi moriamo di vecchiaia o in auto, congelati sull'Himalaya, annegati nella vasca da bagno o soffocati da una lisca di pesce. Gli esseri di Giove vengono attirati senza eccezione verso il nucleo e si riducono in poltiglia bruciata.

Sagan chiama queste forme di vita primitive *sinkers*. Alla fine, nel corso del loro sviluppo, alcuni di questi esseri fluttuanti imparano a immagazzinare idrogeno, trasformandosi così in *floaters*, che galleggiano come zeppelin nell'atmosfera di Giove e somigliano a meduse gigantesche. La crescita dimensionale di queste creature non avrebbe limiti. Gli astronauti terrestri all'interno del loro veicolo li cercherebbero impazientemente con gli occhi fino ad accorgersi di essere ormai stati divorati da uno di loro. Ma è più probabile che i *floaters* non mangino gli astronauti. Forse svolgono un ruolo simile a quello dei misticeti, colossi pacifici che filtrano la biomassa organica. A eccezione di alcuni esseri più piccoli, che imboccano un'altra strada e migliorano la loro manovrabilità. Si tramutano così in cacciatori che stanno alle calcagna dei placidi giganti. Minuscoli parassiti attaccano a loro volta i *floaters* e i cacciatori finché, a poco a poco, non nasce una complessa catena alimentare. Alla fine, possiamo immaginare organismi unicellulari estremofili sulla superficie e all'interno del nucleo di ferro, decompositori che si cibano dei resti degli animali affondati.

Per quanto il gioco di fantasia di Sagan sia affascinante, una cosa è certa: i pianeti dotati d'acqua sono i candidati più promettenti per l'evoluzione della vita. La terraferma (da non confondere con la superficie solida) è invece un puro lusso. Ecco perché gli astronomi e gli esobiologi si occupano soprattutto dei mondi acquatici. E ideano scenari appassionanti.

Allora tiriamo l'*Orion* fuori dall'hangar per l'ultima volta, lucidiamo il ferro da stiro e ascoltiamo il *countdown*. A zero, la navicella è attraversata da un tremito. Saliamo lentamente, risucchiati dal mulinello artificiale. Poi, all'improvviso, la luce del giorno! Veniamo sollevati dal vortice e attraversiamo l'una dopo l'altra la troposfera, la stratosfera, la mesosfera e la termosfera, per poi raggiungere l'esosfera, incitati dalle note riecheggianti della sigla. Varrebbe la pena di sentirla, non fosse altro che per l'organo. Oggi non ci sono più cose simili; cose simili c'erano soltanto nel futuro.

La luce delle stelle emana il suo bagliore freddo.

In questo istante, il pianeta azzurro si gira. Continuiamo a guardare e, di colpo, ci sentiamo pervadere dalla nostalgia. Ma, contemporaneamente, da una profonda rabbia verso la nostra specie. Cretini schizzinosi che s'inseguono intorno al globo senza sosta e senza motivo. In questo momento, da qualche parte di quella magnifica gemma scintillante, un tizio sale sulla metropolitana con una cintura di esplosivo perché le sue idee sono un po' diverse da quelle di altri tizi.

Però noi andiamo alla ricerca di oceani sconosciuti nei quali e sui quali sia possibile vivere.

Sempre ammesso che ci lascino vivere.

Mondi acquatici

L'ultimo capitolo del nostro viaggio ci condurrà nell'antichità, poi nel Medioevo e da lì dritti nello spazio, sempre alla ricerca dell'acqua. Ormai abbiamo conosciuto gli oceani terrestri. È comunque possibilissimo che un giorno raggiungeremo le stelle. Non può dunque farci male guardarci un po' intorno, così, per precauzione. A prescindere da dove atterreranno le nostre navicelle spaziali, possiamo infatti risparmiarci la fatica, se non c'è acqua nei paraggi.

Ma l'acqua è più vicina di quanto crediamo. Al centro del nostro sistema solare, solo due pianeti più in là. Non impiegheremo molto per arrivarci, soltanto un paio di annetti. Fino ad allora inganneremo il tempo raccontandoci qualche storiella.

Parliamo dell'amore.

Quando due coppiette chiacchierano ed entrano in confidenza, amano raccontare come si sono conosciute, come si sono incontrate per la strada, che cos'è successo di divertente, com'è scoccata la scintilla («Sai, mi aveva tamponato all'incrocio, e l'ho trovato subito cooooosì dolce!») e che cos'è capitato in seguito. Poi, quando la faccenda diventa davvero avvincente, la storia sfuma in una sèrie di risatine soffocate. Probabilmente è meglio così. Nella maggior parte dei casi, i piccioncini sono più affascinati dalle proprie vicissitudini piuttosto che da quelle dell'altra coppia, la cui storia è, se possibile, ancora più noiosa («Be', all'inizio l'ho trovata stupida, ma dopo sette bicchierini di acquavite...») Ma scommetto che nessuno vi ha mai raccontato un aneddoto come questo...

«Dunque, sapevo che Isabella lavorava ogni lunedì nell'autosalone di suo padre. Me l'aveva riferito un suo collega. Isabella mi piaceva un sacco, solo che non avevo voglia di sentire i soliti stupidi: 'Ah, non saprei', oppure: 'Ah, prima o poi possiamo uscire insieme...' eccetera. Così vado all'autosalone e, non appena vedo Isabella che lucida le Toyota, mi trasformo in una Porsche cabriolet bianca ed entro piano nel cortile. Naturalmente Isabella mi guarda. Che bella macchina! Le lampeggio col faro destro e socchiudo la portiera del guidatore. Cavolo! Non potete immaginare con che rapidità è salita! Porsche e donne, funziona sempre. Armeggia un po' con gli indicatori, accarezza il sedile, si ritocca le labbra guardandosi nello specchietto e, quando fa per scendere, la portiera si chiude, i pulsanti si abbassano, e io parto come un razzo! Sfreccio per ore alla massima velocità attraverso la pampa, finché non raggiungiamo un Paese in cui non è mai arrivata anima viva. Allora mi fermo, mi ritrasformo e mi sbatto per bene Isabella. È rimasta subito incinta, la bambina. Tra parentesi, quel Paese l'ho chiamato Isabella. E voi, come vi siete conosciuti?»

Attenzione a non giudicare la storia una cretinata bella e buona. Dovete sapere che è così che si raggiunge il cielo. Sciovinisti allupati e stupide donnicciole che salgono su Porsche mai viste: sono loro a dare il nome ai pianeti!

Non ci credete? Ecco qui la versione romana.

Un tempo, in Fenicia, viveva una splendida principessa di nome Europa. Suo padre, un potente sovrano, regnava su molti sudditi e su molto bestiame. Un giorno, Europa suscitò l'attenzione di Giove, il padre degli dei (per essere precisi, non suscitò soltanto la sua attenzione, comunque...) Innamoratosi, Giove chiamò Mercurio, il messaggero degli dei, e gli disse: «Mercurio, ascoltami bene, devi sbrigare una faccenda per me. Spingi le mandrie del fenicio in riva al mare. Europa e le sue compagne di giochi amano trattenersi con gli animali, perciò le seguiranno».

«E a che scopo?» domandò Mercurio.

«Non sono affari tuoi», lo rimbeccò Giove. «Datti una mossa, altrimenti non sarai più un dio.»

Mercurio obbedì con la massima efficienza. Poco dopo, Europa e le sue amiche giocavano sulla spiaggia. All'improvviso, tra i bovini, comparve un magnifico toro bianco. Aveva uno sguardo così amichevole che Europa ne fu affascinata. Lo accarezzò e lo vezzeggiò, sconcertata dalla sua mansuetudine, e alla fine gli salì in groppa.

Non l'avesse mai fatto.

L'animale partì di corsa, si tuffò in mare e nuotò con la principessa spaventata fino a Creta, dove si ritrasformò in Giove (perché era quella la sua vera identità). È ipotizzabile che Europa abbia coperto il dio d'insulti ricercati e abbia assecondato con riluttanza il suo invito a togliersi i vestiti. Forse è questa la ragione per cui Giove promise di dare il suo nome a quello e a tutti i Paesi circostanti, sperando che la fanciulla si desse pace e accettasse di andare al sodo, decisione da cui nacquero nove figli.

Ecco la vera storia. Come sappiamo, quel vecchio briccone assurse agli onori planetari. Giove è infatti il quinto pianeta che orbita intorno al Sole. Ma anche Europa ebbe accesso alla fama celeste.

Nel 1610, Galileo Galilei guardò nel suo telescopio e distinse quattro oggetti luminosi che ruotavano intorno a Giove. Concluse subito che erano lune. L'aspetto delicato della scoperta era che essa confermava l'ipotesi dell'impopolare Niccolò Copernico, secondo cui l'universo non era geocentrico, bensì eliocentrico, perché i corpi celesti giravano intorno al Sole. Ma Copernico non era stato in grado di fornire prove visibili. Galileo poteva invece dimostrare che il brillante Niccolò aveva ragione. Era evidente che le quattro lune non si muovevano intorno alla Terra, bensì a un pianeta esterno. Lo studioso espresse con chiarezza queste e molte altre idee, suscitando così l'interesse dell'Inquisizione, un gruppo di brave persone che raccoglievano diligentemente la legna e ne incendiavano intere cataste affinché la gente recalcitrante potesse scaldarsi i piedi. Galileo fu costretto a ritrattare.

Quattro anni dopo, indifferente a tutto ciò, l'erudito tedesco Simon Marius pubblicò *Mundus jovialis*, un trattato in cui si definiva lo scopritore delle quattro lune e dichiarava di averle viste molti giorni prima del collega italiano. Com'era prevedibile, il tutto degenerò in una diatriba che gli storici appianarono molto più tardi con un verdetto salomonico. Oggi si parla delle quattro lune galileiane, i cui nomi rimandano tuttavia a Marius: Europa, Io, Callisto e Ganimede. Anche gli ultimi tre furono amanti del libidinoso padre degli dei, che ci diede dentro ancor più di Flavio Briatore.

Giove ha più di 60 lune, alcune minuscole, altre enormi. Ganimede, per esempio, è più grande di Mercurio e Callisto è solo leggermente più piccola. Queste lune, che orbitano molto lontano dal pianeta, consistono per lo più di ghiaccio, almeno superficalmente. Invece Io ed Europa sono abbastanza vicine a Giove e hanno un'elevata densità di massa.

Quella che c'interessa maggiormente è Europa, detta anche Giove II, la più piccola delle lune galileiane. Con un diametro di 3121,6 chilometri, è più grande di Plutone, ma pesa solo 0,008 volte la Terra. Ruota intorno al gigante di gas a una velocità di 2 chilometri al secondo e a una distanza di circa 670.900 chilometri; impiega esattamente 3 giorni, 13 ore, 13 minuti e 42 secondi per compiere una rotazione completa. Probabilmente il suo nucleo è di ferro o nickel, attorniato da un rivestimento di roccia silicea.

Là sopra si stende un oceano incommensurabile.

Europa è la più vistosa di tutte le lune del sistema solare già dal punto di vista puramente ottico, perché brilla con tanta intensità che, dalla Terra, possiamo vederla con un semplice binocolo. La sua superficie riflette il 64 per cento della luce solare, e il motivo di questo fenomeno diventa chiaro se la sottoponiamo a un esame accurato. La crosta è formata da ghiaccio liscio. A eccezione di poche colline basse, è perfettamente piatta, sebbene sia coperta da curiose strutture simili a fibre.

Per un po' ci si è domandati che cosa fossero. Si tratta di strutture lineari che solcano il rivestimento ghiacciato: ora parallele, ora incrociate, sono lunghe fino a 1600 chilometri e larghe 20 chilometri. Alcune sono rossastre, con contorni indistinti e strisce più chiare al centro. Col tempo è maturata la convinzione che potrebbero essere zone di rottura, il che fa pensare ad attività tettoniche. Grandi lastroni di ghiaccio premono gli uni contro gli altri sotto l'effetto di forti correnti di convezione. Chiaramente galleggiano su qualcosa, proprio come la crosta terrestre galleggia sull'astenosfera, e questo qualcosa sembra uno strato d'acqua o di ghiaccio.

Sembra inoltre che Europa presenti una sorta di criovulcanismo: eruzioni fredde di gas e ghiaccio anziché di lava, per riempire le fessure da sotto, come il magma liquido che penetra negli assi di divaricazione della dorsale medio-oceanica. Altre zone della luna ricordano il pack che si trova nell'Artide e nell'Antartide durante il disgelo. Infine si sono scoperte due aree in cui le zolle di ghiaccio s'immergevano sotto altre zolle: la subduzione! La luna ricicla la sua superficie. Lassù tutto è in costante movimento, anche perché il gigantesco Giove esercita enormi forze mareali su Europa, provocando montagne d'acqua alte fino a 30 metri, che riescono addirittura a spaccare il ghiaccio. I lastroni continuano a spostarsi finché la luna non arriva a completare la sua rotazione intorno al padre degli dei. Poi torna una calma temporanea fino alla successiva montagna d'acqua. A quel punto, sul pianeta, ricominciano a formarsi le crepe. Oggi si sa che ne compaiono di nuove ogni mezz'ora, ragione per cui Europa viene considerata estremamente attiva dal punto di vista tettonico.

Ma «attivo» è sinonimo di «vita»?

All'inizio si sono formulate ipotesi sullo spessore della corazza di ghiaccio e sulla profondità dell'oceano sottostante. Di recente ci sono pervenuti i dati delle sonde spaziali *Galileo* e *Voyager*. E abbiamo appurato con una certa sicurezza che la superficie ghiacciata misura fino a 10 chilometri in tutta la sua estensione e che gli abissi sottostanti fanno sembrare una pozzanghera qualsiasi oceano terrestre. Il mare di Europa ha una profondità compresa tra gli 80 e i 170 chilometri, la più grande quantità d'acqua raccolta su un corpo celeste del nostro sistema solare. Per quanto sia sorprendente, sulla crosta non ci sono crateri da impatto, il che conduce a due conclusioni. Primo: la luna è relativamente giovane, ossia è nata in un periodo in cui il violento lancio di sassi apparteneva al passato. Secondo: nella sua era arcaica, Europa aveva una superficie liquida. Può darsi che presentasse ancora mari aperti fino a 50 milioni di anni fa. Probabilmente quell'acqua era più calda di oggi e assorbiva tutte le possibili sostanze organiche che gli asteroidi e le comete portavano con sé.

Acqua, calore e sostanze organiche. L'evoluzione ha così completato il suo gioco delle costruzioni. Cos'è successo su

Europa quando la superficie ha cominciato a ghiacciare completamente?

Nel nostro Antartide c'è un lago in cui nessuno può tuffarsi e non perché sia freddo da morire. Il lago Vostok si trova a una profondità di 4 chilometri sotto il ghiaccio e, nonostante la bassa temperatura dell'acqua (-3 °C), non gela mai sino in fondo, perché la corazza di ghiaccio rappresenta uno stato coibente e produce una pressione enorme. Per molto tempo si è creduto che l'immensa distesa d'acqua (coi suoi 250 chilometri circa di lunghezza è grande più o meno quanto il lago Ontario) non avesse mai visto il sole, e dovesse la sua esistenza unicamente all'attività geotermica. Sembrava dunque molto improbabile che ci fosse vita nel lago Vostok.

Secondo le nuove teorie, il lago è ghiacciato solo alcuni milioni di anni fa; anzi forse soltanto 200.000 anni fa. Ogni tipo di spora può pertanto essersi insediato lì. Alla fine, le trivellazioni e i campioni di ghiaccio di acqua lacustre hanno confermato questa ipotesi: laggiù esiste la vita. Primitiva e unicellulare, ma pur sempre vita. Studiare il fondo fangoso è dispendioso e complicato, però i ricercatori ipotizzano la presenza di colture di batteri che potrebbero avere milioni di anni.

Da quando abbiamo la prova che in una distesa d'acqua chiusa ermeticamente compaiono comunità di vita, lo sguardo degli esobiologi si è soffermato una volta di più su Europa. Un illustre team di esperti ritiene senz'altro possibile la nascita della vita sulla luna di Giove. Da una parte, le forze delle maree del pianeta dilatano e comprimono Europa e la impastano regolarmente, il che favorisce la miscelazione dell'acqua. Dall'altra, il liquido viene anche riscaldato. S'ingrossa e si fa strada verso l'alto attraverso le zone di rottura. Di conseguenza, alcuni organismi viventi potrebbero essersi insediati poco sotto la superficie.

Christopher Chyba, docente del SETI Institute di Mountain View (California), vede in Europa uno dei candidati più promettenti per la vita nel nostro sistema solare. Gli scettici chiedono naturalmente di cosa dovrebbe nutrirsi la vita in quell'oceano buio e gelido. Chyba risponde mostrando loro due modelli. Da un lato, le particelle ad alto contenuto di energia, che vengono caricate e accelerate nel campo magnetico di Giove, potrebbero bombardare l'involucro ghiacciato di Europa e spaccare le molecole della superficie, in modo che vengano liberati ossigeno molecolare e perossido di idrogeno. Sulla Terra, la liberazione di ossigeno avviene mediante la fotosintesi. Qui il prodotto della scomposizione potrebbe raggiungere l'interno dell'oceano tramite le zone di rottura ed essere utilizzato come fonte di energia primaria. Però il modello funziona solo se le fenditure si allungano attraverso la corazza di ghiaccio, condizione che finora non è stata comprovata. Sembra invece che la nuova poltiglia ghiacciata filtri di continuo e cuocia sulla superficie coi bordi di rottura. Se fosse così, un simile trasporto di nutrienti sarebbe immaginabile solo in intervalli di tempo molto lunghi.

Ma non importa. I microbi di Europa sarebbero in grado di aspettare il cibo per 2000 anni senza proteste e senza brontolii di stomaco. Come sappiamo, gli organismi unicellulari sono bravi nelle sorprese. Alcuni cadono in una rigidità glaciale e sono praticamente morti per alcuni secoli, ma poi riprendono vita non appena le condizioni migliorano.

Chyba ha indicato un altro metodo per la produzione di energia. Supponendo che l'oceano di Europa abbia un certo contenuto di sale, allora conterrà anche l'isotopo radioattivo potassio-40. Forse la sua irradiazione è sufficiente per scomporre l'acqua liquida, isolando così l'ossigeno e il perossido di idrogeno. Probabilmente avviene la stessa cosa nel rivestimento di ghiaccio, anche se non con la stessa intensità del bombardamento superficiale a opera delle particelle energetiche. Dovrebbe tuttavia bastare per la produzione di circa 10.000 tonnellate di biomassa l'anno, calcola Chyba. Solo una frazione di ciò che liberano i nostri oceani. Nell'oceano di Europa, la densità degli organismi è presumibilmente piuttosto bassa.

In generale, la nostra idea della dimensione extraterrestre va oltre l'immagine della molecola a catena capace di riprodursi da sola. Chyba fa un cenno di diniego. Non può e non vuole avere nulla a che fare con gli alieni cinematografici, ma, in compenso, tratteggia un terzo scenario.

Le zone di rottura tornano a svolgere un ruolo importante, stavolta non come vie di trasporto verso l'interno, bensì verso l'esterno. L'acqua sale e arriva poco sotto la superficie della crosta, forse addirittura fino in cima. Ebbene: l'atmosfera di Europa è leggera come il caffè fatto con la cicoria. Consiste essenzialmente in un po' di ossigeno. Quando la luce ultravioletta del Sole lontano sublima il ghiaccio sulla superficie, il vapore acqueo che ne risulta è ulteriormente disintegrato da raggi UV ad alta energia. L'ossigeno, ormai libero, rimane nel campo gravitazionale di Europa, mentre l'idrogeno, più leggero, si volatilizza nel cosmo.

Ora, nello spazio quasi vuoto, il ghiaccio sublimerebbe, fonderebbe, gelerebbe di nuovo, sublimerebbe, fonderebbe e così via. Le zone di rottura sarebbero attraversate da corsi d'acqua. Tutto (H_2O, sostanze organiche) verrebbe rimescolato senza sosta. Le molecole capaci di raggiungere la superficie verrebbero spaccate dalla luce ultravioletta, un processo grazie al quale comparirebbero composti ricchi di energia. Qui la fotosintesi sarebbe possibile. Gli esseri viventi potrebbero crescere fino a raggiungere una notevole complessità, mettendo lunghe radici nel ghiaccio e acchiappando fotoni con foglie minuscole. Come vogliamo chiamarle? Foglioline? Be', esistono nomi più stupidi. Benvenuti nella dimora delle foglioline.

Non tutte le foglioline sarebbero uguali. Ci sarebbero foglioline fisse e altre che galleggerebbero in acqua o addirittura navigherebbero attivamente. Miss Evoluzione si sarebbe ritrovata di fronte a sfide avvincenti, perché il signore e la signora Fogliolina avrebbero dovuto imparare a compiere il giro del mondo. Europa ruota. Molto lentamente, però, in modo da non mostrare a Giove sempre lo stesso lato, come invece accade con la nostra Luna. Ciò fa sì che le forze delle maree di Giove esercitino il loro effetto ora su questa regione e ora su quella. Le spaccature del ghiaccio, piene di prosperose città di foglioline, si chiuderebbero e poi se ne aprirebbero altre. Se il popolo delle foglioline non vuole scomparire, deve essere disposto a traslocare spesso. Forse, quando i vagabondaggi incessanti gli sembreranno troppo caotici, cercherà la salvezza nell'oceano e si farà strada verso l'interno, attraverso le fenditure. Là sotto, può darsi che conosca un vero e proprio boom di varietà. Se gli organismi pluricellulari si fossero stabiliti su Europa, una simile ipotesi non sarebbe da escludere.

Gli scettici esprimono qualche dubbio. Alcuni considerano Europa semplicemente troppo fredda per produrre qualcosa di complesso come il DNA. Altri sottolineano che, sulla superficie, sono state rilevate grandi quantità di perossido di idrogeno e di acido solforico concentrato. Questo brodo corrosivo copre il ghiaccio soprattutto nei punti in cui l'acqua è affiorata dall'interno. Ne derivano due scenari. Primo: l'acqua si lega al solfato di magnesio, che si trasforma in acido solforico non appena entra in contatto con l'atmosfera. Secondo (e ancora più fosco): tutto l'oceano contiene acido solforico perché i vulcani sul fondo del mare sputano bile e veleno. In un simile ambiente, la vita avrebbe non poche difficoltà: l'acido ha un effetto disgregante e non favorisce certo le comunità stabili.

Si può obiettare affermando che alcuni organismi unicellulari terrestri stanno benissimo con un pH pari a zero. Per esempio, Kenneth Nealson, responsabile del settore di astrobiologia al Jet Propulsion Laboratory della NASA, giudica esagerata tutta questa agitazione. «Lo zolfo e l'acido solforico sono possibili fonti di energia per gli esseri viventi perché possono ossidare altre sostanze. La vita può nascere anche in condizioni acide.»

Se si dà un'occhiata alle comunità di vita idrotermali, bisogna dare ragione a Nealson. La questione continuerà quindi a essere appassionante. Così appassionante che, per il 2008, è in programma il lancio di un robot resistente allo zolfo che dovrà atterrare su Europa e farsi strada tra il ghiaccio per vedere chi ci vive. È consigliabile dotarlo di numerose trivelle sostitutive, perché anche all'equatore la temperatura di Europa non supera i –163 °C, e a simili valori il ghiaccio è duro come il granito. In alternativa, si pensa pertanto a un criorobot che s'infili nel ghiaccio e depositi nell'oceano un minisommergibile. Naturalmente sarebbe ancora meglio essere accolti già negli strati superiori con un: «Ciao!» e un: «Come va?» Le foglioline cordiali indicherebbero al visitatore la strada verso l'interno, dove l'ospite dovrebbe accendere lampade fortissime, perché quell'oceano è più buio di qualsiasi oceano terrestre.

Forse sarebbe più semplice atterrare su Titano.

Titano è la luna di un altro pianeta, Saturno. Una fitta polvere rosso-arancione, simile alla nostra atmosfera primordiale, copre la superficie, rendendola invisibile. Tutto ciò che abbiamo lo dobbiamo alla sonda *Cassini*, che è andata in fondo a Titano con un radar e ha rivelato un paesaggio dall'aspetto molto giovane. Niente crateri da impatto, bensì monti e canyon, forse fiumi, laghi e interi oceani. I colonizzatori umani farebbero fiasco. Con una temperatura media di -180 °C non ci si può comunque aspettare dell'acqua liquida, ma solo metano liquido. La vita avrebbe tuttavia una possibilità. La storia del nostro pianeta ci ha insegnato infatti che l'ossigeno non è necessario.

Le conseguenze di un atterraggio su Europa potrebbero essere letali. Non per noi, bensì per gli eventuali abitanti. Il veicolo utilizzato dovrebbe essere sterile al 100 per cento. Neppure il più piccolo microbo terrestre dovrebbe raggiungere l'ambiente esterno. Ciò equivarrebbe infatti a un'invasione extraterrestre, solo al contrario. Tra le conseguenze inoffensive ci sarebbe il rischio di scambiare inavvertitamente gli organismi terrestri per alieni. Sarebbe molto peggio se quei germi contaminassero la luna. H.G. Wells ha anticipato questo scenario nel suo romanzo *La guerra dei mondi*: a dare il colpo di grazia agli inquietanti invasori marziani non sono gli uomini, bensì gli innocui virus del raffreddore.

I pianeti ghiacciati, attivi dal punto di vista tettonico e impastati regolarmente dai campi gravitazionali di altri corpi celesti, offrono fondamentalmente buone possibilità di trovare acqua liquida sotto la crosta. Resta ancora da vedere fino a che punto un oceano sotterraneo buio e freddo si presti ad accogliere gli esseri umani. Come ho già accennato, la psiche umana non è fatta per simili condizioni. Anche se lontano dalla Terra vigono altre regole, è difficile immaginare delle città nell'oceano di Europa, ma è molto più verosimile che i colonialisti di altri mondi conducano un'esistenza sull'acqua.

Ricordate *Waterworld*? Il film con cui Kevin Costner ha fatto fiasco perché doveva girare assolutamente nella zona dei tornado e il vento gli ha strappato più volte le scenografie? Costner ha sborsato 175 milioni di dollari per la storia dell'uomo con le branchie che nessuno ha voluto vedere. La pellicola è tuttavia avvincente se si chiude un occhio su alcune insensatezze, per esempio il fatto che i cattivi (chiamati *Smokers*) fumano sigarette dalla mattina alla sera. Come ci si procura il tabacco su un pianeta inondato? L'idea di base ha un fascino apocalittico: come vivono gli uomini quando si sentono mancare il terreno sotto i piedi? Può esistere ancora qualcosa di simile alla civiltà? Alla qualità della vita? Al progresso? All'autocoscienza? Gli esseri umani sono in grado di sopravvivere senza la terraferma?

Sulla Terra, il problema non si pone. Anche se un giorno popolassimo le isole galleggianti, le considereremmo sempre un ampliamento artificiale del nostro biotopo naturale. Quando ne avremo abbastanza, faremo una vacanza sulla terraferma. I pianeti d'acqua non offrono però nessuna terraferma. Dato che nessuno è felice in uno stato d'emergenza permanente, prima o poi i colonizzatori di quei mondi dovrebbero accettare le isole o gli Stati insulari fluttuanti come unità autonome.

È tutta una questione di sviluppo, afferma il biologo marino Sir Alister Hardy, che nel 1960 ha pubblicato un'interessante teoria nel *New Scientist*. Secondo lui, la scimmietta schiamazzante non è semplicemente caduta dall'albero per poi rialzarsi e iniziare a camminare su due gambe. Nella sua ipotesi della scimmia acquatica, Hardy sostiene che i nostri antenati si sono diretti prima verso l'acqua, popolando i fiumi, i laghi e le acque vicine alle coste, cercando il cibo là dentro e diventando uomini veri e propri solo nell'elemento liquido.

La parte di Mr Anfibius che portiamo dentro di noi è forse più grande di quanto crediamo?

L'ipotesi di Hardy si fonda sulla scoperta secondo cui il grasso sottocutaneo è molto più sviluppato nell'uomo che in tutti gli altri mammiferi terrestri, rispetto ai quali noi abbiamo dunque uno strato adiposo incaricato d'immagazzinare calore, una caratteristica che generalmente si riscontra nei mammiferi marini. E Hardy conclude: evidentemente il forte legame tra le cellule cutanee e le cellule adipose è il risultato di una fase evolutiva acquatica.

Il suo articolo *Was man more aquatic in the past?* [In passato, l'uomo era più acquatico?] ha ispirato alcuni simposi e ha nuovamente posto la domanda volta a stabilire quanto sia sottile il ghiaccio della conoscenza del nostro cammino evolutivo. Che Mr Anfibius non fosse ancora così potente? Tra il suo approdo e l'ascia preistorica, la vita ha assunto tutte le forme possibili e immaginabili, ha continuato a svilupparsi nell'entroterra e, in parte, non ha mai visto il mare. Tutto ha origine nell'acqua. D'accordo, ma le scimmie vivevano sugli alberi. Chi cadeva nel ruscello, veniva sicuramente divorato da qualcosa.

Sì e no, commenta Hardy. Durante l'ominizzazione, tutto era possibile e ciò che è possibile ha l'abitudine di verificarsi.

Gli scienziati chiamano «ominazione» il processo che ha portato alla comparsa dell'uomo, durante il quale si può escludere soltanto che noi abbiamo imparato a volare. Nessuna teoria sembra abbastanza bizzarra per spiegare come l'uomo diventò uomo. Tutte cercano di completare il quadro a loro modo e includono anche lo scenario di cui ci siamo occupati nella prima parte del libro, l'ipotesi della savana. L'uomo, afferma questa tesi, non è sceso volontariamente dall'albero, ma è stato buttato giù quando le foreste pluviali sono scomparse e, al loro posto, si formò la savana.

Alcuni elementi nel catalogo dell'ominazione suonano plausibili, altri ci costringono ad aggrottare la fronte. La storia dell'evoluzione è una lastra di ghiaccio su cui gli antropologi si muovono con estrema prudenza. Gli uomini primitivi non ci hanno lasciato diari, ma soltanto ossa. Per dimostrare definitivamente che i nostri antenati hanno attraversato una fase acquatica, dovremmo reperirne la pelle, i muscoli e il tessuto adiposo. Perciò i teorici della scimmia acquatica possono soltanto basarsi sull'uomo dell'era moderna, il cui legame tra la cute e il tessuto adiposo è unico nel suo genere tra la popolazione terrestre. Nemmeno gli scimpanzé, i gorilla e gli altri primati presentano qualcosa di simile. Quando soffia il vento, tendiamo a rabbrividire perché abbiamo perso il pelo. Invece in acqua ci difendiamo dal freddo meglio di molte creature terrestri dal mantello folto.

Hardy crede di aver trovato qui la dimostrazione della sua teoria. I critici lo accusano di limitatezza e ritengono piuttosto che lo strato adiposo dell'uomo sia un'ulteriore riserva di nutrienti indispensabile per fornire energia al nostro complesso cervello.

È evidente che i neonati presentano un generoso strato di grasso, cosa che non si può dire per i piccoli scimpanzé e gli orangutan. Forse Miss Evoluzione ci ha programmato per nascere nell'acqua. D'altra parte, anche i mammiferi che non hanno chiaramente attraversato nessuna fase acquatica se la cavano benissimo con l'acqua subito dopo la nascita. Tutti i mammiferi attraversano infatti *una* fase acquatica: quella trascorsa nel ventre materno. Il meccanismo di protezione grazie al quale i nascituri non ingoiano liquido nel sacco amniotico è attivo appunto in ogni mammifero.

I poppanti umani sono però i nuotatori più abili di tutti. Durante il primo anno di vita, rivelano una capacità superiore alla media in questo ambito. E un'altra cosa: quando lo sposo infila la fede all'anulare della sposa, riesce a spingerla solo fino al punto in cui il resto di una natatoia unisce le dita. Tutta acqua al mulino di Hardy. Lo studioso ritiene che persino l'andatura eretta abbia avuto origine nell'elemento liquido e, in effetti, gli scimpanzé si sollevano sulle zampe posteriori nei rari casi in cui entrano in acqua.

D'accordo, ma ciò non è del tutto convincente. Le balene primitive, per esempio, hanno scelto un'altra strada. Non hanno assunto la postura eretta e non hanno neppure sviluppato estremità prensili come quelle delle scimmie; si sono invece liberate dei loro arti posteriori a beneficio di una corporatura idrodinamica. Alcune hanno optato per l'acqua, altre per la terraferma. Decisivo è il fatto che, per certi aspetti, noi siamo più simili ai cetacei rispetto alle scimmie. In primo luogo, per via del rapporto tra la cute e il tessuto adiposo; in secondo luogo, perché siamo nudi, a differenza di tutti gli altri mammiferi terrestri, eccetto gli eterocefali glabri (si tratta di roditori che somigliano a ratti senza pelo e con cui nessuno vorrebbe essere imparentato). Anche la balena è senza pelliccia, perché in acqua essa avrebbe un'azione frenante.

E le foche? E i castori? Non vivono forse anche loro in acqua e non se la cavano magnificamente con la loro pelliccia?

Finora Hardy non ha approfondito questo tema. Sul piano argomentativo, i sostenitori e gli avversari dell'ipotesi della scimmia acquatica saltano così di albero in albero. Gli uomini hanno un pessimo olfatto, affermano i fan di Hardy, perché in acqua non l'hanno mai utilizzato. Per perderlo, contestano gli altri, avrebbero tuttavia dovuto trascorrere sott'acqua un periodo maledettamente lungo e, in tal caso, avrebbero anche potuto munirsi di pinne. È anche possibile che non tutti gli antenati dell'uomo vivessero in acqua, a parte gli avi di Franziska van Almsick, mentre Reinhold Messner discende dal ramo delle scimmie alpine. Che ne dite?

Certo è che non tutte le caratteristiche essenziali dell'uomo moderno fanno pensare a una predilezione temporanea per l'acqua. Siamo quasi sicuramente il risultato della cosiddetta « evoluzione a mosaico », durante la quale, a poco a poco e attraverso vari processi di adattamento, ci siamo tramutati in ciò che siamo oggi. È altrettanto certo che gli esseri umani cercano il contatto con l'acqua, che la maggior parte dell'umanità vive vicino alle coste o direttamente sul mare, sui fiumi e sui laghi, che nuotiamo e c'immergiamo meglio della maggior parte degli animali terrestri e... che abbiamo avuto Esther Williams!

Forse serviranno solo poche generazioni per considerare normale la vita sulle Isole galleggianti. Se l'Isola è abbastanza grande, si potrebbe persino innalzare un piccolo massiccio centrale con una parete ripida per il ramo Messner.

Ma come si fa a trovare un pianeta acquatico?

Ancora un po' di pazienza, per favore. L'Agenzia Spaziale Europea si sta già dando da fare: Eddington è il nome di un progetto per l'individuazione di pianeti acquatici, come li ha definiti l'astrofisico francese Alain Leger dell'Institut d'Astrophysique Spatiale. Secondo i suoi calcoli, un pianeta acquatico dovrebbe essere sei volte più pesante della Terra e grande almeno il doppio. Dovrebbe avere un'atmosfera e orbitare intorno alla sua stella madre a una distanza più o meno uguale a quella che separa la Terra dal Sole. La sua struttura geologica sarebbe a cipolla, come quella terrestre: all'interno, un nucleo metallico del raggio di circa 4000 chilometri, circondato da un rivestimento di roccia il cui spessore raggiungerebbe i 3 chilometri e mezzo. Là sopra si stenderebbe una corazza di ghiaccio spesssa 5 chilometri, ghiaccio d'acqua mescolato con sostanze pesanti che gli impediscono di salire in superficie. Il rivestimento di ghiaccio, infine, sarebbe coperto da un oceano profondo 100 chilometri sopra il quale, catturata dall'enorme risucchio gravitazionale di quel massiccio pianeta, aleggerebbe un'atmosfera gassosa.

Chi o che cosa vive lassù?

I ricercatori dell'Eddington affermano che un simile oceano può ospitare qualsiasi cosa. Gli elementi indispensabili ci sono, ed è anche possibile utilizzare la luce per la fotosintesi.

È indispensabile però capire come potrebbe originarsi la vita. Secondo Russell e Martin, sulla Terra è stata l'energia termica a dare il colpo decisivo. Col suo aiuto, le molecole sono riuscite a riunirsi in unità superiori. Su un pianeta i cui fondali marini sono formati da ghiaccio puro è tuttavia improbabile trovare camini vulcanici e sorgenti calde. In mancanza della terraferma, i minerali non raggiungono l'acqua, perché non ha luogo nessuna erosione. A ciò si aggiunge che, nell'oceano sterminato, anche le molecole più socievoli si sparpagliano in tutte le direzioni prima d'incontrarsi. Una certa attività termica sarebbe dunque utilissima.

Il fondale ghiacciato dovrebbe però spaccarsi in alcuni punti e cominciare a spostarsi, il che presupporrebbe uno strato portante viscoso. Invece Leger descrive una corazza di ghiaccio sulla roccia solida. Anche i ghiacciai si muovono, ma hanno spazio sufficiente per espandersi. Le masse di ghiaccio sul pianeta di Leger continuerebbero a intralciarsi fra loro. Dunque andiamo ancora a tentoni per quanto riguarda lo sviluppo della vita nei mondi acquatici, però Miss Evoluzione è una signorina ricca d'inventiva e avrà certamente escogitato qualcosa, perché, in linea di massima, i presupposti offerti dai mondi acquatici sono ideali.

Un tempo, due pianeti del nostro sistema solare (e forse anche altri) potrebbero essere stati acquatici. Nettuno e Urano sono mondi ghiacciati provvisti di croste dure come corazze e così lontani dal Sole che esso è visibile soltanto come un puntino scintillante. Ma alcuni pianeti amano cambiare posizione. Sappiamo che, col tempo, i pianeti gassosi di altri sistemi si sono avvicinati al loro sole. Può darsi che i pianeti ghiacciati si spostino in maniera analoga finché la loro superficie non inizia a sciogliersi. A quel punto, il telefono di Miss Evoluzione squilla. « Ci siamo », dice Dio. « L'oceano è liquido. Imballi gli aminoacidi, li voglio avere qui tra 5 milioni di anni. »

E, anche se i pianeti acquatici non avessero visto nascere la vita, è possibile che qualcosa vi si sia insediato.

Gli esperti hanno giudicato questa idea abbastanza affascinante da avviare un'ambiziosa ricerca. I soldi scarseggiano, ma l'Agenzia Spaziale Internazionale è ottimista e intenzionata a lanciare Eddington il prima possibile. Grazie ai suoi obiettivi sensibili alla luminosità, la sonda sarà in grado di registrare variazioni di luce infinitesimali. Questo è infatti l'unico modo per individuare i pianeti. Non emanando luce, tradiscono la loro presenza soltanto mediante l'oscuramento temporaneo del sole intorno al quale ruotano. Quando passano davanti alla loro stella madre, proiettano un'ombra che viene rilevata dai sensibili apparecchi di misurazione.

Eddington non sarà l'unico spione cosmico, perché i cacciatori di pianeti si sono prefissi molti obiettivi. Nel 2014 (o prima, se possibile), le otto navicelle spaziali del progetto Darwin rastrelleranno il cosmo al di fuori del nostro sistema solare alla ricerca di mondi abitati. Per il momento, nessuno si aspetta che atterrino, dato che la velocità della luce impone ancora dei limiti alle nostre mire espansionistiche.

In compenso, le navicelle di Darwin rintracceranno i pianeti acquatici e di altro tipo tramite l'analisi delle frequenze. Supponiamo che i pianeti in questione abbiano un'atmosfera. Al suo interno, la luce si scompone più volte e il computer usa le lunghezze d'onda irradiate per calcolare quali componenti chimici sono presenti nell'involucro gassoso e come essi reagiscono tra loro. Già l'analisi spettroscopica determina se un pianeta è coperto da un oceano d'acqua e persino se ospita qualche forma di vita. Sei delle otto navicelle saranno supertelescopi volanti che trasmetteranno i loro dati digitali e ottici alla settima unità, dove le informazioni verranno riunite e spedite sulla Terra. L'ottava navicella fungerà da unità di comunicazione tra la flotta interstellare e la centrale di comando terrestre.

Supponiamo pure che la flotta s'imbatta in un pianeta acquatico. E allora che si fa? Mettiamo in valigia il costume da bagno?

Piano.

A quel punto, sarebbe necessario avere molto fiato, oppure escogitare un trucco. In altre parole, o ci facciamo ibernare e mettiamo la sveglia, diciamo, alle sei e mezzo di un lunedì mattina fra 300.000 anni, o troviamo il modo di eludere la legge della velocità della luce. Ma qui non ci occupereno di come ciò potrebbe accadere. Essendo avventurieri intellettuali esperti, fingeremo semplicemente di aver già ideato il trucco, di vorticare già nell'orbita di un mondo acquatico che, per via della sua massa, esercita un'enorme forza gravitazionale, di scorgere la città galleggiante sotto di noi e di atterrare.

A seconda della densità e della circonferenza del pianeta, dovremmo indossare abiti corazzati e dotati di muscoli artificiali già durante l'atterraggio. Se, contrariamente alle aspettative, il pianeta fosse più leggero, all'inizio avremmo il fiato un po' corto, ma probabilmente ci adatteremmo alle condizioni esistenti nel corso di alcune generazioni. Senza dubbio, cambieremmo molto sul piano fisico. I nostri pro-pro-pronipoti sarebbero un po' più piccoli e tozzi di noi. La Marilyn Monroe di un pianeta acquatico non supererebbe i 41 anni, ma in compenso avrebbe le canoniche misure 90-60-90.

Che cosa troveremmo se c'immergessimo in quell'oceano sconosciuto?

Niente, dicono alcuni. I pianeti acquatici non generano nessuna forma di vita. Sarebbe tutto vuoto e desolato.

Tutto, sostengono altri, perché, se i parametri favorevoli sono così numerosi, devono esistere vie alternative alla nascita della vita.

Bene. Supponiamo che gli ottimisti abbiano ragione. In tal

caso, la vita sui pianeti acquatici avrà conosciuto un inizio modesto, come sulla Terra. I microbi saranno la specie dominante. L'esistenza di esseri superiori è invece improbabile. Un pianeta che non sputa fuoco e che non conosce estremi meteorologici né profondi mutamenti atmosferici non richiede uno sviluppo superiore, che è il risultato, come c'insegna la storia del nostro pianeta, solo di drastici eventi naturali. Gli sconvolgimenti delle condizioni generali hanno costretto la vita all'adattamento, accelerando l'assembramento di singole cellule in organismi pluricellulari e l'acquisizione di armi e meccanismi di difesa. Ma a quale pressione sarebbe sottoposta la vita in un oceano sempre uniforme e caratterizzato da un fondale di ghiaccio?

Brancoliamo un po' nel buio. Accendiamo dei fuocherelli.

Sarebbe del tutto possibile che, all'interno del nostro mondo acquatico, sia rimasto un briciolo di energia termica. Supponiamo pertanto che ci sia il vulcanismo o almeno che ci siano delle zone calde. Qua e là l'acqua gorgoglia addirittura. Seconda ipotesi: le sostanze chimiche favoriscono la creazione di gusci duri. Terzo: i meteoriti precipitano, sconvolgono il sistema, depositano microbi extraterrestri e suscitano le modificazioni ambientali da cui dipendono la morte e la prosperità di alcune specie eccetera. Tutto ciò che ci serve sono gli organismi pluricellulari e il sesso.

Poiché un oceano su un globo non conosce confini, ora la vita può continuare a svilupparsi e a crescere, crescere e ancora crescere. Gli esseri viventi di un pianeta acquatico potrebbero diventare giganteschi, così grandi da ingoiare le balenottere azzurre come se fossero acciughe. Ciò presuppone l'esistenza di predatori idonei. Siccome non tutti possono essere enormi e potenti, è verosimile che compaia ogni formato, dai microbi alle creature grandi quanto piccole città.

Tuttavia, come si può notare nel caso dei dinosauri o degli squali giganti preistorici, più un singolo organismo diventa potente e più pressanti diventano i suoi problemi. I più grandi esseri viventi del mondo acquatico tenderanno pertanto a essere conglomerati di molti organismi, folti gruppi che, all'occorrenza, si riuniscono e si separano. Simili esseri potrebbero sviluppare un'intelligenza collettiva che, ai nostri occhi, apparirebbe fredda e curiosa. Molto probabilmente sarebbe impossibile discutere di affermazione individuale con l'*intelligencija* di un mondo marino siffatto. In compenso, riusciremmo forse a convincerla a salire in superficie e a fungere da isole per i coloni umani. Ci metteremmo comodi sulla dorsale di gigantesche montagne di gelatina e, in cambio, la rifornirenmmo di Coca-Cola e di altre prelibatezze rare sui pianeti acquatici.

In fondo, è sufficiente dare un'occhiata ai nostri oceani per immaginare la varietà della vita nei mari sconosciuti. La vita marina extraterrestre non presenterà differenze significative rispetto a quella terrestre. Anche nelle regioni più remote del cosmo incontreremo alcuni esseri simili a pesci, alcuni con tentacoli e numerosi bracci, altri con la propulsione a reazione e movimenti da serpente. Con molta probabilità, gli unici a mancare saranno i cetacei, perché in passato non c'era nessuna terraferma verso cui strisciare o da cui rituffarsi in acqua.

Se gli abitanti del mondo acquatico costruissero navicelle spaziali, dovrebbero viaggiare in contenitori pieni d'acqua, proprio come noi ci carichiamo sulla schiena le bombole di aria compressa e saliamo a bordo di sommergibili pieni d'aria. La fotosintesi potrebbe favorire lo sviluppo di molteplici forme di vita accanto alla superficie dell'acqua, ma anche negli strati più profondi è immaginabile la presenza di esseri viventi capaci di comunicare mediante la bioluminescenza. È addirittura possibile che là sotto ci si veda benissimo, come nel film *The Abyss* di James Cameron. Dobbiamo però dubitare fortemente che simpatici E.T. con bonarie facce da pesce ci accolgano in roccaforti high-tech e ci tendano un braccino sottile per una stretta di mano scivolosa. Nell'ambiente iperbarico di un oceano ad alta pressione è bene non costruire nessuna città alla moda. Sarebbe più logico *essere* la città, ed essere anche più deformabili possibile. Forse esisterebbe una New York, ma sarebbe molle come gomma. Frank Sinatra non avrebbe certo voluto cantarla.

E come ce la caveremmo noi con questi... altri?

Benissimo. La maggior parte della vita ci starebbe alla larga, come noi da lei, semplicemente perché i biotopi sarebbero troppo diversi. Avremmo tutt'al più dei contatti diplomatici con gli abissi. Le creature della superficie potrebbero tuttavia servirci da cibo. O noi potremmo essere il *loro* cibo. Qualunque sorpresa abbia in serbo il mondo acquatico, i capovolgimenti occasionali delle Isole galleggianti ne farebbero probabilmente parte. C'è sempre qualcosa che va storto. Allora la scimmietta cade in acqua e qualcuno va a morderle il sedere.

Condizioni assolutamente terrestri, dunque.

Buono a sapersi.

DOPODOMANI

L'universo sconosciuto

Dopodomani la nonna compie gli anni. Dopodomani c'è l'esame di guida. Dopodomani la Germania gioca contro l'Argentina.

Dopodomani il merluzzo si estingue.

Se non altro, in tre casi su quattro l'uomo avverte la necessità d'intervenire. Così si compra un regalo, si maltratta l'auto di papà su un campo pieno di buche e si rimpolpa la riserva di birra. È inconcepibile lasciare la nonna senza le sue praline al cognac, andare a sbattere nella recinzione dei giardini pubblici mentre si parcheggia in retromarcia, oppure non brindare al gol decisivo. Dopodomani è, per così dire, dietro l'angolo.

È inconcepibile pure che siano finiti i bastoncini di pesce.

Anche nelle città lontane dalla costa, tutti sanno ormai che i bastoncini di pesce non crescono nel congelatore. Probabilmente si è anche diffusa la voce che in una vita precedente avevano una testa e una coda e che non solcavano l'oceano con un'impanatura bella e pronta. D'altra parte, non dimenticherò mai il giorno in cui, avendo deciso di fare colpo sulla mia compagna con una trota salmonata, sono andato nel raffinato reparto alimentari di un grande magazzino. Accanto a me c'era una donna che acquistava delle capesante, mentre la sua figlioletta adolescente (una ragazza sui quattordici anni) deliziava il commesso coi racconti della sua vacanza a cavallo a Sylt. La mamma esaminava le capesante. Il mio sguardo si è posato su un acquario popolato da animali di ogni tipo, tra cui anche alcune trote salmonate. Essendo un fanatico dei prodotti freschi, ho pregato il commesso di estrarne una dalla vasca, di ucciderla e di pulirmela.

È stato come se avessi annunciato di voler stuprare e squartare il cavallo della quattordicenne. Il labbro inferiore della ragazza si è messo a tremare, poi lei mi ha lanciato un'occhiata piena di ribrezzo, come se stesse guardando un mucchio di melma. Derubata di ogni illusione, la tenera creatura ha sussurrato alla madre: «Il pesce deve morire adesso?»

«È davvero scandaloso», ha esclamato la mamma, inorridita. «Ehi, signore, non si vergogna? Qui c'è tantissima merce di prima qualità. Non è giusto che l'animale muoia per causa sua!»

«Povero pesce», ha piagnucolato la piccina, tirando rumorosamente su col naso.

Anche altri mi stavano fissando.

«Lei sì che è uno snob», ha commentato un signore anziano, scuotendo la testa. «È proprio necessario?»

«Ma... ecco... io volevo solo...»

La mamma ha colto l'occasione al volo. «È vero, è un autentico snob! Non ha mai sentito parlare di 'pesca eccessiva'? Compri la merce esposta.»

«Ma la trota è esposta e...»

«Basta.» Lo sguardo della Grande Inquisitrice ha incrociato quello del commesso. «Questo non è un comportamento da tenere in un negozio. A proposito, mi dia due etti di tonno. Ma di ottima qualità.»

Che cosa avrei dovuto dire? Che trovavo fantastico che le persone acquistassero soltanto il pesce adagiato sul ghiaccio affinché nessun animale morisse a causa loro? Che era assolutamente grandioso vedere il cuore dei consumatori battere così forte per la salvaguardia dell'ambiente? Sono sicuro che soltanto i motivi più nobili hanno spinto mamma e figlia a giudicarmi un mostro. Il cavallo stava certamente bene: poteva galoppare sulla sabbia di Sylt sbuffando allegramente e calpestando decine di vermi e granchi. Veniva strigliato, accarezzato e vezzeggiato. La mamma apparteneva senza dubbio alla Protezione Animali. L'Inquisizione aveva emesso il suo verdetto. Rosso di vergogna, me ne sono andato con una trota salmonata appena uccisa e pulita. Ho ritrovato la mia determinazione interiore soltanto quando il pesce era nel forno e quando l'abbiamo gustato con appetito.

Ci si può chiedere se debba per forza trattarsi della trota salmonata. Perché non qualcosa di più semplice, di più economico, di reperibile in enormi quantità? Del merluzzo, per esempio.

Mah. La trota salmonata è buonissima, ma soprattutto è ancora reperibile. A rigor di logica, non esiste nessuna trota salmonata, perché si tratta di trote iridee caratterizzate da una carne particolarmente rosata e provenienti da allevamenti d'acqua dolce e salata. Minacciate dall'inquinamento delle acque, negli anni '80 le popolazioni di trote di lago e di fiume sono tornate a crescere notevolmente. Il merluzzo, il classico pesce dei poveri, rischia invece di sparire dai mari sebbene si sia sempre pensato che l'uomo si sarebbe estinto prima di questa riserva di proteine galleggiante. Nel 2005, il Consiglio europeo Agricoltura e Pesca ha reso noto che alcuni pesci commestibili erano stati decimati e ampie zone degli oceani risultavano spopolate. L'estinzione incombeva anche sul merluzzo.

Una cosa è certa: tra poco, il pesce che in Inghilterra si mangia preferibilmente nella carta di giornale e che ha saziato schiere di marinai e soldati per secoli costerà un piccolo patrimonio. Compare sempre più spesso sui menù dei ristoranti di lusso. È diventato raro, la virtù fondamentale di ogni squisitezza. E pensare che un tempo veniva considerato l'alimento popolare per eccellenza. Per colpa sua, tra il 1950 e il 1980, gli islandesi hanno scatenato le tre cosiddette «guerre del merluzzo» ampliando di volta in volta la loro zona di pesca, e sempre quando i pesci iniziavano a scarseggiare. Ogni volta ci sono stati scontri coi pescherecci britannici, e si sono registrati persino dei morti. Sono intervenuti l'ONU e la NATO, ma l'Islanda ha sempre imposto la sua volontà. Nel giro di pochi decenni, la zona di pesca è passata da 3 a 200 miglia marine. Nel 1977, le 200 miglia marine sono state dichiarate vincolanti per tutti gli Stati dell'Unione Europea e sono state introdotte quote per compensare la perdita delle aree protette.

Quote? Sembra una buona idea. Ma evidentemente il mare aperto ha un effetto nocivo sulla memoria. Solo così si spiega il fatto che il merluzzo sia più raro del liocorno. Si rilevano drastiche diminuzioni anche tra le sogliole, le occhiate, gli spinaroli, i tonni e le rane pescatrici. Lo scampo del golfo di Biscaglia è stato decimato senza pietà e lo storione è quasi estinto. E questi sono solo alcuni esempi. L'uomo ha trasformato in terra di nessuno poco meno di un terzo dei fondali pescosi mondiali. Ciò conduce a sua volta allo sconvolgimento d'interi ecosistemi. Per esempio le foche, i pinguini e gli odontoceti patiscono la fame. Le catene alimentari si frantumano, le comunità complesse crollano. Nel dicembre del 2004, una proposta tedesca al Consiglio europeo Agricoltura e Pesca è stata bloccata dalla scoraggiante notizia che non sarebbero state create zone protette per il merluzzo. Dopotutto non si poteva togliere ai pescatori la loro principale fonte di sostentamento.

Come risultato, un numero sempre maggiore di navi prende il largo per pescare un numero sempre minore di pesci. Ci si serve quindi dei piccoli. Una specie che perde i suoi figli è tuttavia avviata sull'autostrada per il museo. L'UE ha stupidamente ridotto la tanto decantata fonte di sostentamento dei pescatori, sovvenzionando e ampliando a più non posso la sua flotta di pescherecci. Sarebbe stato più intelligente promuovere programmi sociali con cui salvare i pescatori disoccupati dal salto nel vuoto. Le proposte in questo senso sono state respinte. Ci sarebbe ancora tantissimo pesce; in fondo, finora nessuno l'ha ricontato. Nient'altro che allarmismo, tutte stupide chiacchiere. E i sostenitori dello sfruttamento non hanno nemmeno torto. In realtà, non sappiamo quanti salmoni, tonni, storioni, gamberetti e merluzzi ci siano ancora. Ma, se non lo sappiamo, a rigor di logica, non possiamo neppure fissare le quote. Senza quote non si può andare avanti. Bisogna dunque supporre che le stime siano bassissime. Però, se c'è qualcosa che gode di poca stima nel settore della pesca, quel qualcosa sono le stime bassissime.

Tutto ciò non è d'aiuto ai pescatori, che *perderanno* comunque il lavoro. Oggi, domani o dopodomani. Li hanno incoraggiati a prendere le armi, e ora li piantano in asso. Anche loro sono vittime della pesca eccessiva, non dobbiamo dimenticarlo. Una specie che distrugge se stessa.

Di recente l'Unione Europea ha voluto adattare le sue flotte alle popolazioni ittiche rimaste. In parole povere, ha voluto rottamarle. Soprattutto gli spagnoli, che gestiscono la maggiore flotta di pescherecci europea, dovranno mandare giù il boccone amaro dello smantellamento. Ormai l'unica rete in cui i pescatori spagnoli possano ancora sperare è quella della previdenza sociale. Per precauzione, si fa rotta verso l'Africa, si concludono contratti col Senegal o col Marocco e si saccheggiano le loro acque, mandando così in rovina i pescatori senegalesi e marocchini, perché lo Stato non usa il denaro incassato per proteggerli. Il tramonto della pesca è una morte a rate. Naturalmente si può prolungare l'agonia. Da qualche parte si trova sempre un angolino o una specie su cui tutti si buttano. In realtà, è improbabile che gli uomini distruggano del tutto una specie ittica, semplicemente perché le flotte si concentrano su altre specie non appena quella in pericolo non giustifica più le uscite in mare. La rigenerazione avviene tuttavia nel corso di alcuni cicli e non dall'oggi al domani. Non è detto che tutte le specie torneranno a essere numerose come prima.

In alcune parti del mondo ci si è resi conto della follia di questa situazione. Però il motto è: tiriamo fuori il merluzzo. Basterà fino a domani. Dopodomani si vedrà.

E se dopodomani non ci fosse più niente da vedere?

A dire il vero, avrei voluto dedicare quest'ultimo capitolo al lontano futuro, alle forme di vita che esisteranno tra centinaia di milioni di anni, quando il Mediterraneo sparirà dopo che l'Africa si sarà scontrata con l'Europa, mentre sopra le acque tropicali banchi di «pesciucci» (incroci tra pesci e uccelli come quelli mostrati nel documentario della ZDF dal titolo *Die Zukunft ist wild* [Il futuro è selvaggio]) daranno la caccia agli insetti. Sarebbe stato avvincente anche assistere all'approdo del calamaro gigante e alla trasformazione dei calamari più piccoli in esseri intelligenti. Dopo aver parlato delle città sul mare e degli oceani di altri pianeti nella parte intitolata *Domani,* il *Dopodomani* avrebbe dovuto offrire qualcosa in più di qualche osservazione sul merluzzo.

Ma dopodomani è un concetto relativo. Nella sfera personale ha la priorità assoluta. S'insinua nei nostri pensieri, si tramuta in uno scenario d'immagini variopinte e ci esorta a fare qualcosa. È un dopodomani che ci riguarda da vicino: il compleanno della nonna, l'esame di guida, la finale dei mondiali.

Nella dimensione collettiva manca invece di calore umano. Dobbiamo fidarci di freddi numeri e statistiche, qui ci sono i grafici, le curve e le tabelle a richiedere il nostro intervento.

Ma non ci siamo mai avvicinati a un merluzzo quanto ci siamo avvicinati alla nonna; non nel suo habitat naturale, almeno. Vedendo il filetto bianco e profumato nel piatto, chi pensa agli scintillanti banchi argentei e alle reti da strascico delle dimensioni di parecchi hangar? Chi riesce davvero a immaginare milioni di pesci (morti)? Una squadra di calcio è composta da un certo numero di persone. E non è difficile prefigurarci l'istruttore di guida che scuote la testa, perplesso dalla nostra manovra. Nella visualizzazione dell'immediato, della sfera strettamente personale, siamo campioni del mondo. Ci mancano invece la sensibilità collettiva e la capacità di astrazione e di previsione. Un difetto, tra parentesi, di cui non abbiamo colpa. Come possiamo pensare e agire insieme, visto che Miss Evoluzione ha trascurato di regalarci la dote della percezione collettiva? Il fatto che la settimana scorsa la nonna avesse una brutta cera e le borse sotto gli occhi c'interessa più di una specie ittica in via di estinzione, naturalmente. Non siamo privi di compassione, ovvio, ma che aspetto ha un mare vuoto? Non sappiamo neppure che aspetto abbia un mare pieno. E, se tutti i pesci sono scomparsi, da dove arrivano quelli nel banco della pescheria?

Già, e i bastoncini di pesce?

Vengono dalle acquacolture, enormi allevamenti di pesci e crostacei commestibili. Quasi tutto il pesce che compriamo oggi proviene da queste strutture. Fondamentalmente è una buona cosa. Forse il salmone di allevamento non è gustoso come quello selvatico, ma è pur sempre salmone. L'acquacoltura dovrebbe consentirci di controllare la pesca eccessiva, no?

Siete scettici? A casa avete un acquario con un pesciolino rosso cui dovete dare da mangiare. « Cosa mangiano i pesci di allevamento? » mi chiederete. La risposta è: « Pesce ». Allora insistete: « E cosa mangiano altri pesci di allevamento? » La risposta è ovvia: « Altro pesce ». Ma da dove arriva il pesce consumato dai pesci di allevamento?

La pesca eccessiva è un campo molto ampio.

Sebbene da qualche parte l'acquacoltura non abbia nulla da invidiare all'allevamento di massa di galline e maiali, non riuscirà a risolvere il dilemma. Se praticata entro certi limiti, è una vittoria, perché aiuta a preservare le specie e a nutrire gli uomini. Se praticata senza limiti, provoca più danni di quanti ne elimini.

Il dopodomani è lo spauracchio, il Giudizio Universale. Dopodomani verrà punito chi ha creduto sul serio di potersi garantire il sostentamento aggirando le quote e pescando i piccoli. Tirare fuori dal mare anche l'ultimo avannotto non serve infatti al sostentamento, perché la pesca eccessiva favorisce la devastazione della stessa fonte di sostentamento. La sete di guadagno dei gruppi industriali, la paura della disoccupazione... Ci sono motivi sufficienti per gettare il buonsenso alle ortiche. Siamo come quel tizio che, sul punto di annegare, spinge sott'acqua l'altro nel tentativo di salvarsi.

Nel 2003 e nel 2004, la Spagna è stata il Paese dell'UE col più alto tasso di pesca eccessiva. Anche l'Irlanda ha saccheggiato allegramente i mari. La Direzione generale della Pesca e degli Affari Marittimi ha determinato quanto pesce spetta agli Stati membri, ma i controlli non sono poi così accurati. Molti Paesi non presentano i rapporti alla Commissione. Per tre anni di seguito, la Gran Bretagna, la Danimarca e la Svezia si sono rifiutate di presentare qualsiasi documentazione riguardante l'osservanza dei loro obblighi. Il fatto che, nel 2005, l'Europa si sia vista costretta a imporre punizioni draconiane agli inglesi, ai belgi, agli irlandesi, ai danesi, agli spagnoli, ai portoghesi, ai finlandesi e agli svedesi non sarà servito tanto a far rinsavire gli interessati quanto a irritarli. Ciò che accade in Europa trova corrispondenza in America o in Asia. Le immagini sono le stesse, la caparbietà è la medesima ovunque. Il Grand Bank di Terranova mostra dove finiremo se continueremo a tapparci le orecchie cantando ad alta voce. La pesca di quella regione, un tempo considerata l'Eldorado mondiale del merluzzo, è crollata alla metà degli anni '90. Ora gli ambientalisti si danno da fare per trasformare gli ex terreni di caccia in una vasta riserva naturale. Speriamo che siano tenaci.

Il ramo che la pesca sta segando non sorregge soltanto i pescatori, ma oltre 6 miliardi di persone. Se la città galleggiante che costruiremo domani si ritroverà sopra un deserto dopodomani, la colpa sarà di un'errata politica protezionistica della fonte di sostentamento. Conclusione temporanea della Dalhousie University canadese: 50 anni sono bastati per decimare quasi tutti i grandi pesci, tra cui il merluzzo, l'ippoglosso, alcuni squali, il tonno e il pesce spada. La varietà delle specie si è dimezzata in tutto il mondo. Poiché i grandi pesci sono per lo più predatori, la loro scomparsa sconvolge l'intero ecosistema. Attualmente, quasi il 100 per cento dei mari mondiali è soggetto a pesca eccessiva, inquinamento e altri danni, mentre solo lo 0,5 per cento è protetto da prescrizioni più o meno severe.

Dopodomani...

Sembra quasi una parolaccia e solo nell'ambito della pesca. Nei mari incontriamo compagnie petrolifere alla ricerca di serbatoi ben forniti ad alcuni chilometri di profondità e aziende del settore energetico che hanno preso di mira l'idrato di metano, formato da acqua e gas metano ghiacciati, che cementa i nostri versanti continentali e, secondo gli esperti, potrebbe risolvere tutti i nostri problemi di energia. I blocchi di manganese e i metalli nobili attirano l'interesse delle imprese minerarie. Negli abissi ci sono anche più diamanti di quanti ne possano sfoggiare tutti i ricconi di questo mondo. Le zone di estrazione localizzate non si trovano soltanto vicino alle coste, ma anche nel bel mezzo dell'Atlantico, almeno in parte. La crescente introduzione di sostanze chimiche nelle acque continentali, l'inquinamento degli oceani a causa dell'industrializzazione dell'alto mare, la distruzione delle comunità di vita... Tutto questo potrebbe contribuire anche al mutamento permanente della nostra atmosfera e, dunque, anche del nostro clima. Viceversa, il surriscaldamento globale conduce a un aumento delle temperature marine, cosicché molti pesci perdono la voglia di fare sesso. «Tesoro, ho troppo caldo», dice la signora Merluzzo al signor Merluzzo, che replica: «Non importa, amore. Ho appena cambiato sesso all'improvviso a causa del cocktail chimico». Dico sul serio, capita anche questo.

Evidentemente chiunque brancoli nel buio si sente tuttavia autorizzato a frugare anche negli abissi. Riuscite a immaginare un intervento a cuore aperto in una stanza immersa nell'oscurità? Ebbene, qualcuno sta operando in questo modo.

Un po' moraleggiante, questa conclusione?

Nient'affatto. Non si tratta di mettere un freno assoluto all'industrializzazione, allo sfruttamento delle risorse minerarie, alla pesca o alla caccia alla balena, bensì di agire entro i limiti della sostenibilità. Per raggiungere questo obiettivo, dobbiamo però saperne di più su quest'universo ignoto e sforzarci di capire i grandi nessi. Dobbiamo guardare, comprendere e agire come chiedono i ricercatori del CoML. La loro proposta è la creazione di tanti Serengeti marini. Lì si potrebbero osservare gli animali selvatici, godere della loro compagnia e studiare il loro modo di vita, pescando contemporaneamente i pesci commestibili in apposite zone recintate. Anche le compagnie del gas e del petrolio e le aziende chimiche dovrebbero poter trivellare, estrarre e pompare solo in determinate regioni, mentre non avrebbero nulla da cercare nei Serengeti. Questa proposta è tra le migliori che si possano avanzare intorno ai tavoli decisionali, ma resta un problema: l'acqua del mare scorre. Prima o poi ciò che raggiunge la corrente dalle aree inquinate arriverà anche nei parchi nazionali. Ehilà, mercurio!

È vero, suona piuttosto deprimente. D'altra parte...

Ricordate la bollicina di solfato di rame? E le allegre macromolecole che si sono disperse nel nulla quando la Terra si è messa a tremare e il loro camino idrotermale è crollato?

«Dobbiamo arrenderci?» si sono chieste le molecole.

E poi il momento in cui quel terribile veleno è finito nell'atmosfera, quell'ossigeno assolutamente ripugnante...

«Dobbiamo arrenderci?» si sono chiesti miliardi e miliardi di organismi unicellulari.

E poi la glaciazione globale. La rammentate? La Terra era appesa lì come una palla di neve, il luogo più ostile che si possa immaginare.

«Dobbiamo arrenderci?» si sono chiesti i primi organismi pluricellulari.

E poi tutti quei tremendi meteoriti.

«Dobbiamo arrenderci?» si sono chiesti le creature del

Cambriano, i placodermi, gli scorpioni di mare, le ammoniti, gli ittiosauri e il megalodonte.

Ogni volta Miss Evoluzione ha riflettuto a lungo.

«No», ha risposto infine. «Non dovete arrendervi. Forse dovreste semplicemente liberarvi di un paio di annose abitudini. Non si può continuare così. Ma, se vi modificate e se imparate anche a adattarvi alle circostanze, andrà tutto bene. Forse addirittura molto meglio. Sapete una cosa? Escogitiamo qualcosa di elegante. Ehi, chi vuole una corazza? Chele e aculei? Chi vuole le pinne? Qualcuno ha voglia di camminare eretto?»

La vita è riuscita ad arrivare fin qui. Ha combattuto per 3 miliardi e mezzo di anni (forse di più) e alla fine ha generato l'uomo.

Dobbiamo arrenderci?

No. Dobbiamo rimboccarci le maniche e viaggiare per l'universo sconosciuto con gli occhi ben aperti. Il bello dell'ignoto è che non nasconde soltanto insidie, ma anche soluzioni. Finora chi le ha cercate sul serio le ha trovate. E, in fondo, abbiamo ciò che le altre specie non hanno avuto nelle precedenti migliaia di anni: l'intelletto.

Ci fermiamo qui. Potrei aggiungere un altro capitolo ed enumerare le iniziative promettenti, le idee talvolta brillanti degli ambientalisti, ma anche dei gruppi industriali, tutte le cose che si potrebbero fare.

Ma è bene che scopriate tutto ciò da soli.

Credetemi, è divertente. È un viaggio nel tempo, quello che si apre davanti a noi. Voi intraprenderete il vostro, io il mio. Perdonatemi dunque se mi separo da questo libro, però adesso ne vorrei scrivere un altro. Ci reincontreremo di sicuro tra una bracciata e l'altra. Per ora, vorrei semplicemente ringraziarvi per la compagnia.

Un attimo! È appena arrivato un messaggio di Miss Evoluzione. Sarebbe lieta di rivedervi nell'universo sconosciuto di dopodomani. Chissà quando. Chissà dove.

Che quella signorina abbia dei sentimenti, dopotutto?

GLOSSARIO

AMMONITI

Cefalopodi comparsi nel Devoniano ed estinti alla fine del Cretaceo. Erano visibili gli occhi e i tentacoli, mentre la metà posteriore del corpo era racchiusa in conchiglie spiraliformi.

AMPOLLE DI LORENZINI

Speciali organi di senso posti sulla testa e sul muso dello squalo, con cui l'animale riesce a percepire i campi elettrici che ogni vivente genera. Sono indispensabili per l'orientamento e l'individuazione delle prede.

ARCHAEA

Microrganismi unicellulari simili a batteri, risalenti all'era arcaica della vita. Sopravvivono anche oggi senza ossigeno e s'incontrano spesso in simbiosi con altri microrganismi, per esempio i batteri dello zolfo.

ASTENOSFERA

Strato di roccia, viscoso e spesso circa 200 chilometri, su cui si muovono lentamente le zolle rigide della litosfera, la crosta terrestre.

ASTEROIDE

Piccolo pianeta od oggetto simile a un pianeta nell'orbita del Sole, spesso di forma irregolare. Quasi tutti gli asteroidi hanno un diametro inferiore a 100 chilometri. Possono avvicinarsi pericolosamente alla Terra e in passato l'hanno anche colpita.

BELEMNITI

Cefalopodi del Medioevo terrestre, comparsi al più tardi nel Carbonifero, circa 300 milioni di anni fa. Come le ammoniti, sono strettamente imparentate coi calamari. Avevano dieci tentacoli muniti di uncini al posto delle ventose.

BIG BANG

Teoria più accreditata sull'inizio dell'universo, dello spazio e del tempo. Circa 13 miliardi di anni fa, l'universo era confinato in uno spazio infinitamente piccolo, a densità e temperature estremamente elevate. Col Big Bang, che non è propriamente paragonabile a un'esplosione, il tempo, lo spazio e la materia si dilatarono all'improvviso. Il processo di espansione e raffreddamento è in atto ancora adesso.

BILATERI

Animali che presentano simmetria bilaterale. In essi il corpo può essere diviso in due metà equivalenti, ciascuna delle quali è l'immagine speculare dell'altra.

BIOLUMINESCENZA

Produzione naturale di luce. Molte creature marine secernono autonomamente sostanze luminose, altre vivono in simbiosi con batteri luminosi. Nelle zone crepuscolari e buie dei mari, la bioluminescenza serve per la caccia, ma anche per la ricerca del partner.

BIONICA

Disciplina che fonde principi costruttivi e funzionali tecnici e biologici. Gli esperti di bionica operano in quasi tutti i settori, per esempio nell'ingegneria, nella biologia, nella medicina e nell'architettura. Cercano d'integrare armonicamente le invenzioni dell'evoluzione nelle innovazioni tecniche.

BRACHIOPODI

Vengono spesso erroneamente scambiati coi molluschi bivalvi. Come questi ultimi, presentano una conchiglia bivalve e una cerniera, ma hanno una struttura diversa. Possiedono anche un peduncolo carnoso o fibroso che allungano verso l'esterno per ancorarsi all'ambiente circostante.

CAMINI IDROTERMALI

Sorgenti vulcaniche negli abissi marini, spesso rintracciabili lungo le creste delle dorsali medio-oceaniche. L'acqua fuoriesce a circa 300 °C, satura di minerali come lo zolfo. Si formano camini di uscita intorno ai quali s'insediano complesse comunità di vita, dai batteri ai lamellibranchi, dai pesci ai granchi, fino a enormi vermi. Tutti questi organismi sopravvivono in totale assenza di luce solare.

CETOLOGI

Esperti di cetacei. Il termine «cetaceo» deriva dal latino *cetacea*.

CIANOBATTERI

Detti anche «alghe azzurre» sebbene non siano alghe. Hanno sviluppato la capacità della fotosintesi prima di tutti gli altri batteri e dunque svolgono un ruolo decisivo nella storia della vita.

CIRCOLAZIONE TERMOALINA

Insieme di tutte le correnti marine e della loro interazione, detta anche nastro trasportatore globale.

COLONNA D'ACQUA

L'insieme dell'acqua nella sua estensione verticale, dalla superficie fino al fondale marino.

COMETA

Piccolo corpo celeste, composto per lo più di acqua, ghiaccio secco, metano congelato e particelle di polvere simili a meteoridi. Anche detto «palla di neve sporca». La parte volatile del meteorite sublima vicino al Sole, provocando così la comparsa di una spettacolare scia lunga da 10 a 100 chilometri, che punta sempre verso il Sole. Nell'antichità, le comete venivano considerate cattivi presagi, ma può darsi che sia stata una cometa a guidare Gaspare, Melchiorre e Baldassarre fino a Betlemme.

CORRENTE CIRCUMPOLARE

Corrente marina circolare, chiusa in se stessa, che vortica senza sosta intorno al continente antartico. Tutte le correnti marine vi confluiscono e ne escono nuovamente.

CRIOROBOT

Un robot in grado di atterrare sui pianeti ghiacciati e di divorarne la corazza fino a raggiungere l'acqua liquida, dove rilascia un minisommergibile, oppure s'immerge personalmente per raccogliere dati riguardanti un mondo inaccessibile. I criorobot potrebbero rivelarsi preziosi anche nell'Antartide.

CRIOVULCANISMO

Vulcanismo freddo. I criovulcani sputano liquidi freddissimi o poltiglia di ghiaccio. Per esempio, ci sono tracce di questo fenomeno su Europa e Titano, le due lune di Giove che, pur non avendo un nucleo caldo, presentano una certa attività sismica e tettonica.

CRIPTOZOOLOGIA

Scienza che si propone di dimostrare l'esistenza di animali generalmente considerati estinti o di cui si presume l'esistenza attraverso prove circostanziali e testimoniali.

DECOMPOSITORI

Organismi (per lo più microrganismi) che decompongono i resti animali e vegetali in sostanze utilizzabili dai produttori.

DOMINIO BENTONICO

L'insieme degli organismi animali e vegetali che vivono in rapporto coi fondali marini in maniera sia permanente sia temporanea.

DRIFTER

Una sorta di boa che si lascia trascinare dalle correnti marine e fornisce dati sulla profondità, sulla temperatura dell'acqua, sul contenuto di sale, sulla velocità della corrente e su altri parametri. Il cosiddetto *drifter* autarchico costruito dal professor Giselher Gust è in grado di affiorare e immergersi autonomamente. In tal modo, può viaggiare per anni con le correnti e inviare un flusso costante d'informazioni.

EDIACARANO

Periodo geologico che ha trovato posto nella scala geologica solo pochi anni orsono. Copre l'intervallo di tempo compreso tra 600 e 545 milioni di anni fa, ossia il periodo subito prima del Cambriano.

ENDOSCHELETRO

Impalcatura o struttura interna di sostegno di un organismo, per esempio lo scheletro dei vertebrati.

ENDOSIMBIOSI

Vedi SIMBIOSI.

ESOSCHELETRO

Struttura esterna di sostegno o di rivestimento di un organismo.

ESOSIMBIOSI (O ECTOSIMBIOSI)

Vedi SIMBIOSI.

ESTREMOFILO

Aggettivo che indica gli organismi capaci di sopravvivere in condizioni ambientali estreme. Un esempio sono i vermi e i batteri delle sorgenti idrotermali, che tollerano temperature dell'acqua fino a 300 °C. Alcuni estremofili si trovano anche nelle acque estremamente fredde o salate e negli strati più interni della Terra.

ETOGRAMMA

È una sorta di pratica che documenta il comportamento osservato di una specie. Più si scopre riguardo a una determinata specie e più l'etogramma si arricchisce.

EUBATTERI

Anche detti veri batteri. Gli *Archaea,* per esempio, vengono spesso chiamati archeobatteri, ma non sono autentici batteri, bensì un ceppo autonomo.

EUCARIOTI

Organismi unicellulari o pluricellulari in cui le cellule possiedono un nucleo ben definito e isolato dal resto della cellula. All'interno del nucleo è racchiusa la maggior parte del materiale genetico.

EVERTEBRATI MARINI

Termine per indicare gli «invertebrati che vivono nel mare». Ne fanno parte alcuni vermi ed echinodermi, come le stelle di mare, i ricci di mare e le oloturie.

FINNING

Metodo ripugnante e spregevole con cui si ottiene una presunta leccornia: le pinne di squalo. Vengono tagliate quando l'animale è ancora vivo, poi il pesce viene ributtato in mare, dove muore tra mille sofferenze.

FORZA DI CORIOLIS

Si tratta di una forza apparente alla quale sembra essere soggetto un corpo che si muove in un sistema di rotazione. Per esempio, a causa della diversa velocità di rotazione lungo la superficie terrestre, un corpo che si muove senza attrito sulla Terra con moto rettilineo uniforme viene deviato dalla sua rotazione iniziale e sembra descrivere una traiettoria curva, spostata verso destra se esso si trova nell'emisfero boreale e verso sinistra se si trova in quello australe. L'intensità della deviazione aumenta procedendo dall'equatore ai Poli.

FOTONI

In fisica si distingue tra particelle elementari materiali (ricche di massa) e virtuali (prive di massa). I fotoni, che fanno parte della seconda categoria, sono gli elementi fondamentali dell'irradiazione elettromagnetica. In genere, per fotone s'intende un quanto di luce, ossia la più piccola quantità di luce misurabile secondo la teoria quantistica.

GRAPTOLITI

Minuscoli animaletti simili a polipi, che formavano colonie, vivevano in scheletri calcarei e svolsero un ruolo fondamentale nell'Ordoviciano perché conquistarono il mare aperto. Sebbene siano estinti, le loro teche si sono conservati nelle rocce.

GRAVITAZIONE

Una delle quattro forze fondamentali della natura. La gravitazione descrive il fenomeno dell'attrazione reciproca dei corpi, per esempio la Terra e la Luna, ed è alla base di eventi come la caduta di una mela sul pavimento.

KRILL

Piccoli crostacei simili a gamberetti che vivono in banchi fittissimi composti da milioni di individui. Rappresentano il principale nutrimento di alcuni cetacei. Le stime si aggirano intorno agli 800 milioni di tonnellate di biomassa. Il krill più conosciuto è quello antartico.

LAMPO DI RAGGI GAMMA

Può generarsi durante una supernova, il collasso di un'enorme stella il cui interno rovina su se stesso, facendo esplodere l'involucro esterno. I lampi di raggi gamma testimoniano la nascita dei buchi neri. L'energia di un solo lampo può corrispondere a tutta l'energia irradiata dal nostro Sole sin dalla nascita della Terra. L'irradiazione, che è pericolosissima anche a grande distanza, probabilmente condusse alla radicale estinzione delle specie nell'Ordoviciano.

METEORITE

I meteoriti sono corpi celesti solidi di roccia o leghe di ferro e nickel che cadono sulla Terra. Sottile differenza: il meteoride con la «d». È così che si chiama il medesimo corpo quando si trova nello spazio. Non appena il meteoride s'immerge nell'atmosfera terrestre, si circonda di una corona luminosa detta meteora o stella cadente. Quasi tutti i meteoriti sono piccoli e si spengono. Alcuni di quelli più grandi sono già arrivati sulla Terra e hanno influito sensibilmente sulla vita primitiva.

MOLLUSCHI

Tipo di animali invertebrati dal corpo molle diviso in capo, sacco dei visceri e piede, spesso provvisti di conchiglia. Tra di essi si annoverano soprattutto i gasteropodi, ma anche cefalopodi come le seppie nonché la classe degli *Aplacophora* e dei *Monoplacophora*.

OCEANO TETIDE

Immenso oceano esistente durante il Medioevo della Terra, destinato a rimpicciolire per via degli spostamenti continentali e infine a diventare il precursore del Mediterraneo.

ONDA DI ROSSBY

Onde gigantesche ma molto basse nel mare e nell'atmosfera, dette anche onde planetarie. Le cause delle onde di Rossby oceaniche possono essere il vento e le variazioni della pressione dell'aria. Gli esseri umani non si accorgono di questi fenomeni. L'acqua spostata viene riportata indietro dalla forza di Coriolis.

PALEONTOLOGIA / PALEOBOTANICA

La scienza degli esseri viventi delle ere passate. Si basa soprattutto sul rinvenimento di fossili. Uno dei suoi rami è la paleobotanica, che si occupa esclusivamente delle piante estinte.

PANGEA

Enorme continente primordiale che comprendeva tutte le terre emerse fino al Triassico. Letteralmente, il nome significa «tutta terra».

PANTHALASSA

Nome dell'unico oceano primordiale che coprì il globo terrestre dalla fine del Precambriano fino al Giurassico.

PATCH

Regioni del fondale marino simili a piccole città o comunità. Questa suddivisione scientifica agevola il rilevamento quantitativo della vita in quell'ambiente.

PLANCTON

In greco, « errante », « vagabondo ». Enormi gruppi di organismi più o meno grandi che si lasciano trasportare dalla corrente perché hanno una capacità molto limitata o nulla di cambiare autonomamente direzione. Tra i rappresentanti più conosciuti figurano il krill e i copepodi, i principali alimenti dei misticeti.

POD

Famiglia di orche con organizzazione matriarcale. Un *pod* o un *superpod* (una famiglia più numerosa) può comprendere tra 5 e 50 animali.

PROCARIOTI

Organismi unicellulari privi di nucleo cellulare.

PROTOCELLULE

Microsfere molto primitive formate da una membrana proteica che racchiude un citoplasma privo di organelli.

SESSILE

Esseri viventi che sono ancorati al fondale o a strutture fisse, oppure crescono con esse. Non sono in grado di spostarsi autonomamente.

SIMBIOSI

Un'associazione finalizzata all'utilità reciproca, per esempio quella tra i batteri e gli organismi superiori. Nel caso dell'ENDOSIMBIOSI, i simbionti più piccoli vivono all'interno dei più grandi, per esempio nel loro intestino. Nel caso dell'ESOSIMBIOSI (o ECTOSIMBIOSI), i simbionti più piccoli vivono all'esterno dei più grandi, per esempio sulla loro pelle.

SINGOLARITÀ

Termine generico per indicare quanto è « unico nel suo genere ». Lo si usa anche per descrivere i momenti futuri del progresso tecnico. In generale, però, la singolarità è un concetto matematico e cosmologico. L'interno dei buchi neri viene definito una singolarità, qualcosa che mette fuori gioco tutte le dimensioni fisiche. Secondo la teoria del Big Bang, la nascita dell'universo è dovuta a una singolarità.

SUBDUZIONE

Le placche terrestri sono in costante movimento. La subduzione è il fenomeno in virtù del quale una zolla, in genere oceanica, s'infila sotto una zolla continentale e si fonde all'interno della Terra.

SUPERNOVA

Morte di una stella gigantesca che ha esaurito la sua energia e collassa sotto il suo stesso peso. Talvolta si formano buchi neri e si genera un lampo di raggi gamma.

TALIACEI

Animali della famiglia dei tunicati che galleggiano nelle acque libere. Trasparenti, spesso bioluminescenti, a forma di botticelle e incatenati in colonie. Si nutrono di plancton, di cui essi stessi fanno parte.

TECNOSVILUPPO

Prosecuzione dell'evoluzione tramite i mezzi della tecnologia.

TESSUTO DELLE CAUSALITÀ

In una situazione ideale, ciascun effetto sarebbe direttamente riconducibile a una causa e gli effetti sarebbero prevedibili. In realtà, sulla Terra e nell'universo, tutti gli elementi s'influenzano contemporaneamente a vicenda. In questo intreccio, o anche tessuto delle causalità, non è sempre possibile distinguere le cause con chiarezza. Possiamo pertanto fare solo previsioni molto limitate riguardo al futuro.

THEIA

Corpo celeste che si è schiantato sulla Terra circa 4 miliardi e mezzo di anni fa. Il nostro pianeta divenne più pesante e le macerie di Theia si assembrarono in orbita, formando la Luna.

TILLITI

Depositi di detriti provenienti dai ghiacciai in movimento. Oggi gli strati di tilliti testimoniano il susseguirsi di remote glaciazioni.

TRILOBITI

Artropodi comprendenti molte specie, considerati fossili guida grazie alla loro elevata presenza. Comparvero per la prima volta nel Cambriano e sopravvissero fino al Permiano, terminato circa 250 milioni di anni fa. Somigliavano a granchi dalla corazza imponente e svilupparono diverse varianti di tutte le dimensioni, con o senza occhi.

TSUNAMI / TSUNAMI DA IMPATTO

Uno tsunami è un'onda d'impulso che non viene prodotta dal vento, bensì da un maremoto o dalla caduta di un meteorite. Durante questo fenomeno, l'energia dell'onda attraversa l'intera colonna d'acqua. Se l'elemento scatenante è un maremoto, in mare aperto l'onda è molto bassa ma rapidissima, e raggiunge un'altezza distruttiva proprio davanti alla terraferma, dove torna ad appiattirsi. Se un corpo celeste precipita nell'acqua, o se il versante di una montagna frana in mare, si parla di tsunami da impatto, anch'esso molto veloce ma altissimo sin dall'inizio. Queste onde si abbassano sulle lunghissime distanze, ma in molti casi riescono comunque a devastare ampie porzioni di terraferma.

VENDOBIONTI

Fossili impossibili da attribuire in maniera univoca ad animali, funghi o piante. Secondo alcuni scienziati, nell'Ediacarano sarebbe esistito un quarto regno dell'evoluzione (i vendobionti), che poi si estinse completamente. Altri studiosi ritengono che un esame più accurato consente di ricondurre anche questi esseri ai gruppi conosciuti.

ZONA ADALE

Indica i biotopi oceanici presenti tra 6000 metri di profondità e il fondo delle fosse abissali.

ZONA AFOTICA

Zona acquatica in cui non è più rilevabile la luce solare.

ZONA DISFOTICA

Zona in cui la luce solare penetra ancora, ma non abbastanza per favorire la fotosintesi. Ciò spiega perché non vi crescono le piante.

ZONA EUFOTICA

Strato d'acqua superiore, attraversato dalla luce solare, in cui è possibile la fotosintesi.

ZONA NADALE

Se gli animali che vivono sui fondali marini potessero filosofare, forse supporrebbero che lo spazio sopra di loro sia infinito, un nulla vuoto e incommensurabile. Lo denominerebbero « zona nadale », in contrapposizione alla zona adale, dove abitano. Poiché nessuno ha mai sentito discettare di filosofia queste creature, sorge il sospetto che il termine sia un'invenzione dell'autore.

ZONE ABISSALI

Il biotopo oceanico tra 2000 e 6000 metri di profondità.

ZOOXANTELLE

Minuscole alghe che vivono in simbiosi coi polipi del corallo, alcuni lamellibranchi giganti e gli antozoi. Grazie alla loro capacità di eseguire la fotosintesi, forniscono al loro ospite zucchero e altre sostanze indispensabili alla vita. L'ospite si sdebita offrendo loro riparo e protezione.

TAVOLA CRONOLOGICA

Eone		Era	Periodo	
Fanerozoico « Vita manifesta » da 545 Ma a oggi		**Cenozoico** « Vita recente » da 65 Ma a oggi	**Quaternario** da 1,8 Ma a oggi	
			Terziario da 65 a 1,8 Ma	
		Mesozoico « Vita intermedia » « L'era dei dinosauri » da 248 a 65 Ma	**Cretaceo** da 142 a 65 Ma	
			Giurassico da 206 a 142 Ma	
			Triassico da 248 a 206 Ma	
		Paleozoico « Vita antica » da 545 a 248 Ma	**Permiano** « Il periodo dei rettili » da 290 a 248 Ma	
			Carbonifero da 354 a 290 Ma	
			Devoniano « Il periodo dei pesci » da 417 a 354 Ma	
			Siluriano da 443 a 417 Ma	
			Ordoviciano da 495 a 443 Ma	
			Cambriano « Il periodo dei trilobiti » da 545 a 495 Ma	
Precambriano	**Proterozoico** « Vita primitiva » da 2500 a 545 Ma	**Neoproterozoico** da 1000 a 545 Ma	**Ediacarano** da 600 a 545 Ma	
		Mesoproterozoico da 1600 a 1000 Ma		
		Paleoproterozoico da 2500 a 1600 Ma		
	Archeano « Vita primordiale » da 3900 a 2500 Ma			
	Adeano da 4600 a 3900 Ma			

(Ma = Milione di anni)

	Epoca	
	Olocene 0,01 - oggi	*Homo sapiens sapiens* arriva in Europa. Civilizzazione dell'uomo.
	Pleistocene 1,8 – 0,01 Ma	Evoluzione del primo uomo (*Homo sapiens*).
	Pliocene 5,3 -1,8 Ma	Primi ominidi (*Austraolopithecus*). Squali giganti (megalodonte) popolano i mari.
	Miocene 24 – 5,3 Ma	Diffusione delle prime scimmie antropomorfe.
	Oligocene 34 – 24 Ma	Compaiono molti nuovi mammiferi.
	Eocene 55 – 34 Ma	Rapida diversificazione dei mammiferi. Primi cetacei primitivi (pachiceto).
	Paleocene 65 – 55 Ma	Differenziazione e radiazione dei mammiferi. Forme primordiali di primati (proscimmie).
		La flora è dominata dalle angiosperme. Sviluppo dei marsupiali primitivi. Estinzione dei dinosauri.
		Sviluppo dei dinosauri. Compare il primo uccello.
		Compaiono i primi dinosauri e piccoli mammiferi. Estinzione di piccola entità permette ai dinosauri di espandersi in nicchie ecologiche rimaste libere.
		Diffusione di anfibi e rettili. Comparsa di molti nuovi ordini di insetti.
		Vasta diffusione di paludi e foreste. Gli anfibi diventano sempre più comuni. Dagli anfibi si differenziano i primi rettili.
		Sviluppo di squali e pesci ossei. Comparsa dei primi vertebrati terrestri.
		Comparsa dei primi pesci con mandibole. Compaiono le prime piante vascolari.
		Diversificazione di invertebrati marini. Espansione dei pesci senza mandibola (agnati). Alcuni muschi invadono gli ambienti terrestri.
		Comparsa di numerosi animali marini con esoscheletro.
		Comparsa di invertebrati marini senza rivestimento esterno.
		Prime cellule eucariote e alghe pluricellulari. Transizione verso un'atmosfera ossigenata.
		Diffusione dei procarioti. Primi processi fotosintetici da parte di cianobatteri.
		Origine della vita. Nei mari, prime cellule in grado ai sopravvivere in condizioni anaerobiche.
		Origine della Terra.

LINK CONSIGLIATI

www.deepwave.org [in tedesco]
L'organizzazione si dedica alla protezione dei mari e degli abissi marini.

www.sharkproject.org [in inglese e in tedesco]
La maggiore organizzazione mondiale per la protezione degli squali.

www.cetacea.it [in italiano]
Si occupa della convivenza tra cetacei, delfini ed esseri umani.

www.greenpeace.it [in italiano]
La madre di tutte le organizzazioni ambientaliste, importante e attuale come non mai.

www.wwf.it [in italiano]
Tutela della natura sotto il segno del panda, anche per i mari.

www.dinosaurier-interesse.de [in tedesco]
Pagina sempre aggiornata sui progressi della paleontologia.

www.trilobita.de [in tedesco]
Soddisfa ogni curiosità riguardo ai trilobiti.

www.sauri.de [in tedesco]
Divertente rappresentazione della geologia e dell'evoluzione.

www.ifm-geomar.de [in tedesco]
Spedizioni alle sorgenti idrotermali e ai campi di metano. L'Istituto di talassografia e geoscienze continua a dimostrare il suo spirito pionieristico.

www.awi.de [in tedesco]
La ricerca polare e marina è impensabile senza l'Alfred Wegener Institut.

www.mare.de [in tedesco]
Il non plus ultra delle riviste sul mare.

www.g-o.de [in tedesco]
Rivista informativa dedicata alle geoscienze e alle scienze naturali.

www.pm-magazin.de [in tedesco]
Ultime notizie dal mondo del sapere con un elegante tocco hollywoodiano.

www.bild-der-wissenschaft.de [in tedesco]
La leggendaria rivista culturale di Heinz Haber affascina più che mai.

www.spektrum.de [in tedesco]
Scienza per esperti, molto esauriente.

www.geo.de [in tedesco]
La nuova immagine della Terra. Splendidi reportage fotografici.

www.radiobremen.de/online/oceancit/index.htm [in tedesco]
Visioni di città nel e sul mare.

http://tolweb.org/tree/ [in inglese]
Database in cui si possono trovare informazioni precise e attendibili sull'evoluzione dei viventi e sulla loro classificazione più attuale.

http://www.mna.it/italiano/startpage.htm [in italiano]
Tutto sull'Antartide. Sito del Museo Nazionale dell'Antartide.

http://www.pikaia.eu/homepage.htm [in italiano]
Il portale dell'evoluzione.

http://www.iode.org/oceanportal/ [in inglese]
Il sito dell'UNESCO coi link ai più importanti siti sull'oceanografia.

http://www.iucn.it/iucn/index.htm [in italiano]
Sito dell'Unione Mondiale per la Conservazione della Natura – Comitato Italiano

http://www.icram.org/ [in italiano]
Sito dell'Istituto Centrale per la Ricerca scientifica e tecnologica Applicata al Mare. Nella sezione «Strumentazioni» si trovano diverse informazioni su alcune attrezzature di ricerca in mare.

http://fishbase.org/ [in italiano]
Tutto quello che avreste voluto sapere sui pesci ma non avete mai osato chiedere.

http://www.acquaportal.it/ [in italiano]
Portale di acquariofilia con una sezione di biologia.

http://www.edge-of-reef.com [in inglese e in italiano]
Preziosa risorsa d'informazioni sulla vita dei reef, in particolare dei mari indonesiani.

http://www.mondomarino.net/ [in italiano]
Sito sulla vita nel mare, ricco di fotografie spettacolari con schede biologiche e articoli.

http://www.elasmo-research.org/ [in inglese]
Informazioni sulla biologia, sul comportamento e sulla distribuzione di squali e razze.

http://www.medsharks.org/ [in inglese e in italiano]
Sito sulla ricerca, divulgazione e protezione degli squali mediterranei.

http://www.esa.int/esaCP/Italy.html [in italiano]
Il sito dell'Agenzia Spaziale Europea.

http://visibleearth.nasa.gov/ [in inglese]
Immagini della Terra da satellite.

http://www.tethys.org/ [in inglese e in italiano]
Sito dell'Istituto di ricerca Tethys con la tassonomia aggiornata dei cetacei.

http://www.dinosauria.com/ [in inglese]
http://web.tiscali.it/dinosauriweb/ [in italiano]
http://dinosauri.altervista.org/ [in italiano]
Siti sui dinosauri con diverse immagini e numerose sezioni dedicate alle singole specie.

http://www.paleofox.com/ [in italiano]
Il portale della paleontologia italiana.

http://www.geostoria.com/portale/ [in italiano]
Sito di geologia, astronomia, paleontologia.

http://www.criptozoo.com/ [in italiano]
Il sito per scoprire cos'è la criptozoologia.

http://scienceblogs.com/pharyngula [in inglese]
Secondo uno studio della rivista *Nature* (luglio 2006) è il più popolare blog scientifico sull'evoluzione.

RINGRAZIAMENTI

Non avrei potuto scrivere *Il mondo d'acqua* senza un'intensa collaborazione con scienziati, ricercatori e scrittori che, com'era già accaduto nel caso del *Quinto giorno*, mi hanno aiutato con generosità. Inoltre non è passato giorno senza che un'enorme quantità d'informazioni aggiornate, di comunicati stampa e articoli scientifici confluisse nel lavoro già in corso. Ogni volta che mi è stato possibile, mi sono messo in contatto con gli autori e ho approfondito l'argomento a voce.

Alcuni scrittori e ricercatori che negli ultimi anni si sono distinti nella paleontologia e nello studio dei mari vengono menzionati nel volume. Questo è il mio modo per ringraziarli. Se *Il mondo d'acqua* è diventato un libro attuale e interessante (completato nel marzo 2006), ciò si deve anche e proprio alle idee e agli spunti preziosi di tutte queste persone. Il mio rispetto va inoltre a coloro che combattono instancabilmente per una migliore conoscenza dei mari e dei loro abitanti.

Nella sezione *Link consigliati,* ho elencato gli indirizzi Internet di alcuni scrittori, scienziati, visionari, organizzazioni e istituti di ricerca che, a mio parere, si sono distinti in modo particolare nello studio e nella protezione dei mari. Posso soltanto consigliarvi caldamente di visitare quelle pagine.

Adesso, però, qualche ringraziamento extra. A te, Sabina, pezzo forte dell'evoluzione, per il tuo sostegno, la tua comprensione, il tuo grande cuore, le tue idee sempre buone e giuste, il tuo amore. *Mr Anfibius loves you!* A Paul Schmitz e Jürgen Muthmann, cui prometto ancora di avere più tempo in futuro. Credetemi, ragazzi, le probabilità non sono mai state così favorevoli, i vini sono decantati, la batteria è stata spolverata. A tutti i miei meravigliosi amici (sapete bene che, se inizio a citare i nomi, non finisco più). Ai migliori genitori che si possano desiderare. Dobbiamo assolutamente tornare a Venezia.

A tutta la mia famiglia, compresi i suoceri, che in certa misura ci vengono dati dalla sorte. Io non scambierei i miei con nessuno al mondo. Anche a Lutz Dursthoff per la sua lettura attenta. È stato un piacere, *Sir*.

E a Jürgen Kramp. Semplicemente grazie.

L'ultimo ringraziamento extra è tuttavia riservato ai due amici cui è dedicato il libro: Solo e Loy. Senza di voi, spesso la vita sarebbe soltanto un bicchiere mezzo vuoto. Invece così è sempre mezzo pieno. E nella maggior parte dei casi trabocca di gioia. *Skål!*

INDICE

Frank Schätzing

IL QUINTO GIORNO

«Un romanzo di più di mille pagine che scorrono come le correnti marine.»
La Stampa

14 gennaio. Huanacho, costa del Perú. Juan Narciso Ucañan s'imbatte in un enorme banco di pesci che, muovendosi come un unico essere, prima gli distruggono la rete, poi rovesciano la sua barca e infine si compattano, impedendogli di tornare in superficie...
13 marzo. Costa norvegese. Il biologo marino Sigur Johanson e Tina Lund, responsabile della Statoil per la scoperta di giacimenti petroliferi, guardano sconcertati il monitor che rimanda le immagini di un robot calato sul fondo del mare: milioni di «vermi» sembrano aver invaso lo zoccolo continentale...
5 aprile. Vancouver Island, Canada. Un gruppo di balene attacca la *Barrier Queen*, un cargo da sessantamila tonnellate...
Tre avvenimenti lontani, un unico tratto comune: il mare. Un mondo brulicante di esseri misteriosi, un universo di cui si conosce a malapena la superficie, un enigma che avvolge i sette decimi del nostro pianeta. Dall'Europa all'America, dal Polo Nord al Giappone, il mondo intero dovrà confrontarsi con questo enigma: scienziati, militari, capi di governo e individui comuni saranno trascinati in un'avventura senza precedenti, verso uno scontro titanico in cui si deciderà se la specie umana può avere ancora un futuro. Perché nessuno può sapere cos'è veramente successo nel *quinto giorno* della creazione. Fino a ora...

TEA

Frank Schätzing

IL DIAVOLO NELLA CATTEDRALE

«Un romanzo sorprendente e appassionante.»
Express

Colonia, 1260. Gerhard Morart sa bene che non potrà mai completare la costruzione della «sua» cattedrale prima di morire. Quello che non sa, purtroppo, è che la morte non tarderà ad arrivare: qualcuno infatti gli tende un agguato e lo fa precipitare da un'impalcatura dell'edificio. Un delitto pianificato sin nei minimi dettagli, che tuttavia ha un singolare testimone: Jacop, un ladruncolo che si trova su un melo lì accanto, intento a rubare i frutti succosi per placare la sua eterna fame. Anziché darsela a gambe, Jacop si avvicina a Gerhard, che gli sussurra qualcosa all'orecchio prima di spirare... Ma chi ha ucciso il celebre architetto? Jacop ha intravisto soltanto un'ombra; un'ombra che però adesso gli dà la caccia per metterlo a tacere. Atterrito, il ragazzo si convince di essere perseguitato dal diavolo in persona, ma trova un aiuto insperato in Jaspar, un brillante erudito, il quale è certo che nella vicenda ci sia ben poco di sovrannaturale o demoniaco. Allora quale misterioso disegno si cela dietro l'omicidio?

EDITRICE NORD

James Rollins

L'ORDINE DEL SOLE NERO

« Affascinanti teorie scientifiche e dettagli storici incastonati in una trama magistrale... Rollins incarna il meglio di Cussler, Ludlum e Dan Brown. »
Publishers Weekly

Grayson Pierce, agente segreto della Sigma – una sezione occulta del dipartimento della Difesa statunitense –, è stato mandato a Copenhagen per seguire un'asta di libri antichi, che pare aver suscitato l'interesse di alcune organizzazioni terroristiche. Sembra una missione di routine, ma, quando un gruppo di sicari uccide la proprietaria di uno dei pezzi più importanti dell'asta – la Bibbia appartenuta a Charles Darwin, il padre dell'evoluzionismo –, Gray intuisce che quel libro non è semplicemente un oggetto d'antiquariato, ma la chiave di un segreto sconcertante rimasto sepolto dalla caduta del Terzo Reich... Nel frattempo, in un remoto monastero del Nepal, la giovane dottoressa Lisa Cummings è testimone dell'ondata di follia e violenza che si è improvvisamente diffusa tra i monaci, i quali scrivono ossessivamente col sangue indecifrabili sequenze di rune celtiche e svastiche. Tuttavia, mentre cerca di far luce su quegli avvenimenti oscuri, Lisa viene rapita insieme con un enigmatico pellegrino, colpito anche lui dalla « malattia »: è Painter Crowe, il direttore della Sigma...

EDITRICE NORD

Finito di stampare
nel mese di maggio 2007
per conto della Casa Editrice Nord s.u.r.l.
dalla Mondadori Printing S.p.A.
Stabilimento N.S.M. - Cles (TN)
Printed in Italy